Monsieur le Comte

D'après vos désirs nous avons écrit à Paris pour savoir si
cet exemplaire du Dictionnaire des Sciences naturelles étoit complet,
nous avons le plaisir de pouvoir vous assurer qu'il l'est, et pour preuve
nous vous transcrivons la réponse de Monsr L. Bertrand Libraire de
Paris, successeur de la Maison Lévrault.

= Rélativement au Dictionnaire des Sciences naturelles, que j'ai
» vû naître en 1816 et finir en 1830, pendant que j'étois employé
» dans la Maison Lévrault, je puis vous certifier que cet ouvrage
» n'a jamais été composé que de 60 volumes de texte
                              61 cahiers de planches
» et 1 volume renfermant les titres, classifications et tables pour
» former avec les 61 cahiers, 12 volumes de planches.
» C'est absolument tout ce qui compose ce Dictionnaire.

Veuillez bien agréer, Monsieur le Comte, les assurances de
notre respect et de notre considération très distinguée. Nous avons l'honneur
de nous déclarer

Milan 20 Decembre 1843

Vos très obéissants serviteurs
L Dumolard et fils

à Monsieur
Monsr. le Comte Sola
en Son Hôtel

DICTIONNAIRE

DES

SCIENCES NATURELLES.

TOME LX.

ZOOPH = ZYT.

DICTIONNAIRE

DES

SCIENCES NATURELLES,

DANS LEQUEL

ON TRAITE MÉTHODIQUEMENT DES DIFFÉRENS ÊTRES DE LA NATURE, CONSIDÉRÉS SOIT EN EUX-MÊMES, D'APRÈS L'ÉTAT ACTUEL DE NOS CONNOISSANCES, SOIT RELATIVEMENT A L'UTILITÉ QU'EN PEUVENT RETIRER LA MÉDECINE, L'AGRICULTURE, LE COMMERCE ET LES ARTS.

SUIVI D'UNE BIOGRAPHIE DES PLUS CÉLÈBRES NATURALISTES.

Ouvrage destiné aux médecins, aux agriculteurs, aux commerçans, aux artistes, aux manufacturiers, et à tous ceux qui ont intérêt à connoître les productions de la nature, leurs caractères génériques et spécifiques, leur lieu natal, leurs propriétés et leurs usages.

PAR

Plusieurs Professeurs du Jardin du Roi, et des principales Écoles de Paris.

TOME SOIXANTIÈME.

F. G. LEVRAULT, Éditeur, à STRASBOURG, et rue de la Harpe, N.º 81, à PARIS.

LE NORMANT, rue de Seine, N.º 8, à PARIS.

1830.

Liste des Auteurs par ordre de Matières.

Physique générale.

M. LACROIX, membre de l'Académie des Sciences et professeur au Collége de France. (L.)

Chimie.

M. CHEVREUL, membre de l'Académie des sciences, professeur au Collége royal de Charlemagne. (Ch.)

Minéralogie et Géologie.

M. Alexand. BRONGNIART, membre de l'Académie royale des Sciences, professeur de Minéralogie au Jardin du Roi. (B.)

M. BROCHANT DE VILLIERS, membre de l'Académie des Sciences. (B. de V.)

M. DEFRANCE, membre de plusieurs Sociétés savantes. (D. F.)

Botanique.

M. DESFONTAINES, membre de l'Académie des Sciences. (Desf.)

M. DE JUSSIEU, membre de l'Académie des Sciences, professeur au Jardin du Roi. (J.)

M. MIRBEL, membre de l'Académie des Sciences, professeur à la Faculté des Sciences. (B. M.)

M. HENRI CASSINI, associé libre de l'Académie des sciences, membre étranger de la Société Linnéenne de Londres (H. Cass.)

M. LEMAN, membre de la Société philomatique de Paris. (Lem.)

M. LOISELEUR DESLONGCHAMPS, Docteur en médecine, membre de plusieurs Sociétés savantes. (L. D.)

M. MASSEY. (Mass.)

M. POIRET, membre de plusieurs Sociétés savantes et littéraires, continuateur de l'Encyclopédie botanique. (Poir.)

M. DE TUSSAC, membre de plusieurs Sociétés savantes, auteur de la Flore des Antilles. (De T.)

Zoologie générale, Anatomie et Physiologie.

M. G. CUVIER, membre et secrétaire perpétuel de l'Académie des Sciences, prof. au Jardin du Roi, etc. (G. C. ou CV. ou C.)

M. FLOURENS. (F.)

Mammifères.

M. GEOFFROY SAINT-HILAIRE, membre de l'Académie des Sciences, prof. au Jardin du Roi. (G.)

Oiseaux.

M. DUMONT DE S.te CROIX, membre de plusieurs Sociétés savantes. (Ch. D.)

Reptiles et Poissons.

M. DE LACÉPÈDE, membre de l'Académie des Sciences, prof. au Jardin du Roi (L. L.)

M. DUMÉRIL, membre de l'Académie des Sciences, professeur au jardin du Roi et à l'École de médecine. (C. D.)

M. CLOQUET, Docteur en médecine. (H. C.)

Insectes.

M. DUMÉRIL, membre de l'Académie des Sciences, professeur au jardin du Roi et à l'École de médecine. (C. D.)

Crustacés.

M. W. E. LEACH, membre de la Société roy. de Londres, Correspond. du Muséum d'histoire naturelle de France. (W. E. L.)

M. A. G. DESMAREST, membre titulaire de l'Académie royale de médecine, professeur à l'école royale vétérinaire d'Alfort, membre correspondant de l'académie des Sciences, etc

Mollusques, Vers et Zoophytes.

M. DE BLAINVILLE, membre de l'Académie des Sciences, professeur à la Faculté des Sciences. (De B.)

M. TURPIN, naturaliste, est chargé de l'exécution des dessins et de la direction de la gravure.

MM. DE HUMBOLDT et RAMOND donneront quelques articles sur les objets nouveaux qu'ils ont observés dans leurs voyages, ou sur les sujets dont ils se sont plus particulièrement occupés. M. DE CANDOLLE nous a fait la même promesse.

M. PRÉVOT a donné l'article *Océan*; M. VALENCIENNES plusieurs articles d'Ornithologie; M. DESPORTES l'article *Pigeon domestique*, et M. LESSON l'article *Pluvier*.

M. F. CUVIER, membre de l'académie des Sciences, est chargé de la direction générale de l'ouvrage, et il coopérera aux articles généraux de zoologie et à l'histoire des mammifères. (F. C.)

DICTIONNAIRE

DES

SCIENCES NATURELLES.

ZOO

ZOOPHYTES, *Zoophyta*. Sous cette dénomination complexe, qui signifie des animaux-plantes, ou qui ont quelque chose des végétaux, nous comprenons réellement les animaux qui, n'ayant plus pour caractère d'être bilatéraux, ne sont pas susceptibles d'être partagés en deux côtés similaires, situés à droite et à gauche du plan sécant, qui passeroit dans la longueur du corps, et dont toutes les parties peuvent être rapportées à ce plan; mais chez lesquels, au contraire, elles sont disposées d'une manière plus ou moins régulière autour d'un point pris comme centre, ou de l'axe du corps : ce qui les a fait comparer quelquefois à des fleurs, dont toutes les parties ont aussi cette disposition. C'est de là que Pallas a tiré la dénomination de *centrina*, qu'il a donnée à une division de ces animaux, et qui a été traduite depuis par celles de radiaires, d'animaux rayonnés et d'actinozoaires.

Comme nous voici enfin arrivés à la terminaison du Dictionnaire, nous allons faire pour ce grand groupe d'animaux ce que nous avons déjà fait pour les malacozoaires et pour les entomozoaires, chétopodes et apodes, c'est-à-dire que nous allons en traiter d'une manière générale, en envisageant successivement l'histoire de la partie de la science qui s'occupe de ces animaux, leur organisation, leur histoire naturelle, et enfin leur distribution systématique, jusqu'à l'énumération des espèces inclusivement. Il en résultera un lien qui servira à coordonner tous les articles du Dictionnaire qui ont trait aux zoophytes, en même temps qu'il nous sera

possible de placer convenablement ceux qui auroient été oubliés, ou qui, ayant été publiés depuis que la lettre alphabétique qui les concerne a paru, n'ont pu être traités à leur
place, et même de réparer quelques erreurs.

Quoique nous soyons assez éloigné de considérer comme
appartenant à ce type tous les animaux que les zoologistes
les plus récens et nous-même y avons rangés, nous allons
momentanément les envisager comme tels, nous proposant
d'en faire la distinction dans l'exposition du système général.

L'*Histoire de la zoophytologie* ou de la partie de la zoologie qui traite des animaux zoophytes, peut être, comme
toutes les autres parties de la science, partagée en différentes
époques, caractérisées par les ouvrages systématiques, à mesure qu'ils ont été exécutés sur un plan nouveau; plan qu'ont
adopté un certain nombre d'auteurs copistes, abbréviateurs,
traducteurs, et qui ont eu pour base des travaux plus ou
moins spéciaux, plus ou moins étendus, ayant rapport à l'organisation, à la physiologie, à l'histoire naturelle ou à la distribution systématique des espèces. C'est, en effet, l'ordre que nous
adoptons; c'est-à-dire, que nous intercalerons les travaux
spéciaux dans l'exposition des travaux d'ensemble, qui ont eu
pour but la grande division des zoophytes, que nous consi-
dérerons un moment comme naturelle, sauf à démontrer
plus tard le contraire.

Ce dernier type du règne animal, que l'on ne trouve désigné sous un nom collectif que par les zoologistes anciens
ou par les plus modernes, Linné et son école les ayant reportés, d'une manière presque arbitraire, dans sa grande
classe des Vers, étoit beaucoup trop difficile à se procurer,
et surtout à conserver, et même à observer par les moyens
ordinaires de nos sens, pour que les naturalistes de l'anti-
quité aient pu s'en occuper d'une manière un peu étendue.

Ainsi Aristote, qui paroît cependant avoir connu des
espèces des classes principales qui le constituent, n'a jamais
employé le mot de zoophytes comme nom collectif ou autrement, quoiqu'à l'occasion des éponges il ait dit qu'elles
tiennent davantage des plantes que des animaux, et qu'on
peut douter si ce sont des animaux ou des végétaux; mais
le mot complexe de zoophytes ne se trouve pas dans ses

ouvrages; aussi c'est à tort que quelques auteurs le lui attribuent.

Je ne vois pas qu'il ait connu les animaux que nous désignons aujourd'hui sous le nom d'*Holothuries*. Il emploie bien cette dénomination, dont l'étymologie paroît inconnue; mais il l'applique à des êtres qui n'ont pas la faculté de se mouvoir, quoiqu'ils ne soient pas attachés; ce qui fait présumer qu'il indique par ce mot les actinies, que nous allons voir cependant désignées par lui sous les noms d'*acalephos*, de *knide* ou *ortie*, et qu'il range également, en effet, parmi les animaux qui tiennent à la fois de l'animal et de la plante.

Aristote a, au contraire, parfaitement connu les oursins et les astéries, qu'il désigne, les premiers, sous le nom de hérissons de mer; les secondes, sous celui d'étoiles de mer; mais il en a fait des animaux de sa division des testacés : rapprochement que nous verrons avoir été admis jusqu'à la fin du dernier siècle. Du reste, il en distingue très-bien plusieurs espèces: les spatangues, les brysses, les échinomètres, qui sont les plus grandes, les hérissons de mer proprement dits, et enfin une plus petite espèce; mais je ne vois pas que sa distinction soit établie sur des caractères suffisans pour qu'il soit possible de reconnoître aujourd'hui, d'une manière un peu certaine, les animaux dont il a voulu parler.

Pour les étoiles de mer, qu'il énumère dans un passage parmi les êtres équivoques entre l'animal et la plante, tandis que dans un autre il les range parmi les testacés, le peu qu'il en dit est très-incomplet et assez difficile à entendre.

Les méduses paroissent aussi avoir été connues d'Aristote; mais il les confond avec les actinies proprement dites, sous la dénomination commune d'orties de mer, *Acalèphe* et *Knide*, qui signifie ortie. Ce sont encore des êtres dont la nature est équivoque entre la plante et l'animal. En effet, dit-il, il est de l'animal de se mouvoir, de se diriger vers sa nourriture et de sentir ce qu'il rencontre, ainsi que de faire servir à sa défense les parties fermes et dures de son corps; mais avoir une organisation très-simple, s'attacher facilement aux rochers, et avoir une bouche sans orifice apparent qui serve d'issue aux excrémens, cela tient davantage de la plante. En d'autres endroits de ses ouvrages, Aristote donne quelques

détails d'organisation et de mœurs sur ses acaléphes. Entre
autres choses, il dit qu'il y en a qui restent fixés sur les
rochers et autres corps submergés, et d'autres qui s'en détachent; observation qui a porté un assez grand nombre d'auteurs à penser qu'il étoit question d'actinies et de méduses;
mais cela n'est pas hors de doute.

De tout le reste des animaux qui constituent les zoophytes
des zoologistes modernes, je ne vois pas qu'Aristote en ait
connu d'autres que les éponges, sur lesquelles il donne des
détails assez étendus.

Quant aux animaux qu'il appelle polypes, il est bien connu
que ce ne sont pas ceux que nous nommons ainsi aujourd'hui;
mais bien nos poulpes, sur lesquels Aristote a laissé de bonnes
observations.

Il n'est pas certain que son *Pneumon*, que l'on a traduit par
poumon marin, soit une méduse, comme quelques auteurs
l'assurent, et non pas un testacé.

Pour ses téthyes, il est évident que ce sont nos ascidies.

Pline, comme on le pense bien, n'a pas beaucoup ajouté
à ce qu'Aristote avoit dit de nos zoophytes. Il s'est borné à
traduire les noms grecs d'oursins, d'étoiles de mer, d'orties,
d'éponges, par ceux d'*echini*, de *stellæ marinæ*, d'*urticæ marinæ* et de *spongiæ*, sans rien ajouter au peu qu'avoit dit Aristote. Il n'a pas plus que lui employé le terme de zoophytes,
quoiqu'il ait très-bien dit que ces êtres ne sont ni des plantes,
ni des animaux; mais quelque chose d'intermédiaire.

Élien ne s'est pas servi davantage de cette dénomination de
zoophytes ou d'animaux-plantes, et si l'on trouve en différens
endroits de son recueil les noms de hérissons, d'étoiles, de
poumons de mer; ce n'est qu'à l'occasion de quelques particularités tout-à-fait insignifiantes et même complétement erronées.

Je ne vois pas qu'Oppien, dans son poëme sur la pêche,
ait rien dit de plus que les auteurs qui l'avoient précédé.

Sextus Empiricus pourroit bien être l'auteur qui, le premier, ait réellement employé l'expression de zoophytes; mais
il ne paroit pas que ce soit pour indiquer les êtres qu'Aristote
regardoit comme intermédiaires aux animaux et aux végétaux,
puisqu'il dit que ce sont des êtres qui se trouvent dans les
chemins et qui se produisent par le feu.

Isidore de Séville et, beaucoup plus tard, Albert-le-Grand ont fait usage de cette expression pour les véritables zoophytes; mais ils n'ont rien ajouté à ce que les anciens nous ont laissé sur l'histoire naturelle de ces animaux.

Les premiers traducteurs d'Aristote, Budée et Théodore Gaza, durent aussi l'employer, et, depuis, elle a été généralement adoptée.

Wotton, dans l'ouvrage fort remarquable qu'il a publié sur les animaux, emploie aussi le même mot pour les mêmes êtres. En effet, ses zoophytes comprennent les téthyes, les holothuries, les étoiles, les poumons marins, les orties de mer et les éponges.

Je trouve également, dans cet auteur, l'emploi de l'expression *purgamenta maris* pour une division d'êtres dont on ne connoissoit pas les rapports.

Depuis lors, tous les naturalistes de la renaissance des lettres employèrent la dénomination classique de zoophytes; mais il y eut toujours quelque incertitude sur l'application qu'ils firent des noms laissés par les anciens aux objets qu'ils avoient sous les yeux. En outre ils rangèrent parmi les zoophytes des animaux de classes toutes différentes, qu'ils désignèrent par des noms tirés d'une ressemblance grossière avec des êtres terrestres.

Ainsi Belon y plaça les anatifes ou pouce-pieds avec les éponges, les holothuries et les téthyes, qu'il paroît avoir fort mal connues et confondues, quoique sa téthye fût évidemment une ascidie.

Il rangea, au contraire, les orties de mer, dénomination qu'il réserva pour les actinies, parmi les mollusques, de même qu'il traita des oursins et des étoiles de mer parmi les testacés ou ostracodermes, toutefois en les spécifiant d'une manière assez complète.

Ses *dejectamenta maris* sont encore beaucoup plus hétéroclites, puisqu'elles contiennent les néréides, les méduses, sous le nom de lièvres marins, et sous celui de poumon marin, *hepar marinum*, le rémora, qui est sans doute une aplysie; le priape de mer, qui paroît être une holothurie, et enfin les cymothoas, sous la dénomination d'*asilus* ou d'*œstrus marinus*, des larves de friganes, les arénicoles, sous le nom de lombric marin, et jusqu'à un poisson, l'hippocampe.

Rondelet, peu de temps après, en adoptant les mêmes divisions, fit à peu près la même confusion ; mais il commença à faire connoître quelques espèces nouvelles, comme différentes étoiles de mer, des genres Ophiure et Euryale ; en outre, des animaux de genres tout-à-fait nouveaux, comme des Pennatules, des Eschares, des Alcyoniens sous le nom de *malum insanum marinum*. Il appliqua, d'une manière définitive, la dénomination d'holothurie aux animaux que nous connoissons aujourd'hui sous ce nom. Cependant il en plaça encore une espèce parmi les orties de mer, et il y rapporta, au contraire, une espèce de firole. Il en distingua nettement les téthyes, qui sont nos ascidies d'aujourd'hui ; il appliqua, d'une manière définitive, le nom d'orties de mer libres aux méduses, et celui d'orties de mer fixées aux actinies, en appuyant cette distinction de figures reconnoissables.

Ces différentes améliorations furent consignées dans le grand Dictionnaire de Conrad Gesner, publié pour la première fois en 1604. En effet, il y donna une table synoptique des espèces d'orties de mer partagées comme l'avoit fait Rondelet. Les oursins et les étoiles de mer sont réunis parmi les testacés ; mais les eschares, les pennatules, constituent les zoophytes marins.

Je trouve aussi dans cet auteur le lobulaire, indiqué et figuré sous le nom de main-de-mer, *manus marina*.

Dans un autre ouvrage du même auteur (*de fig. lapidum*, pag. 36), on voit paroître pour la première fois une espèce de gorgone (*G. verrucosa*), dans la description de laquelle il est question de pores ou de cellules comme contenant un ver à beaucoup de pieds (*vermis multipes*).

Je noterai aussi que cet auteur avoit parfaitement senti que dans cette dernière division des animaux il y avoit un ordre de perfectionnement d'organisation depuis les éponges. qui sont les plus voisines des plantes, par les poumons de mer (alcyon), les holothuries, les téthyes, et d'autres zoophytes plus parfaits, jusqu'aux conques que précèdent les coquillages univalves.

Aldrovande nous montre peut-être encore mieux que Gesner l'état de la zoophytologie, parce que sa compilation est méthodique. On y voit ces êtres former la dernière division de tout le règne animal, et se composer des actinies, sous le nom d'orties de mer fixées; des méduses, sous celui d'orties de mer libres; des alcyons, sous la dénomination de poumons marins et de *malum granatum;* des holothuries, en y confondant une firole; des ascidies, qu'il nomme téthyes, en y confondant cependant les véritables téthyes de M. de Lamarck; des pennatules (*pennæ marinæ*) ; des lobulaires, sous le nom de *manus marina,* et probablement des espèces encroûtantes.

Les oursins sont définitivement parmi les testacés; mais, par une singularité assez remarquable, les astéries sont placées à la fin de la division des insectes.

Il n'y a pas de division pour les *purgamenta maris.*

Ici se termine la première partie de l'histoire de la zoophytologie, où l'on voit la dénomination de zoophyte adoptée généralement avec l'idée que les êtres qu'on rangeoit dans cette division, étoient intermédiaires aux animaux et aux végétaux, mais elle ne renferme encore que le plus petit nombre des êtres que les zoologistes y ont rapportés par la suite.

Vers le milieu du siècle où l'ouvrage d'Aldrovande avoit fait connoître l'état de l'histoire naturelle en général, parut un des ouvrages les plus intéressans pour l'histoire naturelle des zoophytes ; ouvrage qui commence la longue série de ceux que nous devons sur le même sujet aux naturalistes italiens. Je veux parler de l'Histoire naturelle de Ferrante Imperato, de Naples. Outre un grand nombre d'observations nouvelles sur des animaux vivans qui ont été rangés depuis, quoique à tort, parmi les zoophytes, comme les vélelles, on y trouve sur les coraux, les madrépores, les tubipores, etc., les bases de l'opinion généralement adoptée depuis sur la nature véritablement animale de tous ces corps organisés; mais avant que la vérité de cette opinion fut reconnue, il falloit qu'ils eussent été successivement placés dans les deux autres règnes.

Les anciens, qui avoient une connoissance très-incomplète des coraux, le génie d'Aristote ne leur ayant rien laissé à ce sujet, s'étoient déterminés, d'après la considération seule de la forme extérieure, à en faire des végétaux, d'où les noms de *lythophyton* ou de *lithodendron,* sous lesquels ils furent connus pendant long-temps, d'après Dioscoride. Avant lui on les trouve désignés par les dénominations de *coralium*, de *curalium*, et enfin, de *corallium*, dont l'étymologie est inconnue, dans Théophraste, Pline et Ovide.

A la renaissance des lettres les commentateurs nombreux de Dioscoride n'allèrent guères plus loin que lui. C'est donc, à ce qu'il paroît, Imperato qui, le premier, entrevit le passage graduel des coraux aux tubulaires, aux madrépores, et qui reconnut, comme sur ces derniers, le caractère animal se prononcer de plus en plus, au point qu'il les compare aux vélelles. C'est aussi dans cet auteur original que l'on trouve pour la première fois les termes de pore, madrépore, millépore, rétépore, tubipore, ainsi que ceux de fungite, d'astréolites, de porpites, etc., qui depuis ont été affectés à des formes déterminées, ce que nous avons nommé des genres. On y trouve aussi les dénominations d'alcyon déjà employée par Dioscoride, de coralline, de sertulaire et plusieurs autres, qui ont été adoptées comme désignant des genres par les zoologistes modernes.

Ces germes, semés par Imperato, furent cependant long-temps enfouis, au point que, dans tout le cours du 17.e siècle, les corps organisés, dont il avoit signalé l'existence par de bonnes figures et par des dénominations particulières, furent regardés comme appartenant au règne minéral, ce qu'il faisoit lui-même, par exemple par Boccone, Guisoni, et la plupart des premiers oryctographes, ou au règne végétal, comme on le voit dans les ouvrages de Césalpin, de Bauhin, de Lobel, de Tournefort, de Rai, de   .ison, de Geoffroy, etc. Malgré cela, ces différens auteurs, tout en se trompant sur la nature des coraux, qu'ils partageoient en lithophytes et en kératophytes, suivant que leur partie solide, la seule qu'on connût, étoit calcaire ou cornée, n'en augmentèrent pas moins le nombre des espèces et les partagèrent en genres, qu'ils s'efforcèrent de caractériser d'une manière plus nette. C'est ainsi que les corallines et les sertulaires, qu'ils plaçoient parmi les mousses, les eschares, les alcyons et même les pennatules, dont ils faisoient des fucus, furent successivement et assez clairement établis en genres distincts.

Dès cette époque on remarque cependant déjà plusieurs

auteurs qui, comme Boccone et Lluid, soupçonnèrent la nature animale de quelques-unes de ces productions. Ainsi le premier, quoiqu'il eût voulu que le corail fût une pierre, et non pas une plante, avoit reconnu, à tort peut-être, que l'*alcyonium asbestinum* étoit une ruche d'animaux, et le dernier (*Acta anglica*, vol. 28, p. 275) avoit pensé que la tubulaire indivise devoit être regardée comme un zoophyte.

Ces différens faits coïncidant avec l'époque à laquelle la classification des plantes commençoit à prendre ses bases sur la considération des fleurs, il étoit tout naturel que Marsigli, probablement éveillé à ce sujet par l'opinion des apothicaires de Marseille, qui, comme nous l'apprend Boccone, admettoient des fleurs pour le corail, décrivit comme telles, dans son Essai sur la mer, les polypes qu'il avoit observés dans l'alcyon palmé, dans le véritable corail et dans les antipathes. Ainsi l'opinion des botanistes qui réclamoient tous les coraux, tous les polypiers, comme appartenant au règne végétal, parut confirmée, et la véritable nature de ces êtres fut encore inconnue pendant quelque temps, quoique des chimistes eussent fait l'observation que les principes qui entroient dans leur composition étoient beaucoup plus animaux que végétaux, et que Marsigli lui-même eût fait l'observation que les fleurs du corail disparoissoient, quand on le mettoit dans l'eau douce ou quand on le retiroit tout-à-fait de l'eau; aussi le moment étoit arrivé où ils alloient passer définitivement dans le règne auquel ils appartiennent, quoique en 1700 même Tournefort ait encore publié un mémoire pour distinguer les plantes marines des plantes maritimes, et dans lequel il se sert de la manière dont il suppose que croissent les madrépores, pour établir son opinion sur la germination et la végétation des pierres. Du reste il décrit et figure même assez bien dans ce mémoire la fongie bonnet de M. de Lamarck et deux espèces de gorgones sous le nom de lithophyton. Réaumur lui-même publia encore en 1727 un mémoire pour expliquer comment des corps pierreux peuvent végéter, en supposant que, dans le corail, par exemple, il n'y avoit que l'écorce seule qui végétoit et qui formoit une tige en déposant les grains rouges dont elle étoit remplie.

Rumph, qui avoit eu l'occasion d'examiner un grand nombre de coraux vivans dans l'archipel Indien, où ils sont répandus avec profusion, ayant établi une division particulière pour les zoophytes, fut peut-être le premier qui démontra la nature animale de beaucoup d'espèces de ces prétendues plantes ; mais ce ne fut réellement qu'en 1727 que Réaumur fit connoître à l'Académie des sciences la découverte célèbre faite par Peyssonell dans la Méditerranée, soit à Marseille, soit sur les côtes de Barbarie, de l'animalité des lithophytes, en assurant que ce que Marsigli avoit décrit et figuré comme les fleurs du corail, étoient de véritables animaux agrégés, tout-à-fait analogues aux actinies, et nullement à ce qu'il avoit décrit lui-même comme les fleurs des plantes marines dans les Mémoires de l'Académie, en 1711 et 1712 : par conséquent, qu'il falloit regarder les madrépores, les millépores, et en général tous les lithophytes, comme des têts agrégés, comme les habitations de ces animaux.

Cette découverte importante, à laquelle avoit été conduit certainement Peyssonell par les observations de Marsigli, ne fut cependant pas immédiatement adoptée, et Réaumur lui-même, dans le mémoire où il l'a rapportée, chercha à en contester l'évidence, et craignit même d'en nommer l'auteur ; mais il fut obligé de l'admettre, lorsque Trembley, dans une lettre qu'il lui adressa au mois de Décembre 1740, eut fait connoître toutes les singularités de l'histoire naturelle d'un petit animal connu dans les eaux douces de l'Europe, et qui, déjà signalé par un auteur anonyme dans les Mémoires de la Société royale de Londres, avoit été oublié pendant plus de dix ans. On vit en effet dans le polype d'eau douce, nommé hydre par Linné, le type nu des animaux des coraux.

En vain Shaw, dans son Voyage en Barbarie, proposa-t-il de regarder comme de simples radicules nourricières les filamens onduleux qu'il avoit vus sortir des impressions stelliformes du *madrepora ramea* et de quelques autres madrépores agrégés vivans, la découverte de Peyssonell prit toute la consistance qu'elle méritoit, surtout lorsque Bernard de Jussieu et Guettard, de l'Académie des sciences, eurent exécuté un voyage sur les bords de la mer : l'un dans la Manche, l'autre dans l'Océan, dans le but spécial de la vérifier et de l'étendre, en l'appliquant à un plus grand nombre d'êtres, ce qu'ils firent pour les tubulaires, les flustres, les lobulaires. C'est, à ce qu'il me semble, dans le mémoire de Bernard de Jussieu que se trouve pour la première fois employé le nom de polype, pour désigner les petits animaux qui, habitant de prétendues plantes marines, sont pourvus à la tête ou sur le corps de cornes (tentacules), qui leur servent de mains ou de pieds, pour prendre leur nourriture ou pour marcher.

Réaumur, dès-lors convaincu, dans la préface du sixième volume de ses Mémoires sur les insectes, publiés en 1742, adopta pleinement la manière de voir de Peyssonell, confirmée par Jussieu et Guettard. Il créa le nom de *polypier*, adopté généralement depuis, sans trop de critique, pour désigner la partie solide de quelque nature qu'elle soit, sur laquelle vivent ces petits animaux qu'il désigna, avec B. de Jussieu, sous la dénomination générale de polypes, qu'il avoit donnée à ceux découverts par Trembley, parce que, dit-il, leurs cornes (tentacules) lui parurent analogues aux bras de l'animal de mer que les anciens nommoient *polypos*. Ainsi rentra définitivement dans le règne animal une classe toute entière et extrêmement nombreuse d'êtres que, par leur mode de réunion intime, on avoit considérés long-temps comme des végétaux, et qui, regardés à part, furent reconnus comme des animaux voisins des actinies et par conséquent devant entrer dans la grande division des zoophytes.

Cependant, malgré la confirmation donnée à la manière de voir de Peyssonell par Lœfling, sur les sertulaires et les eschares, dans une communication à la Société royale de Suède, et par Trembley lui-même, d'après le témoignage de Watson, sur le *sertularia cupressina*, Linné, qui, dans les premières éditions du *Systema naturæ*, avoit imité Rai, en plaçant les lithophytes dans le règne végétal, conserva encore quelques doutes. En effet, en 1745, dans l'introduction à sa Dissertation sur les coraux de la Baltique, il dit, après avoir énuméré les raisons qu'ont opposées successivement les auteurs qui ont soutenu que c'étoient des minéraux, des végétaux ou des animaux, qu'il est obligé d'avouer que l'opinion à préférer aux autres ne lui paroît pas encore facile à choisir[1]. Toutefois il paroît que peu de temps après il fut convaincu, puisque dans la sixième édition de son immortel ouvrage, Linné comprit les coraux dans le règne animal sous le nom de *Vermes lithophyta*, en admettant les genres *Tubipora*, *Madrepora*, *Millepora* et *Sertularia*, qui correspondent au genre *Corallina* de Rai. Mais en même temps que Linné faisoit cette heureuse innovation, il rompoit évidemment les rapports naturels de ces êtres, en les séparant par son ordre des *Vermes testacea* de celui qu'il désignoit par la dénomination de *Vermes zoophyta*; ordre qui, avec les genres *Echinus*, *Asterias*, *Medusa*, *Salacia* et *Hydra*, convenablement réunis, renferme les genres *Amphitrite*, *Nereis*, *Aphrodita*, qui sont des entomozoaires chétopodes, ainsi que les genres *Sepia*, *Limax* et *Lernæa* (*Aplysia*), qui sont des malacozoaires.

Ainsi, à cette seconde époque de la zoophytologie, tous les animaux zoophytes sur la nature desquels on avoit eu des doutes prolongés, étoient définitivement rangés dans le règne animal par les auteurs systématiques; mais ils étoient encore bien loin d'être groupés, d'être réunis d'une manière convenable, comme nous allons le voir dans la troisième époque, par suite de travaux particuliers sur quelques-uns de ces animaux.

Un des premiers ouvrages qui ont dû servir au perfectionnement de la zoophytologie, est sans aucun doute celui que Vitali Donati publia sur la mer Adriatique, et dans lequel il a décrit les animaux d'un assez grand nombre de polypiers qu'avoit déjà figurés Imperato.

C'est aussi à la même époque que les polypiers plus ou moins flexibles, connus sous les noms de sertulaires, de cellulaires, d'eschares, de tubulaires, d'alcyons, purent être encore beaucoup mieux distribués, par suite du travail extrêmement remarquable d'Ellis, sur les corallines; travail qui a servi de base à tout ce qu'on a fait de bon sur ces genres d'animaux. Cet auteur ne fut cependant pas très-heureux dans la distri-

---

[1] *Illis autem singulis quum gravissimæ sint causæ, cur potius aut lapideo, aut vegetabili, aut animali regno adjudicare velint corallia, nobis ingenue fateri licebit, nondum facile patere, quanam sententia reliquis sit anteponenda.*

bution méthodique des nombreuses espèces qu'il a examinées. Il les réunit presque toutes sous la dénomination commune de corallines, comme l'avoit fait Rai, en les regardant
comme des plantes.

Malgré les nouvelles recherches d'Ellis, qui sembloient devoir confirmer la découverte de Peyssonell d'une manière
irrécusable, quelques auteurs, et entre autres Hill, Tar-
gioni, et surtout Baster, voulurent encore lui opposer des
objections; mais elles furent solidement réfutées par Ellis
lui-même dans un mémoire inséré dans le 5o.ᵉ volume des
Transactions philosophiques, en sorte que Baster, dans l'un
des meilleurs mémoires de ses *Opuscula subsceciva*, l'adopta
complétement.

Tandis qu'ainsi la division des zoophytes augmentoit en
nombre et en consistance par le rapprochement d'êtres nouvellement découverts ou qui en avoient été depuis long-
temps éloignés, les groupes qui y étoient anciennement admis,
comme les holothuries, les oursins, les astéries, les méduses,
les actinies, les pennatules, les alcyons, les éponges même,
éprouvoient une plus grande extension et étoient beaucoup
mieux connus par des travaux particuliers des zoologistes et
des voyageurs.

Ainsi Link publia, en 1735, une monographie des étoiles
de mer, qui est encore aujourd'hui la base de tout ce qu'on
a fait sur la distribution systématique des espèces de cette
famille fort remarquable; ouvrage auquel a été ajouté ce que
Réaumur avoit dit sur le mode de locomotion de ces animaux, et Kade sur leur organisation.

Bianchi (*Plancus*), dans les mélanges qui constituent son
ouvrage, fournit des élémens souvent intéressans à la distribution naturelle des zoophytes; ainsi c'est lui qui le premier,
à ce qu'il me semble, sentit les rapports qu'il y a entre les
holothuries et les oursins, en nommant celles-là des oursins
coriaces.

Klein, dans sa monographie des véritables échinides, pré-
paroit la classification plus complète qui a été donnée de ces
animaux par Van Phelsum, Leske, etc.

Borlase, dans son Histoire naturelle de Cornouailles, ajou-
toit à la connoissance réelle de plusieurs animaux de ce type,

Sloane et surtout Browne, l'un dans son Histoire naturelle des Barbades, l'autre dans celle de la Jamaïque, commencèrent à donner des détails sur les méduses et sur quelques animaux qu'on en a rapprochés à tort, comme les physales, etc.

Lœfling, dans son Voyage en Espagne, faisoit aussi connoître quelques méduses.

Enfin, vers la même époque, les observations de Trembley sur des animaux d'une assez petite dimension, conduisirent à l'étude d'animaux encore beaucoup plus petits, auxquels on donne le nom d'animaux microscopiques, parce qu'on ne peut guère les apercevoir qu'au moyen du microscope. Leuwenhoeck et Hartsoëker avoient commencé; mais les observations de Hill, de Ledermuller, de Backer, de Röesel, de Schæffer en augmentèrent considérablement le nombre. La difficulté de l'observation, le peu de principes qui guidoient la plupart des observateurs, furent sans doute la cause que ces animaux furent assez mal connus, pour que les auteurs systématiques se crussent en droit de les agglomérer tous en un seul groupe, et même de les réunir aux zoophytes, ce qui a été imité par tous les zoologistes subséquens, comme si le degré de grandeur étoit nécessairement en rapport avec le degré d'organisation.

Le premier auteur systématique dans lequel on trouve rangé les animaux microscopiques, me paroît être Hill; mais comme cet auteur n'a pas admis le système de subdivision dont les germes sont dans Aristote, et qu'il n'a pas de classe sous la dénomination de zoophytes, il est assez difficile d'en donner ici l'analyse. Qu'il nous suffise de dire que, selon cet auteur, les animaux que les zoologistes les plus récens réunissent sous ce nom, sont répartis dans des sections extrêmement éloignées; ainsi les animaux infusoires, sous le nom d'animalcules, sont tout au commencement du règne animal, parce qu'il suit l'ordre d'accroissement; les Méduses, les Actinies, les Hydres, sous le nom générique de *Biota*, et les Astéries, sont pêle-mêle sous la dénomination d'*Insecta gymnothria*, dans la même section que les malacozoaires nus, et que les chétopodes, entre les insectes proprement dits et les amphibies, animaux vertébrés; tandis que les oursins, sous la dénomination classique de *centroniæ*, sont immédiatement après les poissons, au-dessus des coquillages: d'où l'on voit que le seul per-

fectionnement de l'ouvrage de Hill se borne à l'introduction
dans le système des animaux microscopiques, qu'il partage du
reste d'une manière assez convenable en trois classes, suivant
qu'ils sont nus (*gymnia*), qu'ils ont une queue (*cercaria*), ou
qu'ils ont des membres visibles (*arthronia*), et parmi lesquels
il a formé les genres *Enchelides*, *Cyclidium*, *Paramœcia*, *Cras-
pidaria* (*Urceolaria*), *Brachurus*, *Macrocercus* (*Vorticella* et
Zoosperma), *Scelarium* et *Brachioides*.

Linné, dans les éditions du *Systema naturæ* qui précédèrent
le traité spécial de Pallas sur les zoophytes, ne changea que
fort peu de chose aux six premières éditions, du moins sous le
rapport des animaux que l'on réunit aujourd'hui sous le nom
de zoophytes; ils furent toujours divisés dans sa classe des
vers.

L'ouvrage spécial de Pallas sur les zoophytes que nous venons
de citer, doit être considéré comme le terme de la troisième
époque de la zoophytologie, et en effet c'est encore en ce moment l'un des plus classiques et des mieux faits qui aient été
publiés en zoologie. Il n'y traite cependant pas, il s'en faut
de beaucoup, de tous les animaux que l'on connoît aujour-
d'hui sous le nom de zoophytes, la définition qu'il en donne,
ne leur convenant nullement[1]. Il se borne à y ranger les
genres *Hydra*, *Eschara*, *Cellularia*, *Tubularia*, *Sertularia*,
Gorgonia, *Antipathes*, *Isis*, *Millepora*, *Madrepora*, *Tubipora*,
Alcyonium, *Pennatula*, *Spongia*, caractérisés d'une manière
parfaite, et sous le titre de *Genera ambigua*, les genres *Tæ-
nia*, *Volvox* et *Corallina*. Ainsi, dans les zoophytes de Pallas il
n'y a presque aucun des animaux que les anciens regardoient
comme intermédiaires aux végétaux et aux animaux; mais
bien tous ceux qu'ils ne connoissoient pas, ou qu'ils pensoient
appartenir au règne minéral, c'est-à-dire leurs *Corallia*.

Du reste, ces genres sont parfaitement groupés, si ce n'est
cependant le genre *Brachionus*, qu'on est étonné de trouver
entre les tubulaires et les sertulaires; mais, sauf cette légère
erreur, les considérations générales que Pallas a placées dans
son introduction, celles qui ont rapport à chaque genre, la ma-

---

[1] *Animalia verè vegetantia, in plantæ formam excrescentia, planta-
rumque alias quoque proprietates affectantia, esse plantas quasi animatas.*

nière dont les espèces sont décrites, sont tout-à-fait dignes de la célébrité du zoologiste allemand. Malheureusement les genres semblent être presque placés au hasard, ce qui n'a pas lieu pour les espèces, et surtout pour celles qui composent son grand genre Madrépore, qu'il partage en : 1) *Simplices*, 2) *Concatenatæ* et *Conglomeratæ*, 3) *Aggregatæ*, 4) *Dichotomæ*, 5) *Vegetantes*, 6) *Anomalæ* (intermédiaires aux deux précédentes), divisions qui pour la plupart sont devenues des genres pour les zoologistes modernes.

Il faut aussi remarquer que Pallas a laissé les corallines proprement dites parmi les végétaux.

Le système zoophytologique de Pallas fut exposé d'une manière assez convenable et accompagné de figures, dans un mémoire de J. E. Roques de Maumont sur les polypiers de mer; on y trouve cependant peu de choses nouvelles, si ce n'est que les genres de Pallas sont distribués d'une manière assez convenable en trois ordres.

Dans le premier, dont les polypiers sont mous et flexibles, sont les corallines envisagées à la manière d'Ellis, les eschares molles, nommées flustres aujourd'hui; les éponges, les alcyons et les kératophytes ou gorgones.

Dans le second, où la substance du polypier est plus dure et plus roide, se trouvent seulement les faux coraux ou le genre Isis, tel qu'il est maintenant défini.

Enfin, dans le troisième, où le polypier est d'une nature pierreuse, sont les coraux proprement dits, dont l'auteur fait un genre distinct, les madrépores, les astroïdes (astrées), les tubipores, les millépores, les rétépores, les frondipores ou eschares pierreuses, les méandrites et les fongipores.

Ainsi Roques de Maumont a commencé à désigner, sous des noms génériques particuliers, une partie des divisions de Pallas.

Dans l'intervalle qui sépare l'apparition de l'*Elenchus zoophytorum* de ce dernier et la dernière édition du *Systema naturæ* de Linné, ainsi que le tableau des vers de l'Encyclopédie méthodique par Bruguière, ouvrages qui closent à peu près la période de la distribution artificielle des animaux, l'étude des différentes classes qui constituent le type des zoophytes, s'étendit d'une manière remarquable, et au fur et mesure les perfectionnemens qui en résultèrent, furent mis en œuvre par quelques auteurs systématiques.

Un seul peut-être, Maratti, essaya encore en 1776, de soutenir après discussion dans la préface de son Catalogue des zoophytes et des lithophytes de la Méditerranée, que ce sont de véritables plantes, dans lesquelles des animaux de genres différens déposent leurs œufs, comme certains insectes le font dans la peau de plusieurs mammifères ou dans le parenchyme des fruits et des plantes; mais cette hypothèse ne dut certainement pas ébranler la conviction devenue générale sur l'animalité des coraux.

Parmi les travaux particuliers qui durent contribuer au perfectionnement de la classification des zoophytes, je dois d'abord faire observer que Pallas lui-même, dans plusieurs mémoires particuliers insérés dans ses *Miscellanea* et ses *Spicilegia*, éclaira plusieurs points de l'organisation et de la classification de quelques animaux de ce type. Ainsi, dans un mémoire sur l'animal qu'il nomme *actinia doliolum*, et qui est une véritable holothurie pour les zoologistes modernes, il établit la division des espèces de ce genre en deux sections: les actinies fixées qui n'ont pas d'anus, ou les véritables actinies actuelles, et les actinies vagantes ou libres (holothuries), qui ont un anus et des cirrhes tentaculaires analogues à ce qui existe dans les oursins et les astéries, avec lesquels il trouve qu'elles ont de grands rapports. A ce sujet il rappelle même que, d'après sa manière de voir pour l'établissement des ordres naturels parmi les mollusques, on devra y former, sous le nom de *centroniæ*, un ordre distinct et bien naturel avec les actinies, y compris par conséquent les holothuries, les oursins, les astéries et les encrines, dont les entroques, les astrées, les caryophyllies, lui paroissent être des articulations.

Dans un autre mémoire sur les pennatules il reconnoit parfaitement l'analogie de ce genre avec les alcyons, dont on fait aujourd'hui le genre Lobulaire, ce qui au reste avoit été établi, quelques années auparavant, par Bohadsch, dans un des mémoires qui constituent son livre déjà très-remarquable pour le temps, mais encore fort utile à consulter aujourd'hui, sur quelques animaux marins. On trouvera aussi dans ce même ouvrage un mémoire sur les holothuries qu'il nommoit

hydra, parce qu'il crut que ces animaux offroient les caractères assignés à ce genre par Linné, et dans lequel on remarque déjà de bonnes observations anatomiques. Dans un autre
chapitre il parle aussi des siponcles sous le nom générique de
syrinx, et il les rapproche des holothuries.

Les travaux nombreux et importans d'un autre naturaliste
du Nord, Othon-Frédéric Muller, quoique dirigés par un
esprit moins profondément systématique que celui de Pallas,
eurent cependant aussi une influence fort remarquable pour
l'avancement de la zoophytologie. En effet, son ouvrage sur
les animalcules infusoires fluviatiles et marins, qui parut après
sa mort par les soins d'Othon Fabricius, son compatriote, sem-
bla quadrupler et au-delà le nombre de ces animaux que leur
petitesse avoit fait nommer microscopiques et qu'alors on qua-
lifioit d'infusoires, parce qu'on admettoit qu'ils se produisoient
de toutes pièces dans les infusions végétales et animales, ce
qui nous semble bien loin d'être démontré. L'exactitude des
descriptions confirmées ou peut-être même établies sur les
figures, permit de faire entrer ces êtres dans le système général de la nature; non-seulement les genres de Hill furent
conservés, définis d'une manière plus rigoureuse : mais le nombre des espèces fut considérablement augmenté, et Muller
trouva à former quelques nouvelles coupes génériques, qui
ont été adoptées. Quoique dans ma manière de voir, établie
sur des observations nombreuses continuées pendant plusieurs
années, l'ouvrage de Muller contienne un assez grand nombre
d'erreurs et surtout de doubles emplois, déterminés peut-être
par la raison que cet auteur n'y avoit pas mis la dernière main
lorsqu'il est mort, et que son écriture étoit souvent indéchif-
frable, comme nous l'apprend Othon Fabricius, il n'en est pas
moins regardé jusqu'à un certain point, avec raison, comme
un ouvrage classique sur ce sujet, et qui devra servir de point
de départ à tout ce qu'on fera par la suite sur la même matière.

Mais Muller ne porta pas seulement son attention sur les animaux microscopiques. Ayant entrepris un grand ouvrage sur
la zoologie de son pays, il dut nécessairement rencontrer un
nombre considérable de véritables zoophytes, à la connoissance
desquels il a contribué plus que tout autre; il fit en outre
plusieurs changemens au système de Linné, en adoptant

cependant sa classe des vers. Des cinq ordres qu'il y établit,
le premier contient les infusoires, qu'il partage en deux sections, suivant qu'ils sont ou non pourvus d'organes externes.
Dans la première, encore subdivisée en deux d'après la forme
générale épaisse ou membraneuse, il place les genres *Monas* et
Protœus, nouvellement établis, avec les Volvox, les Enchelides
et les Vibrions, ainsi que les genres *Kolpode*, *Gonium* et *Bursaria*, qui sont également nouveaux, avec les Paramécies et les
Cyclidés. Dans la seconde section, partagée de même en deux,
se trouvent les genres Cercaire, Trichode, Keroné, Himantope,
Leucophre, Vorticelle, dont le corps est nu, et l'ancien genre
Brachio, chez lequel il est couvert d'un têt. La plupart de ces
genres sont nouveaux.

Le second ordre renferme les vers intestinaux ou les *helminthica*.

Le troisième, sous la dénomination de *mollusca*, contient
encore un certain nombre d'actinozoaires, et entre autres les
genres *Mammaria*, *Pedicellaria*, *Beroe* et *Lucernaria*, qui, pour
la plupart, sont nouveaux, et établis sur des animaux récemment découverts.

Le quatrième ordre, ou celui des *vermes testacea*, n'est pas
encore purgé des oursins et des étoiles de mer, et par conséquent diffère peu de ce qu'il étoit dans Linné.

Enfin, le cinquième et dernier comprend, sous la dénomination nouvelle de *cellularia* ou d'habitans de cellules, les
lithophyta et les *zoophyta* de Linné, partagés en trois sections :
la première (*calcarea*) contenant les genres Coralline, Isis,
Tubipore, Cellépore, Madrépore et Millépore ; la seconde
(*subcornea*), les genres *Fistularia*, *Tubularia*, *Sertularia* et *Gorgonia*; la troisième (*fungosa*), les genres *Pennatula*, *Alcyonium*, *Spongia* et *Clavaria*.

Ainsi, en définitive, Muller n'a que fort peu perfectionné la
disposition méthodique des zoophytes, et quoique son 5.e ordre ne contienne plus d'êtres hétéroclites, il en est encore resté
quelques-uns parmi ses Mollusques et parmi ses Testacés.

1777. Scopoli, qui n'ajouta rien de ses propres observations à
cette partie de la science, fit cependant des changemens heureux
à la distribution systématique de Linné. Il réunit, en effet, ses
zoophytes, ses mollusques et ses intestinaux dans une seule

tribu, à laquelle il donne le nom d'*helminthica* au lieu de celui de *vermes*; ce qui revient à peu près au même : il les partagea ensuite en deux sections, dont la première, celle des *corticata*, renferme les astéries, oursins, madrépores, millépores, isis, gorgones, alcyons, éponges, flustres, corallines, sertulaires, pennatules, tubulaires, brachions et vorticelles; la seconde, celle des *nuda*, est elle-même subdivisée en quatre groupes ou distributions; savoir : *a*) les *brachiata*, qui renferment les méduses; *b*) les *cirrhata*, qui contiennent les holothuries et les actinies; *c*) les *mutica*, où se trouve le genre *Siphunculus*; *d*) les *tenculata*, qui se composent de deux genres de mollusques, *Doris* et *Limax*. Enfin, tous les genres de Muller constituent une tribu particulière sous le nom d'*Infusoria*.

Ainsi, dans ce système, presque tous les animaux qui constituent les zoophytes dans la plus grande extension qu'on a donnée à ce type, sont assez bien groupés, les astéries et les oursins n'étant plus parmi les testacés, les holothuries et les actinies parmi les mollusques; les Brachions et les Vorticelles sont peut-être les seuls genres qui ne soient réellement pas à leur place.

1779. Blumenbach ne fut peut-être pas aussi heureux dans les modifications qu'il fit également subir au *Systema naturæ*. En effet, il laissa encore les méduses, les actinies et les holothuries parmi les mollusques; mais il fit un ordre particulier, sous le nom de *crustacea*, des oursins, des astéries, auprès desquelles il rangea le nouveau genre *Encrinus*, établi pour une espèce de vorticelle de Linné; il plaça du reste dans son ordre des *corallia* tous les anciens coraux des auteurs et presque tous les zoophytes de Pallas, ne conservant dans son dernier ordre que les Pennatules, les Hydres, Brachions, Vibrions, Volvox et son genre *Chaos*. Enfin il termine le règne animal par les infusoires, qu'il divise en *Aquatile*, *Infusorium* et *Spermatium*.

Batsch, dans son Manuel d'histoire naturelle, qui parut à peu près à la même époque, essaya aussi une nouvelle distribution de la classe des Vers de Linné, dans laquelle les Holothuries sont, on ne sait pas trop pourquoi, avec les Tarets, les Serpules et les Balanes, les Oursins et les Astéries, dans une division particulière; tandis que le genre Ophiure, qu'il a le premier distingué des Astéries, est, avec les Pennatules, dans une autre. Les Hydres, Tubulaires, Sertulaires, Eschares, Corallines, avec tous les Coraux et les Madrépores, forment la division des *Blumenthiere;* les Vorticelles, Crachions et Trichodes, les *Sonnenthiere,* et enfin les infusoires constituent la dernière.

Dans l'intervalle où parurent les deux derniers ouvrages systématiques qui terminent cette période de l'histoire de la zoophytologie, savoir : l'édition du *Systema naturæ* de Gmelin en Allemagne, et le Tableau méthodique des vers de Bruguière en France, divers auteurs publièrent encore des travaux plus ou moins importans sur les zoophytes.

1786. Dans ce nombre il faut compter: 1.º l'ouvrage de Forskal sur les animaux qu'il avoit observés dans son voyage en Orient, et qui renferme, quoique d'après le système de Linné, des observations intéressantes sur plusieurs genres de polypiers et quelquefois même sur leurs animaux. On y trouve décrit en outre un assez grand nombre d'espèces nouvelles d'actinies et d'holothuries, que Forskal désigne sous les noms génériques de *priapus* et de *fistularia.* C'est ce même naturaliste qui, le premier, a décrit des animaux physogastres et établi le genre Physsophore; enfin il a aussi fait connoître beaucoup de méduses nouvelles. 2.º Le grand ouvrage d'Ellis sur les zoophytes, continué et terminé par Solander, dans lequel on trouve assez de bonnes descriptions, des figures encore meilleures d'un grand nombre d'espéces de polypiers; mais sans rien de nouveau dans le système. 3.º Les excellens mémoires de Cavolini pour servir à l'histoire des polypes, et dans lesquels il fit, pour la première fois, pour un certain nombre de madrépores, de coraux et de lithophytes, ce qu'Ellis avoit fait pour les sertulaires ou polypiers flexibles, c'est-à-dire, qu'il chercha à les distribuer entre eux d'après l'étude des animaux, et non plus seulement d'après les polypiers. 4.º Le mémoire de Macri sur une grande espéce de méduse (*M. pulmo*), qui fait partie maintenant du genre Rhizostome.

On peut aussi compter comme ayant dû contribuer à l'avancement de la zoophytologie, les descriptions et les figures qu'Esper commença à publier vers 1788, et parmi lesquelles il y en a de fort bonnes et d'originales, quoiqu'un assez grand nombre soient copiées d'Ellis et Solander : je ne parle pas du système que cet auteur a suivi, il ne diffère en rien de celui de Linné.

Malgré ces nombreux élémens, la nouvelle édition du *Systema naturæ*, donnée par Gmelin en 1789, n'offrit non plus presque aucune modification un peu importante à la classification des vers de la douzième édition. On peut dire même, d'une manière générale, que le seul changement qu'elle présente se bornoit à l'introduction d'une partie des observations de Muller sur les infusoires et des auteurs que nous venons de citer. En effet, le type des actinozoaires, vrais ou faux, est toujours en partie disséminé *a*) parmi les mollusques, comme les actinies et les méduses; *b*) parmi les testacés, comme les oursins et les astéries; *c*) et constitue du reste les trois derniers ordres, lithophytes, zoophytes et infusoires; celui-ci entièrement imité de Muller. Aucun genre nouveau n'est établi; et Gmelin n'a pas profité des perfectionnemens qu'il auroit pu puiser dans les ouvrages de Pallas, de Scopoli, de Blumenbach et de Cavolini.

On en peut dire à peu près autant de Bruguière dans son Tableau méthodique des vers faisant partie de l'Encyclopédie. Il admit aussi l'ordre des infusoires de Muller; il conserva encore, dans celui des mollusques, les actinies, les hydres, les holothuries, les méduses, les physsophores et les béroës; mais il imita Blumenbach en faisant un ordre à part des oursins et des astéries sous le nom de vers échinodermes. Enfin, il termina, après les testacés, par l'ordre des zoophytes, contenant à peu près les animaux qu'y admettoit Pallas, et dans lequel il n'établit de genre nouveau que celui des Méandrines, démembré des Madrépores de cet auteur, et le genre Botrylle proposé par Gærtner, et séparé des alcyons, parmi lesquels les zoologistes modernes ont montré qu'il n'auroit jamais dû être placé, puisqu'il se compose de véritables ascidies.

Jusqu'ici, c'est-à-dire jusqu'à la fin de cette troisième époque de l'histoire de la zoophytologie, on peut dire que, malgré les avertissemens de Pallas, etc., la méthode naturelle n'avoit pas encore été introduite en zoologie. Ainsi, pour les animaux qui nous occupent, on pouvoit sans doute réunir dans la même division les *Centrina* de Pallas, c'est-à-dire les mollusques de Linné qui ont une disposition radiaire, les oursins et les astéries, que cet auteur plaçoit aussi dans ses *centrina*, et dont nous avons vu que Blumenbach et Bruguière faisoient un ordre distinct. En y joignant les zoophytes de Pallas, qui comprennent les lithophytes de Linné, on auroit eu une division bien naturelle. Il y avoit peu de chose à faire; mais l'habitude qu'on avoit, de suivre le système de Linné, l'empêchoit. Aussitôt qu'on a commencé à l'abandonner, la réunion s'est pour ainsi dire faite d'elle-même; elle a été la suite de l'application à l'ordre des mollusques du principe établi par Pallas, que la considération de la présence ou de l'absence de la coquille n'étoit pas suffisante pour nécessiter la formation des deux ordres des testacés et des mollusques. Une fois cette fusion exécutée, il restoit les mollusques radiaires, les *centrina* de Pallas, et leur place étoit naturellement déterminée auprès des zoophytes du même zoologiste. Cette détermination étoit encore une conséquence de l'observation faite par Olivi, que dans les zoophytes la considération de la présence ou de l'absence d'une partie solide n'a pas plus d'importance que dans les mollusques. Ainsi M. Cuvier, ayant exécuté la réunion indiquée par Pallas pour ces derniers animaux avec les testacés, a dû nécessairement réunir aux zoophytes les *centrina* et les échinodermes, et constituer ainsi la division des zoophytes d'une manière tout-à-fait naturelle, si ce n'est dans quelques détails. Mais entre le dernier perfectionnement du système de zoologie de Linné et l'introduction de la méthode naturelle en zoologie, la partie dont nous faisons l'histoire en ce moment, s'enrichit encore de quelques ouvrages spéciaux plus ou moins étendus, qui facilitèrent beaucoup cette introduction, parce qu'ils portèrent davantage sur l'organisation des différentes familles de zoophytes, ce qui permit de les comparer d'une manière plus profonde entre eux et avec les autres animaux.

Nous avons déjà parlé plus haut des mémoires extrêmement intéressans de Cavolini, sur les polypiers marins. Nous mettrons au moins au même rang la Zoologie adriatique d'Olivi, à cause du grand nombre d'observations aussi nouvelles qu'intéressantes qu'elle contient sur les zoophytes en général, et sur presque tous les genres en particulier.

Quoique cet auteur, malheureusement mort jeune, et aussi remarquable par la sagacité que par la sagesse de son esprit, ait cru devoir suivre dans tout son ouvrage le système de Linné, il a parfaitement senti que les lithophytes et les zoophytes ne devoient former qu'un seul et même ordre, comme au reste l'avoit établi Pallas. Il n'a pas été aussi heureux pour la place des oursins, en établissant qu'ils doivent être rangés parmi les véritables testacés, et cela peu après avoir établi un rapprochement convenable entre les actinies, les méduses et les astéries, s'appuyant sur le principe que les tégumens calcaires ne peuvent pas fournir un caractère d'ordre.

Comme considérations générales sur les zoophytes, sur leur nature réelle, sur leur histoire naturelle même, Olivi confirme la plupart des faits établis par Cavolini; il cherche à démontrer que les madrépores sont des animaux agrégés, dont le polypier est en dehors et ne fait pas partie de l'animal, ce qui est réellement faux; tandis que les gorgones, l'isis, le corail ne forment qu'un seul animal, ayant autant de têtes que de polypes, et dans la composition duquel entre nécessairement le polypier.

Comme spécialités, on peut remarquer comment Olivi a éclairci l'histoire du genre Alcyon, tel que Linné et Gmelin l'avoient adopté d'après Pallas. Il fait voir par exemple que l'*Alcyonium Schlosseri* doit constituer un genre distinct, comme l'avoit établi Gærtner, et que c'est un animal voisin des ascidies; manière de voir adoptée par tous les zoologistes modernes : il montre qu'il en est de même de l'*A. variolosum*, type du genre Distome de Gærtner.

Dans le reste des Alcyons il établit les rapports et les différences qu'il y a entre les espèces chez lesquelles les polypes sont distincts, et celles chez lesquelles la matière animale est seulement à l'extérieur de la masse, sans affecter une forme particulière, comme dans l'*Alcyonium cydonium*, dont il propose de former un genre distinct, ce qu'a fait depuis M. de Lamarck.

Olivi démontre ensuite que les éponges ont les plus grands rapports avec ces dernières espèces d'alcyons, et tout ce qu'il dit à ce sujet est véritablement rempli d'aperçus aussi exacts qu'ingénieux.

S'appuyant sur ses propres observations, il établit sous le nom de *Lamarckia* un genre distinct pour un corps organisé fort singulier, commun dans nos mers, et dont on faisoit aussi une espèce d'alcyon, mais qui, suivant lui, n'appartient pas même au règne animal.

Il soutient la même opinion sur les corallines et s'appuie sur des raisonnemens de première valeur.

Ainsi, comme on le voit par cette analyse rapide de l'ouvrage d'Olivi sur les zoophytes, cet auteur avoit parfaitement connu et établi l'animalité des éponges, leurs rapports avec les alcyons, en même temps qu'il repoussoit du règne animal les corallines, comme l'avoit fait Cavolini, et contre la manière de voir d'Ellis et de tous les auteurs linnéens.

Spallanzani avoit aussi fourni à la zoopbytologie plusieurs observations intéressantes sur quelques polypiers, sur les eschares et sur les méduses, que Modeer étudia aussi d'une manière assez intéressante dans un travail *ex professo*, qui fait partie des mémoires de l'académie de Stockholm.

Tous ces travaux particuliers avoient été publiés dans différentes parties de l'Europe, lorsque parut en France le premier ouvrage élémentaire sur la zoologie, à l'imitation de celui que Blumenbach avoit publié en Allemagne. Dans cet ouvrage M. Cuvier réunit pour la première fois, comme il a été dit plus haut, tous les animaux qui ne peuvoient entrer dans la division des mollusques, et encore moins dans celle des insectes et des vers proprement dits, sous le nom commun de zoophytes, caractérisés par l'ensemble de l'organisation d'une manière fort convenable. Il les partage en sept ordres.

Le premier, caractérisé par la nature de l'enveloppe coriace ou calcaire, répond aux échinodermes de Bruguière, mais contient de plus les holothuries avec les astéries et les oursins.

Le second, moins heureusement circonscrit et par conséquent caractérisé par la seule mollesse du corps, contient *a*) les méduses, les béroës, les actinies, parmi lesquelles sont distinguées pour la première fois comme genre, sous le nom de Zoanthe, les espèces pédiculées; *b*) les hydres ou polypes à bras, les botrylles, les corynes, les cristatelles, nouveau genre établi avec les polypes à plumets de Roësel, les vorticelles; *c*) les animaux infusoires, comme les rotifères, les brachions, les trichocerques, les vibrions, les cercaires, les bacillaires, les volvoces et les monades, entièrement d'après Muller.

Le troisième, ou celui des zoophytes proprement dits, dont le caractère consiste à présenter la substance animale traversant l'axe de la substance cornée servant d'enveloppe et chacun des rameaux terminé en polype, comprend les genres Fistulaire, établi par M. Cuvier pour un animal décrit et figuré par Roësel, qui n'est qu'un brachion ou rotifère, Tubulaire, Capsulaire, genre encore nouveau, établi avec une espèce de coryne de Muller, et Sertulaire.

Le quatrième, ou celui des eschares, dans lequel chaque polype est adhérent dans une cellule cornée ou calcaire, à parois minces, renferme les cellaires, les flustres, et avec doute les corallines.

Le cinquième, celui des cératophytes, ayant un axe de substance solide recouvert partout d'une chair sensible, des creux de laquelle sortent des polypes, est composé des genres Antipathe, Gorgone, renfermant le corail, comme subdivision, Isis, Pennatule, Vérétille et Ombellaire, deux genres nouvellement établis par M. Cuvier, et depuis généralement adoptés l'un pour le *Pennatula cynomorium*, et l'autre pour son *Pennatula encrinus*.

Le sixième, celui des lithophytes qui ont un axe ou une base pierreuse, dans laquelle sont creusés les réceptacles des polypes, renferme les madrépores, partagés en fongites, en méandrites, en astroïtes, en porites et en madrépores proprement dits; les millépores, partagés en espèces, a) branchues, b) foliacées, et c) réticulées.

Enfin, le septième et dernier, composé des zoophytes qui ont pour base une substance spongieuse, friable ou fibreuse, enduite d'une croûte sensible, contenant quelquefois des polypes, renferme les genres Alcyon et Éponge.

Cette distribution des zoophytes étoit tellement bien circonscrite, sauf l'introduction parmi eux des infusoires de Muller, des béroës et des botrylles; chacun des ordres qui y étoient établis, étoit tellement naturel et bien caractérisé, à l'exception du second, qu'aujourd'hui même il y auroit peu de chose à y changer, si ce n'est dans la disposition des espèces, dont le grand nombre, vivantes ou fossiles, a nécessité l'établissement de genres nouveaux. Aussi dans les tableaux qui font suite au premier volume de ses Leçons d'anatomie comparée, M. Cuvier ne fit aucun changement à sa méthode de zoophytologie ; seulement il ajouta, selon nous à tort, le genre Siponcle aux holothuries, et il établit parmi les méduses le genre Rhizostome avec une grande espéce de nos côtes.

Toutefois, si ce système de division des zoophytes fut à peu près généralement admis par les zoologistes qui avoient abandonné le système de Linné, il n'en fut cependant pas tout-à-fait de même de sa distribution intérieure. Les réformes devoient porter et portèrent en effet sur le second ordre. C'est ce que fit M. de Lamarck, dans la première édition de son Système des animaux sans vertèbres, en même temps qu'il établit un bien plus grand nombre de coupes génériques, au point que presque chaque genre linnéen devint le type d'une famille distincte ; il introduisit aussi plusieurs genres qui détruisirent la netteté de la circonscription des zoophytes établis par M. Cuvier.

M. de Lamarck, imitant Pallas encore plus peut-être que M. Cuvier, sépara les zoophytes de celui-ci en deux classes distinctes ; les radiaires, correspondant aux *centrina* de Pallas, et les polypes, se rapportant à ses zoophytes, et par conséquent renfermant les lithophytes, les zoophytes et les infusoires de Gmelin.

La classe des radiaires est ensuite divisée en deux ordres, *a*) les Radiaires échinodermes, pour les mêmes animaux que Bruguière avoit ainsi nommés, en y joignant les holothuries et même les siponcles, comme M. Cuvier ; mais les oursins ou échinodes sont subdivisés en oursins proprement dits, et en galérites, nucléolites, ananchites, spatangues, cassidules et clypéastres, d'après les travaux de Klein, de Van Phelsum et de Leske ; les stéllerides sont aussi subdivisés en deux genres, Astérie et Ophiure.

b) Le second ordre, sous le nom de Radiaires mollasses, comprend les genres Méduse, Rhizostome, Béroë, Lucernaire, Porpite, Vélelle, Physale, Thalie et Physsophore, dont les cinq derniers sont nouveaux ou pris dans Browne et dans Forskal, mais bien à tort placés parmi les zoophytes.

La classe des polypes est beaucoup plus nombreuse et partagée en trois ordres.

Le premier, celui des Polypes à rayons, est divisé en deux sections : la première, ayant pour caractère d'être nus, contient les genres Actinie, Zoanthe, Hydre, Coryne et Pédicellaire ; la seconde (les coralligènes), est subdivisée en deux sections, suivant la nature du polypier : dans l'une, où il est pierreux, sont les genres Madrépore, Millépore, Tubipore et Eschare de Pallas, avec les subdivisions génériques plus ou moins nouvelles, sous les noms de Cyclolite, Fongie, Caryophyllie, Astrée, Méandrine, Pavonie, Agaricie, Nullipore, Rétépore, Alvéolite, Orbulite et Sidérolite : dans l'autre section, où le polypier n'est pas entièrement pierreux, sont les genres Isis, Corail, Gorgone, Antipathe, Pennatule, Vérétille, Coralline, Tubulaire, Sertulaire, Cellaire, Cellépore, Ombellulaire, Cristatelle et Encrine, dont un très-petit nombre sont réellement nouveaux.

Les deux derniers ordres, savoir : les Polypes rotifères et amorphes, renferment les infusoires de Muller, dont M. de Lamarck n'adopte cependant pas tous les genres.

D'après cette analyse du Système de zoophytologie de M. de Lamarck, on voit qu'adoptant à peu près la disposition systématique de Pallas, améliorée par M. Cuvier, il la perfectionne encore en cela qu'il a nettement séparé les infusoires, qu'il rejette à la fin du règne animal, et peut-être en établissant un plus grand nombre de coupes génériques dans les genres de Linné et de Pallas ; mais on ne peut se cacher qu'il a commencé à en gâter la circonscription, en y introduisant les genres Physale, Thalie et Physsophore, qui ne sont point radiaires et qui, suivant nous, n'appartiennent en effet nullement à ce type.

Malgré les importans perfectionnemens apportés à la classification des zoophytes par les deux zoologistes dont nous venons d'analyser les systèmes, les naturalistes étrangers et même quelques français ne crurent pas devoir abandonner le système linnéen, modifié par Bruguière ; ainsi Blumenbach, dans les différentes éditions de son excellent Manuel d'histoire naturelle, ne fit qu'un petit nombre de changemens à la méthode qu'il avoit adoptée dans les premières, et Bosc, dans son Histoire naturelle des Vers, faisant suite au Buffon de Déterville, suivit à peu près rigoureusement Bruguière.

Il ajouta cependant quelques faits peu importans ou assez mal observés à ce que l'on connoissoit sur quelques-uns des animaux encore rangés aujourd'hui parmi les zoophytes.

Pendant le long espace de temps qui sépare la première édition des ouvrages de MM. Cuvier et de Lamarck de la seconde, les observations particulières sur différens groupes de zoophytes vrais ou faux, s'accumulèrent en assez grande quantité, et durent fournir des élémens de perfectionnement à la connoissance et à la distribution systématique de ces animaux.

La plupart n'étoient pas encore publiées ou bien n'étoient pas parvenues à la connoissance de M. Duméril, lorsqu'en 1806 il fit paroître sa Zoologie analytique : aussi se borna-t-il presque entièrement à adopter pour la classe des zoophytes la méthode de M. de Lamarck, comme il en avertit lui-même. Seulement il ne les divise pas d'abord en radiaires et en polypes, mais de suite en sept familles, 1) les Échinodermes, 2) les Malacodermes, pour les radiaires mollasses de M. de Lamarck; 3) les Infusoires ou microscopiques, parmi lesquels il place cependant les Hydres, 4) les Lithophytes ou Coralligènes, 5) les Cératophytes pour tous les polypiers flexibles, cornés ou calcaires, en y confondant les Sertulaires, les Flustres avec les Corallines, les Pennatules, les Éponges, les Alcyons avec les Gorgones, absolument comme M. de Lamarck; mais deux points sur lesquels M. Duméril diffère de ce dernier, c'est qu'il place à la tête des zoophytes les vers intestinaux en masse, et qu'il passe sous silence les genres de radiaires mollasses anomaux.

Trois ans après, M. de Lamarck, chargé de professer au Muséum cette partie de la zoologie, fit éprouver quelques changemens à son système de zoophytologie; mais ils étoient réellement assez peu importans. Le premier consiste en ce qu'il sépare encore plus nettement et avec juste raison les infusoires des radiaires et des polypes, en en formant une classe distincte, qu'il partage en deux ordres, toujours d'après l'existence ou l'absence d'organes extérieurs. Il laisse cependant dans sa classe des polypes, sous le nom de Polypes rotifères, les Brachions et genres voisins, qui sont évidemment des animaux bilatéraux.

Son second ordre des polypes, ou celui des polypes à polypiers, est partagé en quatre sections, encore d'après la considération de la nature du polypier et sans envisager le moins du monde les animaux.

Dans la première, où il peut être membraneux ou flexible, sont les genres Cristatelle, Tubulaire, Sertulaire, Cellaire, Flustre, Cellépore et Botrylle, avec un genre nouveau, sous le nom de Plumatelle.

Dans la seconde, où le polypier est composé d'un axe corné, revêtu d'un encroûtement, sont, comme dans le Système, les genres Coralline, Alcyon, Antipathe, Gorgone et Éponge, avec un nouveau genre, admis de Donati, celui des Acétabules, c'est-à-dire des êtres dans lesquels les animaux sont bien distincts et d'autres où certainement il n'y en a pas, et enfin quelques-uns qui n'appartiennent pas même au règne animal.

La troisième division, dont le polypier est en partie ou tout-à-fait pierreux ou recouvert d'un encroûtement corticiforme, ne contient que les genres Isis et Corail.

Enfin la quatrième, où le polypier est tout-à-fait pierreux, sans encroûtement, répond à la première division du Système des animaux sans vertèbres; seulement elle contient comme nouveaux, les genres Lunulite, Ovulite, Turbinolie, Ocellaire, Dactylopore et Virgulaire.

Le troisième ordre est nouveau et ne comprend que les genres Encrine et Pennatule; celui-ci subdivisé en Vérétille, Funiculine et Ombellulaire.

Enfin le quatrième, celui des polypes nus, n'a éprouvé aucun changement.

La classe des radiaires n'en a pas non plus éprouvé de bien considérables; cependant l'ordre des radiaires mollasses contient les nouveaux genres établis par Péron et Lesueur sous les noms de Stéphanomie, de Pyrosome et d'Équorée; celui-ci de la division des méduses.

C'est dans l'intervalle qui sépare la publication de la Philosophie zoologique de celle de l'Extrait du cours de M. de Lamarck, que la nombreuse collection d'objets recueillis dans leur voyage aux terres Australes par Péron et Lesueur, détermina encore de nouveaux changemens dans son Système de zoophytologie.

Ces naturalistes voyageurs publièrent en effet plusieurs mémoires sur quelques-uns des animaux qui nous occupent, et entre autres le Prodrome d'un grand travail sur les méduses, dans lequel ils se proposèrent de décrire et de figurer non-seulement toutes les espèces qu'ils avoient rencontrées pendant leur voyage, mais encore celles qui avoient été observées dans nos mers par eux et par leurs prédécesseurs. Ils en firent une sorte de *Synopsis* rigoureusement systématique, ce qui les a conduits à l'établissement d'un grand nombre de coupes génériques, dont la plupart n'ont pas encore été adoptées.

Dans ce travail Péron et Lesueur établissent parmi les médusaires, qu'ils ne définissent pas, deux premières coupes générales, suivant qu'elles sont en partie membraneuses ou entièrement gélatineuses. Dans la première sont les Porpites et les Vélelles ; dans la seconde, partagée en méduses à côtes ciliées et en méduses sans côtes ciliées, sont les Béroës, qui ne sont très-probablement pas des animaux de ce type, et les méduses proprement dites.

Celles-ci sont ensuite divisées d'une manière rigoureuse, d'après la considération de l'existence ou de l'absence de l'estomac, du nombre des bouches dans celles qui en sont pourvues, et ensuite d'après l'existence d'un pédoncule central, et d'appendices ou bras qui peuvent ou non l'accompagner; enfin, d'après l'existence ou l'absence des cirrhes marginaux.

Ainsi les méduses agastriques peuvent être sans pédoncules et sans tentacules, ou bien pourvues en même temps ou séparément de ces parties, ce qui les partage en Eudore, Bérénice, Orythie, Favonie, Lymnorée et Géryonie.

Les méduses gastriques à une seule ouverture ou bouche, peuvent être également dépourvues à la fois de pédoncules, de bras et de tentacules, ou manquer d'un seul de ces trois organes, ou les avoir tous : ce qui produit les genres Carybdée, Phorcynie, Eulimène, Équorée, Fovéolie, Pégasie, Callirhoë, Mélitée, Évagore, Océanie, Pélagie, Aglaure et Mélicerte.

Enfin, les méduses gastriques polystomes, ou à plusieurs ouvertures buccales, sont également partagées d'après les mêmes considérations en Euryale, Éphyre, Obélie, Ocyroë, Cassiopée, Aurellie, Céphée, Rhizostome, Cyanée et Chrysaore.

Quelque rigoureuse que soit cette distribution systématique

des méduses, elle n'a pu être adoptée : d'abord parce qu'elle n'a été connue que par un Prodrome sans figures, les auteurs n'ayant publié depuis que des Considérations générales sur le genre Équorée, ce qui est fort à regretter, et ensuite parce qu'elle est évidemment tout-à-fait artificielle, et ne repose pas sur des assertions hors de doute. En effet, il me semble que les observations et les figures faites pendant le voyage des auteurs, sont bien loin d'être aussi satisfaisantes que celles qui ont été faites depuis sur les méduses vivantes de nos mers.

Quoi qu'il en soit, M. de Lamarck trouva dans ces travaux, et surtout dans les richesses zoologiques rapportées par Péron et Lesueur, les matériaux de plusieurs mémoires insérés dans les Annales du Muséum, et qui entrèrent dans le Prodrome de la seconde édition de son Système des animaux sans vertèbres, qu'il publia alors sous le titre d'Extrait d'un cours sur ces animaux.

Dans cet ouvrage les mêmes principes qui avoient dirigé M. de Lamarck dans ses deux premiers essais, sont encore admis, et la Méthode de distribution systématique des zoophytes est à peu près la même. Ainsi les animaux infusoires de Muller sont toujours partagés entre la première classe toute entière et le premier ordre de celle des polypes; seulement, s'en rapportant entièrement, à ce qu'il paroît, aux figures de Muller, il a cru devoir y établir un assez bon nombre de genres nouveaux.

L'ordre des polypes nus ne contient plus les actinies, qui ont été reportées plus haut auprès des holothuries.

Celui des polypes à polypiers n'a éprouvé de modifications un peu importantes que dans l'addition de genres tout-à-fait nouveaux, ou démembrés de ceux précédemment connus.

Ainsi dans la section des polypiers vaginiformes les sertulaires ont été partagées en antennulaires, plumulaires, sérialaires, campanulaires et cornulaires; et les cellaires en anguinaires, dichotomaires et lichénulaires.

Celle des polypiers à réseau contient les genres nouveaux Adéone et Frondiculine.

Les Polypiers foraminés renferment les genres anciens Ovulite, Lunulite, Orbulite, Millépore, Favosite, Tubipore, avec les genres nouveaux Aspéropore, Échinopore et Distichopore.

Tous les autres polypiers pierreux constituent la section des Polypiers lamellifères, ainsi nommés à cause des lames qui garnissent les cellules des polypes; elle contient, outre les anciens, les genres nouveaux Styline ou Fasciculaire, Sarcinule, Monticulaire, Porite, Sériatopore et Oculine.

Le genre Virgulaire en a été retranché avec raison.

La cinquième section, sous le nom de Polypiers corticifères, réunit à peu près les seconde et troisième de la Philosophie zoologique, et renferme à la fois, d'une manière fort convenable, les genres Corail, Isis, Antipathe, Gorgone, ainsi que les genres nouveaux Cymosaire et Papillaire, qui en sont démembrés; mais bien à tort les corallines.

La sixième, qui est nouvelle, et que M. de Lamarck désigne par le nom de Polypiers empâtés, contient, outre les genres Alcyon, Éponge, Pinceau, Flabellaire et Botrylle déjà établis, les genres nouveaux Synoïque, Géodie, Téthie et Polyphore, dont le premier est une Ascidie complexe.

L'ordre des polypes flottans n'a éprouvé d'autres changemens que de s'augmenter avec raison du genre Virgulaire, qui n'est en effet qu'une Pennatule.

. La classe des Radiaires a aussi éprouvé d'assez nombreuses augmentations, dues principalement aux travaux de Péron et Lesueur.

Malheureusement l'ordre des Radiaires mollasses, partagé en deux sections, contient dans la première, très-justement nommée des Radiaires irréguliers, des êtres extrêmement hétéroclites, c'est-à-dire de véritables Actinozoaires avec des animaux de toute autre famille, comme, par exemple, les Vélelles, les Porpites et les Lucernaires, avec les Béroës, Physale, Physsophore, Stéphanomie, Pyrosome, Callianyre et Noctiluque.

Quant aux Radiaires mollasses réguliers ou Méduses proprement dites, ils sont partagés en cinq ou six genres, d'après le Mémoire de Péron et Lesueur.

Les Radiaires échinodermes ont deux divisions génériques de plus dans la section des Stellérides, les genres Comatule et Euryale, et dans les Fistulides, les Actinies y ont été reportées en même temps que le genre Fistulaire a été établi parmi les Holothuries.

Ainsi, dans cette nouvelle modification de son Système de zoophytologie, M. de Lamarck ne fit peut-être qu'augmenter les inconvéniens que nous avons fait ressortir dans la Philosophie zoologique ; en effet, M. de Lamarck l'établit encore plus rigoureusement sur la considération artificielle du polypier dans son ordre des Polypes, en même temps que, dans ses Radiaires, il voulut introduire les nouveaux genres dont la science avoit fait l'acquisition. En un mot, il ne fut pas assez guidé par l'organisation ni même par la forme des animaux, et n'en connut presque que la partie la moins importante.

Entre l'Extrait du cours et la nouvelle édition des Animaux sans vertèbres, nous voyons encore quelques travaux spéciaux qui devoient contribuer au perfectionnement de la zoophytologie.

Je citerai d'abord le mémoire de M. Lesueur sur l'Organisation des Pyrosomes, quoique ces animaux n'appartiennent nullement à ce type ; mais parce que c'est le premier ouvrage en France où l'on fit voir que plusieurs prétendus Alcyons étoient de véritables malacozoaires agrégés, voisins des Ascidies et des Biphores. En effet, le mémoire de MM. Lesueur et Desmarest sur l'Organisation du Botrylle étoilé, et, par conséquent, le grand travail de M. Savigny sur ce genre, et sur tout ce qu'il a nommé, suivant nous à tort, des alcyons à double ouverture, ne sont pour ainsi dire qu'une conséquence du premier travail de M. Lesueur. Au reste, nous avons dit plus haut que dès 1790 Olivi, et depuis lors Renieri, avoient parfaitement mis hors de doute que les Botrylles et les Distomes de Gærtner sont de véritables Ascidies et non des Alcyons.

Nous devons aussi noter un mémoire d'anatomie de M. Meckel, sur la Structure des Astéries, soutenu par Konrad, sous forme de dissertation académique.

Mais un ouvrage qui a dû avoir une influence immédiate sur les progrès de la zoophytologie, est celui que Lamouroux a publié sur les Polypiers flexibles. En effet, cet auteur ayant eu aussi à sa disposition une bonne partie des récoltes faites par Péron et Lesueur, dut nécessairement augmenter beaucoup le nombre des espèces connues. C'est aussi sans doute ce qui l'aura conduit à l'établissement de beaucoup de genres nouveaux, qui correspondent assez souvent à ceux que M. de Lamarck avoit proposés de son côté sous d'autres dénominations. Je n'ose décider à qui est le tort, car c'en est un véritable; mais il est certain que la première ébauche du travail de Lamouroux fut présenté à l'Académie des sciences dès 1810, et que M. de Lamarck fut un des commissaires chargés de faire un rapport sur le mémoire. Mais je sais aussi que les noms de genres furent pour la plupart changés, lorsque l'extrait en fut imprimé dans le Bulletin de la Société philomatique en 1812. Or M. de Lamarck, dans la publication qu'il fit alors de l'Extrait de son cours, où sont indiqués ses nouveaux genres, ne citant pas ceux de Lamouroux, il est probable que les siens étoient établis avant dans ses leçons : quoi qu'il en soit de cette présomption, il n'en reste pas moins une confusion de noms extrêmement nuisible à la science. Forcé de choisir cependant, nous avons pour la plupart du temps adopté les dénominations de M. de Lamarck, comme plus en harmonie avec notre système de nomenclature. Mais donnons l'analyse du travail de Lamouroux.

Cet auteur, ayant établi une première division artificielle comme limite de son ouvrage, les polypiers flexibles, comme si cela se pouvoit dire du corail, et même de plusieurs gorgones et isis, a été nécessairement conduit à une distribution également artificielle de ses familles, qui ne sont en réalité que les genres de Pallas ; mais comme elles portent les noms de ces genres, on peut s'y reconnoître assez aisément. L'ordre dans lequel il les a rangées, n'est pas le même dans le corps de l'ouvrage et dans la table synoptique qui le précède ; mais comme c'est le dernier qu'il paroît préférer, c'est celui que nous analyserons.

Les familles sont distribuées en quatre sections : Polypiers celluliféres, calciféres, corticiféres et carnoïdes.

Dans la première sont les genres Cellépore, Flustre, Cellaire, Sertulaire et Tubulaire; mais subdivisés, le second, en Phéruse, Électre. Elzerine, Cabérée, Canda, Acamarchis, Crisie, Ménipée, Eucratée et Aetée ; le troisième, en Pasythée, Amathie, Némertésie, Aglaophénie, Dynaméne, Idie, Clytie, Laomédée, Thoa, Salacie et Cymodocée ; enfin, à ces genres qui ne sont pour la plupart que des subdivisions de genres déjà connus d'après la disposition des cellules, se joignent, comme se rapprochant surtout des Tubulaires, les genres Tibiane et Naïs, qui sont nouveaux.

La section des Polypiers calciféres contient, outre les genres nouveaux Télesto, Liagore et Néoméris, voisins des tubulaires, les Corallines, partagées en Acétabulaire, Polyphyse, Nésée, Galaxaure, Janie, Cymopolie, Amphiroë, Halimède, Udotée et Mélobésie.

Les corticifères contiennent les genres Éponge, Gorgone, Antipathe, Corail et Isis : le premier subdivisé en Éponges proprement dites et en Éphydaties ou Éponges fluviatiles; le second, en Anadyomène, Plexaure, Eunicée et Primnoa; et le quatrième, en Isis, Mopsée et Mélitée. Le genre Adéone est entièrement nouveau, mais n'est nullement corticifère.

Enfin les carnoïdes ne contiennent que les Alcyons, composés des deux genres Alcyon et Palythoë.

Ainsi Lamouroux, parti d'un point de départ artificiel, sans aucune considération des animaux, a été conduit à des rapprochemens souvent aussi artificiels, comme lorsqu'il a placé les Adéones, qui sont de véritables Eschares, avec les Isis, et les Palythoës, qui sont des Actinies, avec les Alcyons.

Avant de passer à l'examen des derniers changemens que les zoologistes françois ont introduits dans la distribution systématique des zoophytes, nous avons parlé du premier essai qui ait été fait en Allemagne, d'abandonner le système linnéen pour la méthode dite naturelle. C'est à M. Oken que nous le devons.

Comme dans toutes les autres parties de la zoologie, l'ordre que cet auteur suit dans le corps de son ouvrage, n'est pas le même que celui des tableaux analytiques qui le précèdent. Dans le premier les zoophytes sont répartis dans différentes classes, qui ne se suivent pas. En effet, après celles des Infusoires, des Coraux ou Polypiers, et des Méduses, vient celle des Vers intestinaux, et après tout le type des Malacozoaires arrivent les Oursins, les Astéries, les Actinies et les Holothuries; tandis que dans les tableaux cette confusion n'a plus lieu, et la disposition générale est, à très-peu près, semblable à celle de M. de Lamarck, commençant par les Infusoires, et se terminant par les Échinodermes; mais le nombre des genres a été considérablement augmenté, en même temps que par un principe *à priori* ils sont groupés quatre à quatre.

C'est surtout dans les premières divisions, ou dans celles des animaux infusoires par lesquels M. Oken commence le règne animal, qu'il a établi un plus grand nombre de genres, probablement d'après les figures de Muller, comme avoit commencé à le faire M. de Lamarck, et comme l'a fait depuis, d'une manière bien plus étendue encore, M. Bory de Saint-Vincent; du reste ne s'inquiétant guère de ce que peuvent être des animaux infusoires, et en effet paroissant lui-même attacher si peu d'importance à ces genres, qu'il ne leur a donné que des noms allemands.

Mais dans ce premier ordre, outre les animaux infusoires, qui constituent les trois premières familles, il place encore dans une cinquième les polypes nus de M. de Lamarck, et ses polypes ciliés, comprenant quelques divisions génériques nouvelles.

Le second ordre, ou celui des Coraux, contient dans quatre divisions les Madrépores de Linné, avec ses Millépores, ses Eschares et même ses Isis; mais partagés, surtout les premiers, en un nombre encore plus considérable de genres que dans la méthode de M. de Lamarck.

Le troisième réunit, dans le même nombre de familles, les Alcyons et les Éponges, les Sertulaires, Cellaires et Flustres, les Anthipates et les Gorgones, divisées en trois genres, et enfin les Pennatules avec les Encrines.

La seconde classe, divisée toujours en quatre sections, contient, dans les deux premières, les Médusaires seulement, partagées comme par Péron et Lesueur, les Porpites et les Vélelles, malheureusement avec les Lucernaires; dans la troisième tous les Radiaires mollasses irréguliers de M. de Lamarck, avec quelques nouvelles divisions génériques, établies sur des espèces connues de Béroës, enfin, dans la quatrième, également ment quadrifide, comme toutes les autres, les Actinies partagées en Zoanthes, Ruches (*Cereus*), Métridies et Actinies proprement dites; les Holothuries, les Oursins et les Astéries, tous trois partagés en quatre subdivisions génériques, comme toutes les autres familles du système.

Ainsi la distribution systématique des Zoophytes de M. Oken est dominée, comme celle de tout le règne animal, par le type quaternaire, ce qui a porté le plus souvent ce naturaliste à l'établissement de ses divisions génériques ; mais du reste elle diffère fort peu de celle de M. de Lamarck : la plupart des rapprochemens erronnés du zoologiste françois sont adoptés par le naturaliste allemand. Je ne m'arrêterai donc pas plus longtemps à l'énumération des genres qu'il a établis, parce qu'il me semble évident qu'il y a été conduit plutôt d'après un principe *à priori*, que par un examen rigoureux des choses. Il est cependant vrai qu'un assez grand nombre de ces coupes génériques, ou bien avoient déjà été établies par MM. de Lamarck et Lamouroux, ou l'ont été depuis par le premier dans la publication définitive de son Système des animaux sans vertèbres, qui eut lieu en France presque au moment où l'ouvrage de M. Oken paroissoit en Allemagne.

Dans le Système des animaux sans vertèbres (seconde édition), M. de Lamarck divise toujours les zoophytes en trois classes distinctes : les infusoires, les polypes et les radiaires ; ainsi le nom de zoophytes n'est pas même employé par lui.

La classe des infusoires ne diffère pas de ce qu'elle étoit dans l'Extrait du cours.

Celle des polypes est divisée en cinq ordres au lieu de quatre.

Le premier, celui des polypes ciliés n'a subi aucun changement.

Le second, celui des polypes nus, contient de plus le genre Zoanthe, qui n'est véritablement qu'une actinie, tandis que ce genre d'animaux doit être placé tout au commencement de la classe des radiaires.

Le troisième s'est accru d'une section de plus, celle des polypes fluviatiles, pour des genres bien mal connus : Difflugie, Spongille, Alcyonelle et Cristatelle. La seconde section n'a éprouvé de modifications que dans la suppression des genres Cristatelle et Télesto, et dans l'établissement des genres Tulipaire, Tibiane et Polyphyza, comme l'avoit fait Lamouroux. La troisième a perdu les frondiculines, et s'est accru des genres Tubulipore et Discopore, fort peu importans. La quatrième a perdu avec raison les genres Aspéropore et Échinopore, qui ont passé dans la suivante, et a été augmentée d'un genre nouveau sous le nom de Caténipore. La cinquième section a reçu l'ancien genre Échinopore et les genres Explanaire et Pocillopore, nouvellement établis ; et d'ailleurs les genres ont été distribués tout-à-fait artificiellement; ainsi nous ne nous arrêterons pas à cette distribution. La sixième section contient encore à tort les corallines, qui ne sont certainement pas animales, et du reste on y trouve les mêmes genres que dans l'Extrait du cours, sauf que pour celui que M. de Lamarck avoit formé avec quelques gorgones, la dénomination de cymosaire a été échangée en celle de mélite, imaginée par Lamouroux. De la septième section ont été retranchés, avec raison, les genres Synoïque, Botrylle et Polyphore, qui sont des ascidies agrégées; mais elle contient toujours les genres Pinceau et Flabellaire, qui ne sont que des corallines, tandis que celles-ci appartiennent à la section précédente.

Le quatrième ordre, que M. de Lamarck nomme des Polypes tubifères, entièrement nouveau, est le résultat des travaux de M. Savigny sur les alcyons de Linné : il comprend tous ceux qui portent des polypes distincts à huit tentacules ciliés, faisant partie d'une masse commune, vivante et fixée. Il est parfaitement circonscrit et contient, avec l'*alcyonium digitatum* de Linné, qui sert de type au genre Lobulaire, un assez petit nombre d'espèces constituant les genres Xénie, Anthélie et Ammothée, etc.

Enfin, le sixième et dernier ordre, celui des Polypes flottans, est le même que dans l'Extrait du cours; mais il contient de plus le genre nouveau Rénille, divisé des Pennatules : il renferme encore à tort les Encrines.

La classe des radiaires est toujours divisée en deux ordres d'après la nature de la peau, les radiaires mollasses et les radiaires échinodermes, et le premier en deux sections, suivant que les animaux sont irréguliers ou réguliers. Des espèces irrégulières, le genre Pyrosome a été retranché pour passer dans les Malacozoaires, et les genres Ceste et Rhizophyse de Lesueur ont été admis. La seconde section ne comprend toujours que les véritables méduses, avec la plupart des divisions génériques de Péron, autrement circonscrites cependant que dans l'Extrait du cours; mais les porpites et les vélelles sont encore dans la première section, malgré leur régularité parfaite, avec les lucernaires.

L'ordre des Radiaires échinodermes est toujours divisé en trois sections : les stellérides, les échinides et les fistulides; les divisions génériques des échinides ont été augmentées des genres

Scutelle, Fibulaire et Échinonée; quant aux fistulides, elles contiennent toujours les actinies, mais elles ont perdu les zoanthes. que nous avons vus parmi les polypes nus, en sorte que les actinies, les zoanthes et les lucernaires, qui appartiennent réellement au même genre envisagé à la manière de Linné, sont répartis dans des classes différentes.

C'est à cette époque que je fis connoître, dans le Bulletin de la Société philomatique, les résultats auxquels j'étois alors parvenu sur la classification générale des animaux, et quoique je n'eusse pas encore eu l'occasion de disséquer beaucoup d'espèces du type des zoophytes, je crus devoir les diviser en deux sous-règnes : celui des actinomorphes ou Act. rayonnés et celui des hétéromorphes. Dans le premier, subdivisé en deux, je plaçois, dans les Act. douteux, les sangsues, les entozoaires et les annulaires, parce qu'ils terminoient aussi le type des entomozoaires, et je divisois les A. vrais en cinq classes : 1.° les échinodermaires, contenant les holothuries, les oursins et les stellérides; 2.° les arachnodernaires pour les médusaires; 3.° les actiniaires pour les actinies; 4.° les polypiaires simples ou agrégés, contenant en autant d'ordres, les Hydres, les Millépores, les Madrépores, les Rétépores ou Eschares, les Cellépores ou Cellaires; et enfin, 5.° les zoophytaires ou polypes vraiment composés, pour les tubulaires, les pennatules et les corallaires. Dans le dernier sous-règne, je formois deux classes, les spongiaires et les infusoires, en ne comprenant sous ce nom que les espèces qui n'ont ni forme paire ni forme rayonnée, admettant que sous ce nom Muller a confondu des animaux de différens degrés d'organisation.

Enfin, je plaçois les corallines hors de rang, n'admettant pas que ce fussent des animaux.

Mon Système de zoophytologie reposoit donc entièrement sur la considération des animaux, et d'une manière très-secondaire sur celle de ce qu'on a nommé les polypiers.

A peine le Système des animaux sans vertèbres étoit-il publié, que parut le Règne animal de M. Cuvier, et dans le dernier volume, la distribution systématique des animaux qui nous occupent sous la dénomination générale de zoophytes ou d'animaux rayonnés, formant le quatrième embranchement de tout le règne animal, et ayant pour caractère principal d'avoir au moins des traces d'une disposition radiaire.

Cette grande division est ensuite partagée en cinq classes : les échinodermes, les intestinaux, les acalèphes, les polypes et les infusoires.

La première est partagée en deux ordres, les Échinodermes pédicellés et les Échinodermes sans pieds. Le premier contient les oursins et les astéries divisés comme par M. de Lamarck, et de plus, avec raison, les encrines auprès des comatules ; et le second : les Siponcles, les Priapules, les Molpadies et les Miniades, nouveaux genres dont le dernier est certainement établi sur une espèce d'actinie, comme l'a montré M. Lesueur.

La seconde classe renferme les vers intestinaux, comme dans le Système de M. Duméril ; mais ces animaux, au moins pour la très-grande partie, n'ont certainement rien de rayonné. Il en a été question à l'article VERS.

La troisième classe, sous le nom d'Acalèphe, tiré d'Aristote, est aussi partagée en deux, comme chez les anciens : les Acalèphes fixes ou orties de mer fixées, comprenant les Actinies, les Zoanthes, les Lucernaires, et les Acalèphes libres pour les méduses, subdivisées encore autrement que par Péron et Lesueur et même que par M. de Lamarck ; les Béroës, les Callianires, les Cestes, les Diphyes, genre nouveau qui n'a absolument rien de rayonné, les Porpites et les Vélelles, et enfin, sous le nom d'Acalèphes hydrostatiques, les Physalies, les Physsophores, les Rhizophyses et les Stéphanomies, genres qui n'ont également rien de rayonné, mais qui sont heureusement rapprochés.

La quatrième classe est subdivisée en deux ordres sous le nom de Polypes.

Le premier, ou celui des Polypes nus, est comme dans le système de M. de Lamarck.

Le second, ou celui des Polypes à polypiers, est partagé en trois familles : a) celle des P. à tuyaux comprend, avec les tubipores, les tubulaires et les sertulaires ; b) celle des P. à cellules pour les cellaires, dont M. Cuvier propose de séparer les *C. salicornia*, pour former un nouveau genre (*Salicorniaria*), les Flustres. Cellépores, Tubulipores, et, avec quelques doutes, les corallines, et tous les genres qui en ont été démembrés par MM. de Lamarck et Lamouroux ; c) celle des P. corticaux, partagée en quatre tribus : 1.° cératophytes, pour les Antipathes et les

Gorgones; 2.° lithophytes, pour les Isis, le Corail, les Madrépores, les Millépores, les Eschares, les Rétépores, les Adéones; 5.° polypiers nageurs, pour les Pennatules, parmi lesquelles M. Cuvier propose encore deux genres nouveaux : Scirpéaire et Pavonaire ; 4.° alcyons, contenant par-là les espéces à polypes distincts, les Téthyes et les Éponges.

Enfin, la cinquième et derniére classe des zoophytes dans le Systéme de M. Cuvier, est celle des Infusoires, partagés en deux ordres : les Infusoires rotiféres et les Infusoires homogènes, avec l'indication des genres de Muller et de M. de Lamarck.

Ainsi, dans cette distribution systématique des zoophytes, M. Cuvier n'a pas évité la plupart des rapprochemens erronnés qu'avoit faits M. de Lamarck, et il en a augmenté le nombre, en y plaçant les vers intestinaux en totalité, ainsi que les diphyes. Sa division des Polypes à polypiers renferme également des rapprochemens qui ne sont pas naturels : ainsi les Tubipores, dont les animaux ent huit tentacules pinnés, sont avec les Sertulaires; les Antipathes et les Gorgones, dont les polypes sont fort analogues aux leurs, en sont au contraire très-loin, quoique séparés des Isis et du Corail, qui sont au contraire confondus dans la même tribu que les Madrépores. En général, dans cette classification M. Cuvier n'a pas eu beaucoup plus égard aux caractéres qu'offrent les animaux que n'en avoit eu M. de Lamarck; aussi nous semble-t-elle moins naturelle que celle qu'il avoit donnée dans son premier ouvrage.

1819. Pendant que les zoologistes françois tâchoient ainsi de perfectionner la distribution systématique des zoophytes, un naturaliste allemand avoit entrepris un voyage sur les bords de la Méditerranée en France, en Italie et en Sicile, où il a malheureusement péri, dans le but d'éclairer plusieurs questions ayant rapport à ces animaux; je veux parler de Schweigger, qui a fait connoître le résultat de ses travaux dans un volume publié en 1819. Cet ouvrage se borne à traiter, sous le nom de zoophytes, des animaux composant les deux classes des polypes et des infusoires de M. de Lamarck; mais en retranchant avec juste raison des êtres faussement regardés comme des zoophytes, d'abord les Botrylles, les Synoïques, qui sont des Ascidies agrégées, comme cela étoit déjà reconnu, et les Encrines, qui sont des comatules pédiculées;

ensuite les Corallines et toutes les subdivisions qui y ont été établies, ainsi que les genres Cymopolie, Amphithoë, Pinceau, Udotée, Liagore, Spongodium, Acetabulum et Polyphyza, qui sont pour lui des végétaux ou des êtres d'une nature ambiguë, comme nous l'avions admis quelques années auparavant.

Quant aux zoophytes proprement dits, Schweigger les partage en deux grandes sections, qu'il nomme monohyles et hétérohyles, d'après une nouvelle considération, suivant qu'ils sont formés d'une seule substance ou de plusieurs juxta-posées.

La première est ensuite partagée en six familles, d'après différentes considérations empruntées à M. de Lamarck : 1.º *infusoria*; 2.º *inf. vasculosa*; 3.º *monohyla vibratoria* (Polyp. vibratiles de Lamarck); 4.º *M. rotatoria* (P. rotifères de Lamarck); 5.º *M. hydriformia* (P. nus de Lam.); 6.º *M. petalopoda* (P. tubifères de Lamarck.)

Les zoophytes hétérohyles sont subdivisés en dix familles, d'après la considération principale de la nature calcaire ou cornée du polypier, de l'absence ou de l'existence des polypes, et assez peu d'après celle des animaux en eux-mêmes.

La première (*Lithophyta nullipora*) ne contient, en effet, que le genre Nullipore de M. de Lamarck.

La seconde (*L. porosa*) réunit les genres Distichopore, Sériatopore, Madrépore, admettant seulement comme sous-genres les Pocillopores et Porites de M. de Lamarck, Millépore et Stylopore, nouveau genre établi sur un polypier fossile altéré.

La troisième (*L. lamellosa*) correspond assez exactement à la division des polypiers lamellifères de M. de Lamarck, avec quelques modifications dans la circonscription des genres et l'établissement des nouvelles coupes génériques : *Lithodendron*, *Anthophyllum*, *Strombodes* et *Acervularia*, en général assez mal caractérisés.

La quatrième (*L. fistulosa*) contient les genres Caténipore, Tubipore et Favosite.

La cinquième commence la série des cératophytes sous le nom de *Ceratophyta spongiosa*, et comprend les éponges et les alcyons sans animaux, avec les nouvelles divisions génériques *Achilleum*, *Manon*, *Tragos* et *Scyphia*.

La sixième (*C. alcyonea*) renferme les genres Cristatelle, Alcyonelle et Lobulaire.

La septième (*C. tubulosa*) est composée des genres Tubulaire, Sertulaire et Cellaire de Linné, avec les divisions de MM. Lamouroux, de Lamarck et Cuvier, le plus ordinairement comme simples sous-genres, mais de plus, avec les genres Ovulite et Dactylopore de M. de Lamarck, considérés fort à tort, suivant nous, comme des articulations de cellaires gigantesques.

La huitième (*C. foliacea*) est composée des genres Tubulipore, Cabérée, Canda, Elzérine, Phéruse, Flustre, Cellépore, Alvéolite, Ocellaire, Eschare, Rétépore, Adéone, Lunulite et Orbulite, en n'ayant égard qu'à la forme du polypier.

La neuvième (*C. corticosa*) est fort naturelle, et répond en effet aux polypes corticifères de M. de Lamarck ; mais la dénomination de cératophytes ne convient guères au corail.

La dixième (*pennæ marinæ*) est dans le même cas, et correspond également aux polypes nageurs de M. de Lamarck, les encrines exceptées, à l'imitation de M. Cuvier.

D'après cette analyse du Système de zoophytologie de Schweigger, on voit qu'il n'est véritablement pas établi sur des principes convenables ; ce qui a dû conduire son auteur à faire des rapprochemens souvent peu naturels.

1820. Il n'a pas été plus heureux dans son Manuel d'histoire naturelle des animaux invertébrés inarticulés qu'il publia l'année suivante, et où il a dû traiter de tous les animaux que nous comprenons en ce moment sous le nom de zoophytes. Il paroît d'abord qu'il n'admettoit pas de grandes divisions typiques dans le Règne animal, ou qu'il reconnoissoit seulement celles tirées de la considération de l'existence ou de l'absence du squelette ; quant aux animaux sans vertèbres, il les partage en classes, dont la première (zoophytes), la troisième (méduses), la quatrième (échinodermes), appartiennent au sujet qui nous occupe en ce moment : entre la première et la troisième il intercale les vers intestinaux, comme dans le Système de M. Cuvier, qu'il a à peu près suivi dans le reste.

C'est aussi ce qu'a fait à peu près M. Goldfuss dans le Manuel d'histoire naturelle qu'il a publié dans la même année 1820, avec cette différence, qu'il ne s'est pas borné à placer les vers intestinaux auprès des méduses, entre elles et les échinides, mais qu'il y a fait passer tous les animaux articulés dont nous avons composé nos classes des chétopodes et des apodes, en sorte que les animaux inférieurs sont ainsi distribués en quatre classes :

1.º *Protozoa* (dénomination substituée à celle de zoophytes), partagée en quatre ordres : *a) infusoria; b) phytozoa; c) lithozoa; d) medusina*, contenant les mêmes genres que dans le Système de Schweigger, et disposés à peu près de la même manière, à l'exception que les encrines forment une famille distincte de l'ordre des *lithozoa*, et que les corallines sont placées de nouveau parmi les animaux dans une famille distincte qu'elles constituent avec les cellaires et les flustres.

2.º *Enthelmintica*, ou vers intestinaux, dont nous ne nous occupons pas.

3.º *Annularia*, correspondant à nos deux classes des chétopodes et des apodes, et dont nous ne parlerons que pour faire remarquer que M. Goldfuss a placé dans cette division les genres Siponcle, Priapule et Thalassème, ce que nous avons imité en les retirant des échinodermes, parmi lesquels MM. Cuvier et de Lamarck ont persisté à les placer.

4.º *Radiaria*, divisée en quatre ordres d'une manière fort convenable, en supposant que les actinies doivent appartenir à cette classe.

Ainsi l'on peut dire que M. Goldfuss, malgré un petit nombre d'innovations heureuses, non-seulement n'a pas introduit de nouveaux principes dans la distribution systématique des zoophytes, mais a augmenté la confusion en y plaçant des genres encore plus hétérogènes que ses prédécesseurs, de manière à en rendre la caractéristique presque impossible.

Lamouroux, dans le *Genera Polypiariorum*, qu'il publia en 1821 pour un nouveau tirage des excellentes planches d'Ellis et Solander, a donné un tableau méthodique des genres, qu'il annonça lui-même être artificiel, et n'être qu'une combinaison du Système de M. de Lamarck et de celui qu'il avoit suivi dans son histoire naturelle des polypiers flexibles. En effet, sa première distinction porte toujours sur la nature du polypier : *a)* flexible ou non entièrement pierreux ; *b)* entièrement pierreux et non flexible ; *c)* sarcoïde, plus ou moins irritable et sans axe central.

La première division est composée de trois sections : *a)* les cellulifères, divisés en cinq ordres : celléporées, flustrées, cellariées, sertulariées et tubulariées; *b*) les calcifères, partagés en deux ordres : acétabulariées et corallinées; *c*) les corticifères, formant trois ordres : spongiées, gorgoniées et isidées.

La seconde division est partagée en trois sections, sous les mêmes dénominations que dans le Système de M. de Lamarck : *a*) les foraminés, partagés en eschariés et millépores; *b*) les lamellifères, en caryophyllaires, méandrinaires, astrées et madréporées; *c*) les tubulés pour les tubiporées.

Enfin, la troisième division contient trois ordres : les alcyonés, les polyclinés et les actiniaires.

Nous ne nous arrêterons pas à faire ressortir combien cette classification est artificielle, puisque l'auteur en prévient lui-même. Nous nous bornerons à dire que Lamouroux a encore considérablement augmenté le nombre des genres, surtout parmi les polypiers pierreux, pour y placer un grand nombre de corps organisés fossiles, trouvés dans le calcaire à polypiers de Caen, et que malheureusement la plupart de ces genres sont mal caractérisés, ce dont je me suis assuré directement sur les objets mêmes qui ont servi à ses observations. Cet ouvrage n'a donc pas pu contribuer aux progrès réels de la zoophytologie; mais il a eu cependant quelque avantage en oryctologie, en faisant rechercher des corps fossiles jusque-là assez négligés.

Le même inconvénient que nous avons signalé dans la méthode de M. Goldfuss, peut être reproché à celle de M. Latreille, qui, adoptant quelque chose de toutes les méthodes, en a fait une qu'on pourroit nommer éclectique. Sa première division du Règne animal, portant sur la distinction plus ou moins tranchée de la tête ou sur son absence, forme trois grandes séries : *a*) les animaux intelligens ou spini-cérébraux, vertébrés; *b*) les animaux instinctifs ou céphalidiens; *c*) les automates ou acéphales, ne doit pas nous occuper en ce moment, puisque c'est dans la dernière division seulement que se trouvent nos zoophytes.

La division des animaux acéphales est subdivisée en deux races, d'après la considération introduite par nous, du canal intestinal, en gastriques et agastriques.

Les gastriques se partagent ensuite en trois branches : 1.° les Entozoés, qui sont les vers intestinaux; 2.° les Actinozoés ou

animaux rayonnés; et 3.° les *Phytodozoés* ou animaux à forme
végétale.

Je n'ai rien à dire des Entozoés.

Quant aux Actinozoés, ils sont composés de quatre classes

A) Les *Tuniciers*. pour les ascidies simples ou composées,
ainsi que pour les biphores simples ou composés, c'est-a-dire
pour des animaux du type des malacozoaires sous tous les rapports.

B) Les *Holothurides*, partagés en apodes pour les genres
Siponcle, Bonellie et Miniade; et en polypodes pour les véritables Holothuries.

C) Les *Échinodermes*, contenant les échinides et les astérides
de Bruguière, en y comprenant aussi les encrines.

D) Les *Hélianthoïdes*, qui se composent des Actinies et des
Zoanthes.

Les Phytodozoés sont partagés en deux classes :

A) Les *Acalèphes*, partagés en deux ordres, les *Pœcilomorphes*
et les *Cyclomorphes*, absolument comme dans la méthode de
M. Cuvier, mais avec de nouvelles dénominations.

B) Les *Polypes*, formant aussi deux ordres, les Brachios-
tomes et les Trichostomes.

Le premier est subdivisé en quatre familles : *a*) les *Calamides*,
pour les polypes flottans de M. de Lamarck ; *b*) les *Alcyonés* de
Lamouroux ou P. tubifères de M. de Lamarck ; *c*) les *Alvéolaires*, divisés en six tribus, lamellifères, foraminés, corticifères, réticulaires, vaginiformes et spongites; *d*) les *Lym-
nopolypes*, pour les polypes d'eau douce de M. de Lamarck.

Quant au second ordre des polypes, il renferme en trois
familles : cancriformes, campaniformes et caudés, une partie
des infusoires de Muller.

Quant aux acéphales agastriques, ils sont partagés en *crypto-
gènes* pour les animalcules spermatiques. et en *gymnogènes* pour
les infusoires définis, et distribués comme selon M. de Lamarck.

D'après cette analyse il est aisé de voir que M. Latreille
n'a introduit aucune considération nouvelle dans la classification des animaux inférieurs, et qu'il l'a encore fortement
embrouillée en intercalant de véritables malacozoaires, qui
n'ont rien de radiaire, dans son ordre des actinozoés, et en
considérant d'une manière définitive comme des animaux,

des êtres dont l'existence organique est fort douteuse ; du reste ses divisions et subdivisions ne sont nouvelles que pour les dénominations, étant empruntées à MM. Cuvier, de Lamarck et même à Lamouroux.

Pendant ces différens essais, les observateurs directs ne cessoient cependant de fournir à la science des élémens plus solides, parce qu'ils étoient tirés de l'organisation et d'observations sur le vivant. Ainsi M. Delle Chiaje, dans ses premiers mémoires sur les Animaux invertébrés du royaume de Naples, a donné des détails intéressans sur les actinies et sur le *Madrepora calycularis*, confirmant ce que Cavolini avoit dit sur la similitude d'organisation de ces animaux, et établissant la concomitance, chez eux, des ovaires et des testicules. Dans ses recherches intéressantes sur un nouvel appareil aquifère, il montre comment il existe dans les Holothuries, les Oursins, les Astéries, les Actinies et les Pennatules ; enfin, sur l'*Alcyonium vermiculare* de Gmelin, qu'il démontre être un amas d'œufs de crustacés? Ses mémoires sur les Astéries, les Oursins et les Holothuries, ont dû aussi contribuer à faire connoître plus complétement ces animaux et par conséquent à mieux décider de leurs rapports.

M. Gaillon, en appliquant le microscope à l'étude des Thalassiophytes, fut conduit à porter son attention sur un assez grand nombre d'êtres très-petits, sur la nature desquels les naturalistes ne sont pas d'accord ; il crut que ces êtres, véritablement animaux, se réunissoient de manière à prendre la forme de filamens végétaux, d'où il créa pour eux la dénomination de nématozoaires, sous laquelle nous en avons traité dans ce Dictionnaire.

Occupé à peu près du même genre de travaux, M. Bory de Saint-Vincent fut également conduit à étudier les mêmes êtres, ce qui le porta à créer ce qu'il nomme un nouveau règne, sous le nom de Psychodiaires ; mais ce qui nous intéresse plus directement, c'est qu'ajoutant une foi absolue aux figures de Muller, il a essayé d'introduire dans ses infusoires un grand nombre de genres nouveaux, ce qui n'a pu avancer la science, parce qu'il n'a publié malheureusement aucune observation nouvelle à l'appui.

1828. On trouvera quelques idées nouvelles et surtout une

distribution méthodique assez naturelle , dans le Tableau du règne animal publié en 1828 par M. Van der Hœven.

Le règne animal est d'abord distribué en quatre types, comme dans la méthode que j'ai publiée, et placés à peu près de même, mais dans un ordre inverse. Les trois derniers ne doivent pas nous occuper.

Le premier, sous le nom d'*Animalia gelatinosa*, est divisé en quatre classes seulement, parce que les Entozoaires ont été répartis dans chacune d'elles comme appendices, sans doute d'après ce que nous avions dit de ces animaux, qu'ils appartenoient à des classes et même à des types différens.

Ainsi la première classe, celle des Infusoires , partagée selon le système de M. de Lamarck en deux ordres suivant, l'absence ou la présence de quelques organes extérieurs, comprend comme appendice, sous le nom d'*Infusoria entozoa*, le genre Échinocoque.

La seconde (les Polypes) est divisée en deux ordres , *Trichostomata* et *Brachiostomata* : le premier, correspondant aux Polypes rotifères de M. de Lamarck, a pour appendice le genre Cœnure, que l'auteur regarde comme ayant de l'affinité avec les Vorticelles composées : le second est partagé en cinq familles, les Polypes hydriformes, pétalopodes, corticaux, celluleux et tubuleux, à peu près comme dans les systèmes de M. de Lamarck et de M. Latreille, sans avoir d'appendice d'entozoaires.

Il n'en est pas de même de la classe des Acalèphes, imitée de MM. Cuvier et de Lamarck, avec la différence qu'elle comprend les Actinies. M. Van der Hœven lui assigne pour appendice , sous le nom d'*Entozoa acalephoidea* , le genre Cysticerque et les deux familles des Cestoïdes et des Trématodes de M. Rudolphi.

Enfin, la classe des Échinodermes, également composée selon les systèmes des zoologistes françois, a pour appendice les Entozoaires acanthocépales et nématoïdes, comme faisant le passage aux animaux articulés.

Nous sommes loin de soutenir ces rapprochemens que M. Van der Hœven a établis entre plusieurs classes de zoophytes et certains genres d'entozoaires, mais enfin c'est une idée nouvelle ; il semble du reste que ce jeune zoologiste a fait abstraction dans son tableau de tous ces êtres que Schweigger, à notre imitation, en avoit retranchés.

Dans la même année nous voyons le type des Actinozoaires s'augmenter d'un assez bon nombre de genres, par suite du travail important de M. Miller sur les Encrines, et de la découverte d'une Encrine vivante sur les côtes d'Irlande par M. Thomson ; et enfin des recherches particulières de M. Flemming et de M. Grant, dans les mers d'Angleterre.

On trouve toutes ces additions réunies dans l'ouvrage que M. Flemming a publié sous le nom de *British animals*.

Les zoophytes de l'auteur anglois, sous la dénomination typique de *radiata*, n'y sont partagés qu'en quatre classes; Échinodermes, Acalèphes, Zoophytes et Infusoires. Il n'est pas du reste autrement question de la dernière.

La classe des Échinodermes est divisée en deux ordres : *a*) les É. libres, composé, comme dans les méthodes des zoologistes françois, des échinides, des fistulides ou holothuries, des astéries et des siponcles, disposés seulement dans un ordre différent, et *b*) les É. fixés, les Crinoïdes et les Blastoïdes, contenant les nouveaux genres Apiocrinite, Potériocrinite, Cyathocrinite, Actinocrinite, Rhodocrinite, Platycrinite et Pentacrinite, établis par M. Miller.

La classe des Acalèphes comprend les Actinies, les Mammaires, les Lucernaires, avec les Vélelles, les Médusaires et les Béroës, parmi lesquels M. Flemming établit un nouveau genre, sous le nom de *Pleurobrachia*, avec le *Beroe pileus*.

Celle des Zoophytes, enfin, est partagée en cinq ordres : *a*) *Carnosa*, comprenant les pennatules, les lamellifères, les gorgoniées, les corallines, parmi lesquelles il place avec les corallines proprement dites, les genres Isis, Lobulaire, Cristatelle et deux ou trois nouveaux genres démembrés des Alcyons, Cydonium, Clione et Alcyonium; *b*) *Spongiadiæ*, comprenant le genre *Tethya* (Lamk.) et trois divisions génériques établies parmi les éponges, par suite de l'excellent travail de M. Grant sur ce groupe d'animaux ; *c*) *Cellulifera*, correspondant à peu près aux Polypiers foraminés de M. de Lamarck, et subdivisés en Millépores, Tubipores, Eschares et Flustres, avec les deux genres nouveaux, *Filipora* pour le *Serpula filograna* de Linné, et *Farcina* pour le *Cellaria sali*-

cornia ; *d) Thecata* pour les Cellaires, les Sertulaires et les Tubulaires, avec la plupart des divisions génériques établies par MM. de Lamarck et Lamouroux, et même quelques-unes nouvelles, comme *Tricellaria, Walkeria ; e) Nuda,* pour les Corynes et les Hydres.

Quant à la classe des infusoires, elle n'est que nommée sans développemens.

Dans cette distribution, considérée systématiquement, il n'y a en général rien de neuf; mais la description des espèces est souvent pleine d'intérêt, parce qu'elle a été faite d'après des animaux vivans, ce qui n'avoit guères eu lieu depuis le célèbre traité des Corallines d'Ellis.

1829. Nous terminerions ici cette histoire de la Zoophytologie, si tout dernièrement, depuis même l'impression des premières épreuves de notre article, M. Rapp n'avoit eu la bonté de nous remettre une dissertation publiée cette année (1829), et dans laquelle il traite de la classification générale des Polypes et de celle des Actinies en particulier.

Dans cet ouvrage, M. Rapp a évidemment, comme j'en ai indiqué la nécessité dans beaucoup d'articles de ce Dictionnaire, eu égard aux formes des animaux des polypiers, dans la classification qu'il propose; mais en ne s'occupant que de la classe des polypes de M. de Lamarck. Un principe, à ce qu'il me semble entièrement nouveau, qui lui sert de base, est celui de la position des ovaires ou des germes reproducteurs; d'où il tire sa première division des polypes en polypes à ovaires externes et en polypes à ovaires internes. Dans la première division sont les genres Hydre, Coryne, Sertulaire et Tubulaire, réunis en une petite famille fort naturelle, sous le nom de Corynéens, et le genre Millépore, en limitant probablement cette dénomination au *M. truncata.*

Dans la seconde division, celle des polypes à ovaires internes, sont placés: *a)* les Alcyoniens ou polypes tubifères de M. de Lamarck, avec les divisions de M. Savigny; *b)* les Tubipores, contenant le genre Tubipore proprement dit; *c)* les Coraux, comprenant les genres Corail, Gorgone, Isis et Antipathe; *d)* les Pennatules, répondant aux polypes flottans de M. de Lamarck, les Encrines justement exceptées; *c)* les Zoanthaires, composés des genres Zoanthe et Cornulaire; *f)* les Madrépores, comprenant toutes les subdivisions que M. de Lamarck a introduites dans le grand genre Linnéen.

Ainsi, après un grand nombre d'années écoulées depuis que la méthode naturelle a été introduite en zoologie, par suite de l'abandon successif du système Linnéen, à peine at-on commencé à faire entrer dans la distribution méthodique des zoophytes la considération de l'animal, la très-grande partie des auteurs n'ayant porté leur attention que sur ce qu'on a nommé les polypiers, et même ne s'étant occupés qu'à peine de ce qu'on désignoit par ce nom d'animal.

En ce moment, la direction est meilleure ; elle tend à porter dans la classification méthodique des zoophytes les principes qui ont déjà été employés dans la plupart des autres parties de la zoologie ; mais il faut convenir que, pour parvenir à ce résultat, il falloit s'appuyer sur la connoissance extérieure et intérieure des animaux, ce qui n'étoit pas facile.

Dans cette histoire de la zoophytologie j'ai nécessairement dû passer sous silence un grand nombre de travaux tout-à-fait limités et bornés à la description d'espèces nouvelles, ou à l'établissement de quelques genres peu importans, souvent sans que les auteurs se soient occupés de rechercher à quel groupe naturel ces genres devoient appartenir.

Ces travaux spéciaux n'en ont pas moins été fort utiles à la science, et on peut surtout compter dans ce nombre les mémoires de M. Lesueur, qui les premiers nous ont fait connoître les animaux d'un assez grand nombre de madrépores ; ceux de MM. de Chamisso et Eysenhardt, sur quelques animaux de la classe des vers de Linné ; ceux de MM. Otto, Leuckart, Ruppell. Flemming, Grant, Gray, Raspail, et de plusieurs autres naturalistes, qu'il seroit trop long d'énumérer.

Je ne saurois en dire autant des travaux des oryctologues, qui, ayant un autre but que la zoologie, s'inquiètent souvent moins de la distinction des corps organisés fossiles en eux-mêmes, que considérés comme des élémens de comparaison entre les terrains plus ou moins éloignés, où on les rencontre. D'ailleurs, comme ils ont rarement les objets de leurs recherches en bon état de conservation et dans un volume suffisant, il arrive souvent que les caractères qu'ils en donnent sont incom-

plets ou insignifians, quand ils ne sont pas erronnés. A la tête
des travaux qui sous ce rapport doivent être considérés comme
ayant été moins utiles aux progrès de la zoophytologie, il faut
placer les mémoires que M. Rafinesque a publiés sur quelques genres de fossiles des États-Unis, ainsi que l'ouvrage de
Lamouroux sur les zoophytes, où sont établis un grand nombre
de genres avec des polypiers fossiles des environs de Caen.

En première ligne, au contraire, des travaux oryctolo-
giques qui ont contribué à perfectionner la zoophytologie, je
placerai le bel ouvrage que M. Goldfuss publie en ce moment
sur les pétrifications du cabinet de Bonn, et dont j'ai pu vérifier moi-même la bonne foi et la rare exactitude, ainsi que
le travail de M. Miller, sur les encrinites.

De la forme et de l'organisation des Actinozoaires.

Dans l'histoire que je viens de donner de la zoophytologie, j'ai dû nécessairement faire mention de tous les animaux
qu'on avoit à tort ou à raison rangés dans cette dernière
division du règne animal, afin de montrer comment, à
l'aide des véritables principes, on a retiré non-seulement
quelques espèces, quelques genres qui ne lui appartenoient
pas, mais encore des familles entières qui ne répondoient
nullement à la caractéristique qu'on en donnoit et qui ne
permettoient pas d'en donner une. Dans le moment où je
vais traiter des généralités de la forme des zoophytes, de leur
organisation, de leur physiologie, de leur histoire naturelle et
de leur classification, je suis obligé de faire abstraction de tout
ce qu'on peut nommer des faux zoophytes, afin de pouvoir
atteindre facilement à des généralités; aussi, dans ce que
je vais exposer, je ferai abstraction non-seulement des alcyons
à doubles ouvertures, et des vers intestinaux, mais encore
des Diphyes, des Béroës, des Physales, et de tous les autres
genres que l'on a établis autour d'eux. Je passerai également
sous silence les Corallines, les Infusoires, et à plus forte
raison les êtres organisés qui constituent les Nématozoaires
de M. Gaillon et les Psychodiés de M. Bory de Saint-Vincent, me proposant, pour ne pas laisser de lacune, de traiter de chacun de ces groupes sous un titre particulier.

D'après cette élimination préliminaire, on voit que je pourrai alors employer indifféremment la dénomination générale d'Actinozoaires ou d'animaux rayonnés, au lieu de celle de Zoophytes ou d'animaux-plantes, qui ne peut réellement être appliquée à des Holothuries, à des Oursins, à des Méduses même, sans blesser jusqu'à un certain point le sens commun.

En se rappelant ce que nous avons déjà eu l'occasion de dire sur la manière dont on doit envisager les animaux qui constituent les espéces les plus arboriformes par leur composition, il est certain que tous les animaux que nous resserrons dans ce type sont évidemment radiaires ou rayonnés, c'est-à-dire que leur forme générale cylindrique, semi-sphérique, globuleuse ou discoïde, présente toujours dans le corps lui-même ou dans les appendices, de quelque nature qu'ils soient, une disposition rayonnée. Ainsi la dénomination typique d'Actinozoaires est parfaitement autorisée. Il ne faut cependant pas oublier de faire connoître que dans un petit nombre de genres, et même les plus avancés peut-être vers le type des animaux bilatéraux, on aperçoit quelque indice de la disposition bilatérale dans la forme et l'organisation : c'est ce qui a évidemment lieu dans les spatangues.

Avec cette disposition circulaire ou radiaire du corps de tous les Actinozoaires se présentent cependant des différences nombreuses dans le reste de la forme ou dans la proportion des deux diamètres; en effet, il arrive quelquefois que le longitudinal ou bucco-anal est beaucoup plus grand que le transversal, et alors le corps est véritablement vermiforme, comme on le voit non-seulement dans la très-grande partie des Holothuries, et surtout dans les Fistulaires de M. de Lamarck, mais encore dans certaines Actinies, et même dans les véritables polypes, comme les Tubulaires et les Tubipores; d'autres fois c'est exactement le contraire, c'est-à-dire que le diamètre longitudinal est infiniment plus court que le transversal, et alors le corps est discoïde, comme cela se voit dans quelques Échinides, Astérides, Méduses, Actinies, et même dans quelques Madrépores de familles différentes. Quelquefois aussi, non-seulement les deux diamètres perpendiculaires sont presque égaux, mais tous les autres le sont également, et alors la forme particulière est plus ou moins sphéroïdale, comme on en voit des exemples dans les Échinides et dans les Médusaires : on trouve aussi dans ces deux mêmes classes une forme hémisphérique; mais le plus souvent le corps est cylindrique, sans être vermiforme, ou conique, tronqué à une extrémité ou à l'autre.

Dans le plus grand nombre de cas la circonférence de ce corps est circulaire; mais il arrive aussi qu'elle est polygonale, comme on en voit des exemples dans plusieurs Holothuries et dans quelques Oursins, mais surtout dans les Astéries.

Enfin, la plupart des espèces d'Actinozoaires ont la circonférence du corps bien circulaire ou entière; mais quelquefois elle est plus ou moins échancrée, ce qui la divise en lobes ou appendices rayonnans, qui offrent dans certains cas la singularité de se subdiviser d'une manière dichotome, au point de devenir radiciformes, comme dans les Euryales.

La forme du corps des Actinozoaires a dû avoir et a eu en effet une influence remarquable sur la position normale de l'animal. En effet, il est rare que cette position soit horizontale, comme cela a lieu dans l'immense majorité des animaux binaires; elle est le plus souvent verticale, l'orifice buccal en bas ou en haut, suivant que l'animal est libre ou qu'il est fixé.

Les faux zoophytes, qui sont des animaux agrégés, sont toujours fixés, lorsqu'ils adhèrent aux corps étrangers, par une face latérale : les vrais zoophytes ne le sont jamais que par une extrémité.

Si de l'étude de la forme du corps des Actinozoaires, considérés dans leur état de simplicité, nous passons à les examiner dans le cas où ils se réunissent et où ils se greffent entre eux, en ayant ou n'ayant pas de partie commune, nous pourrons remarquer que leur forme se modifie suivant leur mode de rapprochement ou d'agrégation, au point quelquefois de ne plus offrir rien de radiaire; mais cela n'a lieu que dans une certaine famille d'Actinozoaires, et essentiellement dans les Actinies coriaces et dans celles qui produisent par leur destruction ce qu'on est convenu de nommer des polypiers lamellifères.

Dans d'autres familles, les individus forment, par leur réunion sur une partie commune, des êtres en général arborescens, qui affectent une forme assez constante et tout-à-fait différente des composans, comme cela se voit dans les Cellaires, les Sertulaires, les Gorgones, les Isis, le Corail.

Quelquefois même, mais dans un seule groupe, cette partie commune est régulièrement binaire, ce dont on voit un exemple curieux dans la famille des Pennatules.

L'organisation des Actinozoaires est au moins aussi singulière que leur forme; mais elle offre des différences nombreuses, quand on l'étudie dans l'espèce de série d'accroissement qu'ils forment depuis les Holothuries, que l'on peut placer à la tête, jusqu'aux Éponges et aux Téthyes, qui sont certainement à la fin.

Je dois d'abord dire que leur composition chimique est tout-à-fait semblable à celle des animaux supérieurs, en cela que l'azote entre pour beaucoup dans leur composition ; mais je dois faire remarquer que la partie inorganique qui entre quelquefois comme moyen de solidification dans leur tissu, est peut-être encore plus exclusivement composée de carbonate de chaux que dans le type des Malacozoaires, et que dans les derniers genres la silice se trouve aussi former cette partie solide, comme cela a lieu quelquefois dans le règne végétal.

Si ensuite nous envisageons les élémens anatomiques qui entrent dans la composition de l'organisme des Actinozoaires, nous voyons l'uniformité de tissu se prononcer de plus en plus, et par conséquent l'élément primitif ou cellulcux devenir de plus en plus dominant et affecter même cet état muqueux ou gélatineux que nous reconnoissons à ce tissu dans le second âge des animaux supérieurs. Cet élément primitif est du reste très-rarement et à peine modifié en ses variétés dermeuse, fibreuse, séreuse, et encore n'est-ce que dans les classes les plus élevées du type. Mais il est au contraire fort souvent soutenu, solidifié par un dépôt crétacé qui se fait régulièrement par couches, ou irrégulièrement dans toute l'étendue du corps; et c'est ce qui donne lieu à ce que nous nommons les *polypiers* : c'est, si l'on veut, une sorte de squelette, mais occupant rarement l'enveloppe seule de l'animal. et bien plus souvent la presque-totalité de son corps; quelquefois cependant cette partie endurcie s'est fracturée en plusieurs pièces, simulant une espèce de colonne vertébrale, comme dans les Astérides et dans les Encrines.

Si l'élément générateur offre à peine quelques-unes des modifications peu importantes qui existent dans les animaux des types supérieurs, on conçoit que ses modifications profondes en élément contractile ou fibre musculaire, et en élément excitant ou fibre nerveuse, sont encore moins évidentes et moins communes à tout le type.

On ne trouve en effet de fibre évidemment musculaire que dans les trois premières classes; c'est-à-dire dans les Échinodermes en général, dans les Médusaires un peu, et à peine dans les premières espèces de la classe des Zoanthaires. Au-delà, tout le tissu de l'animal non encroûté est bien contractile, mais sans nous offrir cette forme particulière de la fibre musculaire des animaux supérieurs.

Quant à la fibre nerveuse, c'est à peine si son existence est démontrée dans les Holothuries. Quelques anatomistes le disent, mais je conviens que, malgré beaucoup de recherches faites pour m'en assurer, cela m'a encore été impossible, et cependant il y a certainement sensibilité dans ces animaux, puisqu'il y a rétraction des parties molles à la suite d'une irritation extérieure.

Les élémens liquides qui entrent dans la composition du corps des Zoophytaires paroissent être fort peu nombreux: il se pourroit même qu'il n'y en eût qu'un seul, la lymphe, et que le sang n'en différàt pas. Je trouve cependant que M. Delle Chiaje assure que le sang veineux et artériel des Holothuries, des Oursins et des Astéries, est composé d'une grande quantité de lymphe et d'un certain nombre de globules; il ajoute que dans les Oursins ces globules se réunissent en petits groupes, ayant un peu la forme des corpuscules de la semence humaine, qui jouissent d'un mouvement rotatoire général, outre celui qui est propre à chaque globule composant ceux d'attraction et de répulsion, et enfin celui de la translation déterminée par la circulation.

Si les élémens organiques, si leurs modifications en tissus sont si peu variés dans les Actinozoaires, il est tout simple comme résultat, que les organes qu'ils forment soient peu nombreux, peu distincts, et que par conséquent les appareils de composition, de décomposition et d'excitation soient extrêmement peu compliqués, si même ce dernier existe.

Et d'abord l'enveloppe extérieure ou sensible est à peine distincte du tissu sous-jacent dans les premières classes, et si elle l'est, comme dans les Holothuries, les Oursins, les Astéries, elle n'en est certainement jamais séparée de manière à être libre. On peut cependant alors y distinguer une sorte de derme d'un tissu assez serré, avec un réseau vasculaire, un pigmentum souvent fort brillant, mais très-peu tenace, à cause de l'absence totale d'un véritable épiderme.

Dans les Holothuries le derme est évidemment composé de fibres croisées, feutrées dans tous les sens; il est fort épais, coriace, et recouvert par un pigmentum épais et vivement coloré.

Dans les Oursins, le derme, solidifié en dedans par un système de pièces calcaires, est recouvert en dehors par une couche mince, mais très-sensible, d'une substance muqueuse, presque fluante, contenant la matière colorante, analogue au pigmentum des Holothuries.

Dans les Astéries, le derme est encore fort distinct : il est d'une épaisseur assez considérable; mais il offre la particularité de n'être ni entièrement mou ni entièrement résistant.

Dans les Médusaires, et même dans les Actinies, il n'y a plus de peau distincte.

Si la peau, siége et organe générateur de tout appareil des sens, existe à peine dans les zoophytes, il est inutile de rechercher chez eux ces modifications profondes qui donnent naissance à l'appareil du goût, de l'odorat, et surtout à ceux de la vision et de l'audition. Tout le monde est d'accord à ce sujet, il n'y a aucun organe des sens dont on puisse démontrer l'existence dans aucune espèce d'Actinozoaires.

L'appareil locomoteur est, comme la peau, distinct dans la première classe, celle des Échinodermes; mais il l'est fort peu ou même point dans les dernières.

Dans l'ordre des Holothuries, on peut dire qu'il est composé de la seule couche musculaire qui double la peau, sans aucune partie solide, si ce n'est autour de l'anneau buccal. Cette partie solide, que quelques auteurs ont considérée comme composée de dents, forme un anneau à l'entrée de la bouche : mais comme cet anneau est couvert par la peau rentrée de l'intestin, cette opinion ne peut être adoptée. Cet anneau, parfaitement circulaire, est formé de pièces alternativement plus grandes et plus petites, s'engrenant régulièrement entre elles et de structure fibro-crétacée: elles donnent attache à des muscles rétracteurs longitudinaux, qui se prolongent plus ou moins loin dans la cavité viscérale.

Le reste de l'appareil locomoteur est formé par deux plans de fibres: les unes, transverses, se trouvent dans toute l'étendue de la peau; les autres, longitudinales, se rapprochent en deux faisceaux pour chaque série de cirrhes tentaculaires, et les faisceaux sont par conséquent au nombre de dix ou de cinq doubles.

Dans l'ordre des oursins, l'appareil locomoteur général n'existe qu'à la racine des piquans, puisque toutes les autres pièces qui solidifient la peau ne sont point mobiles les unes sur les autres. Chaque piquant, articulé avec un tubercule de la peau par une surface lisse, concave, est mis en mouvement dans tous les sens par une couronne de très-petits muscles, qui de la peau se portent à leur racine.

Quant à l'appareil locomoteur spécial de l'armature de la bouche, il est beaucoup plus complexe, aussi bien dans les parties solides que dans les muscles; mais il n'existe pas dans dans tous les Échinides; les Spatangues, les Ananchites en sont pleinement dépourvus.

L'ordre des Astérides offre, dans l'appareil locomoteur, une disposition inverse de ce qui existe dans les Échinides centrostomes. En effet, chez elles l'appareil locomoteur général est considérable et celui de la mastication est nul, ou du moins fait réellement partie du premier; car, dans les animaux, il n'y a rien de comparable à l'armature de la bouche des oursins.

Dans les Méduses on remarque une couronne de petits muscles dans le rebord de l'ombelle.

Dans les Actinies, on peut très-bien distinguer encore une couche de fibres submusculaires transverses en dehors, et une couche de fibres longitudinales formant des lamelles ou des cloisons extrêmement nombreuses sous la membrane stomachale. Chacune d'elles est attachée inférieurement à la couche circulaire du pied et se partage en trois faisceaux: le premier va à l'estomac et au bord du bourrelet oral; le second à la racine des tentacules, et le troisième se prolonge vers le bourrelet labial, où il se recourbe pour former son bord libre.

Par la même raison que la peau n'est réellement distincte que dans les animaux qui constituent la première classe de ce type, la modification de l'enveloppe générale qui forme le canal intestinal n'est séparée, ne forme un véritable intestin que dans les Holothuries, les Oursins, les Astéries. Dans les Actinies, et peut-être dans les zoophytaires, il n'y a pas de véritable intestin libre ; mais ses parois sont cependant distinctes. Chez toutes les autres espèces la cavité intestinale est creusée dans la masse du corps, sans qu'il y ait de parois proprement dites. Dans les espèces même où l'intestin a des parois distinctes et est flottant dans une cavité viscérale, il offre encore des différences assez importantes.

Dans les Holothuries, le canal intestinal est complet, c'est-à-dire, qu'il traverse toute la longueur du corps, et qu'il est par conséquent pourvu de ses deux orifices également terminaux, une bouche et un anus.

La bouche des holothuries est au fond d'une sorte d'entonnoir ou de cavité labiale formée par un rebord de l'enveloppe générale, et pouvant contenir un cercle d'appendices souvent ramifiés, et du reste variable de forme et même de nombre dans la même espèce ; à son intérieur, ses parois sont solidifiées par l'anneau de pièces calcaires dont nous avons parlé plus haut.

Comme on trouve à sa circonférence un anneau de vésicules coniques, M. Cuvier a pensé que ce pourroient bien être des glandes salivaires. Je suis plutôt tenté de les regarder comme appartenant à l'appareil aquifère ; mais sans oser le moins du monde l'assurer.

Le canal intestinal qui suit a ses parois fort minces ; il est long et cylindrique : après s'être porté en arrière, il forme une longue anse qui le ramène en avant ; après quoi il se dirige vers l'extrémité postérieure, où il se termine dans une sorte de cloaque, ayant à l'extérieur un orifice circulaire terminal, quelquefois pourvu de cinq tubercules papillaires.

Dans les Échinides, en général, le canal intestinal est aussi complet ; il est également distinct et arachnoïdien : il forme de même des circonvolutions assez étendues avant de se porter à l'anus ; mais une grande différence avec les Holothuries, c'est que la position de la bouche varie d'une manière remarquable. En effet, dans les espèces subbinaires, la bouche, toujours inférieure cependant, est plus ou moins rapprochée de l'extrémité antérieure du corps, qui est barlong. tandis que dans les espèces régulièrement ovales, circulaires, ou même pentagonales, la bouche est parfaitement centrale. La position de l'anus offre peut-être encore plus de variations. Il peut être tout-à-fait supérieur, central et opposé à la bouche, comme dans les espèces régulières; mais aussi il peut descendre successivement, se porter en arrière et en dessus, se placer dans le bord même, et enfin passer en dessous, de manière à tendre à se confondre avec la bouche, comme dans les Échinonées.

Sous le rapport de l'armature de la bouche, les Échinides offrent aussi des variations importantes: ainsi il y a des espèces qui n'en ont aucune trace, et dont la bouche membraneuse est transverse ou bilabiée, comme les Spatangues; d'autres ont des espèces de mâchoires sans dents véritables, comme les Clypéastres; enfin, tous les Oursins proprement dits et les Cidarites, ont un appareil très-complexe de mâchoires armées chacune d'une véritable dent.

Les Astérides diffèrent encore plus des Échinides dans l'appareil digestif que les Holothuries. En effet, chez elles le canal intestinal a une tout autre forme; il est d'abord incomplet, c'est-à-dire qu'il n'a qu'un seul orifice, servant à la fois de bouche et d'anus, et il est constamment médian, sauf peut-être cependant chez les Comatules. Il n'est réellement pas armé; mais comme il est quelquefois assez profondément enfoncé entre les racines anguleuses des appendices du corps, il en résulte que celles-ci, souvent garnies d'épines dentiformes, aiguës, peuvent réellement agir comme des espèces de mâchoires armées de dents. Quant à l'estomac, il est également membraneux, peu étendu, quelquefois avec des productions qui s'avancent plus ou moins dans la cavité des appendices radiaires du corps.

Dans toutes les autres classes du type des Actinozoaires, jamais l'intestin n'est distinct, ni complet, en sorte qu'il n'y a pas d'anus. La bouche est toujours centrale et n'est jamais armée; il y a cependant encore quelques différences suivant les classes.

Dans les Arachnodermaires ou Méduses, la bouche, constamment inférieure, offre des différences assez remarquables, en ce qu'elle peut être simple et sessile, ou à l'extrémité d'une sorte de trompe ; mais il arrive aussi qu'elle peut sembler multiple par la manière dont les appendices médians se joignent au corps par une espéce de pédicule en croix. Je ne puis véritablement admettre qu'il y ait des Méduses sans bouche et agastriques. Péron, qui en fait une division dans son Système des Médusaires, a sans doute été induit en erreur par quelque circonstance inappréciable. M. Cuvier les admet cependant ; mais il me semble que c'est toujours d'après Péron.

Dans les Actinies proprement dites, comme dans les Actinies coriaces et même dans les Actinies pierreuses ou Madrépores, du moins à en juger par les caryophyllies simples, il paroit que l'intestin ne forme qu'un enfoncement plus ou moins profond, dans lequel on peut cependant quelquefois distinguer une cavité præbuccale ou labiale, une bouche ou cavité buccale, et enfin une sorte d'estomac séparé de celle-ci par un indice de bourrelet. Les parois de l'intestin sont distinctes, fort minces, très-plissées ; mais ne sont pas d'ailleurs séparées du tissu qui compose le corps.

Tous les madrépores lamelliféres ou Madréphyllies sont sans doute dans ce cas ; mais avec une disposition un peu différente, comme cela doit être dans les Fongies, par exemple, où il semble que l'estomac soit presque entièrement retourné et présente ses lamelles en dehors.

Les Madrépores échinulés doivent offrir un estomac plus profond et plus ou moins lamelleux sur les côtés, du moins à en juger d'après la forme des cellules qu'occupe la partie spécialisée du corps de ces animaux ; mais c'est ce que je ne puis assurer positivement, n'ayant pas encore disséqué une espéce de cette famille.

Dans la classe des Polypiaires proprement dits, la disposition du canal intestinal est aussi peu connue. S'il falloit en juger d'après les Hydres, ce ne seroit qu'un enfoncement assez profond, occupant une grande partie de la longueur du corps et sans plis ou lamelles, et dont la surface est tellement semblable à l'extérieure, que l'une peut remplacer l'autre par suite du retournement, comme l'a montré Trembley :

mais il n'y a peut-être que ce genre qui offre cette particularité. Il est même à remarquer que, dans les Flustres, les Eschares et les Cellaires, l'appareil digestif paroît être plus complexe que dans les autres genres, en ce qu'on remarque une sorte d'estomac distinct de l'intestin proprement dit, qui se recourbe en avant, et qui paroît même se terminer à l'extérieur par un orifice anal; du moins dans les Eschares on a pu le croire. Nous devons aussi faire observer que, dans un assez grand nombre de ces animaux, l'ouverture de la cellule dans laquelle leur corps est renfermé, est véritablement bilatérale, symétrique et pourvue d'un opercule; ce qui n'a jamais lieu dans aucune autre famille des zoophytes.

Dans toute la classe des zoophytaires, le canal intestinal redevient simple et droit comme dans les Zoanthaires; mais il me semble qu'il a ses parois distinctes, du moins si j'en juge par ce qui existe dans les Pennatules: il y commence souvent par une sorte de petite cavité labiale, libre, et au dehors de laquelle sont les tentacules; ensuite vient un estomac à parois libres et se terminant en arrière, ou par une sorte de mamelon que j'ai cru percé, ou par un prolongement vasculiforme qui se perd dans le tissu commun.

Quant aux Éponges et aux faux Alcyons ou Téthyes de M. de Lamarck, il n'y a réellement plus de canal intestinal; car il est impossible de considérer comme lui étant analogues, les canaux tortueux qui traversent les premières dans tous les sens, et à l'orifice desquels M. Grant a reconnu des mouvemens d'entrée et de sortie du fluide ambiant.

Le canal digestif dans les Actinozoaires semble devoir être accompagné d'un véritable foie dans les espèces chez lesquelles il est libre. Ainsi, dans les Holothuries on peut sans doute regarder comme en remplissant les fonctions des organes pénicillés qui se trouvent remplir l'espace situé entre les deux grands replis de l'intestin.

Dans les Oursins, cet organe n'est pas aussi facile à démontrer; cependant j'ai décrit comme analogues au foie des plaques glanduleuses que j'ai cru remarquer dans les parois mêmes de l'estomac; mais dans les Astéries il est apparent et même assez considérable: il occupe la circonférence de l'estomac, formant des espèces de grappes qui se prolongent plus ou moins dans la cavité des appendices, quand il y en a ; du moins c'est l'opinion de M. Cuvier, suivie par Spix, par M. Meckel. M. Delle Chiaje, au contraire, regarde ces parties comme des espèces de cœcums de l'estomac, et pense que le foie est un organe irrégulier, en forme de plaque, situé à la partie supérieure de l'estomac, dont aucun autre auteur ne fait mention et que je n'ai pas non plus encore observé.

Dans les Méduses, dans les Actinies, ainsi que dans les Madréphyllies et dans les Madrépores, il me paroît à peu près certain qu'il n'existe pas d'organe hépatique.

Je n'ose en dire autant des Flustres, des Eschares et de quelques genres voisins. En effet, il m'a semblé apercevoir dans les premières un organe que je rapporterois volontiers au foie.

Dans les zoophytes du premier ordre, c'est-à-dire dans les Tubulaires, les Campanulaires et les Sertulaires, je puis à peu près assurer qu'il n'y en a pas ; mais dans le second ordre je crois plutôt pouvoir assurer le contraire, du moins à en juger d'après les Pennatules : en effet, dans ces animaux, disséqués vivans ou très-frais, on remarque, dans les parois mêmes du corps de l'estomac, des rangées d'organes en forme de petites taches jaunâtres, que je regarde comme analogues au foie.

L'appareil respiratoire spécialisé doit nécessairement exister dans les zoophytes qui ont une circulation évidente ; mais il paroît qu'il tend à se confondre avec l'appareil aquifère, qui est très-développé dans plusieurs familles de ce type ; d'ailleurs il offre des différences importantes.

Dans les Holothuries on regarde assez généralement comme formant l'appareil respiratoire, un ou deux arbres vasculiformes, libres et flottans dans la cavité abdominale, et dont les ramifications très-nombreuses, naissant en avant, se portent, se réunissent successivement en arrière, et s'ouvrent par un seul tronc considérable dans l'intérieur du cloaque. Les parois de cette espèce d'arbre aquifère sont fort minces et ne m'ont pas paru avoir de vaisseaux, comme on en voit, par exemple, dans le mésentère : ainsi il se pourroit bien que réellement cette partie de l'organisation des Holothuries appartint plutôt au système aquifère qu'a l'appareil respiratoire.

Chez les Oursins on trouve dans chaque ambulacre un organe vasculiforme ressemblant à une foliole étroite, régulièrement pinnée, dirigée verticalement de bas en haut, et qui semble être analogue à l'arbre aquifère des holothuries. Monro, qui en a donné une excellente description avec de bonnes figures, montre, en effet, que ces organes sont entièrement vasculaires.

M. Delle Chiaje, qui décrit aussi ces organes, quoique moins bien que Monro, ne les regarde pas comme des branchies; mais il considère comme telles d'autres organes situés à la circonférence de la masse buccale, et dont il avoue cependant n'avoir pu connoître la relation avec le système vasculaire. Ne seroient-ce pas plutôt des glandes salivaires?

Dans les astéries, Monro a regardé comme appartenant à l'appareil de la respiration, les nombreux filamens qui sortent par une infinité de petits trous dont la peau du dos et des appendices est percée; mais ces organes n'existent pas dans les ophiures, ni dans les comatules, et peut-être appartiennent-ils à l'appareil aquifère, qui, il est vrai, peut très-bien être considéré comme une sorte d'appareil respiratoire.

Dans les médusaires, je ne crois pas qu'on puisse y reconnoître de véritables organes de la respiration, à moins qu'on ne regarde comme tels des espèces de crêtes qu'on rencontre dans la cavité stomachale de quelques espèces, ou bien les appendices considérables et radiciformes qu'on remarque dans d'autres.

Les actinies offrent encore moins des organes qu'on puisse considérer comme formant un appareil de respiration.

Les zoanthaires mous, coriaces, pierreux, madréphyllies ou madrépores, en sont également dépourvus; à plus forte raison les polypiaires et les zoophytaires.

L'appareil aquifère sur lequel M. Delle Chiaje a appelé l'attention d'une manière si intéressante dans un mémoire à ce sujet, est, au contraire, fort développé, au moins dans les premières classes de zoophytaires, et peut-être même remplace-t-il complétement chez eux l'appareil respiratoire des animaux supérieurs; dans lequel cas la dénomination de trachées aquifères, que M. de Lamarck a donnée à ce qu'il connoissoit de ce système, seroit fort heureuse. En effet, cet appareil, formé de canaux diversiformes, plus ou moins bornés et quelquefois arborescens, a pour caractère propre que ces canaux sont ouverts et en communication avec le milieu liquide dans lequel vit l'animal : or, ce caractère, qui n'a jamais lieu pour une branchie, se remarque dans les trachées des insectes, où le milieu ambiant pénètre aussi tout le tissu de l'animal.

Dans les holothuries, en supposant que l'arbre que nous avons décrit tout à l'heure ne lui appartienne pas, il faut au moins considérer comme tel le système de canaux qui entourent la bouche et qui se prolongent dans les tentacules arborescens, n'étant eux-mêmes qu'une continuation de la peau.

Dans les oursins, les espèces de cirrhes tentaculaires qui sortent du têt par les trous qui constituent les ambulacres, regardés par Monro comme des vaisseaux absorbans dans sa physiologie des poissons, et par M. Cuvier comme des organes de la respiration, appartiennent certainement à l'appareil aquifère. Ces petits organes cylindriques, musculaires, contractiles, garnis à l'extrémité d'un disque circulaire percé dans son milieu, sont tapissés à l'intérieur par un vaisseau qui, après s'être divisé et anastomosé dans des espèces de lamelles vasculaires et plexiformes occupant les espaces interambulacraires, va s'ouvrir dans un tube vertical qui, après avoir reçu successivement tous ceux de chaque ambulacre, se termine à la racine de chaque mâchoire dans une sorte d'ampoule. Ces ampoules communiquent entre elles par un canal transverse, et avec l'extérieur par un canal ou sillon qui suit le dos de la dent et s'ouvre à sa racine.

Dans les astéries, le système aquifère a une disposition assez analogue avec ce qui existe dans les oursins. En effet, il est évident qu'il faut regarder comme lui appartenant, ces tubes extrêmement nombreux, contractiles, extensibles, qui, sortis par des orifices correspondans de la peau du dos, s'ouvrent immédiatement dans la cavité viscérale, comme le pensent quelques anatomistes, ou sont en communication directe avec le système vasculaire, comme l'établit M. Delle Chiaje dans ses mémoires sur les animaux sans vertèbres du royaume de Naples.

Dans les médusaires, peut-être faut-il regarder aussi comme appartenant à cet appareil tout le système vasculaire et respiratoire de ces singuliers animaux. Il paroît, en effet, certain que dans les espèces d'appendices dont les rhizostomes, par exemple, sont pourvus, ces organes sont terminés par des fibrilles comme radiculaires, qui sont elles-mêmes percées à leur extrémité d'un pore extrêmement fin. Du moins c'est ce que je crois avoir vu dans l'espèce de la Méditerranée que j'ai eu l'occasion d'étudier vivante.

Dans les actiniaires proprement dits, et sans doute aussi dans la plupart des madréphyliies, l'appareil aquifére est fort considérable. En effet, dans les actinies on démontre avec la plus grande facilité, que les tentacules qui forment le cercle labial sont réellement des espèces de sacs fort minces, largement ouverts à l'extrémité ; qu'ils communiquent avec un grand canal circulaire qui se trouve à l'intérieur du bord labial, et qu'avec celui-ci communiquent les longues cellules situées entre les lamelles verticales et les parois de l'estomac et contenant les ovaires.

Je crois qu'il doit en être de même des polypes à tentacules pinnés qui entrent dans mon ordre des zoophytaires; ces organes sont du moins certainement creux, mais je ne veux pas assurer qu'ils soient percés à leur extrémité. Quant au corps des pennatules, il est certain qu'il est traversé par un grand nombre de canaux lacuneux, et que ceux-ci communiquent largement avec l'extérieur par des orifices distincts situés à l'extrémité de la partie commune de la pennatule.

Tous les autres actinozoaires n'ont peut-être point de traces de l'appareil aquifére; mais dans les éponges cet appareil acquiert toutle développement dont il est susceptible. En effet, chez elles il constitue à la fois l'appareil digestif, celui de la respiration et celui de la circulation.

Ce dernier appareil dont il nous reste à parler, paroit exister d'une manière certaine dans les premières familles des Actinozoaires; mais il est dans une telle connexion avec l'appareil respiratoire et aquifére, qu'il peut être aussi difficile de l'en distinguer nettement; c'est du reste dans les holothuries qu'il est le plus distinct. On peut même y distinguer un cœur musculaire, auquel arrivent des vaisseaux veineux à parois bien distinctes, provenant d'une grosse veine mésaraïque, et d'où sort évidemment un autre ordre de vaisseaux, dont l'un va suivre l'intestin dans toute sa longueur.

Dans les oursins je crois également qu'il existe un renflement cardiaque musculaire. Je suis aussi certain qu'il reçoit un gros vaisseau mésaraïque provenant du canal intestinal et dont les ramifications sont soutenues par un véritable mésentère. J'en ai pareillement vu sortir un gros vaisseau
qui, après avoir formé un anneau autour de l'œsophage,
fournit des ramifications aux mâchoires, aux lèvres, et probablement aux lamelles, peut-être branchiales, que nous avons
vues tout le long des espaces interambulacraires : mais assurer lequel est le système veineux ou artériel, c'est ce que je
ne puis. Il se pourroit même que cette distinction n'existât
plus à ce degré de l'organisation, et que ces vaisseaux fussent
à la fois veines et artères.

Dans les astéries on remarque autour de l'œsophage un
anneau vasculaire central, avec un cercle de vésicules simples ou multiples, mais n'ayant qu'un tube de communication avec l'anneau. On voit également sortir de celui-ci des
vaisseaux en aussi grand nombre qu'il y a de rayons, et qui,
après avoir communiqué avec des ramifications vasculaires
nombreuses de l'estomac, suivent ces rayons, l'un à la face
inférieure et l'autre à la face dorsale. Mais peut-on assurer
que les branches vasculaires de chaque rayon sont les unes
veineuses et les autres artérielles, comme le veut M. Delle
Chiaje ? c'est ce que je suis loin d'admettre, d'autant plus que
celui-ci assure que les tubes aquifères qui sortent par les
pores dorsaux des astéries, s'ouvrent ou se continuent avec
le vaisseau dorsal, qui lui-même, par des rameaux annulaires,
va s'anastomoser avec des branches du système vasculaire
inférieur de chaque rayon également en communication manifeste avec les cirrhes tentaculaires. Il se pourroit donc que
dans cette famille les trois parties de l'appareil fussent confondues en une seule.

Cela me paroit à peu près évident chez les méduses, dont le
mode de locomotion semble, en effet, être exécuté par des
mouvemens réguliers, à peine volontaires, et qui ressemblent
beaucoup à ceux du cœur des animaux supérieurs.

Les actinies et les pennatules aussi sont peut-être dans ce
cas ; mais il est certain que chez elles il n'y a plus de système
circulatoire distinct. A plus forte raison manque-t-il dans tous

les autres polypiaires et même dans les zoophytaires: on remarque cependant chez quelques-uns de ceux-ci, dans les sertulaires par exemple, un mouvement fort remarquable dans la partie médullaire qui remplit l'axe de la partie commune ; mais ce mouvement n'est qu'une oscillation analogue à ce qu'on voit dans quelques plantes.

Les éponges offrent aussi dans leurs oscules un mouvement qui a quelque rapport avec celui de la circulation ; mais il se fait dans des espèces de tubes ouverts à l'extérieur et représentant à la fois le canal intestinal, le canal respiratoire, le canal aquifère et un canal vasculaire.

L'appareil de la génération offre, dans le type des Actinozoaires, à peu près les mêmes variations que celui de la nutrition : en effet, assez compliqué dans les premières familles, il se simplifie beaucoup dans d'autres, et enfin il n'est plus discernable dans les espèces les plus inférieures, quoique toutes produisent des gemmes distincts.

Les holothuries ont un seul ovaire bilatéral, parfaitement visible, libre et flottant dans la cavité viscérale, et qui, composé d'un grand nombre de cœcums excessivement longs, se termine cependant par un seul orifice situé dans la ligne médiane et au bord antérieur du corps.

Il m'a aussi semblé que, dans ces animaux, l'appareil sexuel étoit composé d'une partie masculine en relation immédiate avec la partie femelle. On a cru aussi qu'un amas singulier de filamens qui existe à la partie postérieure du corps, et qui paroit n'avoir aucune communication avec l'ovaire, pourroit appartenir au sexe mâle.

Dans les oursins la partie femelle de l'appareil générateur n'est jamais unique ou seulement bilobée, comme dans tous les animaux supérieurs sans exception ; mais elle est au moins quadrilobée, le plus souvent quinquelobée, et disposée d'une manière plus ou moins radiaire : aussi a-t-elle toujours au moins quatre orifices extérieurs, et le plus souvent elle en a cinq autour de l'anus, quand il est médian, et d'autres fois sans rapports avec lui; du reste, les ovaires eux-mêmes sont parfaitement distincts et à une place déterminée dans la cavité viscérale.

Aucun anatomiste n'a parlé d'organes mâles dans les échinides, et cependant un certain nombre d'espéces sont pourvues d'une plaque poreuse dans la région anale.

Les astérides ont aussi un nombre d'ovaires considérable (au moins de cinq, un pour chaque rayon) : ces ovaires, évidemment ici disposés en grappes, sont doubles pour chaque rayon, et s'ouvrent à l'extérieur par des orifices situés du côté de la bouche, dans l'angle de séparation des rayons. Ils se prolongent ensuite plus ou moins loin dans l'intérieur de ceux-ci, selon la forme du corps; ce qui est fort peu important.

On croit aussi que dans les astérides, du moins dans le genre Astérie de M. de Lamarck, il y a quelque trace de la partie mâle de l'appareil de la génération; c'est du moins une opinion déjà émise anciennement par Fischer, dans le Traité de Linck, et soutenue fortement par Spix, au sujet d'un organe fort singulier, flexueux, intestiniforme, qui se trouve à l'intérieur de l'animal au-dessus de l'estomac, et se termine à l'extérieur par un corps spongieux, madréporiforme, situé à la partie postérieure du dos. Bosc a pensé que cet organe n'étoit rien autre chose que la terminaison du canal intestinal : mais cette opinion ne peut être admise; car on trouve quelque chose d'analogue dans toute une division des échinides, qui ont cependant un anus distinct. Ce qui me porte davantage à croire que cet organe appartient à l'appareil de la génération, c'est que la considération de sa forme offre des caractères distinctifs et parfaits. M. Meckel, qui a décrit cet organe dans son Anatomie des astéries, persiste à croire qu'il a quelques rapports avec le sac calcaire des malacozoaires subcéphalés, que nous regardons comme appartenant à l'appareil dépurateur.

Dans les médusaires il n'y a plus de doute, et l'appareil de la génération consiste seulement dans quatre ovaires, ordinairement disposés en croix, et occupant la face dorsale ou opposée à la bouche.

Dans les actinies les ovaires, en forme de petites grappes verticales, alongées, attachées par un petit mésentère, sont beaucoup plus nombreux, filiformes; ils occupent la circonférence de la cavité stomacale, logés entre les lames verticales qui la circonscrivent; ils s'ouvrent dans l'intérieur de cette cavité, et d'une manière assez irrégulière, s'il en faut croire

Spix; ce qui me paroît douteux : j'avoue cependant que,
malgré toute l'attention que j'ai apportée dans mes recherches,
il m'a été impossible de voir la terminaison des ovaires dans
la circonférence du bourrelet labial, où l'analogie portoit à
faire penser qu'on devoit les trouver. J'ai vu même l'extrémité
supérieure des ovaires dépasser l'orifice buccal et se prolonger
plus ou moins dans ce bourrelet labial.

Spix et M. Delle Chiaje admettent aussi que, dans ces animaux, il y a des espèces de testicules également filiformes,
tortueux et entremêlés avec les ovaires.

Dans les madréphyllies, il est probable que les ovaires sont
comme dans les actinies, du moins si j'en juge d'après ce que
j'ai vu dans la caryophyllie calyculaire.

Les zoophytaires de la seconde division, et cela dans les
trois familles des corallaires, des pennatulaires et des alcyonaires, ont aussi des ovaires internes, comme les actinies;
et suivant Cavolini ils sont dans les gorgones en aussi grand
nombre qu'il y a de tentacules, c'est-à-dire, au nombre de huit,
s'ouvrant par autant d'orifices à la marge de l'orifice buccal.

Les autres zoophytes, c'est-à-dire les tubulaires, les sertulaires et les cellaires, offrent cette particularité, que ce ne
sont plus les polypes particuliers qui sont pourvus d'organes de
la génération, et que les gemmes se produisent et se développent dans des espèces de loges ou d'ovaires externes qui
sont en communication immédiate avec la partie commune.

Les hydres offrent quelque chose de semblable; mais ce ne
sont plus des gemmes distincts, accumulés dans une sorte
d'ovaires; ce sont de véritables bourgeons poussant dans un
lieu déterminé du corps de l'animal.

Les éponges, quoique n'ayant peut-être pas d'organe de la
génération, produisent cependant des gemmes libres, comme
les alcyons.

Existe-t-il un appareil d'excitation ou un véritable système
nerveux dans les actinozoaires, ou du moins dans un certain
nombre de familles de ce type ? Il est généralement admis que
ce système n'existe réellement pas dans les polypiaires, les
zoophytaires, les madréphyllies, les médusaires, et même
dans les actinies. Spix l'a cependant indiqué dans ces dernières; mais j'avoue que, quelque soin que j'aie mis à le

chercher où il l'indique sur des individus d'une grande taille, tout frais et même vivans, il m'a été absolument impossible de rien rencontrer de semblable à ce qu'il a décrit et même figuré. Je trouve, au contraire, noté et dessiné dans mes porte-feuilles que, dans le bord même du bourrelet labial, il y a une sorte de cordon gris, pulpeux, que j'ai cru pouvoir être regardé comme nerveux.

Dans les astéries, il y a long-temps que M. Cuvier a émis le doute qu'il pouvoit y avoir un système nerveux, doute que Spix a cru pouvoir convertir en certitude. M. Meckel pense aussi qu'il existe; mais il ne pense pas que ce soit la partie de l'organisation décrite comme telle par Spix. M. Delle Chiaje me paroît n'avoir pas réussi à le rencontrer, et il soutient que ce que M. Meckel a regardé comme appartenant au système nerveux, n'est rien autre chose qu'une partie de l'appareil circulatoire. J'avoue que, malgré des recherches nombreuses et reprises à plusieurs fois, je ne puis assurer que j'aie vu un système nerveux dans les astéries.

J'ai cru davantage l'apercevoir dans les oursins. Je dois cependant dire que M. Delle Chiaje ne parle nullement de syssème nerveux dans ce genre d'animaux.

Je n'ai pas été aussi heureux dans les holothuries, quoique je l'aie cherché avec beaucoup de soin autour de l'anneau buccal et dans les sillons qui séparent les doubles faisceaux longitudinaux du corps. M. Mertens m'a assuré qu'il l'avoit très-bien vu autour de l'œsophage.

Physiologie des Actinozoaires.

Les phénomènes de la vie dans ces derniers animaux ne sont peut-être pas plus explicables que dans les animaux plus élevés; mais leur étude n'en est pas moins intéressante, parce que ces phénomènes sont considérablement simplifiés.

La sensibilité générale des zoophytes est certainement beaucoup moindre que ne le disent la plupart des physiologistes, puisqu'elle se borne au plus à apercevoir l'irritation produite par un contact grossier; et même dans la plus grande partie des espèces cette sensibilité paroit-elle être fort obtuse. Les hydres font cependant à ce sujet une sorte d'exception, au point que l'on a pensé qu'elles pouvoient voir par tous les points de leurs corps, sans faire attention que la preuve qu'on en donne, qu'elles se dirigent vers la lumière, montre leurs rapports avec les végétaux, qui semblent aussi chercher l'action de la lumière : mais ce qui ne prouve pas qu'ils la sentent, et surtout qu'ils voient réellement.

M. de Lamarck a donc eu parfaitement raison, lorsqu'il a défini ces êtres des animaux apathiques.

Les actinozoaires, du reste, offrent même beaucoup de variations sous le rapport du degré de sensibilité générale ; ainsi les méduses, les éponges ne m'ont jamais offert aucun signe de sensibilité, lorsqu'on porte une irritation quelconque à leur surface et même dans leur tissu, et cependant elles exécutent des mouvemens continuels. Au contraire, les hydres, ainsi que les polypiaires en général, se retirent et se contractent fortement au moindre mouvement du fluide dans lequel ils sont immergés.

Les zoophytaires sont-ils dans le même cas ? et surtout jouissent-ils de la sensibilité dans la partie commune ? Leurs polypes eux-mêmes, quoique beaucoup moins sensibles que ceux des polypiaires proprement dits, le sont cependant encore à un degré assez remarquable, et ils se contractent assez rapidement quand on vient à les irriter ; mais je n'ai jamais vu, dans tous ceux que j'ai pu examiner, que l'irritation produite sur l'un eût le moindre effet sur les autres. A plus forte raison doit-on admettre que la partie commune doit être insensible. C'est cependant ce que je ne voudrois pas assurer, parce que j'ai remarqué qu'une pennatule vivante, sur la partie commune de laquelle on porte une irritation, devient phosphorescente dans cette partie seulement ; et comme la phosphorescence dans ces animaux me paroît due à une humeur qui suinte de leurs corps, je suppose que l'irritation portée à un endroit en a déterminé la contraction, et par suite une sorte d'expression de l'humeur phosphorescente.

Mais s'il y a quelque doute sur l'existence de la sensibilité générale de quelques espèces d'actinozoaires, il n'y en a pas sur l'absence totale de sensibilité spéciale. En effet, puisqu'il n'y a pas d'organe de sens spécial, on ne peut concevoir qu'il y ait de sensation également spéciale ; on peut cependant conserver quelques doutes sur celle du goût, du moins dans les oursins et peut-être dans les astéries, qui paroissent rechercher leur nourriture et ne pas se jeter indifféremment sur tout ce qu'ils rencontrent ; mais c'est une question qu'il est encore difficile de résoudre.

La contractilité dans les actinozoaires paroît exister dans toutes les parties de l'organisme et même souvent à un haut degré, comme on le voit dans les hydres et dans la plupart des polypes ; mais quelquefois elle est nulle, ou du moins n'est pas appréciable, comme dans les éponges et les téthyes, qui sont sous ce rapport les derniers des animaux.

Quand la contractilité est à son degré le plus inférieur, il ne peut y avoir de locomotion visible, ni partielle ni générale ; mais quand elle est, au contraire, plus élevée, alors les actinozoaires peuvent exécuter une locomotion partielle et même générale, comme cela se voit dans les trois ou quatre premières classes et même dans celle des polypiaires.

Les actinozoaires ne présentent cependant pas tous les modes de locomotion. Ainsi il y en a qui marchent sur un sol résistant, à l'aide d'espèces d'appendices solides, comme les oursins avec leurs piquans ; mais surtout à l'aide de cirrhes tentaculaires faisant l'office de ventouses, et qui, pouvant être étendues et attachées au loin, servent ensuite comme d'espèces d'ancres vers lesquelles l'animal tire son corps.

Les ophiures, et sans doute aussi les comatules, rampent réellement un peu à la manière des serpens, à l'aide des appendices serpentiformes dont ils sont pourvus.

Un petit nombre d'actinozoaires peuvent ramper également sur un sol résistant, à l'aide de la contraction moléculaire d'une partie de leur corps. C'est ce que peuvent faire certaines espèces d'actinies et même l'hydre verte.

Un plus grand nombre peuvent nager, immergés ou suspendus dans le fluide qu'ils habitent ; mais cette natation est rarement exécutée à l'aide de moyens analogues à ceux qu'emploient les animaux des types supérieurs, dans ce mode de locomotion. Certaines espèces d'actinies paroissent cependant un peu dans ce cas, quelques-unes ayant même une sorte de cavité aérifère à l'extrémité antébuccale ; mais dans toute la famille des médusaires la natation s'exécute par la contraction alternative de tout le corps, et surtout de ses bords flexibles et musculaires. Si les pennatules nagent aussi, ce dont je doute un peu, quoiqu'elles rampent très-lentement, c'est peut-être en chassant le fluide qui est entré dans leur système aquifère, plutôt qu'à l'aide des pinnules polypifères.

Tous les autres actinozoaires sont fixés d'une manière plus ou moins serrée, immédiatement ou médiatement, par leur partie commune, et alors la locomotion est partielle, soit dans le corps lui-même, qui peut être plus ou moins retiré dans sa cellule par des muscles qui se portent de la partie fixée à la partie mobile, soit dans les tentacules, qui sont éminemment contractiles dans tous leurs points, qu'ils soient aquifères ou non, et sans que souvent la fibre musculaire y soit distincte.

La partie de la locomotion la plus importante ou celle de la préhension buccale, est aussi celle qui est la plus constante et la plus développée dans les actinozoaires, qui presque tous sont pourvus d'appendices tentaculaires autour de la bouche. La forme et la structure de ces appendices doivent avoir quelque influence sur le mode et la promptitude de la préhension buccale ; mais elle consiste, en général, en ce que la proie arrêtée, retenue dans sa marche quand elle est vivante par quelques-uns des tentacules, est ensuite attirée et amenée par les autres vers l'orifice buccal alors proportionnellement dilaté, et ensuite introduite dans l'estomac ; mais auparavant on observe, dans quelques espèces d'actinozoaires, une véritable mastication.

Ce n'est guère que dans les clypéastres, les oursins, les cidarites de l'ordre des échinides, que l'on remarque une véritable mastication exécutée par un appareil très-fort, armé de dents puissantes, dont il a été question plus haut · dans toutes les autres espèces de ce groupe il n'y a rien de semblable ; mais dans les astérides on conçoit que les angles armés de la racine des appendices du corps, quoique d'une tout autre nature que l'appareil masticatoire des oursins, puissent produire un effet assez analogue. Il n'en est pas de même de la couronne de pièces calcaires des holothuries · leur disposition ne permet pas de croire que ce soient de véritables dents, même dans leurs usages.

Dans aucun autre actinozoaire il n'y a certainement pas le moindre indice de mastication, et alors la matière alimentaire, prise ordinairement en masse, est introduite sous la même forme dans la cavité digestive. Dans la plupart des espèces il paroît que cette déglutition est fort lente; aussi Cavolini dit-il qu'une gorgone a mis devant lui huit à dix minutes pour faire pénétrer une proie dans son estomac.

Quant à la digestion elle-même, nous devrons faire remarquer qu'elle ne doit être aidée par un fluide hépatique que dans un assez petit nombre d'espèces, puisque le foie n'existe au plus que dans les oursins, les astéries proprement dites, et peut-être dans les pennatules. Ainsi les phénomènes de la conversion des substances alimentaires en chyme et par suite en chyle, si toutefois cette conversion a lieu, ne peuvent être attribués dans les zoophytes qu'à l'action du fluide muqueux qui est exhalé des parois de l'estomac, et qui paroît peu ou point différer de celui de la surface extérieure, s'il faut s'en rapporter à la curieuse expérience de Trembley sur le retournement complet de l'hydre verte.

Le résidu de la digestion, après que l'absorption a tiré de la substance alimentaire tout ce qui étoit susceptible d'en être extrait, est rarement obligé de suivre les circonvolutions d'un intestin, si ce n'est dans les holothuries, les échinides et peut-être quelques faux polypiaires, puisque chez eux seuls il y a un véritable anus. Dans toutes les autres espèces les fèces sont rejetées par le même orifice qui a servi à introduire l'aliment, et cela par un mouvement antipéristaltique de l'estomac.

La nature même des élémens qui constituent le corps des actinozoaires, doit faire supposer que, dans la plupart de ces animaux, l'absorption peut se faire avec une très-grande facilité par tous les points de la surface. Il est cependant probable qu'elle doit se produire, en général, beaucoup plus complétement à la surface intestinale, surtout dans les espèces dont l'enveloppe cutanée est épaisse ou plus ou moins solidifiée par quelque dépôt calcaire, comme dans les astéries, les oursins et les holothuries.

Dans les médusaires on a même supposé qu'elle pouvoit avoir lieu à la surface cutanée seulement : ce qui ne peut guère être autrement pour les espèces sans bouche ni estomac, si réellement il en existe.

Dans les éponges, et surtout dans les téthyes, il est évident que l'absorption ne peut avoir lieu qu'à la surface externe.

Nous avons vu que l'appareil de la respiration des actino-zoaires avoit éprouvé une grande modification, en ce qu'il étoit devenu un appareil aquifère qui introduisoit, à l'aide d'un système variable de vaisseaux ouverts, une quantité plus ou moins considérable du fluide ambiant dans l'intérieur de l'animal. Ainsi l'absorption dans ce grand groupe d'animaux porte, comme dans tous les autres, sur le résultat de la diges-tion, comme sur l'eau dans laquelle ils sont immergés, et cette absorption a lieu à toute la surface externe ou interne.

Mais le résultat de cette absorption paroît n'avoir pas besoin d'être transporté dans un lieu particulier, distinct, où le fluide ambiant agiroit plus facilement sur lui. L'action de ce fluide semble se produire dans tous les points de l'organisme, en sorte qu'il n'y a pas de véritable respiration spéciale.

On pourroit aussi en conclure qu'il n'y a pas de véritable circulation, et que le système de vaisseaux, que l'on trouve indubitablement dans les médusaires, dans les astéries, et peut-être même dans les échinides, n'est rien autre chose que le système aquifère ramifié un peu à la manière des trachées des insectes; et en effet, il paroît certain que ces vaisseaux com-muniquent avec l'extérieur par des orifices plus ou moins évi-dens. Mais il est difficile d'en dire autant des vaisseaux que l'on trouve dans les holothuries; aucun anatomiste n'a soup-çonné leur communication directe ni avec le système arbus-culaire des tentacules, ni avec l'arbre aquifère ou respiratoire abdominal, en sorte que dans ces animaux l'on conçoit une oscillation du fluide sanguin dans des vaisseaux sanguins rami-fiés aux deux extrémités; mais non pas cependant une véri-table circulation.

Quoi qu'il en soit, c'est-à-dire que les fluides absorbés dans le canal intestinal ou à la surface cutanée, ou même dans les tissus, circulent ou oscillent dans des vaisseaux distincts ou dans les mailles mêmes du tissu composant, il est toujours cer-tain qu'ils servent à la grande fonction de l'assimilation, de la nutrition, et par suite à l'accroissement des animaux dont nous faisons ici l'histoire générale; fonctions dont nous ne concevons pas autrement le mécanisme que dans tous les au-tres animaux.

Les fonctions de décomposition sont bornées, dans les actinozoaires, à celle d'exhalation générale de surface, qui par la nature même de leur structure est très-grande, au point que tous sont aquatiques et peuvent à peine quitter un moment le milieu qu'ils habitent, et à celle d'où résulte la génération. En effet, nous avons déjà eu l'occasion de dire que l'exhalation spéciale de sécrétion n'existoit que pour l'appareil biliaire : et encore n'est-il pas absolument certain qu'il y ait un véritable foie dans aucun genre de ce type. Quelle est la modification de la fonction d'exhalation externe qui produit l'humeur phosphorescente et urticante que quelques-uns de ces animaux présentent ? c'est ce que nous ignorons.

Quant à la génération, nous devons remarquer que c'est dans ce type d'animaux que le mode ordinaire de cette grande fonction étoit le moins nécessaire, puisque celui qui se fait par scissure spontanée ou artificielle, est presque général à toutes les familles.

La redintégration d'une partie plus ou moins considérable du corps des actinozoaires a été, en effet, démontrée par des expériences directes dans les astéries, dans les actinies et surtout dans les hydres, où elle est véritablement miraculeuse, c'est-à-dire dans les espèces qui peuvent aisément être soumises à l'expérience.

La génération par scissure spontanée ou par bourgeon externe, qui semble n'être qu'une extension de tissu, a lieu dans ces mêmes hydres ainsi que dans les éponges, du moins suivant quelques auteurs.

Quant à la génération proprement dite, il paroît réellement qu'elle est constamment produite par des gemmes internes et non par de véritables œufs, quoique ces gemmes y ressemblent au premier abord.

Ces gemmes présentent seulement une différence sous le rapport du lieu de leur production. En effet, dans les holothuries, les échinides, les astérides, les médusaires, les actiniaires et le second ordre des zoophytaires, c'est dans un lieu déterminé et intérieur, ayant un débouché également déterminé à l'extérieur; mais il n'en est pas de même dans les sertulaires, les cellaires, où les gemmes reproducteurs sont produits dans des espèces de bourgeons ovariformes, réguliers en eux-mêmes, mais épars en différens points de la partie commune.

Enfin dans les éponges ils naissent dans toutes les parties de leur tissu pour sortir cependant par les oscules.

Ainsi dans ce type d'animaux la génération semble être, plus clairement que dans tous les autres, une simple extension de tissu, qui se détache plus ou moins complétement et produit un nouvel être.

D'après cela on pourroit conclure que dans les actinozoaires il ne doit pas y avoir d'autre sexe que le sexe femelle : mais nous avons cependant vu dans notre chapitre sur l'organisation, que quelques auteurs croient qu'il existe des organes mâles dans les holothuries, dans les astéries et même dans les actinies. Il faudroit donc admettre que chez ces animaux le germe interne, à un certain degré de son développement, a besoin d'une première substance incitante ou nutritive qui lui est fournie par un appareil mâle; mais que cela n'a pas lieu dans les autres groupes.

Après avoir ainsi envisagé rapidement les deux grandes fonctions de composition et de décomposition dans le type des actinozoaires, voyons leurs résultats, c'est-à-dire l'assimilation, la nutrition, l'accroissement, la génération et la mort.

L'assimilation, d'où suit la nutrition, ne nous est pas plus connue dans les actinozoaires que dans les animaux des autres types ; nous voyons seulement que la substance étrangère, convertie en matière muqueuse ou gélatineuse, est transportée ou transmise par la faculté absorbante au moyen du fluide aqueux dans lequel elle est suspendue sous forme de grumeaux extrêmement fins, et enfin livrée à l'action moléculaire de tous les points de l'animal. La nutrition s'ensuit, si l'exhalation est égale à cette assimilation, et l'accroissement ou le décroissement dans le cas contraire.

L'accroissement dans les zoophytes paroît être extrêmement prompt, d'où il résulte sans doute une vie courte et rapide; car il est assez bien reconnu que la durée de la vie naturelle est composée de deux demi-courbes à peu près égales.

Examinés à l'état de gemmes, les actinozoaires n'ont nullement la forme qu'ils auront par la suite : ce sont des espèces de globules plus ou moins gros, dont quelques-uns, hérissés de poils, jouissent de la singulière propriété d'être continuelle-ment dans un mouvement plus ou moins rapide de gyration, comme Cavolini l'avoit observé depuis long-temps dans les gorgones, ce que M. Grant a confirmé sur plusieurs sertulaires et même sur les éponges.

Dans les espèces libres et simples, comme les oursins, les gemmes ne jouissent pas de cette faculté gyratoire; mais on remarque déjà qu'ils sont pourvus d'une portion de leur têt, du moins qu'il est déjà solidifié dans la partie moyenne, le reste étant membraneux.

Les astéries ont des œufs réunis en masses oviformes et dont je ne connois pas le mode de développement.

Les holothuries sont dans le même cas : leurs œufs sont réu-nis en masse et composés de longs filamens. Je ne leur ai re-connu aucun mouvement, du moins dans l'ovaire, quoiqu'ils fussent assez avancés quand j'eus l'occasion de les observer. Je n'en connois pas le développement.

Je n'ai pas observé moi-même ceux des méduses; on sait seulement que, nés dans l'ovaire, ils acquièrent la plus grande partie de leur développement dans le canal dont les appen-dices sont creusés dans toute leur longueur : par exemple dans les rhizostomes, d'après les observations de MM. Gæde et Eysenhardt. En effet, les jeunes méduses sortent toutes for-mées de la cavité stomacale, où elles sont restées plus ou moins long-temps.

Les actinies paroissent être dans le même cas; c'est-à-dire qu'elles rejettent de leur bouche leurs petits, en tout sembla-bles à leur mère, du moins d'après ce que nous apprend Dic-quemare, qui a fait des expériences nombreuses sur ce genre d'animaux. Mais combien de temps ces jeunes actinies sont-elles à parvenir à la grandeur déterminée pour chaque es-pèce, et combien pourroient-elles vivre de temps, s'il étoit possible de concevoir qu'aucune circonstance défavorable ne vînt les arrêter dans leur existence normale, c'est ce qu'il nous est impossible de déterminer.

Dans les madréphyllies et les madrépores, dont les ovaires sont internes comme dans les actinies, et qui pour la plupart sont intimement soudées, du moins dans la partie de leur corps qui contient les ovaires, les corps reproducteurs doivent avoir les plus grands rapports avec ceux des actinies, mais avec cette différence cependant, que leur tissu contient déjà une certaine quantité de matière calcaire avant que la bouche et les tentacules du petit animal ne soient encore développés. Une autre différence consiste en ce qu'ils peuvent être tout-à-fait rejetés de quelques-uns des individus composans, et alors ils deviennent le centre d'individus complexes, s'ils tombent et se placent dans des circonstances convenables, ou bien pousser dans la masse commune, à peu près au hasard; mais surtout vers les extrémités et à la circonférence, où cela est plus facile, de manière à ressembler à des espèces de bourgeons qui, d'abord entièrement mous ou gélatineux, deviennent peu à peu calcaires, avant que la partie antérieure du petit animal ne soit encore développée.

Les zoophytaires à ovaires externes offrent encore plus que les madrépores les deux modes de développement dont il vient d'être question. En effet, les gemmes, qui poussent dans la partie commune et vivante, dans cette espèce de substance médullaire qui remplit la tige et les rameaux des sertulaires et autres genres voisins, après s'être accumulés dans les capsules ovariformes, sont rejetés à l'extérieur, et jouissent de la faculté rotatoire, sans qu'on puisse y reconnoître la forme qu'ils acquerront plus tard. S'ils rencontrent des circonstances favorables, le gemme fixé s'élèvera d'abord sous forme de bourgeon alongé; l'enveloppe extérieure se distinguera de la pulpe intérieure en prenant plus de solidité, et enfin il se développera un polype à l'extrémité libre : à mesure que l'élévation de la tige s'augmentera, le nombre de ces polypes s'accroîtra dans l'ordre et la disposition propre à l'espèce; mais alors on peut dire que cette augmentation est due au développement de gemmes internes qui, s'ils étoient parvenus dans les capsules oviformes, en auroient formé d'extérieurs. Du reste nous savons que le développement des sertulaires est fort rapide, comme nous l'apprend l'observation de Pallas d'individus de quelques pouces de haut attachés sur un œuf de squale encore assez éloigné d'éclore; mais nous ignorons la durée totale de leur vie.

Dans les zoophytaires à ovaires internes, comme les corallaires, les pennatules et les alcyons, les gemmes peuvent être également rejetés à l'extérieur ou pousser dans le tissu de la masse commune, et par conséquent contribuer à son accroissement : dans le premier cas ils sont certainement formés par la partie commune, d'abord entièrement molle et ensuite soutenue par de la substance calcaire, cornée ou même par des acicules. Ce n'est qu'après un certain développement qu'on voit se produire à son extrémité un mamelon, qui bientôt pousse en un polype de plus en plus complet. La partie commune s'accroît alors d'autant plus vite que le nombre des polypes s'est lui-même plus augmenté, et elle atteint la grandeur dont elle est susceptible. C'est du moins ce qui a lieu dans le corail, les isis, les gorgones, les antipathes, ainsi que dans les alcyons et toutes les subdivisions que M. Savigny y a établies. C'est même toujours les extrémités de ces zoophytes qui sont les plus vivantes, qui contiennent le plus grand nombre de polypes distincts, tandis que la base est souvent morte.

Quant aux pennatules, dont la forme générale est beaucoup plus limitée, je ne connois pas les gemmes rejetés, et aucun auteur que je sache n'en a parlé. Par rapport au mode d'accroissement des pennatules elles-mêmes, il est certain qu'il a lieu par les deux extrémités ; mais surtout par celle de la partie polypifère et par la terminaison des pinnules, quand il y en a.

Dans le type des animaux amorphes on ne connoît même les corps reproducteurs que dans les éponges, et c'est à M. Grant que nous devons des observations curieuses à ce sujet. Les gemmes sont, comme dans les gorgones, hérissés de cils ou de poils, et jouissent également de la faculté gyratoire : en examinant leur composition, on voit qu'ils sont formés d'une partie gélatineuse, soutenue dans le centre par un petit amas d'acicules. Par suite de l'accroissement que cette partie commune est susceptible de prendre, non-seulement cette masse augmente de volume, mais on commence à voir se creuser à sa surface des pores, et surtout des oscules plus ou moins grands, autour desquels se disposent des acicules nouveaux ; peu à peu et dans un laps de temps que nous ne connoissons pas, l'éponge atteint la forme et la grandeur qui lui convient, peut-être non-seulement par l'accroissement de la masse commune, mais aussi par le développement de gemmes qui sont restés pour ainsi dire emprisonnés dans cette masse. On expliqueroit, dans cette manière de voir, comment les éponges se reproduisent par des bourgeons qui poussent à leur base: ainsi les éponges, sous le rapport de leur accroissement, ne diffèrent qu'assez peu des alcyons véritables, et seulement en ce que la masse commune ne produit pas d'êtres individuels que l'on puisse comparer à des polypes.

Un des points les plus remarquables de la physiologie des actinozoaires, est la faculté extraordinaire de rédintégration, dont ils jouissent au point que certaines espèces peuvent être pour ainsi dire hachées en morceaux, devenus ainsi des particules, et celles-ci reproduire chacune un animal complet. Cette faculté est évidemment en rapport avec la simplicité de l'organisation de ces animaux ; mais elle n'en est pas moins fort singulière.

Dans les ostéozoaires à sang chaud, la rédintégration n'a lieu que dans le tissu cellulaire, et par suite dans le tissu vasculaire : ainsi une partie simplement cellulaire ou vasculaire se reproduit, quand elle a été enlevée, dans de certaines limites sur un individu jeune, bien portant et bien nourri ; c'est ce que l'on savoit pour les plaies dans les chairs chez les mammifères et chez les oiseaux : les appendices cellulo-vasculaires de ces derniers, comme les crêtes, se reproduisent aussi ; M. le professeur Mayer nous a montré que la rate est également susceptible de reproduction.

Dans les ostéozoaires à sang froid, la rédintégration est beaucoup plus forte, puisqu'elle porte sur d'autres tissus. Ainsi les salamandres reproduisent leurs pattes, les poissons leurs nageoires, c'est-à-dire de la fibre contractile, des os, des nerfs, etc.

Les écrevisses, parmi les entomozoaires, nous offrent aussi une rédintégration complète dans les pattes ; mais les naïs et les lombrics même, les néréides, portent cette faculté beaucoup plus loin, puisqu'elle a lieu pour le corps lui-même, qui peut repousser ce qu'on lui a enlevé d'abord à la partie postérieure, comme dans les néréides, et ensuite tout ce qui manque à chacun des morceaux dans lesquels on l'a coupé : c'est ce que Bonnet a expérimenté pour les naïs.

Dans le type des malacozoaires la rédintégration ne paroît pas portée si loin, à moins que d'admettre que la tête des limaces, composée de tentacules, d'yeux, de dents, de muscles et de

nerfs, ne se reproduisît, comme nous l'assurent plusieurs ex-
périmentateurs.

Mais, dans le type des actinozoaires cette faculté arrive à
son *summum*, même dans les espèces simples ; car dans les espèces composées, et surtout dans celles qui ont une partie
commune, cela est beaucoup plus aisé à concevoir.

Je ne connois cependant aucune expérience qui prouve
que les holothuries reproduisent quelque partie qui leur auroit été enlevée, quoique cela soit probable pour leurs tentacules arborescens et pour leurs cirrhes tentaculaires.

Les oursins peuvent sans doute aussi reproduire ces mêmes
cirrhes ; mais encore cela n'est pas prouvé par le fait.

Il n'en est pas de même des divisions du corps des astéries
polymérées, et des appendices de celui des ophiures et probablement des comatules. Des observations journalières et des
expériences instituées *ad hoc*, ont montré qu'un rayon d'astérie, pourvu sans doute qu'il emporte avec lui une partie de la
bouche et de l'estomac, peut produire toutes les autres, et par
conséquent tous les tissus et les organes différens qui les composent.

Si nous ne pouvons rien avancer d'aussi positif pour la rédintégration des méduses, nous n'en dirons pas ainsi des actinies,
comme l'ont prouvé les belles expériences de l'abbé Dicquemare. En effet, ces animaux coupés par quartiers se réparent
au bout d'un temps plus ou moins long, et chaque morceau
peut reproduire une actinie complète.

Il est probable qu'il en est de même des actinies solidifiées
par une matière calcaire, mais simples, et à plus forte raison
chez celles qui sont agrégées et même greffées d'une manière
intime dans une partie plus ou moins considérable de leur
corps ; ainsi l'extrémité d'un madrépore, tronqué par une
cause quelconque, doit se reproduire en peu de temps.

Les tubulaires, les campanulaires, les sertulaires, se rédinté-
grent non-seulement dans la partie libre de chaque polype,
mais dans la partie commune.

Cela est encore probablement vrai pour les corallaires en
général et même pour les alcyons, mais plus douteux pour
les pennatules. En effet, si dans ces animaux chaque polype
peut reproduire quelque partie qu'on lui auroit coupée, ce

qui est certain, du moins par analogie, on peut douter qu'il en soit de même du corps de la pennatule. Je pencherois encore volontiers à croire que la partie basilaire d'une pennatule coupée en deux, pourroit repousser la partie terminale ; mais je doute fort qu'il en soit de même de celle-ci, qu'elle puisse repousser celle-là.

Les spongiaires, au contraire, ont nécessairement la faculté de rédintégration à un haut degré, à cause de la similitude complète de toutes les parties ; mais cela est peut-être moins étonnant que dans les hydres, qui jouissent de la faculté de locomotion, de préhension, de digestion, etc., et qui cependant sous le rapport qui nous occupe sont au premier degré. En effet, les expériences de Trembley, répétées par beaucoup d'observateurs et par moi-même, ont montré que des fragmens extrêmement petits d'un hydre peuvent former, au bout d'un temps assez court, un animal tout-à-fait semblable à l'individu d'où ils sont provenus.

Histoire naturelle des Actinozoaires.

L'histoire des mœurs et des habitudes des actinozoaires doit être nécessairement assez courte, comme on peut le penser, si l'on réfléchit au peu de complication de leur organisation ; mais elle est surtout assez peu avancée, et ce que nous en savons, est à peu près entièrement dû aux observateurs italiens.

Cette histoire n'est cependant pas dépourvue d'intérêt, puisque ces animaux, étant réellement les dernières limites du règne animal, peuvent offrir aux philosophes et aux physiologistes des faits extrêmement importans. Les oryctologues et les géologistes pourront aussi y trouver des élémens d'une grande utilité pour l'explication des changemens qu'a éprouvés et qu'éprouve encore la surface de la terre.

Séjour et Habitation.

Tous les actinozoaires, sans exception, sont aquatiques, et même ne peuvent, sans périr, être abandonnés pendant un temps considérable par les eaux ; quelques-uns cependant, mais en très-petit nombre, étant littoraux, sont à découvert pendant le reflux de la mer ; et encore sont-ce des espèces qui, pour la plupart, sont revêtues d'une enveloppe cornée.

Un auteur, dont je ne me rappelle pas le nom, a cru trouver une espèce de polype dans un champignon, qui, par conséquent, ne seroit pas aquatique; mais cette découverte n'a pas été confirmée.

C'est essentiellement dans les eaux de la mer que se rencontrent les zoophytes. Le nombre des espèces qui habitent les eaux douces est extrêmement peu considérable, et se borne à des hydres, à des éponges et à des corynes.

Je n'en connois pas encore qui puissent alternativement vivre dans les eaux douces et dans les eaux salées; il est même surprenant de voir l'effet subitement mortel que l'eau douce produit sur les espèces marines: à peine y sont-elles immergées qu'elles sont mortes.

Les circonstances particulières du séjour des actinozoaires ne sont pas très-variables; la plupart des espèces sont littorales, et celles qui se trouvent en haute mer paraissent ne pas vivre au-delà d'une profondeur qui n'est pas très-considérable.

Les espèces qui sont libres peuvent, comme on le pense bien, varier davantage les circonstances de leur séjour, et d'autant plus que leur locomotion est plus étendue; ainsi les holothuries vivent au milieu des fucus, dans les endroits sablonneux, où elles rampent et se nourrissent des débris des corps organisés.

Les échinides sont à peu près dans ce cas, du moins les spatangues, qui s'enfoncent dans le sable; quant aux oursins proprement dits, c'est dans les endroits rocailleux qu'ils vivent en plus grande abondance, pour y chercher les crustacés, dont ils font leur nourriture ordinaire.

Les astéries habitent aussi les plages sablonneuses et rocailleuses, celles qui abondent en fucus.

Il en est de même des ophiures, des comatules et des encrines, quoique celles-ci soient fixées.

Les médusaires, au contraire, évitent les plages et même les parages des côtes, et vivent à plus ou moins de distance en pleine mer; la foiblesse de leur locomotion ne pourroit les défendre contre les courans qui les porteraient à la côte.

On en peut dire à peu près autant de toute la famille des pennatulaires, qui, par les mêmes raisons sans doute, vivent plus ou moins en pleine mer.

Quant à tous les autres actinozoaires qui sont fixés, sauf encore quelques actinies, c'est sur les rivages, ou à peu de distance des côtes, qu'on les trouve quelquefois; cependant encore à d'assez grandes profondeurs. On en a découvert dans des cavernes plus ou moins profondes, dans des anfractuosités où l'eau est tranquille et où ne pénètrent pas les rayons solaires; c'est du moins ce qu'a observé Cavolini pour les gorgones, le corail, et même pour quelques madrépores. Quelques personnes disent cependant qu'en général les madrépores n'existent qu'à d'assez petites profondeurs, et dans des lieux où pénètrent les rayons lumineux.

Les actinozoaires ne sont certainement pas répartis d'une manière égale dans l'intérieur des mers; toutefois on peut dire qu'il en existe de presque toutes les formes dans tous les parages. On ne peut nier cependant qu'en général ils deviennent plus abondans à mesure que des pôles on se porte davantage vers l'équateur.

On peut assurer, d'après les faits que nous connoissons, qu'ils sont aussi généralement plus nombreux dans l'hémisphère austral que dans le boréal, et dans la mer des Indes et toutes ses dépendances, comme la mer Rouge, le golfe Persique, l'archipel Indien, que dans toute autre mer; mais cette différence ne porte pas également sur toutes les familles. Ainsi, les actinies sont assez également réparties dans toutes les mers, dans celles des pays froids comme dans celles des pays chauds : mais il n'en est déjà plus tout-à-fait de même pour les holothuries et pour les astéries en général, qui m'ont paru bien plus abondantes dans la Méditerranée que dans l'Océan, dans l'Océan que dans la Manche et dans les mers du nord. Les méduses sont probablement dans le même cas; mais la différence est bien plus tranchée pour les madrépores en général. En effet, rares et fort petits dans les mers du nord, dans la Manche, et même dans l'Océan, ils deviennent un peu plus nombreux dans la Méditerranée, et surtout vers son rivage méridional; mais les eaux dans lesquelles ils abondent, sont les mers de l'Amérique méridionale, le golfe du Mexique, celui des Antilles, la mer des Indes, et surtout la mer Rouge, dont les madrépores, d'après ce que nous apprend Forskal, semblent constituer le fond du sol.

Les corallaires sont absolument dans le même cas; aussi à peine existe-t-il quelques espèces de gorgones dans les mers du nord; tandis que la Méditerranée en offre déjà un assez grand nombre qui atteignent une grande taille, et que la mer des Indes en est pour ainsi dire remplie dans quelques localités. Le corail et les isis ont encore une habitation plus limitée dans la mer Méditerranée ou dans celle des Indes.

Quant aux sertulaires, aux tubulaires et aux cellaires, toutes les mers en offrent, et même en assez grand nombre.

Les éponges sont, comme les corallaires, infiniment plus nombreuses en espèces et en individus dans les mers des pays chauds, même que dans la Méditerranée, que dans les mers du nord, où elles sont aussi en général bien moins volumineuses.

Si les actinozoaires sont limités à une espèce de séjour constamment le même, dont quelques-uns seulement ne peuvent sortir que contre leur volonté et très-momentanément, on peut dire que le genre de nourriture dans tout le type est également unique; en effet, tous, sans exception [1], se nourrissent de substance animale : elle peut être sous différentes formes, c'est-à-dire qu'elle peut être en masse et provenir d'animaux entiers, morts ou vivans, qu'ils devront déchirer, ou bien décomposée, et, pour ainsi dire, dissoute ou suspendue dans le milieu qu'ils habitent, ce qui est le cas le plus ordinaire.

Les actinozoaires dont la nourriture se compose d'animaux entiers, vivans ou morts, sont : les clypéastres, les oursins, les astérides en général; les méduses, au moins un certain nombre d'espèces, les actinies, les hydres même : ceux qui se nourrissent de matière animale conservée dans le sable ou même dans l'eau qui les environne, sont les holothuries, les spatangues et les madréphyllies, du moins la plupart, les madrépores, les polypiaires, les zoophytaires, et à plus forte raison les éponges. Il seroit cependant possible de croire que ces animaux pourroient aussi bien se nourrir d'animalcules que les hydres; mais Cavolini dit positivement que,

---

[1] Je trouve cependant que Cavolini dit que les oursins rongent sur les rochers les fucus et les corallines.

quoiqu'il ait souvent observé des polypes, des gorgones, des millépores dans des eaux remplies d'animalcules, il ne les a jamais vus essayer à en saisir avec leurs tentacules.

Puisqu'il paroît assez peu commun que dans les zoophytes la nourriture soit sous forme solide ou résistante, il est évident que rarement il doit y avoir chez eux quelque manière particulière de la saisir. Nous savons cependant que les oursins cherchent les crustacés et même les testacés dans les anfractuosités des rochers et peut-être dans le sable, et que les cirrhes tentaculaires dont la circonférence de leur bouche est armée, la retiennent et poussent la proie vers les mâchoires dentifères, qui la brisent et en facilitent la déglutition. Il paroît qu'il en est à peu près de même des astérides; il faut aussi admettre que dans les méduses la manière de saisir leur proie doit être plus ou moins semblable, et que cette proie doit être amenée vers la bouche à l'aide des rebords de l'ombrelle ou des cirrhes dont elle est souvent pourvue; mais c'est ce qui n'est pas encore hors de doute. M. Paul-Émile Botta a bien observé une méduse digérer un petit poisson dans son estomac; mais il ne l'a pas vue le prendre. Les actinies sont à peu près dans le cas des hydres, c'est-à-dire que dans l'état de parfaite activité dans une eau tranquille, elles ont leurs tentacules fortement étendus en rose et attendant qu'un animal vienne à passer. Ces organes s'attachent à la proie, l'entourent, l'enveloppent et la dirigent vers l'ouverture de la bouche, où elle est engloutie. Il se pourroit que dans les véritables millépores les choses se passassent comme dans les hydres, parce que leurs tentacules sont souvent assez longs; mais dans la plupart des madréphyllies, dont quelques-uns n'ont pas même de tentacules, et peut-être aussi dans les madrépores, la nourriture est introduite avec l'eau dans laquelle vit l'animal et il n'y a besoin d'aucun artifice pour cela. La nature des tentacules des zoophytaires ne permet pas de penser que chez ces animaux il y en ait davantage.

Les rapports des actinozoaires entre eux n'ont certainement aucun but de véritable société, et cependant un assez grand nombre sont dans un rapport tellement intime, qu'il en résulte un tout, une masse commune, à laquelle tiennent organiquement tous les individus et qui semblent être pour ainsi dire un ovaire commun : alors on ne peut véritablement nier qu'il n'y ait quelques ressemblances avec un arbre ; c'est une sorte de société ; mais elle n'est pas de choix : elle est forcée.

Aucun des animaux des premières familles n'offre cependant rien de semblable, puisqu'ils sont libres, et si on rencontre quelquefois un assez grand nombre d'individus dans un espace resserré, c'est une circonstance fortuite ou bien qui a quelque relation avec la génération, suivant certains auteurs.

Les actinies commencent à présenter des agglomérations plus ou moins considérables d'individus, quelquefois serrés les uns à côté des autres, d'autres fois en partie soudés et même ayant une sorte de base commune : il y a cependant ici individualité.

Cette disposition se remarque bien plus fréquemment dans les madréphyllies et encore plus dans les madrépores, au point que la réunion intime des individus, du moins dans la partie postérieure et productrice de leur corps, donne lieu à une masse commune, qui semble pousser indépendamment des animaux composans. Dans ce cas, l'individualité ne paroît pas complète, toutefois dans l'appareil générateur et par suite dans celui de la digestion ; et l'on conçoit que la nourriture que prend un individu puisse réellement profiter aux autres : quant à l'individualité de sensibilité et même de locomotilité, nous avons déjà vu comment elles doivent exister l'une et l'autre.

Un rapport d'individus en nombre également indéfini, mais qui doit être encore plus profond, se remarque dans les zoophytaires en général, quoiqu'il y ait quelques différences entre les deux ordres qui constituent cette classe.

Dans le premier, qui renferme les flustres, les cellaires, les sertulaires, les individus sont réunis entre eux par une partie commune, vivante, fixée, qui affecte une forme déterminée, mais qui peut être encore considérée comme la partie reproductrice commune : c'est d'elle, en effet, comme nous l'avons vu, que naissent les ovaires extérieurs dans tout ce groupe.

Mais, dans la plupart des genres qui constituent le second ordre, la partie commune a un nombre indéfini d'animaux affecte une forme encore bien plus déterminée et réellement bilatérale ; elle est libre et elle jouit d'une locomotilité qui, quoique obscure, n'en est pas moins réelle, en sorte que l'individualité des animaux composans n'existe peut-être que pour la sensibilité.

Enfin le *summum* de la confusion intime et de l'absence de toute individualité se remarque dans les éponges, qu'on ne peut pas considérer réellement comme un seul animal, et dans lesquelles pourtant on ne peut pas séparer les individus composans sous aucun rapport.

Nous avons dit plus haut que les actinozoaires les plus libres n'avoient probablement entre eux aucun rapport de sexes qui aient pour but la génération; si, cependant, il étoit vrai que certaines espèces fussent pourvues des deux parties de l'appareil et que leur hermaphrodisme ne fût pas suffisant, on concevroit alors que les individus de la même espèce dussent se réunir et même peut-être s'accoupler. C'est l'opinion qu'a émise M. Spix ; mais qui n'a été adoptée. je crois, par aucun observateur subséquent : nous la croyons, en effet, peu probable.

Les rapports des actinozoaires avec le produit de leur génération sont assez peu connus, mais ne sont certainement pas nombreux.

Les holothuries déposent sans doute leurs œufs, comme les échinides et les astéries, dans des lieux qu'elles habitent, sans aucun choix et sans s'en inquiéter autrement.

Les médusaires paroissent les déposer quelque temps, du moins certaines espèces, dans les appendices dont elles sont pourvues.

Les actiniaires les vomissent, pour ainsi dire, dans le milieu où elles vivent, et les seuls de ces gemmes qui se développent sont ceux qui tombent convenablement sur quelque corps où ils peuvent adhérer par la matière glutineuse qui les enveloppe.

Il est probable qu'il en est de même chez les madréphyllies et même les madrépores, du moins pour un certain nombre des gemmes reproducteurs, les autres se développant successivement dans la partie génératrice commune.

C'est ce que l'on peut dire à plus forte raison pour les zoophytaires, chez lesquels il y a sans doute un certain nombre de gemmes qui restent et se développent dans la partie commune, mais ici dans des limites déterminées; tandis que d'autres, rejetés par les individus, vont ensuite, sans aucun rapport avec leurs parens, donner naissance à une nouvelle souche.

Ainsi sous ce rapport, parmi les actinozoaires, les zoophytaires ont véritablement une certaine ressemblance avec les végétaux arborescens, qui nous offrent des gemmes ou bourgeons reproducteurs adventifs qui se développent sur la masse commune, et des gemmes graines qui, rejetées du végétal, vont, dans des circonstances favorables, donner naissance à un nouvel individu complexe.

Les rapports des actinozoaires avec les autres animaux ne sont pas, comme on le pense bien, à leur avantage. Des êtres qui pour la plupart sont d'une mollesse extrême, qui sont dépourvus d'organes des sens, dont la locomotion générale est nulle ou très-bornée, qui ne jouissent que d'une locomotion partielle peu importante, ne pourroient guère exercer d'action un peu notable sur le reste des animaux. En effet, sauf les oursins, les astéries, les méduses et les actinies, qui détruisent un certain nombre de crustacés ou de poissons pour leur nourriture, tous les autres n'ont probablement aucune action sur le règne animal.

Les actinozoaires sont, au contraire, la proie d'un grand nombre d'animaux marins, et surtout de poissons, du moins les espèces qui, par leur grosseur et leur disposition, peuvent réellement être saisies par ces animaux, comme les holothuries, les stellérides, les méduses, les actinies; quant à celles qui sont solidifiées par une grande quantité de matière calcaire ou dont la ténuité est extrême, aucun animal, du moins à notre connoissance, n'en fait sa proie; et c'est peut-être une des raisons pour lesquelles les madrépores pullulent avec tant d'abondance dans les lieux où ils trouvent les circonstances convenables.

Les rapports des animaux dont nous faisons l'histoire générale avec l'espéce humaine, ne sont pas beaucoup plus nombreux qu'avec les animaux. En effet, il en est peu qui servent à notre nourriture: les oursins, dans l'état de développement de leurs ovaires, sont même peut-être les seuls qui soient dans ce cas. Il nous semble cependant avoir lu quelque part que les holothuries et les actinies sont quelquefois mangées par les peuples pauvres qui habitent les bords de la mer; **mais** c'est ce que nous n'avons jamais eu l'occasion de confirmer. M. Delle Chiaje le dit positivement des holothuries sur la côte de Naples.

La partie solide de certaines espèces, comme les madréphyllies, les madrépores, etc., est employée, soit à faire de la chaux dans les pays où il n'y a pas de roches calcaires, soit même comme pierres de taille, ainsi que nous l'apprend Forskal : il dit, en effet, que toutes les maisons anciennes et modernes de la ville de Djidda sont entièrement bâties de pierres équarries, que les habitans vont tailler à même des masses prodigieuses de madrépores qui bordent la mer Rouge.

De tout temps historique l'axe pierreux du corail paroît avoir été employé à faire des bijoux, qui sont encore fort recherchés de nos jours et qu'on fabrique dans des manufactures assez considérables à Marseille, en Italie et en Sicile.

L'axe solide et corné des vieilles antipathes est aussi employé pour le même usage; mais pour des bijoux de deuil.

Les éponges molles ou les véritables éponges de M. Grant, nous sont d'une utilité beaucoup plus réelle, soit dans notre économie domestique, soit même en chirurgie.

Au reste, si les actinozoaires sont d'une assez foible utilité à l'espéce humaine, ils lui sont encore beaucoup moins nuisibles, à moins qu'on n'admette comme hors de doute que les madrépores peuvent assez rapidement s'accroître en tous sens pour former des écueils dangereux à la navigation : assertion qu'ont combattue MM. Quoy et Gaimard par des raisons qui m'ont paru plausibles, mais qui n'ont pas convaincu M. le professeur Reinhardt, comme nous le dirons plus loin.

Quoi qu'il en soit, les actinozoaires sous aucun autre rapport ne nous sont réellement nuisibles; mais un plus petit nombre qu'on ne pense produisent, dit-on, une sorte d'urtication quand leur corps vient à toucher quelque partie nue du nôtre : trop de personnes le disent, pour que cela ne soit pas vrai : mais nous avouons que nous avons manié bien des fois des holothuries, des oursins, des astéries, des méduses, des actinies, dans les trois mers qui circonscrivent la France, sans en éprouver le moindre effet qui ait pu leur mériter le nom d'orties de mer ou d'acalèphes, qui leur a été donné depuis Aristote jusqu'à nous.

Les actinozoaires n'ont aucun rapport, de quelque nature que ce soit, avec le règne végétal[1]; mais il n'en est pas de même avec le règne minéral ou mieux avec la masse du globe terrestre. En effet, les recherches des géologues concourent avec celles des voyageurs zoologistes pour démontrer que les dépouilles des madrépores, des madréphyllies, des millépores, des coraux même, entrent pour beaucoup dans la composition de formations calcaires puissantes.

A la fin du siècle dernier, cette idée étoit tellement dominante qu'on étoit arrivé à admettre comme aphorisme, que toute la chaux provenoit des polypiers; et aujourd'hui on est assez revenu de cette exagération, mais peut-être même a-t-on été trop loin dans ce sens. C'est à MM. Quoy et Gaimard que nous devons d'avoir considérablement modifié l'idée qu'on s'étoit faite de la rapidité et de l'étendue de l'effet que Forster surtout avoit attribué aux polypes coralligènes et qu'avoient adoptée un grand nombre de géologues du siècle dernier; mais cet effet, quoique atténué, n'en existe pas moins. Il suffit, pour s'en assurer, de lire les détails que Forskal a donnés sur les madrépores de la mer Rouge, parmi lesquels il dit que l'on en tire des blocs qui ont vingt-cinq pieds, et qui ne coûtent cependant qu'une piastre ou trente et quelques sous : ce qui prouve combien ces matériaux y sont communs. En effet, il assure que toutes les maisons de Tor en sont construites. D'après ce que M. Paul-Émile Botta m'a dit des iles Sandwich, il paroît que les maisons de la ville de Wawoue sont également construites en entier avec une pierre madréporique que les habitans taillent en pleine roche sur le rivage même, et dont l'étendue est considérable. Ainsi il n'y a pas à douter que les polypiers coralligènes ne forment réellement encore de nos jours des masses d'une grande étendue, comme ils en faisoient anciennement; je me rappelle, en effet, d'avoir remarqué avec M. Constant Prévost, sur la côte de Normandie, à peu de distance de la vallée de la Touque, des blocs énormes qui étoient entièrement composés de madrépores fossiles.

Mais la production de ces masses calcaires est-elle aussi

---

[1] Cavolini dit cependant positivement que les oursins rongent les fucus, comme nous l'avons déjà noté plus haut.

rapide que le pensoit Forster et même Péron, au point de former des écueils, de barrer des passes, ce qui n'existoit pas peu de temps auparavant? Nous avons déjà fait remarquer que ce n'étoit pas l'opinion de MM. Quoy et Gaimard. Toutefois M. le professeur Reinhardt, qui a séjourné pendant plusieurs années dans l'archipel des Indes, nous a assuré que ses propres observations à ce sujet le forçoient de croire que Forster et Péron ne s'étoient pas autant éloignés de la vérité que les naturalistes de l'Uranie le pensoient; et M. Paul-Émile Botta, que je citois tout à l'heure, m'a rapporté qu'un capitaine américain qu'il a rencontré dans la mer du Sud, lui a parlé d'une localité dont il ne s'est malheureusement pas rappelé le nom. où une crique peu fermée a été pour ainsi dire transformée en un port bien clos par l'augmentation des roches de corail, et cela dans un intervalle d'un assez petit nombre d'années.

Ainsi, en définitive, il paroit que la grande abondance des polypes coralligènes dans certaines mers, dans certaines localités, et que la rapidité avec laquelle ces animaux se reproduisent des deux manières par l'extension de la masse commune qui se forme et par la production de nouvelles agglomérations, doivent véritablement contribuer pour beaucoup à la modification de la forme de la surface de la terre actuelle, ce qui a dû avoir également lieu dans les temps les plus reculés.

La manière dont les madrépores constituent ces masses, ces bancs calcaires, qui entrent dans la composition des couches solides de la terre, est beaucoup plus simple que pour les dépouilles de malacozoaires. En effet, pour celles-ci il falloit concevoir une grande accumulation de débris plus ou moins atténués, réunis par une sorte de gluten également calcaire, provenant des eaux qui les auroient traversés, et ces accumulations ne sont presque jamais dans la place où les coquillages ont vécu; mais pour les roches coralligènes, elles sont nécessairement aux lieux où elles ont été formées, et cette formation consiste dans la diminution proportionnelle de la matière animale, dans la densité augmentée par la pression des couches supérieures, et enfin également dans l'introduction de nouvelle matière calcaire par le fluide aqueux qui les traverse. Ainsi Forskal, en parlant des carrières presque vivantes de la mer Rouge, dit que lorsqu'on enlève une

masse de la mer, la partie supérieure est molle, que le reste
devient de moins en moins cartilagineux et que le fond est
tout à fait solide. On conçoit donc très-bien comment, par la
suite des temps, des roches calcaires, ayant appartenu à des
successions d'individus dont la dernière est encore vivante,
sont déjà modifiées, changées par la réaction moléculaire de
la substance calcaire, au point de perdre déjà beaucoup de
leur texture ordinaire, à plus forte raison lorsque ces roches,
étant depuis long-temps dans le sein de la terre pressées,
recouvertes par des détritus également calcaires, ont été traversées d'une eau calcarifère ; alors toute la roche devient
plus ou moins cristalline, et le tissu originel finit par dispa-
roitre complétement. C'est ce dont nous avons vu des exemples
remarquables dans la collection de Faujas sur des échantillons
de beau marbre de Carrare, faisant partie aujourd'hui de la
collection de M. Régley : les surfaces frustres de ces morceaux
n'offroient aucune trace d'organisation, tandis que celles qui
avoient été polies montroient, sous un certain aspect, une disposition stelliforme provenant évidemment des loges d'astrées.

Après avoir analysé rapidement les différens points de l'histoire naturelle des animaux que nous comprenons dans le
type des actinozoaires, il nous reste, avant d'en exposer la
classification méthodique, à dire quelques mots sur les principes qui nous semblent devoir guider et qui nous ont, en
effet, guidé dans cette classification.

Nous avons défini depuis long-temps l'espèce, une collection
plus ou moins nombreuse de variétés plus ou moins fixes,
constituée par un nombre variable d'individus, qui, semblables dans l'ensemble de l'organisation, et surtout dans toutes
les parties de l'appareil reproducteur, peuvent se continuer
dans le temps et dans l'espace par la génération.

La variété est une collection plus ou moins nombreuse d'individus d'une même espèce, et qui, pouvant se reproduire et
se perpétuer, diffèrent par quelque proportion dans la forme,
dans la grandeur et dans la couleur ; différences pouvant provenir de causes également différentes, d'où les variétés d'âge,
de sexe, de localités, etc.

Enfin, l'individu est l'être vivant ou mort, indépendant,
adulte ou non, que nous avons actuellement sous les yeux,

et que nous caractérisons en le rapportant à une variété fixe ou non, et par suite à une espèce déterminée.

Il est d'autant plus monstrueux qu'il s'éloigne davantage de son type spécifique, et surtout quand il ne peut se reproduire.

D'après ces définitions il est évident que la distinction de l'espèce doit porter d'abord sur l'appareil générateur, et qu'elle sera d'autant plus facile que cet appareil sera plus distinct, plus compliqué et aura plus de rapports avec les appareils extérieurs. Or, dans les actinozoaires il n'y a presque toujours qu'une seule partie; la partie femelle de l'appareil, celle qui a le moins de rapports avec l'extérieur : cette partie n'est pas toujours localisée, même dans sa terminaison : d'où il résulte que la distinction des espèces est souvent d'une très-grande difficulté et même quelquefois presque impossible, comme dans les éponges et les téthyes, quand on n'a pas égard à leur tissu.

Dans les espèces qui ont quelque organe extérieur appartenant de près ou de loin à la génération, leur distinction doit porter sur cette considération. Ainsi, dans les oursins, dans les astéries, le tubercule dorsal est celui qui nous a paru offrir le plus d'utilité sous ce rapport.

Dans les espèces qui ont ce qu'on a nommé des ovaires extérieurs, comme les flustres, les cellaires, les sertulaires, la forme de cet organe est de première importance et varie sensiblement pour chaque espèce.

Dans celles dont il est possible d'apercevoir les ovaires internes à cause de la transparence du corps, comme dans les méduses, on pourra aussi trouver dans leur considération de très-bons caractères pour la distinction des espèces.

Enfin, dans celles où l'appareil générateur ne se traduit à l'extérieur que par sa terminaison, on trouvera encore beaucoup d'avantages à considérer la position, la disposition et le nombre des orifices qui la constituent, comme cela est évident chez les échinides et peut-être dans les gorgones et autres genres des pectinicères.

Les principes qui doivent ensuite diriger dans la distinction des espèces d'actinozoaires devant varier presque dans chaque classe ou chaque ordre, nous ne nous en occuperons pas ici, mais dans les généralités propres à chacun d'eux.

Quant à ceux qui peuvent servir à la distribution des espèces en genres, en familles, en ordres et en classes, il m'a
semblé qu'ils pouvoient être réduits aux considérations suivantes, que je range dans l'ordre de leur importance.

1.° La forme déterminée, régulière, définissable, commen-
surable, ou bien irrégulière et incommensurable, d'où j'ai tiré
la séparation des zoophytes en deux types, celui des actinozoaires et celui des amorphozoaires.

2.° La distinction, la séparation des individus, qui, complète dans plusieurs groupes, comme dans les holothuries, les
échinides, les astéries, les méduses, l'est déjà quelquefois
moins dans les actinies, ne l'est que dans les parties antérieures
du corps chez presque tous les madréphyllies, les madrépores,
les millépores, etc., et peut-être encore moins dans les tubulaires, les pectinicères, où la réunion est encore bien plus
intime, et enfin n'a plus lieu dans les éponges et les téthyes.

3.° L'existence ou l'absence d'un intestin avec un ou deux
orifices, libre ou flottant dans une cavité abdominale, donnent aussi lieu à des caractères de premier degré pour la séparation des zoophytes en classes, ordres et familles.

4.° L'existence douteuse ou certaine des deux parties de
l'appareil générateur, le nombre des divisions de l'ovaire, sa
position interne ou externe, sa disposition binaire ou complétement radiaire, son mode de terminaison par un ou plusieurs orifices autour de l'anus ou de la bouche, doivent aussi
être pris en considération.

5.° La liberté ou la fixité des individus simples, agrégés
ou réunis, n'est pas non plus sans utilité dans la classification
des actinozoaires, quoiqu'on trouve dans presque toutes les
classes des espèces libres et d'autres fixées. Ainsi, les encrines
sont fixées parmi les astérides, qui sont libres; les zoanthes
parmi les actinies; les turbinolies, les fongies parmi les madréphyllies; les hydres parmi les polypiaires; les pennatules
parmi les pectinicères, et peut-être même certaines téthyes
parmi les spongiaires.

6.° Le nombre, la nature et la forme des appendices qui
entourent l'extrémité antérieure du corps, et qui servent à
des usages très-différens, et surtout à la respiration et à la
préhension buccale.

7.º La nature épaisse, mince, molle, dure, lisse ou épineuse de la peau.

8.º La nature molle, coriace ou calcaire d'une partie du tissu même qui compose le corps des actinozoaires.

C'est en combinant les caractères obtenus à l'aide de ces différentes considérations que nous sommes arrivés au système général des zoophytes que nous proposons, et que nous avons adopté dans le *Genera* qui va terminer cet article. Nous ne le regarderons cependant pas encore comme définitif, la connoissance un peu approfondie des principaux animaux de ce type n'est pas encore assez avancée pour cela. Ainsi, quoique nous placions les polypiaires avant les zoophytaires, afin de passer par une série naturelle des cornulaires ou des espèces simples, par les corallaires, les pennatulaires, aux alcyonaires qui sont si voisins des éponges et des téthyes, il se pourroit réellement qu'ils dussent être mis beaucoup plus loin dans l'échelle, du moins à en juger par ce que nous savons des hydres, chez lesquelles il semble qu'il n'y a aucune sorte de viscère et pas même d'ovaire ou d'organe spécial de la génération.

Nous n'avons pas osé non plus prendre un parti définitif au sujet de la classe que nous avons désignée d'après un caractère singulier de la présence d'un opercule fermant l'ouverture bilatérale des loges, dans lesquelles le petit animal peut rentrer ou sortir à volonté. Sans doute nous avons très-bien vu la disposition fort remarquable du corps de l'animal, qui est recourbé dans sa cellule, de manière que l'extrémité postérieure, très-rapprochée de l'antérieure, semble se terminer par un orifice anal communiquant avec l'extérieur : nous voyons bien un certain rapprochement à faire entre ces animaux et les plumatelles, qui ne sont très-probablement pas des actinozoaires; mais, nous le répétons, nos observations, quoique nombreuses, ne sont cependant pas encore assez mûres pour pouvoir prononcer.

D'après l'observation que nous avons faite sur les premiers développemens des cellaires, et entre autres de la cellaire salicor, nous pensons être déjà en droit de rapprocher de ces derniers êtres la très-grande partie des coquilles microscopiques dites polythalames, et rapprochées, on ne sait réellement pourquoi, des nautiles et des spirales, cependant nous n'avons pas cru devoir encore faire ce rapprochement.

Nous avons, au contraire, éloigné de ce type une assez grande quantité d'êtres que les auteurs systématiques les plus récens rangeoient parmi les zoophytes ou parmi les radiaires et les polypes; les uns étant bien certainement des animaux, mais de types très-différens et plus élevés; les autres étant au contraire des végétaux, et enfin quelques-uns n'étant pas, suivant nous, des êtres organisés.

Dans la première catégorie nous rangeons : *a*) les Physogastres, contenant les Physales, les Rhyzophyses, les Physophores ; *b*) les Ciliobranches, contenant les Béroës, les Callianyres, les Cestes, etc. ; *c*) les Diphyes avec les genres déjà assez nombreux qu'ont établis M. Lesueur d'une part, et MM. Quoy et Gaimard d'une autre ; et *d*) enfin, les Infusoires ou Microscopiques, que nous regardons comme des animaux de types et de familles très-différens, les uns étant de véritables entomostracés, les autres des ascaridiens, ceux-ci des planariés, et enfin ceux-là peut-être des gemmes d'animaux zoophytaires, se mouvant rapidement en cercle, comme quelques cyclides, etc.

Dans la seconde, nous rangeons sans hésiter les Corallines et les genres assez nombreux qu'on a déjà établis dans cette famille, et à plus forte raison les Dichotomaires, Liagores, etc., qui sont évidemment des Fucus.

Nous y plaçons aussi les Oscillatoires, les Conferves, les Bacillaires : en un mot, ces différens genres qu'a étudiés avec beaucoup de soin M. Gaillon, et dans lesquels il a cru voir des animalcules se réunir par leur mort, ou plutôt au moment de leur fécondation, en de longs filamens, ce qui les lui a fait nommer Nématozoaires.

Enfin, dans la dernière catégorie nous classons les zoospermes ou les prétendus animaux spermatiques, qui ont été alternativement regardés comme des animaux ou comme n'en étant pas par les micrographes; mais que, d'après des expériences nombreuses et répétées sur un grand nombre d'animaux de classes différentes, et depuis quatre ou cinq ans, nous croyons n'être que des particules d'une densité et peut-être d'une nature chimique différentes, tendant à se dissoudre dans un

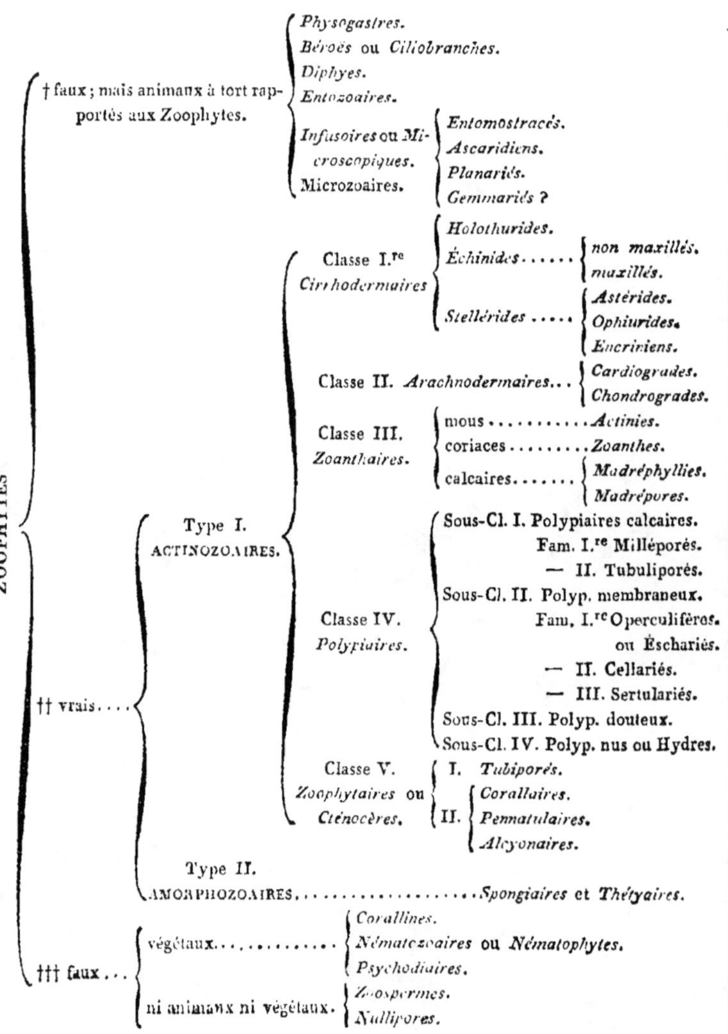

ZOOPHYTES

† faux ; mais animaux à tort rapportés aux Zoophytes.
Physogastres.
Béroës ou Ciliobranches.
Diphyes.
Entozoaires.
Infusoires ou Microscopiques. Microzoaires.
Entomostracés.
Ascaridiens.
Planariés.
Gemmariés ?

†† vrais....

Type I. ACTINOZOAIRES.

Classe I.re Cirrhodermaires
Holothurides.
Échinides...... non maxillés. / maxillés.
Stellérides ..... Astérides. / Ophiurides. / Encriniens.

Classe II. Arachnodermaires... Cardiogrades. / Chondrogrades.

Classe III. Zoanthaires.
mous..........Actinies.
coriaces........Zoanthes.
calcaires....... Madréphyllies. / Madrépores.

Classe IV. Polypiaires.
Sous-Cl. I. Polypiaires calcaires. Fam. I.re Milléporés. — II. Tubuliporés.
Sous-Cl. II. Polyp. membraneux. Fam. I.re Operculifères ou Eschariés. — II. Cellariés. — III. Sertulariés.
Sous-Cl. III. Polyp. douteux.
Sous-Cl. IV. Polyp. nus ou Hydres.

Classe V. Zoophytaires ou Cténocères.
I. Tubiporés.
II. Coralliaires. / Pennatulaires. / Alcyonaires.

Type II. AMORPHOZOAIRES.................Spongiaires et Thétyaires.

††† faux...
végétaux............ Corallines. / Nématozoaires ou Nématophytes. / Psychodiaires.
ni animaux ni végétaux. Zoospermes. / Nullipores.

fluide aqueux, opinion qu'ont également soutenue dans ces
derniers temps, MM. Dutrochet et Raspail.

Ce n'est peut-être pas le moment d'exposer les raisons sur
lesquelles nous nous fondons pour soutenir ces différentes manières de voir en opposition avec presque tous les zoologistes
systématiques, d'autant plus que nous en donnerons au moins
une partie dans les observations jointes à l'exposition du système qui appartient à chaque famille. En effet, pour ne rien né-
gliger des parties du Dictionnaire qui nous ont été confiées,
quoique ces êtres ne doivent pas être considérés comme des zoophytes, nous ne devons pas moins en faire mention dans
cette espèce de résumé de tous les animaux invertébrés inarticulés.

Au reste, pour mieux faire sentir notre plan, nous allons
l'exposer sous forme de tableau synoptique.

LES PHYSOGRADES.

Corps régulier, symétrique, bilatéral, charnu, contractile,
souvent fort long, pourvu d'un canal intestinal complet,
avec une dilatation plus ou moins considérable, aérifère; une
bouche, un anus, l'une et l'autre terminaux, et des branchies anomales en forme de cirrhes très-longs, très-contractiles, entremelés avec les ovaires.

Observat. Les animaux qui constituent cette classe sont
tellement anomaux au premier aspect; ils semblent tellement
s'éloigner de la forme des types connus, qu'il étoit réellement
assez difficile de s'en faire une idée un peu satisfaisante. Aussi
les zoologistes qui ont suivi la méthode naturelle, en les plaçant parmi les animaux rayonnés, étoient-ils obligés d'en
faire une section particulière, sous le nom de Radiaires
anomaux ou irréguliers; et, en effet, c'étoient des Radiaires
bien anomaux, puisqu'il n'y a rien chez eux qui offre le
moins du monde la disposition rayonnée.

Une autre raison qui a dû aussi contribuer pour beaucoup
à faire méconnaître les rapports des physogrades, c'est qu'il est
assez rare de les rencontrer sans qu'ils soient mutilés, sans
doute par les poissons qui ont essayé d'en faire leur proie; et
surtout parce qu'il est presque impossible de s'en emparer sans

les endommager; et par conséquent de les conserver dans les collections, tant leur consistance est foible, et la liqueur conservatrice les crispant, les contractant, en un mot les changeant de ce qu'ils étoient dans leur état naturel.

Depuis long-temps j'avois des doutes très-prononcés sur la place assignée à ces animaux dans le cadre zoologique, fondés seulement sur la forme extérieure, qui dans mes principes suffit pour déterminer le degré d'organisation d'un animal; mais je n'avois pu réussir à les éclaircir complétement, jusqu'au moment où MM. Quoy et Gaimard ont bien voulu soumettre à mon observation plusieurs individus de la physale commune, et surtout où M. Hérissier de Gerville a eu la complaisance de m'en envoyer un individu assez complet et fraîchement conservé dans l'esprit de vin.

Depuis lors j'ai eu l'occasion d'observer quelques échantillons de physsophore et de stéphanomie, que m'ont également communiqués MM. Quoy et Gaimard ; de sorte que je crois pouvoir retirer, avec connaissance de cause, tous ces animaux du type des Actinozoaires, pour en former un ordre distinct dans le type des Malacozoaires. Peut-être cependant les stéphanomies ne doivent-ils pas appartenir à la même famille que les physsophores proprement dits.

Les auteurs qui ont parlé des animaux qui constituent cet ordre, sont assez nombreux; mais un assez petit nombre d'entre eux les a examinés d'une manière un peu complète. Les physales ont été remarquées les premières; et en effet, depuis Browne, qui en a donné les premières figures, jusqu'à M. Lesson, qui vient d'en publier de nouvelles dans l'Atlas du voyage autour du monde, par le capitaine Duperrey, il est peu de voyageurs qui n'en aient fait mention.

Les physsophores ont été moins observées, et c'est Forskal qui me semble les avoir le mieux connues.

Les stéphanomies ont été découvertes par MM. Péron et Lesueur; mais ils ont caractérisé ce genre d'après des individus incomplets.

Enfin, MM. Quoy et Gaimard ont publié un travail *ex professo* sur les physsophores; travail qu'ils ont adressé à l'Académie des sciences, pendant la durée même de leur dernier voyage.

C'est à l'aide de ces différens travaux, et surtout au
moyen des matériaux que MM. Quoy et Gaimard m'ont géné-
reusement fournis, que j'ai pu exécuter la distribution
systématique des Physograndes que je propose ici, et qui
devra servir à rectifier ce que j'ai dit de ces animaux dans
le Dictionnaire.

Les P. à organe natatoire simple et lamelleux.

PHYSALE, *Physalus.*

Corps ovale un peu alongé, plus étroit et proboscidiforme
en avant, hydatiforme au milieu, atténué et obtus en
arrière; bouche étoilée et terminale; anus latéral; un pied
en forme de crête ou de lame oblique, dirigé d'avant
en arrière; branchies fort anomales et composées d'un
très-grand nombre de productions cirrheuses, très-diversiformes; organes de la génération se terminant au tiers antérieur du côté droit, par deux orifices fort rapprochés.

Espèces. La PHYSALE ARÉTHUSE, *P. arethusa.*
Arethusa, Browne, *Jam.*, p. 586.
La P. GLAUQUE; *P. glauca,* Tilésius, *Monogr.*, p. 92, t. 2, fig. 1.
La P. PÉLAGIQUE; *P. pelagica,* Bosc, Vers, 1, p. 159, tab. 19,
fig. 1 et 2; Tilésius, *ibid.*, pag. 94, tab. 1, fig. 7, 8 et 9.
La P. de LAMARTINIÈRE; *P. Lamartinieri,* Lamartinière, Voyage
de la Peyrouse, tom. 4, pl. 20, fig. 13 et 14.
Medusa utriculus, Linn., Gmel., p. 3155, n.° 20.
La P. CORNUE; *P. cornuta,* Tilésius, *Monogr.*, tab. 1, fig. 14
et 16.
La P. de GAIMARD; *P. Gaimardi,* de Blainv., Dictionn. des
sc. nat., tom. XL, p. 132.

Observ. Ce genre, établi d'abord par Browne sous le nom
d'*Arethusa,* et ensuite par Osbeck sous la dénomination
qui a été adoptée, a été admis par tous les zoologistes, mais
tout autrement défini par nous qu'il ne l'avoit été jusqu'alors;
en effet, il ne nous a pas été difficile de démontrer que les
animaux qui le constituent, n'ont absolument rien de radiaire
dans leur organisation. Dans notre premier travail à ce sujet,
inséré dans le Dictionnaire des sciences naturelles, nous
avions été conduit à considérer les physales comme appar-

tenant à la famille des biphores du type des malacozoaires; mais dans notre mémoire lu à l'Académie des sciences sur la fin de 1828, nous avons montré que ce rapprochement étoit erronné : en effet, il nous a été facile de faire voir dans ces animaux une bouche à l'extrémité d'une sorte de prolongement antérieur du corps, un anus latéral vers la partie postérieure, un pied ou organe locomoteur dans ce qu'on nomme la crête ou la voile, des branchies dans les longs filamens diversiformes qui sont placés sur toute la partie postérieure du dos, dans la ligne opposée à celle qu'occupe le pied ; enfin, nous avons reconnu la terminaison des organes de la génération dans deux orifices fort rapprochés qui se remarquent au côté gauche du corps, à la racine de la partie proboscidiforme. D'après cela, nous en avons conclu que les physales étoient des animaux mollusques, nageant renversés à la manière des Éolides, des Cavolinies et des Glaucus, et de beaucoup d'autres genres de la même famille. Dans le peu qu'il nous a été possible de voir dans leur organisation, nous avons parfaitement reconnu les deux enveloppes animales, l'une pour la peau, l'autre pour l'estomac ; celui-ci susceptible de se gonfler d'air par la disposition du sphincter de la bouche ; nous croyons aussi avoir remarqué une plaque hépatique, des vaisseaux et l'organe central de la circulation. C'est aux personnes qui pourront étudier ces animaux vivans, ou fraichement morts, qu'il appartient de confirmer notre manière de voir et d'aller plus loin.

Le nombre des espèces de physales est bien loin d'être établi d'une manière un peu rationnelle, et par conséquent certaine. Nous avons adopté celui de six, qu'a fixé M. Tilésius, mais nous sommes bien loin de croire qu'elles sont réellement distinctes. En effet, MM. Quoy et Gaimard, dans leur mémoire sur les physsophores envoyé à l'Académie, assurent qu'il n'y en a que deux. Les caractères sur lesquels on a établi la distinction des espèces, ont été essentiellement tirés de la disposition des productions cirrhiformes branchiales : or, rien n'est aussi variable que ces organes, soit pendant la vie, soit après la mort. L'âge paroit y apporter des différences encore bien plus considérables, surtout dans le nombre, comme je m'en suis assuré moi-même sur des individus rapportés par

MM. Quoy et Gaimard. Je ne crois cependant pas qu'à aucune époque de la vie il y ait jamais rien de rayonné dans leur disposition, comme me l'a dit M. Mertens à son passage à Paris.

** *Les P. à organes locomoteurs complexes et vésiculeux.*

Physsophore, *Physsophora.*

Corps plus ou moins alongé, cylindroïde, hydatiforme dans sa partie antérieure, pourvu au-delà de deux séries de corps vésiculeux diversiformes, à ouverture régulière, et en arrière d'un nombre variable de productions cirrhiformes très-diverses, dont deux beaucoup plus longues et plus complexes que les autres; bouche à l'extrémité de la partie hydatiforme; anus terminal; organe de la génération ?

Espèces. La P. hydrostatique, *P. hydrostatica*, Forskal, *Faun. arab.*, p. 119; *Icones*, tab. 33, fig. E; cop. dans l'Enc. méth., pl. 89, fig. 7-9.

La P. muzonème, *P. muzomena*, Péron et Lesueur, Voy. aux terres aust., pl. 29, fig. 4.

La P. blanche, *P. alba*, Quoy et Gaimard, Astrolabe, Zoologie.

La P. intermédiaire, *P. intermedia*, id., ibid.

La P. australe, *P. australis*, id., ibid.

La P. a deux vessies, *P. bivesiculata*, id., ibid.

Observat. Ce genre, établi et assez bien caractérisé par Forskal, a été adopté par tous les zoologistes subséquens; mais souvent avec des modifications dans la caractéristique qui l'ont un peu dénaturé.

Avant le dernier voyage de MM. Quoy et Gaimard, n'ayant jamais rien vu de ces animaux, il m'avoit été absolument impossible de m'en faire une idée un peu satisfaisante; je m'étois borné à assurer que ce n'étoient nullement des médusaires, et qu'il n'y avoit rien de radiaire dans leur organisation. J'étois donc porté à croire qu'ils devoient être rapprochés des physales, comme on l'avoit fait jusqu'alors.

Grâces à la complaisance des voyageurs que je viens de

citer, j'ai pu étudier deux animaux de ce genre dans un assez bon état de conservation; et j'ai converti la plupart de mes doutes en certitude. Ainsi je me suis assuré que ce qu'on nomme la vessie hydrostatique est musculaire, et est évidemment un renflement du canal intestinal, avec un orifice ou bouche à son extrémité; qu'au-delà le corps non vésiculeux, à parois plus épaisses, est pourvu d'organes singuliers, musculaires, creux, avec un orifice bien symétrique à l'extrémité postérieure, et que ces organes sont bien régulièrement disposés par paires plus ou moins nombreuses et sériales. J'ai reconnu enfin que le corps, plus ou moins prolongé en arrière et comme intestiniforme, est également pourvu, mais seulement dans une partie de son étendue, d'une assez grande quantité de productions cirrhiformes très-diversifiées, et dont, quelques-unes, beaucoup plus longues que les autres, sont appendiculées dans toute leur étendue.

D'après cela, j'ai été conduit à considérer la vessie hydrostatique des physsophores comme la partie antérieure du corps des physales; la seconde partie de celles-là, comme le corps proprement dit de celles-ci: les poches contractiles des unes représentant le pied des autres; enfin, j'ai vu des branchies dans les productions cirrhiformes de l'un et de l'autre genre.

Tous ces rapprochemens ne sont peut-être pas tout-à-fait hors de doute, mais ils nous semblent fort probables; aussi pensons-nous que la figure de la seconde espèce donnée par M. Lesueur, a été un peu arrangée dans l'idée que c'étoit un animal rayonné, du moins dans les parties inférieures; car il est aisé de voir que les organes natateurs sont sur deux séries longitudinales.

Les physsophores diffèrent cependant des physales, en ce qu'elles nagent ou flottent dans une position verticale, la poche aérifère étant en haut et les productions cirrhifères en bas.

La distinction des espèces de physsophores me semble devoir porter surtout sur le nombre et la forme des organes natateurs; malheureusement il paroît qu'ils tombent avec la plus grande facilité : c'est peut-être à cela qu'est due la singularité signalée dans la P. hydrostatique de Forskal, de trois de ces organes d'un côté et de cinq de l'autre. Cependant, comme le nombre total huit est le même que dans le P. muzonème de Péron, peut-être la différence entre les deux côtés, dans celle de Forskal, tient-elle uniquement à ce que l'un de ces organes a été à tort rapporté à un côté auquel il n'appartenoit pas.

J'ai observé moi-même la dernière espèce, et je suis certain qu'elle n'a qu'une paire d'organes natateurs.

Diphyse, *Diphysa.*

Corps cylindrique, alongé, contractile, musculaire, composé de trois parties: l'antérieure vésiculeuse; la moyenne portant à sa partie inférieure deux organes natateurs creux, placés l'un devant l'autre, et enfin la troisième, la plus longue, pourvue en dessus d'une plaque fibrillo-capillacée, et en dessous de productions cirrhiformes; bouche terminale; anus?

Espèce. la D. singulière, *D. singularis,* Quoy et Gaimard, Astrolabe, zoolog.

Observ. Ce genre est établi sur une espèce de physogrades que j'ai pu étudier, parce qu'elle a été rapportée en assez bon état de conservation par MM. Quoy et Gaimard; elle m'a paru différer beaucoup des véritables physsophores, en ce que les organes locomoteurs sont médians et ne forment qu'une seule série composée de deux poches inégales, placées l'une au-devant de l'autre, de manière à ressembler davantage à un pied de malacozoaire. La partie postérieure du corps, qui n'est peut-être pas complète, est couverte en dessus par une espèce de plaque entièrement formée par une sorte de guillochis capillaire, tandis qu'au-dessous sont des racines de productions cirrhiformes, du moins à ce que je suppose. En avant du premier organe locomoteur est un organe bilobé dont j'ignore la nature, et à sa racine un orifice ovalo-médian, appartenant peut-être à la génération.

Rhizophyse, *Rhizophysa.*

Corps libre, transparent, très-contractile, fort alongé, fistuleux, renflé à une extrémité en une sorte de vessie aérifère, avec un orifice terminal, pourvu dans toute sa longueur de productions tentaculiformes éparses, mêlées avec des filets cirrhiformes.

Espèce. La Rhizophyse filiforme, *R. filiformis*, Péron, Lesueur, Voyage, pl. 59, fig. 3; *Physsophora filiformis*, Forskal, *Faun. arab.*, p. 120, n.° 47; *Icones*, tab. 23, fig. F.; cop. dans l'Encycl. méthod., pl. 89, fig. 12.

Observ. Ce genre, établi par Péron sur un animal que Forskal plaçoit parmi ses physsophores, ne m'est connu que par la figure et la description que ce dernier en a données; à en juger d'après cela, il se pourroit réellement que ce fût un animal incomplet et qui auroit perdu ses organes natateurs, comme le pensent MM. Quoy et Gaimard. Cependant, Forskal paroît ne pas le supposer, et M. Mertens nous a assuré qu'il l'avoit aussi rencontré sans aucun de ces organes.

MM. Quoy et Gaimard, dans leur manière de distribuer les espèces de physsophores, ont tout autrement défini les Rhizophyses que Péron et que nous, puisqu'ils considèrent comme telles les espèces chez lesquelles les organes natateurs ne sont pas limités à un espace du corps, mais existent dans toute sa longueur entremêlés avec les productions cirrhiformes; ils les partagent ensuite en deux sections, suivant que ces organes natateurs sont ou ne sont pas creux, et alors ils rapportent à ce genre celui qu'ils avoient désigné sous le nom d'hippopode.

*** *Les Stéphanomies.*

Les organes locomoteurs en forme d'écailles pleines et disposées en séries transverses.

Stéphanomie, *Stephanomia.*

Corps en général fort alongé, cylindrique, vermiforme, couvert dans toute son étendue, si ce n'est dans la ligne médiane inférieure, d'organes natateurs squameux, pleins et disposés par bandes transverses, entre lesquelles sortent, et surtout inférieurement, de longues productions cirrhiformes très-diversifiées, mêlées avec des ovaires.

Orifices du canal intestinal terminaux.

Espèces. La Stéphanomie hérissée, *S. amphitrides*, Péron et Lesueur, Voyage aux terres aust., p. 45, pl. 29, fig. 5; de

Chamisso, Eysenhardt, *De anim. quibusd. verm.*, *Nov. academ. cur. nat.*, tom. 2, pag. 362, tab. 32, fig. 5, *A. F.*

La S. GRAPPE, *S. uvaria*, Lesueur, Voyage, pl. dernière: de Blainv., atlas de ce Dictionnaire.

La S. PÉDICULÉE, *S. pediculata*, Lesueur, Mém. mss.

La S. APPENDICULÉE, *S. appendiculata*, id., ibid.

La S. ROSACÉE, *S. rosacea*, id. ibid.

La S. TRIANGULAIRE, *S. triangularis*, Quoy et Gaim., Astrolabe, Zoolog.

La S. IMBRIQUÉE, *S. imbricata*, id., ibid.

La S. HEXACANTHE, *S. hexacantha*, id., ibid.

La S. FOLIACÉE, *S. foliacea*, id. ibid.

Observ. Ce genre a été établi par Péron et Lesueur dans l'ouvrage cité, pour des animaux incomplets sur lesquels MM. de Chamisso et Eysenhardt nous ont donné des détails un peu plus satisfaisans.

Je ne l'ai long temps connu que sur ce que ces auteurs en ont dit, et sur un petit tronçon de la S. à grappes, que m'avoit donné M. Lesueur. Depuis lors j'ai eu à ma disposition quelques individus peut-être complets qu'ont rapportés dernièrement MM. Quoy et Gaimard, et de jolis dessins faits par M. Lesueur sur des animaux qui étoient sans doute entiers, en sorte que j'ai pu m'en faire une idée plus nette.

D'abord je me suis assuré que les stéphanomies sont des animaux bilatéraux et parfaitement symétriques, c'est-à-dire que leur corps, quelquefois extrêmement alongé, en forme de long ver tortillé sur lui-même, est partageable en deux côtés égaux par un plan dirigé dans son axe; il est du reste à peu près cylindrique, avec un long et assez large sillon médian à sa partie inférieure, ce qui donne à la coupe du corps l'aspect un peu réniforme. Il est, en outre, entièrement composé de lamelles musculaires placées de champ, libres à leur bord externe; ce qui fait que sa surface extérieure est profondément cannelée, disposition que je ne connois encore que dans ce genre d'animaux. C'est dans le sillon médian inférieur que s'attachent la très-grande partie des productions diversiformes plus ou moins alongées, qui, par la grande extension dont elles sont susceptibles, donnent aux stéphanomies un aspect si singulier. Mais, outre ces productions, je crois m'être assuré qu'il en est d'autres, peut-être ovifères, dont la succession d'espace en espace forme trois séries longitudinales : l'une médio-dorsale et les deux autres latérales. Quant aux organes squamiformes, ils sont pleins et disposés par bandes transverses commençant vers la ligne dorsale et finissant vers celle qui lui est opposée ; ils m'ont paru tenir fort peu au reste du corps et presque seulement par un vaisseau radiculaire. Je ne puis assurer que j'aie vu une stéphanomie bien entière ; il se pourroit cependant que cela fût : alors je penserois que le canal intestinal, étendu d'une extrémité à l'autre, seroit terminé par deux orifices arrondis, dont l'antérieur, plus grand, seroit au milieu d'une sorte de bourrelet labial : il n'y auroit donc pas dans ce genre de renflement hydatiforme. Je dois cependant faire observer que M. Lesueur en indique un dans la figure de l'espèce qu'il nomme appendiculée, et que MM. Quoy et Gaimard dessinent et décrivent très-bien la vessie des espèces dont je forme le genre Rhodophyse ci-dessous.

Ainsi il y a encore quelques incertitudes sur la structure de ce genre singulier ; je doute au moins autant de la vérité des détails que Péron a donnés sur la manière dont ils saisissent leur proie.

Pᴀᴏᴛᴏᴍᴇ́ᴅᴇ́ᴇ, Protomedea.

Corps libre, flottant, cylindrique, fistuleux, fort long, pourvu supérieurement d'un assemblage imbriqué sur deux rangs latéraux, alternes, de corps gélatineux, pleins, hippopodiformes, et dans tout le reste de sa longueur de productions filamenteuses, cirrheuses, diversiformes. Bouche proboscidiforme à l'extrémité d'une sorte d'estomac vésiculeux.

Espèces. La Pʀᴏᴛᴏᴍᴇ́ᴅᴇ́ᴇ ᴊᴀᴜɴᴇ, *P. lutea.*
Hippopoda lutea, Quoy et Gaimard, Mem., Ann. des sc. nat., tom. 10, pl. 4*A*, fig. 1 — 12.
Gleba exesa. Otto, *Mollusq. et Zooph., Nov. act. cur.,* tom. 11, tab. 42, fig. 5, *a, b, c, d.*
Le P. ᴜɴɪꜰᴏʀᴍᴇ, *P. uniformis,* Lesueur, Mém. mss. (Mer d'Amérique mérid.)
Le P. sᴏᴜʟɪᴇʀ, *P. calcearia,* Lesueur, Mém. mss. (Mer d'Amérique.)

La P. notée, *P. notata*, id.. ibid. (Mer d'Amérique.)

Observ. On trouve depuis assez long-temps un organe natateur d'une espèce de ce genre considérée comme type d'un nouveau genre établi par Muller, et reproduit dans les planches de l'Encyclopédie méthodique sous le nom de *Gleba*, du moins cela me paroît probable pour le corps figuré pl. 89, fig. 5 et 6 ; aussi M. Otto, qui a eu l'occasion de rencontrer dans la mer de Naples un organe analogue, lui a-t-il donné le nom de *Gleba exesa* que nous rapportons à l'*Hippopoda lutea* de MM. Quoy et Gaimard ; mais la première connoissance de l'animal entier et l'établissement du genre nous paroissent dus à M. Lesueur, comme nous l'apprenons d'un mémoire qui a été envoyé à Paris il y a déjà plusieurs années et qui malheureusement n'a pas été publié. De leur côté, MM. Quoy et Gaimard, ayant eu l'occasion d'observer un de ces animaux complets dans les eaux de Gibraltar, en ont fait un genre qu'ils ont appelé Hippopode, à cause de la ressemblance des organes natateurs avec un sabot de cheval ; depuis ils paroissent l'avoir abandonné, puisque dans leur mémoire sur les physsophores ils ont réuni leur *H. lutea* au genre Rhizophyse : ce que nous ne croyons pas devoir imiter. Alors nous rétablissons ce genre, qui ne diffère des Stéphanomies que parce que les organes natateurs sont autrement disposés.

Si la rhizophyse filiforme est réellement un animal altéré par la perte de ses organes locomoteurs, il est évident, comme l'ont pensé MM. Quoy et Gaimard, que le genre Protomédée doit être réuni aux Rhizophyses de Péron.

Quant à la caractéristique que M. Otto a donnée de son genre *Gleba*, et dans laquelle il fait entrer un canal intestinal simple et droit, aboutissant à un amas de glandules, il est probable qu'il y a quelque erreur, et que le canal intestinal n'est rien autre chose que le vaisseau qui, partant de la base de l'organe, va se ramifier dans son tissu.

J'ai dit plus haut qu'il me sembloit probable que les figures 5 et 6, pl. 89, de l'Encyclopédie représentoient un organe natateur de Protomédée ; mais je ne voudrois pas assurer qu'il en soit de même pour le corps représenté fig. 2 et 3.

Les protomédées se trouvent, à ce qu'il paroît, dans toutes les mers ; mais surtout dans celles des pays chauds : c'est sans

doute d'une espèce de ce genre que M. Lesueur m'écrivoit en
1818 : « Les physsophores, balancés par les légères ondulations
de la mer du golfe de Bahama, s'abandonnent pour ainsi dire
avec confiance et étendent les nombreuses et diverses parties
de leur organisation : leurs filets si délicats sont réellement
dignes de l'admiration de l'observateur. L'une d'elles ressemble assez bien à une pomme de pin dont les capsules où se
loge la graine seroient autant de soufflets que l'action et la
volonté de l'animal feroient mouvoir dans toutes les directions. Ces capsules, tronquées extérieurement et bifurquées à
la partie attachée au tube commun, sont bien distinctes entre
elles. La pomme gélatineuse qui constitue leur ensemble, est
soutenue par un globule ou vessie pleine d'air ; aussitôt que
l'on touche ces animaux pour les prendre, toutes les capsules
se détachent, et chacune d'elles peut être prise pour un animal distinct par les personnes qui n'auroient pas observé un
physsophore entier. »

Rhodophyse, *Rhodophysa.*

Corps court, cylindrique, charnu, renflé supérieurement en
une vessie aérifère, et pourvu au-dessous d'un nombre variable de corps gélatineux, pleins, costiformes, formant une
seule série transverse, et d'un nombre variable de productions filamenteuses, diversiformes.

Bouche et anus terminaux.

Espèces. La Rhodophyse hélianthe, *R. helianthus.*

Rhizophysa helianthus, Quoy et Gaimard, Mém. Ann. des
sc. nat., tom. 10, pl. 5 *A*, fig. 1 — 8.

La R. Melon, *R. melo.*

Rhizoph. melo, Quoy et Gaimard, *ibid*, pl. 5 *C*, fig. 1 — 9.

La R. discoïde, *R. discoidea.*

Rhizoph. discoidea, id., *ibid.*, pl. 5 *B*, fig. 1, 2 et 3.

La R. rosacée, *R. rosacea.*

Physsophora rosacea, Forskal, *Faun. arab.*, p. 120 n.° 46 ;
Icones, tab. 43, fig. *Bb* ; cop. dans l'Encycl. méthod., pl. 89,
fig. 10 et 11.

Observ. Ce genre est évidemment fort rapproché du précédent, dont il ne diffère même que par la brièveté du corps, et
parce que les organes locomoteurs ont une tout autre forme,

et surtout une tout autre disposition ; elle paroit même tellement radiaire dans les figures de MM. Quoy et Gaimard, qu'il seroit réellement bien difficile de ne pas regarder ces animaux comme de véritables actinozoaires, si l'on ne pouvoit pas conserver quelque doute sur la rigoureuse exactitude du dessin. En effet, nous avons déjà eu l'occasion de faire observer plus haut, au sujet du *Physsophora muzonema*, que M. Lesueur, entrainé sans doute par l'idée que cet animal étoit voisin des méduses, lui avoit donné une forme complétement radiaire, très-probablement contre la vérité. a en juger du moins d'après le *P. hydrostatica* décrit par Forskal, et le *P.* à deux vessies, que nous avons nous-même examiné ; peut-être le dessin de M. Quoy est-il dans le même cas.

Quant à sa *R. discoidea*, qui est dépourvue d'organes natateurs, il faut convenir que la disposition des productions ovigères est bien radiaire. Cet animal formeroit-il un passage du type des malacozoaires à celui des actinozoaires? ou bien seroit-ce réellement une méduse voisine des porpites? ou. enfin, y a-t-il quelque inexactitude dans le dessin? Je n'ai pas assez de données pour répondre à ces différentes questions : en général, c'est un sujet de recherches extrêmement intéressant, mais malheureusement fort hérissé de difficultés, que l'étude de l'organisation des animaux qui constituent la famille toute entière des physsophores.

LES DIPHYDES.

Corps bilatéral et symétrique, composé d'une masse viscérale très-petite, nucléiforme, et de deux organes natateurs, creux, contractiles, subcartilagineux et sériaux: l'un antérieur, dans un rapport plus ou moins immédiat avec le nucléus, qu'il semble envelopper ; l'autre postérieur et fort peu adhérent.

Bouche à l'extrémité d'un estomac plus ou moins proboscidiforme.

Anus inconnu. Une longue production cirrhiforme, et ovigère sortant de la racine du nucléus et se prolongeant plus ou moins en arrière.

Observ. Les animaux qui constituent cette famille, quoique fort connus dans toutes les mers des pays chauds, paroissent avoir été signalés pour la première fois d'une manière certaine par M. Bory de Saint-Vincent, qui en a parlé dans son Voyage aux côtes d'Afrique en les considérant comme des biphores. Tilésius en a dit également quelque chose dans la partie zoologique du Voyage de Krusenstern; mais M. Cuvier est le premier qui en ait formé un genre distinct sous le nom de Diphye, ou du moins qui l'ait publié dans la première édition de son Règne animal. En effet, M. Lesueur, plus d'un an auparavant, m'avoit envoyé le dessin d'un genre de la même famille, auquel il donnoit le nom d'Amphiroa, et qui, d'après ce que je sais maintenant des diphydes, en étoit au moins bien voisin, mais que le défaut de renseignemens sur les caractères de ce genre m'empêcha sans doute de rendre public. Nous devons même ajouter que M. Lesueur avoit été plus heureux que M. Cuvier, en ce qu'il avoit en sa disposition un animal vivant et complet; tandis que celui-ci faisoit d'une diphye un composé de deux individus, en donnant pour type la moitié antérieure seulement, à laquelle il attribue deux ouvertures, l'une pour la bouche et l'autre pour la sortie de la production cirrhigère, qu'il regarde comme l'ovaire.

Depuis lors, MM. Quoy et Gaimard, ayant eu l'occasion d'observer un grand nombre d'espèces différentes dans les eaux du détroit de Gibraltar, en firent le sujet d'un mémoire spécial accompagné de figures nombreuses, et qui, envoyé à l'Académie des sciences, a été publié dans les Annales des sciences naturelles.

En même temps qu'ils firent parvenir leurs observations en France, ils voulurent bien m'envoyer plusieurs diphyes conservés dans l'esprit de vin, et c'est ce qui m'a permis de me faire une tout autre idée que celle qu'on avoit de ces animaux. En effet, M. Cuvier, en créant ce genre, le plaça, on ne peut trop deviner pourquoi, dans sa classe des acalèphes, entre les Béroës et les Porpites.

Pendant le reste de leur voyage, MM. Quoy et Gaimard eurent l'occasion de rencontrer d'autres diphyes, dont ils firent des genres distincts, qu'ils ont eu également la bonté de soumettre à mes observations.

J'ai eu aussi l'heureuse occasion de me procurer de char-

mans dessins de diphyes , faits par M. Lesueur dans le golfe de
Bahama, lors de son passage en Amérique.

M. Paul-Emile Botta, placé à ma recommandation sur un
bâtiment de commerce qui vient de faire le tour du monde,
m'a également communiqué les observations qu'il a pu faire
sur les diphydes, en sorte que, quelque difficile que soit leur
étude, j'ai pu arriver à entrevoir leurs véritables rapports
naturels , surtout en m'aidant de l'examen de certaines espèces de physsophores.

Le corps d'une diphye au premier aspect, et surtout à ce
qu'il paroît pendant la vie, semble n'être composé que de
deux parties polygonales, subcartilagineuses, transparentes,
placées à la suite l'une de l'autre, et se pénétrant plus ou
moins, celle de derrière dans une excavation de celle de devant. Ces deux parties, plus ou moins constamment dissemblables , offrent en outre cela de commun , qu'elles sont
ordinairement creusées plus ou moins profondément par une
cavité aveugle et s'ouvrant à l'extérieur par un orifice fort
grand et régulier, quoique diversiforme : en ajoutant à cela
une production regardée comme un ovaire par M. Cuvier,
et qui sort de la cavité supérieure de la partie cartilagineuse
antérieure ; c'étoit tout ce qu'on avoit remarqué sur les
diphyes avant le mémoire de MM. Quoy et Gaimard. Ils
ont cependant décrit les nombreuses espèces qu'ils ont observées à peu près comme M. Cuvier ; avec cette modification cependant, qu'ils ont considéré les deux parties comme
appartenant au même animal ; mais l'étude des différences de
forme nécessaires pour l'établissement des genres nouveaux
qu'ils ont proposés, et surtout les bonnes figures qu'ils ont
données, a permis d'aller plus loin, et de voir dans les diphyes
autre chose que les deux parties subcartilagineuses. En effet,
en prenant pour exemple les calpés, et surtout les cucubales
ou les capuchons, on voit que le corps des diphyes forme un
véritable nucléus, situé à la partie antérieure de la masse totale,
et que ce nucléus est composé d'un œsophage proboscidien à
bouche terminale en forme de ventouse, se continuant dans
un estomac entouré de granules verts hépatiques et quelquefois dans un second rempli d'air. On remarque en outre, à la
partie inférieure, un autre amas glanduleux, qui est probable-

ment l'ovaire et en rapports plus ou moins immédiats avec
la production cirrhigère et peut-être ovigère qui se prolonge
en arrière. Ce nucléus paroît plus ou moins enveloppé par
le cartilage antérieur, qui lui offre, en effet, une cavité quelquefois distincte d'une seconde, dont il a été parlé plus haut,
servant à la locomotion et d'autres fois confondue avec elle;
il est du reste en connexion intime avec son tissu par des filamens que nous croyons vasculaires. Il en est de même de la
partie postérieure du corps. Nous avons déjà fait remarquer que
cette partie étoit creusée par une grande cavité qui se continue
dans presque toute sa longueur; c'est du fond de cette cavité
que naît un prolongement peut-être également vasculaire, qui
se porte au-dessus de la racine de la production ovigère et
qui s'unit sans doute au nucléus. Ainsi il me paroît certain
que cette partie appartient réellement à la diphye; mais l'on
conçoit comment elle s'en détache au moindre effort, puisque
son union se fait par le moyen d'un seul filament.

D'après ce qui vient d'être dit de l'organisation des diphyes,
on voit que la partie que M. Cuvier regardoit comme constituant l'animal à elle seule, n'en est qu'un organe peu important; qu'il faut y joindre la partie postérieure, qu'on regardoit comme un individu distinct; mais surtout, qu'il faut
tenir compte du nucléus viscéral, qui, avec la production
ovifère, forme la partie essentielle de l'animal.

D'après cette manière d'analyser une diphye, il est évident
que ce ne peut être un animal du type des actinozoaires; mais
pour établir ses rapports naturels, voyons ce que les observateurs cités nous ont rapporté de leurs mœurs et de leurs
habitudes.

Les diphyes sont des animaux d'une grande transparence,
qu'il est souvent fort difficile d'apercevoir dans les eaux de
la mer, et même dans une certaine quantité d'eau prise à
part.

C'est essentiellement à d'assez grandes distances des rivages
qu'on les rencontre dans les mers des pays chauds, et souvent
en très-grand nombre.

Elles flottent et nagent à ce qu'il paroît dans toutes les directions, l'extrémité antérieure ou nucléale en avant, et par la
contraction des deux parties subcartilagineuses, chassant l'eau

qu'elles conservent; aussi leur ouverture est-elle toujours dirigée en arrière. Quand les deux organes natateurs sont également pourvus d'une cavité spéciale, il est probable que la locomotion est plus rapide : elle peut du reste être exécutée par l'un ou par l'autre proportionnellement à leur grandeur.

Le postérieur est si peu solidement attaché au nucléus, qu'il arrive souvent que par accident il s'en détache; au point que M. Botta croyoit qu'une diphye entière n'étoit formée que d'une seule de ces parties, n'ayant que fort rarement trouvé ces animaux complets.

Pendant la locomotion, la production cirrhigère et ovifère, à ce qu'il paroît, flotte étendue en arrière, en se logeant en partie dans une gouttière dont le bord inférieur de l'organe natateur postérieur est creusé; mais elle n'a pas la même longueur, l'animal pouvant la contracter fortement et même au point de la faire rentrer entièrement; d'après cela, il est évident que cet organe est musculaire. Mais ce qu'il offre de plus remarquable, c'est que dans toute sa longueur, et espacés d'une manière assez régulière, se trouvent des organes que MM. Quoy et Gaimard regardent comme des suçoirs, et qui jouissent en effet de la faculté d'adhérer et d'ancrer l'animal, comme s'en est assuré M. Botta. Je n'ose décider ce que cet organe peut être; mais je suis assez porté à croire, ou bien que c'est un prolongement du corps analogue à ce que nous avons vu dans les physsophores, ou que c'est, sinon un ovaire, du moins un assemblage de jeunes individus, un peu comme dans les biphores.

Dans l'état actuel de nos connoissances sur les diphyes, il me semble qu'elles sont pour ainsi dire intermédiaires aux biphores et aux physsophores : elles se rapprochent des premiers, dont l'enveloppe subcartilagineuse est quelquefois tripartite : comme nous l'apprenons de M. de Chamisso, en ce que la masse des viscères est nucléiforme, qu'elle est contenue en grande partie dans cette enveloppe, que celle-ci a deux ouvertures, et que c'est par la contraction que s'exécute la locomotion.

On trouve au contraire à rapprocher les diphyes des physsophores, en regardant les organes natateurs comme analogues de ceux que nous avons vus dans le genre Diphye, où le plus petit est en avant et le plus grand en arrière; l'un et l'autre étant parfaitement bilatéraux. La bouche est aussi à l'extrémité d'une sorte de trompe. Il y a quelquefois un renflement bulloïde plein d'air; enfin, le corps est terminé par une production cirrhigère et peut-être ovifère.

Au reste, nous sommes obligés de convenir que ces rapprochemens, pour être mis hors de doute, ont besoin d'une connoissance plus complète que celle que nous avons nonseulement de l'organisation des diphyes et des physsophores, mais même de celle des biphores eux-mêmes.

Dans la manière de voir de M. Mertens, naturaliste en chef dans la dernière circumnavigation des Russes, les diphyes ne seroient que des stéphanomies; alors il faudroit considérer les productions ovifère et cirrhigère de ces diphyes comme les analogues de la partie postérieure et tubuleuse des stéphanomies.

Nous avons déjà dit plus haut que MM. Quoy et Gaimard, dans leur mémoire sur les diphydes, avoient établi plusieurs genres nouveaux, en ayant principalement égard à la forme et à la proportion des deux organes natateurs ou parties du corps. M. Lesueur en a aussi établi, dont quelques-uns paroissent rentrer dans ceux des zoologistes de l'Astrolabe; malheureusement nous ne les connoissons que d'après des figures.

Enfin, M. Otto en a aussi proposé un ou deux, mais sur des parties détachées, ou sur des animaux incomplets.

La plupart de ces genres ne sont réellement pas fort distincts; nous les adopterons cependant, au moins provisoirement, pour faciliter l'étude d'animaux aussi singuliers.

Les diphydes nous paroissent pouvoir être divisées en deux grandes sections, suivant que la partie antérieure est pourvue d'une seule ou de deux cavités.

   ** Diphydes dont la partie antérieure n'a qu'une seule cavité.*

Cucubale, *Cucubalus.*

Corps pourvu d'un grand suçoir proboscidiforme exsertile, avec une grappe d'ovaire à sa base, logé dans une large excavation d'un unique organe natateur antérieur cordiforme, recevant aussi le postérieur, également cordiforme, et creusé d'une cavité à orifice postérieur et ovalaire.

Espèces. Le C. **cordiforme**, *C. cordiformis*, Quoy et Gaimard, Astrolabe , Zoolog.

Observ. Ce genre, établi par MM. Quoy et Gaimard, ne contient que l'espèce citée, qui n'a pas plus de deux lignes de long; elle diffère des autres diphydes, d'abord en ce que le nucléus est beaucoup moins caché et enfoncé dans le corps natateur antérieur, qui n'a d'ailleurs qu'une seule grande cavité, dans laquelle il s'enfonce; ensuite en ce que la production ovigère est très-courte; enfin en ce que cet animal nage toujours dans une position verticale.

Capuchon, *Cucullus.*

Corps pourvu d'un grand suçoir exsertile, proboscidiforme, avec une grappe d'ovaires à sa base, logé dans une excavation profonde, unique de l'organe natateur antérieur, en forme de capuchon, dans lequel s'emboîte le postérieur; celui-ci tétragone et percé en arrière d'un orifice arrondi terminal.

Espèce. Le C. **de Dorey** ; *C. doreyanus*, Quoy et Gaimard, Astrolabe, Zoolog. (Nouvelle Guinée.)

Observ. Ce genre ne diffère réellement du précédent que par la forme des organes natateurs; aussi je doute qu'il mérite d'être conservé, d'autant plus qu'il ne contient qu'une espèce. M. Botta, qui a eu l'occasion d'observer fréquemment dans presque toutes les mers des pays chauds, depuis la côte du Pérou jusque dans l'archipel indien, un grand nombre d'animaux semblables au capuchon de Dorey de MM. Quoy et Gaimard, et les ayant trouvés quelquefois libres et d'autres fois faisant partie de la production cirrhigère et ovifère des diphyes ordinaires, a été conduit à penser que les capuchons pourroient bien n'être qu'un degré de développement d'une diphye. Quoique cela puisse se concevoir jusqu'à un certain point, en observant que dans les capuchons il n'y a pas de production cirrhigère, ce qui semble prouver qu'ils ne sont pas adultes; cependant la différence de forme des organes natateurs est tellement grande, que je n'ose décider de ce rapprochement.

Nacelle, *Cymba.*

Corps pourvu d'un grand suçoir exsertile proboscidiforme,

ayant à sa base un amas d'organes ovariformes, logé dans une excavation unique, assez profonde, d'un organe natateur naviforme, recevant et cachant en partie l'organe natateur postérieur ; celui-ci sagittiforme, percé en arrière d'un orifice arrondi, couronné de pointes, et creusé à son bord libre par une gouttière longitudinale.

Espèces. La N. SAGITTÉE ; *N. sagittata*, Quoy et Gaimard, Mém. (Du détroit de Gibraltar.)

La N. TRONQUÉE ; *N. truncata*, id. ibid. (Océan Atlantique.)

Observ. Ce genre ne diffère encore des capuchons que par la forme des organes natateurs ; en effet, la disposition du nucléus dans le fond de la cavité unique dont est creusé l'antérieur, la pénétration du postérieur dans cette même cavité, sont absolument comme dans les deux genres précédens. C'est ce dont j'ai pu m'assurer sur plusieurs individus conservés dans l'esprit de vin.

CUBOÏDE, *Cuboides.*

Corps nucléiforme pourvu d'un grand suçoir proboscidiforme, entouré d'une masse hépatique, ayant à sa base un ovaire d'où sort une production filiforme ovigère, contenu dans une grande excavation unique, hémisphérique, d'un organe natateur antérieur, cuboïde, beaucoup plus grand que le postérieur, qui est tétragone, et presque entièrement caché dans le premier.

Espèce. Le C. VITRÉ ; *C. vitreus*, Quoy et Gaimard, Mém., pl. 7, *B*, 1 à 5. (Du détroit de Gibraltar.)

Observ. C'est encore un genre à peine distinct des précédens, et seulement par la forme et la proportion des organes natateurs. Comme j'en ai eu un assez grand nombre d'individus à ma disposition, j'ai pu m'assurer de la caractéristique que j'en ai donnée ; j'ai en effet très-bien reconnu que la grande et unique cavité de l'organe antérieur et cubique contenoit un nucléus viscéral considérable, dans lequel j'ai pu reconnoître une sorte d'estomac proboscidiforme, entouré à sa base d'un organe hépatique, et plus en arrière un ovaire granuleux, contenu dans une membrane propre, et d'où s'échappoit une longue production ovigère ; j'ai pu également très-bien m'assurer que l'organe natateur postérieur, conformé

du reste comme dans les véritables diphyes, étoit entièrement caché dans l'excavation de l'antérieur avec la masse
viscérale.

ENNÉAGONE, *Enneagona.*

Corps nucléiforme pourvu d'un grand suçoir exsertile, ayant
à sa base un assemblage d'ovaires, d'où sort une production
ovigère; organe natateur antérieur ennéagone, contenant
avec le nucléus dans une excavation unique (?) le postérieur,
beaucoup plus petit, à cinq pointes et canaliculé en dessous.

Espèce. L'E. HYALIN; *E. hyalina,* Quoy et Gaimard, Mém.,
pl. 7, *A*, 1 à 6. (Du détroit de Gibraltar.)

Observ. Ce genre, établi par MM. Quoy et Gaimard paroît,
au premier abord assez peu différer du précédent; cependant, outre la forme des organes locomoteurs, il se pourroit
que le premier eût deux cavités distinctes, l'une locomotrice, l'autre pour la pénétration du second; et en effet
celui-ci est canaliculé en dessous.

AMPHIROA, *Amphiroa.*

Corps nucléiforme assez considérable, pourvu d'un estomac
proboscidiforme, ayant à sa base une grappe d'ovaires,
prolongé en un long filament, contenu dans un organe
natateur antérieur, polygone, court, coupé carrément, à
une seule cavité, dans laquelle s'enfonce le postérieur,
qui est également court, polygone et tronqué.

Espèces. L'A. AILÉE, *A. alata,* Lesueur, Mém. (Mers de
Bahama.)

L'A. CARENÉE, *A. carinata,* id., *ibid.*

L'A. TRONQUÉE, *A. truncata,* id., *ibid.*

Observ. Ce genre ne m'est connu que par de charmantes
figures envoyées par M. Lesueur, et dont une m'est parvenue
il y a plus de dix ans, mais sans description, ce qui m'a
empêché de la publier. Cependant, à s'en rapporter à ces
figures, il est évident que les amphiroas sont des diphyes,
mais avec des organes natateurs d'une forme et d'une proportion particulières. La dernière espèce paroît toutefois

se rapprocher assez des calpés de MM. Quoy et Gaimard, par la grande disproportion des deux parties.

** *Diphydes dont la partie antérieure a deux cavités distinctes.*

Calpé, *Calpe.*

Corps nucléiforme sans trompe exsertile, ayant une sorte de vésicule aérifère, et à sa base un ovaire prolongé en une longue production cirrhigère et ovifère; organe nateur antérieur court, cuboïde, ayant une cavité locomotrice distincte; organe natateur postérieur très-long, tronqué aux deux extrémités, ne pénétrant pas dans l'antérieur, et pourvu d'une ouverture terminale ronde.

Espèce. Le C. pentagone; *C. pentagona,* Quoy et Gaimard. Mém., pl. 6, fig. 1 à 7.

Observ. Ce genre, établi par les auteurs cités, est réellement assez distinct des véritables diphyes, avec lesquelles il a cependant beaucoup de rapports, non-seulement par la grande différence des deux organes locomoteurs, mais parce que le postérieur est seulement appliqué contre l'antérieur et ne pénètre pas dans la cavité viscérale.

J'ai examiné quelques individus assez bien conservés du C. pentagone, et j'ai pu aisément reconnoître que le nucléus est composé d'une sorte d'estomac, avec une bouche sessile, et même une petite plaque hépatique de couleur verte, appliquée contre lui, et en outre d'une sorte de vessie aérifère, située en arrière. A la racine inférieure du renflement stomacal est l'ovaire formé par un amas de granules, et qui se prolonge en arrière en une longue production chargée de corps oviformes, et d'autres plus longs et plus en forme de cloche. Cette production, sortie de l'organe natateur antérieur, passe sous le postérieur en suivant la gouttière dont il est creusé à sa face inférieure. Du reste, celui-ci, également tronqué aux deux extrémités, est creusé dans presque toute sa longueur par une grande cavité, du fond de laquelle on voit très-bien partir un vaisseau qui se continue jusqu'à la racine de l'ovaire du nucléus.

Abyle, *Abyla.*

Corps nucléiforme fort peu considérable, avec une pro-

duction cirrhigère et ovifère très-longue ; corps natateur
antérieur beaucoup plus court que l'autre, subcuboïde,
avec une cavité distincte pour recevoir l'extrémité antérieure du corps natateur postérieur, qui est polygonal et
fort long.

Espèces. L'Abyle trigone; *A. trigona*, Quoy et Gaimard,
Mém., pl. 6 *B*, fig. 1 à 8. (Détroit de Gibraltar.)

L'A. quadrilatère, *A. quadrilatera.*

Bassia quadrilatera, Quoy et Gaimard , Mém. manuscr.,
Astrolabe, Zoolog.

Observ. Ce genre ne diffère réellement du précédent que
par la forme des organes natateurs, et surtout parce que
l'antérieur est percé d'un enfoncement assez considérable
pour loger une partie de l'autre ; celui-ci, du reste, a toujours un long sillon inférieur et une ouverture postérieure
terminale.

J'y rapporte une espèce de diphydes trouvée par MM. Quoy
et Gaimard dans le détroit de Bass, et dont ils ont fait,
provisoirement, un genre sous le nom de *Bassia.* Il me
semble qu'il n'est pas susceptible d'être suffisamment caractérisé.

DIPHYE , *Diphyes.*

Corps nucléiforme peu distinct, situé dans le fond d'une
cavité profonde, d'où sort une longue production tubuleuse, garnie dans toute son étendue de suçoirs proboscidi-
formes, ayant à leur racine des corpuscules granuleux et
un filament cirrhifère ; corps natateurs à peu près égaux
et même subsemblables ; l'antérieur à deux cavités bien
distinctes, le postérieur à une seule, avec une ouverture
ronde, garnie de dents.

Espèces. Le D. Bory, *D. Bory*, Quoy et Gaimard, Mém.,
ibid., pl. 1 , fig. 1 à 7.

Le **D.** vitré, *D. vitrea*, Lesueur. Mém. man.

Le **D.** amphiroa, *D. amphiroa*, id., *ibid.*

Le **D.** navicule, *D. navicula*, id., *ibid.*

Le **D.** de Cuvier, *D. Cuvieri*, id., *ibid.*

Le **D.** de Dumont, *D. Dumontii*, id., *ibid.*

Observ. La dénomination de diphye, employée par M. Cuvier pour une seule espèce, la plus commune et la plus généralement répandue dans toutes les mers, est restreinte, dans le travail de MM. Quoy et Gaimard, aux espèces qui ont deux organes natateurs presque semblables de forme et de grandeur, et dont le premier a deux cavités profondes, dont l'une reçoit une partie seulement du second ; celui-ci a du reste un long sillon inférieur pour loger la production cirrhigère.

M. Lesueur, qui a également adopté cette division des diphydes, lui donne le nom de *Dagysa*, adopté de Solander et même de Gmelin ; mais est-il certain que l'animal vu par Solander soit une diphye et non pas un biphore ? c'est ce qui ne me paroît pas hors de doute. Quoi qu'il en soit, M. Lesueur a figuré cinq espèces dans ce genre, peut-être même toutes nouvelles et des mers de l'Amérique méridionale.

*** *Espèces douteuses ou composées d'une seule partie.*

PYRAMIDE, *Pyramis.*

Corps libre, gélatineux, crystallin, assez solide, de forme pyramidale, tétragone, à quatre angles inégaux par paires, pointu au sommet, tronqué à sa base, avec une seule grande ouverture arrondie communiquant dans une cavité unique, profonde, vers la fin de laquelle est un corpuscule granuleux.

Espèce. La P. TÉTRAGONE ; *P. tetragona*, Otto, *Mollusq. zooph.*, *Nov. act. nat. cur.*, tom. 11, part. 2, tab. 42, fig. 2, *a, b, c, d, e.*

Observ. Ce genre, établi par M. Otto (*loc. cit.*) ne m'est connu que par ce qu'il en dit et d'après sa figure. A en juger d'après celle-ci, je supposerois volontiers qu'elle est faite d'après l'organe natateur postérieur d'une diphye, peut-être de la division même des diphyes proprement dites, en admettant toutefois que le corpuscule granuleux seroit étranger. Cependant, en réfléchissant que M. Otto ne fait aucune mention du sillon médian inférieur, qui existe à l'organe natateur postérieur de toutes les diphyes véritables, j'aime mieux rester dans le doute.

Praia, *Praia.*

Corps? subgélatineux, assez mou, transparent, binaire, déprimé, obtus et tronqué obliquement aux deux extrémités, creusé d'une cavité assez peu profonde, avec une ouverture ronde presque aussi grande qu'elle, et pourvu d'un large canal ou sillon en dessus.

Espèce. Le P. douteux; *P. dubia,* Quoy et Gaim., Astrolabe, Zoolog., msc.

Observ. J'ai vu le corps organisé sur lequel ce genre a été établi provisoirement par MM. Quoy et Gaimard; il est d'une nature subgélatineuse, assez molle et transparente. Sa forme est bien régulièrement symétrique; il semble être divisé en deux parties égales par un grand sillon qui le traverse d'un bout à l'autre; il offre en outre une cavité assez peu profonde, avec une ouverture arrondie, sans denticules ni appendices à sa circonférence; enfin, dans le tissu même j'ai pu très-bien apercevoir un vaisseau médian donnant deux branches latérales, avec des ramifications bien similaires.

D'après cela, je suis porté à penser que ce corps n'est rien autre chose qu'un organe natateur de quelque grande espèce de physsophore. La substance est trop molle pour une véritable diphye.

Tétragone, *Tetragona.*

Corps? gélatineux, transparent, assez solide, binaire, de forme alongée, parallélipipède, tétragone, canaliculée en dessous, tronqué obliquement en avant, percé en arrière par un orifice béant, garni de pointes symétriques, et conduisant dans une longue cavité aveugle.

Espèces. Le T. tronqué; *T. truncatum,* Quoy et Gaimard, Astrolab., Zoolog., msc. (Oc. Atlantiq.)

Le T. hispide; *T. hispidum,* Quoy et Gaimard, Uranie, Zoolog., pag. 579; Atlas, pl. 86, fig. 11.

Le T. a cinq dents; *T. quinquedentatum, id.,* Astrolab., Zoolog. man.

Observ. D'après la définition que nous venons de donner du corps sur lequel MM. Quoy et Gaimard ont établi leur genre tétragone, et qui est tirée de la figure et de la description qu'ils en ont publiées, il me semble qu'il ne peut y avoir de doute, et que ce n'est qu'un organe natateur postérieur ou inférieur d'une véritable diphye.

Sulculéolaire, Sulculeolaria.

Corps? subcartilagineux, transparent, alongé, cylindroïde, traversé dans toute sa longueur par un sillon fort large, bordé de deux membranes, tronqué aux deux extrémités, avec une ouverture postérieure, garnie dans sa circonférence de lobes appendiculaires, et conduisant dans une cavité fort longue et aveugle.

Espèces. Le S. quadrivalve ; *S. quadrivalvis*, Lesueur. Mém. man., fig. 1 à 6. (De la mer de Nice.)

Le S. a deux pointes; *S. biacuta*, id., ibid., fig. 10, 11 et 12.

Le S. petit; *S. minuta*, id., ibid., fig. 7, 8 et 9.

Observ. J'ai trouvé ce genre établi dans les figures de M. Lesueur, et je l'ai caractérisé sur elles. D'après l'existence du sillon longitudinal que nous avons vu se trouver dans l'organe natateur postérieur de toutes les diphyes, je suis fortement enclin à penser que ce genre est encore établi sur une partie d'animal, et non sur un animal entier. Cependant, comme il me paroît aussi avoir beaucoup de rapports avec le suivant, surtout dans la forme de l'ouverture postérieure, et peut-être même dans celle de la cavité, qui est plus prolongée que dans l'organe natateur postérieur des diphyes, j'ai préféré me tenir encore dans le doute.

Dans le cas où les sulculéolaires de M. Lesueur ne seroient que de ces organes, ils devroient appartenir au genre Calpé de MM. Quoy et Gaimard.

Galéolaire, Galeolaria.

Corps gélatineux, assez résistant, parfaitement régulier, bien symétrique, subpolygone ou ovale, comprimé sur les côtés, et garni de deux rangs latéraux de cirrhes extrêmement fins; une grande ouverture postérieure percée dans une sorte de diaphragme avec des lobes appendiculaires, binaires au-dessus, conduisant dans une grande cavité à parois musculaires; un ovaire à la face antérieure supérieure, sortant par un orifice médian et bilabié.

Espèces. Le GALÉOLAIRE AUSTRAL, *G. australis.*
Beroïdes australis, Quoy et Gaimard, Astrolabe, Zoolog. man.
Le G. BILOBÉ; *G. bilobata*, Lesueur, Mém. man.
Le G. RISSO; *G. Rissoi, id., ibid.*

Observ. Ce genre m'est connu d'abord par les charmans dessins de M. Lesueur, qui lui a donné le nom de *Galéolaire*, que j'ai cru devoir adopter de préférence à celui de *Béroïde*, employé par MM. Quoy et Gaimard; ensuite par le mémoire manuscrit que ces Messieurs ont eu la complaisance de me confier, et dans lequel j'ai pu trouver la particularité des deux rangs de cils de chaque côté. M. P. E. Botta a eu aussi l'occasion de rencontrer le G. austral dans le cours de sa circumnavigation, et il m'en a même remis plusieurs individus conservés dans l'esprit de vin, que j'ai pu examiner.

D'après cela, il m'a semblé que ces animaux différoient réellement des Diphyes pour se rapprocher des Béroës. Pour confirmer ce rapprochement, il auroit fallu trouver l'ouverture postérieure du canal intérieur, ce dont n'a parlé aucun observateur; mais il me semble que l'existence des deux séries de cirrhes, leur rapport avec un canal qui suit leur racine, les parois distinctes et musculaires de la cavité, la position de l'ovaire, suffisent pour montrer dans ces animaux au moins un passage vers les Béroës, qui constituent la famille suivante.

ROSACE, *Rosacea.*

Corps libre, gélatineux, très-mou, transparent, suborbiculaire. à une seule ouverture terminale à l'un des pôles, donnant dans une cavité ovale, qui communique à une dépression d'où sort une production cirrhigère et ovifère.

Espèce. La ROSACE DE CEUTA. *R. ceutensis*, Quoy et Gaim., Mém.. *ibid.*, pl. 4 *B*, fig. 2, 3 et 4.

Observ. Ce genre a été établi par MM. Quoy et Gaimard dans le mémoire cité.

Je ne le connois que par la description et la figure assez incomplètes qu'ils en ont données : ce qui ne me permet pas d'assurer positivement ce que c'est. Je suppose cependant que cet animal est plutôt une physsophore qu'une diphye.

Noctiluque, *Noctuluca.*

Corps libre, gélatineux, transparent, sphéroïdal, réniforme, avec une sorte de cavité infundibuliforme d'où sort une production proboscidiforme, contractile.

Espèce. Le Noctiluque miliaire; *N. miliaris,* de Lamk., Anim. sans vert., tom. 2, p. 471, d'après Suriray, msc.

Observ. Ce genre a été établi par M. le D. Suriray pour un animal extrêmement petit, fort commun dans les bassins du Hàvre, et que j'ai eu plusieurs fois l'occasion d'observer avec lui au microscope : sa grosseur est à peine égale à celle d'une tête d'épingle ; il m'a paru presque régulièrement sphérique ; mais un peu fendu ou excavé à sa partie antérieure, de manière à ressembler un peu à une cerise ; du milieu de l'excavation sort une sorte de long tentacule cylindrique, diminuant peu de grosseur dans toute son étendue, et se terminant par une extrémité obtuse. Sur l'animal vivant, cet organe se porte dans tous les sens, en se repliant, un peu à la manière de la trompe de l'éléphant. Il m'a paru, en effet, composé de fibres annulaires et traversé par un canal dans toute sa longueur, en sorte qu'on peut le supposer terminé par un suçoir. Le corps même est enveloppé dans une membrane transparente formant quelquefois des plis irréguliers ; à l'intérieur on aperçoit une espèce d'œsophage en entonnoir, commençant en avant vers la trompe, et se terminant en arrière par une sorte d'estomac sphérique : s'il existe ensuite un canal intestinal avec une ouverture anale, c'est ce qu'il m'a été impossible de déterminer.

Dans quelques individus, mais à ce qu'il paroît à une certaine époque de l'année seulement, on voit à l'intérieur plusieurs groupes ou petites masses placées irrégulièrement, et composées d'une enveloppe transparente, contenant de petits globules d'un brun noiràtre, que M. Suriray considère comme des œufs.

A une époque plus avancée, que M. Suriray suppose celle du frai, l'eau devient d'un rouge lie-de-vin, et l'on trouve alors un certain nombre d'individus qui ont la production proboscidiforme du double plus longue et qu'il regarde comme de nouveaux nés.

Les mouvemens généraux de ces petits animaux paroissent être fort lents, et sont essentiellement exécutés au moyen de l'espèce de trompe, qui se meut continuellement de droite à gauche.

M. Suriray, qui a eu l'occasion d'observer fréquemment ces animaux, les a vus quelquefois se dépouiller entièrement de leur enveloppe membraneuse et même sur le tentacule.

Dans l'état de vie, les noctiluques sont excessivement phosphoriques, et j'ai vérifié avec M. Suriray qu'au Hàvre la phosphorescence de l'eau de mer est due à ces animaux ; aussi en la passant à travers une étamine, elle perd cette propriété ; elle est, du reste, beaucoup plus forte dans les temps chauds et orageux, bien plus foible dans l'hiver et nulle par un vent d'ouest.

Quoique nous rangeons provisoirement cet animal dans cette section, nous sommes loin de croire que ce soit sa véritable place ; il me semble, en effet, avoir beaucoup de rapports avec celui dont MM. de Chamisso et Eysenhardt ont fait leur genre *Flagellum*, et que MM. Quoy et Gaimard ont aussi désigné sous une dénomination particulière.

Doliole, *Doliolum.*

Corps? gélatineux, hyalin, cylindrique, tronqué et également atténué aux deux extrémités, qui sont largement ouvertes et sans organes apparens.

Espèce. Le Doliole de la Méditerranée, *D. mediterranea,* Otto, *Mollusq., Zooph., Nov. act. cur. nat.,* vol. 11, tab. 42, fig. 7.

Observ. Le corps organisé sur lequel ce genre est établi par M. Otto, nage, dit-il, en chassant et absorbant l'eau par la contraction et la dilatation alternatives de ses deux orifices. S'il en est ainsi, il est probable que c'est un véritable biphore, dont le nucléus aura échappé à l'observation ; mais si, par hasard, il n'y avoit qu'une ouverture, alors ce seroit un organe

60.   9

natateur de quelque physsophore : ce qui concorderoit mieux
avec l'absence totale d'organes intérieurs.

LES CILIOGRADES.

Corps gélatineux, très-contractile, libre, diversiforme, évidemment binaire ou bilatéral, quelquefois paroissant subradiaire, pourvu d'espèces d'ambulacres étroits, formés
par deux séries rapprochées de cils vibratoires.

Canal intestinal complet ou pourvu de ses deux orifices ; une
bouche et un anus.

Organe de la génération ?

Observ. Quoique nous n'ayons jamais encore étudié les animaux qui constituent cette petite famille sur la nature vivante,
et que nous ne les connoissions que d'après des figures et des
descriptions, ou au plus d'après quelques individus conservés
dans l'esprit de vin que nous devons à la complaisance de MM.
Quoy et Gaimard, nous n'avons cependant presque aucun doute
qu'elle doit être retirée de la classe des arachnodermaires, dans
laquelle tous les zoologistes sans exception l'ont placée jusqu'ici.
Je n'ose toutefois assurer si elle doit passer dans le type des
malacozoaires, ou bien si elle ne devroit pas rester auprès des
holothuries. C'est donc encore un sujet de recherches qui ne
pourra être éclairci que sur le vivant.

Un assez grand nombre de personnes ont parlé de ciliogrades ; mais ce sont presque toujours des voyageurs qui les ont
observés vivans, il est vrai, mais d'une manière incomplète.
Nous ne connoissons même encore aucun zoologiste qui ait publié quelque chose d'un peu rationnel sur leur organisation.

Ce que nous en savons, se borne à quelques détails sur leur
mode de locomotion. Ainsi nous apprenons de ceux qui les
ont vus à la mer, que les ciliogrades sont des animaux gélatineux, transparens, agitant continuellement les cils dont
leur corps très-contractile est pourvu, organes qui jouissent
de la faculté phosphorescente au plus haut degré : ils flottent
ainsi continuellement libres et voguant dans les eaux de la
mer à d'assez grandes distances des rivages.

On ignore, du reste, leur espèce de nourriture, le mode

de leur génération, et autres circonstances de leurs mœurs et de leurs habitudes.

Il existe des ciliogrades dans toutes les mers; mais il nous semble qu'en général ils sont plus abondans dans les mers du Nord que dans toutes les autres, ce qui n'est peut-être qu'apparent et dû à ce qu'on a négligé de les rechercher dans ces dernières.

Les zoologistes systématiques ont été jusqu'ici d'accord pour imiter plus ou moins complétement Gmelin, au sujet de la place des ciliogrades dans la série animale, c'est-à-dire pour en faire un genre voisin des Méduses; ainsi MM. de Lamarck, Cuvier, Latreille et Ocken, n'ont pas même émis de doutes à ce sujet.

Nous devons cependant faire remarquer que Péron, dans son Mémoire sur les ptéropodes, avoit cru devoir y comprendre le genre qu'il a nommé Callianire et que M. de Lamarck a rangé auprès des Béroës.

Cet ordre ne contient encore qu'un assez petit nombre de genres.

BÉROË, *Beroe.*

Corps régulier, parfaitement libre, ovale ou alongé, convexe en dessus, concave et comme tronqué en dessous, partagé en huit bandes longitudinales alternativement plus étroites et plus larges, par autant de rangées de cils ou de cirrhes vibratoires étendues du sommet à la base.

Une grande ouverture inférieure, ou mieux à l'extrémité tronquée, dans laquelle s'ouvre la bouche, et une autre supérieure ou opposée, très-petite et souvent peu visible, pour l'anus.

A. *Espèces qui ont neuf rangées de cils.*

Le BÉROË OVALE, *B. infundibulum*, Muller, *Prodrom.*, 1816; Oth. Fab., *Faun. Groenl.*, pag. 360, n.° 352; *Beroe ovatus*, Linn., Gmel., pag. 3152, n.° 13; Baster, *Opuscul. subs.* pag. 123, tab. 14, fig. 5.

Le B. TROIS POINTS, *B. tripunctata*, Quoy et Gaim., Astrolabe, Zoolog., msc.

Le B. AMPHORE, *B. amphora*, id., *ibid.* (Nouvelle-Zélande.)

Le B. STRIÉ, *B. striata*, id., *ibid.* (Nouvelle-Zélande.)

B. *Espèces qui ont huit rangées de cils.*

Le Béroë melon, *B. cucumis*, Linn., Gmel., p. 3152, n.° 13 ; d'après Oth. Fab., *ibid.*, n.° 555.

Le B. cylindrique, *B. macrostomus*, Péron, Lesueur, Voyage, tom. 1, pl. 3, fig. 1 ; *Beroe cylindricus*, de Lamarck, Anim. sans vert., 2, pag. 469. (Océan indien.)

Observ. Ce genre, qui est le type de la classe, a été établi par Browne, dans son Histoire de la Jamaïque, et ensuite par Gronovius, et adopté par tous les zoologistes systématiques, si ce n'est par Gmelin, qui a fait des espèces qui le constituent la première division de ses Méduses.

Linné, dans la douzième édition du *Systema naturæ*, lui a donné le nom de *Volvox*.

Nous avons déjà dit, en parlant de la famille, que nous n'avons pas encore eu l'occasion d'observer un béroë frais vivant ou mort, et qu'aucun auteur n'avoit donné de détails un peu satisfaisans sur ce genre d'animaux. Nous nous sommes cependant décidé à en faire une division particulière du règne animal, à cause de l'existence de cils ou de cirrhes appendiculaires servant à la locomotion : ce qui n'existe pas dans les arachnodermaires. Aussi ai-je admis que dans les béroës il y a un véritable canal intestinal pourvu d'une bouche et d'un anus. En effet, dans la figure du *beroe ovatus*, donnée par Muller, on voit à travers le corps gélatineux de l'animal deux intestins dans une situation légèrement oblique, et dont l'un paroit se terminer par une grande ouverture à l'extrémité supérieure.

Sur le B. cylindrique nous remarquons que Baster, qui le décrit et le figure en le rapportant avec juste raison au genre établi par Browne, assure qu'il a neuf rangées de cils : ce dont nous doutons cependant un peu, tandis que l'espèce de Browne n'en a que huit ; il ajoute que, quoiqu'il soit parfaitement transparent, on voit à l'œil nu des intestins, et surtout deux espèces de tubes ou canaux, dont un offre une grande ouverture à sa partie supérieure.

Othon Fabricius, observateur connu par sa grande exactitude et sa bonne foi, dit positivement de son *B. cucumis* qu'il a deux ouvertures terminales, donnant l'une et l'autre dans une cavité médiane plus ample ; il ajoute que les huit sillons longitudinaux sont pourvus sur les côtés (*ad latera*), de lamelles très-petites, variées de vert et de rouge · ce qui me porte à croire que ce sont des espèces d'ambulacres, ou peut-être même encore des branchies.

Par le contact, dit-il, l'animal se contracte et prend la figure d'une pomme, caractère qui certainement n'appartient a aucun médusaire, et qui tend à démontrer que les *béroës* sont ou des actinozoaires voisins des holothuries qui jouissent d'une haute contractilité, ou mieux peut-être des malacozoaires.

Enfin nous trouvons dans un mémoire de M. Flemming, inséré dans le recueil de la Société wernérienne d'Édimbourg, tome 5, pag. 401, tab. 18, fig. 3 et 4, des détails intéressans que nous allons donner en extrait; c'est encore du *B. ovatus* dont il est question.

Le corps étoit partagé en huit bandes verticales ou côtes étendues du sommet à la base ; elles étoient étroites, denticulées sur les bords, n'existant qu'à la surface, et d'une substance plus dure que l'intérieur, qui étoit gélatineux; du milieu de la surface de ces côtes partoient un grand nombre de filamens, qui se perdoient dans la substance du corps; la bouche ou l'ouverture de la base avoit quelque apparence d'avoir été divisée en quatre lobes; le canal qui en dérivoit, et qui se prolongeoit dans l'axe du corps jusqu'au sommet, avoit de chaque côté un organe comprimé, adhérent à sa parois; il se terminoit dans le centre par un élargissement ovale, et qui peut-être contenoit de l'air; immédiatement derrière chacun de ces organes il y avoit un grand nombre de vaisseaux entortillés, dont quelques-uns contenoient un fluide rougeâtre. Le canal qui traverse le corps, en approchant de son milieu, s'élargissoit subitement et envoyoit une branche de chaque côté à une vésicule, après quoi il sembloit se réunir avec celui qui provenoit de la bouche. Chacune des vessies latérales se terminoit en dessous par une cavité aveugle, contenant un corps glandulaire, à la surface supérieure duquel étoient attachés plusieurs fils blancs ; l'extrémité supérieure de chaque vésicule se terminoit à la surface du côté correspondant par une ouverture située dans l'espace qui sépare deux côtes. De chaque côté du même organe, tout près de la connexion avec le canal central, naissoit un vaisseau qui,

après s'être divisé, envoyoit une branche à chaque côte con-
tiguë; l'intérieur de ces canaux à leur réunion avec les côtes,
paroissoit être rempli d'un pulpe blanchâtre; chaque côte
étoit creusée par un canal qui s'unissoit avec ce vaisseau à peu
près au milieu de la longueur.

En conséquence de cette structure toute particulière, on
pouvoit aisément observer l'entrée de l'eau dans le canal médian jusqu'au sommet, la voir passer dans les vésicules latérales
et sortir par leurs ouvertures extérieures; il ne paroissoit pas
y en avoir à l'extrémité des canaux qui se joignent aux côtes,
quoique l'eau pût se mouvoir en arrière et en avant dans
leur intérieur. Quand l'animal étoit vivant, il y avoit de
nombreux petits espaces dans les différens canaux où le fluide
contenu circuloit en remous ou tourbillon : c'est ce qu'on pouvoit surtout observer vers le milieu et dans le canal descen-
dant du sommet. Il a été impossible d'apercevoir à l'œil nu,
dans ces tubes, aucune structure dont peuvent dépendre ces
mouvemens partiels, et la forme orbiculaire de l'animal a
empêché l'emploi du microscope pour y parvenir.

Nous ajouterons encore à ces observations ce que M. le D.^r
Macartney nous a dit du *B. cucumis, Phil. trans.*, 1810, 264,
t. 15, fig. 1 — 8. Cet animal, dont la forme du corps est assez
difficile à exprimer, tant elle varie à sa volonté par des contractions partielles, est d'une couleur changeante entre le
pourpre, le violet et le bleu pâle. Il est creux ou forme une
cavité infundibuliforme, ayant une ouverture large d'un
côté et une beaucoup plus petite de l'autre; les deux tiers
supérieurs ou postérieurs sont ornés de huit côtes longitudinales, ciliées, et qui sont dans un mouvement rotatoire
extrêmement rapide, au point que, quand l'animal nage,
il semble qu'un fluide passe continuellement dans leur longueur.

Lorsque le béroë se meut tranquillement à la surface de l'eau,
tout son corps devient par occasion peu à peu phosphores-
cent; pendant la contraction il sort une plus forte lumière
des côtes, et lorsqu'on donne un choc subit à l'eau dans laquelle il y a plusieurs de ces animaux, on voit un éclair
subit et vif en sortir; les fragmens mêmes du corps du béroë continuent d'être phosphorescens pendant quelques se-

condes ; mais quand ils sont tout-à-fait morts, la phosphorescence ne reparoit plus.

EUCHARIS, *Eucharis.*

Corps régulier. libre. gélatineux, de forme ovale, partagé
en huit côtes plus ou moins distinctes par autant de doubles
rangées longitudinales de cils vibratoires.

Une cavité intérieure avec une grande ouverture buccale ?
d'où sort et se prolonge plus ou moins en dessous une paire
de longs appendices rétractiles et également garnis de cils
vibratoires.

Espèces. L'EUCHARIS GLOBULEUSE, *E. pileus.*
Beroe pileus, Baster, *Opuscul. subsec.*, 3, pag. 123, tab. 14,
fig. 6 et 7, cop. dans l'Encycl. méthod.. pl. 90, fig. 3 et 4.
Medusa pileus, Linn., Gmel., pag. 3152, n.° 14, Scoresby,
Arct. Reg., 1, pag. 549, tab. 16, fig. 4.
Pleurobrachia pileus, Flemming, *Brit. anim.*, pag. 504, n.° 67.
L'E. ŒUF, *E. ovum.*
Medusa ovum, Linn., Gmel., *ibid.*, n.° 16, d'après Othon
Fab., *Faun. Groenl.*, pag. 362, n.° 355.

Observ. C'est Péron qui a établi ce genre, qui paroît susceptible d'être adopté, ce que vient de faire M. Flemming sous
le nom de *Pleurobrachia.* Nous préférerons la dénomination de
Péron, d'abord pour son antériorité, et ensuite parce que celle
du zoologiste anglois est basée sur une erreur ; les appendices
s'insérant non sur les côtés, mais dans l'intérieur de l'animal.

Nous ne le connoissons que d'après les figures et les descriptions incomplètes qui ont été données des espèces qui le
composent. Baster, qui nous paroît le premier qui en ait
parlé, se borne à dire que les appendices sont très-contractiles, et que les cils des sillons du corps sont très-fins et continuellement en mouvement.

Othon Fabricius, dans l'excellente description qu'il donne
de la seconde espèce, dit positivement que chacun des huit
sillons a ses bords anguleux, saillans et couverts de lamelles
innombrables. Il ajoute que deux de ces sillons occupant les
côtés ventrus, sont plus grands et se réunissent avec leurs
correspondans, tandis que les autres, qui occupent les côtés

comprimés, sont beaucoup plus courts et ne se réunissent pas : ce qui montre, suivant nous, que ces animaux ne sont pas véritablement radiaires. A chaque extrémité, entre les côtes terminales, un orifice arrondi, dont l'un peut être considéré comme la bouche, donne dans une cavité qui, comme un canal, traverse tout le corps, en s'élargissant cependant surtout vers l'extrémité opposée, où il semble former un estomac en rapport avec l'autre ouverture ou l'anus.

Dans le milieu du grand canal, mais plus proche cependant de l'ouverture anale, prennent racine deux cirrhes filiformes couleur de sang, qui peuvent sortir par l'orifice opposé et s'étendre au-delà dans une longueur double de celle du corps; mais qui peuvent aussi y rentrer entièrement, et alors ils offrent des nodules dus au raccourcissement.

Entre ces deux cirrhes et un peu plus en avant, sont deux autres appendices également rouges, mais plus petits, et qui ne paroissent pas pouvoir sortir de la cavité.

C'est, ajoute Oth. Fabricius, un des plus jolis animaux qu'il soit possible de voir; mais aussi l'un des moins consistans, car à peine est-il touché, qu'il est brisé et réduit en morceaux.

Il nage un peu obliquement, l'anus ou l'extrémité arrondie en haut, et trainant ses deux longs cirrhes comme deux queues : quelquefois il atteint rapidement la surface de l'eau, comme s'il vouloit y puiser de l'air; mais à peine y a-t-il touché, qu'il s'enfonce rapidement. Il peut tourner en rond sur lui-même : ses longs cirrhes sont continuellement en action d'extension et de rétraction, l'animal s'en servant pour attirer vers la bouche la proie qui s'y est attachée probablement par une matière glutineuse. Othon Fabricius a trouvé souvent dans sa cavité intérieure des petits crustacés, d'où il suppose qu'il s'en nourrit.

Si on le déchire et qu'on mette les morceaux dans l'eau, ces morceaux vivent encore et se meuvent au moyen des lamelles qui restent.

CALLIANIRE, *Callianira.*

Corps régulier, gélatineux, hyalin, cylindrique, alongé, tubuleux, obtus aux deux extrémités et pourvu de deux paires d'appendices aliformes, se développant en grandes feuilles et garnis d'un double rang de cils vibratoires sur les bords.

Une grande ouverture transverse à l'une des extrémités, et probablement une plus petite à l'autre.

Espèces. Le Callianire d'Amboine, *C. amboinensis*, Quoy et Gaim., Astrolabe, Zoolog., msc., pl. 51.

Le C. diploptère, *C. diploptera*, Péron, Lesueur; *Pteropod.*, Ann. du Mus., tom. 16, pl. 2, fig. 16.

Le C. triploptère, *C. triploptera*, de Lamarck, 2, pag. 467, n.° 1.

Beroe hexagonus, Brug., Dictionn., n.° 3, pl. 90, fig. 5 et 6, cop. de Slabber. (Mer du Nord.)

Le C. hétéroptère, *C. heteroptera*, de Chamisso et Eysenhardt, *Verm.*, tab. 51, fig. 3, *A, B, C.*

Observ. Ce genre a été incomplétement établi par Péron et Lesueur dans leur mémoire sur les ptéropodes, et considéré par eux comme appartenant au type des malacozoaires; mais sans preuves.

Nous ne le connoissons que d'après des figures assez peu détaillées et sur des descriptions incomplètes.

M. de Lamarck, qui a justement senti les rapports de ce genre avec les béroës, nous apprend qu'il avoit été d'abord établi par Péron sous le nom de *Sophia* dans les manuscrits rapportés de son voyage, et nous voyons par sa phrase caractéristique, faite sans doute sur l'animal vivant, que celui-ci est mou et protéiforme : ce qui ne convient guère aux méduses; nous y trouvons, en outre, qu'il n'avoit pu y apercevoir d'organes intérieurs.

L'espèce décrite par Péron avoit, suivant lui, de chaque côté une aile membranoso-gélatineuse, se partageant en deux folioles fort larges, pourvues de cils sur les bords, ce qui nous semble réellement former deux paires d'ailes.

La seconde est beaucoup plus singulière, s'il faut s'en rapporter à la figure de Slabber, copiée par Bruguière, seul auteur qui en ait parlé; mais ce qu'il y a de remarquable, c'est que la figure de Slabber est faite d'après un animal des côtes de la Hollande, et la description d'après un autre des eaux de Madagascar, observation que je dois à M. le professeur Vanderhœven, lors de mon séjour à Leyde.

Quant à la troisième espèce, elle est encore plus remarquable; MM. de Chamisso et Eysenhardt la décrivant ainsi : corps hyalin , très-peu consistant, cylindrico-tubuleux, dilaté à une extrémité, avec une bouche transverse , dans laquelle il a été cependant impossible de pénétrer; une grande aile de chaque côté, cestoïde, garnie sur les bords de cils vibratoires; six ailes intermédiaires plus petites. dont quatre inférieures (buccales), lancéolées, ciliées sur les bords, et attachées à la base du corps; deux inférieures. cestoïdes. se réunissant aux deux grandes latérales, que Péron, ajoutent-ils, a, par erreur, regardées comme des branchies.

Ne pourroit-on pas concevoir que les deux paires d'appendices de la bouche seroient les analogues des appendices buccaux des malacozoaires lamellibranches? les deux doubles bandes de chaque côté leurs branchies? et alors les ciliogrades ne devroient-ils pas être placés dans ce type et y former une classe particulière. peu éloignée de celle des biphores, et faisant un passage encore plus marqué vers les Actinozoaires?

Les cils, qui ont quelque analogie avec ceux qu'on remarque au bord du manteau des lamellibranches. ne sont réellement pas colorés par eux-mêmes, mais par la décomposition de la lumière entre leurs bords.

Ocyroë, *Ocyroe.*

Corps gélatineux, transparent, vertical, cylindrique, pourvu supérieurement de deux lobes latéraux, musculo-membraneux, bifides, épais, larges; de deux côtes ciliées, charnues, avec deux autres côtes ciliées sur les bords entre les lobes; ouverture avec quatre bras également garnis de cils.

Espèces. L'O. crystalline , *O. crystallina*, Rang, Mém. de la Soc. d'hist. nat. de Paris, tom. 4. pag. 164.

L'O. brune , *O. fusca, id., ibid.*

L'O. tachée , *O. maculata , id., ibid.*

Observ. Ce genre a été établi par M. Rang dans le mémoire cité.

Nous ne le connoissons que d'après les descriptions et les figures données par cet auteur.

Il nous paroit avoir beaucoup de rapports avec la dernière espèce de callianire.

Alcynoë, *Alcynoe.*

Corps gélatineux, transparent, vertical, cylindrique, avec des côtes ciliées, cachées en partie sous des lobes natatoires verticaux, libres à la base et sur les côtés seulement.

Ouverture pourvue de quatre appendices également ciliés.

Espèce. L'A. vermiculée ; *A. vermiculata*, Rang, Mém. de la Soc. d'hist. nat. de Paris, tom. 4, pag. 166.

Observ. Ce genre, établi par M. Rang sur un animal qu'il a observé sur les côtes du Brésil, ne nous est connu que d'après la description et la figure qu'il en a données (*loc. cit.*).

Ceste, *Cestum.*

Corps gélatineux, libre, régulier, très-court, mais étendu ou prolongé de chaque côté en un long appendice en forme de ruban, bordé sur chaque angle d'une série de cils vibratoires, formant ainsi quatre ambulacres, deux de chaque côté.

Bouche inférieure et médiane.

Espèces. Le C. de Vénus, *C. Veneris*, Lesueur, Nouv. bullet. des sc., vol. 3, Juin 1813, n.° 369, pag. 281, pl. 5.

Observ. Ce genre a été établi par M. Lesueur pour un animal de la Méditerranée.

Nous ne le connoissons que d'après la figure et la description données par cet auteur, malheureusement sur un individu tronqué aux extrémités des prolongemens latéraux, et qui, cependant, avoit plus d'un mètre et demi de large.

C'est un animal évidemment bien singulier, mais que l'on peut sans doute considérer comme un béroë très-court, à huit rangées de cils, et qui auroit été comme pincé et tiré de chaque côté en un énorme ruban peu épais, et portant sur chaque angle ses ambulacres de cils. Il paroît, en effet, que la cavité intestinale, très-courte, à cause de la brièveté du corps, est prolongée latéralement dans les appendices ; en sorte qu'il faut croire que l'ouverture terminale a échappé à M. Lesueur, et qu'elle est exactement opposée à la bouche, comme dans les véritables béroës.

M. Mertens en a observé un individu complet, à cause
de sa petite taille, et il s'est assuré positivement que ce
n'est qu'un véritable béroë ; c'est ce qu'il nous a dit lors de
son passage à Paris avec les officiers d'une expédition russe
autour du monde.

LES MICROZOAIRES.

Animaux infiniment petits, au point de n'être accessibles
à la vue qu'au moyen d'instrumens fortement grossissant,
constamment aquatiques, et du reste extrêmement variables de forme et d'organisation.

Observ. Sous cette dénomination et sous cette définition,
nous comprenons ces êtres évidemment animaux, du moins
pour la très-grande partie, que les naturalistes ont désignés
sous le nom d'animaux microscopiques, ou sous celui d'animaux infusoires, comme nous l'avons exposé dans notre Histoire de la zoophytologie.

Nous avons également averti dans nos généralités sur les
zoophytes pour quelle raison nous n'admettions pas cette division, qui n'est fondée absolument que sur la grandeur ou
sur une hypothèse fort contestable. Ce n'est donc que provisoirement que nous la reconnoissions en ce moment, et pour
ne pas laisser de lacunes dans le *genera* de tous les êtres dont
nous étions chargés de faire l'histoire dans ce Dictionnaire. Au
reste, la grande différence qui existe entre les microzoaires est
déjà évidente, si l'on fait attention à la définition qui en a été
donnée plus haut. En effet, peut-on comparer un protée
ou une monade avec un vibrion, et surtout avec un brachion,
animal pourvu d'appendices nombreux, d'organes de la circulation?

C'est d'après cette considération de la grande différence
existante entre les microzoaires, que même dans cette distribution provisoire nous avons été conduits à les partager en
quatre sections bien distinctes, qui devront passer dans des
classes assez éloignées du type des entomozoaires, et que
nous avons dénommées d'après cette considération, entomostracés, ou hétéropodes, ascaridiens, planariés et gemmaires,
qui paroissent les plus simples, et qui pourroient bien être
ou de jeunes âges d'animaux connus ou même des gemmules

qui, comme ceux des éponges, des gorgones, jouiroient de la faculté de se mouvoir en tournant.

Nous allons donc en parler sous ces quatre titres ; mais auparavant nous donnerons ici une note que nous avons lue, il y a quatre ou cinq ans, à la Société philomatique, renfermant les résultats que nous avions obtenus à cette époque, d'observations nombreuses faites sur les êtres auxquels on a donné les noms d'Infusoires, de Microscopiques ou de Monadaires.

Notre but a été de tâcher de résoudre ces trois questions.

1.° Sont-ce des animaux qui doivent former un type, une classe, un ordre unique et distinct, comme l'ont fait à peu près tous les zoologistes, ou bien n'est-ce qu'une réunion hétérogène d'animaux parfaits ou imparfaits, de types et de classes extrêmement différens, comme nous l'avons dit depuis long-temps; mais seulement *à priori* et d'après les figures et les descriptions de Muller ?

2.° Quelle est leur origine ? c'est-à-dire, sont-ce des animaux naissant spontanément, se formant pour ainsi dire de toutes pièces dans les infusions végétales ou animales, ou bien sont-ce des êtres dont les germes se développent dans certaines circonstances seulement et que l'on peut reproduire à volonté ?

3.° Enfin, est-il vrai que plusieurs d'entre eux peuvent être regardés comme des végétaux et comme des animaux aux différentes époques de leur vie ?

Pour résoudre la première question, nous avons employé les moyens suivans :

A. L'observation directe au microscope simple ou composé, en analysant avec soin les illusions provenant de l'organe, de l'instrument, et qui peuvent agir sur la forme extérieure, sur la couleur, sur l'organisation et même sur les mouvemens.

B. L'observation directe de l'action d'une dissolution d'opium sur ces animaux, qui, en produisant d'abord plus de rapidité, plus de désordre dans les mouvemens, les ralentit, les calme et finit par les anéantir peu à peu et dans un temps assez court, sans que le petit animal puisse revenir à la vie.

C. L'observation médiate ou indirecte, que dans tous les animaux une forme définie emporte toujours un degré d'organisation également défini, de manière à ce qu'on puisse conclure rigoureusement de l'une à l'autre.

D. L'observation également médiate ou indirecte, mais tout aussi concluante, qu'une espèce ou même une variété de locomotion est nécessairement exécutée dans chaque type du règne animal par une disposition particulière des organes qui le constituent, en sorte que l'on peut descendre de la forme de l'appareil à son résultat, ou remonter de celui-ci à celle-là.

A l'aide de ces différens moyens, nous sommes arrivé (aujourd'hui 29 Mai 1827) à ce résultat dans la première question posée. Les Infusoires doivent être partagés en trois groupes : les uns évidemment animaux, les autres sur la nature desquels nous ne prononcerons pas encore en ce moment, et enfin les derniers, qui ne sont certainement pas animaux.

Les Infusoires animaux appartiennent à des points extrêmement différens et éloignés de la série animale.

1.° A la classe des hexapodes, se mouvant avec des appendices au nombre de trois paires : tel est le tardigrade de Spallanzani, se mouvant par les contractions des anneaux peu nombreux de son corps, comme plusieurs espèces de Rotifères, qui ne sont très-probablement que des larves.

2.° A la classe artificielle des entomostracés ou de nos hétéropodes, comme les espèces qui se meuvent sans ondulations de leur corps qui est couvert d'un têt uni- ou bivalve, tels que les Monades, les Volvoces, les Kolpodes, certaines Paramécies et les Kéronés, ou comme celles dans lesquelles le corps, sans bouclier général, est terminé par une queue avec un seul appendice médian ou avec une paire d'appendices, tels que les Brachions, les Cercaires, les Furcocerques, etc.

3.° A la classe des apodes, ordre des nématoïdes, comme les Vibrions véritables de la colle et du vinaigre, dont les mouvemens et tout le reste de l'organisation sont tout-à-fait semblables à ce qui a lieu dans les Filaires, les Ascarides, etc.

4.° A la même classe des apodes, ordre des planariés dont le corps, sans trace d'articulation, se meut en glissant à la surface du plan de position, en se répandant presque comme une tache d'huile.

Telles sont plusieurs espèces de Paramœcies ou de Bursaires, plusieurs espèces de Vibrions de Muller, que M. Bory de Saint-Vincent en a séparées avec juste raison dernièrement;

et enfin très-probablement les Protées que nous n'avons malheureusement pas encore rencontrés. [1]

Les Infusoires sur la nature desquels nous n'osons encore nous prononcer, sont ceux que l'on a nommés Bacillaire. Diatome et Navicule, séparés encore avec raison des Vibrions de Muller. Nous nous bornerons à dire en ce moment que leur genre de mouvement n'a rien de comparable à ce qui existe dans les Infusoires de la section précédente ou évidemment animaux; et en effet, une dose d'opium double ou triple de celle qu'il faut pour tuer presque immédiatement les plus tenaces de ceux-ci, n'a aucun effet sur les mouvemens des Navicules.

Enfin, les êtres que nos recherches ne nous permettent pas de regarder comme des animaux, sont les zoospermes ou animalcules spermatiques. Pour nous décider à ce sujet, nous avons déjà observé le fluide spermatique de plusieurs mammifères, d'oiseaux, d'amphibiens, de poissons, d'hexapodes, de mollusques, et nous croyons pouvoir assurer que les formes apparentes que l'on a regardées comme des animaux, sont dues aux mouvemens plus ou moins nombreux de décomposition, de mélange ou d'évaporation des deux parties de la liqueur spermatique, comme au reste l'avoit déjà très-bien vu Buffon.

Pour répondre à la seconde question que nous nous sommes proposée, quelle est l'origine des petits animaux infusoires, nous avons dû avoir recours à peu près aux mêmes moyens qui ont servi à Redi, il y a deux siècles, pour démontrer que les vers de la viande ou du fromage ne naissent pas de ces substances en putréfaction; mais des germes ou œufs déposés sur elles par les parens.

Nous avons fait des infusions avec de la viande de différens animaux (bœuf, veau, poisson). crue. cuite, dans de l'eau distillée. de pluie. filtrée à la pierre, non filtrée ou de rivière, et cela dans des vases bien bouchés ou complétement ouverts.

Nous en avons fait également avec de la substance de champignon, d'agaric. de collema. ainsi qu'avec des tranches de radis, de pétiole de choux, des feuilles de cresson. et cela toujours dans des eaux de différentes sortes.

---

1 Nous les avons rencontrés depuis, et nous nous sommes assurés que ce sont des planaires.

Nous avons comparé les résultats que nous avons obtenus avec ceux qui ont été produits d'infusion de conferves de différentes sortes bien lavées ou non dans de l'eau distillée, ou avec des eaux naturelles de mares, de fossés, soit douces, soit saumâtres soit salées, et quoique nos expériences ne soient pas encore terminées, du moins pour la plupart, qu'il nous en reste quelques nouvelles à tenter, et que plusieurs même des premières n'ont pas toujours été concluantes, parce qu'elles n'avoient pas été instituées d'une manière satisfaisante, nous croyons cependant pouvoir presque affirmer en ce moment que les petits animaux que l'on observe dans les infusions végétales ou animales, y ont été apportés à l'état de germe ou d'œuf, ou même à l'état parfait, avec l'eau ou la substance dont se compose l'infusion. Cela est surtout bien évident pour les volvoces et les monades, que l'on peut très-bien obtenir en quantité innombrable en infusant de la conferve pariétine dans de l'eau distillée.

Nous n'avons du reste rien encore de bien positif sur le mode de reproduction de ces animaux.

Nous sommes bien certain d'avoir ressuscité des animaux fort voisins des Rotifères de Spallanzani, jusqu'à dix fois après les avoir desséchés successivement de deux jours l'un sur le porte-objet du microscope et au soleil.

Mais aussi nous n'avons pu réussir à ressusciter ainsi le même animal trouvé dans de l'eau de réservoir.

Nous sommes également certain que les vibrions de la colle offrent les mêmes différences sexuelles que les autres nématoïdes, et qu'ils produisent des petits vivant comme eux.

Nous nous sommes assuré positivement que plusieurs espèces de kolpodes, quoique bien pourvus d'appendices ciliformes paires, peuvent se propager en se coupant peu à peu constamment au milieu du corps. Nous avons vu cette singulière scissure plusieurs fois d'une manière indubitable.

Mais nous ne concluons pas de là que ces animaux n'ont pas un autre mode de reproduction.

D'après cela, nous nous trouvons conduit à comprendre le développement des vers intestinaux, même de ceux qui n'ont jamais été trouvés que dans le tissu même des parties, sans avoir recours à ce qu'on est convenu de nommer une génération spontanée; des germes aussi ténus que ceux qui donnent naissance aux animaux microscopiques, ne peuvent-ils pas en effet circuler avec nos fluides, traverser avec eux les pores du tissu des vaisseaux, et ne se développer que lorsqu'ils trouvent des circonstances convenables?

Quant à la troisième question, y a-t-il des êtres qui peuvent être presque indifféremment des végétaux ou des animaux, suivant les circonstances, ou devenir l'un après l'autre à différens degrés de leur vie, ou enfin affecter par leur assemblage la forme de certains êtres qu'on a rangés parmi les végétaux? Nous avouons n'être pas encore en état de la résoudre, du moins *à posteriori*; nous nous bornerons en ce moment a faire l'observation que cette question, bien posée, se résoudra très-probablement en une dispute de mots, et que cela dépendra de la définition que l'on donnera de ces deux divisions évidemment artificielles dans l'empire organique.

Les Microzoaires hétéropodes.

Corps pourvu d'appendices latéraux, diversiformes, servant à la locomotion ou à quelque autre usage, et assez généralement couvert par un têt mince, univalve ou bivalve.

Observ. Cette division des Microzoaires est évidemment celle qui offre le plus de complexité dans sa forme et dans son organisation; en effet, outre les appendices très-diversiformes qui s'ajoutent sur les parties latérales du corps et qui indiquent une disposition articulée, on remarque chez eux un canal intestinal complet, pourvu d'une bouche et d'un anus. Celle-là est même souvent accompagnée d'appendices fort singuliers, divisés et vibrans, qu'on a comparés à des roues, à cause de l'apparence qu'ils offrent quand ils sont en mouvement. On a pu observer, d'une manière évidente, un organe central de la circulation dans plusieurs espèces; les organes de la génération sont même quelquefois visibles, ou du moins les œufs sont réunis en paquets souvent intérieurs, comme cela se remarque dans plusieurs entomostracés.

Cette complication de l'organisation dans les espèces de cette section est en parfait rapport avec le mode de locomotion, qui est évidemment analogue à ce qu'on observe dans les

60. 10

Entomostracés; en effet, il y en a qui marchent avec une grande rapidité, d'autres qui nagent dans tous les sens, quelquefois en s'élançant comme un trait. On les voit souvent s'agiter dans tous les sens autour d'une substance qui leur sert évidemment de nourriture.

Mais, malgré cette similitude entre tous les Microzoaires que je place dans cette division, il est certain qu'ils appartiennent à des familles très-différentes, dont Muller a fait autant de divisions génériques, qui ont été adoptées par tous les zoologistes sans presque aucune modification importante; cependant MM. de Lamarck, Oken et Bory de Saint-Vincent, en examinant les figures de Muller, ont cru que les animaux qui leur ont servi de modèles, différoient beaucoup trop entre eux pour qu'ils pussent appartenir au même genre; et dès-lors ils se sont exercés à partager les genres de Muller en beaucoup d'autres, sous lesquels ils ont distribué les espèces. Dans un certain nombre de cas il est réellement possible qu'ils aient eu raison; mais, comme leurs caractéristiques paroissent entièrement tirées des figures de Muller, sans être appuyées sur de nouvelles observations, la science n'a pas beaucoup gagné à ce travail, aussi nous paroît-il presque indifférent d'adopter ou de ne pas adopter ces genres.

Cependant, pour ne laisser le moins possible de lacune, nous allons rapporter les principales espèces sur lesquelles ils sont établis, et dont malheureusement M. Bory a changé les noms; ce qui a produit de la confusion sans aucune avantage.

En suivant les erremens de M. de Lamarck, les Microzoaires hétéropodes peuvent être partagés en deux sections, d'après la disposition générale des appendices que l'on a pu observer. Dans la première sont ceux que l'on a désignés sous le nom de Rotifères, parce que l'on a cru à tort qu'ils étoient pourvus d'espèces de roues à droite et à gauche de l'extrémité antérieure, tandis que ce sont des faisceaux de cils vibrans. Dans la seconde, que M. de Lamarck nomme des Polypes ciliés, sont les espèces chez lesquelles les côtés du corps sont pourvus d'appendices en forme de cils servant d'organes locomoteurs.

Section I. Les Rotifères.

Corps plus ou moins évidemment divisé en tête, thorax et abdomen, et paroissant n'être pourvu d'appendices qu'aux deux extrémités ; les antérieurs ciliformes, ramassés en faisceaux, et produisant l'effet d'une roue quand ils sont en mouvement ; les postérieurs simples et terminaux.

Observ. Plusieurs de ces animaux ont été observés depuis long-temps ; mais d'une manière plus ou moins incomplète et sans aucune critique. Ce sont sans doute des larves ou des degrés de développement.

BRACHION, *Brachionus.*

Corps couvert en plus ou moins grande partie par un têt d'une ou de deux pièces, et plus ou moins prolongé en arrière par un abdomen caudiforme ; deux faisceaux de cils vibratoires à l'extrémité antérieure.

A. *Espèces dont le têt univalve est ovale, beaucoup plus court que le corps, prolongé postérieuremeat en un abdomen caudiforme, fort long, et pourvu à sa terminaison d'une paire d'appendices très-courts.*

Le BRACHION URCÉOLAIRE : *B. urceolaris*, Muller, *Inf.*, p. 356, tab. 50, fig. 15 — 21 ; copié dans l'Encycl. méth., pl. 28, fig. 22 — 27.

Le B. DE BAKER : *B. Bakeri*, Muller, *ibid.*, pag. 359, tab. 47, fig. 23, et tab. 50, fig. 22 et 23 ; cop. dans l'Encycl. méthod., pl. 28, fig. 29 et 30.

Le B. OUVERT : *B. patulus*, Muller, *ibid.*, pag. 361, tab. 47, fig. 14 et 15 ; cop. dans l'Encycl. méth., pl. 28, fig. 32 et 33.

Le B. PLISSÉ : *B. plicatilis*, Muller, *ibid.*, tab. 50, fig. 1 — 8 ; cop. dans l'Encycl. méthod., pl. 27, fig. 33 — 40.

Le B. POISSON, *B. piscis.*

Trichoda piscis, Muller, *ibid.*, pag. 214, tab. 31, fig. 1, 2, 3 et 4 ; cop. dans l'Encycl. méthod., pl. 15. fig. 24 et 25.

Le B. GIBECIÈRE : *B. impressus*, Muller, *ibid.*, tab. 50. fig. 12 — 14 ; cop. dans l'Encycl. méthod., pl. 27, fig. 15 — 17.

Le B. PATELLE : *B. patella*, Muller. *ibid.*, tab. 48, fig. 15 — 19 ; cop. dans l'Encycl. méthod., pl. 27, fig. 26 — 30.

Le Brachion lamellaire : *B. lamellaris*, Mull., *ib.*, tab. 47, fig. 8 à 11 ; cop. dans l'Encycl. méthod., pl. 27, fig. 22, 25.

Le B. cirrheux : *B. cirrhatus*, Muller, *ibid.*, pag. 352, t. 47, fig. 12 ; cop. dans l'Encycl. méthod., pl. 27, fig. 13.

B. *Espèces dont le têt, ovale, alongé, bivalve, recouvre presque entièrement le corps ; celui-ci terminé par un abdomen caudiforme, court, et pourvu d'une paire d'appendices en général assez longs.* (G. Mytilina, Bory de Saint-Vincent.)

Le B. ovale : *B. ovalis*, Muller, *ibid.*, tab. 49, fig, 1 à 3 ; cop. dans l'Encycl. méthod., pl. 28, fig. 1 à 3.

Le B. armé : *B. mucronatus*, Muller, *ibid.*, tab. 49, fig. 8 et 9 ; cop. dans l'Encycl. méthod., pl. 28, fig. 8 et 9.

Le B. denté : *B. dentatus*, Muller, *ibid.*, tab. 49, fig. 10, 11 ; cop. dans l'Encycl. méthod., pl. 28, fig. 6 et 7.

Le B. tricorné : *B. tripos*, Muller, *ibid.*, tab. 49, fig. 4 et 5 ; cop. dans l'Encycl. méthod., pl. 28, fig. 4 et 5.

Le B. a crochets : *B. uncinatus*, Muller, pag. 350, tab. 50, fig. 9, 11 ; cop. dans l'Encycl. méthod., pl. 28, fig. 12.

C. *Espèces dont le corps est entièrement couvert par un bouclier ovale, presque rond, univalve, et terminé par un abdomen caudiforme sans appendices terminaux.* (G. Proboscidia, Bory.)

Le B. patine : *B. patina*, Muller, *ibid.*, tab. 48, fig. 6 à 10 ; cop. dans l'Encycl. méthod., pl. 27, fig. 13 à 17.

Le B. bouclier : *B. clypeatus*, Muller, *ibid.*, tab. 48, fig. 11 à 14 ; cop. dans l'Encycl. méthod., pl. 27, fig. 18 à 21.

D. *Espèces dont le corps entièrement couvert par un têt presque circulaire, est terminé en arrière par une paire d'appendices fort longs et sétacés.* (G. Squamella, Bory.)

Le B. bractée : *B. bractea*, Muller, *ibid.*, pag. 343, tab. 49, fig. 6 et 7 ; cop. dans l'Encycl. méthod., pl. 27, fig. 31 et 32.

Le B. lune, *B. luna*.

Cercaria luna, Muller, *ibid.*, pag. 159, tab. 20, fig. 8 et 9 ; cop. dans l'Encycl. méthod., pl. 10, fig. 9 et 10.

Le B. robin, *B. togata*.

Vorticella togata, Muller, *ibid.*, tab. 42, fig. 8 ; cop. dans l'Encycl. méthod., pl. 22, fig. 15.

Le Brachion rond, *B. orbis.*

Cercaria orbis, Muller, *ibid*, pag. 138, tab. 20, fig. 7; cop. dans l'Encycl. méthod., tab. 10, fig. 80.

Observ. Dans l'impossibilité où nous sommes de caractériser, par la disposition particulière des appendices, les genres plus ou moins nombreux qu'on pourra former parmi les Microzoaires, nous proposons d'étendre à toutes les espèces dont le corps est couvert d'une sorte de têt d'une ou deux pièces dans une partie plus ou moins considérable de son étendue, la dénomination de Brachion, imaginée par Hill, adoptée par Pallas, Muller et de Lamarck. On trouvera ensuite à y former quelques coupes en considérant la forme, l'étendue de ce têt, ainsi que celle des prolongemens caudiformes et des appendices, qui terminent le corps.

Nous avons observé déjà plusieurs espèces de ce genre et appartenant à différentes sections.

Le *B. urcéolaire* de la première est commun dans toutes les eaux vives de marais; c'est très-probablement le Rotifère de Hill, Essai 13, pag. 288, sur lequel cet auteur donne des détails fort intéressans, qui montrent que c'est un véritable Entomostracé.

Le *Corona* de Corti appartient aussi sans doute à cette section.

Nous avons également étudié le *trichoda piscis* de Muller; c'est bien certainement un Brachion. Nous ne concevons pas comment Muller a pu dire qu'il rampe à la manière des Planaires; il s'attache avec l'extrémité de sa queue, et il marche comme s'il étoit pourvu d'un grand nombre d'appendices sous son têt.

Le *B. ovalis* s'est aussi présenté plusieurs fois à mon observation. Il a certainement deux faisceaux de cils vibratoires en avant et en arrière, une paire d'appendices assez longs, à l'aide desquels il peut aussi se fixer. Son têt m'a paru bivalve; mais c'est ce que je ne puis assurer.

Le *B. patina* nous est aussi tombé une fois sous les yeux, et assez bien avec les particularités indiquées par Muller. Il étoit dans une eau des bassins du Jardin du Roi, contenant une quantité innombrable d'Entomostracés.

En général, je suis fort porté à penser que les Brachions ne sont que des jeunes âges d'Entomostracés, dont ils ont la plupart des habitudes.

Trichocerque, *Trichocerca*.

Corps alongé, nu ? subdivisé en trois parties assez distinctes, la dernière prolongée en un abdomen caudiforme, pourvu d'une paire d'appendices très-longs et sétiformes.

Espèces. Le Trichocerque longue soie, *T. longiseta.*

Vorticella longiseta, Muller, *ibid.*, pag. 295, tab. 42, fig. 9 et 10: cop. dans l'Encycl. méthod., pl. 22, fig. 16 et 17.

Le T. longue queue, *T. longicauda.*

Trichoda longicauda, Muller, *ibid.*, pag. 216, pl. 31, fig. 8 à 10; cop. dans l'Encycl. méthod., pl. 26, fig. 9, 10 et 11.

Le T. gobelet, *T. pocillum.*

Trichoda pocillum, Muller, *ibid.*, tab. 29, fig. 9 à 12; cop. dans l'Encycl. méth., pl. 15, fig. 19 à 22.

Le T. tigre, *T. tigris.*

Trichoda tigris, Muller, *ibid.*, pag. 206, tab. 29, fig. 8; cop. dans l'Encycl. méthod., pl. 15, fig. 18.

Le T. bilunaire, *T. bilunaris.*

Trichoda bilunaris, Muller, *ibid.*, pag. 204, tab. 29, fig. 4: cop. dans l'Encycl. méthod., pl. 15, fig. 14.

Le T. petit chat, *T. catellus.*

Cercaria catellus, Muller, *ibid.*, pag. 129, tab. 20, fig. 10 et 11; cop. dans l'Encycl. méthod., pl. 9, fig. 22 et 23.

Observ. Ce genre, établi par M. de Lamarck pour les Microzoaires dont le corps est terminé par deux longs appendices, ne nous est connu que par le T. tigre, que nous avons eu plusieurs fois l'occasion d'observer vivant. C'est un petit animal fort vif, se mouvant dans tous les sens, dans tous les plans, dont le corps est un peu comprimé latéralement et peut-être même revêtu d'un têt fort mince, et qui est pourvu en arrière d'une paire de longs appendices comme articulés à la base.

Les Trichocerques semblent intermédiaires aux Brachions proprement dits, dont ils paroissent principalement différer parce qu'ils ne sont pas couverts d'un têt, et aux Furculaires, qui ont la queue terminée par des appendices très-courts, et dont le corps est très-contractile et larviforme.

Furculaire, *Furcularia*.

Corps alongé, plus ou moins larviforme, contractile dans tous les sens, subarticulé, quelquefois assez bien partagé en tête, thorax et abdomen caudiforme, et pourvu en avant d'un double faisceau de soies vibratiles, et en arrière d'une paire d'appendices très-courts.

Espèces. La FURCULAIRE REVIVIFIABLE, *F. rediviva.*

Vorticella rotatoria, Muller, *Inf.,* tab. 42, fig. 11 à 16; cop. dans l'Encycl. méthod., pl. 22, fig. 18 à 23.

La F. VERMICULAIRE, *F. vermicularis.*

Cercaria vermicularis, Muller, *ibid.,* tab. 20, fig. 18 à 20; cop. dans l'Encycl. méthod., pl. 9, fig. 30, 31 et 32.

La F. PORTE-PINCE, *F. forcipata.*

Cercaria forcipata, Muller, *ibid.,* pag. 134, tab. 20, fig. 21 à 23; cop. dans l'Encycl. méthod., pl. 9, fig. 33, 34 et 35.

La F. LOUP, *F. lupus.*

Cercaria lupus, Muller, *ibid.,* tab. 20, fig. 14 à 17; cop. dans l'Encycl. méthod., pl. 9, fig. 24 et 25.

La F. LARVE, *F. larva.*

Vorticella larva, Muller, *ibid.,* tab. 40, fig. 1 à 3; cop. dans l'Encycl. méthod., pl. 21, fig. 9 à 11.

La F. CAPITÉE, *F. succolata.*

Vorticella succolata, Muller, *ibid.,* tab. 40, fig. 8 à 12; cop. dans l'Encycl. méthod., pl. 21, fig. 12 à 16.

La F. AURICULÉE, *F. aurita.*

Vorticella aurita, Muller, *ibid.,* tab. 41, fig. 1 à 3; cop. dans l'Encycl. méthod., pl. 21, fig. 17 à 19.

La F. HÉRISSÉE, *F. senta.*

Vorticella senta, Muller, *ibid.* tab. 41, fig. 8 à 14; cop. dans l'Encycl. méthod., pl. 22, fig. 1 à 7.

La F. FRANGÉE, *F. lacinulata.*

Vorticella lacinulata, Muller, *ibid.,* tab. 42, fig. 1 à 5; cop. dans l'Encycl. méthod., pl. 22, fig. 8 à 12.

La F. BOURSE, *F. crumena.*

Cercaria crumena, Muller, *ibid.,* tab. 20, fig. 4 à 6; cop. dans l'Encycl. méthod., pl. 9, fig. 19 à 21.

La F. CHAUVE, *F. canicula.*

Vorticella canicula, Muller, *ibid.,* tab. 42, fig. 21; cop. dans l'Encycl. méthod., pl. 22, fig. 28.

La F. ÉTRANGLÉE, *F. constricta.*

Vorticella constricta, Muller, *ibid.,* t. 42, fig. 6 et 7; cop. dans l'Enc. méthod., pl. 20, fig. 13 et 14.

La Furculaire tremblante, *F. tremula.*

Vorticella tremula, Muller, *ibid.*, t. 41, fig. 4 à 7; cop. dans l'Enc. méthod., pl. 21, fig. 20 à 23.

La F. petit chat, *F. catellina.*

Cercaria catellina, Muller, *ibid.*, tab. 20, fig. 12, 13; cop. dans l'Enc. méthod., pl. 9, fig. 24 et 25.

La F. petit chien, *F. canicula.*

Vorticella canicula, Muller, *ibid.*, t. 42, fig. 21; cop. dans l'Enc. méthod., pl. 22, fig. 28.

La F. catule, *F. catulus.*

Vorticella catulus, Muller, *ibid.*, t. 42, fig. 17 à 20; cop. dans l'Enc. méthod., pl. 22, fig. 29 à 32.

Observ. On peut provisoirement rapporter à ce genre établi par M. de Lamarck, les Microzoaires larviformes, qui ont des rapports évidens avec le Rotifère de Spallanzani, et dont le corps, plus ou moins alongé, contractile, nu, est pourvu en avant de deux faisceaux de cils, imitant dans leur action des espèces de roues, et en arrière, d'appendices extrêmement courts.

La locomotion sur un sol résistant est semblable à celle des chenilles arpenteuses; mais dans l'eau elle s'exécute au moyen des organes rotifères, et elle se fait en ligne droite comme un trait.

Nous avons observé fréquemment la *F. rediviva* de Spallanzani, et en outre plusieurs autres espèces vivant dans les eaux de marais. Nous sommes à peu près certain que ce sont des larves; mais nous ignorons de quels animaux.

M. Bory de Saint-Vincent a cru pouvoir former un assez grand nombre de genres avec les espèces de microzoaires que nous rangeons parmi les furculaires.

Il nous paroit à peu près certain que Muller a beaucoup trop multiplié les espèces.

Ratule, *Ratulus.*

Corps alongé, non contractile, peut-être même couvert par un têt, offrant des traces de division en tête, thorax et abdomen; celui-ci terminé par un long appendice sétiforme, articulé à sa base; des appendices ciliformes en avant.

Espèces. Le **Ratule** **cariné**, *R. carinatus.*

Trichoda rattus, Muller, *Inf.*, p. 205, tab. 29, fig. 5 à 7: cop. dans l'Enc. méthod., pl. 15, fig. 15 à 17.

Le **R.** **lunaire**, *R. lunaris.*

Trichoda lunaris, Muller, *ibid.*, p. 204, tab. 29, fig. 1 à 3; cop. dans l'Enc. méthod., pl. 15, fig. 11 à 13.

Le **R.** **souris**, *R. musculus.*

Trichoda musculus, Muller, *ibid.*, p. 210, tab. 30, fig. 5 à 7; cop. dans l'Enc. méthod. pl. 15, fig. 28, 29 et 30.

Le **R.** **clou**, *R. clavus.*

Trichoda clavus, Muller, *ibid.*, tab. 29, fig. 16 à 18; cop. dans l'Enc. méthod., pl. 15, fig. 25.

Observ. On peut rapporter à cette division générique les animaux microscopiques dont le corps est terminé en arrière par un prolongement caudiforme plus ou moins brusquement sétacé.

Nous avons eu l'occasion d'observer la première espèce : son corps, ovale, peu alongé, m'a paru recouvert par un têt brun; aussi n'étoit-il pas contractile : il étoit comme tronqué en arc à sa partie antérieure, où je n'ai pas vu de cils; en arrière il étoit terminé par une sorte de queue d'une seule pièce, se fléchissant à la naissance du têt et tout d'une seule pièce.

Du reste, ce petit animal se mouvoit très-vite dans tous les sens, la queue étendue et comme s'il étoit pourvu d'un grand nombre de pieds.

Il est probable qu'il faut rapporter à cette division quelques espèces de cercaires, et entre autres le *C. turbo*, type du genre Turbinelle de M. Bory de Saint-Vincent.

Vorticelle, *Vorticella.*

Corps contractile, diversiforme, mais ordinairement globuleux, tronqué en avant et prolongé en arrière en un abdomen pédonculé plus ou moins long et très-contractile.

Bouche à l'extrémité d'une sorte de trompe courte et ayant de chaque côté un faisceau plus ou moins considérable de cils vibratoires.

A. *Espèces libres dont le corps est très-distinct du prolongement caudiforme et qui n'ont que deux soies de chaque côté de ce corps.*

* Simples.

La Vorticelle muguet : *V. convallaria*, Muller, *Infus.*, tab. 44, fig. 16; cop. dans l'Enc. méthod., pl. 24, fig. 19.

Ainsi que les *V. nutans, lunaris, acinosa, fasciolata, annularis, tubulifera, globularia, patellina, putrina, hians, cyathina.*

** Complexes.

La Vorticelle en grappe : *V. racemosa*, Muller, *Inf.*, t. 46, fig. 10 et 11 ; cop. dans l'Enc. méthod., pl. 25, fig. 16 et 17.

Ainsi que les *V. pyraria, anastatica, digitalis, polypina, ovifera, umbellaria, opercularia* et *berberina.*

B. *Espèces contenues dans une sorte de gaine, et dont le prolongement caudiforme est long et très-distinct du reste du corps.* (G. Folliculina et Vaginicola, de Lamarck.)

La V. ampoule, *V. ampulla.*

Vort. ampulla, Muller, *Inf.*, t. 40, fig. 4 à 7; cop. dans l'Enc. méthod., pl. 21, fig. 5 à 8.

Et les *V. vaginata* et *folliculata.*

C. *Espèces nues, urcéolaires, sans prolongement caudiforme.* (G. Urceolaria, de Lamarck.)

La V. appendiculée : *V. nasuta*, Muller, *ibid.*, t. 37, fig. 20 à 24; cop. dans l'Enc. méthod., pl. 20, fig. 16 à 20.

Ainsi que les *V. bursata, truncatella, sacculus, varia, discina, crateriformis, fritillina.*

D. *Espèces nues, plus ou moins tubiformes, avec des cils vibratoires dans presque toute la circonférence antérieure du corps.* (G. Stentorea, Bory.)

La V. trompette : *V. stentorea*, Muller, *ibid.*, tab. 43, fig. 6 à 12; cop. dans l'Enc. méthod., pl. 23, fig. 6 à 12.

Ainsi que les *V. multiformis, nigra, polymorpha, citrina, inclinans*, etc., de Muller.

Observ. Nous laissons provisoirement ce genre tel qu'il a été circonscrit par Muller, quoique nous soyons bien certain qu'il renferme des êtres très-hétérogènes.

Nous n'avons malheureusement encore observé que des vorticelles à queue et des vorticelles sans queue, mais point de va-
ginicoles ni de stentorées, ni même de vorticelles complexes.
Au point où nous sommes parvenu nous sommes fort porté
à croire que les vorticelles sans queue ou Urcéolaires de
M. de Lamarck, ne sont que des jeunes ou des divisions
des vorticelles à queue; et en effet, on peut aisément s'assurer que, quand celles-ci se propagent par division longitudinale, une des moitiés seulement reste pourvue de
la queue, tandis que l'autre n'en a d'abord aucune trace.
Nous croyons aussi nous être assuré que les vorticelles ne
sont pas plus des animaux rayonnés que les brachions, et
que ce qu'on regarde comme la bouche, n'est rien autre
chose que le rebord même du corps, pourvu à droite et
à gauche de cils vibratoires disposés par paires. L'orifice
buccal nous semble être à l'extrémité de la partie conique,
qui a valu le nom de *nasuta* à une espèce observée par
Muller.

Les vorticelles à queue et les vorticelles sans queue ont
du reste les mêmes habitudes; les unes et les autres se fixent
au moyen de l'extrémité postérieure. Elles marchent sur un
sol résistant dans une position renversée et à l'aide des cils
dont les côtés du corps sont pourvus, et elles nagent au
contraire la queue tendue et par la vibration rapide de
leurs cils, comme les Furculaires.

Section II. Les Microzoaires ciliés.

Corps diversiforme, mais en général ovale et court, sans
prolongement caudiforme, nu ou couvert d'un têt, et
pourvu d'appendices locomoteurs latéraux en forme de
cils, sans faisceaux rotatoires antérieurs.

Locomotion rapide dans tous les sens et sans doute au
moyen des appendices.

Observ. Les microzoaires qui composent cette section diffèrent évidemment de ceux de la précédente, par la forme
générale du corps, qui est toujours plus ou moins globuleuse
ou tout au plus ovale, sans prolongement caudiforme, et
parce que les appendices en forme de cils sont disposés sur

les parties latérales du corps dans toute sa longueur, et ne forment jamais les deux faisceaux antérieurs qui ont valu le nom de rotifères à la première section; aussi le mode de locomotion des microzoaires ciliés est-il tout différent. Leurs mouvemens sont très-rapides dans tous les plans, dans toutes les directions, et sont exécutés, soit sur un sol résistant, soit dans un milieu liquide, par les appendices ciliformes dont le corps est sans doute constamment pourvu.

La plupart des animaux de cette section que nous avons pu examiner, nous ont paru voisins des cypris et peut-être même n'en être que des degrés de développement.

Sur un grand nombre des microzoaires ciliés, les cils sont évidens et en rapport avec le mode de locomotion; mais chez un assez grand nombre d'autres, où le mode de locomotion est le même, quoique les cils ne sont pas perceptibles, nous n'en avons pas moins conclu à l'existence de ceux-ci.

KÉRONÉ, *Kerona.*

Corps ovale, également arrondi aux deux extrémités, déprimé, quelquefois subcrustacé et pourvu d'appendices ciliformes, dont les antérieurs et les postérieurs sont les plus longs.

Espèces. Le KÉRONÉ CRIBLE : *K. vannus*, Muller. *Infus.*, t. 33, fig. 19; cop. dans l'Enc. méthod., pl. 18, fig. 6 et 7.

Le K. PATELLE : *K. patella*, Muller, *ibid.*, tab. 35, fig. 14 à 18; cop. dans l'Enc. méthod., pl. 18, fig. 1 à 5.

Le K. CHARON, *K. charon.*

Trichoda charon. Muller, *ibid.*, p. 229, t. 52, fig. 12 à 20; cop. dans l'Enc. méthod., pl. 17, fig. 8 à 14.

Le K. PUNAISE, *K. cimex.*

Trichoda cimex, Muller, *ibid.*, p. 231, tab. 52, fig. 21 à 24; cop. dans l'Enc. méthod., pl. 17, fig. 15 à 18.

Le K. CIGALE, *K. cicada.*

Trichoda cicada. Muller, *ibid.*, p. 232, tab. 52, fig. 25 à 27; cop. dans l'Enc. méthod., pl. 17, fig. 18, 19 et 20.

Le K. CHAUVE : *K. calvitium*, Muller, *ibid.*, p. 245, tab. 54, fig. 11 à 13? cop. dans l'Enc. méthod., pl. 16, fig. 21 à 23.

Le K. MASQUÉ : *K. histrio*, Muller, *ibid.*, pag. 235, tab. 33, fig. 3 et 4; cop. dans l'Enc. méthod., pl. 17, fig. 7 et 8.

Le Kéroné moule : *K. mytilus*, Muller, *ibid.*, p. 242, tab. 34. fig. 1 à 4; cop. dans l'Enc. méthod., pl. 18, fig. 11 à 14.

Le K. fistuleux : *K. pustulata*, Muller, *ibid.*, p. 246, tab. 34, fig. 14 et 15? cop. dans l'Enc. méthod., pl. 18, fig. 24 et 25.

Le K. silure : *K. silurus*, Muller, *ibid.*, p. 244, tab. 34, fig. 9 et 10? cop. dans l'Enc. méthod., pl. 18, fig. 15 et 16.

Observ. Ce genre établi, mais fort mal circonscrit, par Muller, au point qu'on pourroit très-bien confondre sous la même caractéristique les Himantopes du même auteur, et peut-être même ses Trichodes, nous semble devoir être limité aux espèces qui ont plus ou moins de rapports avec le Kéroné chauve que nous avons observé plusieurs fois et dont nous avons pu remarquer parfaitement les appendices en le faisant mourir lentement au moyen d'une dissolution d'opium.

M. Bory de Saint-Vincent a formé les genres Plasconia avec le *K. vannus*, et Coccudina avec les *K. patella, cimex* et *cicada*.

Himantope, *Himantopus*.

Corps ovale, plus ou moins alongé, renflé en avant, atténué et quelquefois bifide en arrière, pourvu sur les côtés d'appendices nombreux cirrhiformes.

Espèces. L'Himantope chique : *H. acarus*, Muller, *Inf.*, p. 248, tab. 34, fig. 16 et 17; cop. dans l'Enc. méthod., pl. 18, fig. 1 et 2.

L'H. baladin : *H. ludio*, Muller, *ibid.*, pag. 249, tab. 34, fig. 18; cop. dans l'Enc. méthod., pl. 18, fig. 3.

L'H. bouffon : *H. sannio*, Muller, *ibid.*, pag. 250, tab. 34, fig. 19; cop. dans l'Enc. méthod., pl. 18, fig. 4.

L'H. tournoyant : *H. volutator*, Muller, *ibid.*, p. 251, t. 34, fig. 20; cop. dans l'Enc. méthod., pl. 18, fig. 5.

L'H. larve : *H. larva*, Muller, *ibid.*, p. 251, tab. 34; fig. 21; cop. dans l'Enc. méthod., pl. 18, fig. 6.

L'H. vert, *H. viridis*.

Cercaria viridis, Muller, *ibid.*, tab. 19, fig. 6 à 13; cop. dans l'Enc. méth., pl. 9, fig. 6 à 13.

L'H. podure, *H. podura*.

Cercaria podura, Muller, *ibid.*, tab. 19, fig. 1 à 5; cop. dans l'Enc. méthod., pl. 9, fig. 1 à 5.

L'Himantope lare, *H. larus.*

Trichoda larus, Muller, *ibid.*, tab. 31, fig. 5 et 6; cop. dans l'Enc. méthod., pl. 16, fig. 6, 7 et 8.

Observ. Ce genre paroît n'avoir été que préparé par Muller, mais ses caractères et sa dénomination lui ont été imposés par Othon Fabricius, dans l'ouvrage posthume de son ami.

Nous l'avons caractérisé d'après l'espèce désignée sous le nom de *cercaria podura*, par Muller, et que nous regardons comme très-voisine, si même elle diffère de l'*Himantopus ludio.* Ce petit animal ressemble assez bien à une Lépisme : son corps mou, flexible, plus large en avant, atténué et bifurqué en arrière, est pourvu de chaque côté d'appendices inégaux, assez courts et sans doute branchiaux. Il s'en sert très-bien pour nager.

M. de Lamarck a réuni les himantopes aux kéronés; mais, à ce qu'il nous semble, bien à tort.

M. Bory de Saint-Vincent a formé de la dernière espèce son genre *Diceratella*, et avec le *Cercaria podura* ou l'avant-dernière, qui très-probablement ne doit pas être distinguée du *Trichoda larus*, un autre genre, sous le nom de *Raphanella*.

PARAMÉCIE, *Paramœcium.*

Corps membraneux, fort mince, transparent, ovale alongé, pourvu sur les côtés dans toute leur étendue de cils extrêmement fins, égaux et difficilement perceptibles, se mouvant dans tous les sens, et changeant assez peu de forme.

Espèces. La PARAMÉCIE AURÉLIE : *P. aurelia*, Muller, *Infus.*, p. 86, tab. 12, fig. 1 à 14; cop. dans l'Enc. méthod., pl. 5, fig. 1 à 12.

La P. CHRYSALIDE : *P. chrysalis*, Muller, *ibid.*, p. 90, tab. 12, fig. 15 à 20; cop. dans l'Enc. méthod., pl. 6, fig. 1 à 5.

Observ. Nous avons observé fréquemment la P. aurélie dans toutes les eaux de nos marais, et nous avons vu, comme Gleichen, que son corps est bordé de cils extrêmement fins; c'est ce qui nous a forcé de changer un peu la caractéristique du genre, et de le faire passer dans la division des Microzoaires ciliés. La *P. chrysalis* en est également pourvue : mais nous ne croyons pas qu'il en soit de même des *P. versutum, oviferum* et *marginatum*, qui pourroient bien n'être que des Planaires voisines des Kolpodes, comme l'a pensé M. Bory.

TRICHODE, *Trichoda*.

'*Corps* de forme extrêmement diverse, et pourvu d'appendices ciliformes sur quelque partie de sa surface.

A. *Espèces urcéiformes.* (G. OPHRYDIA, Bory.)

Le TRICHODE TROQUE : *T. trochus*, Muller, *Infus.*, p. 163, tab. 23, fig. 8 et 9; cop. dans l'Enc. méthod., pl. 12, fig. 8 et 9.

B. *Espèces ovales.* (G. YPSISTOMON, Bory.)

Le T. ROUGE : *T. ignita*, Muller, *ibid.*, p. 186, tab. 26, fig. 17 à 19; cop. dans l'Enc. méthod., pl. 13, fig. 39 à 41.

C. *Espèces ovales alongées, avec une excavation bordée de cils.* (G. KONDYLOSTOMA, Bory.)

Le T. BAILLANT : *T. patens*, Muller, *ibid.*, p. 181, tab. 26, fig. 1 et 2; cop. dans l'Enc. méthod., pl. 13, fig. 21 et 22.

D. *Espèces globuleuses et couvertes partout de cils.* (G. PERITRICHA, Bory.)

Le T. SOLEIL : *T. sol*, Muller, *ibid.*, p. 164, tab. 23, fig. 13 à 15; cop. dans l'Enc. méthod., pl. 12, fig. 12, 13 et 14.

E. *Espèces alongées, aplaties, avec des cils sur la moitié de leur face inférieure.* (G. PLAGIOTRIQUE, Bory.)

Le T. ORANGÉ : *T. aurantia*, Muller, *ibid.*, p. 185, t. 16, fig. 13 à 16; cop. dans l'Enc. méthod., pl. 13, fig. 53 à 56.

F. *Espèces ovales, plus ou moins alongées et pourvues de cils à leur partie antérieure seulement.* (G. MYSTACODELLA, Bory.)

Le T. CISEAU : *T. forfex*, Muller, *ibid.*, p. 189, t. 27, fig. 3 et 4; cop. dans l'Enc. méthod., pl. 13, fig. 42 et 43.

G. *Espèces en massue, et pourvues à une extrémité d'une sorte de renflement céphalidien garni de cils.* (G. STRAVOLÆNA, Bory.)

Le T. MIELLEUX : *T. melitæa*, Muller, *ibid.*, p. 199, t. 28, fig. 5 à 10; cop. dans l'Enc. méthod., pl. 14, fig. 32 à 37.

H. *Esp. de même forme, mais très-versatiles.* (G. Phialina, **Bory**.).

Le T. versatile : *T. versatilis,* Muller, *ibid.,* p. 178, t. 25, fig. 6 à 10; cop. dans l'Enc. méthod., pl. 13, fig. 6 à 10.

Observ. Ce genre est évidemment une des réunions les plus artificielles qu'il soit possible de former : aussi M. Bory de Saint-Vincent a pu aisément trouver à y établir un assez grand nombre de nouveaux genres, que nous avons cités le mieux que nous avons pu, et qu'il auroit pu doubler facilement, mais sans aucun avantage réel pour la science.

Nous n'avons sans doute pas rencontré tous les animaux que Muller rapporte à ce genre; mais à l'aspect seul de ses figures, et en s'aidant un peu de ses descriptions, il est aisé de voir qu'il a réuni ici de véritables vorticelles ou urcéolaires, des kéronés, des planaires, des siponcles et peut-être même des gemmes d'éponges fluviatiles.

Nous ne parlons pas des doubles emplois que le zoologiste danois a faits nécessairement dans les quatre-vingt-huit espèces de Trichodes qu'il définit; il serait trop long et bien peu utile de les relever.

Leucophre, Leucophra.

Corps diversiforme, en général ovale ou globuleux et entièrement couvert de cils.

Espèce. Le Leucophre verdatre : **L.** *virescens,* Muller, *Infus.,* p. 144, t. 21, fig. 6 à 8; cop. dans l'Enc. méthod., pl. 10, fig. 6, 7 et 8.

Observ. C'est encore un genre extrêmement artificiel, défini presque au hasard, et sur lequel nous n'avons qu'un petit nombre d'observations a faire; aussi n'avons-nous cité qu'une seule espèce. Nous avons cependant eu l'occasion de rencontrer la *L. notata,* et nous sommes à peu près certain que c'est une jeune cypris.

Volvoce, Volvox.

Corps extrêmement petit, ovale ou globuleux, sans cils visibles, mais se mouvant rapidement et dans tous les sens.

Espèces. Le Volvoce point : *V. punctum,* Muller, *Infus.,* t. 3, fig. 1 et 2; cop. dans l'Enc. méthod., pl. 1, fig. 1, *a b.*

Le V. globule : *V. globulus,* Muller, *ibid.,* t. 3, fig. 4; cop. dans l'Enc. méthod., pl. 1, fig. 3, *a b.*

Observ. Ce genre a été établi par Muller et admis par tous les zoologistes sans exception. M. Bory a cru cependant devoir former deux genres distincts, l'un avec le *V. uva*, sous le nom d'*Uvella*, et l'autre avec le *V. vegetans*, sous celui d'*Anthophysa*.

En analysant les espéces d'après le mode de locomotion, on peut les rapporter à trois ou quatre sections :

1.° Celles qui ont des mouvemens rapides dans tous les sens, et nécessairement exécutés par des appendices, quoique leur transparence, sans doute, empêche de les apercevoir. Ex. les *V. punctum*, *globulus* et *pillula*.

2.° Celles qui ont des mouvemens lents, comme le *V. granulum* et qui sont sans doute des planaires.

3.° Celles qui ont des mouvemens très-peu apparens et gyratoires de différens degrés et qui ne sont très-probablement pas des animaux, comme les *V. socialis*, *globator*, *morus*, *uva*; peut-être des amas d'œufs.

Quant au *V. vegetans*, dont M. Bory a fait son genre *Anthophysa*, nous croyons nous être assuré que ce sont des volvoces ordinaires agglomérés par accident à l'extrémité de plantules.

Cyclide, *Cyclidium.*

Corps ovale ou pyriforme, aplati, sans cils ni appendices visibles, mais se mouvant rapidement et dans toutes les directions.

Espèces. Le Cyclide millet : *C. millium*, Muller, *Infus.*, t. 11, fig. 2 et 3; cop. dans l'Enc. méthod., pl. 5, fig. 2 et 3.

Le C. flottant : *C. fluitans*, Muller, *ibid.*, t. 11, fig. 4 et 5; cop. dans l'Enc. méthod., pl. 5, fig. 6 à 8.

Observ. En analysant avec soin les êtres que Muller a rangés dans son genre *Clyclidium*, il nous a semblé que la plupart, à en juger d'après leur mode de locomotion, ne doivent pas être séparés des Leucophres, comme les *C. milium*, *fluitans*, *glaucoma*, *pediculus* et *dubium*, tandis que quelques autres, comme les *C. nigricans* et *rostratum*, sont des planaires : quant aux *C. bulla*, *nucleus* et *hyalinum*, il nous paroit douteux que ce soient des animaux.

Monade, *Monas.*

Corps extrêmement petit, ovale ou globuleux, sans cils ni appendices perceptibles à l'aide des instrumens les plus grossissans, et cependant se mouvant très-rapidement dans tous les sens.

Espèces. La Monade lente : *M. lens*, Muller, *Inf.*, t. 1, fig. 9 à 11 ; cop. dans l'Enc. méthod., pl. 1, fig. 5, *a, b, c.*

La M. luisante : *M. mica*, Muller, *ibid.*, t. 1, fig. 14 et 15 ; cop. dans l'Enc. méthod., pl. 1, fig. 6, *a, b.*

La M. poussière : *M. pulvisculus*, Muller, *ibid.*, t. 1, fig. 5 et 6 ; cop. dans l'Enc. méthod., pl. 1, fig. 9, *a, c.*

Observ. Ce genre n'est véritablement établi que sur la grandeur relative, sans aucune autre considération ; aussi contient-il des êtres de nature très-différente.

Un certain nombre ne sont pas des animaux ni des végétaux, mais des grumeaux ; tels sont les *M. termo* et *tranquilla* dont les mouvemens sont nuls et qui sont dans le même cas que les *cyclidium hyalinum* et *nucleus.*

Le *M. lamellula*, type du genre *Lamellina* de M. Bory, pourroit bien être dans le même cas.

Quant aux espèces qui sont véritablement des animaux, en quoi diffèrent-elles des Leucophres ? si ce n'est en ce qu'on ne voit pas les organes qui servent à leurs mouvemens.

Les Microzoaires apodes.

Corps subgélatineux ou peu consistant, en général très-contractile, très-polymorphe, sans aucun indice d'appendices de quelque nature que ce soit.

Observ. Les microzoaires qui constituent cette seconde division, sont bien évidemment des animaux binaires comme les précédens ; mais d'une structure beaucoup plus molle, plus gélatineuse, plus contractile et par conséquent protéiforme. Ils n'ont aucune trace d'appendices locomoteurs, aussi leur mode de locomotion consiste-t-il dans un glissement ou une sorte de reptation sur un sol résistant, et dans une natation à l'aide du corps lui-même, généralement membraneux, mais quelquefois anguilliforme.

La forme du corps a permis de les subdiviser en deux sections.

Sect. I. Les M. apodes planaires.

Corps membraneux et transparent.

Observ. La plupart des espèces qui constituent cette division des Microzoaires apodes nous paroissent n'être autre chose que de jeunes Planaires, ou peut-être même de jeunes Hirudinés; opinion qui a été prouvée par les recherches intéressantes de M. Nitzsch, sur les Cercaires.

BURSAIRE, *Bursaria.*

Corps membraneux, ovale, assez court, et un peu replié sur lui-même, de manière à être concave en dessous et convexe en dessus.

Espèce. La BURSAIRE TRONCATELLE : *B. truncatella*, Muller, *Inf.*, pag. 115, tab. 17, fig. 1 à 4; cop. dans l'Encycl. méthod., pl. 8, fig. 1 à 4.

Observ. Ce genre est très-probablement formé d'espèces de Planaires flottantes, et alors un peu repliées sur elles-mêmes; mais c'est ce que nous ne pouvons cependant assurer, n'en ayant observé aucune d'une manière certaine.

Quant au *B. hirudinella*, dont M. Bory a formé un genre sous le nom d'*Hirudinella*, il est encore plus difficile de dire ce que c'est.

KOLPODE, *Kolpoda.*

Corps membraneux, transparent, ovale, aplati, en général atténué en avant, très-contractile et assez protéiforme.

Espèces. La KOLPODE MÉLÉAGRE : *K. meleagris*, Muller, *Inf.*, pag. 99, tab. 14, fig. 1 à 6, et tab. 15, fig. 1 à 5; cop. dans l'Encycl. méthod., pl. 6, fig. 17 à 27.

La K. MARTEAU : *K. zygœna*, Muller, *ibid.*, p. 99, tab. 15; cop. dans l'Encycl. méthod., pl. 6, fig. 26 et 27.

La K. BOTTE : *K. ocrea*, Muller, *ibid.*, tab. 13, fig. 9 et 10; cop. dans l'Encycl. méthod., pl. 6, fig. 7 et 8.

La K. MUCRONÉE : *K. mucronata*, Muller, *ibid.*, t. 13, fig. 12 à 15; cop. dans l'Encycl. méthod., pl. 6, fig. 11 à 13.

Observ. C'est encore un genre presque insignifiant, et qui ne peut être que fort difficilement caractérisé ; aussi Muller lui-même y a-t-il confondu des espèces qui, d'après ses définitions, devroient être reportées dans d'autres genres. Le *K. triqueter*, par exemple, paroît être une Leucophre ; le *K. cuculus* est une Bursaire pour M. Bory de Saint-Vincent, etc.. tandis que la Paramécie ovifère de Muller est pour ce dernier un kolpode ; ce qui nous paroît probable.

En étudiant les espèces décrites et figurées par Muller, il nous semble qu'elles peuvent être partagées en deux sections. Dans la première sont celles qui, étant membraneuses et plates, se meuvent en glissant sur le plan de position ; ce sont des planaires. Dans la seconde sont les espèces plus épaisses, et qui, se mouvant en nageant dans tous les sens, sont nécessairement pourvues de cils, quoique imperceptibles, comme le *K. cuculus* et quelques autres.

Trachéline, *Trachelina*.

*C*orps gélatineux, transparent, très-contractile, membraneux, ovale, rétréci aux deux extrémités, et surtout en avant, où il forme une sorte de cou plus ou moins alongé.

Mouvemens lents de reptation sur un sol résistant.

Espèces. La Trachéline étroite, *T. stricta.*
Vibrio strictus, Muller, *Inf.*, p. 71, tab. 10, fig. 1 et 2 ; cop. dans l'Encycl. méthod., pl. 5, fig. 1 et 2.

La T. canard, *T. anas.*
Vibrio anas, Muller, *Inf.*, pag. 72, tab. 10, fig. 3 à 5 ; cop. dans l'Enc. méth., pl. 5, fig. 3 à 5.

La T. oie, *T. anser.*
Vibrio anser, Muller, *Inf.*, p. 73, tab. 10, fig. 7 à 12 ; cop. dans l'Enc. méth., pl. 5, fig. 7 à 12.

La T. cygne, *T. olor.*
Vibrio olor, Muller, *Inf.*, pag. 75, tab. 10, fig. 12 à 15 ; cop. dans l'Enc. méth., pl. 5, fig. 12 à 15.

Ainsi que les *V. cygnus, intermedius, fascicularis, colymbus, linter* et *falx* de Muller.

Observ. En conservant le nom de *Vibrio*, comme nous le faisons depuis long-temps, aux Microzoaires ascaridiens, voisins, si même ils diffèrent, des Filaires, il reste un grand nombre d'espèces qui ont dû en être séparées. C'est aux espèces planariformes, avec la différence seulement du grand alongement de l'extrémité antérieure, que nous donnons provisoirement le nom de Trachéline: nous disons, provisoirement, parce qu'il est à peu près indubitable que ces microzoaires, mieux connus, devront être reportés à leur place dans le genre Planaire.

M. Bory de Saint-Vincent a distingué ces espèces de Vibrions sous la dénomination de lacrimatoires, sans doute à cause de la forme qu'ils présentent quelquefois.

Nous avons eu l'occasion d'observer plusieurs fois la T. canard, et nous avons pu nous assurer que ce n'est qu'une très-jeune Planaire.

<h3 style="text-align:center">Protée, *Proteus.*</h3>

Corps gélatineux, membraneux, extrêmement contractile, très-protéiforme, sans aucun appendice, et se mouvant en glissant sur un sol résistant.

Espèces. Le Protée diffluent : *P. diffluens*, Muller, *Inf.* pag. 9, tab. 2, fig. 1 à 12; cop. dans l'Encycl. méthod., pl. 1, fig. *a* à *m.*

Le P. tenace : *P. tenax*, Muller, *ibid.*, pag. 10, t. 2, fig. 13 à 18; cop. dans l'Enc. méth., pl. 1, fig. *g* à *k.*

Observ. Nous avons rencontré deux ou trois fois l'animal auquel Muller a donné le nom de *P. diffluens*, et nous nous sommes assuré que ce n'est qu'une très-jeune Planaire. Il en est sans doute de même du *P. tenax* du même auteur.

<h3 style="text-align:center">Cercaire, *Cercaria.*</h3>

Corps gélatineux, très-contractile, élargi en avant. et terminé en arrière par une sorte d'abdomen caudiforme plus ou moins distinct.

Espèces. La Cercaire éphémère : *C. ephemera*, Nitzsch, Histoire nat. des Cerc., pag. 29, tab. 1, fig. 1 à 13.

La C. lemna : *C. lemna*, Muller, *Inf.*, pag. 122, tab. 18, fig. 8 à 12; cop. dans l'Encycl. méthod., pl. 8, fig. 8 à 12.

Cerc. major, Nitzsch, *ibid.*, pag. 44, tab. 2, fig. 1 à 8.

La C. petite; *C. minuta*, Nitzsch, *ibid.*, p. 46, tab. 2, fig. 9 à 11.

La Cercaire inquiète : *C. inquieta*, Muller, *ibid.*, pag. 121, tab. 18, fig. 3 à 7 ; cop. dans l'Enc. méth., pl. 8, fig. 5 à 7.

La C. Marteau, *C. malleus*.

Vibrio malleus, Muller, *ibid.*, pag. 58, **tab.** 8, **fig.** 7 et 8 ; cop. dans l'Encycl. méthod., pl. 4, fig. 7.

Ty puteorum, Bory de Saint-Vincent.

Cercaria furcata, Nitzsch, *ibid.*, tab. 2, fig. 12 à 18.

La C. gyrin : *C. gyrinus*, Muller, *ibid.*, pag. 119, tab. 18, fig. 1 ; cop. dans l'Enc. méth., pl. 8, fig. 1.

La C. bossue : *C. gibba*, Muller, *ibid.*, pag. 120, tab. 18, fig. 2 ; cop. dans l'Enc. méth., pl. 8, fig. 2.

Observ. Le genre Cercaire, tel qu'il vient d'être défini, surtout d'après le Mémoire de M. Nitzsch, diffère assez de ce qu'il étoit dans l'ouvrage de Muller et même dans M. de Lamarck ; aussi ne renferme-t-il plus tout-à-fait les mêmes espèces. En effet, les *C. turbo*, *pleuronectes*, *cyclidium*, *tenax*, de Muller, n'appartiennent sans doute pas au même genre que les espèces voisines du *C. lemna*, qui sont de véritables Planaires, comme on le pouvoit déjà juger d'après les figures de Muller, mais ce qui a été mis hors de doute par M. Nitzsch.

Enchélide, *Enchelis*.

Corps gélatineux, très-contractile, plus ou moins alongé et subcylindrique, se mouvant très-lentement en rampant, ou par des flexions peu nombreuses, sur un sol résistant.

Espèces. L'Enchélide verte : *E. viridis*, Muller, *Inf.*, p. 23, tab. 4, fig. 2 et 3 ; cop. dans l'Ecycl. méthod., pl. 2, fig. 1.

L'E. ponctifère : *E. punctifera*, Muller, *ibid.*, pag. 24, t. 4, fig. 2 et 3 ; cop. dans l'Encycl. méthod., pl. 2, fig. 2 et 3.

L'E. paresseux : *E. deses*, Muller, *ibid.*, pag. 25, tab. 4, fig. 4 à 5 ; cop. dans l'Enc. méth., pl. 2, fig. 4, *a*, *b*.

L'E. intermédiaire : *E. intermedia*, Muller, *ibid.*, pag. 28, tab. 4, fig. 24 ; cop. dans l'Enc. méth., pl. 2, fig. 10.

L'E. a queue : *E. caudata*, Muller, *ibid.*, pag. 34, **tab.** 4, fig. 25 et 26 ; cop. dans l'Enc. méth., pl. 2, fig. 16.

Observ. D'après ce que dit Muller lui-même de la plupart des animaux qu'il a rangés dans son genre *Enchelis*, il est évident que ce sont des Planaires ou des Distomes cylindriques. En effet, il en a quelquefois décrit les ouvertures.

Il y a renfermé cependant aussi quelques êtres dont les mouvemens et même la forme indiquent des appendices ciliformes, qu'il faudra par conséquent en retirer; tels sont : les *E. similis, serotina, nebulosa, seminulum, ovulum, pyrum, constricta*, qui devront passer dans les Volvoces.

Il faudra, au contraire, placer parmi les Enchélides, les *Vibrio vermiculus, intestinum, verminus, sagitta*, etc.

GONE, *Gonium.*

Corps membraneux et plus ou moins anguleux.

Espèces. Le GONE OBTUSANGLE : *G. obtusangulum*, Muller, *Inf.*, pag. 114, tab. 16, fig. 18 ; cop. dans l'Encycl. méthod., pl. 7, fig. 10.

Le G. RECTANGLE : *G. rectangulum*, Muller, *ibid.*, pag. 113, tab. 16, fig. 17 ; cop. dans l'Encycl. méthod., pl. 7, fig. 9.

Observ. D'après ce que nous avons observé nous-même des espèces de ce genre établi par Muller, nous croyons que les deux seules espèces nommées ci-dessus sont des animaux; les *G. corrugatum* et *pulvinatum* n'en sont certainement pas : ce sont probablement de simples parties de végétaux décomposés. Quant au *G. pectorale*, dont M. Bory fait un genre sous le nom de *Pectoralina*, c'est un assemblage d'êtres dont la nature nous paroît encore douteuse.

Sect. II. Les M. apodes ascaridiens.

Pour terminer cette analyse du système des Microcozoaires, nous aurons encore à parler des Vibrions proprement dits et de quelques genres qu'on en a justement séparés; mais depuis long-temps nous avons réservé le nom de *vibrio* à des animaux qui appartiennent indubitablement à la classe des Vers apodes, comme on a pu le voir à l'article général VERS.

Quant aux *V. paxillifer, lunula, bipunctatus, tripunctatus*, il est évident que ce ne sont pas des animaux, mais bien des conferves. Il en sera question à l'article des Némazoaires, qui doit terminer le système général des êtres que l'on a réunis, à tort ou à raison, sous le nom de *Zoophytes*.

TYPE.

Les ACTINOZOAIRES, *Actinozoa.*

Corps régulier diversiforme, mais offrant constamment une disposition rayonnée en lui-même, ou dans les organes de nature différente dont il peut être pourvu.

Observ. Quand on veut comprendre sous la même caractéristique tous les animaux qui constituent ce type, on est forcé de la réduire à cette simple phrase, qui suffit en effet pour en repousser tous ceux qui ne lui appartiennent réellement pas. Sous tous les autres rapports les Actinozoaires présentent des différences véritablement classiques, comme on a pu le voir dans nos généralités sur leur forme et leur organisation. En effet, l'enveloppe peut être d'une nature extrêmement différente, quand on la compare dans les Holothuries, les Oursins, les Étoiles de mer, les Méduses, les Actinies, etc., et par suite l'appareil de la locomotion générale ou partielle offre de nombreuses variations. Le canal intestinal est dans le même cas, puisqu'il peut être complet, tandis que d'autres fois il n'a qu'une seule ouverture, servant de bouche et d'anus. L'appareil de la génération présente aussi des dispositions extrêmement différentes, au point que dans certaines espèces il n'est peut-être pas même localisé.

La simplicité des individus, ou leur agrégation plus ou moins intime, quelquefois même sur une partie commune, leur liberté ou leur fixité, offrent aussi des caractères très-variables.

D'après ces grandes différences que les Actinozoaires présentent dans presque toutes les parties de l'organisation, on conçoit combien il a été facile de les partager en classes, en général fort distinctes, que l'on peut borner à cinq dans l'état actuel de nos connoissances; mais dont on conçoit pouvoir augmenter le nombre par la suite. Ce sont les Échinodermaires ou Polycérodermaires, les Arachnodermaires, les Zoanthaires, les Polypiaires et les Zoophytaires.

CLASSE I.re

ÉCHINODERMAIRES, *Echinoderma.*

Corps très-diversiforme, enveloppé d'une peau épaisse, molle
ou solidifiée par des parties calcaires, mais toujours pourvu
de suçoirs tentaculiformes, exsertiles, épars ou disposés
par séries longitudinales.

Observ. En admettant cette classe ainsi circonscrite, on
réunit des animaux qui ont un canal intestinal complet, et
d'autres chez lesquels il ne l'est pas; cependant on ne peut
nier qu'il n'y ait de très-grands rapports entre eux, surtout
en considérant que tous sont pourvus de ces singuliers organes tentaculiformes, servant à la locomotion par leur disposition en suçoirs, et qui sortent de différens endroits de la
peau.

La dénomination d'*Échinodermaires* n'est peut-être pas bien
convenable pour les Holothuries, dont la peau est quelquefois au contraire fort lisse et très-molle : et il seroit peut-être
préférable d'en employer une qui fût en rapport avec le caractère classique, l'existence des suçoirs tentaculiformes; c'est
ce qui nous a fait proposer depuis long-temps le nom de *Polycérodermaires.*

D'après notre caractéristique, nous avons dû retrancher de
cette classe les Siponcles et les Priapules, pour les rapporter
dans la classe des Vers, sous-type des Entomozoaires.

Quoique cette classe soit aujourd'hui assez compliquée, à
cause des genres assez nombreux qu'on y a établis, elle ne
renferme cependant réellement que trois genres linnéens,
Holothuria, *Echinus* et *Asterias*, qui sont devenus les types d'autant d'ordres avec juste raison, puisque ce sont autant de degrés d'organisation.

L'ordre dans lequel nous les rangeons, est nécessairement
celui qui est déterminé par la forme de plus en plus radiaire;
ce qui se trouve heureusement concorder avec le décroissement général dans toute l'organisation. Ainsi les Holothuries
dont le corps est quelquefois vermiforme, qui ont un canal
intestinal complet et un organe de la génération pair avec un
seul orifice médian, doivent être à la tête, et les Étoiles de
mer, dont le corps est souvent radié, dont le canal intestinal

n'a qu'une seule ouverture, et les organes de la génération pentamérés avec cinq orifices, doivent être à la fin.

Ordre Ier HOLOTHURIDES, *Holothuridea*.

Holothurie; *Holothuria*, Linn.

Corps plus ou moins alongé, quelquefois subvermiforme, mou ou flexible dans tous ses points, pourvu de suçoirs tentaculiformes, souvent nombreux, très-extensibles, complétement rétractiles, et percé d'un grand orifice à chaque extrémité.

Bouche antérieure au fond d'une sorte d'entonnoir ou de cavité præbuccale, soutenue dans sa circonférence par un cercle de pièces fibro-calcaires et pourvue d'un cercle d'appendices arbusculaires, plus ou moins ramifiés.

Anus se terminant dans une sorte de cloaque, s'ouvrant à l'extérieur par un grand orifice terminal.

Organes de la génération se terminant à l'extérieur par un orifice unique, médian, à peu de distance de l'extrémité antérieure et presque marginal.

Les holothuries forment un groupe d'animaux dont l'organisation offre réellement quelque chose d'assez particulier, au point que quelques personnes doutent encore de la position qu'elles doivent avoir dans la série.

Bianchi nous semble être le premier auteur qui ait jugé qu'elles devoient être rapprochées des oursins, et, en effet, il en a désigné une espèce sous le nom d'*echinus coriaceus* : opinion qui a été adoptée par tous les zoologistes modernes et surtout par Blumenbach, quand il en a fait une division de ses vers échinodermes avec les oursins et les étoiles de mer.

Quelques zoologistes ont cependant suivi l'idée de Pallas, qui a cru devoir les rapprocher des actinies.

Quoique signalés peu de temps après la renaissance des lettres et des sciences en Italie (puisque Columna en a donné déjà une assez bonne figure et surtout une assez bonne description dans ses *Aquatilia*), et qu'à presque toutes les époques des observateurs s'en soient occupés, ce sont des animaux dont l'organisation n'est pas encore complétement connue, malgré les travaux de Bohadsch, de Muller, de Vahl, de Forskal, de Monro, de Tiedeman et de M. Delle Chiaje.

On trouve cependant différentes espèces de ce genre dans
toutes nos mers, et surtout en grande abondance dans la Méditerranée.

En général, il paroît qu'il existe des holothuries dans toutes
les mers ; mais peut-être davantage dans celles des pays froids
que dans celles des contrées chaudes.

Ce sont des animaux qui vivent constamment dans les eaux,
souvent à d'assez grandes profondeurs, mais quelquefois aussi
sur nos rivages au milieu des fucus, des rochers, à une distance
assez peu considérable pour que souvent les flots les poussent
à sec sur le sable, où ils meurent nécessairement, car leur mode
de locomotion ne leur permet pas de retourner à la mer.

Ils s'attachent au sol dans les momens de tourmentes, au
moyen des singuliers suçoirs tentaculaires dont leur peau
est pourvue en différens endroits déterminés ou non, et qui
sont susceptibles d'une grande extension.

On ne connoît pas encore d'une manière un peu complète
ce qui tient au reste de leurs mœurs et de leurs habitudes ;
ainsi on ne sait rien de positif sur l'espèce de leur nourriture, non plus que sur les circonstances de leur mode de reproduction, sur la durée de leur accroissement et sur celle
de leur vie. Il est à désirer que les naturalistes qui habitent
les bords de la Méditerranée, où certaines espèces sont si communes, veuillent bien diriger leurs observations sur ce sujet.

Nous n'avons jamais entendu dire qu'aucun de ces animaux
fût d'une grande utilité à l'espèce humaine. M. Delle Chiaje
nous apprend cependant que les pauvres habitans des côtes
de Naples les mangent.

La distinction des espèces nous paroit être assez difficile, et
nous n'osons pas encore assurer le degré de certitude que peuvent fournir les différentes considérations de leur organisation.

1.° La forme générale est extrêmement variable, suivant
qu'on étudie l'animal bien tranquille et jouissant de toutes
ses facultés au fond de l'eau ; il est alors, dans le plus grand
nombre des cas du moins, très-alongé, souvent cylindrique
et presque vermiforme ; est-il au contraire en repos, alors
il devient beaucoup plus court et ordinairement plus renflé
au milieu qu'aux extrémités.

Quand on le tourmente, soit dans l'eau ou même hors de

l'eau, l'action de contraction est plus forte, et il n'est souvent plus reconnoissable.

Mais c'est surtout quand il a été plongé dans une liqueur conservatrice, comme l'esprit de vin, que la forme diffère totalement de ce qu'elle étoit quand l'animal étoit vivant.

Il faut cependant remarquer que c'est principalement dans le diamètre longitudinal que les principaux changemens s'opèrent et que la forme de la coupe en offre moins ; ce qui permet de s'en servir avec quelque avantage dans la distinction des espèces ; ainsi elle peut être, à peu de chose près, circulaire ; elle peut être ovale, le grand diamètre en travers, ou bien convexe en dessus et plate en dessous ; enfin, elle peut être assez régulièrement pentagonale.

2.° La grosseur, la forme même et la distribution des tubercules plus ou moins mamelonnés qui hérissent la peau, nous ont paru offrir aussi un trop grand nombre de variations, pour pouvoir être employées comme caractère spécifique.

3.° Il n'en est pas de même, sinon de la forme, mais du moins de la distribution des suçoirs tentaculiformes qui sortent par des pores ou trous de la peau et au moyen desquels ces animaux s'attachent aux corps sous-marins. Dans un certain nombre d'espèces ils sont, pour ainsi dire, répandus à peu près également sur toute la superficie du corps ; mais dans d'autres ils sont accumulés à la face inférieure, sans ordre ou avec un ordre déterminé, ou enfin, ils sont disposés en doubles séries sur cinq lignes longitudinales, comme dans l'*H. pentactes.*

4.° La position plus ou moins terminale des deux orifices, oral et anal, paroit pouvoir être prise en considération avec quelque avantage.

5.° Quelques zoologistes, et entre autres M. Lesueur, attachent une grande importance au nombre des appendices tentaculaires de la bouche, à leur forme et à leur mode de division ; mais nous craignons bien que ce ne soit à tort. En effet, nous nous sommes assuré positivement que l'espèce la plus commune dans la Méditerranée, l'*H. tubulosa,* et qu'on trouve par centaines dans la rade de Toulon, varie beaucoup sous le double rapport du nombre de ces organes et de leurs divisions terminales.

6.° Il nous a semblé qu'on tireroit un bien meilleur caractère de la forme du cercle de pièces solides de la bouche, qui est constante, à ce que nous croyons, pour chaque espèce; mais il y a quelque difficulté à s'en servir.

7.° La couleur, à en juger aussi d'après le grand nombre d'individus de l'*Holot. tubulosa* que nous avons vus, varie aussi beaucoup, du moins pour l'intensité, qui peut passer du noir presque foncé au roux presque blanchâtre.

8.° Quant aux dimensions totales, outre la difficulté de mesurer ces animaux quand ils sont en notre puissance, il paroît qu'ils varient assez de grandeur, sans doute avec l'âge.

En analysant avec quelque soin la description des espèces d'holothuries décrites dans les auteurs, à l'aide des observations que nous avons faites sur sept ou huit d'elles que nous avons observées vivantes, nous les distribuerons en cinq sections, que nous croyons assez naturelles, et dont quelques-unes pourront, si l'on veut, être établies en genres distincts.

En voici d'abord la table synoptique, d'après laquelle on verra que nous les rangeons suivant le degré de perfectionnement de la forme générale radiaire.

Corps..
aplati, avec suçoirs en dessous. . . . . CUVIERIA.
subprismatique, à suçoirs inférieurs . . . . . HOLOTHURIA.
fusiforme, à suçoirs épars . . . . THYONE.
vermiforme, à tentacules pinnés. . . . . FISTULARIA.
subpentagonal, à suçoirs ambulacrifères . . . CUCUMARIA.

A. *Espèces dont le corps, assez court, plus bombé et plus dur en dessus qu'en dessous, est pourvu de suçoirs tentaculiformes, seulement de ce côté, et d'appendices buccaux assez développés; les deux ouvertures plus ou moins supérieures.* (G. CUVIERIA, Péron; PSOLUS, Oken.)

L'HOLOTHURIE PHANTOPE: *H. phantopus*, Linn., Gmel., p. 3138, n.° 2: d'après Muller, *Zool. Dan.*, 1, tab. 112—123; cop. dans l'Enc. méth., pl. 86, fig. 1 — 3; Pennant, *Brit. zool.*, 4, page 48, tab. 33, fig. 35.

L'H. FEUILLÉE: *H. frondosa*, Linn., Gmel., page 3138, n.° 1; d'après Gunner, *Act. Stockh.*, 1767; cop. dans l'Enc. méth., pl. 87, fig. 7 et 8.

L'Holothurie de Cuvier ; *H. Cuvieri*, Péron, Cuv., Règne anim., 4, pl. 15, fig. 9.

L'H. écailleuse : *H. squamata*, Linn., Gmel., pag. 3141, n.° 11; d'après Muller, *Zool. Dan.*, 1, tab. 10, fig. 1 — 3; cop. dans l'Enc. méth., pl. 87, fig. 11 et 12.

L'H. obscure; *H. obscura*, Lesueur, *Descript. of verevel new sp. of Holoth.*, Acad. sc. nat. Philad., v. 6, part. 1, p. 156, esp. 1.

Observ. Nous n'osons pas assurer d'une manière positive que l'*H. frondosa*, dont nous devons la connoissance à Grunner, appartienne réellement à cette section.

B. *Espèces dont le corps, coriace, assez alongé, est subprismatique; le ventre même assez distinct du dos et pourvu seul de suçoirs tentaculiformes, épars dans toute son étendue; les appendices buccaux en général peu ramifiés; la bouche subinfère. (G. Fistularia, de Lamk.)*

L'Holothurie limace : *H. marina*, Linn., Gmel., p. 3142, n.° 20; d'après Forskal, *Faun. arab.*, page 121; *Icon.*, tab. 58, fig. *B b.*

L'H. de Columna : *H. Columnæ*, Cuvier; *Pudendum regale*, Fab. Columna, *Aquat.*, cap. 14, p. 26, tab. 26, fig. 1.

L'H. tubuleuse : *H. tubulosa*, Linn., Gmel., p. 3138, n.° 5; d'après Bohadsch, *Anim. mar.*, page 75, pl. 6 — 8.

L'H. élégante : *H. elegans*, Linn., Gmel., page 3138, n.° 10; d'après Muller, *Zool. Dan.*, 1, tab. 1, fig. 1 et 2; cop. dans l'Enc. méth., pl. 86, fig. 9 et 10; *Fistularia elegans*, de Lamk., Anim. sans vert., tome 3, page 75, n.° 1.

L'H. de Forskal : *H. Forskalii*, Delle Chiaje, Mém. sur les Holoth.; Forsk., *Icon.*, page 22, tab. 31, fig. *A.*

L'H. de Poli; *H. Poli*, id., ibid., tab. 6, fig. 1.

L'H. de Sanctori; *H. Sanctori*, id., ib., p. 23, tab. 6, fig. 2.

L'H. de Cavolini; *H. Cavolinii*, id., ibid., tab. 7, fig. 1.

L'H. de Petagna; *H. Petagni*, id., ibid., tab. 9, fig. 4.

L'H. de Stellati; *H. Stellati*, id., ibid., tab. 7, fig. 3.

L'H. fleurillade : *H. Dicquemari*, G. Cuv., Règne anim., 4. p. 22, note; d'après Dicquemare, Journ. de phys., 1778, Octobre, pl. 1, fig. 1.

L'H. appendiculée; *H. appendiculata*, de Blainv., Monogr. du Dictionn. des sc. nat., tome 21, page 317.

L'Holothurie Barillet : *H. doliolum*, de Lamk., *ibid.*, p. 74, fig. 4 ; d'après Pallas, *Sp. zoolog.*, tab. 9 et tab. 10 ; cop. dans l'Enc. méth. . pl. 86, fig. 6 — 8.

L'H. de Radack ; *H. Radackensis*, de Cham. et Eisenhardt, *De anim. verm.*, tab. 26,

L'H. brune ; *H. brunnea*, id., *ibid.*, page 353.

L'H. agglutinée ; *H. agglutinata*. Lesueur, *ibid.*, n.° 2.

L'H. ombrine ; *H. umbrina*, Ruppel et Leukart, Voyage à la mer Rouge, atlas, p. 10, tab. 2, fig. 4, *a*, *b*.

Observ. Cette division commence par des espèces qui ont véritablement un certain nombre de rapports avec celles de la première section.

Nous avons observé les *H. Columnæ*, *tubulosa*, de nos mers. et *appendiculata* de l'Isle-de-France.

Nous doutons beaucoup de la distinction des six espèces introduites dans ce genre par M. Delle Chiaje, et toutes vivantes dans le golfe de Naples. Il est fort présumable que plusieurs ne sont que des variétés de l'*H. tubulosa*, si commune dans toute la Méditerranée et si variable pour la couleur.

L'espèce qu'il nomme *H. Columnæ* n'est certainement pas l'espèce décrite par Columna ; car celui-ci dit qu'elle n'a que dix appendices buccaux, tandis que M. Delle Chiaje en donne vingt à la sienne.

C. *Espèces dont le corps, en général alongé. peu coriace, cylindrique ou fusiforme, est partout couvert de papilles rétractiles, et dont les appendices buccaux sont fort grands.* (G. Thyone, Oken ; Mulleria, Flemming.)

L'Holothurie papilleuse : *H. papillosa*, Linn., Gmel., p. 3140, n.° 24 ; d'après Muller, *Zool. Dan.*, 3, page 47, tab. 108, fig. 3 ; cop. dans l'Enc. méth., pl. 86, fig. 5 et 6.

L'H. fuseau : *H. fusus*, Linn., Gmel., page 3141, n.° 15 ; d'après Muller, *Zool. Dan.*, 1, page 57, tab. 10, fig. 5 et 6.

L'H. impatiente : *H. impatiens*, Linn., Gmel., page 3142, n.° 21 ; d'après Forskal, *Faun. arab.*, page 121 ; *Icon.*, pl. 39, fig. H ; cop. dans l'Enc. méth., pl. 86, fig. 11 ; *Fistularia impatiens*, de Lamk., *ibid.*, page 76, n.° 3.

L'H. digitée : *H. digitata*, Mont., *Linn. Trans.*, 11, p. 22, tab. 4, fig. 6 ; *Mulleria digitata*, Flemm., *Brit. anim.*, p. 484.

L'Holothurie tachetée ; *H. maculata* , Lesueur , *ibid.* , n.° 3.

L'H. briarée ; *H. briareus* , id. , *ibid.* , n.° 6.

L'H. lapidifère ; *H. lapidifera* , id. , *ibid.* , n.° 5.

Observ. Nous avons observé une espèce de cette division sur nos côtes de la Manche , l'*H. fusus.*

La troisième espèce , ayant vingt appendices buccaux , n'appartient peut-être pas à cette division.

D. *Espèces très-molles , peu ou point coriaces , très-longues et vermiformes , cylindriques ou subpentagonales , pourvues de papilles cirrhiformes , très-petites , éparses , et d'appendices buccaux d'ordinaire régulièrement pinnés.*

L'Holothurie a bandes : *H. vittata* , Linn. , Gmel. , p. 3142 , n.° 19 ; d'après Forskal , *Faun. arab.* , page 120 ; *Icon.* , tab. 37 ; cop. dans l'Enc. méth. , pl. 87 , fig. 8 et 9.

L'H. glutineuse : *H. reciprocans* , Forskal , *ibid.* , page 121 ; *Icon.* , tab. 33 , fig. *A* ; cop. dans l'Enc. méth. , pl. 87 , fig. 7 ; *H. glutinosa* , de Lamk. , *ibid.* , page 74 , n.° 7.

L'H. maculée ; *H. maculata* , de Chamisso et Eysenh. , *ibid.* , tab. 25.

L'H. hydriforme ; *H. hydriformis* , Lesueur , *ibid.* , n.° 7.

L'H. verte ; *H. viridis* , id. , *ibid.* , n.° 8.

Observ. Nous n'avons pas encore eu l'avantage d'observer une des cinq espèces de cette division , et nous ne les connoissons que d'après les figures et les descriptions données par les auteurs cités.

La grande longueur et la proportion vermiforme du corps , et peut-être aussi la disposition régulièrement pectinée des appendices buccaux , pourroient autoriser à en former un genre distinct , auquel on pourroit conserver le nom de *Fistularia* , imaginé par Forskal et adopté par M. de Lamarck , pour une coupe générique toute différente et qui est notre division *B.*

E. *Espèces assez coriaces , lisses , en général courtes ou médiocrement alongées , régulièrement pentagonales , avec les suçoirs tentaculiformes , sur dix rangs , deux à chaque angle en forme d'ambulacres.* (Les Concombres de mer.)

L'Holothurie pentacte : *H. pentactes* , Linn. , Gmel. , p. 3139 , n.° 8; d'après Muller, *Zool. Dan.*, tab. 31, fig. 8; cop. dans l'Enc. méth., pl. 86, fig. 5.

L'Holothurie inhérente: *H. inhærens*, Linn., Gmel., p. 3141, n.° 14; d'après Muller, *Zool. Dan.*, tab. 31, fig. 7; cop. dans l'Enc. méth., pl. 87, fig. 1 — 3.

L'H. pellucide; *H. pellucida*, Muller, *Zool. Dan.*, tab. 135. fig. 1.

L'H. lisse : *H. lævis*, Linn., Gmel., page 3141, n.° 15; Oth. Fabr., *Faun. Groenl.*, page 353, n.° 345.

L'H. petite : *H. minuta*, Linn., Gmel., page 3147, n.° 16; d'après Oth. Fabr., *id.*, *ibid.*, page 354, n.° 346.

L'H. tentaculée ; *H. tentaculata*, Forst., de Blainv., Monographie du Dictionn. des sc. nat., tome XXI, page 538.

L'H. de Gærtner : *H. Gærtneri*, de Blainv., *id.*, *ibid.*; *Hydra corallifera*, Gærtner, *Act. angl.*, 1761, page 75, tab. 1, fig. 3, *A*, *B*; *H. pentactes*, Pennant, *Brit. zool.*, 4, page 51, tab. 26.

L'H. de Montagu : *H. Montagui*, Flemm., *Brit. anim.*; *H. pentactes*, var., Mont., Linn., *Trans.*, 9, p. 112, tab. 7, fig. 4.

L'H. de Neil; *H. Neilii*, Flemm., *Brit. anim.*, page 483, n.° 12.

L'H. dissemblable; *H. dissimilis*, *id.*, *ibid.*, n.° 13.

L'H. concombre : *H. cucumis*, Risso, Hist. de la France mérid., t. 5, page 291, n.° 66; Bianchi, *Jan. Planc*, pag. 99, tab. 6, fig. *d*, *e*; de Blainv., Faun. fr., Échinod., pl. 1, fig. 2.

L'H. fasciée ; *H. fasciata*, Lesueur, *ibid.*, n.° 4.

Observ. Nous avons souvent trouvé une de ces espéces vivantes fixée sur les grosses huitres de la Manche, et nous en avons rencontré plusieurs fois une autre plus grande dans la Méditerranée.

C'est une division assez tranchée et dans laquelle la disposition des suçoirs tentaculaires rappelle les ambulacres des oursins.

Le nombre des espèces qui la constituent seroit assez considérable, si toutes celles que nous y rangeons étoient certainement distinctes; mais c'est ce dont il est permis de douter. Les caractères portent essentiellement sur la forme des tentacules buccaux qui nous paroissent offrir de nombreuses variations.

Quant à l'*H. penicillus* de Muller, *Zool. Dan.*, 2, page 39,

n.° 11, tab. 10, fig. 4; cop. dans l'Enc. méth., pl. 86, fig. 4;
Linn.. Gmel., p. 3141, n.° 12, dont M. Oken a fait son genre
Psolus, il nous a semblé évident que c'est l'appareil buccal
d'une espèce d'Holothurie que nous ne connoissons pas positivement. mais que nous croyons volontiers être l'*H. pentactes*.

L'*Holothuria priapus*, Linn., Gmel., est le type du genre
Priapule, dont il a été placé à son article, et qui est rangé avec
les siponcles dans la classe des vers.

Dans cette énumération des espèces assez nombreuses d'holothuries, il est aisé de voir que la fort grande partie provient des mers d'Europe. Celles des mers étrangères ont été
jusqu'ici fort peu étudiées. Il en existe cependant beaucoup
dans l'hémisphère austral, comme nous avons pu en juger
d'après les figures que nous avons vues dans les porte-feuilles
de M. Lesson, de l'expédition du capitaine Duperrey, et dans
ceux de MM. Quoy et Gaimard de la dernière expédition de
M. de Durville.

Nous nous bornerons à citer les noms des espèces d'holothuries que M. Risso a établies dans son Histoire naturelle de la
France méridionale, parce qu'il nous est impossible de croire
qu'elles sont toutes distinctes de celles que l'on y connoissoit
déjà, avec lesquelles au reste l'auteur n'établit aucune comparaison, et surtout parce que ses phrases caractéristiques, ne
portant que sur la forme du corps, sur la couleur si variable
et jamais sur la disposition des cirrhes tentaculaires, ne permettent pas d'établir soi-même cette comparaison.

L'H. TRÈS-LISSE; *H. glaberrima*, Risso, Hist. nat. de la France
mérid., tome 5, page 289, n.° 60.

L'H. OVALE; *H. ovata*, id., ibid., n.° 61.

L'H. MAMELONNÉE; *H. mamillata*, id., ibid., n.° 62.

L'H. LITTORALE: *H. littoralis*, id., ib., n.° 63; *an H. tubulosa?*

L'H. ÉTOILÉE; *H. stellata*, id., ibid., n.° 64.

L'H. PONCTUÉE; *H. punctata*, id., ibid., n.° 65.

ORDRE II. ÉCHINIDES, *Echidna*.

Corps ovale ou circulaire, régulier, soutenu par un têt solide, calcaire, composé de plaques polygones, disposées radiairement sur vingt rangs égaux, ou alternativement et
régulièrement inégaux, portant sur des mamelons propor-

tionnels des épines roides, cassantes, de forme extrêmement variable, et percé par des séries de pores, formant par leur assemblage des espèces d'ambulacres, s'irradiant plus ou moins régulièrement du sommet à la base, et donnant issue à des cirrhes tentaculiformes.

Bouche armée ou non armée, percée dans une échancrure du têt constamment inférieure.

Anus toujours distinct, mais offrant beaucoup de variations dans sa position.

Orifices de l'appareil de la génération au nombre de quatre ou de cinq autour du sommet dorsal.

Observ. Les Échinides, plus connus sous le nom générique d'*Oursins*, sous lequel Linné les a réunis en un seul genre, sont des animaux réellement assez singuliers, que l'on se borne à les envisager à l'extérieur, ou bien que l'on pénétre dans leur organisation.

Leur forme, parfaitement régulière et radiaire, quoique jamais divisée en rayons dans un certain nombre d'espèces, comme dans les Oursins proprement dits, se rapproche davantage de celle des animaux pairs ou binaires dans les espèces que nous plaçons à cause de cela à la tête de l'ordre, comme dans les Spatangues, dont le diamètre antéro-postérieur est évidemment plus long que le transverse, et qui en outre ont les ouvertures du canal intestinal assez proche des extrémités. C'est sur cette considération que nous avons distribué les espèces et les genres de cette famille.

Un grand nombre d'auteurs ont dirigé leurs observations sur cette famille d'animaux, et l'ont considérée sous les différens rapports d'organisation, d'histoire naturelle et de classification; mais nous sommes obligés de l'avouer, aucun de ces points n'est véritablement arrivé au degré de perfection dont il étoit susceptible.

Ainsi, malgré les travaux de Réaumur, de Klein, de Leske, de MM. Cuvier, de Lamarck, de Blainville, Gray et Delle Chiaje, qui s'en sont le plus spécialement occupés, l'anatomie des Échinides est bien loin d'être parfaite; on connoît fort peu leurs mœurs et leurs habitudes, et enfin leur classification même est encore assez imparfaite.

Le nombre des espèces vivantes est cependant déjà assez considérable, et celui des espèces fossiles est aussi assez grand, pour qu'on ait déjà fortement senti le besoin d'une classification à la fois solide et naturelle.

On trouve des Échinides dans toutes les mers; mais surtout dans celles des pays chauds.

Ils vivent sur les rivages, dans les régions rocailleuses ou sablonneuses, souvent libres, mais quelquefois enfoncés dans le sable.

Tous sont libres, et peuvent changer de place, quoiqu'assez difficilement, au moyen de leurs cirrhes tentaculiformes et un peu de leurs piquans.

Leur nourriture paroît être animale et moléculaire pour les espèces édentées. Quant aux autres, qui ont la bouche plus ou moins armée, il paroît que plusieurs se nourrissent aussi de fucus, comme le dit Cavolini des Oursins proprement dits.

Les Échinides étant très-probablement tous hermaphrodites, il faut en conclure qu'il n'y a pas de rapprochement ou d'accouplement entre les individus.

C'est au printemps que dans nos mers les Échinides se présentent avec leurs ovaires gonflés, d'où il faut conclure que c'est au commencement de l'été qu'ils les déposent, sans doute en masse, dans des anfractuosités de rochers ou au milieu des fucus.

Nous ignorons du reste comment ces œufs se développent, la durée de ce développement, ainsi que celle de la vie des Échinides.

Ces animaux n'offrent d'utilité à l'espèce humaine que lorsque leurs ovaires sont parvenus à tout leur développement. On les recherche alors, mais seulement, à ce qu'il paroit, certaines espèces de véritables Oursins, dont une même a reçu le nom d'*oursin comestible* à cause de cela, et on les mange comme des œufs à la mouillette.

Les échinides fossiles sont extrêmement nombreux, ce qui tient sans doute à ce que souvent ils se trouvent naturellement enfoncés et conservés dans le sable, ainsi qu'à la nature même de leur têt, qui est déjà presque spathique, quand il fait encore partie de l'animal vivant. Aussi n'y a-t-il rien de plus aisé à reconnoître dans la composition des roches comme des parties d'Échinides, quelque déformées qu'elles soient, par leur cassure lamelleuse. Cette seule observation auroit suffi pour montrer que les Encrinites, les Entroques, etc., appartiennent réellement aux Échinides, et non pas aux Zoophytaires voisins des Pennatules, comme quelques zoologistes l'ont admis.

La distribution systématique des Échinides a été tentée par un assez grand nombre de zoologistes, et entre autres par Klein, Breyn, Van Phelsum, Leske, MM. de Lamarck, Gray, Desmarest et Goldfuss, principalement en ayant égard à la position relative de la bouche et de l'anus, mais surtout de celui-ci et des ambulacres, ce qui a conduit à des rapprochemens assez peu naturels.

Le système que nous avons cru devoir établir, porte :

1.º Sur la forme générale du corps de l'animal, qui, d'abord subradiaire, devient peu à peu complétement radiaire dans toutes les parties qui le constituent;

2.º Sur la position de la bouche, qui, presque terminale et transverse, ou bilabiée, dans les premières espèces, devient complétement centrale et circulaire dans les dernières ;

3.º Sur l'armature de cette bouche, qui, complétement nulle dans une grande moitié des Échinides, est au contraire très-puissante dans l'autre moitié;

4.º Enfin, sur la position de l'anus, sur le nombre des ovaires et de leurs orifices, sur la nature des piquans et des tubercules qui les portent, ainsi que sur la disposition des ambulacres.

Voici la table synoptique des genres que nous avons cru devoir établir :

Bouche	subterminale		*Spatangus.* *Ananchites.*
	subcentrale	sans dents	*Nucleolites.* *Echinoclypeus.* *Echinolampas.* *Cassidula.* *Fibularia.* *Echinoneus.*
		armée de dents	*Echinocyamus.* *Leganus.* *Clypeaster.* *Echinodiscus.* *Scutella.*
	centrale; anus	infra-latéral	*Galerites.*
		central	*Echinometra.* *Echinus.* *Cidaris.*

Fam. Ire Les E. EXCENTROSTOMES.

Bouche subterminale, ou plus ou moins à l'extrémité antérieure du corps, sans aucune dent, et ouverte dans une
échancrure bilabiée du têt.

SPATANGUE, *Spatangus.*

Corps ovale, plus ou moins alongé, cordiforme, plus large en
avant qu'en arrière, avec un sillon plus ou moins profond
à l'extrémité antérieure.

Têt mince, peu solide, composé de grandes plaques polygones peu nombreuses.

Épines courtes, aplaties, couchées et éparses.

Ambulacres incomplets, au nombre de quatre seulement.

Échancrure buccale plus ou moins antérieure, transverse,
bilabiée, circonscrivant une bouche sans dents.

Anus terminal et plutôt au-dessus qu'au-dessous du bord.

Pores génitaux au nombre de quatre en deux paires.

 Observ. Nous avons observé plusieurs espèces de ce genre,
qui offre cela de particulier, que le corps n'a pas encore une
forme bien radiaire; la bouche et l'anus étant aux deux extrémités du grand diamètre du corps.

 Ces animaux vivent, à ce qu'il paroît, presque constamment enfoncés dans le sable, du moins n'en avons-nous jamais
rencontré de vivans qui en fussent sortis, comme cela a presque constamment lieu pour les oursins.

 Il faut aussi qu'ils ne se nourrissent que de la matière animale qui s'y trouve mêlée, car leur canal intestinal, qui est
d'une ténuité arachnoïdienne, m'a toujours paru rempli de
sable fin.

 Nous ignorons du reste leurs mœurs et leurs habitudes.

 On en connoît déjà un assez grand nombre d'espèces, répandues dans toutes les mers et même dans les nôtres, surtout dans la Méditerranée.

 M. Defrance en annonce vingt-une espèces fossiles; en les
admettant comme distinctes, ce qui est peu probable, ainsi
que les huit que M. Risso indique comme existantes dans la
craie chloritée et dans le calcaire marneux des environs de
Nice, on en connoîtroit déjà vingt-neuf à cet état.

M. Goldfuss en porte le nombre total à trente.

Elles appartiennent essentiellement aux parties inférieures de la formation crayeuse, mais on en trouve aussi dans les terrains plus anciens et dans des formations plus modernes.

Leur distinction n'a encore porté que sur la forme de la coque calcaire, souvent même sans les piquans.

Quoiqu'on soit obligé de convenir que les espèces jusqu'ici déterminées se nuancent assez bien depuis les plus binaires jusqu'à celles qui deviennent plus circulaires, on peut cependant, pour en faciliter la distinction, les partager en plusieurs sections assez naturelles, en considérant surtout la forme des ambulacres et la position de la bouche.

* Vivantes.

A. *Espèces dont les ambulacres ne sont pas pétaloïdes et ne forment presque que deux lignes, un peu brisées ou coudées à leur côté interne, et qui ont un sillon antérieur assez profond; bouche assez peu en avant.*

Le Spatangue arcuaire, *S. arcuarius.*
De la Manche. Klein, Leske, tab. 38, fig. 5; d'après Muller.
De la mer Adriatique; de la Méditerranée.
Des côtes de Guinée. Séba, 3, tab. 10, fig. 2 et 3.
Le S. petit : *S. pusillus,* Leske, Klein, p. 230, tab. 38, fig. 5; d'après Muller; *Spatang. cordatus,* Flemming, *Brit. anim.,* p. 489.

Nous avons séparé ces deux espèces d'après des individus de la Manche et de la Méditerranée, que nous possédons : elles sont bien distinctes.

M. Gray place aussi dans cette section le *S. atropos,* qui en diffère très-sensiblement et dont nous ferons une section particulière.

B. *Espèces cordiformes, avec cinq sillons dorsaux, profonds et étroits, où sont cachés les ambulacres.*

Le S. tête-de-mort : *S. atropos,* de Lamk.; Knorr, *Delic.,* tab. 503, fig. 3; Enc. méth., pl. 153, fig. 9 et 10.

C. *Espèces dont les ambulacres sont bien pétaloïdes, partant d'un centre, et qui ont un sillon antéro-dorsal plus ou moins profond, occupant la place du cinquième ambulacre. La paire postérieure plus courte que l'antérieure.*

* Ambulacres peu enfoncés. (G. Spatangus, Klein et Gray.)

Le Spatangue cœur-de-mer : *S. purpureus*, Linn., Gmel., p. 3197, n.° 93; d'après Muller, *Zool. dan.*, tab. 6; copié par Leske, Klein, p. 235, tab. 43, fig. 3—5; vulgairement le Pas-de-poulain, *E. lacunosus*, Penn., *Brit. zool.*, 4, p. 69, tab. 35, fig. 76.

Le S. méridional : *S. meridionalis*, Risso, Fr. mérid., 5, p. 280, n.° 52; Ginnani, *Adr.*, p. 41, t. 29, fig. 174.

Le S. ovale : *S. ovatus*, Leske, Klein, p. 252, tab. 49, fig. 12 et 13; Flemm., *Wern. mem.*, vol. 5, tab. 6, fig. inf., et *Brit. anim.*, p. 480.

** Ambulacres très-enfoncés. (G. Ovum, Van Phelsum, Gray.)

Le S. a gouttière : *S. canaliferus*, de Lamk., Anim. sans vert., 3, p. 51, n.° 11; Scilla, tab. 25, fig. 2.

La première espèce se trouve dans nos trois mers.

La seconde est aussi de la Méditerranée; je l'ai reçue de Palerme. M. de Lamarck la croit de l'océan Indien.

D. *Espèces dont le sillon antérieur est beaucoup moins profond ou presque nul, et dont les ambulacres, plus ou moins pétaloïdes, au nombre de quatre, occupent la plus grande partie d'une sorte de plaque dorsale, circonscrite par une ligne sinueuse sans tubercules ni piquans. (G. Brissus, Klein, Gray.)*

Le S. plastron : *S. pectoralis*, de Lamk., Anim. sans vert., 3, p. 29. n.° 1; Séba, Mus., 3, tab. 14, fig. 5 et 6; cop. dans l'Enc. méth., pl. 159, fig. 2 et 3.

Le S. caréné : *S. carinatus*, id., ibid., p. 30, n.° 5; Klein, Leske, tab. 48, fig. 4 et 5.

Le S. colombaire : *S. columbaris*, id., ibid., n.° 6; Séba, Mus., 3, t. 10, fig. 19; cop. dans l'Enc. méth., pl. 158, fig. 9 et 10.

Le S. unicolore : *S. unicolor*, Leske, Klein, p. 248, tab. 26, fig. B, C; *S. ovatus*, de Lamk., ibid., n.° 4.

Le S. ventru : *S. ventricosus*, Leske, Klein, tab. 26, fig. A; *S. maculosus*, de Lamk., id., ibid., p. 39, n.° 2.

E. *Espèces cordiformes, assez fortement élargies et échancrées en avant, avec cinq ambulacres distincts et tronqués.*

Le SPATANGUE BOSSU : *S. gibbus*, de Lamk., *ibid.*, p. 33, n.° 18; Enc. méth., pl. 156, fig. 4, 5, 6.

F. *Espèces dont le sillon antérieur est encore assez distinct; les ambulacres, au nombre de quatre, bien marginaux et quelquefois complets ou jusqu'à la bouche; les pores génitaux au nombre de cinq.*

* Ambulacres n'atteignant que la circonférence.

Le S. SUBGLOBULEUX : *S. subglobosus*, Leske, Klein, p. 240, tab. 54, fig. 2 et 3; cop. dans l'Enc. méth., pl. 157, fig. 7 et 8.

Le S. BICORDÉ : *S. bicordatus*, Linn., Gmel., p. 3199, n.° 98: Klein, Leske, tab. 47, fig. 8; *Ananchites bicordata*, de Lamk., *ibid.*, p. 26, n.° 5.

Le S. CARÉNÉ : *S. carinatus*, Linn., Gmel., p. 3199, n.° 99; Klein, Leske, p. 245, tab. 51, fig. 3 et 4; *Ananchites carinata*, de Lamk., *ibid.*, p. 26, n.° 6.

** Les ambulacres atteignant le bord.

Le S. EN CŒUR : *S. cordatus*; *An. cordata*, de Lamk., *ibid.*, p. 26, n.° 8; Klein, Leske, tab. 53, fig. 1 et 2.

Le S. ANANCHITES; *Ananchites spatangus*, de Lamk., *ibid.*, p. 26, n.° 9.

** Fossiles.

Le S. PONCTUÉ : *S. punctatus*, de Lamk., Anim. sans vert., 5, p. 32, n.° 14; Leske, Klein, tab. 23, fig. C.

Le S. CŒUR-D'ANGUILLE : *S. cor anguinus*, Leske, Klein, p. 221, tab. 23, fig. *A, B, C, D*; cop. dans l'Enc. méth., pl. 155, fig. 4—8; Parkins., *Organ. rem.*, 3, pl. 3, fig. 11: Brongn., Géolog. par., pl. 4, fig. 11. (Craie, Fr., Anglet., Saxe.)

Le S. ÉCRASÉ: *S. complanatus*, Linn., Gmel., p. 3188, n.° 95; Breyn, *Echin.*, tab. 5, fig. 3 et 4; *S. retusus*, de Lamk., *loc. cit.*, n.° 16. (France.)

Le S. SUBGLOBULEUX : *S. subglobulosus*, Leske, Klein, p. 240, tab. 54, fig. 2 et 3; cop. dans l'Enc. méth., pl. 157, fig. 7 et 8. (Craie de la haute Normandie.)

Le S. BOSSU : *S. gibbosus*, de Lamk., *loc. cit.*, n.° 18: Enc. méth., pl. 156, fig. 4—6.

Le Spatangue prunelle : *S. prunella, id., ibid.,* n.° 19 ; Enc. méth., pl. 158, fig. 3 et 4, et Faujas, Hist. nat. de Maëstricht, pl. 30, fig. 2. (Craie.)

Le S. de Maëstricht : *S. radiatus, id., ibid.,* n.° 20 ; Leske, Klein, p. 284, tab. 25 ; cop. dans l'Enc. méth., pl. 156, fig. 9 et 10.

Le S. suborbiculaire : *S. suborbicularis,* Defr., Dict. des sc. nat. . t. L, p. 95 ; Brongn., Géolog. par., pl. 5, fig. 5. (Craie, France.)

Le S. crapaud ; *S. bufo,* Brongn., *ibid.,* fig. 4.

Le S. orné : *S. ornatus,* Defr., *ibid.;* Brongn., *ibid.,* 5. (Craie, France.)

Le S. lisse : *S. lævis,* Deluc ; Brongn., *ibid.,* pl. 9, fig. 12.

Le S. de Parkinson : *S. Parkinsonii,* Defr., *ibid.,* pag. 96 ; Parkins., *Organ. rem.,* t. 3, pl. 3, fig. 12.

Le S. du Dauphiné ; *S. Delphinus,* Defr., *ibid.*

Le S. très-épais ; *S. crassissimus,* Defr., *ibid.* (Craie chloritée, France.)

Le S. ocellé : *S. ocellatus,* Defr., *ibid.;* Parkins., *loc. cit.,* pl. 3, fig. 9.

Le S. de la Suisse : *S. helvetianus,* Defr., *ibid.,* pag. 97 ; Bourguet, Pétrif., pl. 51, fig. 330.

Le S. rostré : *S. rostratus,* Flemming, *Brit. anim.,* p. 481 ; *Mant. geol.,* p. 192, tab. 17, fig. 10—17. (Craie, en Angleterre.)

Le S. plane : *S. planus, id., ibid.; Mant. geol.,* tab. 17, fig. 9—21.

Ananchite, *Ananchites.*

Corps ovale d'avant en arrière. arrondi et un peu plus large, mais sans sillon antérieurement, subcaréné postérieurement, conique, élevé à son sommet, qui est médian, toutà-fait plat en dessous, couvert de tubercules très-petits, épars et fort peu nombreux.

Ambulacres au nombre de cinq, assez larges, divergens, et compris entre des doubles lignes de pores peu serrés et dépassant à peine les bords.

Bouche et *anus* subterminaux et inférieurs.

* Ambulacres prolongés jusqu'aux bords. (G. ANANCHITES,
de Lamk.)

Espèces. L'ANANCHITE OVALE : *A. ovatus*, Leske, Klein, p. 178,
tab. 53, fig. 3 ; cop. dans l'Enc. méth., pl. 154, fig. 13 ; *Ananchites ovatus*, de Lamk., Anim. sans vert., p. 25, n.° 1. (Craie,
en France.)

L'A. STRIÉ : *A. striata ; Echinocorytes striatus*, Leske, Klein,
p. 176, tab. 42, fig. 4 ; cop. dans l'Enc. méth., pl. 154, fig.
11 et 12 ; *Ananchites ovatus*, de Lamk., *ibid.*, n.° 2.

** Ambulacres prolongés jusqu'à la bouche.

L'A. PUSTULEUX : *A. pustulosus ; Echinocorytes pustulosus*,
Leske, Klein, p. 180, tab. 16, fig. *A, B* ; cop. dans l'Enc.
méth., pl. 154, fig. 16 et 17 ; *Ananchites pustulosus*, de Lamk.,
ibid., p. 25, n.° 4.

L'A. DEMI-GLOBE : *A. minor ; Echinocorytes minor*, Leske,
Klein, p. 183, t. 16, fig. *C, D* ; cop. dans l'Enc. méth., pl.
155, fig. 2 et 3 ; *Echinus minor*, Linn., Gmel., p. 3186, n.° 59 ;
Ananchites semi-globus, de Lamk.. *ibid.*, p. 27, n.° 10.

L'A. BOMBÉ : *A. gibbus*, de Lamk., *ibid.*, p. 25, n.° 3 ; *Echinocorytes scutatus*, Leske, Klein, p. 175, tab. 15. fig. *A . B ?*

L'A. A QUATRE RAYONS : *A. quadriradiatus*, Leske, Klein,
pl. 54, fig. 1.

Observ. Il est à remarquer que toutes les espèces d'échinides qui constituent cette division, ne sont encore connues qu'à l'état fossile. M. Defrance en porte le nombre a
douze, ce qui feroit en tout quinze, en supposant que les
trois espèces auxquelles M. Risso donne les noms d'*A. carinatus, rotundatus et stella* sont distinctes.

Les A. ovale et pustuleux ont leur têt composé de plaques
polygones, formant vingt séries.

L'*Ananchites ellipticus* de M. de Lamarck n'appartient trèsprobablement pas à cette division.

Son *A. cor avium* appartient à la même division que le S.
violet, dont il est fort voisin.

Cette division générique avoit été établie par Klein, sous
la dénomination de *Casque, Galea, Galeola*, que Leske a
transformée en celle d'Échinocorys, adoptée par M. Gray.

On ignore ce que sont les *A. carinatus* et *tuberculatus*, décrits

par M. Defrance, Dictionn. des sc. nat., tom. II, Suppl.,
p. 11. *Le dernier pourroit bien n'être que l'A. pustulosus* de
M. de Lamarck. M. Goldfuss en décrit trois espèces nouvelles.

Fam. II. Les E. PARACENTROSTOMES ÉDENTÉS.

Bouche subcentrale, plus antérieure que médiane, non armée
et percée dans une échancrure du têt, régulière, arrondie.

NUCLÉOLITE, *Nucleolites.*

Corps ovale ou cordiforme, plus large et avec un large sillon en arrière, assez convexe, avec le sommet subcentral
et médiocrement élevé en dessus, un peu concave en dessous, couvert de tubercules petits, égaux et épars.

Ambulacres au nombre de cinq, subpétaloïdes, ouverts à
l'extrémité, dorsaux et marginaux, se continuant par autant de sillons jusqu'à la bouche.

Bouche inférieure et subcentrale, antérieure.

Anus supérieur et subcentral dans le sillon.

Pores génitaux au nombre de quatre.

Espèces. Le N. ÉCUSSON : *N. depressa; Spatangus depressus,*
Leske, Klein, p. 238, tab. 51, fig. 1 et 2 ; cop. dans l'Enc.
méth., pl. 157, fig. 5 et 6; *N. scutata,* de Lamk., Anim. sans
vert., 3, pag. 36, n.° 1 ; *Clypeus lobatus,* Flemming, *Brit. anim.,*
p. 479 : List., *An. angl.,* p. 225, t. 7, fig. 26.

Le N. COLOMBAIRE ; *N. columbaria,* de Lamk., *ibid.,* n.° 2.

Le N. OVULE ; *N. ovulum,* id., *ibid.,* n.° 3.

Le N. AMANDE ; *N. amygdala,* id., *ibid.,* n.° 4.

Le N. CHATAIGNE ; *N. castanea,* Brongn., Géol. par., pl. 9,
fig. 14, *A, B . C.*

Le N. HÉTÉROCLITE ; *N. heteroclita,* Defr., Dict. des sc. nat.,
tom. XXXV, p. 214.

Le N. DE LAMARCK ; *N. Lamarckii, id., ibid.*

Le N. LISSE ; *N. lœvis, id., ibid.*

Le N. DE BOMARE ; *N. Bomarii, id., ibid.*

Le N. DE GRIGNON : *N. Grignonensis, id., ibid.*

Le N. CLUNICULAIRE : *N. clunicularis,* Flemm., *British Ann.;*
Smiths, *Foss.,* fig. 6. (Oolithe, en Angleterre.)

Observ. Ce genre, établi par Breyer sous le nom d'*Echino-
brissus,* que lui a conservé M. Gray, ainsi que M. Goldfuss, en

y réunissant les cassidules, ne contient encore que des espèces fossiles ; aussi sommes-nous loin d'admettre qu'elles soient bien distinctes.

Elles viennent souvent de la craie, mais aussi des couches qui lui sont antérieures et postérieures.

J'ai cependant pu le caractériser assez complétement d'après des individus bien conservés de ma collection d'une espèce fort voisine, ce me semble, de celle de Klein, qui fait le type du genre. J'ai pu alors m'assurer que les ambulacres ne sont réellement pas complets, mais qu'à prendre du bord, ils se continuent en dessous par un double sillon peu marqué jusqu'à la bouche : c'est une disposition véritablement particulière.

ÉCHINOCLYPE, *Echinoclypeus.*

Corps déprimé ou conique, circulaire ou ovalaire, avec un sillon en arrière, convexe et à sommet subcentral en dessus, assez excavé en dessous, formé de plaques distinctes et couvert de très-petits tubercules égaux.

Ambulacres au nombre de cinq, dorso-marginaux, subpétaloïdes; les doubles rangées de pores réunies par un sillon transverse.

Bouche subcentrale, un peu plus antérieure, pentagonale, avec cinq sillons convergens, ambulacriformes.

Anus tout-à-fait supérieur en arrière du sommet et à l'origine du sillon postérieur.

Pores génitaux au nombre de quatre.

Espèces. L'É. PATELLE : *E. patella; Galerites patella,* de Lamk., Anim. sans vert., 3, p. 23, n.° 14; Enc. méth., pl. 145, fig. 1 et 2.

L'É. OMBRELLE : *E. umbrella,* de Lamk., *ibid.,* n.° 15; *Clypeus sinuatus,* Leske, Klein, p. 157, t. 12; Enc. méth., pl. 142, fig. 7 et 8; *Clypeus sinuatus,* Flemm., *British anim.,* p. 479; List., *Angl.,* p. 224, tab. 7; Parkins., *Organ. rem.,* 2, tab. 2, fig. 1. (Oolithe, France et Angleterre.)

L'É. HÉMISPHÉRIQUE ; *E. hemisphæricus,* Leske, Klein, tab. 43, fig. 1.

L'É. QUINQUELABIÉ : *E. quinquelabiatus,* Leske, Klein, tab. 41, fig. 2 et 3 : d'après Walch, *Delic. nat.,* p. 81, tab. E, 3, fig. 4.

L'É. CONOÏDE ; *E. conoideus,* Leske, Klein, tab. 43, fig. 2.

L'Échinoclype de Sowerby; *E. Sowerby*, Defr., Dict. des sc. nat., tom. XXXV, p. 213.

Observ. Cette section générique, établie par Klein sous le nom de *Clypeus*, a été confondue par M. de Lamarck avec ses galérites, qui appartiennent à une tout autre division des échinides; ce seroit bien plutôt avec les nucléolites qu'elle pourroit être confondue, et même il seroit peut-être mieux de le faire, à l'imitation de M. Defrance.

Toutes les espèces qui la constituent ne sont encore connues qu'à l'état fossile, comme les galérites, avec cette différence que dans celles-là c'est le têt qui a été conservé, au contraire de ce qui a lieu dans ces dernières.

Nous avons pu caractériser ce genre assez complétement d'après des individus bien conservés des deux premières espèces, qui proviennent des environs de Boulogne-sur-mer, ce qu'ignorait M. de Lamarck. C'est d'après cela que nous avons pu nous assurer qu'au lieu d'appartenir au genre Galérite, ce seroient plutôt des espèces de nucléolites.

Nous ne serions pas étonnés quand la cassidule scutelle de M. de Lamarck appartiendroit aussi à cette division.

ÉCHINOLAMPE, *Echinolampas.*

Corps ovale ou circulaire, déprimé, subconvexe en dessus, un peu concave en dessous, arrondi et élargi en avant, un peu rétréci vers l'extrémité anale, composé de grandes plaques polygones et couvert d'épines, probablement fort petites, égales et éparses.

Ambulacres au nombre de cinq, subpétaliformes, non clos à leur extrémité et s'approchant beaucoup du bord.

Bouche ronde, subcentrale et cependant un peu antérieure.

Anus tout-à-fait marginal, terminal.

Pores génitaux au nombre de quatre seulement.

Espèces. L'Échinolampe oriental : *E. orientalis*, Gray, Séba, 3, tab. 10, fig. 23 et 24; cop. dans l'Enc. méth., pl. 144, fig. 1 et 2.

L'É. lampe ; *E. lampas*, de Labèche, *Trans. geol. soc.*, 1, tab. 3, fig. 3, 4 et 5.

L'Échinolampe excentrique : *E. excentricus; Clypeaster excentricus*, de Lamk., *ibid.*, p. 15, n.° 6.

L'É. oviforme : *E. oviformis*, Linn., Gmel., p. 3187, n.° 62; *Echinanthus ovatus*, Leske, Klein, p. 192, tab. 20, fig. *C, D*.

Observ. Cette division, proposée par Leske sous le nom d'*Echinanthus*, et adoptée sous celui d'*Echinolampas* par M. Gray, est principalement établie sur l'échinide vivante, représentée par Séba, *loc. cit.*, et que nous n'avons encore rencontrée dans aucune collection.

Quoiqu'au premier abord les espèces de ce genre aient une certaine ressemblance avec les spatangues, au point que M. de Lamarck les place en effet parmi eux, il est cependant aisé de les en distinguer par la forme générale; puisque dans ceux-ci c'est l'extrémité postérieure ou anale qui est la plus large, au contraire de ce qui a lieu dans les échinolampes; mais avec les ananchites, et surtout avec les échinoclypes, la distinction est moins aisée, si ce n'est par la forme des ambulacres pour les premiers, et par l'absence du sillon anal pour les derniers.

Cassidule, *Cassidulus.*

Corps ovale, plus ou moins déprimé, composé de plaques peu distinctes et couvert d'épines petites, égales, portées sur des tubercules.

Ambulacres au nombre de cinq, bornés, dorsaux, rarement marginaux.

Bouche inférieure, submédiane, dans une échancrure stelliforme.

Anus postéro-dorsal ou au-dessus du bord.

Pores génitaux au nombre de quatre.

A. *Espèces dont les ambulacres, bien complets, forment une étoile dorsale et dont la bouche est au fond d'une dépression stelliforme.*

Le Cassidule pierre-de-crabe : *C. lapis cancri*, Linn., Gmel., page 3281, n.° 106; *Echinites lapis cancri*, Leske, Klein, page 256, tab. 49, fig. 10 et 11; cop. dans l'Enc. méth., pl. 143, fig. 6 et 7, et *Echinites pyriformis*, Leske, Klein, page 255, tab. 51, fig. 5 et 6; *C. belgicus*, de Lamk., Anim.

sans vert., 1.re édit., tom. 3, pag. 349, et Defr., Dict. des sc. nat., tome VII, page 227; Fauj., Mont de Saint-Pierre, pl. 50; fig. 1. (Fossile, craie de Maëstricht.)

B. *Espèces dont les ambulacres sont prolongés jusqu'au bord et non clos.*

Le Cassidule austral : *C. australis*, de Lamk., *ibid.*, p. 35, n.° 2; Enc. méth., pl. 145, fig. 8, 9 et 10; *C. caraibœorum*, de Lamk., Anim. sans vert., 1.re édit.

C. *Espèce dont les ambulacres non clos sont seulement dorsaux.*

Le Cassidule douteux; *C. dubius*, Bruguière, Enc. méth., pl. 146, fig. 3, 4, 5.

D. *Espèces dont les ambulacres ne me sont pas connus.*

Le Cassidule scutelle : *C. scutella*, de Lamk., *ibid..* p. 35, n.° 1; *C. veronensis*, Defr., Dictionn. des sc. nat., tome VII, page 226; Knorr, vol. 2, tab. E, fig. 3.

Le C. aplati : *C. complanatus*, id., *ibid.*, n.° 2; *C. unguis*, Defr., *ibid.*, page 227. (Fossile, calc. gross. de Grignon.)

Le C. lenticulé : *C. lenticulatus*, Defr., *loc. cit.*, page 227. (Fossile de Paris, Fr.)

Observ. Ce genre, établi par M. de Lamarck, est évidemment artificiel; car la position de l'anus ne peut fournir qu'un caractère peu important.

Il ne comprend encore qu'une seule espèce vivante, que nous n'avons pas vue; les autres sont fossiles et au nombre de neuf, suivant M. Defrance, provenant de terrains antérieurs à la craie, et quelques-unes, mais avec un peu de doute, de couches plus récentes.

FIBULAIRE, *Fibularia.*

Corps globuleux et même plus haut que large, comme côtelé par une vingtaine de côtes, formées probablement par autant de rangées de plaques polygonales, et couvert d'épines extrêmement fines.

Ambulacres au nombre de cinq, forts courts et non fermés à l'extrémité.

Bouche ronde, subcentrale.

Anus inférieur et très-rapproché d'elle.

Pores génitaux inconnus.

La Fibulaire craniolaire : *F. craniolaris*, Linn., Gmel., p. 3193, n.° 80; Enc. méth., pl. 154, fig. 1, 2, 3, 4, 5.

La F. trigone; *F. trigona*, de Lamk., 3, p. 17, n.° 1.

La F. ovule; *F. ovulum*, id., ibid., n.° 2.

La F. de Tarente; *F. Tarentina*, id., ibid., n.° 3. (Viv. dans la Médit.)

Observ. Ce genre a été établi par Van Phelsum et par Leske, sous la dénomination d'*Echinocyamus*, adoptée par M. Gray.

D'après notre caractéristique, nous n'y laissons que la F. craniolaire de Linné et les sept ou huit espèces peu ou point distinctes, que Van Phelsum a établies autour de celle-ci, et probablement la *C. trigona* de M. de Lamarck, que nous n'avons vues ni l'une ni l'autre.

Nous conservons dans un genre particulier les fibulaires régulières, oviformes et déprimées, dont le type est l'*echinus minutus* de Gmelin, et qui se trouve constamment sur nos côtes.

Tel que nous le définissons, ce genre ne contient encore que des espèces vivantes.

ÉCHINONÉE, *Echinoneus.*

Corps arrondi ou ovale, ordinairement excavé en dessous, composé de plaques souvent distinctes et couvert de petites épines semblables, portées sur de très-petits tubercules.

Ambulacres au nombre de cinq, larges, complets, rayonnés du centre dorsal à la bouche, et formés par des lignes ambulacraires fort serrées et imprimées.

Bouche centrale ou subcentrale, sans dents et percée dans un trou subrégulier du têt.

Anus vers le bord en dessous ou même en dessus, dans un trou longitudinal et subsymétrique du têt.

Pores génitaux au nombre de quatre (les deux paires antérieures seulement), et un peu obliques.

A. *Espèces ovales, avec le trou anal, longitudinal et inférieur.*

L'É. semi-lunaire : *E. minor*, Leske, Klein, p. 174, tab. 49, fig. 8 et 9; cop. dans l'Enc. méth., pl. 153, fig. 21 et 22.

L'Échinonée cyclostome : *E. cyclostomus*, Linn., Gmel., p. 3183 ; Klein, tab. 37, fig. 3 et 4 ; cop. dans l'Enc. méth., pl. 153, fig. 19 et 20.

B. *Espèces circulaires, avec l'anus inférieur et rond.* (G. Dis-coidea, Gray.)

L'Échinonée rotulaire : *E. subuculus*, Linn., Gmel., page 3183, n.° 51 ; Klein, tab. 14, fig. *L, O* ; cop. dans l'Enc. méth., pl. 215, fig. 16 et 17 ; *Galerites rotularis*, de Lamk., 3, p. 21, n.° 8.

L'É. conique : *E. albo-galerus*, Linn., Gmel., page 3181, n.° 46 ; *Conulus albo-galerus*, Leske, Klein, page 162, tab. 13, fig. *A, B* ; cop. dans l'Enc. méth., pl. 152, fig. 5 et 6 ; Flemm., *Brit. anim.*, page 481. (Craie ; Fr., Angl.)

C. *Espèces ovales, avec l'anus tout-à-fait marginal et les pores génitaux au nombre de sept?*

L'Échinonée ovale, *E. ovalis* ; cop. dans l'Enc. méth., pl. 143, fig. 13 et 14.

D. *Espèces circulaires, déprimées, à ouverture anale, margino-dorsale et non symétrique.*

L'Échinonée cassidulaire, *E. cassidularis*.

Observ. Ce genre, établi par Van Phelsum et admis sous la même dénomination par MM. de Lamarck, Gray, etc., nous paroît surtout caractérisé par la disposition de ses lignes ambulacraires, composées chacune de deux séries de pores fort rapprochés et formant une petite gouttière enfoncée.

Il faut aussi remarquer que les échancrures du têt, pour les ouvertures buccale et anale, ne sont jamais réellement symétriques, mais plus ou moins obliques.

Les tubercules spinifères sont à peu près égaux et répartis d'une manière régulière.

Enfin, les quatre orifices générateurs forment un tout oblique, ceux du côté gauche étant un peu plus avancés que ceux du côté droit.

Il se pourrait que l'espèce que nous plaçons dans la quatrième section, et qui dans le système rigoureusement suivi, d'après la position de l'anus, devroit être un cassidule, fût en effet le C. scutelle ou le C. aplati de M. de Lamarck, l'un et l'autre fossile. Cependant, d'après ce zoologiste, ils sont elliptiques.

Dans le système de M. de Lamarck on ne voit pas trop ce qui sépare ce genre de celui des galérites, si ce n'est la position de la bouche centrale dans ceux-ci et subcentrale dans les échinonées ; mais nous avons montré qu'il y avoit d'autres caractères.

On ne connoît pas encore d'échinonée avec l'ouverture anale en dessous à l'état fossile ; ainsi dans ce genre, tel qu'il est défini par M. de Lamarck, il n'y a pas encore d'espèces fossiles, d'après M. Defrance ; mais dans notre manière de le caractériser, on voit qu'il en contient plusieurs. M. Goldfuss en figure quatre espèces de la craie.

Fam. III. Les E. PARACENTROSTOMES DENTÉS.

Bouche subcentrale, dans une échancrure régulière du têt, et pourvue de dents.

ÉCHINOCYAME, *Echinocyamus.*

Corps déprimé, ovale, plus large en arrière qu'en avant, un peu excavé en dessous, couvert de tubercules arrondis, percés au sommet et proportionnellement assez gros, soutenu à l'intérieur par cinq doubles côtes inférieures, se terminant autour de l'échancrure buccale par autant d'apophyses simples.

Ambulacres dorsaux, non marginaux, complétement ouverts à l'extrémité, un peu élargis et formant une sorte de croix à branches dilatées.

Ouverture buccale subcentrale, régulière, armée de cinq dents comme dans les clypéastres.

Anus inférieur entre la bouche et le bord.

Pores génitaux au nombre de quatre.

L'ÉCHINOCYAME MIGNON : *E. minutus*, Linn., Gmel., p. 86 ; d'après Pallas, *Spic. zool.*, 9, tome 34, t. 1, fig. 2 et 5 ; *Spatangus pusillus*, Muller, *Zool. Dan.*, 5, page 18, tab. 91, fig. 5 — 6 ; *E. pusillus*, Flemm., *Brit. anim.*, page 481.

Observ. Nous avons caractérisé ce genre d'après un assez grand nombre d'individus d'une très-petite espèce d'échinides, trouvée dans les intestins d'un turbot, et qui se rencontre en effet en grande quantité dans le sable des côtes de la Manche, d'après Pallas, soit en France, soit en Angleterre.

C'est très-probablement le fibulaire ovule de M. de Lamarck, et sans doute que le fibulaire de Tarente appartient aussi à ce genre.

LAGANE, *Lagana*.

Corps déprimé, circulaire ou ovale dans la longueur, un peu convexe en dessus, concave en dessous, à disque et bords bien entiers, composé de plaques peu distinctes et couvert d'épines semblables et éparses.

Ambulacres au nombre de cinq, réguliers, pétaloïdes, fermés ou à peu près à l'extrémité; avec les pores de chaque côté réunis par un sillon.

Bouche médiane au milieu d'un trou, avec sillons convergens et pourvue de dents.

Anus inférieur, percé dans un trou régulier, situé entre la bouche et le bord.

Pores génitaux au nombre de cinq.

A. *Espèces de forme circulaire.*

Le LAGANE ORBICULAIRE : *L. orbicularis*, Linn., Gmel., page 3191, n.° 73; *Echinodiscus orbicularis*, Leske, Klein, page 208, tab. 45, fig. 6 et 7; *Scutella orbicularis*, de Lamk., 3, page 11, n.° 10; cop. dans l'Enc. méth., pl. 147, fig. 1 et 2; cop. de Gualtieri, *Test.*, t. 210, fig. F.

Le L. BEIGNET : *L. laganum*; Echin. *laganum*, Linn., Gmel., p. 3190, n.° 71; *Echinodiscus laganum*, Leske, Klein, p. 104, tab. 22, fig. *a*, *b*, *c*; *Clypeaster laganum*, de Lamk., *ibid.*, page 15, n.° 5.

B. *Espèces de forme ovale.*

Le LAGANE OVALE : *L. ovalis*, Brug., Enc. méth., pl. 144, fig. 5 et 6; cop. de Gualt., *Test.*, tab. CX, fig. D.

C. *Espèces de forme polygonale.*

Le LAGANE DÉCAGONE ; *L. decagona*, Lesson.

Observ. Ce genre, assez bien indiqué par Van Phelsum et Leske, sous le nom d'*Echinodiscus*, a été établi par M. Gray sous le nom que nous lui conservons.

Nous l'avons caractérisé d'après un individu bien conservé de la dernière section, et qu'a bien voulu nous donner M. Lesson.

Il est évident que ce genre a beaucoup de rapports avec les véritables clypéastres, parmi lesquels en effet M. de Lamarck confond les espèces qui le constituent; cependant la forme générale, ainsi que la position de l'anus, paroissent offrir des caractéres suffisans pour le distinguer.

CLYPÉASTRE, *Clypeaster.*

Corps très-déprimé, arrondi et assez épais sur les bords, quelquefois assez incomplétement orbiculaire ou rayonné, élargi vers l'extrémité anale, composé de plaques larges et inégales, couvert d'épines très-petites, égales, éparses, portées par de très-petits tubercules percés d'un pore.

Ambulacres constamment au nombre de cinq, bornés ou dorsaux, pétaloïdes; les deux rangées de pores de chaque branche réunies par un sillon.

Bouche centrale ou subcentrale, au fond d'une sorte d'entonnoir, formée par cinq rainures et armée de cinq dents.

Anus terminal et marginal.

Pores génitaux au nombre de cinq.

* Espèces vivantes.

Le CLYPÉASTRE ROSACÉ : *C. rosaceus*, Linn., Gmel., p. 3186, n.° 14; *Echinanthus humilis*, Leske, Klein, p. 185, tab. 17, fig. *A*, et 18, fig. *B;* cop. dans l'Enc. méth., pl. 145, fig. 5 et 6.

Le C. AMBIGÈNE : *C. ambigenus; Scutella ambigena*, de Lamk., 5, page 12, n.° 17; Séba, *Mus.*, 3, tab. 15, fig. 13 et 14.

Le C. SCUTIFORME : *C. scutiformis*, de Lamk., *ibid.*, p. 14, n.° 4, *Echinus planus scutiformis*, Séba, *Mus.*, 3, tab. 10, fig. 23 et 24; cop. dans l'Enc. méth., pl. 147, fig. 3 et 4.

** Espèces fossiles.

Le CLYPÉASTRE ÉLEVÉ : *C. altus*, Linn., Gmel., page 3187, n.° 61; *Echinanthus altus*, Leske, Klein, page 189, tab. 153, fig. 4; cop. dans l'Enc. méth., pl. 146, fig. 1 et 2. (Terr. tert. d'Italie, de Malte, du Langued.)

Le C. A LARGE BORD : *C. marginatus*, de Lamk., *ibid.*, p. 14, n.° 3; Scill., *De corp. mar.*, tab. 11, fig. inf. (France: Dax, Champagne; Sicile.)

Le Clypéastre excentrique : *C. excentricus*, id., ibid., n.° 6; cop. dans l'Enc. méth., pl. 144, fig. 1 et 2. (France, à Chaumont.)

Le C. oviforme : *C. oviformis*, Linn., Gmel., page 3187, n.° 62; Leske, Klein, page 191, tab. 20, fig. c, d. (France, près le Mans. et Valogne.)

Le C. uni : *C. politus*, de Lamk., ibid., n.° 8. (Italie, env. de Sienne.)

Le C. hémisphérique : *C. hemisphæricus*, id., ibid., n.° 8; cop. dans l'Enc. méth., pl. 144, fig. 3 et 4? (France, S. Paul-trois-Châteaux.)

Le C. stellifère : *C. stelliferus*, id., ibid., n.° 10; Knorr, *Petr.*. page 11, tab. E, 111, fig. 5 ?

Le C. trilobé : *C. trilobus*, de Lamk., Defr., Dictionn. des sc. nat.. tom. IX, pag. 450.

Observ. Cette division des échinides a été établie depuis long-temps par Breyn sous le nom d'*echinanthus*, qu'a conservé M. Gray, et sous celui d'*echinorodum* par Van Phelsum. Quoique fort rapprochée de la précédente et même de la suivante par le caractère commun de l'existence des dents à la bouche et des singuliers piliers irréguliers qui remplissent une grande partie de l'intérieur, la forme générale, la position de l'anus et la disposition des ambulacres fournissent des caractères suffisans distinctifs.

Nous avons cru devoir retrancher de ce genre le *C. laganum* de M. de Lamarck, qui constitue le genre précédent, et au contraire y placer la scutelle ambigène.

Le petit nombre d'espèces vivantes que nous connoissons, viennent des mers des pays chauds, en Asie et en Amérique.

Les espèces fossiles sont plus nombreuses, M. Defrance en décrit onze, et M. Goldfuss en figure neuf autres; elles se trouvent en général dans les terrains tertiaires.

PLACENTULE, *Echinodiscus.*

Corps arrondi, déprimé, subquinquélobé; le lobe postérieur un peu échancré dans la ligne médiane, un peu conique en dessus, concave en dessous, composé de plaques sur vingt rangs, accolées deux à deux; les ambulacraires plus étroites, couvertes d'épines très-petites, très-serrées, comme soyeuses.

Ambulacres au nombre de cinq, divergens par la séparation complète de chaque ligne double de pores.

Bouche médiane, ronde, vers laquelle convergent cinq sillons droits et stelliformes.

Anus marginal.

Pores génitaux au nombre de quatre.

Espèces. Le PLACENTULE PLACUNAIRE : *E. placunaria; Scutella placunaria,* de Lamk., Anim. sans vert., 7, page 12, n.° 15.

Le P. LARGE PLAQUE; *E. latissima,* id., ibid., n.° 16.

Le P. ARACHNOÏDE : *E. placenta,* Linn., Gmel., page 3195, n.° 76; *Echinarachnius,* Leske, Klein, page 218, t. 20, fig. *A, B*; cop. dans l'Enc. méth., pl. 143, fig. 11 et 12; *Scutella placenta,* de Lamk., ibid., page 11, n.° 12.

Le P. RONDACHE, *E. parma,* de Lamk., ibid., n.° 13.

Le P. DE RUMPH : *E. Rumphii,* Rumph, *Mus.,* tab. 14, fig. *G.*

Le P. ORBICULAIRE : *E. orbicularis,* Linn., Gmel., p. 3188, n.° 63; Gualtieri, tab. 210, fig. *B*; cop. dans l'Enc. méth., pl. 147, fig. 1 et 2.

Observ. Nous avons observé dans la collection de M. le duc de Rivoli les trois premières espèces, et nous nous sommes assurés que la forme singulière des ambulacres pouvoit très-bien distinguer ce genre des véritables scutelles, dont il est cependant fort rapproché.

Ces échinides semblent faire le passage vers les astérides polygonales.

La figure de l'*E. placenta,* donnée par Leske et copiée dans l'Encyclopédie, représente l'anus vis-à-vis l'ambulacre impair ; mais n'y auroit-il pas quelque erreur? En effet nous ne connoissons jusqu'ici aucun exemple de cette disposition ; dans tous les oursins où l'anus n'est pas médian, il répond toujours à l'angle des deux ambulacres postérieurs.

On avoit cru jusqu'ici que toutes les espèces vivantes de ce genre ne se trouvoient que dans les mers des pays chauds; mais nous apprenons de M. Flemming, que M. le professeur Jameson a reçu la première espèce de l'île de Foulah, où il paroît cependant qu'elle est excessivement rare.

Nous n'en connoissons pas encore de fossiles, à moins que le *scutella lenticularis* de M. de Lamarck n'appartienne à ce genre, ce qui est fort probable, à cause de la position marginale de l'anus.

SCUTELLE, *Scutella.*

Corps irrégulièrement circulaire, plus large en arrière, extrêmement déprimé, à bords presque tranchans, subconvexe en dessus, un peu concave en dessous, composé de grandes plaques polygones et couvert d'épines très-petites, égales et éparses.

Ambulacres (cinq) bornés ou dorsaux, plus ou moins pétaliformes; les deux rangées de pores de chaque branche réunies par des sillons transverses, qui les font paroître striés.

Bouche médiane ronde, pourvue de dents, et vers laquelle convergent cinq sillons vasculiformes plus ou moins ramifiés et quelquefois bifides dès la base.

Anus toujours inférieur et assez éloigné du bord.

Pores génitaux au nombre de quatre.

* Espèces vivantes.

A. *Espèces dont le disque seul est perforé.*

La S. SEXFORÉE : *S. hexapora*, Linn., Gmel., p. 3189, n.° 66; *Echinodiscus sexiesperforatus*, Leske, Klein, p. 199, tab. 50, fig. 3 et 4; cop. dans l'Enc. méth., pl. 149, fig. 1 et 2; *Scut. sexforis*, de Lamk., 3, p. 9, n.° 4.

La S. QUINQUEFORÉE : *S. pentapora*, Linn., Gmel., p. 3189, n.° 65; *Echinodiscus quinquiesperforatus*, Leske, Klein, p. 197, tab. 21, fig. C, D; cop. dans l'Enc. méth., pl. 149, fig. 3 et 4; *Scut. quinquefora*, de Lamk., *ibid.*, n.° 5.

La S. A DEUX TROUS : *S. biforis*, Linn., Gmel., p. 3188, n.° 64; *Echinodiscus biperforatus*, Leske, Klein, p. 196, tab. 21, fig. A, B; cop. dans l'Enc. méth., pl. 147, fig. 7 et 8; *Scut. bifora*, de Lamk., *ibid.*, p. 10, n.° 7.

B. *Espèces dont le disque et les bords sont perforés.*

La S. A QUATRE TROUS : *S. tetrapora*, Linn., Gmel., p. 3190, n.° 70; *Echinodiscus quadriperforatus*, Leske, Klein, pag. 204; Séba, *Mus.*, 3, tab. 15, fig. 5 et 6; copiée dans l'Enc. méth., pl. 148; *Scut. quadrifora*, de Lamk., *ibid.*, p. 9, n.° 6.

La Scutelle émarginée : *S. emarginata*, de Lamk., *ib.*, p. 9,
n.° 3 ; *Echinodiscus marginatus*, Leske, Klein, p. 200, tab. 50,
fig. 5 et 6 ; copiée dans l'Enc. méth., pl. 150, fig. 1 et 2.

C. *Espèces dont le bord seul est échancré.*

La S. auriculée : *S. aurita*, Linn., Gmel., p. 3189, n.° 68 ;
Echin. auritus, Leske, Klein, p. 202 ; Séba, *Mus.*, 3, tab. 15,
fig. 1 et 2 ; copiée dans l'Enc. méth., pl. 151, fig. 5 et 6 ; *Scut.
bifissa*, var. 2, de Lamk., *ibid.*, p. 10, n.° 8.

La S. inauriculée : *S. inaurita*, Linn., Gmel., p. 3190, n.° 69 ;
Echin., Rumph., *Mus.*, tab. 14, fig. F ; copiée dans l'Encycl.
méthod., pl. 152, fig. 1 et 2 ; *Scut. bifissa*, de Lamk., *ibid.*,
n.° 7.

D. *Espèces dont le disque et le bord sont entiers.*

La S. entière ; *S. integra*, Brug., Enc. méth., pl. 146, fig.
4 et 5.

E. *Espèces dont le disque est perforé et le bord multidigité.*

La S. octodactyle : *S. octodactyla*, Linn., Gmel., p. 3192,
n.° 76 ; *Echinodiscus octiesdigitatus*, Leske, Klein, pag. 911,
tab 22, fig. C, D ; copiée dans l'Enc. méth., pl. 150, fig. 3
et 4 ; *Scut. digitata*, var. *b*, de Lamk., *ibid.*, p. 8, n.° 2.

La S. décadactyle : *S. decadactyla*, Linn., Gmel., p. 3191,
n.° 75 ; *Echin. deciesdigitatus*, Leske, Klein, p. 209, tab. 22,
fig. *A*, *B* ; copiée dans l'Enc. méth., pl. 150, fig. 5 et 6 ; *Scut.
digitata*, var. *a*, de Lamk., *ibid.*, p. 8, n.° 2.

F. *Espèces dont le disque est imperforé et le bord multiradié.*
(Les Demi-soleils.)

La S. dentée : *S. dentata* ; *Echinodiscus dentatus*, Leske,
Klein, pag. 212, tab. 22, fig. E, F ; copiée dans l'Enc. méth.,
pl. 151, fig. 1 et 2.

La S. radiée : *S. radiata*, Séba, *Mus.*, 3, tab. 15, fig. 19 et 20 ;
copiée dans l'Enc. méth., pl. 151, fig. 3 et 4.

** Espèces fossiles.

La S. ronde : *S. subrotunda*, Leske, Klein, p. 206, tab. 47,
fig. 7 ; *Echin. melitensis*, Scilla, *De corp. marin.*, t. 8, fig. 1—3.

La S. de Faujas ; *S. Faujasii*, Defr., Dict. des sciences nat.,
tom. XLVIII, p. 230.

La Scutelle lenticulaire; *S. lenticularis*, de Lamk., *loc. cit.*, p. 49, n.° 11.

La S. enflée; *S. inflata*, Defr., *loc. cit.*, pag. 230. (Calc. gross. de Paris.)

La S. nummulaire; *S. nummularia*, id., *ibid.* (Calc. gross. de Grignon.)

La S. de Hauteville; *S. altavillensis*, id., *ibid.*

La S. du Languedoc : *S. occitana*, id., *ibid.*; Parkins., *Org. rem.*, tom. 3, tab. 3, fig. 8.

La S. d'Espagne; *S. Hispana*, id., *ibid.*

La S. pyramidale; *S. pyramidalis*, Risso, Fr. mérid., 5, p. 284, n.° 45. (Calc. gross. des env. de Nice.)

La S. bossue; *S. gibbosa*, id., *ibid.* (Grès tert. de Nice.)

Observ. Ce genre, que Klein avoit désigné sous le nom de *Mellita*, et que Leske confondoit avec les spatangues sous la dénomination commune d'*Echinodiscus*, ne diffère guères en effet de ceux-ci que par la forme générale beaucoup plus déprimée, par la position de l'anus, et peut-être aussi par la manière tout-à-fait singulière dont le disque est perforé ou digité. Il faut aussi remarquer les sillons vasculiformes dont la face inférieure est labourée; du reste c'est la même organisation. Aussi toutes les espèces ont vingt séries radiaires de plaques. Il n'y a que la dernière qui, si l'on doit s'en rapporter à la figure, en auroit vingt-six. Ses ambulacres ont aussi une forme étoilée toute particulière. Nous ne l'avons malheureusement vue en nature dans aucune collection.

Nous n'avons pas osé introduire dans le système une autre espèce, que nous ne connoissons également que d'après la figure qu'en a donnée Séba, *Mus.*, 3, tab. 15, n.° 21 et 22, et qui a été reproduite dans l'Enc. méth., pl. 152, fig. 3 et 4. Le nombre des lignes de plaques est de vingt, comme dans tous les échinides : elles sont à peu près égales et disposées comme dans la S. radiée, mais le bord est entier et nullement denté. On ne voit du reste aucun indice des ambulacres, qui ont peut-être été oubliés; l'échancrure pour la bouche est très-grande, et l'anus n'a pas été indiqué.

Les espèces vivantes de ce genre, dont on connoit la patrie, appartiennent aux mers étrangères et essentiellement aux mers australes; cependant nous devons faire remarquer que M. Defrance, en décrivant la S. d'Espagne fossile, dit qu'elle a de très-grands rapports avec une espéce qui vit dans la Manche et qu'on trouve sur les côtes du département du Calvados. Nous n'avons pas vu cette espèce, et c'est la première fois que nous trouvons cité qu'une scutelle existe dans nos mers. Aucun des auteurs anglois, italiens et françois que nous avons consultés n'en parle.

Les espèces fossiles dont on connoit le gisement certain, ont toujours été trouvées dans des terrains postérieurs à la craie.

Fam. IV. Les E. CENTROSTOMES.

Bouche parfaitement centrale.

Sommet médian.

Corps régulièrement ovale ou circulaire, couvert de tubercules et de mamelons et par conséquent de baguettes de deux sortes et dissemblables.

Anus variable, ordinairement médio-dorsal.

GALÉRITE, *Galerites.*

Corps bien régulièrement circulaire ou polygonal, tout-à-fait plat en dessous, convexe et souvent conique avec le sommet bien médian en dessus, formé de plaques très-dissemblables et couvert de tubercules de deux sortes.

Ambulacres complets, étroits, au nombre de cinq ou de quatre, dorso-buccaux.

Bouche centrale et probablement armée.

Anus inféro-marginal.

Pores génitaux au nombre de cinq.

A. *Espèces à quatre ambulacres et par conséquent à seize séries de plaques.*

La GALÉRITE A QUATRE BANDES : *Galerites quadrifasciatus,* Brug.; Leske, Klein, t. 47, fig. 3, 4, 5; copiée dans l'Enc. méth., pl. 154, fig. 8 et 9.

B. *Espèces à cinq ambulacres.*

La G. COMMUNE : *G. vulgaris,* Linn., Gmel., p. 3182, n.° 48; Leske, Klein, p. 165, tab. 23, fig. *C, K,* et tab. 14, fig.

A, K; copiée dans l'Enc. méth., pl. 153, fig. 6 et 7. (Craie : France et Angleterre.)

La Galérite raccourcie: *G. abbreviatus,* de Lamk., 3, p. 20, n.° 3; Leske, Klein, p. 166, t. 40, fig. 3. (France et Allemagne.)

La G. déprimée : *G. depressus,* Linn., Gmel., pag. 3182, n.° 47; d'après Leske, Klein, pag. 164, tab. 40, fig. 5 et 6; copiée dans l'Enc. méth., pl. 152, fig. 7 et 8.

La G. hémisphérique : *G. hemisphæricus,* de Lamk., *ibid.,* p. 21, n.° 6; *Echinites subuculus,* Leske, Klein, p. 171, tab. 14, fig. L, O?

La G. demi-globe : *G. semiglobus,* de Lamk., *ibid.,* p. 22, n.° 12; Leske, Klein, p. 179, tab. 42, fig. 5.

La G. globuleuse : *G. globosus,* Defr., Dict. des sc. nat., t. XVIII, p. 86; Park., *Rem.,* tom. 3, pl. 2, fig. 10.

C. *Espèces à six ambulacres.*

La G. a six bandes : *G. sexfasciatus,* Linn., Gmel., p. 3183, n.° 50; d'après Leske, Klein, pag. 170, tab. 50, fig. 1 et 2; copiée dans l'Enc. méth., pl. 153, fig. 12 et 13.

Observ. Ce genre a été établi par Klein sous le nom de *Conulus,* que nous avions converti en celui d'*Echinoconus,* d'après notre système de nomenclature. M. de Lamarck, en le circonscrivant d'une manière très-incomplète, l'a admis sous la dénomination de *Galerites,* adoptée par M. Gray.

Nous avons pu l'étudier à peu près suffisamment sur un individu bien conservé de la craie chloritée ou inférieure des environs de Rouen, et nous avons pu nous assurer que dans ce genre la forme du corps est parfaitement circulaire ou très-régulièrement polygonale; le sommet étant bien central, ainsi que la bouche, les ambulacres sont alors parfaitement égaux; l'anus, complétement inférieur, étant dans l'écartement des deux postérieurs, comme de coutume. Il nous a paru à peu près certain que le nombre des pores génitaux étoit de cinq, et très-probable que la bouche étoit armée de dents; du moins nous avons cru voir des indices d'auricules: il y avoit aussi des épines de deux sortes, à en juger du moins d'après la différence de grosseur des tubercules.

D'après cela nous avons dû retirer de ce genre non-seulement les *G. patella* et *umbrella* de M. de Lamarck, que M. Defrance avoit déjà rapprochées avec juste raison des nucléolites, mais encore les G. *albogalerus* et *rotularis*, qui sont pour nous des espèces d'échinonées. Pour les autres espèces admises par M. de Lamarck, outre celles que nous n'avons pas citées, et même celles qu'a ajoutées M. Defrance, n'en ayant pas vu de figures, nous n'osons assurer qu'elles doivent entrer dans notre genre Échinocone, et c'est ce qui nous a empêché d'en parler. Nous croyons cependant pouvoir assurer que les G. *scutiformis* et *excentricus* n'appartiennent pas à cette division générique, puisque le sommet n'est pas central.

Quant aux G. à quatre bandes et à six bandes, ainsi nommées parce que la première n'a que quatre ambulacres et la dernière en a six, il faut avouer que si le fait est certain, comme on peut l'admettre d'après les figures de Leske, qui paroissent exactes, on pourroit très-bien en former des genres distincts; car le caractère tiré du nombre des ambulacres est de première importance, et ces combinaisons n'ont encore été trouvées, du moins à notre connoissance, dans aucun échinide vivant.

Toutes les espèces de galérites ne sont connues qu'à l'état fossile, le plus souvent à l'état de moule, et quelquefois avec le têt conservé et siliceux.

La plupart appartiennent à la craie.

Un petit nombre lui sont antérieures.

Jusqu'ici on n'en a pas encore trouvé dans les couches plus récentes.

Échinomètre, Echinometra.

Corps épais, solide, ovale transversalement, un peu déprimé, convexe, avec le sommet médian, en dessus, plat et arqué en dessous, couvert de tubercules mamelonnés de deux sortes et portant des épines diversiformes, mais toujours fortes et grosses.

Ambulacres (cinq) complets, s'élargissant inférieurement.

Ouverture buccale du têt grande, transverse, avec des auricules très-puissantes à sa circonférence intérieure.

Cinq *dents* aiguës à la bouche, avec un appareil compliqué, comme dans les oursins.

Anus médio-supère ou opposé à la bouche.

Pores génitaux au nombre de cinq.

Espèces. L'Échinomètre de Leschenault ; *Echinometra Leschenaultii*, De Blainv., Dict., tom. XXXVII, p. 93.

L'É. de Maugé ; *E. Maugei*, id., *ibid.*

L'É. de Mathieu ; *E. Mathœi*, id., *ibid.*, p. 94.

L'É. porte-aiguille ; *E. acufera*, id., *ibid.*

L'É. oblong ; *E. oblongus*, id., *ibid*, p. 95.

L'É. porte-épine : *E. lucunter*, Linn., Gmel., p. 3176, n.° 10 ; *Cidaris lucunter*, Leske, Klein, p. 109, t. 4, fig. C, D, E, F ; copié dans l'Enc. méth., pl. 134, fig. 3 — 7 ; *Echinus lucunter*, de Lamk., Anim. sans vert., 3, p. 50, n.° 32.

L'É. festonné ; *E. lobatus*, de Blainv., *ibid.*, p. 95.

L'É. artichaut : *E. atratus*, Linn., Gmel., p. 3177, n.° 11 ; *Cidaris violacea*, Leske, Klein, p. 117, tab. 47, fig. 1 et 2 ; copié dans l'Enc. méth., pl. 140, fig. 1 — 4 ; *Echinus atratus*, de Lamk., *ibid.*, p. 51, n.° 33.

L'É. de Quoy ; *E. Quoyii*, de Blainv., *ibid.*, p. 96.

L'É. porte-houlette : *E. pedifera*, Lesson ; de Blainv., Mon. du Dict., tom. XXXVII, p. 97.

L'É. mamelonné : *E. mamillatus*, Linn., Gmel., p. 3175, n.° 9 ; Séba, *Mus.*, 3, tab. 13, fig. 1 et 2 ; copié dans Leske, Klein, tab. 39, fig. 1, et dans l'Enc. méth., pl. 138 ; *Echinus mamillatus*, de Lamk., *ibid.*, p. 51, n.° 34.

L'É. a baguettes carénées : *E. carinatus*, Lesson ; de Blainv., Monogr. du Dictionn., *ibid.*, p. 98.

L'É. trigonaire : *E. trigonarius*, de Lamk., *ibid.*, pag. 51, n.° 25 ; Séba, *Mus.*, 3, tab. 13, fig. 4 ; copié dans l'Encycl. méthod., pl. 139, fig. 2.

Observ. Ce genre a été dernièrement établi par M. Gray. Il est certainement à peine distinct des véritables oursins, si ce n'est par la forme du corps, qui est transverse, plus ou moins courbé, et par celle des piquans, qui sont toujours fort singuliers ; aussi M. de Lamarck n'en fait-il qu'une division particulière de son genre *Echinus*. Nous l'avions d'abord imité ; mais comme le nombre des espèces de cette division est maintenant assez considérable, nous adopterons le genre Échinomètre.

Nous avons pu en étudier plusieurs en bon état de conservation dans l'esprit de vin, grâces à la complaisance de MM. Quoy, Gaimard et Lesson.

Il est à remarquer que toutes les espèces d'échinomètres vivent dans les mers des pays chauds, et qu'on n'en connoît aucune dans les nôtres.

Nous n'en connoissons pas encore non plus de fossiles.

Oursin, *Echinus*.

Corps en général fort régulièrement circulaire ou subpolygonal, composé de vingt séries radiaires, alternativement inégales, de plaques polygones hérissées d'épines diversiformes de deux sortes, et portées sur des tubercules mamelonnés non perforés.

Ambulacres constamment au nombre de cinq et complets.

Bouche centrale, armée de cinq dents pointues, portées sur un appareil intérieur très-compliqué.

Anus médian supérieur ou exactement opposé à la bouche.

Pores génitaux au nombre de cinq.

A. *Espèces parfaitement régulières, ordinairement déprimées; aires très-inégales; les ambulacraires très-étroites, bordées par des ambulacres presque droits, et composés à droite et à gauche d'une double série de pores rapprochés; auricules divisées et spatulées.*

L'Oursin pustuleux : *E. pustulosus*, de Lamk., *ibid.*, p. 49, n.° 14; *Cidaris pustulosa*, Leske, Klein, pag. 150, tab. 11, fig. *D*, et fig. *A, B, C.*

L'O. piqueté : *E. punctulatus*, id., *ibid.*, p. 47, n.° 18; Séba, *Mus.*, 3, tab. 10, fig. *a, b.*

L'O. loculé : *E. loculatus, ibid.*; Leske, Klein, tab. 11, fig. *D.*

L'O. étoilé; *E. stellatus*, de Blainv., Dict., t. XXXVII, p. 76.

L'O. équituberculé; *E. equituberculatus*, id., *ibid.*

L'O. de Dufresne; *E. Dufresnii*, id., *ibid.*

B. *Espèces régulières, plus ou moins bombées, mais du reste diversiformes; aires subégales, bordées par une double série de pores, formant à l'extérieur des denticulations plus ou moins marquées, chacune de trois paires de trous.*

a. Angles de l'ouverture buccale du têt non fissurés.

* *Aires ambulacraires égalant la moitié seulement des anambulacraires.*

L'O. melon-de-mer : *E. melo*, de Lamk., 3, pag. 45, n.° 8; Gualth., *Test.*, tab. 107, fig. *E.*

L'Oursin faux-melon; *E. pseudo-melo*, de Blainville, *ibid.*, pag. 77.

L'O. perlé; *E. margaritaceus*, de Lamk., *ibid.*, pag. 47, n.° 16.

L'O. pointu; *E. acutus*, id., *ibid.*, p. 45, n.° 10.

L'O. subanguleux : *E. subangulosus*, id., *ibid.*, p. 48, n.° 21; *Cidaris angulosa* (*var. minor*), Leske, Klein, pag. 94, tab. 3, fig. *A*, *B*; copié dans l'Enc. méth., pl. 133, fig. 3 — 6.

L'O. quinquanguleux; *E. quinquangulosus*, de Blainv., *ibid.*, p. 79.

L'O. globiforme; *E. globiformis*, de Lamk., *ibid.*, p. 44, n.° 5.

L'O. orange-de-mer; *E. aurantiacus*, de Blainv., *ib.*, p. 79.

L'O. violet; *E. violaceus*, id., *ibid.*, p. 80.

** *Aires ambulacraires égalant les deux tiers des autres.*

L'O. miliaire : *E. miliaris*, de Lamk., *ibid.*, p. 49, n.° 36; *Cidaris miliaris saxatilis*, Leske, Klein, p. 82, tab. 2, fig. *A*, *B*, *C*, *D*, et tab. 35, fig. 2 et 3; copié dans l'Enc. méth., pl. 135, fig. 1 et 2, *a*, *b*.

L'O. paucituberculé; *E. paucituberculatus*, de Blainv., *ibid.*, p. 80.

L'O. mignon; *E. minutus*, id., *ibid.*

L'O. œuf; *E. ovum*, de Lamk., *ibid.*, p. 48, n.° 19.

L'O. pale; *E. pallidus*, id., *ibid.*, n.° 20.

L'O. gris; *E. griseus*, de Blainv., *ibid.*, p. 81.

*** *Aires égales.*

L'O. petit-globe : *E. globulus*, Linn., Gmel., p. 3171, n.° 2; Klein, Leske, tab. 11, fig. *E*, *F*.

L'O. sculpté : *E. toreumaticus*, Linn., Gmel., pag. 3180, n.° 42; Leske, Klein, p. 155, tab. 10, fig. *D*, *E*; *E. sculptus*, de Lamk., *ibid.*, p. 47, n.° 17.

b. Angles de l'ouverture buccale du têt plus ou moins fissurés.

L'O. excavé : *E. excavatus*, Gualt., Test., tab. 107, fig. *F*.

L'O. panaché : *E. variegatus*, de Lamk., *ibid.*, p. 48, fig. 22; *Cidaris variegata*, Leske, Klein, p. 149, tab. 10, fig. *B*, *C*; copié dans l'Enc. méth., pl. 41, fig. 4 et 5.

L'Oursin trizonal; *E. trizonalis*, de Blainv., Dictionn., tom. XXXVII, pag. 84.

L'O. déprimé : *E. depressus*, id., ibid.; Gualt., *Test.*, pl. 107, fig. *A*.

L'O. polyzonal : *E. polyzonalis*, de Lamk., ibid.. pag. 46, n.° 13; Gualt., *Test.*, tab. 107, fig. M ; *E. obtusangulatus*, de Lamk., ibid., p. 46, n.° 12.

C. *Espèces régulières, de forme un peu variable; les lignes ambulacraires formant à l'extérieur des dentelures droites ou arquées, chacune de quatre paires de pores.*

L'O. comestible : *E. esculentus*, Linn., Gmel., p. 3168, n.° 1; Leske, Klein, p. 74, tab. 38, fig. 1 ; copié dans l'Enc. méth., pl. 132, fig. 1.

L'O. vulgaire; *E. vulgaris*, de Blainv., Dict. des sc. nat., tom. XXXVII, pag. 86.

L'O. de Gaimard; *E. Gaimardi*, id., p. 86.

L'O. équituberculé; *E. equituberculatus*, id., ibid.

L'O. douteux; *E. dubius*, id., ibid., p. 87.

L'O. maculé; *E. maculatus*, de Lamk., ibid., p. 46, n.° 14.

D. *Espèces régulières, de forme un peu variable; les denticules des lignes ambulacraires droites ou arquées de cinq paires de pores au moins.*

L'O. livide : *E. lividus*, de Lamk., ibid., p. 50, n.° 28, et *F. neglectus*, ejusd., p. 49, n.° 25.

L'O. parvituberculé; *E. parvituberculatus*, de Blainv., Dict., tom. XXXVII, pag. 88, sous le nom d'*E. microtuberculatus*.

L'O. meule; *F. mola*, id., ibid.

L'O. longue-épine; *E. longispina*, id., ibid., p. 89.

L'O. subglobiforme; *E. subglobiformis*, id., ibid.

E. *Espèces régulières; les lignes ambulacraires formées de séries obliques et simples de six pores.*

L'O. calotte; *E. pileolus*, de Lamk., ibid., p. 45, n.° 7.

F. *Espèces régulières; les lignes ambulacraires festonnées ou composées d'espèces de dents très-arquées, de sept paires de pores.*

L'O. variolaire; *E. variolaris*, de Lamk., ib., p. 47, n.° 15.

L'O. tuberculé; *E. tuberculatus*, id., ibid., p. 50, n.° 29.

60.   14

G. *Espèces régulières , à aires égales par le grand élargissement des ambulacres, qui sont formés par trois séries verticales de doubles pores; les angles de l'ouverture buccale du têt fortement fissurés.*

L'Oursin ENFLÉ : *E. sardicus,* de Lamk., *ibid.,* p. 43, fig. 9; *Cidaris sardica,* Leske, Klein, p. 146, tab. 9, fig. *A, B;* cop. dans l'Enc. méth., pl. 141, fig. 1 et 2.

L'O. FLAMMULÉ; *E. virgatus,* de Lamk., *ibid.,* p. 44, n.° 4.

L'O. VENTRU : *E. ventricosus,* de Lamk., *ibid.,* p. 44, n.° 2; *Cidaris miliaris,* Leske, Klein, p. 11, tab. 1, fig. *A, B;* cop. dans l'Enc. méth., pl. 132, fig. 2 et 3.

L'O. A BANDES; *E. fasciatus,* de Lamk., *ibid.,* p. 45, n.° 6.

L'O. BLEUATRE; *E. subcœruleus,* de Lamk., *ibid.,* pag. 49, n.° 23.

L'O. DE PÉRON; *E. Peronii,* de Blainv., Dict., tom. XXXVII, pag. 92.

L'O. PENTAGONE; *E. pentagonus,* de Lamk., *ib.,* p. 46, n.° 11.

Espèces fossiles.

L'O. PERLÉ : *E. perlatus,* Desm., Monogr. des échin. foss.; Defr., Dict. des sc. nat., tom. XXXVII, p. 100; Knorr, *Petr.,* vol. 2, tab. 11, *F,* fig. 1 ?

L'O. COLLIER; *E. monilis, id., ibid.*

L'O. DE MILLER; *E. Milleri, id., ibid.,* p. 101.

L'O. DOME; *E. doma, id., ibid.*

L'O. PÉTALIFÈRE : *E. petaliferus, id., ibid.;* Parkins., *Rem.,* tab. 1, fig. 12 et 13.

L'O. DE MENARD; *E. Menardi, id., ibid.*

L'O. ROTULAIRE; *E. rotularis,* de Lamk., Anim. sans vert., tom. 3, p. 50, n.° 27.

L'O. EFFACÉ; *E. obsoletus, id., ibid.,* p. 102.

L'O. DE BRONGNIART; *E. Brongniartii, id., ibid.*

L'O. TUBERCULÉ; *E. tuberculatus, id., ibid.*

L'O. COURONNE; *E. corona,* Risso, Fr. mérid., 5, p. 278, n.° 27.

L'O. SAXATILE : *E. saxatilis,* Flemm., *Brit. anim.,* pag. 479; Parkins., *Org. rem.,* 3, tab. 3, fig. 4. (Angleterre, craie.)

L'O. DE KŒNIG : *E. Kœnigii, id., ibid.;* Park., *Org. rem.,* 3, tab. 12, fig. 1. (Craie, Angleterre.)

Observ. Ce genre est maintenant circonscrit de manière qu'il ne peut plus être confondu avec aucun autre, pas même avec les échinomètres, dont il ne diffère cependant que par la forme générale du têt, toujours parfaitement régulière, ainsi que par celle des épines, qui sont assez souvent de deux sortes, mais constamment plus ou moins ariculées.

Nous avons pu en étudier un grand nombre d'espèces vivantes et par conséquent bien complètes; beaucoup d'autres ne nous sont malheureusement connues que par la coque; mais comme nous avons pu y trouver des caractères spécifiques constans, 1.º dans la proportion des aires ambulacraires et anambulacraires; 2.º dans le nombre des lignes de doubles pores qui limitent les ambulacres; 3.º dans le nombre de ces doubles pores qui forment les festons de ces lignes; 4.º dans la forme des auricules servant d'insertion aux muscles de l'appareil dentaire; 5.º enfin, dans la disposition des bords de l'orifice buccal : il en résulte que, quoique nous ayons presque doublé le nombre des espèces indiquées par M. de Lamarck, elles sont beaucoup plus faciles à reconnoître.

On trouve des échinides de ce genre dans toutes nos mers; la Méditerranée en contient même de fort belles espèces très-communes.

Ils vivent parfaitement libres dans le fond de la mer à d'assez grandes profondeurs, ou même sur les rivages dans les rochers, au milieu des fucus.

Ce sont des animaux éminemment carnassiers.

Ils pondent une quantité innombrable d'œufs.

Outre les espèces vivantes que nous avons définies dans l'article Oursin, M. Risso en décrit deux autres sous les noms d'*E. purpureus* et d'*E. brevispinosus;* mais, comme à son ordinaire, si incomplétement, qu'on ne peut dire ce que c'est.

M. Defrance distingue treize espèces de ce genre à l'état fossile et provenant de terrains antérieurs et postérieurs à la craie. M. Risso en ajoute une nouvelle des environs de Nice, et M. Goldfuss neuf d'Allemagne.

CIDARITE, *Cidaris.*

Corps bien circulaire, bien régulier, de forme plus ou moins élevée ou déprimée, composé de plaques polygones, couvertes de tubercules mamelonnés, constamment perforés au sommet et portant des épines de deux sortes : les unes très-longues et très-aiguës, les autres courtes et presque squameuses.

Ambulacres complets, au nombre de cinq.

Bouche inférieure, centrale, pourvue de cinq dents aiguës.

Anus supérieur et central.

Pores génitaux au nombre de cinq.

A. *Espèces subsphéroïdales et même plus élevées que larges, à aires ambulacraires très-étroites ; les lignes de doubles pores sinueuses.* (LES TURBANS.)

Le CIDARITE IMPÉRIAL : *Cidaris imperialis*, de Lamk., Anim. sans vert., tom. 3, p. 54, n.° 1 ; *Cidaris papillata major*, Leske, Klein, p. 126, t. 7 ; copiée dans l'Enc. méth., pl. 136, fig. 8 ; *Echin. cidaris*, var. *a*, Sowerby, *Br. Mus.*, tab. 44 ; *Cidaris papillata*, Flemm., *Brit. anim.*, p. 477.

Le C. PORC-ÉPIC : *C. hystrix*, id., ibid., p. 55, n.° 3 ; *Cidaris papillata*, var. 3, Leske, Klein, p. 129, t. 7, fig. *B*, *C* ; cop. dans l'Enc. méth., pl. 136, fig. 6 et 7. (De la Méditerranée.)

Le C. BEC-DE-GRUE : *C. geranioides*, id., ibid., p. 56, n.° 5 ; *Echinometra singularissima*, Séba, *Mus.*, 3, tab. 13, fig. 8 ; cop. dans l'Enc. méth., pl. 136, fig. 1.

Le C. PISTILLAIRE : *C. pistillaris*, de Lamk., *ibid.*, page 55, n.° 2 ; cop. dans l'Enc. méth., pl. 137.

B. *Espèces orbiculaires, déprimées ; aires ambulacraires moins étroites, bordées par des ambulacres droits ; épines ordinairement fistuleuses.* (G. DIADEMA, Gray.)

Le C. DIADÈME : *C. diadema*, Linn., Gmel., page 3173, n.° 7 ; Leske, Klein, pag. 100, tab. 37, fig. 1 et 2 ; cop. dans l'Enc. méth., pl. 133, fig. 10.

Le C. PORTE-CHAUME : *C. calamaria*, Pallas, *Spicil. zool.*, 10, page 31, tab. 2, fig. 4 — 8 ; cop. dans l'Enc. méth., pl. 134, fig. 9 — 11.

Le C. PORTE-QUILLE : *C. metularia*, de Lamk., *ibid.*, p. 56, n.° 7 ; Séba, *Mus.*, 3, t. 13, fig. 10 ; cop. dans l'Enc. méth., pl. 134, fig. 8.

C. *Espèces orbiculaires, très - déprimées; les aires interambula-craires égalant la moitié des autres, et bordées par des ambulacres droits et fort larges.* (G. Astropyga, Gray.)

Le Cidarite rayonné : *C. radiata*, Leske, Klein, page 116, tab. 44, fig. 1; cop. dans l'Encycl. méthod., pl. 140, fig. 5 et 6.

Observ. Ce genre, établi par M. de Lamarck pour des échinides que Klein et Leske confondoient avec les véritables oursins, sous le nom commun de *Cidaris*, n'offre réellement pour caractère constant que la perforation des tubercules, qui ne sont pourtant pas perforés d'outre en outre, comme le dit M. de Lamarck. Il faut cependant ajouter que presque toujours il y a deux espèces bien différentes de piquans, dont les uns deviennent de véritables baguettes quelquefois fistuleuses.

M. Gray a cru devoir former un genre distinct des diadèmes de M. de Lamarck, parce qu'en général la forme est plus surbaissée et que les baguettes sont fistuleuses; mais sont-ce des caractères suffisans pour l'établissement d'un genre?

Quant à celui qu'il a cru devoir former avec l'espèce qui entre dans la division *C*, il y a évidemment des différences plus importantes dans la forme, dans la mollesse du têt, qui rappelle un peu les astéries placentiformes; mais nous ne croyons cependant pas qu'elles doivent former un genre distinct.

On connoît quelques espèces de ce genre à l'état fossile dans la craie et dans des terrains antérieurs. M. Defrance en reconnoît trois, mais à peine s'il les caractérise, et M. Risso en ajoute deux nouvelles; mais j'en trouve quatre de mieux indiquées dans l'ouvrage de M. Flemming, et qui sont figurées par Parkinson. M. Goldfuss en définit et figure dix-neuf dont deux de la div. *A*, treize de la div. *B*, et quatre de la div. *C*.

Quoique la plupart des échinides qui entrent dans ce genre, soient des mers de l'hémisphère austral, on en connoît cependant déjà deux espèces dans nos mers : l'une très-commune dans la Méditerranée; l'autre, sur les côtes d'Écosse, où elle paroît être bien plus rare.

Ordre III. STELLÉRIDES, *Stelleridea.*

(Genre Asterias, Linn.)

Corps généralement déprimé, large, et régulièrement divisé à sa circonférence en angles plus ou moins aigus, souvent prolongés en lobes ou rayons parfaitement semblables, couvert d'une peau plus ou moins soutenue par des pièces calcaires.

Canal intestinal pourvu d'un seul orifice buccal, non armé, mais entouré de suçoirs tentaculiformes.

Ovaires rayonnés et s'ouvrant à la marge de la bouche.

Observ. Cet ordre, extrêmement naturel, correspond presque exactement au genre *Asterias* de Linné. On a cependant été obligé d'y réunir les Encrines, dont cet auteur faisoit des Isis ou des Pennatules.

Sa caractéristique ne peut guères porter que, 1.º sur la nature de la peau, qui est toujours plus ou moins flexible, quoique solidifiée par des pièces calcaires très-diversiformes, et qui, à la face buccale, présentent une sorte de disposition vertébrale, servant en effet à la locomotion; 2.º sur l'absence d'anus au canal intestinal, qui n'est plus qu'un estomac plus ou moins lobé à sa circonférence; 3.º sur la terminaison constante des ovaires, disposés en rayons à la circonférence de la bouche. Quant à la forme du corps, il faut convenir qu'elle est souvent très-différente, quoiqu'elle soit toujours au moins régulièrement polygonale; en effet, ses angles, qui sont quelquefois très-obtus, peuvent se prononcer au point que, dans la famille des Ophiures et des Comatules, ce sont de véritables appendices en forme de longs rayons, quelquefois même divisés ou dichotomisés. C'est cette disposition qui a fait comparer ces animaux à des étoiles, et qui leur a valu le nom d'*asterias*.

Nous avons parlé des principaux points de l'organisation des Stellérides dans les généralités sur les Actinozoaires. Nous nous bornerons à faire observer que ces animaux sont évidemment inférieurs aux Échinides, puisque leur appareil nutritif est considérablement simplifié, n'y ayant plus de masse buccale, plus d'intestin proprement dit, plus d'anus,

plus de cœur, et encore moins d'appareil respirateur distinct. Aussi les fonctions de ces animaux offrent-elles des différences analogues.

On trouve des Stellérides dans toutes les mers et généralement sur les rivages; mais en plus grand nombre cependant
dans les mers des pays chauds.

Toutes jouissent de la faculté de locomotion générale à un
assez haut degré; il faut cependant en excepter les Comatules
jusqu'à un certain point, et surtout les Encrines, qui sont
constamment fixées.

Elles se nourrissent toutes d'animaux morts ou vivans,
qu'elles font pénétrer tout entiers dans leur estomac.

Au printemps et au commencement de l'été leurs ovaires
se gonflent, et elles jettent leur frai dans des lieux convenables, et surtout sur les plages sablonneuses, exposées au soleil. C'est ce frai qui, dit-on, rend les moules dangereuses à
manger.

Nous ne connoissons rien sur le développement des Stellérides et sur la durée de leur vie.

L'espéce humaine n'en tire aucun avantage que de s'en servir quelquefois comme engrais.

Les auteurs qui se sont le plus occupés de ces animaux,
sont Gaëde, Monro, Spix, Delle Chiaje, pour l'organisation;
Link, de Lamarck, pour la connoissance des espéces.

Le nombre paroît en être assez considérable; malheureusement on les conserve assez difficilement dans les collections,
à cause de l'eau de mer qui les imprègne, et qui les rend
susceptibles d'attirer long-temps l'humidité de l'air.

M. de Lamarck a suivi à peu prés les erremens de Link
dans la distribution systématique des Stellérides. En faisant
concorder l'étude de l'organisation de ces animaux avec
celle de leurs mœurs, on peut trouver à l'extérieur de fort
bons caractères pour les partager en trois familles bien naturelles, dans lesquelles les genres sont cependant assez peu
nombreux.

Quant à la distinction des espéces, les principes qui doivent guider, varient assez dans chaque famille, pour que nous
devions remettre à en parler à l'article de chacune d'elles.

Voici les noms et la table synoptique des familles et des

genres ou sous-genres qui constituent l'ordre des Stellérides :

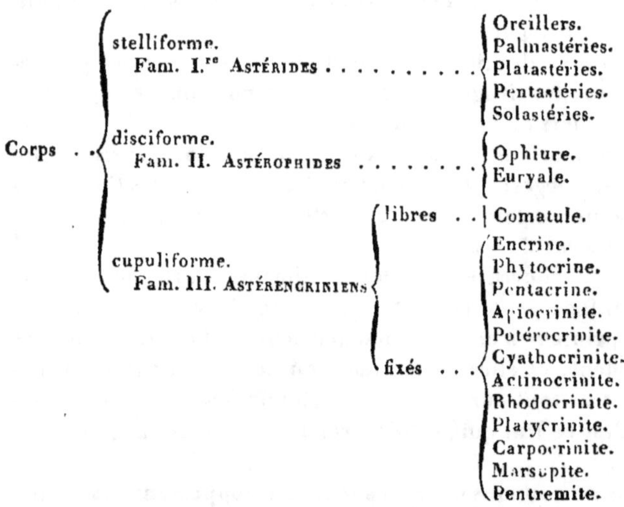

Fam. I.ʳᵉ Astérides, *Asteridea.*

Corps large, polygonal ou multilobé, traversé inférieurement
par des sillons étendus de la bouche à l'extrémité des angles ou des lobes, et contenant plusieurs rangées de suçoirs
tentaculiformes.

Un *tubercule* madréporiforme sur le dos.

Observ. Cette famille comprend les véritables Astéries,
celles que l'on peut souvent comparer, avec assez de raison,
à des Étoiles par la manière dont le corps est divisé, plus ou
moins profondément, à sa circonférence en cinq lobes ou davantage.

Astérie, *Asterias.*

Corps régulier, déprimé, stelliforme, pentagonal ou plus ou
moins profondément et régulièrement divisé à sa circonférence en lobes ou rayons convexes en dessus, constamment aplatis en dessous, avec autant de sillons profonds,
convergeant de la circonférence au centre, qu'il y a d'angles ou de rayons ; ces sillons remplis de suçoirs.

Bouche centrale.

Orifice des ovaires double pour chaque lobe ou rayon et situé à sa base.

Un *tubercule* madréporiforme à la partie supérieure du corps.

Observ. Nous avons observé un assez grand nombre d'espèces de ce genre à l'état vivant ou conservées dans l'esprit de vin, mais malheureusement le plus souvent desséchées.

Nous en avons étudié l'organisation avec quelque soin; mais il n'en est pas tout-à-fait de même de leur histoire naturelle, sur laquelle on n'a encore que des renseignemens bien incomplets.

Les unes se meuvent fort peu et très-lentement, comme les espèces de la première section, tandis que d'autres nagent avec vîtesse, comme celles de la dernière, et alors elles agitent leurs rayons.

Toutes sont éminemment carnassières : nous ignorons de quels animaux elles se nourrissent principalement.

Comme il est à peu près certain qu'elles sont pourvues à la fois des deux sexes, il doit y avoir une sorte d'accouplement, et en effet Othon Fabricius dit qu'au mois de Mai on les trouve réunies deux à deux, face à face, et d'une manière très-forte.

A la même époque on trouve leurs ovaires gonflés d'œufs, qui nous ont paru composés comme ceux des holothuries; mais nous ignorons combien de temps ils sont à éclore; à quel état sort le jeune animal, la durée de son accroissement et par conséquent celle de sa vie.

On trouve des espèces d'astéries dans toutes les mers d'Europe, dans la Manche, dans l'Océan et surtout dans la Méditerranée; mais les plus grandes existent dans les mers des pays chauds, dans l'archipel Indien et dans l'Amérique méridionale.

Leur distinction est véritablement assez difficile; d'abord parce qu'il est fort rare qu'elles existent bien complètes dans nos collections, et surtout parce qu'elles y sont desséchées et par conséquent entièrement décolorées. Les figures assez nombreuses qui ont été données dans les ouvrages de Link et de Séba, copiées dans l'Encyclopédie méthodique, ont été faites également d'après des individus desséchés.

Le meilleur caractère que nous ayons encore trouvé pour distinguer les astéries, est la forme du tubercule madréporiforme de leur dos; tubercule qui est certainement en rapport avec la génération, mais dont nous ignorons encore l'usage spécial.

Le nombre des espèces de véritables astéries actuellement connues est assez considérable pour nécessiter entre elles une distribution systématique qui en puisse faciliter la connoissance. Celle que nous proposons, qui est à peu près celle de Link, est jusqu'à un certain point artificielle; cependant, dans bien des cas, elle les groupe assez naturellement et dénote même des mœurs et des habitudes un peu différentes. Elle repose essentiellement sur la forme générale du corps, pentagonal, pentalobé ou pluriradié, et dans ce dernier cas, en ayant égard au nombre des rayons.

A. *Espèces dont le corps est pentagonal et peu ou point lobé à sa circonférence; les angles étant fissurés.* (Les Oreillers.)

L'Astérie lune : *Asteria luna*, Linn., Gmel., p. 3160, n.° 1; d'après Linné, *Amœn. acad.*, 4, p. 256, t. 3, fig. 4.

L'A. discoïde : *A. dioscoidea*, de Lamk., Anim. sans vert., 2, pag. 554, n.° 7; cop. dans l'Enc. méth., pl. 97, fig. 3, et pl. 99, fig. 1.

L'A. granulaire : *A. granularis*, Linn., Gmel., p. 3164, n.° 28; d'après Retzius, *Nov. act. Stockh.*, 1783, p. 231, n.° 7; Link, *Stell. mar.*, p. 20, tab. 13, fig. 22.

L'A. pentagonule; *A. pentagonula*, de Lamk., *loc. cit.*, n.° 9.

B. *Espèces pentagonales, minces et comme membraneuses.* (G. Palmipes, Link; les Palmastéries.)

L'A. patte-d'oie : *A. membranacea*, Linn., Gmel., p. 3164, n.° 27; d'après Retzius, *Nov. act. Stockh.*, 1783, p. 236, n.° 6; Link, tab. 1, fig. 2.

L'A. rosacée : *A. rosacea*, de Lamk., *ibid.*, n.° 19; cop. dans l'Enc. méth., pl. 99, fig. 2, 3.

L'A. éperon; *A. calcar*, de Lamk., n.° 17.

L'A. coussinet : *A. pulvillus*, Linn., Gmel., p. 3160, n.° 18; d'après Muller, *Zool. Dan.*, 1, pag. 64, n.° 25, tab. 19, fig. 1 et 2; cop. dans l'Enc. méth., pl. 107, fig. 1 à 3.

C. *Espèces quinquélobées et non articulées à la circonférence.*

L'Astérie eniglë : *A. minuta*, Linn., Gmel., page 5164, n.° 4; cop. dans l'Enc. méth., pl. 100, fig. 1, 2, 3.

L'A. gibbeise : *A. gibbosa*, Penn., *Brit. zool.*, 4, n.° 62; *Pentaceros gibbus plicatus*, Link, *Stell.*, p. 25, t. 5, n.° 20.

L'A. gentille; *A. pulchella*, de Blainv., Faune franç., Actinoz.

Petite espèce de la Méditerranée, ayant beaucoup de rapports avec l'*A. minuta*, Linn., avec laquelle elle a été confondue.

D. *Espèces pentagonales et plus ou moins lobées et articulées à leur circonférence.* (Les Scutastéries ; Platastéries.)

L'A. parquetée : *A. tessellata*, de Lamk., *loc. cit.*, p. 552, n.° 1; Link, *Stell. mar.*, t. 24, fig. 59; copiée dans l'Enc. méth., pl. 97, fig. 1, 2, et Link, tab. 23, n.° 57.

L'A. équestre : *A. equestris*, Linn., Gmel., p. 5164, n.° 9; *Pent. planus*, Link, p. 21, tab. 12, fig. 21, et tab. 33, fig. 53, copiée dans l'Enc. méth., pl. 101 et 102. (Mers du Nord.)

L'A carinifère; *A. carinifera*, de Lamk., *loc. cit.*, n.° 13.

L'A. noble : *A. nobilis*, Linn., Gmel., p. 5160, n.° 17; *An A. equestris?*

L'A. pleyadella; *A. pleyadella*, de Lamk., *loc. cit.*, n.° 4.

L'A. oculée : *A. oculata*, Link, t. 23, fig. 11; Penn., *loc. cit.*, tab. 507, fig. 56. (Mers du Nord et de la Manche.)

L'A. ocellifère; *A. ocellifera*, de Lamk., *ibid.*, n.° 5.

L'A. ponctuée; *A. punctata*, id., *ibid.*, n.° 2.

L'A. cuspidée; *A. cuspidata*, id., *ibid.*, n.° 5.

L'A. vermicine; *A. vermicina*, id., *ibid.*, n.° 6.

L'A. obtusangle; *A. obtusangula*, id., *ibid.*, n.° 14.

L'A. réticulée : *A. reticulata*, Linn., Gmel., p. 5165, n.° 6; Link, tab. 23, n.° 56, et tab. 41 et 42, n.° 72; Séba, tab. 7, fig. 1; copiée dans l'Enc. méth., pl. 100, fig. 6, 7, 8.

L'A. de Séba : *A. Sebæ*, de Blainv.; Séba, 3, tab. 8, n.° 1.

L'A. couronnée : *A. nodosa*, Linn., Gmel., p. 5165, n.° 7; Link, tab. 2 et 5, n.° 5, et tab. 26, n.° 41; Séba, tab. 7, fig. 5; copiée dans l'Enc. méth.

L'A. de Link : *A. Linkii*, de Blainv.; Link, *Stell. mar.*, tab. 7, n.° 8.

Les espèces de cette section, dont plusieurs existent dans nos mers, ne nous paroissent pas avoir encore été examinées avec assez d'attention par les zoologistes. Nous pensons qu'on en a confondu plusieurs sous le même nom.

E. *Espèces profondément divisées en cinq rayons.*

* Rayons triangulaires déprimés et articulés sur les bords.
(G. Astropecten, Link ; Crenaster, Luid.)

L'Astérie frangée : *A. aranciaca*, Linn., Gmel., p. 3164, n.° 8 ; d'après Link, *Stell. mar.*, pag. 27, tab. 5 et 6, n.° 6. (Mers Adriatique, Méditerranée et du Nord.)

L'A. chausse-trape ; *A. calcitrapa*, de Lamk., *loc. cit.*, pag. 563, n.° 32.

L'A. irrégulière : *A. irregularis*, Link, *Stell. mar.*, p. 27, tab. 6, n.° 13 ; Penn., *British zool.*, 4, p. 61, n.° 57. (Anglet. mérid.)

L'A. régulière ; *A. regularis*, Link, id., ibid., p. 16, tab. 8, n.° 1.

L'A. fimbriée : *A. fimbriata*, Link, ibid., p. 27, tab. 23 et 24, n.° 58.

L'A. bi-épineuse : *A. bispinosa*, Otto, *Beschreib. einig. neuen Mollusk. und Zooph.*, p. 23, tab. 39.

** Rayons triangulaires, assez courts et arrondis en dessus.

L'A. commune : *A. rubens*, Linn., Gmel., pag. 3161, n.° 3 ; Link, *Stell.*, tab. 30, n.° 50 ; copiée dans l'Enc. méth., pl. 113, fig. 1, 2, et 112, pl. 3 et 4. (Mers du Nord, Baltique, Manche, Océan et Méditerranée?)

L'A. violette : *A. violacea*, Linn., Gmel., p. 3163, n.° 24 ; d'après Muller, *Zool. dan.*, 2, tab. 48 ; copiée dans l'Enc. méth., pl. 116, fig. 4.

L'A. spongieuse : *A. spongiosa*, Othon Fabr., *Faun. Groenl.*, p. 368, n.° 363.

L'A. acuminée ; *A. acuminata*, de Lamk., p. 564, n.° 33.

L'A. striée ; *A. striata*, id., ibid., n.° 34.

L'A. glaciale : *A. glacialis*, Linn., Gmel., p. 3162, n.° 5 ; Link, *Stell.*, p. 52, tab. 38 et 39 ; copiée dans l'Enc. méth., pl. 117 et 118.

Asterias angulosa, Muller, *Zool. dan.*, 2, p. 1, tab. 41; cop.
dans l'Enc. méth., pl. 119, fig. 1.

A. clathrata, Penn., *Brit. zool.*, 4, p. 61, tab. 30, fig. 1.
(Mers du Nord, de la Manche, de l'Océan.)

L'Astérie milleporelle; *Milleporella*, id., ibid., n.° 35.

L'A. multiforée : *A. multifora*, id., ibid., n.° 37; *Pentad.
multifora*, Link, *Stell.*, p. 35, n.° 7, tab. 36, n.° 62.

*** Rayons longs, étroits et souvent rétrécis à leur origine.

L'A. variolée : *A. variolata*, id., ibid., n.° 36; Link., *Stell.*,
tab. 1. fig. 1, et tab. 8, fig. 10; copiée dans l'Enc. méth., pl.
119, fig. 4 et 5.

L'A. granifère; *A. granifera*, de Lamk., *loc. cit.*, pag. 560,
n.° 24.

L'A. épineuse : *A. spinosa*, Link, *Stell.*, p. 35, tab. 4, n.° 7;
copiée dans l'Enc. méth., pl. 119, fig. 2 et 3; *A. echinophora*,
de Lamk., n.° 25. (Des mers du Nord.)

L'A. miliaire : *A. lævigata*, Linn., Gmel., p. 3164, n.° 10;
Link, *Stell.*, t. 28, n.° 47.

L'A. comete; *A. cometa*, de Blainv., *ibid.*, p. 566.

L'A. bicolore; *A. bico'or*, de Lamk., n.° 38.

L'A. réticulée; *A. reticulata*, Link, *Stell.*, p. 34, tab. 39,
n.° 16.

L'A. phrygienne : *A. phrygiana*, Linn., Gmel., pag. 3163,
n.° 30; d'après Mull., *Zool. Dan. prod.*, 2829; *Act. nidr.*, 4,
p. 424, t. 14, fig. 1 et 2.

L'A. pertuse : *A. pertusa*, Linn., Gmel., p. 3165, n.° 30;
Mull., *Zool. Dan. prod.*, 2839.

L'A. clavigère; *A. clavigera*, de Lamk., 2, p. 562, n.° 29.

L'A. Riscardrude : *A. seposita*, Linn., Gmel., p. 3162, n.°
21; d'après Retzius, *Nov. act. Stockh.*, 1783, p. 239, n.° 2.

L'A. cylindrique; *A cylindrica*, de Lamk., p. 567, n.° 41.

L'A. subulée; *A subulata*, id., ibid., n.° 44.

L'A. ophidienne, *A. ophidiana*, id., ibid., n.° 43.

Observ. Les espéces d'astéries qui entrent dans cette section
sont assez nombreuses, même dans nos mers; mais leur distinction n'a pas été encore suffisamment établie. Nous sommes
certains, par exemple, que l'on confond sous le nom d'A. frangée au moins quatre espèces; il se pourroit par contre que celles

de la dernière section aient été trop multipliées. Cependant nous nous sommes assurés qu'il faut distinguer de l'astérie miliaire l'astérie connue sous le nom de comète, à cause de la disposition singulière qu'elle offre fréquemment dans la grande disproportion d'un seul de ses rayons.

Les trois divisions que nous établissons dans cette section sont assez naturelles : en effet, les espèces de la dernière font le passage aux ophiures ; aussi sont-elles beaucoup plus agiles que les autres et nagent-elles avec une grande vitesse ; comme nous nous sommes assurés dans la mer des îles d'Hyères, en poursuivant à quelque distance de la côte l'astérie épineuse, qui est d'un beau rouge de vermillon. Nous avons eu bien de la peine pour nous en emparer.

Celles de la première division sont au contraire probablement peu agiles, et elles ont de certains rapports avec les astéries de la seconde, en ce que leurs bords sont parquetés.

M. Risso, outre huit espèces de M. de Lamarck, en a encore trouvé sur la côte de Nice quatre, auxquelles il a cru devoir donner des noms particuliers : *A. tricolor, verrucosa, bifida* et *spinosa;* mais, à en juger par la phrase caractéristique qu'il en donne, il est absolument impossible de dire ce que c'est. Il ne signale pas même toujours le nombre de rayons, et il parle d'un disque qui n'existe réellement jamais dans les véritables astéries ; peut-être cependant son *A. bifida* est-elle la même que notre *A. pulchella.*

F. *Espèces qui sont divisées en un plus grand nombre de rayons que cinq ou six.* (Solastéries.)

L'Astérie fine-épine ; *A. tenuispina*, de Lamk., *loc. cit.*, p. 561, n.° 27.

L'A. sableuse ; *A. arenata, id., ibid.*, n.° 40.

L'A. du Sénégal : *A. Senegalensis, id., ibid.*, n.° 42; copiée dans l'Encycl. méthod., pl. 12, fig. 1 et 2.

L'A. dactyloïde : *A. endeca*, Linn., Gmel., p. 3162, n.° 22; Link, *Stell. mar.*, tab. 15 et 16, n.° 26, et tab. 17, n.° 27; copiée dans l'Encycl. méthod., pl. 114 et 115. (Mers du Nord.)

L'A. a aigrettes : *A. papposa*, Linn., Gmel., p. 3160, n.° 2; Link, *Stell.*, p. 43, tab. 17, n.° 28, et tab. 32, n.° 52; cop.

dans l'Enc. méth., pl. 107, fig. 3 et 4. (Mers du Nord, de la Manche.)

L'Astérie échinite : *A. echinitis*, de Lamk., *l. c.*, p. 558, n.° 21 ; Solander et Ellis, tab. 60 — 62 ; cop. dans l'Enc. méth., pl. 107. fig. *A*, *B*, *C*.

L'A. héiianthe : *A. helianthus*, id., ibid., n.° 20 ; cop. dans l'Enc. méth., pl. 108 et 109.

Cette division est évidemment assez artificielle ; en effet, elle comprend des espèces de structure assez différente et qui ne se rapprochent pour la plupart que par un nombre de rayons constamment supérieur à celui de cinq ou de six, que nous avons trouvé dans les astéries des sections précédentes.

Une seule est de nos mers.

Fam. II. Astérophides, *Asterophidea.*

Corps petit, disciforme, très-aplati, pourvu dans sa circonférence d'appendices plus ou moins alongés, serpentiformes, squameux, sans sillon inférieur.

Observ. Les Astérophides diffèrent réellement dans plusieurs points de leur organisation des véritables Astéries, aussi leurs mœurs sont-elles également différentes.

Ophiure, *Ophiura.*

Corps discoïde, déprimé, assez petit, subquinquélobé, couvert d'une peau coriace et pourvu à sa circonférence de cinq rayons simples. très-longs, très-grêles, squameux, sans traces de sillon inférieur, mais toujours accompagnés latéralement d'épines plus ou moins mobiles, et en dessous de deux rangs seulement, un de chaque côté, de gros cirrhes ou suçoirs.

Bouche au milieu de cinq fentes fort courtes, ne dépassant pas le demi-diamètre du corps et garnies de ventouses papilliformes peu nombreuses (huit), et sur les bords de cinq groupes d'écailles souvent dentiformes.

Orifices des ovaires très-grands, en forme de fente de chaque côté de la racine des rayons.

Point de tubercule madréporiforme. .

A. *Espèces dont les épines des rayons sont très-courtes et appliquées.*

L'Ophiure nattée, de Lamk., Anim. sans vert., 2, p. 542, n.° 1.

Stella lacertosa, Link, *Stell. mar.,* pag. 47, tab. 2, n.° 4; copiée dans l'Enc. méth., pl. 123, n.°ˢ 2 et 3.

Ast. lacertosa, Penn., *Brit. zool.,* 4, p. 63, tab. 32, fig 63.

Oph. bracteata, Flemm., *Brit. anim.,* p. 488, n.° 29.

L'O. lézardelle : *O. longicauda; Stella longicauda,* Link, *loc. cit.,* p. 47, tab. 11, n.° 17.

St. lœvis, id., *ibid.,* tab. 22, n.° 35.

O. lacertosa, de Lamk., *loc. cit.,* n.° 2.

O. squamata, Risso, Eur. mérid.

O. Rondeletii, Risso, Europ. mérid., 5, pag. 173, n.° 14; Rondel., 82, 12.

O. aurora, id., *ibid.,* n.° 15; pl. 6, n.° 29.

(De toutes les mers d'Europe.)

L'O. brachiée : *O. brachiata,* Montag., *Linn. Transact.,* 7, p. 84; *A. minuta,* Penn., *loc. cit.,* p. 63, n.° 61. (Mers du Nord.)

L'O. épaisse; *O. incrassata,* de Lamk., *loc. cit.,* n.° 3. (Australasie ?)

L'O. géante; *O. gigas,* de Blainv. (Nouvelle espèce dont nous ignorons la patrie.)

L'O. a rayons courts; *O. breviradiata,* de Blainv. (Nouvelle espèce, rapportée par MM. Quoy et Gaimard.)

L'O. trois-épines; *O. trispina,* de Blainv. (Nouvelle espèce, rapportée par MM. Quoy et Gaimard.)

B. *Espèces dont les épines des rayons sont longues et non appliquées.*

L'O. écailleuse; *O. squamata,* de Lamk., *loc. cit.,* n.° 11. (Mers d'Europe.)

L'O. granulée : *O. granulata,* Link, *loc. cit.,* p. 50, tab. 26, n.° 43; copiée dans l'Enc. méth., pl. 124, fig. 2 et 3.

St. scolopendroides, Link, *loc. cit.,* p. 52, t. 26, n.° 42.

A. aculeata, Linn., Gmel., p. 3166, n.° 12.

O. echinata, de Lamk., *loc. cit.,* p. 543, n.° 6.

A. nigra, Mull., *Zool. Dan.,* 3, p. 21, tab. 93.

(Des mers d'Europe.)

L'Ophiure noctiluque; *O. noctiluca*, Viviani, *Anim. phosph.*, p. 5, tab. 1, fig. 1 et 2.

L'O. annuleuse : *O. annulosa*, de Lamk., *loc. cit.*, n.° 4. (Australasie?)

L'O. marbrée; *O. marmorata*, *id.*, *ibid.*, n.° 5. (Australasie?)

L'O. scolopendrine; *O. scolopendrina*, *id.*, *ibid.*, n.° 7. (Mers de l'Isle-de-France.)

L'O. longipède; *O. longipeda*, *id.*, *ibid.*, n.° 8. (Mers de l'Isle-de-France.)

L'O. néréidine; *O. nereidina*, *id.*, *ibid.*, n.° 9. (Des mers Australes?)

L'O. ciliaire; *O. ciliaris*, Linn., Gmel., p. 3166, n.° 13.
Stella pentaphyllum, Link, pag. 55, t. 34, n.° 56, et p. 52, tab. 37, n.° 65.
(Des mers d'Europe et Australes.)

L'O. fragile : *O. fragilis*, Abildg.; Mull., *Zool. Dan.*, 3, p. 58, tab. 98, de Lamk., *loc. cit.*, n.° 13.
Rosula scolopendroides, Link, *loc. cit.*, tab. 26, n.° 42.
Ast. sphærulata. Penn., *loc. cit.*, 4, p. 62, tab. 32, fig. 3.
O. rosularia, de Lamk., *loc. cit.*
O. rosula, Flemming, *loc. cit.*, p. 489, n.° 32.
O. spinulosa, Risso, *loc. cit.*, pag. 272, n.° 12, pl. 6, fig. 30; Rondelet.

L'O. a grandes épines; *O. macrospina*, de Blainv. (Nouvelle espèce du voyage de MM. Quoy et Gaimard.)

L'O. peinte; *O. picta*, de Blainv. (Nouvelle espèce du premier voyage de MM. Quoy et Gaimard.)

L'O. Marguerite : *O. bellis*, Flemm., *loc. cit.*, p. 488, n.° 3.
S. scolopendroides, Link, *Stell.*, p. 52, tab. 40, n.° 71.

L'O. pentagone, *O. regularis*.
Stella regularis, Link, *Stell.*, pag. 51, tab. 27, fig. 48; cop. dans l'Enc. méth., pl. 123, fig. 4 et 5.
O. pentagona, de Lamk., *ibid.*, p. 546.

L'O. filiforme : *O. filifomis*, Linn., Gmel., p. 3166, n.° 13; d'après Mull., *Zool. Dan.*, 2, tab. 59; de Lamk., p. 546.

L'O. tricolore : *O. tricolor*, Linn., Gmel., p. 3168, n.° 36; d'après Mull., *Zool. Dan.*, 3, p. 28, tab. 97. (*An diff. a fragili?*)

L'O. lombricale : *O. lombricalis*, de Lamk., pag. 547; cop. dans l'Enc. méth., pl. 124, fig. 1.

60. 15

L'Ophiure porte-pointes: *O. cuspidifera*, id., ibid.; copiée dans l'Enc. méth., pl. 223, fig. 5—8.

L'O. oligète : *O. oligœtes*, Linn., Gmel., p. 3167, n.° 34; d'après Pallas, *Nov. act. petrop.*, 2, pag. 239, tab. 6, fig. 23, *A*, *B*. (Mers d'Amérique.)

L'O. petite; *O. minuta*, Risso, *loc. cit.*, n.° 17.

Observ. Nous avons eu l'occasion d'observer vivantes, dans les trois mers qui baignent les côtes de France, au moins trois espèces de ce genre.

Il est évidemment très-distinct de celui des véritables astéries par la disposition singulière des appendices du corps et par l'absence du tubercule madréporiforme. La bouche est aussi beaucoup mieux armée par la manière dont les épines ou tubercules se réunissent aux angles des entresillons de la bouche, pour former des espèces de dents aussi épaisses que le corps lui-même.

Les ophiures ont en effet des mœurs assez différentes. Elles nagent et marchent souvent avec une très-grande facilité dans toutes les directions, deux bras en avant et un en arrière, servant d'arc-boutant, en agitant leurs appendices tout-à-fait à la manière des serpens.

Nous ne connoissons encore rien du reste de leurs mœurs; nous savons que leurs œufs sont réunis en masses oviformes considérables.

Il paroît qu'il existe des ophiures dans toutes les mers; il s'en trouve même plusieurs dans celles d'Europe, mais il nous paroît fort probable que les zoologistes en ont considérablement exagéré le nombre, parce que leurs descriptions ne sont pas comparatives et qu'ils ne se sont pas occupés de savoir sur quels caractères repose cette distinction. Ainsi M. de Lamarck ne s'est pas attaché à rapporter celles qu'il avoit sous les yeux aux espèces décrites par Link, Muller ou Gmelin: il a préféré leur donner de nouveaux noms. Les auteurs anglois ont fait de même, et à plus forte raison M. Risso. Cela étoit beaucoup plus aisé.

Nous avouons être encore un peu dans ce cas. Il nous semble cependant que les meilleurs caractères peuvent se tirer du nombre et de la longueur des épines latérales des rayons, et peut-être de la proportion de ceux-ci, comparés avec le diamètre du corps, et mieux encore de la disposition et du nombre des séries de plaques qui recouvrent les rayons. C'est ce caractère qui nous a paru le plus fixe et dont nous nous sommes essentiellement servis dans une monographie que nous préparons.

EURYALE, *Euryale.*[1]

Corps régulier, déprimé, assez petit, pentagonal, pourvu de cinq appendices ou rayons arrondis en dessus, aplatis en dessous, se divisant, se dichotomisant et s'atténuant de plus en plus jusqu'aux extrémités, qui sont cirrheuses.

Bouche au centre de cinq sillons convergens, en forme de trous, n'allant pas jusqu'à la circonférence du corps, et bordés de ventouses papilliformes.

A. *Espèces dont les rayons se dichotomisent peu et loin de la racine.*

L'EURYALE PALMIFÈRE: *E. palmiferum,* de Lamk., 2, p. 659, n.º 6; cop. dans l'Encycl. méth., pl. 126, fig. 1 et 2.

B. *Espèces dont les rayons se divisent et se dichotomisent dès la base.*

L'E. VERRUQUEUSE: *E. scutatum; Ast. caput Medusæ,* Linn., Gmel., p. 3167, n.º 16; *Ast. scutatum,* Link, *Stell.,* pag. 65, tab. 29, et tab. 30, n.º 49; *Ast. arborescens,* Pennant, *Brit. zool.,* 4, p. 67, n.º 73; *E. verrucosum,* de Lamk., *ibid.,* n.º 1. Des mers des Indes et du Nord, même sur les côtes d'Écosse.

L'E. A CÔTES LISSES: *E. costosum,* Link, *Stell.,* p. 64, tab. 18 et 19; cop. dans l'Encycl. méth., pl. 130, fig. 1 et 2. Des côtes d'Amérique.

L'E. RUDE: *E. asperum,* de Lamk., *ibid.,* n.º 3; Link, *Stell.,* p. 65, tab. 20, fig. 32. De la mer des Indes.

L'E. MURIQUÉE: *E. muricatum,* de Lamk., n.º 4; cop. dans l'Enc. méth., pl. 128 et 129.

L'E. DE LA MÉDITERRANÉE: *E. Mediterraneæ,* Risso, Europe mérid., 5, p. 174, n.º 18; d'après Rondelet, 85 — 15.

L'E. EXIGUË; *E. exiguum,* id., *ibid.,* n.º 5. Des mers Australes.

---

[1] *Astrophyton.*

Observ. Nous avons observé les E. verruqueuse et à côtes lisses qui sont communes dans les collections, mais jamais à l'état vivant.

C'est un genre véritablement distinct de celui des ophiures par un assez bon nombre de caractères; aussi avoit-il été établi depuis long-temps par Link sous le nom d'*Astrophyton*, qui a été conservé par quelques zoologistes, par M. Flemming, par exemple. M. le docteur Leach l'a aussi proposé sous la dénomination de *Gorgonocéphale.*

Nous ne connoissons encore aucun auteur qui ait observé une euryale à l'état vivant, ou qui du moins ait publié ses observations. On dit cependant que ces animaux se servent des cirrhes de leurs rayons pour saisir leur proie et la porter à la bouche; mais cela nous paroit assez douteux. Un auteur anglois, nommé Cordier, assure que les euryales adhèrent fortement par leur disque supérieur, et qu'il est même assez difficile de les détacher.

Aucun auteur n'en a fait non plus l'anatomie.

On trouve, à ce qu'il paroit, des euryales dans toutes les mers et même dans celle du Nord.

La distinction des espèces est assez facile, sans doute principalement à cause de leur petit nombre.

Nous sommes loin de croire que l'E. de la Méditerranée de M. Risso soit distincte; nous doutons même qu'il existe d'espèce d'euryale dans cette mer; du moins aucun autre auteur n'en parle: et l'autorité de Rondelet n'est pas suffisante, cet auteur ayant plusieurs fois parlé d'animaux étrangers à cette mer.

Fam. III. Les Astérencriniens, *Asterencrinea.*

Corps régulier, cupuliforme plus ou moins distinct, libre ou fixé, pourvu de cinq rayons simples ou bifides, articulés, pinnés; d'une bouche subcentrale et d'une cavité viscérale, ayant un grand orifice béant à l'extrémité d'une sorte de tube, simulant un anus.

Observ. C'est à l'intéressante découverte faite par M. Thompson d'une très-petite espèce d'encrine vivante, sur les côtes d'Irlande, et à son Mémoire à ce sujet, que nous devons la possibilité d'établir et de caractériser cette famille d'une manière convenable, en nous appuyant aussi sur le travail *ex professo* de M. Miller sur les encrinites fossiles; et comme nous avons pu disséquer une comatule bien conservée dans l'esprit de vin, nous sommes maintenant certains que les eucrines sont de véritables stellérides, puisque les comatules et les encrines sont extrêmement rapprochées et ne diffèrent presque que par la tige, qui manque dans celles-là et qui est au contraire fort grande dans celles-ci.

Nous allons nous servir de cette considération pour partager cette famille en deux sections.

Sect. I. Les Astérencriniens libres.

Corps libre et sans tige qui serviroit à le fixer.

COMATULE, *Comatula.*[1]

Corps orbiculaire, déprimé, membraneux, protégé en dessus par un assemblage de pièces calcaires, dont une médio-dorsale, avec un ou deux rangs de rayons accessoires, articulés, simples, et pourvu dans sa circonférence de cinq grands rayons, profondément bifides et pinnés, commençant par trois pièces basilaires simples.

Bouche assez antérieure, isolée, membraneuse, au fond d'une étoile formée par cinq sillons bifurqués.

Un grand orifice pseudo-anal à l'extrémité frangée d'un sac viscéral.

Espèces. La COMATULE ROSACE: *C. rosacea; Decameros rosacea*, Link, *Stell. mar.*, p. 55, tab. 37, fig. 66; *Ast. bifida*, Penn., *Brit. zool.*, p. 65, n.° 70; *C. mediterranea*, de Lamk., Anim. sans vert., 2, p. 535, n.° 6; *C. fimbriata*, Miller, *Crinoid.*, p. 132, fig. 1.

La C. BARBUE: *C. barbata; Decam. barbata*, Link, *Stell.*, p. 55, tab. 37, fig. 64; *Asterias decamenos*, Pennant, *Brit. zool.*, 4, p. 66, tab. 33, fig. 71; *Ast. pectinata*, Adans., *Trans. linn.*, vol. 10.

Des côtes d'Angleterre.

La C. CARÉNÉE; *C. carinata*, id., ibid., n.° 5.

Des mers de l'Isle-de-France.

---

[1] *Astrocoma.*

La Comatule brachiolée; *C. brachiolata, id.*, *ibid.*, n.° 8.

La C. de l'Adéone: *C. Adeonæ, id.*, *ibid.*, n.° 7.

Des mers de la Nouvelle-Hollande.

La C. frangée: *C. fimbriata, id.*, *ibid.*, n.° 4; *Stella chinensis*, Petiver, *Gaz.*, 4, fig. 8.

Des mers Australes?

La C. rotulaire; *C. rotularia, id.*, *ibid.*, n.° 3.

La C. multirayonnée: *C. multiradiata, id.*, *ibid.*, n.° 2; Link, *Stell.*, tab. 22, fig. 34; Encycl. méthod., pl. 125, n.° 3.

Des mers de l'Inde.

La C. solaire; *C. solaris, id.*, *ibid.*, n.° 1.

Des mers Australes?

Observ. Les stellérides qui composent ce genre ont été confondues par Linné et par les auteurs qui ont suivi son système avec les astéries ordinaires, quoique Link les eût déjà distinguées sous la dénomination de *decameros*.

Parmi les auteurs modernes, M. de Fréminville paroît être celui qui ait senti le premier la nécessité d'en former un genre, auquel il a donné le nom d'*Antedon*, qui n'a pas prévalu contre celui de *Comatula*, que proposoit de son côté M. de Lamarck.

Nous avons étudié une espèce étrangère, conservée dans l'esprit de vin, et nous nous sommes assurés que ce genre est parfaitement distinct; car son organisation diffère beaucoup de celle des stellérides de la famille précédente.

Le corps de la comatule, presque entièrement membraneux en dessous, est au contraire protégé en dessus par une sorte de cupule épaisse et composée de pièces calcaires, articulées et contenues par une peau fort mince et peu distincte. C'est cette cupule qui est formée par une partie centrale dorsale, dans laquelle entrent deux pièces posées l'une au-dessus de l'autre. C'est autour de la première que s'articulent les rayons auxiliaires dont il va être question tout à l'heure; et c'est autour de la seconde que se joignent les grands rayons, au moyen de leur partie basilaire.

Les rayons auxiliaires, en quelque nombre qu'ils soient, parce qu'ils peuvent former un ou deux rangs, sont toujours simples, c'est-à-dire qu'ils sont composés d'articles simples, joints bout à bout, et dont le dernier est atténué et recourbe en forme de crochet, sans que jamais ils soient pinnés. Il paroit qu'en outre ils ne sont pas pourvus de suçoir.

Les grands rayons entrent réellement par leur base dans la composition de la cupule ou de l'espèce de loge dans laquelle la masse viscérale est comprise. Chacun d'eux est formé par une partie basilaire simple et par une partie bien plus étendue, divisée et pinnée.

La partie basilaire est composée de trois articles; un premier, articulé avec la pièce centro-dorsale; un second intermédiaire, et un troisième terminal, avec lequel se joignent les deux divisions principales des rayons, et qui pour cela est taillé en angle à son sommet.

Les articles de cette partie basilaire non-seulement s'articulent entre eux et avec la pièce centrale de chaque rayon, mais latéralement ils touchent les correspondans des deux rayons voisins.

C'est par cette disposition de plus en plus complexe que nous verrons se former le têt des encrines et des genres voisins.

Quant à la partie pinnée ou complexe du rayon, elle est d'abord constamment double, c'est-à-dire formée de deux digitations, qui souvent elles-mêmes se divisent d'une manière variable; en sorte que quelquefois la comatule ressemble à un grand soleil : chaque subdivision est composée d'articles en général peu alongés, qui augmentent assez peu en nombre dans un espace donné à mesure que l'on approche davantage de l'extrémité; mais ce qu'ils offrent de plus remarquable, c'est qu'ils sont alternativement un peu différens de longueur, et que les plus longs portent à droite et à gauche de leur face interne des pinnules comprimées, triangulaires, presque cirrheuses à l'extrémité, et composées également d'un grand nombre d'articles courts. Il en résulte, dans l'état de mort, qu'une digitation de comatule ressemble assez bien aux feuilles composées des *mimosa*, parce que les pinnules, dans le repos, se collent les unes contre les autres, comme cela a lieu pour les folioles des sensitives le long de leur rachis, quand elles sont fermées.

Mais le caractère principal qui distingue les grands rayons des rayons accessoires, c'est que dans toute la longueur de l'axe et des pinnules, se continue le sillon buccal ou labial, charnu et pourvu de cirrhes ventousaires, qui sert à l'animal à saisir sa proie.

En suivant ces espèces de sillons, dont le nombre est proportionnel à celui des digitations du rayon, on arrive par un sillon unique pour chacun d'eux et qui en occupe la base, au centre d'une sorte d'étoile à bords épais, frangés, et par suite à la bouche, qui est au fond. L'étoile formée par la réunion des sillons des rayons n'est pas symétrique, c'est-à-dire que ses branches sont très-inégales; les unes, que nous appellerons les antérieures, étant bien plus courtes que les autres, ou postérieures. Il en est résulté que la bouche n'est pas au centre de l'étoile; mais bien plus proche d'un côté que de l'autre : elle est assez difficile à voir, au contraire d'un autre orifice, dont il va être question, et que M. de Lamarck paroît avoir pris pour elle. Elle est profondément enfoncée dans l'étoile des sillons; elle est ronde, sans aucune armature, et conduit immédiatement dans l'estomac. Ce que celui-ci offre de plus singulier, c'est qu'il a ses parois épaisses, et surtout qu'il n'est pas simple. Il est en effet lacuneux, ou plutôt il forme une sorte de tissu caverneux, enveloppé de toutes parts d'une matière jaune, grenue, considérable, qui doit être le foie. Il résulte de cette disposition de l'estomac et du foie une masse viscérale considérable, qui occupe la partie excavée de la cupule calcaire et qui s'atténue peu à peu en se portant en arrière, où elle se termine par une pointe mousse ou obtuse.

Toute cette masse fait saillie dans l'intérieur d'une grande cavité dont il me reste à parler. Cette cavité, entièrement membraneuse, du moins en dessous, car en dessus et sur les côtés elle est doublée par l'appareil solide, fait le tour de la masse viscérale, la détache de tout le reste de l'animal, si ce n'est au-dessus de la bouche, où elle se continue avec lui. Je n'ai pu y découvrir d'orifice intérieur. Elle est parfaitement lisse; mais à l'extérieur elle se prolonge en une sorte de vessie, dont la base est en arrière et dont le sommet, tronqué, est en avant. Ce sommet, libre, dépasse même un peu la bouche en s'avançant au-dessous d'elle. Il est percé par un très-grand orifice béant, garni d'un rang circulaire de papilles tentaculiformes. C'est lui que M. de Lamarck a pris pour la bouche et que les auteurs anglois ont considéré comme l'anus : ce n'est réellement ni l'un ni l'autre. Est-ce une sorte de cavité respiratrice ou locomotrice? ou mieux la terminaison des ovaires? C'est ce que je ne puis dire, n'ayant pu trouver ces derniers organes dans le seul individu que j'ai disséqué.

Quoi qu'il en soit, il est au moins aisé de voir, par ce que je viens de dire de l'organisation des comatules, que ces animaux diffèrent considérablement des ophiures et autres véritables astérides : aussi leurs mœurs et leurs habitudes sont-elles également différentes, du moins d'après le peu que l'on en sait. On assure en effet que ces animaux, probablement libres dans les mers qu'ils habitent, s'attachent, se cramponnent aux rochers à l'aide de leurs rayons accessoires, et qu'ils se servent des autres, qu'ils étalent en tout sens, pour atteindre et pour attirer la proie vers l'orifice buccal. Il seroit bon de chercher si les comatules, pour changer de place, ne se serviroient pas de leur vessie abdominale, en la contractant sur l'eau, qui y pénétreroit, un peu à la manière des sèches.

C'est un point que l'on peut espérer de voir prochainement éclairci, puisqu'il existe une ou deux espèces de ce genre dans nos mers d'Europe. Le plus grand nombre cependant appartient aux mers Australes.

Nous n'avons pu encore nous assurer sur quelles parties de l'organisation doit porter plus convenablement la distinction des espèces. Nous remarquons que M. de Lamarck, qui en porte le nombre à huit, les distingue principalement par le nombre des divisions des grands rayons et par celui des rayons auxiliaires : nous n'osons assurer que ces nombres soient constans.

Sect. II. Les Astérencriniens fixés.

Corps plus ou moins bursiforme et porté sur une longue tige articulée et fixée par une partie radiciforme.

Observations. Le beau travail de Guettard sur les Encrines vivantes et fossiles a montré depuis long-temps les grands rapports qu'il y a entre ce genre et les Stellérides, dont on fait aujourd'hui le genre Comatule. Cependant, malgré la confirmation qu'en donna Ellis peu de temps après, ce point de

doctrine étoit encore resté douteux; en sorte que M. de Lamarck, suivant sous ce rapport Linné et ses adhérens, range
encore les Encrines parmi les zoophytaires, à côté des Pennatules. Mais depuis le mémoire *ex professo* de M. Miller sur
les Encrines en général, et surtout depuis la découverte et
l'excellente description d'une espèce d'encrine vivante sur les
côtes d'Irlande par M. Thompson, il ne peut plus rester de
doute, et il est possible en outre de caractériser ces genres
d'une manière à peu près complète et comparative. Nous
avons pris pour base de notre terminologie des parties ce qui
existe dans les comatules; en sorte que, nous trouvant concorder avec la manière de voir de Rosinus sur ce sujet, nous
n'avons pas cru devoir adopter celle qu'a proposée M. Miller
dans sa monographie du reste très-intéressante des crinoïdes.
En effet, il nous est difficile de voir dans le têt de ces animaux
un bassin, *pelvis*, des costaux, des intercostaux, des scapulaires, une main, des doigts, etc., dénominations empruntées
d'animaux d'un tout autre type et de parties qui ne sont nullement comparables.

Pour nous, le *pelvis* de M. Miller est l'article dorso-central.

Le costal est le premier article basilaire de chaque rayon.

L'intercostal, le second article basilaire.

Le scapulum est le troisième, ou celui sur lequel portent
les rayons.

La main est la partie du rayon divisée, mais non séparée.

Les doigts sont les digitations ou divisions des rayons.

Enfin, les pinnules sont les divisions latérales des digitations.

Quant aux rayons, nous les divisons en rayons principaux
et en rayons accessoires ou auxiliaires, comme M. Miller.

ENCRINE, Encrinus.

Corps membraneux, régulier, au fond d'une sorte d'entonnoir
radiaire;

Composé d'une pièce centro-dorsale unique, pentalobée,
d'une articulation à cinq rayons doubles et dichotomo-
sés, avec trois articulations simples et parfaitement libres à leur base;

Porté sur une tige composée d'un grand nombre d'articles

pentagonaux, percés d'un trou rond au centre, à surface articulaire radiée et pourvue de verticilles de rayons accessoires épars.

Espèce. L'ENCRINE TÊTE-DE-MÉDUSE : *Encrinus caput medusæ*, Guettard, *Mem. acad. sc. par.*, 1755, p. 224, pl. 8, 9 et 10; Ellis, *Encrin. Trans. phil.*, 1764, tab. 13, fig. 4.

Isis asterias, Linn., Gmel., *Verm.*, p. 3794, n.° 5.

Observ. Ce genre a pu être caractérisé d'après l'individu incomplet que possède la collection du Muséum au Jardin du Roi, le même que Guettard a décrit le premier (*loc. cit.*) dans la collection de M. de Bois-Jourdain, dont il faisoit alors partie et qui provenoit, non pas des mers de la Martinique, comme on l'admet généralement, mais plus probablement de celles de l'Inde. En effet, Guettard dit positivement qu'il avoit été envoyé de la Martinique, mais qu'il y avoit été apporté par un officier qui venoit des grandes Indes.

D'après la description de cet animal, il est évident qu'il diffère sensiblement de la petite espèce d'encrinoïdiens vivante sur les côtes d'Irlande, non-seulement par la forme pentagonale de sa tige, mais surtout par la disposition des rayons, qui sont ici trichotomisés et pinnés, tandis qu'ils ne sont que bifides et pinnés dans l'encrine de Thompson. D'ailleurs on voit aussi que ces rayons sont susceptibles de s'étaler dès leur base, ce qui n'a pas lieu dans cette dernière, qui, par cela seul, se rapproche beaucoup plus des espèces fossiles sous ce rapport.

Quant à ce que pense M. Gray, que l'encrine tête-de-méduse pourroit bien ne pas avoir cet orifice qu'il regarde comme un anus, cela est au moins fort douteux.

En rapportant la caractéristique que nous avons donnée de ce genre à la nomenclature de M. Miller, la pièce centro-dorsale constitue un *pelvis* indivis pentagonal, et les trois articles basilaires simples de chaque rayon seroient, le premier son costal, le second son intercostal, et le troisième son scapulum, ce qui feroit en tout cinq costaux, cinq intercostaux, et cinq scapulums, avec des doigts multifides pour les rayons.

PHYTOCRINE, *Phytocrinus.*

Corps régulier, circulaire, recouvert et entouré en dessus par une sorte de cupule solide, composée d'une pièce centro-dorsale indivise, autour de laquelle s'articulent d'abord un seul rang de rayons accessoires onguiculés, puis un autre rang de grands rayons didymes et pinnés au-delà de trois articles basilaires, dont les premiers seuls se touchent en partie. Porté sur une tige articulée ronde et sans rayons accessoires.

Bouche centrale au milieu de cinq écailles foliacées et bordée d'une rangée de cirrhes tentaculaires; un grand orifice tubuleux un peu en arrière de la bouche.

Espèce. La Phytocrine d'Europe : *Phytocrinus europœus ; Pentacrinus europœus*, Thompson, *Mem. on the pent. Europ. Cork*, 1827, tab. 1 et 2.

Observ. Nous avons caractérisé ce genre, que nous n'avons pas vu en nature, d'après l'excellente description et les figures qu'en a données M. Thompson dans le mémoire cité. Il en résulte, ce nous semble, qu'il y a des différences suffisantes entre l'encrine d'Europe et celle d'Asie ou d'Amérique, pour les distinguer génériquement. En effet, dans la phytocrine la tige est ronde, peut-être même inarticulée et flexible : elle ne porte de rayons accessoires qu'à son sommet, et en outre les grands rayons sont tout autrement conformés dans leur partie basilaire, comme dans leur partie pinnée. On conçoit même que la partie membraneuse du corps diffère également soit dans la disposition de la bouche, soit dans celle de la poche viscérale; mais c'est ce qu'on ne peut assurer, cette partie n'étant pas connue dans la grande encrine vivante.

M. Flemming, en admettant le doute de M. Gray sur l'existence de la poche viscérale dans cette dernière, avoit été également porté à faire un genre distinct de l'encrine d'Europe, et il a même proposé de le nommer *Hybernula*, que l'on pourroit sans doute adopter; mais nous avons préféré de créer un nom analogue à ceux imaginés par M. Miller pour toute la famille des encrinoïdiens.

Nous avons déjà eu l'occasion de dire que c'est le mémoire de M. Thompson qui a détruit toute espèce de doute sur la place des encrines vivantes ou fossiles, et qui a démontré clairement la justesse de la manière de voir de Rosinus,

adoptée par Guettard, Ellis, Parkinson, Cuvier, contre celle
de Linné , suiv'e par M. de Lamarck. Une encrine n'est
pour ainsi dire qu'une comatule renversée, en supposant
même que cette position ne soit pas également naturelle à
celle-ci, ce que je suis fortement porté à penser, et qui, au
lieu de se cramponner à l'aide des rayons accessoires, est fixée
par le prolongement de la partie centro-dorsale.

D'après M. Thompson la tige de la phytocrine, ainsi que sa
double couronne de rayons et en général toutes ses parties
solides, sont recouvertes par une membrane contractile très-
fine, qui se trouve aussi dans l'intervalle des articulations.
Les pinnules également articulées, qui sont de chaque côté
de la face inférieure des grands rayons, alternent avec des
suçoirs charnus également annelés, et qui sont susceptibles
d'extension, de contraction et en général de mouvemens étendus dans tous les sens.

Le corps proprement dit ressemble assez bien à une mé-
daille; il est logé dans l'espéce de cupule ou de cavité formée
par les ossicules du péristome et par les pièces basilaires des
grands rayons. Son sommet présente une ouverture centrale
ou bouche, autour de laquelle est un cercle de cinq valves
pétaliformes, qui peuvent s'écarter ou se rapprocher complétement, et en dedans un autre cercle de tentacules mous,
analogues à ceux des bras, et qui commence la série le long
des sillons convergens de la bouche et ensuite dans toute
leur longueur.

Sur un des côtés du corps, derrière l'insertion d'une des
pièces valvulaires de la bouche, est une grande ouverture
béante à l'extrémité d'un tube proportionnellement assez
étendu et susceptible d'un alongement ou d'un raccourcissement considérable, au point qu'il est quelquefois assez difficile de l'apercevoir.

M. Thompson ne parle pas des organes de la génération, qui
étoient sans doute difficiles à apercevoir sur des animaux si petits ; mais il nous assure qu'ils ressemblent à des fleurs. qu'ils
peuvent se diriger dans tous les sens, par la grande flexibilité
de leur tige, qui peut même être tordue en spirale et porter
ainsi dans toutes les directions le corps et ses rayons, probablement pour atteindre leur nourriture.

Ce qui est encore plus singulier et qui indique encore davantage les rapports de cet animal avec les comatules, c'est que dans le jeune âge il n'a ni tige, ni même de bras ou de rayons, en sorte que le corps ressemble à une petite massue fixée par une base élargie et donnant issue à son sommet à un petit nombre de tentacules pellucides.

PENTACRINE, *Pentacrinus*.

Corps régulier, hémisphérique, du reste inconnu, enveloppé en partie par une sorte de cupule ou de têt;

Composé d'une pièce médio-dorsale enfoncée et de trois couronnes ou cercles d'articles basilaires plus larges que longs, se touchant tous latéralement et formant la racine de cinq rayons courts, quadrisériés, divisés en deux digitations à leur extrémité seulement et non pinnés;

Porté sur une tige fort longue, pentagonale, composée d'articles nombreux, percés d'un trou rond au milieu et radiés à leur surface articulaire, avec des verticilles de rayons accessoires épars.

Espèces. La PENTACRINE ENTROQUE : *Pentacrinus entrocha; Isis entrocha*, Linn., Gmel., *Verm.*, p. 3794, n.° 4.

Encrinus liliiformis, de Lamk., Anim. sans vert., 2, p. 435.

Pent. caput medusæ, Mill., *Crin.*, pag. 56; Park. *Org. rem.*, vol. 2, p. 13, fig. 6 — 8, et tab. 19, fig. 1.

P. Milleri, Flemming, *Brit. anim.*, p. 494, n.° 1. (Blue-lias, Angleterre.)

La P. BRIARÉE : *P. briareus*, Park., *loc. cit.*, t. 17, fig. 15 — 17, et tab. 18, fig. 1 — 3; Mill., *Crin.*, 56. (Lias, Anglet.)

La P. SUBANGULAIRE : *P. subangularis, id., ibid.*, pl. 13, fig. 48 — 51; Mill., *Crin.*, 89. (Lias, Angleterre.)

La P. BASALTIFORME : *P. basaltiformis, id., ibid.*, pl. 13, fig. 54; Mill., *Crin.*, 62. (Lias, Angleterre.)

Observ. Nous avons caractérisé ce genre d'après un individu bien complet, sauf la tige, qui fait partie de la collection de la Faculté des sciences de Paris, et qui provient sans aucun doute du terrain de blue-lias.

Nous avons admis une pièce centro-dorsale qui s'enfonceroit dans l'espace pentagonal laissé par la disposition des cinq premières pièces basilaires des rayons, qui sont ici trapézoïdales et très-convexes; mais nous ne voulons pas assurer positivement qu'elle existe et que ce ne soit pas la première pièce de la tige, ce que nous supposerions volontiers.

Ce genre diffère notablement des deux genres d'Encrinoïdiens vivans, en ce que les articles basilaires de chaque rayon sont complétement contigus entre eux, d'où résultent trois cercles superposés de cinq pièces chacun, et une cupule ou têt complet, dont il est probable que les rayons ne pouvoient guères se mouvoir ou s'écarter dans cette partie. Les rayons sont du reste encore plus différens, en ce que chacun d'eux est composé de quatre séries d'articles, partagés seulement à l'extrémité en deux digitations de deux séries chaque, et qu'ils étoient certainement sans pinnules.

Nous ne connoissons pas au juste sur quoi doit porter la distinction des quatre espèces établies par M. Miller et qui toutes sont fossiles.

M. Rafinesque avoit déjà depuis plusieurs années proposé d'établir un genre distinct avec les encrines à articulations pentagonales, sous le nom de *Pentagonites.*

APIOCRINITE, *Apiocrinites.*

Corps régulier, circulaire, du reste inconnu, contenu dans une sorte de cupule ou de têt conique, composé de trois rangs superposés de cinq plaques scaphoïdes chacun, partout réunies, et dont les supérieures portent sur une surface radiée les rayons qui sont formés d'une série simple d'articulations non pinnées?

Tige ronde, d'abord aussi large que le corps et s'atténuant peu à peu jusqu'à sa racine; articulations circulaires peu élevées, percées d'un trou arrondi et radiées à leur surface.

Rayons auxiliaires épars.

Espèces. L'APIOCRINITE RONDE : *Apiocrinites rotundus,* Mill., Crin., 18; Park., Org. rem., 2, p. 108, tab. 16, fig. 1.

Astropoda elegans, Defr., Dict. des sc. natur., tome XIV, atlas, pl. 14, fig. 3, 3 a. (Oolithe, Angleterre.)

L'A. ELLIPTIQUE : *A. elliptica,* id., ibid., 33; Park., Org. rem., 2, p. 231, tab. 13, fig. 31, 34, 35. (Craie, Angleterre.)

Observ. Nous avons étudié ce genre sur des échantillons incomplets, venant de La Rochelle, et sur les figures et descriptions de M. Miller.

Il avoit été déjà désigné par M. Defrance sous la dénomination d'*Astropoda.*

Il diffère des pentacrinites, 1.° parce que les plaques ou articles radiculaires des rayons sont autrement conformées, et surtout qu'elles sont encore beaucoup plus articulées entre elles, d'où il résulte un tét beaucoup plus solide; 2.° parce que les rayons sont formés d'une simple série d'articles, et 3.° que ceux de la tige, d'abord aussi larges que le corps, sont constamment arrondis.

Dans le système de nomenclature de M. Miller, ce genre est caractérisé par un pelvis de cinq pièces, par cinq costaux, cinq scapulums et des doigts formés par une seule série d'articulations.

POTÉRIOCRINITE, *Poteriocrinites.*

Corps régulier, compris dans une sorte de cupule infundibuliforme radiaire ;

Composée de deux couronnes ou cercles de cinq pièces chacune, à peine articulées entre elles, la dernière donnant attache aux cinq rayons formés d'une simple série d'articulations.

Tige ronde, non élargie supérieurement.

Articulations nombreuses, arrondies, percées au centre par un trou rond, à surface extérieure radiée.

Rayons auxiliaires arrondis.

Espèces. La POTÉRIOCRINITE ÉPAISSE; *Poteriocrinites crassus,* Mill., *Crin.*, 68. (Calcaire houiller, Angleterre.)

La P. GRÊLE; *P. tenuis, id., ibid.,* n.° 71. (Calcaire houiller, Angleterre.)

Observ. Ce genre ne m'est pas du tout connu en nature, mais seulement d'après M. Miller, qui l'a établi.

Il ne paroît guère différer des apiocrinites que parce que la tige n'est pas élargie à sa partie supérieure et que les pièces basilaires des rayons sont moins serrées entre elles et sans doute moins immobiles.

Pour M. Miller il y a cinq pièces pelviennes, cinq costales, et les doigts sont formés d'une simple série d'articles.

Cᴙᴀᴛʜᴏᴄʀɪɴɪᴛᴇ; *Cyathocrinites.*

Corps régulier, compris dans une sorte de têt;

Composé de trois cercles superposés de plaques basilaires, dont les supérieures se joignent avec cinq rayons formés d'une seule série d'articles.

Tige élargie à sa partie supérieure et composée d'articulations nombreuses, percées d'un trou central, avec les surfaces articulaires radiées.

Rayons accessoires épars.

Espèces. La Cᴙᴀᴛʜᴏᴄʀɪɴɪᴛᴇ ᴘʟᴀɴᴇ; *C. planus*, Mill., *Crin.*, n.° 85. (Calcaire houiller d'Angleterre.)

La C. ᴛᴜʙᴇʀᴄᴜʟéᴇ; *C. tuberculatus*, id., ibid., n.° 88. (Calcaire houiller d'Angleterre.)

La C. ʀᴜɢᴜᴇᴜsᴇ; *C. rugosus*, id., ibid., n.° 89. (Calcaire houiller d'Angleterre.)

La C. ǫᴜɪɴǫᴜᴀɴɢᴜʟᴀɪʀᴇ; *C. quinquangularis*, id., ibid., n.° 92. (Calcaire houiller d'Angleterre.)

Observations. On ne connoît ce genre que d'après M. Miller. Il paroît avoir beaucoup de rapports avec les apiocrinites.

Dans le système de nomenclature de M. Miller, le têt de la cyathocrinite est composé de cinq pièces pelviennes, de cinq costales réunies entre elles par des sutures et de cinq doigts, formés d'une seule série d'articles.

Aᴄᴛɪɴᴏᴄʀɪɴɪᴛᴇ, *Actinocrinites.*

Corps régulier, circulaire, contenu dans une sorte de têt;

Composé de trois rangs de plaques articulées entre elles, dont la dorsale n'en a que trois et les autres cinq. Rayons formés de deux séries d'articulations et multifides.

Tige radiculée, ronde, à articles nombreux, à canal central arrondi, à surfaces articulaires radiées.

Rayons accessoires ronds et épars.

Espèces. L'Aᴄᴛɪɴᴏᴄʀɪɴɪᴛᴇ ᴛʀɪᴀᴄᴏɴᴅᴀᴄᴛʏʟᴇ; *A. triacondactylus*, Miller, *Crin.*, n.° 95.

L'A. ᴘᴏʟʏᴅᴀᴄᴛʏʟᴇ; *A. polydactylus*, id., ibid., n.° 203.

Observ. C'est encore un genre que nous ne connoissons que d'après des figures, et dont nous ne pouvons par conséquent assurer la caractéristique. Il nous paroît essentiellement distinct par la grande division des rayons, ce qui le rapproche de l'encrine tête-de-Méduse.

Pour M. Miller, le corps de cet encrinoïdien est composé de trois pièces pelviennes, de cinq costales, d'une seule inter-costale (ce que nous concevons difficilement), et les doigts sont formés de deux séries d'articles.

Rhodocrinite, *Rhodocrinites.*

Corps régulier, contenu dans une sorte de têt radiaire;

Composé de trois pièces médio-dorsales et de trois rangs superposés de cinq pièces contiguës chaque, dont la dernière s'articule avec cinq rayons formés de deux séries d'articles.

Tige ronde ou légèrement pentagonale, à articulations nombreuses, percées au milieu par un canal pentapétalé.

Espèce. Le Rhodocrinite vrai; *R. verus*, Mill., *Crin.*, n.° 106. (Calcaire houiller d'Angleterre.)

Observ. Nous ne connoissons ce genre que d'après M. Miller, qui l'a établi.

Il nous paroît différer fort peu de celui que le même auteur a nommé *Platycrinites.*

M. Miller définit le têt de cet encrinoïdien comme composé d'un pelvis de trois pièces, de cinq costaux, de cinq inter-costaux, et probablement de cinq scapulaires, avec lesquels s'articulent des doigts composés de deux séries d'articles.

Platycrinite, *Platycrinites.*

Corps régulier, inconnu, contenu dans une sorte de têt radiaire;

Composé de trois pièces dorsales inégales et d'une seule rangée de plaques terminales, s'articulant avec des rayons formés de deux séries d'articles.

Tige enracinée, pentagonale; articles pentagonaux, dont le supérieur n'est pas élargi.

Rayons accessoires arrondis et irrégulièrement répartis.

Espèces. Le Platycrinite rugueux : *P. rugosus*, Miller, *Crin.*, 7; *Trans. geol. soc.*, vol. 5, tab. 5, fig. 10. (Irlande.)

Le P. lisse : *P. lœvis*, id., *ibid.*, n.° 74; Parkinson. *Organ. rem.*, vol. 2, t. 17, fig. 12. (Calc. houill. d'Anglet., Irlande.)

Le Platycrinite pentangulaire; *P. pentangularis*, id., ibid., n.° 83. (Calcaire oolithique d'Angleterre.)

Le P. granuleux; *P. granulosus*, id., ibid., n.° 82. (Calcaire oolithique d'Angleterre.)

Le P. strié; *P. striatus*, id., ib., n.° 82. (Calc. houill. d'Angl.)

Observ. Nous ne connoissons pas ce genre en nature, mais seulement d'après ce qu'en a dit M. Miller. Nous n'osons toutefois assurer que nous l'avons convenablement défini. D'après cet auteur, cette tête d'encrinoïdien ne seroit composée que de deux cercles de pièces, un de trois pour ce qu'il nomme le *pelvis*, et un de cinq pour les scapulaires qui portent la partie mobile des rayons, ou les doigts, formés de deux séries d'articulations.

CARYOCRINITE, *Caryocrinites*.

Corps régulier, ovoïde, subpolygonal, entièrement recouvert de plaques polygonales, complétement articulées entre elles et formant un têt solide;

Composé de six pièces dorsales, de six moyennes et de huit terminales : quatre de celles-ci donnant attache à des rayons bifides.

Bouche au milieu de quatre pièces pétaloïdes bien radiaires.

Tige articulée et fixée.

Espèce. Le CARYOCRINITE ORNÉ : *C. ornatus*, Say, *Journ. acad. sc. Philad.*, 4, n.° 9, et *Zool. journ.*, 2, p. 311, pl. 11, fig. 1.

Le C. loriqué; *C. loricatus*, id., ibid.

Observ. Nous avons caractérisé ce genre, établi par M. Thomas Say, *loc. cit.*, d'après une belle tête d'encrinoïdien, provenant de Loockport, état de New-York, et que nous devons à la générosité de M. Stokes. Il est évident qu'il doit être rapproché de celui des marsupites; car les plaques polygonales qui constituent le têt sont également couvertes de rangées radiaires de tubercules, ce qui pourroit faire croire que dans ce genre d'animaux il y avoit des espèces de piquans, comme dans les oursins. Elles offrent en outre le caractère commun de se toucher complétement par les bords, d'où les rayons ne peuvent jouir d'aucune liberté à leur racine. Il en est résulté un corps qui, au premier abord, ressemble assez bien au péricarpe de certains fruits.

D'après M. Say, le corps du caryocrinite ne seroit composé que de quatre pièces dorsales ou pelviennes et de six costales.

MARSUPITE, *Marsupites*.[1]

Corps régulier, ovale, bursiforme, arrondi à l'extrémité dorsale, tronqué et plan à l'autre, enveloppé dans une sorte de coque ou de têt;

    Composé de grandes plaques polygonales, articulées entre elles, une centro-dorsale, et trois rangs de superposées, dont les terminales portent dix rayons simples.

Bouche au milieu de quatre pièces squamiformes.

Tige nulle.

Espèce. La MARSUPITE ORNÉE: *Marsupites ornatus*, Mantell., tab. 16, fig. 10, 14 et 15; Park., *Organ. rem.*, vol. 2, pl. 13, fig. 24; Defr., Dict. des sc. nat., t. XXIX, p. 244, atlas, fig. 5.

Observ. Nous n'avons pas observé ce genre d'après nature, et nous ne l'avons défini que d'après les figures et les courtes descriptions données par les auteurs cités; mais surtout d'après l'analogie que nous supposons entre le fossile qui le constitue et le genre Caryocrinite. En effet, il nous semble qu'il y a les plus grands rapports entre ces deux genres, et ils ne diffèrent peut-être même que par le nombre des rayons.

PENTRÉMITE, *Pentremites*.

Corps inconnu, renfermé dans une sorte de têt pentagonal, régulier, solide;

    Composé de trois très-petites pièces dorsales, inégales, enfoncées, et de deux rangées coronaires de cinq autres, dont les terminales, pétaloïdes, sont percées d'un trou rond à l'extrémité libre, et sculptées dans toute la longueur de cinq espèces d'ambulacres limités par une série latérale de pores.

Tige cylindrique, composée d'articles percés d'un trou rond, et radiés à leur surface articulaire.

Espèces. Le PENTRÉMITE GLOBULEUX: *P. globosus*, Say, *Siliman's journ.*, vol. 2, p. 36, et *Journ. acad. nat. sc. phil.*, 4, n.° 9, et Sow., *Zool. journ.*, 2, p. 314.

---

[1] *Marsupiocrinites.*

Le Pentrémite pyriforme; *P. pyriformis*, id., *ibid.*, n.° 2.

Le P. floréal : *P. florealis*, id., *ibid.*, n.° 3; Park., *Organ. rem.*, 2, pl. 13, et Sow., *ibid.*, pl. 11, fig. 2.

Le P. du Derby; *P. Derbensis*, Sowerby, *Zool. journ.*, 2, pag. 317, pl. 11, fig. 3.

Le P. elliptique : *P. ellipticus*, id., *ibid.*, p. 318; *Encrinites Godoni*, Defr., *Dict. des sc. nat.*, tom. XIV, p. 467; atlas, pl. des encrinites, fig. 4 et 4 *a*, et Sow., *ibid.*, fig. 4.

Observ. Nous avons caractérisé ce genre, établi par M. Say (*loc. cit.*), d'après deux individus que nous devons encore à la complaisance de M. Stockes.

C'est un genre véritablement distinct et même bien singulier: en effet, il nous semble peu probable qu'il y ait eu de véritables rayons, à moins que de supposer qu'ils étoient appliqués vis-à-vis des trous des plaques terminales, ce qui est peu probable. Les ambulacres pouvoient au contraire en tenir lieu, puisque les suçoirs tentaculiformes devoient sortir par les pores qui les limitent.

Pour M. Miller, cette tête d'encrinoïdien est composée d'un pelvis de trois pièces inégales, l'une tétragonale et les deux autres pentagonales, ce qui est parfaitement juste, et servant à l'articulation de la tige, et de cinq scapulaires fort grands et percés de cinq avenues de pores; mais ici il me semble qu'une rangée de plaques a échappé à l'observateur anglois; car il y en a certainement deux cercles de cinq chacun, alternantes, et dont les dernières sont percées d'un grand trou à l'extrémité libre. Il est même extrêmement probable que ces cinq dernières pièces étoient les seules susceptibles d'écartement pour la communication de la bouche de l'animal à l'extérieur. Quant aux trous terminaux, on conçoit qu'ils aient pu se continuer dans des palpes ou rayons.

Nous trouvons encore indiqué dans l'ouvrage de M. Miller (*Encrin.*) un autre genre de cette famille des encrinoïdiens, sous le nom d'*Eugeniacrinites*; mais on ne peut trop savoir ce que c'est, cet auteur se bornant à dire que les cinq plaques dorsales qui constituent le pelvis sont ankylosées avec le premier article de la tige. M. Goldfuss (*Petref.*, tab. L) depuis en a figuré plusieurs espèces.

CLASSE II.

ARACHNODERMAIRES, *Arachnoderma.*

Genre MEDUSA, Linn.

Corps libre, régulièrement ovale ou circulaire; subgélatineux, couvert d'une peau extrêmement fine, peu ou point distincte; soutenu ou non par une partie solide, subcartilagineuse, et pourvu d'appendices rayonnés très-diversiformes.

Canal intestinal borné à l'estomac et pourvu d'un seul orifice.

Ovaires multiples, radiaires, et s'ouvrant dans l'intérieur de l'estomac.

Observ. Cette classe d'Actinozoaires répond exactement au genre *Medusa* de Linné.

Elle est aisée à caractériser, puisqu'elle diffère presque par tous les points de l'organisation des autres classes du même type.

Ce sont des animaux toujours libres et constamment dans une position renversée, comme les Échinides et la plupart des Stellérides, composés d'une substance presque gélatineuse transparente, et dont l'enveloppe externe et interne, d'une ténuité arachnoïdienne, est à peine distincte.

Leur forme, bien régulière, est presque toujours circulaire (les Vélelles seules étant ovales), quelquefois discoïde ou sphéroïdale, mais le plus souvent hémisphérique, ce qui, les faisant ressembler à nos ombrelles, a valu ce nom à leur corps proprement dit. Celui-ci est quelquefois en outre garni dans sa circonférence de cirrhes plus ou moins longs, auxquels on a donné le nom de tentacules, ou mieux de cirrhes tentaculiformes.

La face inférieure de l'ombrelle est quelquefois entièrement nue, mais d'autres fois elle est pourvue de suçoirs tentaculiformes nombreux et épars, comme dans les Porpites et les Vélelles, ou bien d'appendices très-diversiformes, capillacés au moins à leurs extrémités, que les zoologistes ont nommés des bras, d'où la dénomination de brachidées, qu'ils ont donnée à quelques espèces. Ces appendices ou bras sont quelquefois libres dès leur base, mais d'autres fois ils sont réunis, ce qui produit une sorte de pédoncule, qui a valu aux espèces qui en sont pourvues, le nom de pédonculées. Au milieu de la face inférieure de l'ombrelle des Méduses est quelquefois une espèce de pédoncule, formé par un prolongement proboscidiforme de l'orifice buccal, et alors on les dit proboscidées; mais dans un plus grand nombre de cas, le milieu inférieur de l'ombrelle est occupé par une masse plus ou moins considérable, s'attachant au corps par quatre racines en croix, de manière à partager l'orifice buccal en quatre parties semilunaires. Ce pédoncule, terminé par des divisions capillacées plus ou moins nombreuses, a fait donner aux Méduses qui en sont pourvues le nom de pédonculées et de polystomées.

Nous avons parlé dans les généralités sur les Actinozoaires des principaux points de l'organisation des Arachnodermaires, et nous n'avons pas besoin d'y revenir.

Les Arachnodermaires sont tous des animaux aquatiques et marins. Il s'en trouve dans toutes les mers, souvent en amas considérables, mais surtout dans les mers des pays chauds, quelquefois en assez grand nombre pour retarder la marche des vaisseaux qui traversent les énormes bancs qu'ils forment.

Quoique tous les Arachnodermaires soient libres dans le fluide, où ils vivent à des profondeurs plus ou moins grandes, ils sont constamment dans une position renversée, à la manière des Oursins.

Leur force de locomotion est bien loin d'être suffisante pour résister aux courans du milieu qu'ils habitent; elle consiste dans un mouvement isochrone de systole et diastole, qui se continue, sans suspension, jusqu'au terme de la vie, et dans une contraction plus volontaire des rebords de l'ombrelle.

C'est au printemps, du moins dans nos climats, que les Arachnodermaires se reproduisent. Les ovaires, dont nous avons exposé la structure et la position à la partie dorsale de la cavité viscérale, de manière à former souvent une croix vivement colorée, visible au milieu de la face supérieure de l'ombrelle, à cause de la transparence de celle-ci, se gonflent alors d'une manière remarquable, et les jeunes méduses sont rejetées à l'extérieur par la bouche; quelquefois après un développement plus ou moins considérable dans les appendices.

Je supposerois volontiers que ces animaux ne naissent pas

au degré de développement qu'ils devront atteindre par la suite ; mais je ne possède aucun fait positif qui appuie cette hypothèse.

Nous ne connoissons rien de plus positif sur la durée de la vie de ces animaux ; nous savons seulement que certains Rhizostomes acquièrent un développement considérable, au point d'avoir près d'un pied et demi de diamètre, sur une longueur totale d'au moins deux pieds ; mais il paroît que le nombre des espèces presque microscopiques est infiniment plus considérable. M. Scoresby, dans ses Observations sur la zoologie des régions arctiques, a fourni des détails curieux à ce sujet.

La distinction des espèces de cette classe est peut-être assez difficile par elle-même ; mais elle le devient d'autant plus, que ces animaux sont à peine visibles dans la mer, à cause de leur grande transparence ; qu'on peut assez difficilement s'en saisir, à cause de leur mollesse, et qu'à peine peut-on les conserver dans les collections, et encore sont-ils alors dans un état de contraction et de déformation considérables. Ce sont sans doute ces difficultés, inhérentes au sujet, qui font que la classification des Méduses est aussi peu avancée. C'est à Péron et Lesueur que nous devons le plus grand travail à ce sujet ; mais il ne faut pas se dissimuler qu'il est encore fort peu satisfaisant ; aussi M. de Lamarck et surtout M. Cuvier, l'ont-ils considérablement modifié. N'ayant pas encore observé un assez grand nombre de ces animaux pour établir dans leur distribution méthodique quelque chose de rationnel, j'ai mieux aimé adopter, à peu de chose près, celle de Péron et Lesueur ; mais je le répète, je ne doute en aucune manière qu'elle ne doive être modifiée par la suite.

La première subdivision que j'établis, porte sur l'existence ou l'absence d'une pièce solide pour soutenir l'ombrelle ou le corps de l'animal, d'où les Chondrogrades qui en sont pourvus, et les Pneumogrades ou Cardiogrades qui en sont dépourvus. Ces deux ordres sont en outre distingués par la nature très-différente des appendices dont l'ombrelle est pourvue à sa face buccale.

L'ordre des Cardiogrades, beaucoup plus considérable que l'autre, et contenant les Méduses proprement dites, pouvoit être subdivisé en sections assez naturelles, d'après la consi-

dération de l'absence ou de l'existence d'une cavité stomacale, s'ouvrant à l'extérieur par un orifice simple, rétréci
ou non, prolongé ou non en une sorte de trompe, quelquefois pourvue ou non d'appendices, ou bien complexe et partagé en plusieurs parties par l'insertion des racines de ces
appendices; mais j'ai préféré momentanément établir mes sections d'après la seule considération du système appendicu-
laire, pour éviter la discussion préliminaire de savoir, si réellement il y a de ces animaux sans estomac, et par conséquent
sans bouche, ce dont je doute beaucoup. Quoi qu'il en soit,
voici la table synoptique des genres établis par Péron et Lesueur, mais dont je suis assez éloigné de garantir l'existence:

Ordre I.er PULMOGRADES ou MÉDUSAIRES.

Sect. I.re — Simples
- Eudore.
- Éphyre.
- Phorcynie.
- Eulymène.
- Carybdée.
- Euryale.

Sect. II. — Tentaculées
- Bérénice.
- Équorée.
- Fovéolie.
- Pégasie.
- Obélie.

Sect. III. — Subproboscidées
- Océanie.
- Aglaure.
- Mélicerte.

Sect. IV. — Proboscidées
- Orythie.
- Géronye.
- Dianée.
- Favonie.
- Lymnorée.

Sect. V. — Brachidées et pédonculées.
- Ocyroë.
- Cassiopée.
- Aurélie.
- Mélitée.
- Évagore.
- Céphée.
- Rhizostome.
- Chrysaore.

Ordre II. CIRRHOGRADES
- Vélelle.
- Porpite.

Ordre Ier Les PULMOGRADES, *Pulmograda.*

(G. Medusa, Linn.)

Corps entièrement gélatineux, parfaitement circulaire, sans partie plus solide à l'intérieur, pourvu de cirrhes diversiformes, marginaux, ou d'appendices foliacés inférieurs, diversifiés.

Observ. Sous cette caractéristique nous comprenons les animaux rayonnés, auxquels il nous semble que le nom de Méduse convient exclusivement, c'est-à-dire ces êtres entièrement mous, gélatineux, sans partie plus solide qui augmenteroit un peu leur consistance, et auxquels on suppose que les anciens donnoient le nom de poumons marins, qui leur a encore été conservé sur les rivages de l'Italie. Nous les avons quelquefois aussi appelés Cardiogrades, parce que leur mode de locomotion est principalement exécuté par un mouvement alternatif de systole et diastole, analogue à celui du cœur des animaux élevés. C'est en effet une particularité qui leur est tout-à-fait spéciale, et que nous ne connoissons dans aucun autre groupe d'animaux, pas même dans les Porpites et les Vélelles, qui cependant ont été regardées par Linné comme de véritables Méduses.

Nous venons de dire plus haut comment nous suivons à peu de chose près la distribution méthodique des Médusaires, telle qu'elle a été établie par Péron et Lesueur, mais sans la regarder comme définitive, reconnoissant qu'elle est souvent artificielle, et qu'elle repose quelquefois sur des observations incomplètes.

Sect. I. Les Méduses simples, c'est-à-dire sans tentacules proprement dits, ni pédoncules, ni bras.

Eudore, *Eudora.*

Corps très-déprimé, discoïde, simple, sans cirrhes tentaculaires, sans pédoncules ni appendices, et n'offrant à l'intérieur que des canaux ramifiés, s'abouchant par quatre gros troncs en croix dans une petite cavité centrale sans ouverture extérieure.

Espèce. L'Eudore ondulée; *E. undulosa,* Péron et Lesueur,

Hist. gén. des méduses, p. 14, pl. 1, fig. 1, 2 et 3. (De l'Australasie.)

Observ. Nous ne connoissons ce genre que d'après la caractéristique et la courte description de la seule espèce qui le constitue, données par Péron et Lesueur dans l'ouvrage cité.

Nous doutons réellement assez que cette méduse n'ait pas de bouche; car, pour l'estomac, il nous semble qu'on doit regarder comme tel le centre de réunion des quatre gros troncs des canaux. D'ailleurs est-il certain que l'individu qui a servi à la figure de M. Lesueur fût complet. Ce dernier nous a dit qu'à la face inférieure il y avoit une membrane; peut-être étoit-ce quelque reste de la cavité stomacale?

M. Cuvier réunit ce genre avec les géronyes, parmi les rhizostomes.

Éphyre, *Ephyra.*

Corps hémisphérique ou subhémisphérique, sans folioles ni cirrhes à sa circonférence, creusé d'une cavité stomacale à quatre ouvertures simples, opposées deux à deux, sans pédoncule ni appendices brachidés.

Espèces. L'Éphyre simple: *E. simplex,* Péron et Lesueur, Hist. gén. des méduses, p. 42; Pennant, *Brit. zool.,* et Borlase, *Hist. of Corn.,* p. 257, pl. 25, fig. 13 et 14.

L'É. tuberculée; *E. tuberculata,* Péron et Lesueur, Hist. gén. des méd., pl. 44, fig. 168 et 169.

Observ. Ce genre ne nous est connu que par la figure et la description données par Borlase, ainsi que par la caractéristique de MM. Péron et Lesueur : aussi nous paroit-il assez mal établi et fort rapproché du précédent. Nous supposons même qu'il ne l'a été que d'après la figure, et qu'on a regardé les ovaires comme autant de bouches.

M. Cuvier admet que le *medusa simplex* de Pennant n'est qu'un rhizostome mutilé de son pédoncule.

Phorcynie, *Phorcynia.*

Corps de forme un peu variable, en général assez déprimé, sans tentacules ni cirrhes à sa circonférence, largement excavé en dessous par une grande cavité stomacale, garnie de plusieurs bandelettes rayonnantes et à ouverture aussi grande qu'elle, sans pédoncules ni appendices brachidés.

Espèces. La Phorcynie cudonoïde; *P. cudonoidea*, Péron et Lesueur, Hist. gén. des méd. pl. 13, fig. 23 et 24. (Des mers Australes.)

La P. pétaselle; *P. petasella, id., ibid.,* pl. 14, fig. 25, 26 et 27. (Des mers Australes.)

La P. istiophore; *P. istiophora, id., ibid.,* pl. 15, fig. 28. (Des mers Australes.)

La P. bonnet; *P. pileata,* Quoy et Gaimard.

Observ. Les trois premières espèces qui entrent dans ce genre sont des mers Australes. Nous n'avons encore observé aucune méduse qui appartiendroit à ce genre.

Il nous paroît à peú près certain que ce genre n'a réellement été établi par Péron que sur des figures rapportées de son voyage, qui, avec quelque soin qu'elles aient été exécutées d'abord par M. Lesueur, ont pu cependant être incomplètes ou faites d'après des animaux altérés: aussi nous doutons un peu de la muscularité de l'estomac de la première espèce. Quant aux deux autres, elles ne nous semblent pas avoir les caractères du genre.

Eulymène, *Eulymene.*

Corps un peu diversiforme, très-simple, c'est-à-dire sans tentacules ni cirrhes marginaux, mais pourvu d'espèces de rayons dans son pourtour; creusé d'une cavité stomacale assez grande, et communiquant à l'extérieur par un orifice plus étroit qu'elle, entouré d'une lèvre frangée, sans pédoncules ni appendices brachidés.

Espèces. L'Eulymène sphéroïdale; *E. spheroidalis*, Péron et Lesueur, Hist. gén. des méd., pag. 22, pl. 16, fig. 29. (Des mers Australes.)

L'E. cyclophylle; *E. cyclophylla, id., ibid.,* pl. 17, fig. 30 et 31. (Des mers Australes.)

Observ. Nous ne connoissons encore ce genre que d'après les figures et les courtes descriptions données par les auteurs cités. Il est fort rapproché du précédent, et peut-être, comme lui, n'est-il établi que sur des figures et sur des animaux incomplets.

M. Flemming a décrit une nouvelle espèce dans ce genre, sous le nom d'*E. quadrangularis* (*Edimb. phil. journ.*, 8, p. 312);

mais il est évident, d'après sa description même, que c'est
une espèce de béroë. En effet, il parle de huit côtes ciliées,
étendues d'une extrémité à l'autre, les cils étant continuellement en mouvement.

Carybdée, *Carybdea*.

Corps hémisphérique, subconique ou même semi-elliptique,
garni dans sa circonférence de lobes foliacés. subtentaculaires, creusé en dessous par une grande excavation stomacale à ouverture aussi grande qu'elle.

Espèces. La Carybdée périphylle; *C. periphylla*, Péron et Lesueur, Hist. gén. des méd., p. 20, pl. 11, fig. 19—21.

La C. marsupiale: *C. marsupialis*, id., ibid., p. 21; Plancus,
Conch., tab. 4, fig. 5.

Observ. C'est encore un genre que nous ne connoissons que
d'après les figures citées.

Euryale, *Euryale*.

Corps subdiscoïde; fort aplati, garni à sa circonférence d'appendices foliacés, subtentaculaires, excavé en dessous par
une grande cavité stomacale, percé dans son contour de
loges distinctes, mais ne communiquant à l'extérieur que
par un seul orifice presque aussi large qu'elle, sans pédoncule ni appendices brachidés.

Espèce. L'Euryale antarctique; *E. antarctica*, Péron et Lesueur, Hist. gén. des méd., p. 42, pl. 42, fig. 165. (Des mers
Australes.)

Observ. Ce genre ne m'est connu que par la courte caractéristique donnée par MM. Péron et Lesueur, et qui a été
probablement établie sur des figures. Comme nous les avons
vues dans le porte-feuille de ce dernier, il nous a semblé, en
les étudiant, que cette méduse n'a réellement qu'une seule ouverture buccale fort grande, avec des locules dans la circonférence de la cavité où elle conduit; c'est ce qui m'a forcé
de modifier les caractères de ce genre.

Au reste, en supposant qu'il soit adopté, son nom devra
du moins être changé; car M. de Lamarck a déja employé la
dénomination d'*Euryale* pour un genre de Stellérides.

Sect. II. Méduses tentaculées, c'est-à-dire dont la circonférence du corps et quelquefois l'orifice buccal sont pourvus de cirrhes tentaculiformes.

Bérénice, *Berenice.*

Corps médiocrement déprimé, hémisphérique, pourvu à sa circonférence d'une rangée de longs filamens tentaculiformes, cirrheux, largement et assez profondément excavé en dessous, avec un orifice buccal aussi large que l'excavation, sans pédoncule central ni appendices brachidés. Des ramifications vasculiformes, aboutissant par quatre gros troncs en croix à un sinus médian.

Espèces. La Bérénice euchrome; *B. euchroma*, Péron et Lesueur, Monogr., pl. 2, fig. 4 et 5. (Des mers équatoriales.)

La B. thalassine; *B. thalassina*, id., ibid., pl. 3, fig. 6. (De l'Australasie.)

Observ. Nous avons défini ce genre tout autrement que MM. Péron et Lesueur, qui l'ont établi, et cela d'après la figure assez bonne qu'ils ont donnée de la première espèce. Nous supposons en effet que la cavité stomacale est la concavité même du disque, qui est assez profonde, et que l'orifice buccal est presque aussi large qu'elle.

On pourroit cependant aussi concevoir qu'elle seroit au milieu du sinus de réunion des quatre arbuscules vasculiformes; mais alors il faudroit qu'elle fût fort petite et qu'elle eût échappé à l'observation de MM. Péron et Lesueur; car ils rangent ce genre dans leur division des méduses agastriques.

Les deux espèces de ce genre sont des mers Australes.

Dans sa classification, M. Cuvier fait de ce genre une partie de ses rhizostomes, division des géronyes.

Équorée, *Æquorea.*

Corps un peu diversiforme, garni à sa circonférence d'un cercle de cirrhes tentaculaires filamenteux, souvent fort longs et plus ou moins nombreux, assez fortement excavé en dessous, avec un orifice médian, souvent à l'extrémité d'une sorte de lèvre circulaire plus ou moins saillante et pourvue d'appendices tentaculaires, simples ou complexes.

A. *Espèces à appendices en lignes simples.*

L'Équorée sphéroïdale ; *Æ. spheroidalis*, Péron et Lesueur, Hist. gén. des méd., p. 23, pl. 18, fig. 32 — 35. (Des mers Australes.)

L'É. amphicurte ; *Æ. amphicurta, id., ibid.,* pl. 19, fig. 34 et 35. (Des mers Australes.)

L'É. bunogastre ; *Æ. bunogaster, id., ibid.,* pl. 19, fig. 36. (Des mers Australes.)

B. *Espèces à appendices lamelleux.*

L'É. mésonème : *Æ. mesonema, id., ibid.,* p. 24; *Medusa?* Forskal, *Icon.,* tab. 28, fig. B. (De la Méditerranée.)

L'É. phosphériphore ; *Æ. phospheriphora, id., ibid.,* pl. 21, fig. 38. (Des mers Australes.)

L'É. Forskalienne : *Æ. Forskalea, id., ibid.; Med. æquorea,* Forsk., *Faun. Arab.,* p. 110, et *Icon. anim.,* tab. 32.

L'É. eurodienne ; *Æ. eurodina, id., ibid.,* pl. 23, fig. 40 et 41. (Des mers Australes.)

L'É. cyanée ; *Æ. cyanea, id., ibid.,* p. 25, pl. 24, fig. 42, 43 et 44. (Des mers Australes.)

L'É. thalassine ; *Æ. thalassina, id., ibid.,* pl. 25, fig. 45, 46 et 47. (Des mers Australes.)

L'É. stauroglyphe ; *Æ. stauroglypha, id., ibid.,* pl. 26, fig. 48, 49 et 50. (De la Manche.)

L'É. pourprée ; *Æ. purpurea, id., ibid.,* pl. 27, fig. 51 et 52. (Des mers Australes.)

L'É. pleuronote ; *Æ. pleuronota, id., ibid.,* p. 26, pl. 28, fig. 53 — 56. (Des mers Australes.)

L'É. onduleuse ; *Æ. undulosa, id., ibid.,* pl. 29, fig. 57 — 60. (Des mers Australes.)

C. *Espèces à appendices cylindroïdes.*

L'É. atlantophore ; *Æ. atlantophora, id., ibid.,* pl. 30, fig. 61 — 65. (De la Manche.)

L'É. Risso ; *Æ. Risso, id., ibid.,* pl. 31, fig. 66 et 67. (De la Méditerranée.)

Observ. Ce genre, fort aisé à caractériser par la présence d'une cavité stomacale distincte, avec un orifice médian rétréci, et par l'existence de cirrhes tentaculaires à la circonférence du corps, m'est connu par l'observation de plusieurs espèces vivantes dans les mers qui entourent la France, et même dans la Manche. C'est un genre bien distinct.

Le nombre des espèces qui le constituent est fort grand.

Il en existe dans toutes les mers.

Leur distinction porte essentiellement sur la forme et la disposition des appendices sous-ombrellaires.

FOVÉOLIE, *Foveolia.*

Corps circulaire, plus ou moins élevé, garni dans sa circonférence d'un cercle peu nombreux de cirrhes tentaculaires en général assez courts, avec des fossettes ou sinus intermédiaires; excavé en dessous, avec un orifice buccal central, très-grand, sans pédoncules ni appendices brachidés.

Espèces. La FOVÉOLIE BUNOGASTRE; *F. bunogaster*, Péron et Lesueur, Hist. gén. des méduses, pl. 32, fig. 68—70. (De la Méditerranée.)

La F. PILÉAIRE: *F. pilearis*, id., ibid., p. 27; *Med. pilearis*, Linn., Gmel., p. 3154. (De l'Océan.)

La F. MOLLICINE: *F. mollicina*, id., ibid., p. 28; *Med. mollicina*, Forsk., *Faun. Arab.*, pag. 109; et Icon., tab. 33, fig. C. (De la Méditerranée.)

La F. DIADÈME; *F. diadema*, id., ibid., pl. 34, fig. 73. (Des mers Australes.)

La F. LINÉOLÉE; *F. lineolata*, id., ibid., pl. 35, fig. 74—77. (De la Méditerranée.)

Observ. C'est encore un genre que nous ne connoissons pas en nature, et seulement d'après la figure de la F. bunogastre citée. En en jugeant d'après elle, il ne nous semble pas qu'il diffère beaucoup de celui des équorées.

PÉGASIE, *Pegasia.*

Corps circulaire, du reste diversiforme, garni à sa circonférence d'un cercle de cirrhes tentaculaires, sans fossettes intermédiaires, ni faisceaux lamelleux; excavé en dessous, avec un orifice buccal très-grand et des bandelettes prolongées jusqu'à lui.

Espèces. La PÉGASIE DODÉCAGONE; *P. dodecagona*, Péron et

Lesueur, Hist. gén. des méd., pag. 29, pl. 36, fig. 78. (Des mers Australes.)

La Pégasie cylindrelle; *P. cylindrella*, id., ibid., fig. 79. (Des mers Australes.)

Observ. Nous connoissons à peine les figures des méduses qui ont servi à établir ce genre, et notre caractéristique est copiée de celle de Péron.

Les deux espèces qu'il contient, viennent des mers Australes.

La figure de la première, que nous avons vue dans les portefeuilles de M. Lesueur, rappelle fort bien les fovéolies.

Obélie, *Obelia.*

Corps orbiculaire, conique et mamelonné en dessus, garni à sa circonférence de cirrhes tentaculaires assez courts, peu excavé en dessous, avec un orifice médian, conduisant dans un estomac quadrilobé.

Espèce. L'Obélie sphéruline: *O. spherulina*, Péron et Lesueur; d'après Slabber, *Phys. Belust.*, p. 40, tab. 9, fig. 5 — 8; copié dans l'Encycl. méth., pl. 92, fig. 12 — 15.

Observ. Ce genre n'est évidemment établi par Péron que sur la figure et la description de Slabber; aussi sommes-nous assez loin de croire qu'il soit véritablement bon.

Sect. III. Méduses subproboscidées ou dont la cavité stomacale se prolonge dans un court pédoncule, à l'extrémité duquel est l'orifice buccal, accompagné de quatre appendices brachidés.

Océanie, *Oceania.*

Corps circulaire, plus ou moins convexe ou déprimé, pourvu dans sa circonférence d'un rang de cils ou de cirrhes tentaculaires, variables dans leur forme et leur nombre; fortement excavé en dessous, avec une sorte de trompe médiane, pourvue de quatre appendices brachidés et pédonculés. Quatre ovaires prolongés jusqu'au bord.

A. *Espèces simples.*

L'Océanie phosphorique; *O. phosphorica*, Péron et Lesueur, Hist. gén. des méd., p. 32, pl. 42, fig. 89 — 91. (De la Manche.)

L'O. linéolée; *O. lineolata*, id., ibid., pl. 43, fig. 92. (De la Méditerranée.)

60.   17

L'Océanie flavidule ; *O. flavidula, id.*, *ibid.*, p. 33, pl. 44, fig. 93 — 96. (De la Méditerranée.)

L'O. Lesueur ; *O. Lesueuri, id.*, *ibid.*, pl. 45, fig. 97 — 103. (De la Méditerranée.)

B. *Espèces appendiculées.*

L'O. bonnet : *O. pileus, id.*, *ibid.*, pl. 46, fig. 104 — 112 ; *Med. pileata*, Forskal, *Faun. Arab.*, p. 110, n.° 26 ; *Icon.*, tab. 33, fig. D.

L'O. dimène ; *O. dimena, id.*, *ibid.*, p. 34, pl. 47, fig. 113 — 117. (De la Manche.)

C. *Espèces proboscidées.*

L'O. viridule ; *O. viridula, id.*, *ibid.*, pl. 48, fig. 118 — 124. (De la Manche.)

L'O. bossue ; *O. gibba, id.*, *ibid.*, pl. 49, fig. 125.

D. *Espèces douteuses.*

L'O. cymballoïde : *O. cymballoidea, id.*, *ibid.* ; Slabber, *Phys. Belust.*, p. 53, tab. 12, fig. 1 — 3.

L'O. tétramène : *O. tetramena, id.*, *ibid.*, p. 35 ; Slabber, *ibid.*, p. 64, tab. 15, fig. 1. (De l'océan Germanique.)

L'O. sanguinolente : *O. sanguinolenta, id.*, *ibid.* ; d'après Slabber, *ibid.*, p. 59, tab. 13, fig. 3. (De l'océan Germanique.)

L'O. hémisphérique : *O. hemisphærica, id.*, *ibid.* ; d'après Gronovius, *Acta helv.*, tom. 4, p. 58, et tab. 4, fig. 7. (De l'océan Germanique.)

L'O. danoise : *O. danica, id.*, *ibid.*, p. 36 ; d'après Muller (*Medusa hemisphærica*), *Zool. Dan.*, p. 6, tab. 8, fig. 2 — 5. (De la mer Baltique.)

L'O. paradoxale ; *O. paradoxa, id.*, *ibid.*, pl. 53, fig. 139. (De la Méditerranée.)

L'O. microscopique : *O. microscopica, id.*, *ibid.* ; d'après Slabber, *loc. cit.*, p. 46, tab. 11, fig. 1 et 2. (De l'océan Germanique.)

L'O. hétéromène ; *O. heteromena, id.*, *ibid.*, pl. 54, fig. 142. (De la Manche.)

Observ. Quoique toutes les espèces qui constituent ce genre appartiennent aux mers d'Europe, nous n'avons pas encore eu l'occasion d'en observer une d'une manière suffisante pour nous assurer si réellement il y a un orifice buccal à l'extrémité du pédoncule central, ou si la bouche ne seroit pas seulement l'orifice de la grande excavation inférieure du corps de l'animal.

Aglaure, *Aglaura.*

Corps sphéroïdal, pourvu dans sa circonférence de cirrhes tentaculaires peu nombreux; fortement excavé en dessous et contenant dans cette excavation une masse proboscidiforme, entourée des ovaires, au nombre de huit, et terminée par quatre appendices brachidés, très-courts, au milieu desquels est la bouche.

Espèces. L'Aglaure hémistome; *A. hemistoma,* Péron et Lesueur, Hist. gén. des méd., p. 39, pl. 59, fig. 152 — 156. (De la Méditerranée.)

L'A. ronde: *A. rotunda; Dianea rotunda,* Quoy et Gaimard, Mém., Ann. des sc. nat., 10, pl. 6 *A,* fig. 1 et 2.

L'A. conique: *A. conica; Dianea conica,* Quoy et Gaimard, *ibid.,* pl. 6 *A,* fig. 3 et 4.

L'A. funéraire: *A. funeraria; Dianea funeraria,* Quoy et Gaymard, *ibid.,* pl. 6 *A,* fig. 10 — 15.

Observ. C'est un genre que nous n'avons pas encore vu en nature, quoique la première espèce soit de la Méditerranée et les autres du détroit de Gibraltar.

Nous ne voyons réellement pas trop en quoi il diffère des océanies, du moins de celles de la troisième section, et encore moins des mélicertes.

Les ovaires entourent la masse viscérale de la même manière, et il y a également une sorte de diaphragme percé d'un trou médian, à la face inférieure du corps.

Les trois dernières espèces, dont on doit la découverte à MM. Quoy et Gaimard, ont été regardées par eux comme appartenant au genre Dianée; mais, à ce qu'il nous semble, à tort; car il est évident que ce sont des aglaures ou même des océanies proboscidées.

Mélicerte, *Melicerta.*

Corps circulaire, diversiforme, pourvu dans sa circonférence de tentacules ordinairement fort courts et très-peu nombreux; assez excavé en dessous et présentant dans son milieu un pédoncule central, bordé à son orifice par un grand nombre d'appendices brachidés filiformes.

Espèces. La MÉLICERTE PERLE : *M. perla*, Péron et Lesueur, Hist. gén. des méd., p. 40; *Medusa perla*, Slabber, *Phys. Belust.*, p. 58, tab. 13, fig. 1 et 2. (De l'océan Germanique.)

La M. DIGITÉE : *M. digitata*, *id.*, *ibid.*; d'après Muller, *Prodr. zool. dan.*, p. 233. (Des mers du Nord.)

La M. CAMPANULE : *M. campanula*, *id.*, *ibid.*; d'après Fabricius, *Fauna Groenl.*, p. 366.

La M. PLEUROSTOME; *M. pleurostoma*, *id.*, *ibid.*, pl. 41, fig. 159 et 160. (Des mers Australes.)

La M. FASCICULÉE; *M. fasciculata*, *id.*, *ibid.*, pl. 42, fig. 161—164. (De la Méditerranée.)

Observ. Ce genre est établi sur plusieurs espèces de méduses, dont deux de nos mers. Nous ne les avons pas vues, et nous n'en connoissons pas même de bonnes figures.

Sect. IV. Méduses proboscidées ou dont la partie inférieure et médiane du corps se prolonge en un appendice proboscidiforme, simple ou accompagné d'appendices brachidés. (G. GERONIA, CUV.)

ORYTHIE, *Orythia.*

Corps semi-sphéroïdal ou discoïde, sans cirrhes tentaculaires à la circonférence, fortement excavé à sa partie inférieure et pourvu dans son milieu d'un prolongement proboscidiforme, sans appendices brachidés, et comme suspendu par plusieurs bandelettes.

Espèces. L'ORYTHIE VERTE; *O. viridis*, Péron et Lesueur, Monogr., p. 15, pl. 4, fig. 7.

L'O. MINIME : *O. minima*, *id.*, *ibid.*, p. 16, pl. 5, fig. 8 et 9; *Medusa minima*, Baster, *Op. subs.*, 2, p. 62.

Observ. Ce genre nous paroît encore avoir été établi sur des figures : aussi il est permis de douter que le prolongement proboscidiforme ne soit pas percé, comme le veut M. Péron, et que par conséquent il n'y ait pas d'estomac.

D'après ce que nous a dit M. Lesueur lui-même, l'animal sur

lequel ce genre a été établi , étoit incomplet, ce que nous croyons aisément.

GÉRYONIE, *Geryonia*.

Corps hémisphérique, avec ou sans cirrhes à sa circonférence, profondément excavé en dessous, avec un prolongement proboscidiforme, médian, ouvert et muni de quelques lobes ou appendices fort courts à l'extrémité.

Espèces. La GÉRYONIE DINÈME; *G. dinema*, Péron et Lesueur, Hist. gén. des méd., p. 17, pl. 9, fig. 14, 15 et 16.

La G. HEXAPHYLLE : *G. hexaphylla*, id., ibid., pl. 10, fig. 17 et 18; *Med. proboscidalis*, Forskal, *Faun. Arab.*, p. 108, n.° 13; *Icon.*, tab. 36, fig. 1; cop. dans l'Encycl. méth., pl. 93, fig. 1.

La G. ÉQUORÉE : *G. equorea*, Muller, *Prodrom.*, pag. 233; Jamerson; Verner, *Mein.*, 1, p. 358; Flemm., *British Anim.*, p. 500, n.° 50.

La G. HÉMISPHÉRIQUE : *G. hemisphærica*, Muller, *Zool. Dan.*, 1, tab. 7; Macartney, *Philos. Trans.*, 1814, p. 268, tab. 15, fig. 5; Flemming, *loc. cit.*, p. 501, n.° 56.

La G. OCTONE; *G. octona*, Flemm., *Philos. journ.*, 8, p. 209, et *loc. cit.*, p. 501, n.° 57.

La G. EXIGUË; *G. exigua*, Quoy et Gaimard, Mém., Ann. des sc. nat., tom. 10, pl. 6 *A*, fig. 5, 6, 7 et 8.

. La G. BITENTACULÉE; *G. bitentaculata*, id., ibid., fig. 9.

La G. TÉTRAPHYLLE, *G. tetraphylla*, de Cham., *Verm.*, t. 30, fig. 2, *A, B, C.*

Observ. Quoique la plupart des méduses qui constituent cette division générique, établie par Péron et Lesueur, soient de nos mers, nous n'en avons encore observé aucune.

D'après les figures que nous en avons vues, c'est un genre bien voisin du précédent.

DIANÉE, *Dianæa*.

Corps hémisphérique, garni dans sa circonférence d'un petit nombre de cirrhes tentaculaires, excavé en dessous et pourvu dans son milieu d'un fort appendice proboscidiforme, avec quatre appendices brachidés à l'extrémité.

Espèces. La DIANÉE GABERT; *D. Gabert*, Quoy et Gaimard, Voyage de l'Uranie, Zool., pl. 84, fig. 2.

La D. DUBUST; *D. Dubust*, id., ibid., fig. 3.

Observ. Ce genre, qui a été établi par MM. Quoy et Gaimard dans la zoologie du Voyage autour du monde de l'Uranie, nous paroît trop peu différer des précédens pour mériter d'être conservé.

FAVONIE, *Favonia.*

Corps subhémisphérique, sans cirrhes ni cils tentaculiformes marginaux, assez profondément excavé en dessous, avec un long prolongement proboscidiforme, médian, ayant à sa racine six ou huit appendices brachidés, garnis de suçoirs radiciformes.

Quatre ovaires.

Espèces. La FAVONIE OCTONÈME; *F. octonema*, Péron et Lesueur, Hist. gén. des méd., p. 16, pl. 6, fig. 10. (Des mers Australes.)

La F. HEXANÈME; *F. hexanema*, id., ibid., pl. 7, fig. 11. (Des mers équatoriales.)

Observ. Nous ne connoissons ce genre que d'après les figures trop peu détaillées des auteurs cités, qui admettent que dans ce genre il n'y a ni bouche ni estomac.

LYMNORÉE, *Lymnorea.*

Corps subhémisphérique, garni dans sa circonférence de cils tentaculaires très-fins, courts et nombreux, assez excavé en dessous et pourvu d'un long prolongement proboscidiforme, ayant à sa base huit appendices bifides et finement divisés.

Quatre ovaires en croix.

Espèce. La LYMNORÉE TRIÈDRE; *Lymnorea triedra*, Péron et Lesueur, Hist. gén. des méd., p. 17, pl. 8, fig. 12 et 13. (Des mers Australes.)

Observ. Ce genre, que nous ne connoissons que par la caractéristique et les figures de Péron et Lesueur, ne diffère du précédent que par l'existence des cils tentaculaires du rebord de l'ombelle qui forme le corps, et ne mérite pas d'être conservé.

Sect. V. Méduses brachidées, ou dont la partie inférieure est pourvue d'un nombre plus ou moins considérable d'appendices brachidés et ramifiés.

OCYROÉ, *Ocyroe.*

Corps hémisphérique, festonné à sa circonférence, excavé en dessous, l'excavation communiquant avec l'extérieur par quatre orifices semi-lunaires, formés par l'attache de quatre appendices brachidés simples, réunis en un prolongement central, court et polyèdre.

Espèces. L'Ocyroë LINÉOLÉE; *O. lineolata*, Péron et Lesueur, Hist. gén. des méd., p. 43, pl. 146, fig. 174 et 175. (Des mers Australes.)

L'O. LABIÉE; *O. labiata; Cassiopea labiata*, de Cham. et Eysenhardt, *Verm.*, tab. 30, fig. 1, *A, B.*

Observ. Nous ne connoissons ce genre que d'après les figures, et surtout d'après celle de la seconde espèce, dont M. de Chamisso nous semble avoir fait à tort une cassiopée; car ses appendices brachidés paroissent être très-simples.

CASSIOPÉE, *Cassiopea.*

Corps circulaire, hémisphérique ou déprimé, lobé, mais non tentaculé à sa circonférence, assez fortement excavé en dessous. L'excavation stomacale communiquant avec l'extérieur par quatre orifices semi-lunaires, formés par l'attache d'une sorte de disque central, d'où partent huit grands appendices brachidés et quelques autres plus petits intermédiaires.

Espèces. La CASSIOPÉE DIEUPHYLLE; *C. dieuphylla*, Péron et Lesueur, Monogr., pl. 77, fig. 176 et 177.

La C. FORSKAL; *C. Forskalea, id., ibid.*, pl. 68, fig. 178 — 181. (De la mer Rouge et des Indes.)

La C. BORLASE: *C. Borlasi, id., ibid.*, p. 45; d'après Borlase, *Hist. nat. of Cornw.*, p. 258, pl. 25, fig. 16 et 17; *C. lunulata*, Flemm., *Brit. Anim.*, p. 502, n.° 64. (Des mers Britanniques.)

La C. PALLAS: *C. Pallas, id., ibid.;* d'après la med. *frondosa*, de Pallas, *Spicil. zool.*, fasc. 10, p. 30, tab. 2, fig. 1 — 3; cop. dans l'Encycl. méth., pl. 92, fig. 1 et 2, *A.*

Observ. Ce genre, comme il est aisé de le voir, ne diffère guère du précédent que par le nombre et le grand développement des appendices brachidés, et parce qu'il n'y a pas de prolongement central.

La dernière espèce lui appartient-elle réellement?

AURÉLIE, *Aurelia.*

Corps circulaire, assez diversiforme, garni à sa circonférence de cils tentaculiformes, nombreux, et de huit auricules. Cavité stomacale quadrilobée, avec autant de très-petites ouvertures que de loges, sans orifice au centre de la racine de quatre longs appendices brachidés, frangés et cotylifères à leur côté interne.

Quatre ovaires.

Espèces. L'Aurélie rose : *A. aurita*, Péron et Lesueur, Hist. gén. des méd., p. 46; Muller, *Zool. Dan.*. tab. 76, fig. 1—3; cop. dans l'Enc. méth., pl. 94, fig. 1, 2 et 3. (Mers d'Europe.)

L'A. Suriray; *A. Suriray*, Péron et Lesueur, *ibid.*, p. 45, pl. 74, fig. 128 et 129.

L'A. campanulée; *A. campanulata*, id., *ibid.*, p. 46, pl. 75, fig. 10. (De la Manche.)

L'A. mélanospile : *A. melanospila*, id., *ibid.*; d'après la *med. aurita* de Baster, *Opusc. subs.*, liv. 3, pag. 123, tab. 14, fig. 3 et 4. (De l'océan Germanique.)

L'A. phosphorique : *A. phosphorica*, id., *ibid.*; d'après la *med. phosphorica* de Spallanz., *Viagg. del. Sic.*, t. 4, p. 192—241.

L'A. amaranthe : *A. amaranthea*, id., *ibid.*, p. 47; d'après la *med. amaranthea* de Macri, *Del polm. mar.*, p. 19.

L'A. flavidule : *A. flavidula*, id., *ibid.*; d'après la *med. aurita* de Fabricius, *Fauna Groenl.*, p. 363, n.° 336. (Mers du Nord.)

L'A. pourprée : *A. purpurea*, id., *ibid.*; d'après la *med. aurita* de Kalm, *Trav. in North-Am.*, t. 1, p. 12. (De l'océan Europ.)

L'A. roussâtre; *A rufescens*, id., *ibid.*, pl. 78, fig. 201—203. (De la Méditerranée.)

L'A. linéolée : *A. lineolata*, id., *ibid.*; d'après Borlase, *Corn.*, p. 257, tab. 25, fig. 9 et 10.

L'A. crénelée; *A. crenata*, de Cham. et Eysenh., *Verm.*, pl. 29, fig. 1, *A, B, C.*

L'A. globule; *A. globulus*, id., *ibid.*, pl. 29, fig. 2. *A, B, C.*

Observ. C'est un genre assez distinct des précédens par la disposition des appendices brachidés et par celle des orifices stomacaux

Nous ne le connoissons que d'après les auteurs cités, et surtout d'après l'excellente Dissertation de Gaëde, qui ne permet pas de douter que Péron ne se soit trompé en supposant qu'il y avoit une ouverture au centre de la racine des appendices brachidés.

Il est plus que probable que Péron a trop multiplié les espèces.

Callirhoë, *Callirhoe.*

Corps circulaire, diversiforme, garni de cils ou de cirrhes tentaculiformes à la circonférence, très-excavé en dessous, avec un orifice unique au milieu de quatre appendices brachidés assez longs et triangulaires.

Ovaires au nombre de quatre et chenillés.

Espèces. La Callirhoë bastérienne : *C. basteriana,* Péron et Lesueur, Hist. gén. des méd., p. 28; Baster, *Opusc. subs.,* tom. 2, p. 55, tab. 5, fig. 2 et 3. (De l'océan Germanique.)

La C. micromème; *C. micromema,* Péron et Lesueur, *ibid.,* p. 29, pl. 37, fig. 80 et 81. (Des mers Australes.)

Observ. Ce genre, que nous ne connoissons pas en nature, nous paroît assez mal caractérisé par MM. Péron et Lesueur. Il n'y auroit même rien d'étonnant qu'il ne différât pas des aurélies. Baster dit cependant positivement de sa *M. æquorea* qu'il n'a pu y reconnoître de bouche, et alors cette espèce seroit-elle dans le cas de celles où on peut la considérer comme aussi grande que l'excavation ombrellaire, et les quatre appendices ne seroient-ils pas les ovaires ?

Mélitée, *Melitea.*

Corps circulaire, hémisphérique, sans cirrhes tentaculiformes à la circonférence, fortement excavé à l'intérieur; l'excavation communiquant avec l'extérieur par huit ouvertures formées par autant de pédicules d'attache, d'une sorte de disque médian percé au milieu, d'où naissent huit appendices brachidés fort courts.

Espèce. La Mélitée pourpre : *M. purpurea,* Péron et Lesueur, Hist. gén. des méd., p. 31, pl. 59, fig. 84. (Des mers Australes.)

Observ. Nous ne connoissons ce genre que d'après la caractéristique et la figure de Péron, figure faite par M. Lesueur. Notre définition est tirée de celle-ci, que nous avons vue dans les porte-feuilles de ce dernier.

Évagore, *Evagora.*

Corps circulaire, hémisphérique ou subcampaniforme, sans

cils ni cirrhes tentaculiformes à la circonférence, assez foi-
blement excavé en dessous, mais pourvu d'une masse considérable d'appendices brachidés et pédonculés.

Ovaires, au nombre de quatre.

Espèces. L'ÉVAGORE TÉTRACHIRE : *E. tetrachira*, Péron et Lesueur, Hist. gén. des méd., p. 31; *Medusa persea*, Forskal,
Faun. Arab., p. 107; *Icones*, tab. 3, fig. *B, b.* (De la Méditerranée.)

L'É. CHEVELUE ; *E. capillata*, id., ibid., pl. 41, fig. 87 et 88.
(Des mers Australes.)

Observ. Ce genre n'est distingué des mélitées dans le Mémoire de MM. Péron et Lesueur que par l'apparence des
ovaires : mais ce caractère ne provient-il pas tout simplement
de l'époque de l'année à laquelle ces méduses ont été observées? c'est ce qui nous paroît à peu près certain.

M. Cuvier réunit ce genre aux cyanées.

CÉPHÉE, *Cephea.*

Corps en général hémisphérique ou orbiculaire, souvent lobé,
mais sans cils ni cirrhes tentaculiformes à sa circonférence.
Ouverture inférieure complexe ou quadrifide par l'insertion de quatre paires d'appendices brachidés très-compli-
qués, souvent entremêlés de cirrhes fort longs.
Quatre ovaires en croix.

Espèces. La CÉPHÉE CYCLOPHORE : *C. cyclophora*, Péron et Lesueur, Hist. gén. des méd., pag. 48; d'après la *med. cephea*,
Forskal, *Faun. Arab.*, p. 108 : *Icon.*, tab. 29; cop. dans l'Enc.
méth., pl. 92, fig. 3 et 4. (De la mer Rouge.)

La C. RHIZOSTOMOÏDE : *C. rhizostomoidea*, id., ibid.; d'après
la *med. octostyla*, Forskal, *Faun. Arab.*, p. 106, et *Icon.*, tab.
30; copié dans l'Encycl. méth., pl. 92, fig. 4? (De la mer
Rouge.)

La C. OCELLÉE : *C. ocellata*, id., ibid., p. 49; d'après la *med.
ocellata* de Moder, *Nov. act. Holm.*, 1791.

La C. POLYCHROME : *C. polychroma*, id., ibid.; d'après la
med. tuberculata de Macri, *Polm. mar.*, p. 20. (De la Méditerranée.)

La Céphée brunatre; *C. fusca*, *id.*, *ib.* (Des mers Australes.)

La C. Guérin : *C. Guerin*; Quoy et Gaimard, Voyage de l'Uranie, Zoolog., pl. 84, fig. 9.

La C. mosaïque; *C. mosaica*, *id.*, *ibid.*, pl. 85, fig. 3.

Observ. Aucun auteur, à notre connoissance, n'a donné encore des détails un peu satisfaisans sur une méduse de ce genre, qui nous semble extrêmement voisin de celui des rhizostomes, puisque les céphées paroissent n'en différer que par les cirrhes fort longs dont sont entremêlés les appendices brachidés.

M. de Lamarck, en effet, réunit ces deux genres en un.

Rhizostome; *Rhizostoma.*

Corps circulaire, hémisphérique, pourvu à sa circonférence de lobes ou festons entremêlés d'auricules, largement excavé en dessous, avec quatre orifices semi-lunaires, produits par quatre pédoncules d'insertion d'une masse considérable de huit appendices brachidés très-complexes, sans prolongement médian.

Espèces. Le Rhizostome de Cuvier : *R. Cuvieri*, Péron et Lesueur, Hist. gén. des méd., p. 50, pl. 82, 84 et 85, fig. 208, 209, 210, 211 et 214 : *R. undulata*, Flemm., *ibid.*, p.502, n.° 68. (Des mers d'Europe.)

Le R. d'Aldrovande : *R. Aldrovandi*, *id.*, *ibid.*, p. 50, pl. 86, fig. 215, 216 et 217; Aldrov., *Zooph.*, liv. 4, p. 576.

Le R. de Forskal; *R. Forskali*, *id.*, *ibid.*, p. 50; *Medusa corona*, Forskal, *Faun. Arab.*, p. 107.

Le R. a petits pieds; *R. leptopus*, de Chamisso et Eysenh., *Verm.*, tab. 50, fig. 1, *A*, *B*.

Observ. Ce genre, établi par M. Cuvier pour une des plus grandes méduses de nos mers, mérite d'être conservé, et servira sans doute de type à beaucoup de ceux qui ont été proposés par Péron.

Nous avons plusieurs fois examiné l'organisation de cette belle espèce, soit dans la Manche, soit dans la Méditerranée, où nous l'avons conservée vivante pendant plus d'un jour, et ce sont absolument les mêmes habitudes que dans les autres espèces de l'ordre.

Nous doutons de la distinction des trois espèces de Péron.

Chrysaore, *Chrysaora*.

Corps circulaire, hémisphérique, sans cils ni cirrhes tentaculiformes à sa circonférence, creusé intérieurement d'une assez grande cavité communiquant à l'extérieur par un orifice unique, percé dans le centre d'un pédoncule médian, pourvu dans son pourtour d'appendices brachidés distincts et non chevelus.

Espèces. La Chrysaore Lesueur ; *Chrysaora Lesueur*, Péron et Lesueur. Hist. gén. des méd., p. 53, pl. 92, fig. 223, et pl. 93, fig. 224. (De la Manche.)

La C. apsilonote ; *C. apsilonota*, id., ibid., pl. 93, fig. 225. (De la Manche.)

La C. cyclonote : *C. cyclonota*, id., ibid., fig. 226; *Urtica marina*. Borlase, *Hist. nat. of Corn.*, p. 256, tab. 25, fig. 7 et 8; *Med. fusca*, Pennant, *Brit. Zool.*, t. 4, pag. 57 ; et Flemming, *Brit. Anim.*, p. 591, n.° 59. (De la Manche.)

La C. spilhémigone ; *C. spilhemigona*, id., ibid., pl. 93, fig. 227. (De la Manche.)

La C. spilogone ; *C. spilogona*, id., ibid., pl. 93, fig. 228. (De la Manche.)

La C. pleurophore ; *C. pleurophora*, id., ibid., pl. 94, fig. 230. (De la Manche.)

La C. méditerranéenne : *C. mediterranea*, id., ibid., p. 54 ; *Pulmo marinus*, Belon, *Aquat.*, liv. 2, p. 438. (De la Médit.)

La C. pentastome ; *C. pentastoma*, id., ibid., pl. 95, fig. 231. (De la Nouvelle-Hollande.)

La C. hexastome ; *C. hexastoma*, id., ibid. (De la Nouvelle-Hollande.)

La C. heptamène : *C. heptamena*, id., ibid.; Martini, *Spitzb.*, p. 261.

La C. macrogone : *C. macrogona*, id., ibid.; *Var. of medusa*. Borlase, *Corn.*, p. 257, tab. 25, fig. 11 et 12; *Medusa tuberculata*, Pennant, *Brit. Zool.*, 4, pag. 58; *Cyanœa tuberculata*. Flemming, *ibid.*, n.° 61.

La C. jaune ; *C. lutea*, Quoy et Gaimard, Mém., Ann. des scienc., nat., t. 10, pl. 4 B, fig. 1.

Observ. Nous ne connoissons pas encore une bonne description d'une espèce de ce genre. A en juger d'après les figures qui en ont été données, il seroit fort voisin des rhizostomes ; mais ici il y a un pédoncule commun considérable, percé dans son centre, ce qui est douteux, en admettant que les attaches du pédoncule partagent la grande ouverture en plusieurs.

Il est à remarquer que la plupart des espèces existent dans les mers européennes ; mais le nombre n'en a-t-il pas été exagéré ?

Cyanée, *Cyanea*.

Corps circulaire, hémisphérique, échancré ou lobé et auriculé, sans cils ni cirrhes tentaculiformes à sa circonférence, largement excavé en dedans, avec des espèces de vésicules aériennes au centre. L'excavation interne communiquant à l'extérieur par un seul orifice quadrangulaire, de l'angle duquel partent quatre appendices simples, peu distincts et comme chevelus.

Espèces. La Cyanée de Lamarck : *C. Lamarckii*, Péron et Lesueur, Hist. nat. des méd., p. 51, pl. 87, fig. 218, et pl. 95, fig. 229 ; Ortie de mer, Dicquemare, Journ. de phys., Décemb. 1784, pl. 1. (De la Manche.)

La C. arctique : *C. arctica*, id. ibid. ; *Med. capillata*, Fabr., Faun. Groenl., n.° 358, p. 364.

La C. baltique : *C. baltica*, id., ibid., pl. 88, fig. 219 et 220 ; *Med. capillata*, Linn., *Iter West. Gothl.*, p. 200, tab. 3, fig. 3. (De la mer Baltique.)

La C. Labiche ; *C. Labiche*, Quoy et Gaimard, Voyage de l'Uranie, Zool.

La C. boréale : *C. borealis*, id., ibid., p. 52, pl. 89, fig. 221 ; *Med. capillata*, Baster, *Opusc. subs.*, tom. 2, pag. 60, tab. 5, fig. 1. (Des mers du Nord.)

La C. britannique : *C. britannica*, id., ibid., pl. 90, fig. 222, *The capillated medusa*, Barbut, *The genera verm.*, p. 79, pl. 9, fig. 8. (De la Manche.)

La C. lusitanique : *C. lusitanica*, id., ibid., pl. 91, fig. 223, et pl. 92, fig. 224 ; *Med. capillata*, Tilesius, *Jahrb. der Naturg.*, p. 166 et 177. (De l'Océan.)

Observ. Nous avons pu observer une des méduses de ce genre, qui est assez commune dans la Manche, et reconnoître l'exactitude de la description qu'en a publiée M. Gaède. C'est ce qui nous a permis de modifier considérablement la caractéristique que Péron a donnée de ses cyanées, qui ont pour type la *M. capillata* de Linné. En effet, dans cet animal il n'y a certainement qu'un orifice central et non quatre bouches, quoique la cavité stomacale soit réellement partagée en quatre parties distinctes. Il n'y a pas de pédoncule central. Les vésicules aériennes ne sont probablement que les divisions stomacales.

Quant aux six espèces que Péron admet dans son genre Cyanée, comme nous supposons qu'il ne les a pas toutes observées lui-même, il se pourroit que les différences spécifiques dépendissent de l'observateur duquel il les a tirées, plus que de la nature elle-même, et que la plupart ne fussent que la *medusa capillata* de Linné, qui se trouve, à ce qu'il paroît, dans toutes nos mers.

Pélagie, *Pelagia.*

Corps subhémisphérique, garni dans sa circonférence de cirrhes tentaculiformes peu nombreux; ouverture inférieure unique à l'extrémité d'un pédoncule fistuleux, pourvu de quatre bras très-forts et foliacés.

Quatre ovaires.

Espèces. La Pélagie panopyre : *P. panopyra*, Péron et Lesueur, Hist. gén. des méd., p. 37, pl. 55, fig. 143 et 144; *Med. panopyra*, Péron et Lesueur, Voyage aux terres Aust., pl. 31, fig. 2. (Océan Atlantique équatorial.)

La P. onguiculée : *P. unguiculata*, id., ibid.; *Med. unguiculata*, Swartz, *Kongl. Vetinsk.*, p. 198, tab. 6, fig. *a, c.* (Des côtes de la Jamaïque.)

La P. cyanelle : *P. cyanella*, id., ibid.; *Med. pelagica*, Sw., loc. cit., p. 200, et p. 138, tab. 5.

La P. denticulée : *P. denticulata*, id., ibid., p. 38; *Med. pelagica*, Bosc, Vers, t. 2, p. 140, pl. 17, fig. 3.

La P. noctiluque : *P. noctiluca*, id., ibid.; *Med. noctiluca*, Forskal, *Faun. Arab.*, p. 109.

La P. pourprée : *P. purpurea*, id., ibid.; *Med. noctiluca*, var. *purpurea*, Forskal, *Faun. Arab.*, p. 109.

Observ. Nous ne connoissons ce genre que d'après les figures et les descriptions citées. D'après M. Lesueur lui-même, l'espèce de Méduse qui lui sert de type appartient au genre Chry-saore; en sorte que c'est un genre à supprimer, ou du moins à mieux observer.

Péron et M. Lesueur indiquent encore dans ce genre trois espèces douteuses.

La Pélagie australe, *P. australis*, qu'ils n'ont pas figurée et qu'ils ont observée aux îles Joséphine.

La P. américaine, *P. americana* (d'après la *M. pelagica* de Loefling, *Iter Hisp.*, p. 105), provenant des mers d'Amérique.

La P. guinéenne, *P. guineensis;* d'après la *M. pelagica* de Forster, 2.ᵉ Voy. de Cook, t. 1, p. 44.

Ordre II. Les CIRRHIGRADES, *Cirrhigrada.*

Corps ovale ou circulaire, gélatineux, soutenu à l'intérieur de sa face dorsale par une partie solide, subcartilagineuse, et pourvu dans toute sa face inférieure de cirrhes tentaculiformes très-extensibles.

Observ. Cet ordre nous paroît devoir être établi pour un petit nombre d'animaux rayonnés, gélatineux, arachnodermaires, comme les Méduses, avec lesquelles Linné les confondoit, mais qui en diffèrent sans doute beaucoup plus qu'on ne pense; en effet, outre l'espèce de cartilage bien régulier, bien transparent, qui soutient la face dorsale de l'ombrelle de ces animaux, on doit remarquer que l'estomac proboscidiforme, qui en occupe la face inférieure, est accompagné d'un très-grand nombre de cirrhes tentaculiformes très-contractiles, très-extensibles, et tout différens des appendices dont les Méduses sont pourvues. Ils ont évidemment plus de rapports avec les tentacules des Actinies, et peut-être même avec les cirrhes tentaculiformes des Physales et genres voisins, ce qui avoit sans doute porté à rapprocher tous ces animaux. N'ayant pas eu encore l'avantage d'observer des Porpites ni des Vélelles vivantes, mais seulement conservées depuis long-temps dans l'esprit de vin, nous ne pouvons encore décider positivement sur leurs rapports naturels; nous sommes cependant portés à les regarder comme ayant plus de rapports avec les Actinies qu'avec tout autre genre. Peut-être même la partie cartilagineuse est-elle une sorte de polypier, et en effet elle est dans les mêmes rapports que la partie calcaire dans les Cyclolites, etc.

Cet ordre ne contient encore que deux genres, que l'on pourroit très-bien réunir en un sans inconvénient.

VÉLELLE, *Velella*.

Corps membraneux, ovale, transverse, très-déprimé, convexe, bombé, soutenu en dessus par une pièce subcartilagineuse, surmontée d'une crête verticale et oblique, concave en dessous, avec une sorte de nucléus médian, offrant une bouche centrale à l'extrémité d'un prolongement proboscidiforme, entouré de cirrhes tentaculaires de deux ordres, les externes beaucoup plus longs que les internes.

Espèces. La VÉLELLE A LIMBE NU ; *V. limbosa*, de Lamk., 2. p. 482, n.° 2.

Holothuria spirans, Linn., Gmel., p. 3143, n.° 23; d'après Forsk., *Faun. arab.*, page 104, n.° 15; *Icon.*, tab. 26, fig. K; cop. dans l'Enc. méthod., pl. 90, fig. 1 et 2.

La V. MUTIQUE ; *V. mutica*, de Lamk., *ibid.*, n.° 1 ; Lesson et Garnot, Voy. de la Coq., Zooph., n.° 6, fig. 1 et 2.

La V. BLEUE ; *V. cyanea*, Lesson et Garnot, *ibid.*, fig. 3 — 4. *Medusa velella*, Linn., Gmel., p. 3155, n.° 12.

Phyllodoce labris cœruleis, P. Browne, *Jam.*, 387, t. 48, fig. 1.

La V. PETIT-VERRE ; *V. poculum*, Flemming, *Brit. anim.*, p. 500, n.° 13.

Medusa poculum, Montagu, *Trans. linn.*, 11, p. 201, tab. 14, fig. 4.

La V. SCAPHIDIENNE ; *V. scaphidia*, Péron et Lesueur, Voy., 1, p. 44, pl. 30, fig. 6.

La V. GAUCHE ; *V. sinistra*, de Chamisso et Eysenhardt, *De anim. verm.*, tab. 32, fig. 1.

La V. OBLONGUE ; *V. oblonga*, id., *ibid.*, fig. 2, *A, B, C.*

La V. LARGE ; *V. lata*, id., *ibid.*, fig. 3, *A, B.*

Observ. Imperato et Columna paroissent être les auteurs qui ont les premiers parlé des animaux qui constituent ce genre, établi d'abord sous le nom de *Phyllodoce* par Patrick Browne, et que Forskal avoit rangé dans son genre *Holothuria*. Lœfling en faisoit une Méduse, sous la dénomination de *M. velella*, en sorte que Gmelin a adopté les deux manières de voir.

Dana (Soc. roy. de Turin, 1766) a proposé ce genre sous le nom d'*Armenistarus*, et enfin M. de Lamarck l'a décidément établi tel qu'il est aujourd'hui.

Forskal est jusqu'à présent l'observateur qui a donné la meilleure description d'une vélelle.

Nous avons cité toutes les espèces que nous avons trouvé indiquées dans les auteurs; mais nous sommes bien loin d'admettre qu'elles soient suffisamment distinctes: nous ignorons même sur quels caractères doit reposer leur distinction. MM. de Chamisso et Eysenhardt ont eu principalement égard à la forme du cartilage et à la direction de la crête, ainsi qu'à la forme du corps, très-probablement avec raison. Ils assurent qu'ils ont pu en reconnoître trois, mais sans qu'il leur ait été possible de les rapporter rigoureusement à celles que leurs prédécesseurs avoient déjà distinguées.

D'après les auteurs que nous avons cités, on voit qu'il existe des vélelles dans toutes les mers d'Europe, ainsi que dans celles d'Amérique, de l'Asie et de l'Australasie.

Ce sont des animaux qui vivent en pleine mer et souvent réunis en masses considérables, jeunes et vieux.

PORPITE, *Porpita.*

Corps membraneux, régulier, circulaire, déprimé, un peu convexe en dessus, et soutenu dans son milieu par un disque subcartilagineux, radié; concave en dessous, et pourvu d'une bouche proboscidiforme médiane, entourée de suçoirs tentaculaires épars, et d'un rang de tentacules plus longs vers la circonférence.

Espèces. La PORPITE VULGAIRE, *P. vulgaris.*
Medusa porpita, Linn., Gmel., pag. 5153, n.° 1; Linn., *Ann. acad.,* 4. p. 255, tab. 3, fig. 7 — 9.
P. nuda, de Lamk., 2, p. 484, n.° 1.
La P. CHEVELUE; *P. gigantea,* Péron et Lesueur, Voyage, 1. pl. 31, fig. 6.
La P. GLANDIFERE; *P. glandifera,* de Lamk., ibid., n.° 5.
Holothuria denudata, Forskal, Faun. arab., p. 103, n.° 14; Icon., 26, fig. L; cop. dans l'Enc. méth., pl. 90, fig. 6 et 7.
Holothuria nuda, Linn., Gmel., p. 3145, n.° 22.

La Porpite appendiculée; *H. appendiculata*, Bosc, Vers, 2. p. 155, pl. 18, fig. 5 et 6.

Observ. Ce genre a été établi par M. de Lamarck pour un animal que Linné rangeoit parmi ses méduses, et dont un auteur ancien avoit donné une assez bonne figure dans les Transactions philosophiques. Il ne diffère guères de celui des Vélelles que par la forme générale, et surtout par l'absence de la crête verticale.

Ayant pu étudier quelques individus de Porpites conservées dans l'esprit de vin, nous donnons dans le Dictionnaire des sciences naturelles d'assez nombreux détails sur leur organisation.

Nous avons également montré que les quatre espéces établies par M. de Lamarck, pourront bien n'en former qu'une seule. M. Cuvier est de la même opinion, ainsi que MM. de Chamisso et Eysenhardt; mais c'est ce qui n'est pas encore tout-à-fait hors de doute.

CLASSE III.

Les ZOANTHAIRES, *Zoantharia*.

Corps régulier, floriforme, plus ou moins alongé, libre ou fixé, très-contractile, pourvu d'un canal intestinal, à parois non distinctes, avec une seule et grande ouverture terminale et entourée de tentacules diversiformes, mais constamment creux et en communication avec le parenchyme musculo-caverneux de la peau.

Observ. Cette classe, telle que nous la définissons maintenant, ne contient pas seulement les genres plus ou moins rapprochés des actinies, que de tout temps on a comparées à des fleurs, sous le nom de fleurs animales, mais encore tous ceux que les zoologistes modernes ont démembrés du grand genre Madrépore de Pallas. En effet, comme nous nous en étions déjà assurés d'après l'examen d'une astrée en bon état de conservation, et surtout depuis les observations multipliées de MM. Quoy et Gaimard, pendant leur dernière navigation, les madrépores peuvent être considérés comme de véritables actinies, dans le parenchyme desquelles se dépose une quantité considérable de matière calcaire, produisant ce qu'on a nommé le polypier. L'on trouve même des passages sous ce rapport depuis les zoanthaires les plus mous jusqu'aux plus solides et aux plus calcaires. Nous nous sommes donc décidés à réunir tous les animaux qui (plus ou moins semblables à des fleurs), quand ils sont épanouis, n'ont qu'une seule ouverture au canal intestinal; cette ouverture étant toujours pourvue d'une couronne plus ou moins complexe de tentacules, qui ont euxmêmes une disposition et une structure particulières, et ne sont pas en nombre déterminé.

Le corps des zoanthaires est toujours dans l'état normal parfaitement régulier et circulaire. Il peut varier seulement dans la proportion de ses diamètres longitudinal et transversal, au point de ressembler quelquefois à une pièce de monnoie, comme dans certaines actinies, ou bien à une sorte de ver, comme dans les cylindractinies ou moschates. Quoi qu'il en soit, il est toujours comme tronqué aux deux extrémités, qui le plus souvent sont élargies en espèce de disque, l'un inférieur, dans la position normale de l'animal, et l'autre supérieur. Le premier n'est jamais percé et lui sert de pied pour se fixer et même pour ramper un peu à la surface des corps, du moins dans les espèces libres. Le second est au contraire percé d'une ouverture en général fort grande, bien régulièrement ronde, quand elle est entièrement épanouie, et le plus souvent linéaire ou transverse dans le cas contraire. C'est la bouche, ou mieux le seul orifice, dont soit pourvu l'intestin. Cette bouche est au milieu d'un limbe dont la circonférence est garnie d'un nombre souvent considérable de tentacules ou mieux de cirrhes tentaculaires plus ou moins développés, le plus souvent simples, quelquefois arborescens, tantôt sur un seul rang, tantôt épars sur plusieurs, et même, dans certains cas, disposés à la surface d'espèces de lobes qui partagent le limbe, mais sans doute toujours creux.

En pénétrant plus en avant dans l'étude de l'organisation des zoanthaires, on trouve que leur tissu, presque homogène, n'offre que difficilement une distinction de peau ou derme et de membrane muqueuse ou d'intestin. Il forme une masse cylindrique ou conique, creusée plus ou moins profondément par une cavité stomacale. La surface extérieure présente cependant souvent un pigmentum vivement coloré, sous un vernis épidermique excessivement mince et muqueux, et la surface interne au-dessous de la lame stomacale est quelquefois solidifiée par des faisceaux assez distincts de fibres, qui ont un aspect musculaire. C'est surtout à la base des actinies que cette disposition est plus sensible.

Le canal intestinal n'a pas de parois distinctes; il est comme creusé dans le parenchyme éminemment contractile qui constitue le corps; cependant ses parois sont garnies d'un grand nombre de lamelles ou de replis longitudinaux. On peut le considérer comme partagé en trois cavités par deux étranglemens assez sensibles. La première constitue la bouche ou l'œsophage : c'est à sa circonférence que sont implantés les tentacules. Après un rétrécissement qui nous semble une sorte de cardia, vient une seconde cavité, qui est l'estomac. Il est en général fort court et fort large. Après un rétrécissement également assez sensible, et qui peut être regardé comme un pylore, vient la troisième et dernière cavité, qui se termine par un cul-de-sac, creusé dans la base.

C'est autour de la seconde ou de la cavité moyenne que se trouvent rangées circulairement et séparées par autant de cloisons, les lobes du foie et ceux des ovaires, à peu près comme dans les astéries; ils se prolongent aussi dans la dernière cavité, mais nous ignorons s'ils ont des orifices particuliers. ce qui est cependant fort probable, et la position de ces orifices.

Les tentacules dont il nous reste à parler. sont en général cylindro-coniques et fort gros. Ce qu'ils offrent de remarquable, c'est qu'ils sont creux dans toute leur étendue, ouverts à leur extrémité, et qu'ils communiquent avec le parenchyme cellulo-vasculaire du corps lui-même. Il en résulte qu'ils peuvent entrer dans une sorte de turgescence par l'introduction de l'eau dans leur intérieur. et que par leur contraction ils peuvent la lancer à d'assez grandes distances, comme cela se remarque souvent sur les actinies qui ont été abandonnées depuis peu de temps par la mer.

Nous avons déjà fait observer que leur nombre, leur forme

même, leur proportion et leur disposition varient beaucoup.

Les zoanthaires sont en général d'un tissu très-mou et presque muqueux, surtout quand il n'est plus soutenu par l'eau qui le pénètre; mais il en est un certain nombre qui ont la faculté de s'enduire d'une plus ou moins grande quantité de corps étrangers, qui, lorsqu'ils sont nombreux, leur forment une sorte d'enveloppe solide, quelquefois assez résistante, par la dessiccation. Dans un certain nombre d'espèces les corps étrangers sont compris dans la substance même de l'enveloppe, et alors elles sont coriaces; enfin, dans un bien plus grand nombre les mailles du corps sont remplies par un dépôt considérable de substance calcaire, qui par son accumulation, par sa prédominance sur la matière animale, constitue un corps plus ou moins spongieux, quelquefois même fort dur, comme dans les oculines, et que l'on connoît sous le nom de polypiers.

Dans cette classe d'animaux le polypier ou la partie solide qui reste quand la partie animale a été desséchée et enlevée, est donc une sorte de réseau calcaire d'un tissu plus ou moins compacte, qui remplissoit les mailles, les vacuoles de celle-ci. La proportion de ces deux parties est en rapport avec l'âge du zoanthaire : plus il est jeune, plus il y a de matière animale; plus il est âgé, et plus il y a de matière inorganique; aussi la base de ces polypiers, le plus souvent morte, est-elle fort dure, tandis que le sommet ou les bords essentiellement vivans sont entièrement mous.

Un autre point singulier de l'organisation des zoanthaires, c'est que souvent simples et vivant un à un et séparés, il arrive aussi fréquemment qu'ils se rapprochent, qu'ils se soudent même à un point, tel qu'ils se déforment presque complétement; c'est ce que l'on voit surtout dans les méandrines.

On observe le commencement de cette disposition dans certaines espèces d'actinies molles ou coriaces, qui se rangent les unes à côté des autres, de manière à former des croûtes plus ou moins serrées et régulières à la surface des corps submergés : ces espèces sont constamment fixées et ne peuvent changer de place.

Un petit nombre présente même une disposition plus remarquable, en ce que, réunies à leur pied par une partie commune, elles ressemblent un peu sous ce rapport à des lichens couverts de leurs cupules. C'est aux espèces de ce genre que l'on a donné plus spécialement le nom de zoanthes.

Mais, dans un très-grand nombre de cas, les corps des zoanthaires confédérées se serrent, se rapprochent au point d'empêcher leur développement réciproque, et de se déformer plus ou moins. On en voit un exemple bien marqué dans les caryophyllées, qui sont même quelquefois simples, dans les astrées, mais encore plus dans les monticulaires, les pavonies et surtout dans les méandrines. Alors il semble que la greffe du corps de tous les individus a produit une partie commune calcaréo-membraneuse, et que chacun n'a de distinct que sa bouche et ses tentacules. Les madrépores proprement dits en sont un exemple manifeste. C'est ainsi que sont produites ces énormes masses calcaires de forme très-variable, plus ou moins lapidescentes, formant des croûtes ou des expansions relevées, foliacées, ou même des espèces d'arbrisseaux plus ou moins ramifiés, que l'on désigne d'une manière générale sous le nom de polypiers.

Si l'organisation des zoanthaires est assez simple, il en est sans doute de même de leurs mœurs et de leurs habitudes, qui sont une suite nécessaire de l'organisation.

On trouve des zoanthaires dans toutes les parties du monde; mais c'est surtout dans les pays chauds qu'ils sont plus communs et qu'ils atteignent à une plus grande taille.

Les espèces madréporifères sont surtout fort rares dans nos mers, au contraire de ce qu'elles sont dans les mers des Indes et d'Amérique, où l'on a remarqué depuis long-temps qu'elles sont excessivement abondantes.

Tous les animaux de cette classe sont aquatiques et marins : on n'en connoît pas encore une seule espèce qui vive dans l'eau douce.

Quoique la mollesse de leur tissu nécessite l'immersion constante dans un milieu aqueux, il en est cependant un certain nombre qui peuvent vivre, ou du moins ne pas mourir immédiatement, quand elles sont abandonnées par les eaux; telles sont les actinies.

C'est essentiellement sur les rivages et même à assez peu

de distance des côtes, que vivent habituellement les zoanthaires.

Il paroît que la profondeur à laquelle ils se trouvent n'est
pas non plus fort considérable : ils sont dans le cas de la
plupart des corps organisés, sous l'influence nécessaire de la
lumière et de l'action du soleil.

C'est surtout dans les lieux où la mer est calme, dans des
baies peu profondes, bien exposées à l'action de la lumière
solaire, à l'abri des vents, que l'on rencontre le plus de
zoanthaires, fixés sur des corps de nature extrêmement différente. La mer Rouge en est un exemple bien frappant.

La très-grande partie ne changent jamais de place et sont
fixées depuis le moment de leur naissance jusqu'à leur mort ;
mais il en est quelques-unes qui peuvent voyager à volonté.
Un grand nombre d'actinies ordinaires sont dans ce cas, et rampent sur le sol qui leur sert de support, comme l'a observé
Réaumur, ou même à l'aide de leurs tentacules. Il en est même
qui peuvent nager renversées à la manière des médusaires.
Des espèces calcaires sont même quelquefois entièrement libres et probablement jouissent aussi de la faculté de changer
de place : telles sont les turbinolies et genres voisins. MM. Quoy
et Gaimard nous assurent qu'ils ont trouvé des monticulaires
libres et flottantes comme de larges plaques au milieu des
eaux.

Si nous jugeons de tous les animaux de cette classe par ce
que nous savons des actinies, que l'on a pu observer plus
fréquemment et d'une manière plus complète, les zoanthaires
seroient éminemment carnassiers et se nourriroient d'animaux
proportionnels à leur taille, qu'ils attendroient, saisiroient et
entraîneroient dans leur estomac au moyen de leurs tentacules. En effet, en les examinant dans l'eau sous l'influence
d'une douce température, et surtout sous celle d'une vive
lumière solaire, on les voit dans une sorte de tension, les
tentacules autant épanouis que possible, attendre qu'une
proie quelconque vienne à passer. Aussitôt qu'elle en touche
quelques-uns, il est rare qu'elle ne soit pas un peu retardée
dans sa course : alors tous les autres agissent et l'ont bientôt amenée vers la bouche, où elle est engloutie. On peut
aisément en faire l'expérience avec des moules et des pa-

telles, et même avec de petits poissons ou des crustacés, qui sont la nourriture habituelle des actinies.

Nous supposons que les autres zoanthaires se nourrissent également de petits animaux vivans, qu'ils saisissent au passage.

Quant à la reproduction, nous savons aussi par les expériences faites sur des actinies par Dicquemare, que les zoanthaires jouissent à un haut degré de la faculté de reproduire une partie qui leur a été enlevée accidentellement. Ainsi cet observateur est parvenu à voir sur des actinies coupées transversalement en deux, la moitié inférieure donner naissance, au bout de quelque temps, à un animal complet et pourvu de tous ses tentacules. Il a aussi vu des actinies, coupées en deux longitudinalement, produire deux animaux complets.

Le mode de génération par scissure accidentelle n'est cependant pas le seul qu'on remarque dans cette classe d'animaux. On sait en effet, qu'ils produisent un nombre considérable de gemmes globuleux, que Réaumur, Dicquemare et plusieurs autres naturalistes ont vu sortir du fond de la bouche ou de l'estomac retourné et suivre leur développement un peu à la manière de ceux des hydres.

En est-il de même des zoanthaires lapidescens? Cela est fort probable. C'est-à-dire qu'ils se reproduisent aussi par des gemmes qui vont se fixer dans les lieux qui présentent les circonstances favorables à leur développement; mais il faut croire qu'ils le peuvent aussi par une sorte d'extension de leur tissu contenant les gemmes, ce qui produit l'augmentation de la masse agglomérée.

La durée du développement de ces animaux, l'époque à laquelle ils sont aptes à se reproduire, et la durée totale de leur vie, nous sont complétement inconnues.

On a bien publié que les zoanthaires madréporifères se reproduisoient avec une extrême rapidité, au point que dans les mers des pays chauds, où ils sont très-abondans, l'on a dit avoir vu se former des récifs, dans des endroits ou il n'y en avoit pas quelques années auparavant; mais MM. Quoy et Gaimard, ont relevé l'inexactitude de cette assertion, dans la partie zoologique de la circumnavigation de l'Uranie, et ont montré combien elle étoit exagérée.

M. Reinhardt, de Leyde, nous a cependant assuré que pendant un séjour de plusieurs années dans l'archipel des Moluques, il avoit confirmé l'observation de Forster, de Cook, etc.

Les animaux de cette classe ne sont que d'une utilité assez foible à l'espèce humaine, du moins comme nourriture : il paroit cependant que l'on mange quelquefois des actinies en Grèce et même en France, sur les côtes de la Méditerranée. Les polypiers sont souvent employés pour faire de la chaux, dans les pays où manque la pierre calcaire. Dicquemare a aussi proposé d'employer les actinies comme des espèces de baromètres propres à présager le beau ou le mauvais temps ; mais lui seul paraît s'en être servi à cet usage.

Ainsi pour l'espèce humaine on peut dire que les zoanthaires ne sont utiles que comme moyen philosophique. Ce sont en effet des animaux fort remarquables sous ce rapport, et dont la connoissance a introduit des considérations très-intéressantes dans la science de la vie.

Ils nous sont peu nuisibles, à moins d'admettre que par leur accroissement ils ne puissent donner naissance à des récifs, à des écueils dangereux pour la navigation. On conçoit en effet qu'ils rehaussent les bas-fonds des mers où ils se trouvent, qu'ils en rétrécissent les passes, etc.

Pour le reste de la nature organique, il est aisé de voir que les zoanthaires doivent être plus souvent victimes que déprédateurs. En effet, les actinies sont la nourriture habituelle de beaucoup d'espèces de poissons, et entre autres des morues.

Quant aux modifications que ces animaux peuvent apporter à l'accroissement et à la figure du globe terrestre, on voit par quelques circonstances de géognosie, que les polypiers fossiles sont quelquefois en masses assez considérables pour former des couches puissantes qui portent des dénominations particulières ; ainsi le *coral-rag* des géologues anglois, le *calcaire à polypiers* des formations normandes, en sont une preuve évidente. On est donc en droit d'en conclure que dans la nature vivante il peut en être également ainsi, et que les restes de zoanthaires madréporaires peuvent réellement, par leur accumulation, produire aujourd'hui ce qu'ils ont produit autrefois, c'est-à-dire des couches ou des amas considérables qui augmentent l'écorce de la terre et en modifient la configuration. C'est un fait qui nous paroit hors de doute, quoiqu'il ait été exagéré par les géologues du dernier siècle.

La connoissance des espèces qui composent cette classe et par conséquent leur distribution méthodique et systématique, sont d'une telle difficulté, à cause de l'impossibilité presque absolue de les posséder dans nos collections, que jusqu'ici cette partie de la science n'a fait que de très-foibles progrès.

Leur distinction n'a en effet presque porté que sur les polypiers et il n'étoit pas certain que des différences dans ceux-ci fussent nécessairement concomitantes avec des différences dans les animaux. Nous devrons sous ce rapport des connoissances d'une haute importance aux résultats du dernier voyage de MM. Quoy et Gaimard. Ils ont en effet examiné et peint avec une scrupuleuse exactitude, les animaux de tous les polypiers qu'ils ont rencontrés. Nous avons eu à notre disposition leurs figures, leurs manuscrits, et souvent même les animaux qui en ont été l'objet, en sorte que nous avons pu donner à notre travail un caractère bien plus instructif qu'il n'eût été sans cela; c'est même ce qui a dû en retarder un peu la publication. Il nous a cependant encore été impossible de comparer les espèces animales avec les espèces de polypiers, et nous admettons même momentanément celles que M. de Lamarck a établies; mais nous avons pu caractériser les genres d'après l'animal tout entier, et par suite établir une disposition systématique qui fût en rapport avec l'organisation.

La première division que nous établirons dans cette classe, portera sur la structure du corps, qui est mou et flexible dans la première section; coriace et quelquefois encroûté dans la seconde, et constamment calcaire dans la troisième. Avec ce caractère extérieur et parfaitement visible, il s'en trouve d'autres que l'on pourra considérer comme plus importans; ainsi dans la première section, les individus sont toujours isolés, solitaires; dans la seconde, ils sont presque constamment au moins agrégés et quelquefois soudés, et enfin dans la troisième, ils sont presque toujours soudés et peuvent former des masses arborescentes.

La distinction des genres n'a pu encore être bien rationnelle; mais cependant elle porte le plus souvent sur la forme générale du corps et surtout sur la disposition des tentacules. Dans les espèces madréporifères, elle repose en outre sur la forme et la structure du madrépore.

Quant à la distinction des espèces, elle ne nous paroît pas être aussi avancée; dans les actinies, par exemple, elle est d'une très-grande difficulté, car elle ne peut porter sur la couleur, qui est extrêmement variable; elle doit donc reposer presque entièrement sur la proportion des tentacules, sur leur forme, sur le nombre de leurs rangs, ce qui est également assez variable. Dans les zoanthaires coriaces ou solides il faut avoir recours au polypier, jusqu'à ce que les observations curieuses de MM. Quoy et Gaimard aient pu nous fournir des élémens tirés des animaux et de leurs rapports avec les polypiers.

Fam. Ire Zoanthaires mous ou Actiniens.

Corps constamment mou ou contractile dans tous les points, sans croûte ni partie intérieure solide.

Lucernaire, *Lucernaria.*

Corps libre ou adhérent, comme gélatineux, transparent, cylindrique, élargi antérieurement en une sorte d'entonnoir divisé plus ou moins profondément en lobes rayonnés, garnis à leur extrémité de tubercules papilliformes, et postérieurement en une espèce de pied ou de ventouse propre à le fixer.

Bouche centrale, un peu infundibuliforme, à lèvre quadrilobée.

Espèces. La Lucernaire quadricorne : *Lucernaria quadricornis*, Linn., Gmel., p. 3151, n.º 1; d'après Muller, *Zool. Dan.*, 1, p. 52, t. 39, fig. 1 — 6; cop. dans l'Enc. méthod., pl. 89, fig. 1 — 6. (Mer du Nord.)

La L. octocorne; *L. auricula*, Muller, *ibid.* 4, p. 55, t. 152, fig. 1 — 3; Montagu, *Acta soc. Linn.*, 9, p. 113, t. 7, fig. 5. (De la Manche.)

Observ. Ce genre, établi par Muller, a été adopté par tous les zoologistes.

Othon Fabricius a donné d'excellens détails sur la première espèce, observée vivante dans les mers du Nord.

Lamouroux en a donné quelques-uns sur la dernière.

Nous avons eu l'occasion d'en observer aussi un individu, mais conservé dans l'esprit de vin. C'est un genre véritablement distinct et qui a quelque chose des stellérides.

Il ne nous paroît pas certain que les deux espèces admises soient véritablement différentes. En effet, il semble que le nombre des lobes du limbe offre assez de variations : Montagu en figure un individu avec sept lobes; celui que nous avons observé en avoit huit bien réguliers. Il est figuré d'après notre dessin dans l'atlas du Dictionnaire des sciences naturelles.

Nous avons cru devoir retirer de ce genre la *Lucernaria phrygia* de Linn., Gmel., p. 3151, n.° 2, établi d'après la description d'Othon Fabricius, et qui certainement n'appartient pas au type des Actinozoaires. Nous en formons un genre distinct, sous le nom de *Candelabrum*, et qui prendra sa place auprès des siponcles.

MOSCHATE, *Moschata.*

Corps cylindro - conique, alongé, atténué à l'extrémité non buccale, élargi en une sorte de disque à l'autre.

Bouche assez petite, linéaire, transverse, au milieu de tentacules de deux sortes, le rang externe bien plus long que l'interne.

Espèce. La M. RHODODACTYLE ; *M. rhododactyla*, Renieri, Catal. adriatiq. (Médit. et Adriatiq.)

Observ. Ce genre, proposé par M. Renieri, ne nous a été d'abord connu que d'après une note et un dessin pris par M. Eysenhardt sur un animal conservé dans le cabinet de Vienne et provenant de l'Adriatique, et qu'il a bien voulu nous communiquer. Depuis lors nous avons observé nous-même dans la collection de Turin, en Juillet 1828, un animal conservé dans l'esprit de vin, trouvé à Nice par M. Bonelli, et que nous rapportons à ce genre et probablement à la même espèce. Son corps étoit presque vermiforme, cylindrique, un peu atténué cependant à l'extrémité postérieure, et couvert d'un grand nombre de corps étrangers adhérens. La bouche étoit pourvue de deux rangées de tentacules; ceux de l'extérieure beaucoup plus longs que ceux de l'intérieure, qui doivent à peine sortir de la cavité buccale : à l'intérieur, nous n'avons pu observer qu'une cavité étendue d'une extrémité à l'autre sans intestin distinct, mais seulement avec une sorte de rétrécissement pylorique formé par des plis frangés dans le milieu de sa longueur.

Cet animal, qui ressemble un peu à une holothurie, vit flottant et libre dans l'intérieur de la mer.

ACTINECTE, *Actinecta.*

Corps libre, court, plus ou moins globuleux, côtelé, pourvu à une extrémité d'une sorte de cavité aérienne, et à l'autre d'un disque couvert, d'un grand nombre de tentacules très-courts et souvent lobés, et percé dans son centre par la bouche.

A. *Espèces sans suçoirs extérieurs.*

L'ACTINECTE OLIVATRE; *A. olivacea*, Lesueur, Acad. d'hist. nat. Philad., tome 1, part. 1, tab. 7, fig. 1, 2 et 3. (Mer d'Amériq.)

L'A. D'OUTRE-MER : *A. ultramarina*, id., ibid., fig. 4, 5, 6, 7. *Minyas cyanea*, Cuv., Règn. anim., t. 4, p. 24.

L'A. JAUNE; *A. flava*, id., ibid., fig. 8, 9.

L'A. TUBERCULEUSE; *A. tuberculosa*, Quoy et Gaim., Astrolabe, Zoolog., msc.

B. *Espèce pourvue de lignes de suçoirs* (G. MINYAS, Cuv.).

L'A. VERTE ; *A. viridula*, Quoy et Gaim., Astrolabe, msc. (Nouvelle - Zélande.)

Observ. Ce genre a été réellement établi par M. G. Cuvier dans la première édition de son Règne animal, sous le nom de *Minyas*, mais caractérisé d'une manière erronnée, en sorte qu'il a dû le placer dans la division de ses échinodermes sans pieds, à côté des siponcles et loin des actinies. C'est à M. Lesueur que la science doit cette rectification : il a, en effet, remarqué que l'ouverture indiquée par M. Cuvier à l'extrémité non buccale, étoit due à la contraction du corps de l'animal, ainsi qu'à l'existence d'une sorte de cavité aérifère, et n'avoit aucun rapport avec celle qui se voit à l'extrémité postérieure des holothuries; aussi a-t-il réuni l'espèce type du genre *Minyas* avec les autres actinies. En faisant cependant l'observation que cette espèce et quelques autres qui s'en rapprochent, jouissent de la faculté de nager, au moyen de l'espèce de vessie aérifère qu'elles peuvent former à l'extrémité non buccale, et en y ajoutant ce que nous apprennent MM. Quoy et Gaimard d'une espèce qu'ils considèrent aussi comme une espèce de minyas, que les tubercules qui forment des côtes le long du corps, sont séparés par des lignes simples de suçoirs, qui peuvent servir à produire une adhésion, il nous semble que le genre Minyas peut être conservé. Ce seroit donc un genre qui auroit, comme le font observer MM. Quoy et Gaimard, quelque chose d'intermédiaire aux holothuries, aux porpites et aux actinies, mais qui réellement diffère assez peu de celles-ci et doit du moins rester dans la même famille.

Dans le doute où nous sommes que les actinectes, décrites par M. Lesueur, sont pourvues de ces lignes de suçoirs observées par MM. Quoy et Gaimard dans leur minyade verte, nous conserverons les deux divisions.

Discosome, *Discosoma.*

Corps très-déprimé, circulaire, très-mince, élargi en disque à ses deux extrémités et pourvu dans toute la surface buccale d'une grande quantité de petits tubercules, disposés en rayons, avec la bouche très-petite et comme mamelonnée au centre.

Espèce. Le Discosome nummiforme; *D. nummiforme,* Leuckart, *Ruppel's Reise,* tab. 1, fig. *a, b, c.* (Mer Rouge.)

Observ. Ce genre a été établi par M. Leuckart, dans l'ouvrage cité, pour une actinie de la mer Rouge, qui diffère principalement de toutes les autres par sa forme discoïde et par l'absence de tentacules, remplacés par de très-petites papilles.

Nous ne la connoissons que d'après la figure et la description de l'auteur cité.

Dans notre Systéme de nomenclature nous nommerons volontiers ce genre *Actinodiscus*.

ACTINODENDRE, *Actinodendron*.

Corps cylindrique, assez court, fixe, élargi aux deux extrémités. Le disque buccal avec un ou deux rangs de tentacules très-gros, très-longs, arborescens, garnis dans leur longueur de masses alternes de tubercules granuleux.

Espèces. L'ACTINODENDRE ALCYONOÏDE: *A. alcyonoidea*, Quoy et Gaim., Astrol., Zool., msc. (Isles des Amis.)

L'A. ARBORESCENT; *A. arborea*, *id.*, *ibid.* (Nouvelle-Guinée.)

Observ. Cette division générique a été proposée par MM. Quoy et Gaimard, dans le manuscrit de leur voyage, pour deux espèces d'actinies, dont les tentacules sont véritablement bien singuliers, en ce qu'ils ressemblent à des arbres ou mieux à certaines espèces d'alcyons; elles sont en outre remarquables par leur grande taille, puisqu'elles ont au moins un pied de haut sur autant de large.

Elles offrent aussi la particularité d'être extrémement urticantes, plus sur la peau que sur les membranes muqueuses.

MÉTRIDIE, *Metridium*.

Corps subcylindrique, lisse, terminé inférieurement par un disque contractile et préhensile, et supérieurement par une bouche anguleuse, au centre de tentacules de deux sortes, les plus longs pinnés.

Espèce. La MÉTRIDIE PLUMEUSE: *M. plumosa*; *Actin. plumosa*, Linn.. Gmel.. p. 3152, n.° 3; d'après Muller, *Zool. Dan.*, 3, pag. 12, tab. 88, fig. 1 — 4. (Mer du Nord.)

Observ. Ce genre a été établi par M. Oken dans son Manuel d'hist. nat., tom. 1, pag. 349, pour un petit nombre d'espèces d'actinies chez lesquelles il admet qu'une partie des tentacules sont pinnés comme les branchies des serpules.

Nous ne connoissons directement aucune des espèces de métridie, et pour l'*Act. plumosa* le nom indique que ses tentacules sont pinnés; mais pour l'*A. dianthus*, que l'on connoît d'après Ellis, il est certain qu'ils ne le sont pas : cela est peut-être même assez douteux pour la première.

Thallasianthe, *Thallasianthus.*

Corps circulaire, déprimé, élargi à ses deux extrémités et surtout à l'extrémité buccale, qui est garnie dans sa circonférence d'un grand nombre de tentacules ramifiés et pinnés. *Bouche* centrale fort petite et mamelonnée.

Espèce. Le Thallasianthe étoile; *T. aster,* Leuckart, *Ruppel's Reise,* tab. 1, fig. 3, *a, e.* (De la mer Rouge.)

Observ. Ce genre, établi par M. Leuckart dans le voyage en Afrique de Ruppel, a un certain nombre de rapports avec le précédent, dont il ne diffère en effet que parce que les tentacules sont beaucoup plus nombreux et surtout bien plus petits.

Nous ne le connoissons du reste que d'après l'auteur cité.

Actinérie, *Actineria.*

Corps cylindrique, court, élargi aux deux extrémités et pourvu dans tout son disque supérieur de tentacules très-petits, villeux, lanugineux, ramifiés et réunis en petites masses fusiformes et radiaires.

Espèce. L'Actinérie villeuse; *A. villosa,* Quoy et Gaimard, Astrolab., Zoolog., msc. (Isles des Amis.)

Observ. Cette division des actinies est assez particulière, à cause de la forme et de la disposition des tentacules, pour pouvoir être admise.

Actinolobe, *Actinoloba.*

Corps déprimé, très-élargi à sa base et plus ou moins lobé à son disque buccal, couvert de tentacules très-courts et presque tuberculeux.

Espèces. L'Actinolobe œillet; *A. dianthus,* Ellis, *Trans. phil.,* 1767, pag. 436, tab. 19, fig. 8.

Actin. pentapeta, Pennant, *Brit. Zool.,* 4, 80.

A. senilis, Adans., *Linn. Trans.,* 5. 9.

L'A. noueuse; *A. nodosa,* Linn., Gmel., pag. 3133, n.° 11; Othon Fabr., *Faun. Groenl.,* pag. 350, n.° 341.

Observ. Nous ne connoissons cette actinie, qui est le type de ce genre, que d'après la description et la figure qu'en a données Ellis ; mais s'il est vrai que son limbe soit pentalobé, il est évident qu'elle doit former une division particulière, faisant le passage aux lucernaires. M. Rapp donne une excellente figure (tab. 3, fig. 1) d'une espèce de cette division sous le nom d'*A. plumosa.*

Actinie, Actinia.

Corps cylindrique, quelquefois alongé et même pédiculé, élargi, fixé à sa base et pourvu à la circonférence du limbe buccal d'un nombre plus ou moins considérable de longs tentacules simples, obtus, disposés irrégulierement sur plusieurs rangs.

Bouche grande et linéaire dans le repos.

Observ. Ce genre, ainsi défini, ne contient plus que les espèces ordinaires d'actinies, celles dont le corps, en général assez court, cylindrique, dans l'état d'extension médiocre, hémisphérique dans le repos et constamment fixé, est pourvu de tentacules sur plusieurs rangs et généralement assez longs.

Malgré cette réduction le nombre des espèces d'actinies est encore fort considérable, et il en existe en effet dans toutes les mers. Malheureusement ce sont des animaux dont la conservation dans les collections ne peut être de presque aucune utilité pour la distinction des espèces, et pendant la vie elles diffèrent tellement de couleur et même de forme, suivant les localités et le degré d'épanouissement, qu'il est véritablement fort difficile de les caractériser d'une manière suffisante pour les faire reconnoître sûrement ; aussi les observateurs qui ont traité de ces animaux dans nos différentes mers, ont-ils trouvé beaucoup plus aisé d'établir de nouvelles espèces que de chercher si elles n'avoient pas été décrites. D'après cela, nous sommes bien éloignés de croire que toutes celles qui ont des noms différens sont réellement distinctes. Nous ne voudrions pas davantage assurer que celles que l'on a réunies sous la même dénomination soient véritablement de la même espèce. Dans cet embarras, les descriptions étant souvent beaucoup trop peu comparatives pour qu'il nous fût possible d'y remédier, nous avons pris le parti d'énumérer les

60.   19

espèces d'actinies suivant les mers qu'elles habitent : il y aura, sans doute, beaucoup de doubles emplois ; mais du moins cette liste servira à porter l'attention des naturalistes sur ce point encore fort obscur de la science. Nous avouerons même que, quoique nous ayons eu l'occasion d'observer une partie des espèces qui vivent en France, sur les côtes de la Manche, sur celles de l'Océan et dans la Méditerranée, nous ne pouvons encore assurer les parties de l'organisation sur lesquelles doit porter la distinction des espèces.

Ce ne peut être la couleur ; car l'*A. equina*, si commune sur tous les rochers de la Manche, est tantôt d'un beau vert-bouteille uniforme, tantôt d'un beau brun-prune de Monsieur, quelquefois d'un rouge assez vif, et, enfin, quelquefois aussi d'un vert tacheté de violet, ou, au contraire, d'un violet tacheté de vert.

Le nombre des rangées de tentacules ne peut que difficilement être employé dans ce but ; car ces organes ne sont réellement pas rangés en cercles.

Leur proportion offriroit sans doute de meilleurs caractères ; mais comme ces organes sont susceptibles de degrés très-différens d'extension, elle est encore assez difficile à juger.

M. Wilh. Rapp, dans la Monographie qu'il vient de publier (1829), n'en définit que vingt-trois espèces, dont cinq douteuses et deux nouvelles, *A. depressa* et *filiformis*.

* Actinies de la Manche et des mers du Nord.

L'Actinie écarlate : *A. coccinea*, Linn., Gmel., p. 3123, n.° 60 ; Muller, *Zool. Dan.*, tab. 63, fig. 1 — 3 ; cop. dans l'Enc. méth., pl. 72, fig. 1 et 2.

L'A. onduleuse : *A. undata*, Linn., Gmel., p. 3133, n.° 7 ; Muller, *Zool. Dan.*, tab. 63, fig. 45 ; cop. dans l'Enc. méth., pl. 72, fig. 6.

L'A. veuve : *A. viduata*, Linn., Gmel., p. 3133, n.° 8 ; Muller, *ibid.*, fig. 6 — 8 ; cop. dans l'Enc. méth., pl. 72, fig. 4 — 5.

L'A. tronquée : *A. truncata*, Linn., Gmel., p. 3133, n.° 9 ; Dicquemare, *Acta anglic.*, 63, p. 387, t. 17, fig. 13.

L'A. blanche : *A. candida*, Linn., Gmel., p. 3135, n.° 17 ; Muller, *ibid.*, t. 115.

L'Actinie anguleuse : *A. effæta*, Linn., Gmel., pag. 3133, n.º 7 ; Baster, *Opusc. subs.*, 1, tab. 14, fig. 2 ; cop. dans l'Enc. méth., pl. 74, fig. 1.

L'A. rousse : *A. equina*, Linn., Gmel., p. 3131 ; Muller, *Zool. Dan.*, t. 23, fig. 1 — 5 ; cop. dans l'Enc. méth., pl. 71, fig. 6 — 10.

Actinia hemisphærica, Pennant, *Brit. Zool.*, 4, 60.

A. rufa, de Lamk., 3, p. 67.

A. mesembryanthemum, Turton, *Brit. Faun.*, p. 131.

A. maculata, Adams, *Linn. Trans.*, 5, p. 8.

L'A. sénile : *A. senilis*, Linn., *Syst. nat.*, p. 1088 ; Gærtner, *Phil. tr.*, 1761, p. 82, tab. 1, fig. 4. *A, B ;* cop. dans l'Enc. méth., pl. 70, fig. 4, et Dicquemare, *ibid.*, 1773, p. 866, tab. 16, fig. 10.

A. verrucosa, Pennant, *Brit. Zool.*, 4, p. 49.

A. crassicornis, Adams, *Linn. Trans.*, 3, p. 252.

A. equina, Sow., *Brit. miscellan.*, tab. 4.

A. gemmacea, Ellis et Soland., p. 3, n.º 3.

L'A. remarquable ; *A. spectabilis*, Othon Fabr., *ibid.*, p. 351, n.º 342.

L'A. dilatée : *A. dilatata*, Linn., Gmel., p. 3134, n.º 12 ; Muller, *Zool. Dan. prod.*, 2796.

L'A. crassicorne ; *A. crassicornis*, Othon Fabr., *ibid.*, p. 348, n.º 340.

L'A. clayonnée : *A. fiscella*, Linn., Gmel., p. 3135, n.º 22 ; Muller, *Zool. Dan.*, p. 13, tab. 83, fig. 3.

L'A. iris : *A. iris*, Linn., Gmel., p. 3135, n.º 21 ; Muller, *ibid.*, p. 3, tab. 82, fig. 5 et 6.

L'A. très-petite : *A. pusilla*, Linn., Gmel., p. 3135, n.º 23, Ol. Swartz, *Nov. Act. Stockh.*, 1788, 3, n.º 7, tab. 6, fig. 2.

** *Actinies de l'Amérique septentrionale.*

L'Actinie cavernate ; *A. cavernata*, Bosc, Vers, 2, p. 221, pl. 21, fig. 2. (Caroline.)

L'A. réclinée ; *A. reclinata*, id., *ibid.*, fig. 3. (Océan atlant., sur deux fucus.)

*** *Actinies de la Méditerranée et de l'Adriatique.*

L'Actinie verte : *A. viridis*, Linn., Gmel., p. 3134, n.º 15 ;

Forskal, *Faun. Arab.*, p. 102, n.° 11 : *Icon.*, tab. 27, *litt. B ;* cop. dans l'Enc. méth., pl. 7, fig. 8 et 9.

L'Actinie rouge : *A. rubra*, Forskal. *ibid.*, p. 101, n.° 10, et *Icones*, tab. 27, *litt. A ;* cop. dans l'Enc. méthod., pl. 72, fig. 7 ; Delle Chiaje, pl. 17, fig. 1.

L'A. judaïque : *A. judaica*, Linn., Gmel., p. 3133, n.° 4 ; Plancus, *Conch. min.*, p. 43, tab. 6.

L'A. blanche ; *A. alba*, Renieri, *Prodromo d'osservazioni, etc.*

L'A. géante ; *A. gigas*, id., ibid.

L'A. rouge ; *A. rubra*, id., ibid.

L'A. penchée ; *A. reclinata*, id., ibid.

L'A. brune ; *A. effæta ?* Risso, Europe mérid., t. 4, p. 285, n.° 47.

L'A. roussatre, *A. rufa*, id. ibid., n.° 48.

L'A. coralline : *A. corallina*, id., ibid., n.° 285 ; Rondelet, p. 381, 14.

L'A. violatre ; *A. violacea*, id., ibid., n.° 50.

L'A. concentrique ; *A. concentrica*, id., ibid., n.° 51.

L'A. peinte : *A. picta*, id., ibid., n.° 52.

L'A. striée ; *A. striata*, id., ibid., n.° 53.

L'A. blanche ; *A. alba*, id., ibid., n.° 54.

L'A. brévitentaculée ; *A. brevitentaculata*, id., ibid., n.° 55.

L'A. rose ; *A. rosea*, id., ibid., n.° 56.

L'A. glanduleuse : *A. glandulosa*, id., ibid., n.° 57 ; Otto, 18, 52.

L'A. vagante : *A. vagans ; Anemonia vagans*, Risso, *ibid.*, p. 288, n.° 58.

L'A. comestible : *A. edulis ; Anemonia edulis*, id., ib., n.° 59.

L'A. crassicorne ; *A. crassicornis*, Delle Chiaje, tab. 16, fig. 10, 11. (Mer de Naples.)

L'A. pédonculée ; *A. pedunculata*, id., ibid., fig. 11. (Mer de Naples.)

L'A. carciniopode : *A. carciniopodos*. Otto, *Acta Leopold. nat. ac. cur.*, 11, p. 3, tab. 40 ; *Medusa palliata*, Bohadsch, *Zooph.*, tab. 11, fig. 1. (Mer de Naples.)

L'A. de Carus ; *A. Cari*, Delle Chiaje, tab. 17, fig. 2. (Mer de Naples.)

L'A. transparente ; *A. hyalina*, id., ibid., fig. 3.

L'A. epuisée, *A. effæta*.

****** *Actinies d'Afrique.***

L'Actinie écailleuse : *A. squamata*. Brug., Dict., n.° 17; de Lamk., 3, n.° 19. (De Madagascar.)

L'A. quadrangulaire : *A. quadrangularis, id.*, *ibid.*, n.° 19: de Lamk., n.° 21. (De Madagascar.)

******* *Actinies de la mer Rouge.***

L'Actinie géante : *A. gigantea*, Linn., Gmel., p. 3134, n.° 13; d'après Forskal, *Anim. descript.*, p. 100, n.° 8.

L'A. blanche : *A. alba*, Linn., Gmel., p. 3134, n.° 14; d'après Forskal, *ibid.*, p. 101, n.° 9.

L'A. polype : *A. polypus*, Forskal, *ibid.*, p. 102, n.° 12; *Icon.*, tab. 27, fig. *C*; cop. dans l'Enc. méth., pl. 72, fig. 10.

A. priapus, Linn., Gmel., p. 3134, n.° 16.

A. maculata, Brug., Enc. méth.; Dictionn., n.° 14, et de Lamk., 3, p. 69, n.° 14.

L'A. quadricolore ; *A. quadricolor*, Leuckart, Voyage de Ruppel dans l'Afrique sept., atlas, tab. 1, fig. 2.

******** *Actinies des mers de l'Inde et Australe.***

L'Actinie a courts tentacules ; *A. brevitentacula*, Quoy et Gaimard, Astrolabe, Zoolog., msc. (Nouvelle-Irlande.)

L'A. aurore; *A. aurora, id.*, *ibid.* (Nouvelle-Irlande.)

L'A. violette; *A. violacea, id.*, *ibid.* (Nouvelle-Irlande.)

L'A. des Papous; *A. papuana, id.*, *ibid.* (Terre des Papous.)

L'A. de Dorey; *A. doreensis, id.*, *ibid.* (Nouvelle-Guinée.)

L'A. magnifique; *A. magnifica, id.*, *ibid.* (Vanicoro.)

L'A. d'azur; *A. azurea, id.*, *ibid.*

L'A. vase; *A. vasa, id.*, *ibid.*

L'A. verdatre; *A. viridescens, id.*, *ibid.*

Actinocère, *Actinocereus.*

Corps fixe, cylindrique, alongé, élargi aux deux extrémités, très-contractile et pourvu d'un seul rang de tentacules plus ou moins pétaliformes à la circonférence du disque buccal.

Espèces. L'Actinocère sessile ; *A. sessilis*, Gærtner, *Philos. Trans.*, 1761, p. 82, tab. 1, fig. 4, *A.*

A. verrucaria, Pennant, *Brit. Zool.*, 4, p. 49.

L'Actinocère sillonnée : *A. sulcata*, Pennant, *Brit. Zool.*, 4, pag. 48; Gærtner, *ibid.*, fig. 1; cop. dans l'Enc. méthod., pl. 73, fig. 1 et 2.

A. maculata, Adams, *Linn. Soc.*, 5, p. 8.

A. cereus, Turton, *Brit. Faun.*, 131.

Hydra cereus, Linn., Gmel., p. 3867, n.° 35.

L'A. pédonculée : *A. pedunculata*, Pennant, p. 49; Gærtn., *ibid.*, tab. 1, fig. 2.

A. bellis, Turton, *Brit. Faun.*, p. 131.

A. plumosa, Stewarts, Ellis, 1, 394.

L'A. intestinale; *A. intestinalis*, Oth. Fabr., *Faun. Groenl.*, p. 351, t. 1, fig. 11, var. 5.

A. truncata, Linn., Gmel., p. 3153, n.° 9.

L'A. caliciforme : *A. calyciformis*, Gærtner, *ibid.*, pl. 1, fig. 2, *A*, *B*, *C*; cop. dans l'Enc. méth., pl. 71, fig. 4, *A*, *B*.

L'A. étoile : *A. aster*.

Hydra aster, Linn., Gmel., pag. 3868, n.° 10; Ellis, *Trans. phil.*, 57, tab. 19, fig. 3; cop. dans l'Enc. méth., pl. 71, fig. 5.

L'A. souci; *A. calendula*, Soland. et Ellis, tab. 1, fig. 3.

Hydra calendula, Linn., Gmel, p. 3869, n.° 14.

Observ. Ce genre, établi par M. Oken sous le nom de *Cereus*, pour les espèces d'actinies qui n'ont qu'un seul rang de tentacules, souvent pétaloïdes, est véritablement assez distinct et peut être adopté; il sert en effet de passage au genre des Zoanthes, qui n'en diffère guère que parce que dans celui-ci les individus commencent à se greffer entre eux d'une manière peu serrée et seulement peut-être par une sorte de racine.

Les espèces d'actinocères sont assez nombreuses, mais fort difficiles à caractériser.

Fam. II. Les Zoanthaires coriaces.

Corps plus ou moins rapproché, quelquefois soudé, encroûté ou solidifié par des corps étrangers, et formant par la dessiccation une sorte de polypier coriace.

Observ. Cette famille ne contient qu'un assez petit nombre de genres, que l'on a souvent regardés comme des alcyons.

ZOANTHE, *Zoanthus*.

Corps alongé, conique, élargi à sa partie supérieure, avec une bouche linéaire, transverse, au milieu d'un disque bordé de tentacules courts, atténué, pédonculé à sa base et naissant d'une partie commune, traçante, comme une sorte de racine.

Espèces. Le ZOANTHE SOCIAL ; *Z. socialis*, Lesueur, *Mem. Act. acad. sc. phil.*, t. 1, p. 176. (Côtes de la Guadeloupe.)

Le Z. DE SOLANDER ; *Z. Solanderi*, id., *ibid.*, p. 177, pl. 8. fig. 1. (Côtes de Saint-Thomas.)

Le Z. DOUTEUX ; *Z. dubius*, id., *ibid.*

Observ. Ce genre a été établi par M. Cuvier dans ses Élémens de zoologie ; mais il y comprenoit des espèces d'actinies qui ne naissent pas d'une partie commune. M. de Lamarck, en l'adoptant, l'a restreint à celles qui offrent ce caractère. Cependant M. Cuvier, dans la première édition de son Règne animal, y a encore réuni les espèces courtes qui, s'agrégeant par les côtés, forment ainsi des espèces de membranes encroûtantes, et dont M. Lesueur a fait ses genres Mamillifère et Corticifère.

Nous ne connoissons les zoanthes que d'après les bonnes descriptions et les figures que nous devons à M. Lesueur. Il en résulte que ce sont de véritables actinies, constamment fixées.

Ce genre, dans notre Système de nomenclature, pourroit être nommé Actinorhyse, *Actinorhyza*.

MAMILLIFÈRE, *Mamillifera*.

Corps coriace, court, mamilliforme, un peu élargi à l'extrémité buccale, qui est pourvue de tentacules marginaux sur plusieurs rangs, subpédonculé à l'autre extrémité, et naissant en plus ou moins grand nombre de la surface d'une expansion membraneuse, commune et fixée.

Espèces. La MAMILLIFÈRE AURICULE ; *M. auricula*, Lesueur, *Mem. Acad. sc. nat. Philad.*, 1, p. 178, pl. 8, fig. 2. (De l'Archipel américain.)

La M. NYMPHEA ; *M. nymphœa*, id., *ibid.* (Côtes de Saint-Christophe.)

La Mamillifère mamelonnée, *M. mamillosa.*

Alcyonium mamillosum, Linn., Gmel., p. 3815, n.° 16;
Soland. et Ellis, *Zooph.*, p. 179, n.° 5. tab. 1, fig. 4 et 5;
Sloane, *Jam.*, 1, tab. 21, fig. 2 et 3; de Lamk., Anim.
sans vert., 2.

Palythoe mamillosa, Lamx., Polyp. flex., p. 361, n.° 513.
(Côtes de la Jamaique.)

La M. ocellée, *M. ocellata.*

Alcyon. ocellatum, Linn., Gmel., p. 3815; Soland. et Ellis,
Zooph., p. 180, n.° 6, tab. 1, fig. 6; Sloane, *Jam.*, 1, tab. 21,
fig. 1; de Lamk., *ibid.*

Palythoe ocellata, Lamx., *ibid.*, n.° 514. (Côtes de Saint-
Domingue.)

Observ. Cette division générique a été réellement établie
pour la première fois par Lamouroux, sous le nom de palythoë; mais d'après des individus desséchés ou d'après les
figures et des descriptions de Solander, en sorte qu'il en faisoit
encore un genre d'alcyons, comme tous ses prédécesseurs; mais
M. Lesueur, en observant ces animaux vivans, a parfaitement reconnu que c'étoient des actinies, tout en en formant
un genre que l'on peut adopter. Cependant il est évident
qu'il ne diffère des zoanthes qu'en ce que le corps est mamelonné et qu'il fait saillie à la surface d'une membrane commune.

Quant aux espèces que nous signalons dans ce genre, il
est probable que les deux décrites par M. Lesueur ne diffèrent pas de celles que Solander avoit dénommées depuis
long-temps, puisqu'elles proviennent des mêmes mers; mais
c'est ce que nous ne pouvons assurer.

MM. Quoy et Gaimard en ont distingué cinq ou six espèces
nouvelles dans le cours de leur dernier voyage; elles nous paroissent cependant différer un peu des autres, en ce qu'elles
sont bien davantage séparées.

Nous en avons aussi reçu une de la Méditerranée, mais
desséchée, en sorte qu'il seroit difficile de la définir.

M. Savigny a donné le nom d'Isaure à un genre qui nous
paroît devoir être fort rapproché de celui-ci, Description
de l'Égypte, Polypes, pl. 2, fig. 1, 2 et 3.

Corticifère, *Corticifera.*

Corps court, cylindrique, pourvu à son extrémité libre d'une bouche longitudinale au milieu d'un disque, garni sur ses bords de tentacules pétaliformes, enveloppé dans une peau encroûtée de sable, et formant, par la réunion latérale et complète d'un plus ou moins grand nombre d'individus, une sorte de polypier ou de croûte solide à la surface des corps marins.

Espèces. La Corticifère glaréole ; *C. glareola,* Lesueur , *Acad. sc. nat. Philad.,* t. 1 , p. 178 , pl. 8 , fig. 6 et 7. (Des côtes de la Guadeloupe.)

La C. jaune ; *C. flava, id., ibid.* (Isle Saint-Thomas.)

Observ. Ce genre, établi par M. Lesueur, *loc. cit.,* passe véritablement aux astrées. En effet , la solidité de la peau des actinies composantes , la manière complète dont elles sont soudées entre elles par les côtés, en font une sorte de polypier encroûtant.

Fam. III. Les Madrépores, *Madreporea.*

Animaux simples ou agrégés , et alors plus ou moins déformés par leur greffe avec ceux qui les environnent, et contenant dans leur tissu une grande quantité de matière calcaire, d'où résulte par la dessiccation un polypier entièrement solide, pierreux, libre ou fixé, à surface ou cellules lamelleuses.

Observ. Cette famille constitue le grand genre Madrépore de Pallas, dont les espèces, avant les observations de M. Lesueur, de M. de Chamisso , et surtout de MM. Quoy et Gaimard, n'étoient pour la plupart connues que par leurs dépouilles.

Les travaux de Donati, et surtout de Cavolini, avoient cependant fait connoître depuis assez long-temps les animaux de ces polypiers, auxquels on attribuoit naguère la formation de la plupart des îles et des écueils de la mer du Sud.

On trouve des madrépores dans toutes les mers, mais ils sont bien plus communs dans celles des pays chauds, en Amérique, dans l'Inde, dans l'Australasie , que dans la Méditerranée, et surtout que dans les mers du Nord, où ils sont en général plus rares.

Les oryctologues ont cependant déjà distingué un très-grand nombre d'espèces de madrépores à l'état fossile et dans des terrains d'ancienneté très-différente.

La distribution méthodique des madrépores n'a même été essayée que d'après les polypiers seulement, par Pallas d'abord, mais surtout par M. de Lamarck, qui a donné des dénominations particulières aux divisions du zoologiste allemand. M. de Lamarck, dans la classification méthodique des polypiers, a pris en considération, non-seulement la forme des loges, mais encore celle de leur agglomération générale, et leur distribution à l'une ou aux deux faces de ces agglomérations ou du polypier, et enfin la fixité ou la liberté de celui-ci, comme nous l'avons exposé dans l'histoire de la zoophytologie.

Aidé par les manuscrits de MM. Quoy et Gaimard, nous avons essayé de caractériser les genres d'après les animaux conjointement avec les polypiers, en ayant égard beaucoup plus à la forme des loges, qu'à celle du polypier et de leur distribution à la surface.

L'ordre que nous aurions le plus désiré de suivre, auroit dû porter essentiellement sur la considération des animaux, et surtout sur celle des tentacules dont le nombre diminue et devient de plus en plus fixe, à mesure qu'en partant des Actinies on se rapproche davantage des Polypiaires; mais malheureusement nous ne connoissons pas encore ceux d'un assez grand nombre de Polypiers. Nous avons donc été obligés de continuer à mettre en première ligne la considération de la partie calcaire, toutefois en ayant égard à ce qui doit le plus traduire l'animal, ou à la nature réelle des cellules, et non plus à leur liberté ou adhérence, qui varie peut-être même dans une seule espèce, à leur nombre et à la forme de leur accumulation, comme les zoologistes l'ont fait jusqu'ici. En effet, outre qu'il est certain que toute espèce de polypier de Zoanthaire a commencé par une seule loge, il est évident que dans chaque genre réellement naturel on peut concevoir qu'il en existe de simples et de complexes. Les Caryophyllies simples et les Turbinolies proprement dites ne

sont-elles pas en effet des polypiers du même genre ? Quant
au mode d'accumulation des loges, il nous est également démontré qu'il peut varier dans chaque groupe naturel, au
point qu'il en résulte des espèces d'arbres, des masses fasciculées, gloméruiées, des expansions encroûtantes ou libres,
et alors cellulifères sur l'une ou sur les deux faces. Nous
avons donné un bel exemple de cette assertion dans le genre
que nous nommons Gemmipore et dans celui des Pavonies.
Toutefois il est digne de remarque que, suivant l'ordre que
nous avons cru devoir adopter, la forme arborescente, d'a-
bord nulle ou très-rare, devient de plus en plus prédomi-
nante, au point que dans la division des madrépores proprement dits il est très-rare que le polypier ne soit pas ramifié,
tandis que dans les madréphyllies, et peut-être même dans
les madrastrées on ne le voit presque jamais avec cette forme.

Nous devons aussi faire l'observation que les limites des
différences que l'âge apporte à la forme et peut-être à la
structure même des polypiers, ne nous sont que très-impar-
faitement connues, ce qui doit encore empêcher l'introduction de la méthode naturelle dans la classification de ce
groupe intéressant d'animaux.

D'après ces différentes considérations, il est évident que
nous ne pouvons donner la classification que nous proposons
comme définitive, mais seulement comme provisoire. D'autant plus que, pour rendre notre travail complet, il nous
auroit fallu reprendre pièce à pièce toutes les espèces de M.
de Lamarck, en les comparant avec celles qui ont été établies
ou figurées par Pallas, Ellis et Solander, Esper, et surtout en
les comparant avec les polypiers pourvus de leurs animaux
rapportés par MM. Quoy et Gaimard, Garnot et Lesson, ce
que nous n'avons en ce moment ni le temps ni la possibilité
de faire.

Dans l'état actuel de nos connoissances sur les zoanthaires
pierreux, nous avons cependant trouvé à former plusieurs
coupes génériques ou subgénériques, ce qui nous a permis
de donner à nos caractéristiques plus de précision, et par
conséquent plus de facilité d'application.

En voici une sorte de table synoptique qui en montrera
la disposition générale :

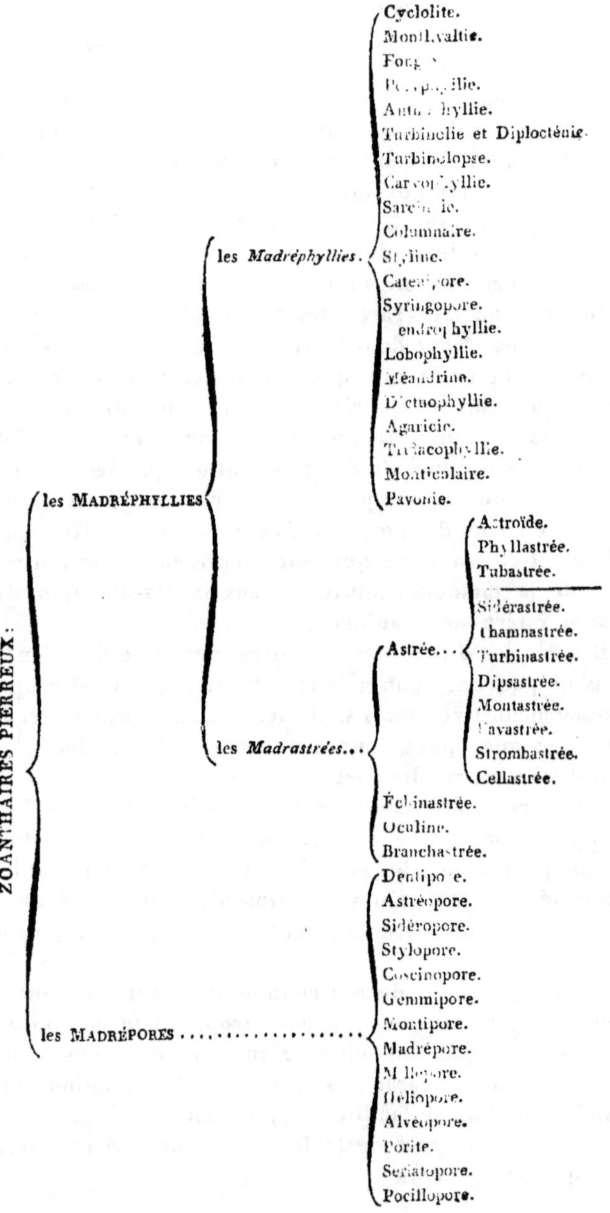

ZOANTHAIRES PIERREUX:

les MADRÉPHYLLIES

les Madréphyllies.
Cyclolite.
Montlivaltie.
Fongie.
Polyphyllie.
Antophyllie.
Turbinolie et Diplocténie.
Turbinolopse.
Caryophyllie.
Sarcinule.
Columnaire.
Styline.
Caténipore.
Syringopore.
endréophyllie.
Lobophyllie.
Méandrine.
Dictuophyllie.
Agaricie.
Thalacophyllie.
Monticulaire.
Pavonie.

les Madrastrées...

Astrée...
Astroïde.
Phyllastrée.
Tubastrée.
Sidérastrée.
Thamnastrée.
Turbinastrée.
Dipsastrée.
Montastrée.
Favastrée.
Strombastrée.
Cellastrée.

Échinastrée.
Oculine.
Branchastrée.

les MADRÉPORES
Dentipore.
Astréopore.
Sidéropore.
Stylopore.
Coscinopore.
Gemmipore.
Montipore.
Madrépore.
Millépore.
Héliopore.
Alvéopore.
Porite.
Seriatopore.
Pocillopore.

Sect. I. Les Madréphyllies, *Madrephylliæa.*

Cellules quelquefois déformées, mais toujours garnies de lamelles plus ou moins nombreuses, sur un *polypier* très-rarement arborescent.

CYCLOLITE, *Cyclolites.*

Animal inconnu, solidifié par un *polypier* calcaire, court,
simple, orbiculaire ou elliptique, aplati, et marqué de lignes concentriques en dessous, convexe en dessus, avec
un grand nombre de lamelles très-fines, entières, convergentes vers un centre sublacuneux.

Espèces. La CYCLOLITE NUMISMALE: *C. porpita ; Mad. porpita,*
Linn., Gmel., page 5756, n.° 3; Guettard, Mém. 3, pl. 25,
fig. 4, 5 ; Goldfuss, tab. 14, fig. 4, *a. b.*

La C. RADIÉE; *C. radiata,* Goldf., *Petref.,* 47, tab. 14, fig. 1,
a, d. (Des couches aréno-crétacées d'Aix-la-Chapelle.)

La C. LISSE; *C. lœvis, id., ibid.,* fig. 2, *a, d.* (Calc. jurassiq.
de la Suisse.)

La C. CANCELLÉE; *C. cancellata, id., ibid.,* fig. 5, *a, c.* (Calc.
crayeux de Maëstricht.)

La C. ONDULÉE ; *C. undulata, id., ib.,* fig. 7, *a, d.* (Du pays
de Salzbourg.)

La C. DISCOIDE; *C. discoidea, id., ibid.,* fig. 9, *a.* (Du pays
de Salzbourg.)

La C. A CRÊTE : *C. cristata,* de Lamk., 2, pag. 234, n.° 2;
cop. dans l'Enc. méthod., pl. 483, fig. 6, *a, b; Madrep. cristata,* Linn., Gmel, p. 3758, n.° 8.

La C. ELLIPTIQUE: *C. elliptica,* de Lamk., *ibid.,* n.° 4 ; Guettard, Mém. 3, p. 21, fig. 17, 18.

La C. HÉMISPHÉRIQUE : *C. hemisphærica,* de Lamk., *ibid.,*
n.° 2; *Fungia polymorpha,* Goldfuss, *ibid.,* fig. 6, *a, b, c* et
jusqu'à *m.* (Calc. du Dauphiné.)

La C. SEMIRADIÉE : *C. semiradiata; Fungia radiata,* Goldfuss,
ibid., fig. 8, n.° 6. (Oolithe inf. d'Angleterre.)

Observ. Ce genre a été établi par M. de Lamarck pour des
polypiers qu'on ne connoît encore qu'à l'état fossile.

Il a été adopté par la plupart des zoologistes. M. Goldfuss l'a réuni cependant à celui des fongies et très-probablement avec raison; car il n'en diffère que par ce que le

dessous du polypier est garni de stries concentriques et que les lamelles de l'étoile sont entières.

M. Goldfuss réunit aussi à ce genre la pélagie de Lamouroux, sous le nom de *P. clypeata;* mais véritablement à tort, car ce polypier appartient à une tout autre division.

Le C. *cristata* est véritablement très-différent des autres espèces : sa surface supérieure est en effet garnie de tubercules radiés autour d'une traverse également radiée; disposition tout-à-fait particulière et qui rappelle un peu les monticulaires ou mieux nos turbinastrées.

MONTLIVALTIE, Montlivaltia.

Animal inconnu, solidifié par une masse calcaire, ou *polypier* subconique ou pyriforme, fixé? ridé transversalement en dessous, élargi, excavé et lamello-radié en dessus.

Espèces. La MONTLIVALTIE CARYOPHYLLIE ; *M. caryophyllata,* Lamx., Zooph., tab. 79, fig. 8 à 10. (Calc. de Caen.)

La M. DE GUETTARD : *M. Guettardi,* Defr., Dict. des scienc. nat., tom. XXXII, p. 503; Guett., Mém., 3, pl. 26, fig. 45.

Observ. Ce genre a été établi par Lamouroux (*loc. cit.*) pour un fossile des environs de Caen, qu'il dit, sans donner aucune raison à l'appui de son assertion, devoir être rapproché du genre Isaure, figuré par M. Savigny dans la planche 2 des polypes de la Description de l'Égypte, quoique cette Isaure ne soit qu'une véritable Actinie.

M. Goldfuss fait de la M. caryophyllie de Lamouroux une espèce du genre Anthophylle de Schweigger; mais bien à tort, car les anthophylles ne sont presque que des turbinolies fixées, tandis que le polypier type du genre Montlivaltie est une véritable Cyclolite, dont les rayons lamelleux débordent pour ainsi dire la base, qui est en outre plus conique que dans les autres cyclolites. C'est ce dont nous nous sommes assurés positivement sur l'échantillon même de la collection de Lamouroux, faisant partie aujourd'hui de celle de Caen. Nous avons pu en même temps remarquer que la figure citée de Lamouroux est fort inexacte.

FONGIE, Fungia.

Animal gélatineux ou membraneux, le plus souvent simple, déprimé, orbiculaire ou ovale, ayant une bouche supérieure transverse au milieu d'un large disque, couvert d'un grand nombre de cirrhes tentaculiformes fort gros, et solidifié dans son intérieur par un *polypier calcaire*, solide. simple, rarement complexe, ayant en dessus une étoile formée par un grand nombre de lamelles radiaires hérissées, et en dessous de simples rayons rugueux.

* Espèces vivantes.
A. *Simples et circulaires.*

La FONGIE PATELLAIRE : *F. patellaris: Mad. patellaris*, Linn., Gmel., p. 3757, n.° 5 : Ellis et Soland., p. 148, tab. 28, fig. 1 —4. (Des mers de l'Inde et de la Méditerranée.)

La F. AGARICIFORME : *F. agariciformis; Mad. fungites*, Linn., Gmel., p. 3757, n.° 4; Ellis et Soland., p. 149. tab. 28, fig. 5 et 6. (Des mers Rouge et de l'Inde.)

La F. CYCLOLITE; *F. cyclolites*, de Lamk., 2, p. 236, n.° 3.

La F. ROUGE; *F. rubra*, Quoy et Gaimard, Uranie, Zoolog., fig. 1, 2.

B. *Simple et comprimée.*

La F. COMPRIMÉE : *F. compressa*, de Lamk., *ibid.*, n.° 2; cop. dans l'Enc. méthod. pl., 483, n.° 2. (Océan indien.)

C. *Complexes et oblongues.*

La F. BOUCLIER : *F. scutaria*, de Lamk., *ibid.*, n.° 6; Seba, *Mus.*, 3, tab. 112, fig. 28 et 30. (Mer de l'Inde.)

La F. LIMACE : *F. limacina*, id., *ibid.*, n.° 7; *Mad. pileus*, Linn., Gmel., p. 3758, n.° 7; Ellis et Soland., tab. 45. (Mers de l'Inde.)

La F. BONNET : *F. pileus*, id., *ibid.*, n.° 9 ; *Mitra polonica*, Rumph., *Amb.*, 6, tab. 88, fig. 3. (Mers des Indes.)

** Espèces fossiles.

La F. CROISSANT : *F. semilunata*, id., *ibid.*, n.° 1 ; *Mad. semilunata*, Bruguière, Journ. d'hist. nat.

La F. CORONULE; *F. coronula*, Goldfuss, *Petref.*, tab. 14, fig. 10, *a*, *b*, *c*. (Part. sup. du calc. houiller de Westphalie.)

La F. APLATIE : *F. complanata*, Defr., Dict. des sc. nat., t. XVII, p. 217; Knorr, *Monum.* 5, part. 2, tab. E, 5, fig. 6 et 7.

La F. HÉTÉROCLITE; *F. heteroclita*, id., *ibid.*

La F. MACTRE : *F. mactra*, *Cyathoph. mactra*, Goldf., *Petref.*, p. 56, tab. 16, fig. 7, *a*, *b*, *c*.

La Fongie lenticulaire; *F. lenticularis*, Risso, Eur. mérid., 5, p. 338, n.° 143. (Calc. tert. près Nice.)

La F. agaricoïde; *F. agaricoides*, *id.*, *ibid.*, n.° 144. (Calc. tert. près Nice.)

Observ. L'animal qui constitue ce genre, établi par M. de Lamarck sur la considération seule du polypier, ne nous est connu que par les observations faites par MM. Quoy et Gaimard, dans leur premier, et surtout dans leur second voyage autour du monde, et d'où il résulte qu'il est presque entièrement semblable à celui de certaines espèces de caryophyllies. La forme du polypier a en effet les plus grands rapports avec celle de ce dernier genre, avec cette différence cependant que dans celui-ci il y a un espace central que n'atteignent pas les lamelles et qu'on ne remarque pas dans les fongies, qui d'ailleurs sont toujours libres, et dont la face inférieure est toujours striée ou radiée.

MM. Quoy et Gaimard se sont assurés sur une espèce qu'ils ont nommée F. actinie, que l'animal enveloppe de toutes parts ce polypier, et passe en dessous, où il forme une sorte de boursouflement semblable au disque des actinies. On est alors forcé d'admettre beaucoup d'analogie entre ces deux genres, du moins pour les espèces simples pourvues de tentacules cylindriques, et même pour celles chez lesquelles ils sont remplacés par des languettes espacées, comme dans la fongie rouge. Mais pour les espèces complexes, il est probable que les animaux ressemblent moins à des actinies.

Cette différence dans le polypier va nous servir à partager les espèces de ce genre en deux sections principales, suivant qu'il est simple, c'est-à-dire qu'il n'offre qu'une étoile circulaire ou ovale, composée d'un seul centre, vers lequel convergent les lamelles, ou suivant qu'il y a plusieurs de ces centres souvent peu considérables et par conséquent un grand nombre d'étoiles imparfaites, ce qui conduit aux polypiers du genre Pavonie.

M. Goldfuss a réuni aux fongies le genre Cyclolite.

Le nombre des espèces de fongies connues à l'état vivant est au moins de neuf, et en ne comptant pas les F. actinies et à gros tentacules, observées avec les animaux par MM. Quoy et Gaimard, et qui font peut-être double emploi avec celles décrites par M. de Lamarck sur le polypier.

Elles appartiennent presque toutes aux mers de l'Inde. La première se trouve cependant, dit-on, dans la Méditerranée.

Quant aux espèces fossiles, les oryctographes n'en ont encore défini que neuf ou dix, et dont la plupart paroissent provenir de calcaires anciens.

Nous avons vu la dernière espèce dans la collection de M. Michelin, et je me suis assuré que c'est une véritable fongie.

Polyphyllie, *Polyphyllia.*

Animaux nombreux, confluens, à bouche un peu saillante, lobée à sa circonférence, couverts de tentacules nombreux, épars à la surface d'une partie charnue enveloppant de toutes parts et contenant un *polypier* calcaire solide, libre, ovale, alongé en plaque, un peu convexe en dessus et garni de petites crêtes lamelleuses denticulées, saillantes, fort minces, transverses, sans disposition stelliforme, un peu concave et hérissé de tubercules serrés en dessous.

Espèces. La Polyphyllie bassin ; *P. pelvis,* Quoy et Gaimard, Astrolabe, Zool., msc. (De la Nouvelle-Zélande.)

La P. taupe : *P. talpa; Fungia talpa,* de Lamk., 2, n.° 8; Seba, *Mus.,* 3, tab. 111, fig. 6, et tab. 112, fig. 51. (Mer des Indes.)

La P. substellée; *P. substellata,* de Blainv., Collect. du Mus.

La P. hérissée; *P. echinata,* de Blainv., Collect. de Caen. (Mers de Ceilan.)

La P. a crête; *P. cristata,* de Blainv., Collect. de Caen.

La P. anastomosée; *P. coadunata,* de Blainville, Collect. de Caen.

Observ. Ce genre a été établi par MM. Quoy et Gaimard pour des zoanthaires pierreux, fort remarquables en ce que les individus sans tentacules autour de la bouche, mais épars sur la partie commune, comprennent dans leur intérieur une masse calcaire, analogue aux fongies complexes, c'est-à-dire mince, libre, en grande plaque, mais qui, au lieu de lamelles partant de centres plus ou moins nombreux, formant des loges stelliformes, distinctes, présente des crêtes courtes,

6o.

denticulées, tranchantes, toutes perpendiculaires au grand diamètre du polypier, sans qu'il y ait même de grand sillon médian. Dans ce genre il n'y a certainement aucune apparence d'étoile sur le polypier, et cependant il appartient réellement à un grand nombre d'animaux actinoïdes, bien distincts par la bouche, et confluens complétement par leur circonférence.

Cette agrégation de zoanthaires pierreux est tout-à-fait libre au fond de la mer et seulement posée sur le sol.

On conçoit qu'on puisse réunir à ce genre la seconde division des fongies; mais c'est ce qu'il seroit trop hardi de faire en ce moment.

Ayant comparé les polypiers indiqués sous le nom de *fungia talpa* au Musée avec celui rapporté par MM. Quoy et Gaimard, nous avons cru y trouver des caractères spécifiques, distincts. Les dernières espéces nous paroissent nouvelles.

ANTHOPHYLLE, *Anthophyllum.*

Animal inconnu, contenant une masse calcaire, ou *polypier* conique ou pyriforme, fixé à sa partie inférieure, élargi, aplati, excavé et multilamelleux à la supérieure.

Espéces. L'ANTHOPHYLLE DE GUETTARD : *A. Guettardi*, Defr., Dict.; Guettard, Mém. 3, pl. 26, fig. 4 et 5. (Fossile.)

L'A. TRONQUÉE ; *A. truncatum*. Goldfuss, *Petref.*, 46, pl. 13, fig. 9. (Calc. grossier du Valmondois.)

L'A. DENTICULÉ ; *A. denticulatum*, id., ibid., fig. 11. (Calc. de trans. de l'Am. sept.)

L'A. BICOSTÉ; *A. bicostatum*, id., ib. (Calc. de trans. de l'Eifel.)

L'A. PROLIFÈRE ; *A. proliferum*, id., ibid., fig. 13, *a*, *b*. (De Suède.)

Observ. Ce genre a été établi par Schweigger, et adopté par M. Goldfuss sous le nom que le premier lui avoit donné, mais sous une caractéristique tout-à-fait insuffisante pour le distinguer des turbinolies, à moins que d'admettre que celles-ci soient toujours libres, ce qui n'est pas, comme nous le dirons plus loin.

C'est ce défaut dans la caractéristique qui a fait que M. Goldfuss a placé parmi ses anthophylles le polypier fossile, dont Lamouroux a fait son genre *Montlivaltia*, et qui n'est certainement qu'une espèce de cyclolite, comme nous nous sommes assurés sur les objets mêmes de la collection de Lamouroux.

Le polypier dont M. Goldfuss fait son *Anthophyllum proliferum*, est tout différent des autres, puisqu'il n'a que huit rayons lamelleux, dentés. Ses *A. sessile* (tab. 57, fig. 8) et *A. obconicum* nous semblent être de véritables turbinolies.

TURBINOLIE, *Turbinolia.*

Animal simple, dont le corps conique, partagé en vingt-quatre côtes alternativement grandes et plus petites, est terminé supérieurement par une ouverture médiane entourée de tentacules nombreux, solidifié par un *polypier* calcaire, libre, conique, sillonné en dehors, atténué à une extrémité, élargi et terminé à l'autre, par une grande *cellule* peu profonde, et radiairement lamelleuse.

* Espèces vivantes.

La TURBINOLIE DES AMIS, *T. amicorum.* (Des mers Australes.)

La T. BORÉALE: *T. borealis; Fungia turbinata*, Flemm.; Wern., Mém. 2, p. 250.

** Espèces fossiles.

La T. SILLONNÉE : *T. sulcata*, de Lamk., tom. 2, pag. 251, n.° 6; Goldfuss, *Petref.*, p. 51, tab. 15, fig. 3, *a*, *b*, *c*. (Du calcaire parisien.)

La T. CARYOPHYLLIE : *T. caryophyllia*, id., ibid.; Enc. méth., pl. 483, fig. 3.

La T. CRÉPUE : *T. crispa*, id., ibid., pl. 483, fig. 4; Goldf., ibid., fig. 7, *a*, *b*, *c*. (Calc. grossier de Paris.)

La T. COMPRIMÉE : *T. compressa*, id., ibid., n.° 4; Goldfuss, ibid., fig. 10, *a*, *b*. (France méridionale.)

La T. MITRE; *T. mitrata*, Goldfuss., ibid., fig. 5, *a*, *b*, *c*. (Environs d'Aix-la-Chapelle.)

La T. A DIX CÔTES; *T. decemcostata*, id., ibid., fig. 6, *a*, *b*, *c*. (Collin. subappen. du Plaisantin.)

La T. COURBÉE; *T. cernua*, id., ibid., fig. 8, *a*, *b*, *c*. (France mérid.)

La T. EN COIN; *T. cuneata*, id., ibid., fig. 10, *a*, *b*. (Pyrénées.)

La Turbinolie didyme; *T. didyma*, id., ibid., fig. 11. (De Provence.)

La T. de Kœnig: *T. Kœnigia.* Mant., *Geol. Suss.*, 85, tab. 19, fig. 22 et 28. (Marne calc. blanc d'Angleterre.)

La T. fongite; *T. fongites*, Ure, *Ruth.*, 527, tab. 20, fig. 6. (Calc. houiller d'Angleterre.)

La T. patellée; *T. patellata*, de Lamk., ibid., n.° 1. (Des environs du Mans.)

La T. cyathoïde : *T. cyathoides*, de Lamk., n.° 5; Esper, Supplém., 2, *Petref.*, t. 2.

La T. clou; *T. clavus*, id., ibid., n.° 7. (Des environs d'A-gen et d'Aix-la-Chapelle.)

La T. giraffe; *T. caryophyllus*, id., ibid., n.° 8. (D'Angle-terre.)

La T. douteuse : *T. dubia*, Defrance, Dictionn., tom. LVI, p. 92; Parkinson, *Organ. Rem.* 2, pl. 4, fig. 11.

La T. du Dauphiné : *T. delphinus*, Defrance, ibid.; *Turbin. compressa*, Lamx., Genre des Polyp., pl. 74, fig. 22, 23. (Du Dauphiné.)

La T. elliptique; *T. elliptica*, A. Brongniart, Géolog. des environs de Paris, pl. 8, fig. 2. (Calc. grossier inf. des en-virons de Paris.)

La T. différente; *T. dispar*, Defrance, Dictionn., et Vé-lins du Mus., tab. 49, fig. 9. (Calc. grossier de Beynes, près Grignon.)

La T. de Millet; *T. milletiana*, id., ibid. (Calc. grossier de Thorigny en Anjou.)

La T. granuleuse; *T. granulosa*, id., ibid. (Calc. grossier du département de la Manche.)

La T. de Basoches; *T. Basochesii*, id., ibid. (Des environs de Fréjus.)

Observ. Ce genre a été établi par M. de Lamarck pour un certain nombre de polypiers fossiles, simples, libres, sillon-nés extérieurement, que l'on trouve fréquemment en Eu-rope dans les terrains calcaires.

Nous l'avons caractérisé d'après une espèce conservée dans l'esprit de vin, et rapportée par MM. Quoy et Gaimard de leur premier voyage sur l'Uranie. Quoique l'animal fût assez fortement contracté par l'action de l'alcool, il nous a cependant été facile de voir que la masse calcaire fait réellement partie du corps de l'animal, comme dans les astrées, et qu'il n'est nullement à découvert.

C'est un genre véritablement fort rapproché de celui des caryophyllies, et qui n'en diffère que parce que le polypier est libre, strié ou sillonné longitudinalement en dehors.

M. Goldfuss nous a même assuré qu'une espèce de turbinolie avoit été observée tantôt libre et tantôt adhérente, ce qui dépend peut-être de l'âge.

D'après le même naturaliste le genre qu'il a établi sous le nom de *Diploctenium* (*Petref.*, pag. 51, tab. 15, fig. 1, *a — e*; Faujas, Mont Saint-Pierre, pl. 35, fig. 3 et 4), doit rentrer parmi les turbinolies comprimées, comme M. de Haan nous l'a montré, et comme nous avons pu nous en assurer nous-mêmes.

Les turbinolies sont fort communes à l'état fossile et dans tous les terrains zootiques; nous sommes cependant bien loin de croire que les espèces indiquées par les oryctologues soient véritablement toutes distinctes.

Il est à remarquer que l'espèce qui, dans l'origine, a servi de type au genre, et qui lui a valu son nom, le *Mad. turbinata*, Linn., est maintenant dans le genre *Cyathophyllum* de Schweigger.

On devroit placer dans ce genre plusieurs des anthophylles de Goldfuss.

TURBINOLOPSE, *Turbinolopsis*.

Animal inconnu, composé en partie ou soutenu par une masse calcaire, ou *polypier* simple, turbiné, libre, lacuneux, pourvu en dessus de lames rayonnantes, réunies entre elles à des intervalles courts et égaux, et marqué en dehors de stries longitudinales flexueuses, formant, par la réunion des angles de flexion, des séries verticales de trous ou de locules.

Espèce. La TURBINOLOPSE OCHRACÉE : *T. ochracea*, Lamx., Gen. des polyp., tab. 82, fig. 4, 5, 6; Defrance, Dictionn. des sc. nat., t. LVI, p. 94, atlas, pl. des Fossiles.

Observ. Ce genre, établi par Lamouroux pour un seul individu d'une espèce de polypier trouvé fossile aux environs de Caen, nous paroit devoir rentrer dans les turbinolites de

M. de Lamarck, ou dans les anthophylles de Schweigger.
Nous ne le connoissons pas en nature.

CARYOPHYLLIE, *Caryophyllia.*

Animaux actiniformes, subcylindriques, pourvus d'une couronne simple ou double de tentacules courts, épais et
perforés, saillant à la surface d'étoiles ou de loges cylindro-coniques, garnies de lames rayonnantes, complètes en
dedans, striées en dehors et formant un *polypier* solide,
conique, fixe par la base, simple ou à peine agrégé.

* Caryophyllies vivantes.

A. *Espèces simples.*

La CARYOPHYLLIE GOBELET, *C. cyathus.*
Mad. cyathus, Linn., Gmel., p. 3757, n.º 6; Ellis et Soland.,
tab. 28, fig. 7. (Mers d'Europe.)
La C. ŒILLET, *C. dianthus.*
Mad. dianthus, Esp., tab. 49, fig. 1, 2 et 3.
La C. PYGMÉE; *C. pygmæa*, Risso, Europe mérid., 5, p. 352,
n.º 125. (Méditerranée.)
La C. APLATIE; *C. compressa*, Quoy et Gaimard, Astrolabe,
Zoolog., msc.
La C. SOLITAIRE; *C. solitaria*, Lesueur.
La C. FLEXUEUSE, *C. flexuosa.*
Mad. flexuosa, Linn., Gmel., p. 3770, n.º 68. (Océan ind.)

B. *Espèces fasciculées.*

La CARYOPHYLLIE ANTHOPHYLLE, *C. anthophyllum.*
Mad. anthophyllum, Ellis et Soland., p. 151, n.º 4, tab. 29.
(Indes orient.)
La C. TRONCULAIRE; *C. truncularis*, de Lamarck, 2, p. 226,
n.º 3.
La C. ASTRÉIFORME; *C. astrata*, de Haan, *Mus. Leyd.*
La C. FASCICULÉE, *C. fasciculata.*
Mad. fascicularis, Linn., Gmel., p. 3770, n.º 69; Ellis et So-
lander, t. 30, fig. 1 et 2.
La C. EN TOUFFE, *C. flexuosa.*
Mad. flexuosa, Linn., Gmel., p. 3770, n.º 68 ? Ellis et So-
lander, tab. 32, fig. 1. (Océan Indien.)

La Caryophyllie en gerbe, *C. cespitosa.*

Mad. cespitosa, Linn., Gmel., p. 3770, n.° 67; Ellis et Solander, t. 31, fig. 5 et 6.

** Caryophyllies fossiles.

A. *Espèces simples.*

La C. douteuse, *C. dubia.*

Cyathophyllum hexagonum, Goldfuss, *Petref.*, t. 19, fig. 5, *a*, *b*, *c*, et peut-être *d.* (Calc.?)

La C. pustulaire : *C. pustularia*, Allion., 38, 2 ; Risso, Europe mérid., 5, p. 334, n.° 129.

La C. bonnet, *C. capulus*, id., ibid., n.° 130. (Calc. tert., Contes.)

B. *Espèces fasciculées.* (G. Lithodendron, Schweig.)

La C. annulaire : *C. annularis*, Flemm., *Brit. anim.*, p. 509, n.° 1 ; Parkinson, *Organ. remain.*, 1, pag. 67, tab. 5, fig. 3. (Calcaire oolithique d'Angleterre.)

La C. fasciculée : *C. fasciculata*, id., ibid., n.° 2 ; Parkinson, *ibid.*, tab. 6, fig. 8. (Calcaire houiller d'Angleterre.)

La C. doublée, *C. duplicata.*

Mad. duplicata, Mart., *Pet. Derb.*, t. 30. (Calcaire houiller d'Angleterre.)

La C. voisine, *C. affinis.*

Mad. affinis, id., ibid., tab. 31. (Calcaire houiller d'Angleterre.)

La C. jonc : *C. juncea*, Flemming, *ibid.*, n.° 5 ; Ure, *Ruth.*, 337, t. 19, fig. 12.

La C. centrale : *C. centralis*, Mantell, *Geolog.*, 159, tab. 16, fig. 2 — 4. (Craie, Angleterre.)

La C. striée ; *C. striata*, Defr., Dictionn., tom. VII, p. 192. (Calcaire grossier, Plaisantin.)

La C. de Hauteville ; *C. altavillea*, id., ibid. (Calc. grossier, Manche.)

La C. tronquée : *C. truncata*, id., ibid.; Guettard, tom. 2, pl. 25. (Calcaire jurass., Verdun.)

La C. alongée ; *C. elongata*, id., ibid., pl. 26, fig. 6. (Calc. jurass., Lorraine.)

La C. grêle, *C. gracilis.*

Lithodendron gracile, Goldfuss, *Petref.*, p. 41, tab. 13, fig. 2, *a, b.* (*Quadersandstein*, près Quedlinbourg.)

La Caryophyllie dichotome, *C. dichotoma.*

Lithodendron dichotomum, id., ibid., fig. 3, *a, b.* (Calcaire jurassique des environs de Giengen.)

La C. en gerbe, *C. cespitosa.*

Lithod. cespitosum, id., ibid., fig. 4. (Calcaire de trans. des environs de Bensberg.)

La C. plissée, *C. plicata.*

Lith. plicatum, id., ibid., fig. 5. (Des montagnes du Wurtemberg.)

La C. trichotome, *C. trichotoma.*

Lith. trichotomum, id., ibid., fig. 6. (Des montagnes du Wurtemberg.)

La C. cariée, *C. cariosa.*

Lith. cariosum, id., ibid., fig. 7. (Calcaire grossier, environs de Paris.)

La C. œillet; *C. dianthus*, id., ibid., fig. 8. (Des monts du Wurtemberg.)

C. *Espèces fasciculées non empâtées.* (Calamophyllia.)

La C. striée, *C. striata.*

Calamite, Guettard, 3, pl. 34, fig. 1. (Calc. tert., Dax.)

La C. lisse; *C. lœvis*, id., ibid., p. 486, pl. 35, fig. 2. (Calc.? Besançon, Verdun.)

La C. carquois; *C. flabellum*, id., ibid., pl. 38, fig. 1, 2, et 3. (Calc.? Besançon.)

Observ. C'est à M. de Lamarck que nous devons l'établissement de ce genre, adopté par tous les zoologistes, à l'exception, cependant, de M. Goldfuss, qui, dans son ouvrage sur les fossiles du cabinet de Bonn, a réuni les caryophyllies aux oculines, sous la dénomination commune de Lithodendron.

Nous l'avons défini d'après la description complète que Cavolini nous a donnée de la *C. calycularis*, si commune dans la Méditerranée, et qui montre que c'est une véritable actinie; aussi M. Renieri, qui a eu l'occasion de voir fréquemment cette espèce, l'a-t-il rangée dans ce genre sous le nom d'*actinia costulata.*

Avant ces observateurs Spallanzani avoit publié dans le

Journal de physique pour 1786, quelques observations sur le
même animal : il dit d'abord que le polypier n'est pas adhérent et qu'il repose seulement sur le sable ; ce qui paroît bien
singulier : il ajoute que le polype ne meurt pas quand on le
plonge dans une eau acidulée, et ce qui est encore plus particulier, que, si on ne change pas l'eau dans laquelle on le
conserve, l'animal peut abandonner sa loge et aller se pro-
mener à quelque distance, sans cependant s'en écarter beaucoup. Tout cela nous paroît bien douteux.

D'après la connoissance que MM. Quoy et Gaimard nous
ont donnée de la *C. angulosa* et de quelques espèces voisines,
nous avons réservé le nom de *caryophyllie* à celles dont le polypier offre un caractère assez particulier dans la manière
dont sont formées les loges toujours turbinées ou coniques,
renversées, l'ouverture assez peu profonde étant garnie de
lamelles radiées et tranchantes, et qui sont simples ou seulement fasciculées. Dans la dernière division les tubes sont
empâtés, un peu comme dans les sarcinules, mais sans être
striés.

Parmi les espèces vivantes il y en a au moins deux qui
se trouvent dans nos mers.

Les espèces fossiles dans les terrains d'Europe sont beaucoup plus nombreuses ; mais nous sommes bien loin d'assurer
qu'il n'y ait pas de doubles emplois dans celles que les oryctologues ont distinguées. Peut-être même toutes ne sont-elles pas
de véritables caryophyllies.

Nous avons observé dans la collection de M. Michelin le
cyathophyllum hexagonum simple de M. Goldfuss, et nous
croyons nous être assurés que c'est une véritable caryophyllie, voisine de la *C. calycularis* vivante.

SARCINULE, *Sarcinula.*

Animaux inconnus, contenus dans des *loges* arrondies, la-
melliferes, stelliformes, distantes, situées à l'extrémité de
longs tubes cylindriques, plus ou moins remplis par des
lames rayonnantes, striés longitudinalement en dehors et
réunis en nombre plus ou moins considérable par une
pâte ou des cloisons celluleuses, transverses, de manière

à former un *polypier* calcaire, solide, à surfaces supérieure et inférieure planes et parallèles.

* Espèces vivantes.

La Sarcinule astréenne, *S. astreata.*
Caryophyllia astreata, de Lamk., 2, p. 227, n.º 5. (Océan Indien ?)

La S. musicale, *S. musicalis.*
Madrep. musicalis, Esper, 1, tab. 50, fig. 2.
Caryophyll. musicalis, de Lamk., *ibid.*, n.º 6. (Océan Indien.)

La S. pauciradiée, *S. pauciradiata.*
S. organum, de Lamk., *ibid.*, pag. 225, n.º 2; cop. dans l'Enc. méth., pl. 482, fig. 3. (Mer Rouge.)

La S. perforée : *S. perforata*, de Lamk., *ibid.*, n.º 1; de Blainv., Dictionn., tom. XLVII, pag. 51, atlas, pl. des Foss., fig. 6. (Australasie ?)

La S. divergente : *S. divergens*; *Mad. divergens*, Forskal, Faun. arab., p. 136, n.º 19. (Côte de la mer Rouge.)

La S. chalcidique, *S. chalcidica*; *Mad. chalcidica*, id., ib., n.º 17.

** Espèces fossiles.

La Sarcinule orgue, *S. organum.*
Mad. organum, Linn., *Ann. acad.*, 1, tab. 4, fig. 6; Goldfuss, *Petref.*, 53, tab. 74, fig. 10, *a, b.* (Gothlande.)

La S. côtelée; *S. costata*, Goldfuss, *ibid.*, p. 73, tab. 74, fig. 24. 11, *a, b.*

La S. de Bougainville; *S. Bougainvillii*, de Blainv. (Collect. du Mus., de l'Inde?)

La S. douteuse; *S. dubia*, de Blainv. (Collect. du Mus.)
La S. divergente, *S. divaricata.*
Calamite, etc., Guettard, 3, tab. 33.
Car. musicalis, de Lamk., 11, p. 227, n.º 6. (Calcaire sur les côtes d'Irlande.)

Observ. Ce genre, établi par M. de Lamarck, peut être réellement défini comme composé de caryophyllies tubuleuses, réunies par une pâte ou par des cloisons celluleuses, de même que nous verrons plus tard des astrées tubuleuses. La seule différence un peu tranchée, c'est que dans les sarcinules les tubes sont plus ou moins saillans hors de la pâte, qu'ils sont striés en dehors, mais que ces stries ne forment pas une couronne radiée sur la surface de la pâte.

Nous nous sommes assurés *de visu*, sur les échantillons de la collection du Muséum et de celle de M. de Lamarck, du rapprochement qu'il faut faire des deux premières espèces avec les autres.

Le Muséum possède l'échantillon qui a servi à la figure du *S. organum* de l'Encyclopédie : il n'est pas fossile et n'a aucun des caractères du *Mad. organum* fossile de Linné, du moins si l'on s'en rapporte à la figure qu'en donne M. Goldfuss. Les étoiles du polypier du Muséum n'ont que six rayons complets.

Il possède aussi l'échantillon dont nous avons fait la S. de Bougainville. Ses tubes sont bien plus grands et ils ont au moins quinze rayons complets. Ce polypier est de couleur rougeâtre et semble fossile : ce que nous ne voulons cependant pas assurer.

Quant à l'avant-dernière espèce, il existe encore au Muséum un morceau considérable, dans lequel on voit d'un côté le type du *S. perforata* de M. de Lamarck, en ce que ce sont des tubes cannelés, percés d'outre en outre, et de l'autre une véritable caryophyllie tubuleuse, composée, en effet, de loges striées en dehors et remplies à l'intérieur de cloisons complètes, radiaires, au nombre de dix seulement, avec une demi-cloison entre deux contiguës : c'est donc encore une autre forme. Le polypier, du reste, est indubitablement fossile. Nous avons appelé cette sarcinule douteuse, parce que nous ne savons à quelle espèce de M. de Lamarck la rapporter.

On remarquera aussi que nous sommes loin d'admettre que la *S. organum* de Linné, fossile en Suède, soit identique avec un polypier vivant actuellement dans les mers des Indes.

Des espèces fossiles que M. Goldfuss rapporte à ce genre, nous avons retiré les *S. microphthalma* et *conoidea*, qui appartiennent au genre Styline de M. de Lamarck, et les *S. astroites* et *auleticon*, qui sont des astrées tubuleuses. Nous ne voulons pas assurer que le *M. organum* de Linné, du moins si l'on s'en rapporte à la figure qu'en donne M. Goldfuss, soit réellement une sarcinule et non pas une astrée tubuleuse.

Faut-il rapporter à ce genre ou aux columnaires le genre Lithostrition de M. Flemming?

COLUMNAIRE, *Columnaria*.

Animaux inconnus, contenus dans des *loges* stelliformes, très-peu profondes, multiradiées, à l'extrémité d'espèces de tubes prismatiques, agrégés, contigus, plus ou moins parallèles, formant par leur réunion une masse calcaire ou *polypier* très-solide, épais, basaltiforme ou fasciculé.

A. *Cellules avec un axe solide au centre des rayons.* (G. LITHOS-TRITION, Flemming.)

La COLUMNAIRE STRIÉE : *C. striata*, Flemming, *Brit. anim.*, p. 508; Luid, *Lith.*, 122, tab. 23 ; Parkinson, *Organ. rem.*, 2, 43, tab. 5, fig. 6, 3. (Du calcaire houiller en Angleterre.)

La C. FLORIFORME: *C. floriformis*, id., ibid.; Mart., *Derb.*, t. 43, fig. 44. (Du calcaire houiller en Angleterre.)

B. *Cellules sans axe distinct.*

La COLUMNAIRE OBLONGUE : *C. oblonga*, id., ibid., n.° 3 ; Parkinson, *ibid.*, 2, p. 56, tab. 6, fig. 12 et 13. (Du calcaire à oolithes d'Angleterre.)

La C. BORDÉE; *C. marginata*, id., *ibid.*, n.° 4. (Du calcaire houiller en Angleterre.)

La C. ALVÉOLÉE ; *C. alveolata*, Goldfuss, *Petref.*, p. 72, tab. 24, fig. 7. (Calcaire de transition de l'Amérique sept.)

La C. LISSE; *C. lævis*, id., *ibid.*, fig. 8, *a*, *b*. (Calcaire des environs de Naples?)

La C. SILLONNÉE; *C. sulcata*, id., *ibid.*, fig. 9, *a*, *b*, *c*. (Des environs de Bamberg.)

Observ. Ce genre a été établi d'abord par Goldfuss et ensuite par M. Flemming, car son genre *Lithostrition* nous semble rentrer dans la définition du genre *Columnaria* du premier. Il ne contient encore que des polypiers fossiles, qui ont pour caractère distinctif d'être composés d'espèces de tubes ou de petites colonnes prismatiques, appliquées les uns contre les autres, sans substance intermédiaire : ce sont certainement des astrées fistuleuses. Les premières espèces ont à l'intérieur une sorte d'axe solide, vers lequel tendent les lamelles des loges; ce qui les rapproche un peu des stylines.

Styline, *Stylina.*

Animaux entièrement inconnus, contenus dans des *loges* radio-lamelleuses, situées à l'extrémité de longs tubes cylindriques, verticaux, garnies intérieurement de lamelles bien distinctes et rayonnantes autour d'un axe solide, plus ou moins saillant, réunis en grand nombre au moyen d'une pâte celluleuse, de manière à former une masse ou *polypier* pierreux, plus ou moins étendu, épais et hérissé à sa surface supérieure.

Espèces. La Styline hérissée : *S. echinulata*, de Lamk., 2, p. 221, n.° 1; de Blainv., *Dictionn.*, tom. LI, p. 182, atlas, fig. 5, 5 *a*, 5 *b*; Schweigger, *Beob.*, tab. 7, fig. 63.

Sarcinula conoidea, Goldfuss, *Petref.*, p. 55, tab. 25, fig. 3.
La S. à petits yeux, *S. microphthalma.*
Sarcinula microphthalma, Goldfuss, *ibid.*, tab. 25, fig. 1, *a*, *b*.

Observ. Ce genre a été proposé d'abord par M. de Lamarck dans l'extrait de son Cours (1812) sous le nom de *Fascicularia*, qu'il a changé depuis pour la dénomination de Styline, tirée de la ressemblance de l'axe saillant avec le style de la plupart des fleurs. Il nous paroit avoir beaucoup de rapports avec certaines astrées tubuleuses.

Il ne contient encore que l'espèce qui a servi de type. La masse madréporique sur laquelle elle est établie, nous a paru composée de petits cylindres, entassés par couches les uns sur les autres, et dont le centre forme une espèce de bouton. Ces cylindres ne se touchent pas, sont même assez distans, mais ils sont saisis ou retenus dans leur position verticale par des lames celluleuses transverses.

Il est bien évident que ce polypier fossile est celui avec lequel M. Goldfuss a formé sa *sarcinula conoidea.*

On trouve des polypiers fossiles appartenant aux genres Astrée ou Caryophyllie, avec un axe solide et saillant hors des cellules: mais qui ont du reste la forme de celles des astrées, c'est-à-dire que les cellules polygonales sont tellement unies, que leurs parois sont communes à celles qui les entourent.

Caténipore, *Catenipora.*

Animaux inconnus, contenus dans des *loges* tubuleuses, à ouverture terminale, souvent ovale, garnies de lames rayonnantes, et formant par leur réunion latérale une sorte de *polypier* calcaire un peu turbiné, fixe, et composé de lames plus ou moins verticales, anastomosées d'une manière trèsvariable.

Esp. Le Caténipore escharoïde : *C. escharoides*, de Lamk., Anim. sans vert., 2, p. 207; Goldf., *Petref.*, pag. 74, tab. 25, fig. 4, *a* et *c.*

Millepora catenulata, Linn., *Am. acad.*, 1, p. 105, tab. 4, fig. 20.

Tubipora catenulata, Linn., Gmel., p. 3753.

Millep. catenularia, Esper, *Petref.*, tab. 5, *Millep.*, 1, fig. 2. (Calc. de trans., Nord d'Eur. et d'Amér.)

Le C. labyrintéique; *C. labyrinthica*, Goldf., *ibid.*, p. 75, tab. 25, fig. 5, *a, b.* (Calc.? Envir. de Groningue.)

Observ. Ce genre a été établi par M. de Lamarck pour deux polypiers fossiles, l'un et l'autre de terrains fort anciens, mais évidemment trop différens pour appartenir à la même coupe générique. Aussi M. Goldfuss en a-t-il séparé le second pour en faire le type d'un nouveau genre, qu'il a nommé *Aulostoma*, bien voisin, si même il est différent de celui que Lamouroux a nommé *Alecto*. Ainsi le genre Caténipore proprement dit ne repose plus que sur le C. escharoïde.

Avant d'avoir examiné des échantillons de cette espèce dans un état suffisant de conservation, nous avions réellement cru que ce genre devoit être rapproché des eschares, supposant que les lames anastomosées qui le constituent, étoient formées de deux plans de cellules dont les ouvertures avoient été effacées; mais depuis que nous avons observé, dans la belle collection de Bonn, un échantillon parfaitement semblable à celui qu'a figuré Esper (*loc. cit.*), et dont l'intérieur des tubes étoit encore rempli par des lames rayonnantes, en même temps qu'ils étoient striés longitudinalement en dehors, nous avons regardé les caténipores comme n'étant que des caryophyllies tubuleuses, à ouvertures souvent ovales,

et agglutinées verticalement sur le côté, de manière à former
des espèces de lames épaisses anastomosées.

Syringopore, *Syringopora.*

Animaux inconnus, contenus dans des *loges* tubuleuses, verticales, fort longues, subflexueuses, à ouverture ronde,
complétement terminale, anastomosées par des branches
transverses et formant un *polypier* tubuleux, en masse plus
ou moins considérable.

Espèces. Le Syringopore verticillé ; *S. verticillata*, Goldfuss, *Petref.*, tab. 25, fig. 6, *a*, *b.* (Amérique septentrionale.)

Le S. ramuleux ; *S. ramulosa*, Goldfuss. *ibid.*, tab. 25,
fig. 7, *a*, *b.* (Calcaire de transition, Belgique.)

Le S. réticulé ; *S. reticulata*, Goldfuss, *ibid.*, tab. 25, fig. 8.
(Calcaire de transition, Belgique.)

Le S. en buisson ; *S. cespitosa*, Goldfuss. *ibid.*, tab. 25,
fig. 9, *a*, *b.* (Calcaire de transition, Prusse rhénane.)

Le S. filiforme ; *S. filiformis*, Goldfuss, *ibid.*, tab. 58, fig. 16.)
(Calcaire des environs de Groningue.)

Observ. Ce genre, indiqué par Guettard sous le nom de
Calamites. a été établi par M. Goldfuss.

Nous avons observé dans la collection de M. Michelin plusieurs des fossiles qui le constituent, et qui sont véritablement
assez singuliers. La première espèce est certainement formée
par des tubes plus ou moins distans, cylindriques. un peu
flexueux, à parois peu épaisses, marquées de stries transverses à l'extérieur et de cannelures longitudinales bien prononcées à l'intérieur. Ces tubes sont comme anastomosés ou
réunis entre eux par des productions transverses, également
tubuleuses. L'intervalle qui les sépare est rempli par une matière étrangère, qui en forme une masse, mais qui n'appartient réellement pas au polypier.

Quant aux autres espèces, ce sont évidemment des moules
tubiformes, qui sont contenus dans la masse environnante
solide. Il ne reste plus rien des tubes proprement dits ou
de leurs parois.

Dendrophyllie, *Dendrophyllia.*

Animaux actiniformes, pourvus d'un grand nombre de tentacules bifides, au milieu desquels est la bouche polygonale,

contenus et à peine saillans dans les *loges* assez profondes, rayonnés par des lames nombreuses, très-saillantes d'un *polypier* calcaire, largement fixé, arborescent ou dendroïde, strié en dehors, lacuneux intérieurement et comme tronqué.

* Espèces vivantes.

La Dendrophyllie en arbre, *D. ramea.*

Mad. ramea, Linn., Gmel., p. 3777, n.° 93 ; Solander et Ellis, t. 38, et Donati, Adriatiq., p. 5o, tab. 7.

La D. semi-rameuse; *D. semiramea*, de Haan, *Mus. Leyd.* (Du Japon, Siebold.)

La D. cornigère, *D. cornigera.*

Car. cornigera, de Lamk., *ibid.*, 228, n.° 10; Esp., *Mad.*, 1, tab. 10.

La D. rougeatre; *D. rubeola*, Quoy et Gaimard, Astrolabe, Zoolog., msc.

** Espèces fossiles.

La Dendrophyllie doigt, *D. digitalis.*

Héliolithe conique, Guettard, 3, p. 513, pl. 53, fig. 8. (Calcaire tertiaire, Tourraine.)

La D. irrégulière, *D. irregularis.*

Astroïte ramifiée, Guettard, *ibid.*, p. 516, pl. 56, fig. 1. (Calcaire tertiaire de Dax.)

La D. variable, *D. variabilis.*

Coralloïde branchue striée, id., *ibid.*, p. 519 et 520, pl. 57, fig. 3, 6, 7 et 9. (Calcaire tertiaire, environs de Paris.)

Observ. Quoiqu'il soit assez probable que la description et les figures du *madrepora arborea*, données par Donati (*loc. cit.*), reprises dans les Trans. phil., vol. 47, p. 105, pl. 4, et ensuite dans Ellis et Solander, tab. 32, fig. 3—8, s'éloignent un peu de la vérité, il nous semble cependant qu'en considérant le polypier seulement, on doit penser que les animaux dont il fait partie doivent s'éloigner assez des autres caryophyllies pour en être distingués génériquement. Cette distinction aura d'ailleurs l'avantage d'attirer l'attention des naturalistes qui habitent les rivages de la Méditerranée.

Schweigger a réuni le *M. arborea* à son genre Lithodendron.

Lobophyllie, *Lobophyllia.*

Animaux actiniformes, pourvus d'une grande quantité de tentacules cylindriques, plus ou moins longs, sortant de *loges* coniques, à ouverture subcirculaire, quelquefois même alongées et sinueuses, partagées en un grand nombre de sillons par des lamelles tranchantes, laciniées, situées à l'extrémité des branches, en général peu nombreuses et fasciculées, composant un *polypier* calcaire, fixe, turbiné, strié longitudinalement à l'extérieur et très-lacuneux à l'intérieur.

* Espèces vivantes.

La Lobophyllie glabrescente, *L. glabrescens.*
Caryoph. glabrescens, de Chamisso.
La L. anguleuse : *L. angulosa*, de Lamk., 2, p. 229, n.° 13; Esper, 1, tab. 8; Quoy et Gaimard, Astrolabe, Zool., misc.
La L. orangée ; *L. aurantiaca*, Quoy et Gaimard, Astrolabe, Zool., misc.
La L. en cime, *L. fastigiata.*
Mad. fastigiata, Linn., Gmel., p. 3777, n.° 92; Ellis et Solander, tab. 33.
La L. en corymbe, *L. corymbosa.*
Mad. corymbosa, Forskal, *Descript. anim.*, p. 135, n.° 20. (Mer Rouge.)
La L. sinueuse, *L. sinuosa.*
Car. sinuosa, de Lamk., 2, p. 229, n.° 14; Ellis et Solander, tab. 34.
La L. chardon, *L. carduus.*
Car. carduus, id., *ibid.*, n.° 15; Ellis et Solander, t. 35.

** Espèces fossiles.

La L. lobée, *L. lobata.* (Calcaire oolithique de Ranville.)
La L. de Jouvenceau; *L. Jouvencensis*, Guettard, 3, pl. 26, fig. 1. (Calcaire jurassique de Verdun.)
La L. de Leucas, *L. leucasiana.*
Meandrina leucasiana, Defr., Dictionn. des scienc. natur., tom. XXIX, p. 377.

Observ. Nous avons cru devoir séparer des véritables caryophyllies de M. de Lamarck les espèces dont l'animal est pourvu d'un grand nombre de tentacules, comme MM. Quoy et Gaimard et de Chamisso nous l'ont appris des deux premières espèces et dont le polypier est tout différent par sa structure et même par la forme très-lamelleuse de l'étoile qui en termine les branches. Il est en outre à remarquer qu'il n'est jamais simple, mais composé de branches peu nombreuses et fasciculées.

Les cinq espèces vivantes que nous rapportons à ce genre, sont toutes des mers de l'Inde.

Il seroit possible qu'un certain nombre des polypiers fossiles que nous avons rapportés avec M. Goldfuss au genre précédent, appartinssent réellement à celui-ci. Quant à la Dendrophyllie lobée, nous en avons vu un bel échantillon dans la collection de M. Michelin : elle a beaucoup de rapports avec la D. anguleuse. La D. de Jouvenceau n'en diffère peut-être pas spécifiquement ; mais c'est ce que nous ne pouvons assurer.

MÉANDRINE, *Meandrina*.

Animaux plus ou moins confluens, sur un seul plan, en longues séries tortueuses, ayant chacun une bouche distincte, saillante et des tentacules très-courts, seulement dans le sens longitudinal, contenus dans des *loges* assez peu profondes, non séparées, et formant par leur confusion latérale des espèces de vallons sinueux, garnis de chaque côté de la ligne médiane de lames transverses, subparallèles, remontant jusqu'à des crêtes collinaires, limitant les vallons, occupant la surface d'un *polypier* calcaire, fixé, simple, turbiné dans le premier âge et plus ou moins globuliforme dans un âge plus avancé.

* Espèces vivantes.

La MÉANDRINE DÉDALE, *M. dædalea*.

Mad. dædalea, Ellis et Solander, tab. 46, fig. 1 ; cop. Esp., *Madrep.*, tab. 57, fig. 1 à 3 ; Linn., Gmel., pag. 3762, n.° 2. (Océan Indien.)

La M. PECTINÉE ; *M. pectinata*, de Lamk., 2, p. 24, n.° 2.

Mad. meandrites, Ellis et Solander, tab. 48, fig. 1, Linn., Gmel., p. 3761, n.° 20. (Mers d'Amérique.)

La M. CRÊPUE : *M. crispa*, id., ibid., n.° 6 ; Séba, *Mus.*, 3, tab. 108, fig. 3—5. (Océan Indien ?)

La Méandrine labyrinthique, *M. labyrinthica.*

Madrepora labyrinthica, Linn., Gmel., pag. 3760, n.° 18;
Ellis et Solander, tab. 46, fig. 3 et 4. (Mers d'Amérique.)

La M. aréolée, *M. areolata.*

Mad. areolata, Linn., Gmel., p. 3761, n.° 21; Ellis et
Solander, tab. 47, fig. 4 et 5; Séba, 3, tab. 111, fig. 7. (Mers
des deux Indes.)

La M. cérébriforme; *M. cerebriformis*, de Lamk., *ibid.*,
n.° 2, Séba, *Mus.*, 3, tab. 112, fig. 1, 5, 6. (Mers d'Amérique.)

La M. ondoyante, *M. gyrosa.*

Mad. gyrosa, Ellis et Solander, t. 51, fig. 2; Linn., Gmel.,
p. 3763, n.° 27. (Patrie inconnue.)

La M. ondes étroites, *M. phrygia.*

Mad. phrygia, Ellis et Solander, t. 48, fig. 2, Linn., Gmel.,
p. 3762, n.° 25. (Océan des Grandes-Indes.)

La M. filograne, *M. filograna.*

Mad. filograna, Linn., Gmel., p. 4760, n.° 114; Gualtiéri,
Ind., t. 97, *in verso.* (Mers des Indes.)

**** Espèces fossiles.**

La Méandrine orbiculaire; *M. orbicularis*, Defr., Dictionn.
des sc. nat., tom. XXIX, p. 377.

La M. antique; *M. antiqua*, id., *ibid.*

La M. de Deluc; *M. Deluci*, id., *ibid.;* Bourguet, pl. 9,
fig. 41. (Mont Salève.)

La M. mince; *M. tenella*, id., *ibid.*, fig. 4. (De Gengoud.)

Observ. Ce genre, établi par M. de Lamarck sur les polypiers
seulement, a été adopté par tous les zoologistes.

Son nom vient des circonvolutions ou méandres que les
cellules confluentes font à la surface du polypier.

M. Lesueur est le premier à notre connoissance qui ait
donné la description et la figure des animaux d'une espèce
qu'il rapporte au *M. labyrinthica*. et ce qu'il y a de remarquable, c'est qu'ils sont parfaitement distincts dans leur bouche
et dans la couronne des tentacules qui l'entoure. Aussi sommes-
nous plus portés à penser qu'il y a erreur d'espèce, et que
c'est plutôt le *M. dædalœa*. ou quelque espèce voisine qu'il
aura observée. En effet, d'après les nouvelles observations
faites par MM. Quoy et Gaimard dans leur dernier voyage,

observations que nous avons pu confirmer sur les échantillons conservés dans l'esprit de vin, les animaux d'une même
série sont confluens dans le sens de la longueur des ambulacres, et ils n'ont de tentacules que dans le même sens; en
sorte qu'il en résulte deux séries tortueuses de tentacules,
entre lesquelles est la série des bouches tubuleuses de chaque
animal. Il faut convenir que cette disposition des animaux
est plus en harmonie avec la forme du polypier que celle qui
est indiquée par M. Lesueur. Peut-être celui-ci a-t-il observé
de ces espèces où les ambulacres sont séparées en cellules
subdistinctes. Quoi qu'il en soit, il en résulte toujours que
ce sont des animaux actiniformes, à un seul rang de tentacules, comme certaines caryophyllies.

En examinant avec quelque attention les polypiers que M.
de Lamarck a rapportés à ce genre, on voit aisément que
les uns passent aux caryophyllies anguleuses ou aux astrées,
tandis que d'autres se rapprochent de certaines pavonies par
l'étroitesse et le peu de sinuosités des ambulacres.

Il faut aussi faire l'observation que dans le jeune âge toutes
commencent par un polypier régulièrement arrondi ou ovale,
turbiné, strié en dehors et peut-être libre ou non adhérent.
Avec l'âge, il se lobe, se festonne, s'évase, se renverse et
se globulise plus ou moins.

M. de Lamarck caractérise neuf espèces de méandrines vivantes : aucune ne se trouve dans nos mers européennes;
toutes viennent des mers des Indes ou de l'Amérique méridionale.

MM. Quoy et Gaimard ont observé deux espèces vivantes :
l'une qu'ils nomment la M. brune et bleue, *M. fusco-cærulea*,
de l'île des Amis, et l'autre M. brune, *M. fusca*, de la Nouvelle-Irlande. Nous ne pouvons dire si elles sont distinctes de
celles qui ont été établies sur la considération seule du polypier.

Les oryctologues ont aussi caractérisé quelques espèces de
méandrines fossiles, et entre autres MM. Defrance et Goldfuss; mais il se pourroit qu'ils aient confondu dans ce genre
des espèces qui ne lui appartiennent pas; aussi le *M. leucasiana* de ce dernier est certainement une caryophyllie méandriniforme, dont nous avons fait notre genre *Lobophyllia*. La

M. astréoïde est une véritable astrée ; peut-être en est-il de même
de l'espéce à laquelle M. Goldfuss a donné la même dénomination. Quant à la M. réticulée de ce dernier, il est évident que
c'est encore un polypier de ce dernier genre ou d'un genre
nouveau, toujours est-il que ce n'est pas une méandrine.

Dans l'énumération des espèces, nous les avons disposées
dans l'ordre du passage des caryophyllies aux pavonies.

Dictuophyllie, *Dictuophyllia.*

Animaux-inconnus, contenus dans des *loges* assez grandes,
polygonales, un peu irrégulières, séparées par des cloisons
denticulées des deux côtés, et formant, par leur réunion
intime, un *polypier* calcaire encroûtant, fixé, et profondément réticulé à sa surface.

Espèces. La **D.** réticulée, *D. reticulata.*

Meandrina reticulata, Goldf., *Petref.,* p. 63, tab. 21, fig. 5,
a, *b*, et Faujas, Mont Saint-Pierre, pag. 190, tab. 35, fig. 1.
(Craie de Maëstricht.)

La **D.** hémisphérique ; *D. hemisphærica,* de Blainv., Collect.
de M. Michelin. (Calc. jur., Bourgogne.)

Observ. Nous établissons cette division générique pour un
polypier fossile assez commun dans la craie de Maëstricht,
dont M. Goldfuss a fait une espéce de Méandrine, mais qu'il
est absolument impossible de ranger sous la caractéristique de
ce genre. C'est ce dont nous nous sommes assurés sur un très-
bel échantillon de la Collection de M. Defrance. Ce sont
réellement des espèces de cellules polygonales, généralement
subhexagonales, un peu alongées, bien terminées, et dont
les parois peu élevées sont denticulées de chaque côté, de
manière à représenter assez bien l'intérieur de l'estomac des
animaux ruminans connu sous le nom de *Bonnet.* Le fond
de la loge elle-même est large, plane, et finement tuberculeux. La figure donnée par Faujas diffère beaucoup de ce
que nous avons vu; celle de M. Goldfuss est beaucoup plus
exacte, surtout celle qui représente quelques cellules gros-
sies. Cependant il nous semble que les denticules ne sont pas
assez prononcées. Nous avons observé, à Bonn, l'échantillon
qui a servi de modèle pour cette figure, et nous ne concevons pas comment il l'a regardé comme un ectype ou moule.

Quant à la seconde espèce, elle diffère de la première en ce que les loges sont moins hexagones, et que le polypier a une forme hémisphérique. Nous l'avons observée dans la collection de M. Michelin. Elle provient des environs de Pouilly en Auxois.

AGARICIE, *Agaricia*.

Animaux entièrement inconnus, contenus dans des *loges* souvent imparfaites ou confuses, sublamelleuses à l'intérieur, constituant par leur réunion sur un seul plan un *polypier* pierreux, fixé, formé d'expansions aplaties, subfoliacées et irrégulières.

* Espèces vivantes.

L'AGARICIE CONTOURNÉE, *A. cucullata*; *Madrep. cucullata*, Ellis et Soland., p. 157, tab. 42.

L'A. ONDÉE, *A. undata*; *Mad. undata*, Ellis et Soland., pag. 157, tab. 40.

L'A. RIDÉE; *A. rugosa*, de Lamk., 2, p. 243, n.° 3. (Des mers Australes.)

L'A. FLABELLINE, *A. ampliata*; *Mad. ampliata*, Ellis et Sol., p. 157, tab. 41, fig. 1, 2. (De la mer des Indes.)

L'A. PAPILLEUSE; *A. papillosa*, de Lamk., *ibid.*, n.° 5. (Mers Australes.)

L'A. LIME; *A. lima*, id., *ibid.*, n.° 6. (Mers Australes.)

L'A. EXPLANULÉE: *A. explanulata*, id. ibid., n.° 7; *Madrep. pileus*, Esper, vol. 1, t. 6.

** Espèces fossiles.

L'A. RAYONNÉE; *A. radiata*, Risso, Fr. mérid., 5, p. 379, n.° 145. (Calc. marneux, Nice.)

Observ. Personne, à notre connoissance, n'a encore observé les animaux des polypiers de ce genre, confondus d'abord par M. de Lamarck avec ses pavonies, dont il les a définitivement séparés, parce que les cellules stelliformes n'existent en général que sur l'une des faces du polypier. Mais véritablement c'est à peine de quoi former une division d'espèces, tant ce caractère est artificiel.

M. de Lamarck définit sept espèces d'agaricies vivantes; toutes proviennent des mers Australes ou de l'océan Indien.

Les *A. undata* et *flabellum* diffèrent beaucoup de l'*A. cucullata*.

L'*A. flabellum* a une forme assez singulière, mais est plus voisine de l'*A. undata* que de toute autre.

Celle-ci est certainement une Pavonie ordinaire, analogue à la *P. agaricites*, mais qui n'a de cellules que d'un côté.

L'*A. rugosa* est très-singulière; elle diffère beaucoup des agaricies à étoiles; ce sont en effet des collines plus ou moins alongées et striées par des lames courtes, perpendiculaires à la longueur, ce qui en fait presque une espèce de méandrine.

L'*A. explanata* a des étoiles beaucoup plus complètes; mais nous croyons qu'elle ne diffère pas de l'*astrea stellula*.

Les quatre espèces de polypiers fossiles que M. Goldfuss rapporte à ce genre, nous paroissent peu distinctes des véritables astrées. Quant à celle de M. Risso, on ne peut dire ce que c'est.

Tridacophyllie, *Tridacophyllia.*

Animaux actiniformes, confluens, très-déprimés, élargis et épanouis sur les bords, finement déchiquetés à la circonférence, avec une bouche centrale un peu tuberculée, mais sans traces de tentacules, paroissant contenus dans des *loges* profondes, irrégulières, foliacées sur les bords, garnies de lamelles rayonnées et denticulées à l'intérieur, de stries à l'extérieur, irrégulièrement et intimement réunies, et formant ainsi un *polypier* calcaire, foliacé, non poreux, strié, turbiné et fixé par le sommet.

Espèces. La T. laitue, *T. lactuca*; Madrep. *lactuca*, Linn., Gmel., p. 3758, n.° 9; Ellis et Solander, pag. 158, tab. 44; *Pavonia lactuca*, de Lamarck, 2, p. 239; Quoy et Gaimard, Astrolabe, Zoolog., insc. (Mers de l'Australasie.)

La T. piquante. *T. aspera*; Madrep. *aspera*, Ellis et Soland., t. 49; *Explanaria aspera*, de Lamk., 2, pag. 256, n.° 4. (Indes orient.)

Observ. Nous avons cru devoir retirer cette belle espèce de polypier du genre dans lequel M. de Lamarck l'avoit placée, parce qu'il nous semble qu'elle n'en a réellement aucun caractère. En effet, il est certain que ce seroit plutôt une agaricie.

MM. Quoy et Gaimard, en nous faisant connoître les animaux du madrépore laitue, nous ont montré qu'ils diffèrent beaucoup de ceux des autres madrépores, par l'absence de tout tentacule.

Nous avons cru devoir rapprocher de ce madrépore, celui dont M. de Lamarck a fait une espèce de son genre Explanaire, parce qu'il n'en a réellement pas les caractères.

MONTICULAIRE, *Monticularis*.

Animaux inconnus, contenus dans des *loges* assez peu limitées ou circonscrites, quelquefois même un peu confuses et confluentes, formées par des lamelles très-saillantes, très-distinctes, peu nombreuses, et partant d'une sorte de mamelon élevé en forme de monticule, formant, par leur accumulation marginale et sur un seul plan, un *polypier* calcaire, très-lacuneux, polymorphe, encroûtant les corps marins ou se formant en boule sur lui-même, ou enfin s'élevant en expansions sinueuses, striées à la face externe.

*Monticulaires vivantes.

A. *Espèces dont le polypier est encroûtant.*

La MONTICULAIRE A PETITS CÔNES, *M. exesa*.
Mad. exesa, Linn., Gmel., p. 3759, n.° 17; Ellis et Soland., tab. 49, fig. 5.
Monticularia microconos, de Lamarck, 2, p. 251, n.° 4.
Hydnophora Pallasii, Fischer, Recherches, n.° 2. (Mers des Indes orient.)
La M. MÉANDRINE: *M. meandrina*, de Lamk., *ibid.*, n.° 5; *Mad. exesa*, vol. 1, tab. 51, fig. 1 et 2.

B. *Espèces dont le polypier est foliacé.*

La MONTICULAIRE FEUILLE : *M. folium*, de Lamk., *ibid.*, n.° 1, de Blainv., Diction. des sc. nat., tom. XXXII, p. 498, figurée dans l'atlas.

C. *Espèces dont le polypier est glomérulé.*

La MONTICULAIRE LOBÉE ; *M. lobata*, de Lamk., *ibid.*, n.° 2.

La Monticulaire polygonale ; *Mont. polygonalis*, de Haan, *Coll. Leyd.* (Du Japon, Siebold.)

** Monticulaires fossiles.

La M. de Moll, *M. Mollii.*

Hydroph. Mollii, Fischer, *ibid.*, n.° 6; Guettard, Mém. 3, pl. 27, fig. 1 et 4.

La M. de Guettard, *M. Guettardi.*

Hydnoph. Guettardi, Fischer, *ibid.*, n.° 7; Guettard, *ibid.*, pl. 64, fig. 1, 4 et 5.

La M. de Bourguet, *M. Bourgeti.*

Hydnophore Bourgeti, Fischer, *ibid.*, n.° 8; Guett., Mém. 3, pl. 44, fig. 37 et 8.

Observ. Ce genre a été établi par M. de Lamarck, et peut-être avant lui par M. Fischer, de Moscou, sous un autre nom. Le nom employé par le premier a prévalu.

Après avoir étudié le polypier de la M. feuille et celui de la M. à petits cônes, il nous paroit certain que c'est à tort que M. de Lamarck a admis que c'est dans les vallons qui séparent les monticules que sont les polypes ; mais nous convenons qu'il est difficile de préjuger la forme de l'animal dont le polypier des monticulaires fait partie. On ne conçoit guère comment son corps peut être disposé. En effet, la place qu'il occupoit n'est nullement excavée ; c'est au contraire un petit monticule plus souvent ovale que régulièrement circulaire, et formé par la convergence et la réunion en cônes de lamelles entières et très-distinctes, convergentes vers l'axe. Les vallons intermédiaires ne peuvent nullement être comparés à ce qui a lieu dans les méandrines, et il nous paroit bien certain que les petites actinies ne peuvent y être placées comme cela a lieu dans celles-ci. C'est donc un genre tout-à-fait à part et dont on ne connoît pas trop le rapport avec les autres madrépores. On doit le distinguer des astrées à axe saillant autour duquel remontent les lamelles, que les oryctographes ont souvent confondues avec les véritables monticulaires, parce que dans celles-là les cellules sont bordées et circonscrites, ce qui n'a jamais lieu dans celles-ci.

Il est composé d'un assez petit nombre d'espèces vivantes, toutes provenant des mers de l'Inde. Nous avons vu dans la collection de Leyde les deux dernières espèces vivantes, envoyées des mers du Japon par M. Siebold.

M. de Lamarck en a admis, d'après M. Fischer, quatre espèces fossiles en Europe; mais, comme le fait justement observer M. Defrance, il est probable que ces polypiers ne sont pas de véritables monticulaires, mais des moules d'astrées, et en effet cela est certain pour les *M. Cuvieri* et *Knorrii*. Le *M. obsusata* de Lamouroux (Gen. Polyp., pl. 82, fig. 13) est évidemment un moule d'astrée de la division des favastrées.

PAVONIE, *Pavonia*.

Animaux inconnus, confluens et contenus dans des loges ou cellules coniques, petites, assez profondes, un peu obliques, garnies de lamelles très-serrées, subégales, disposées d'une manière irrégulière, mais quelquefois par séries, et constituant par leur réunion intime un *polypier* calcaire, solide, fixé, à bords tranchans, quelquefois se dilatant en plaques simples, et d'autres fois se glomérulant et se hérissant de lobes aplatis, arrondis, fort irréguliers et tranchans sur les bords.

* Pavonies vivantes.

A. *Espèces dont le polypier est relevé en crêtes tranchantes, celluliferes sur les deux faces.*

La PAVONIE BOLÉTIFORME, *P. bolœtiformis; Madrep. cristata,* Linn., Gmel., p. 3758, n.º 8 ; Ellis et Soland., p. 158, tab. 32, fig. 3, 4. (Mers de l'Inde.)

La P. AGARICITE, *P. agaricites; Mad. agaricites,* Linn., Gm., pag. 3759, n.º 13 ; Ellis et Solander, tab. 63. (Mers d'Amérique.)

La P. A CRÊTES : *P. cristata,* de Lamk., 2, pag. 240, n.º 2; Knorr, *Delic.,* p. 25, tab. a, x, fig. 1. (Mers d'Amérique.)

La P. DIVERGENTE; *P. divaricata,* id., ibid., n.º 5. (Océan Indien.)

La P. PLISSÉE, *P. contigua; Mad. contigua,* Esp., *Supplem.,* 1, tab. 66; *Pav. plicata,* de Lamarck, ibid., n.º 6. (Oc. Indien.)

La P. OBTUSANGLE; *P. obtusangula,* id., ibid., n.º 7.

La P. FRONDIFÈRE; *P. frondifera,* id., ibid., n.º 8. (Mers Australes.)

B. *Espèces aplaties en membranes, ou cellulifères sur une seule face.*

La P. ONDÉE, *P. undata; Mad. undata*, Ellis et Soland., p. 157, **tab.** 40; *Agaricia undata*, de Lamarck, 2, p. 242, n.° 2.

La P. FLABELLINE, *P. ampliata; Mad. ampliata*, Ellis et Soland., tab. 41, fig. 1, 2. (Mers de l'Inde.)

La P. ANGULEUSE, *P. angulata; Agaricia angulata*, de Lamk.

** Pavonies fossiles.

La P. TUBÉREUSE; *P. tuberosa*, Goldfuss, *Petref.*, tab. 12, fig. 9. (De l'Eifel.)

La P. INFUNDIBULIFORME; *P. infundibuliformis*, de Blainv. (Collect. de M. Michelin.)

La P. IRRÉGULIÈRE; *P. irregularis*, Guettard, pl. 50, fig. 1. (Calc. jur. des environs de Toul.)

Observ. Nous ne connoissons aucune observation sur les animaux de ce genre, à moins que d'admettre que l'*astræa stellula* lui appartiendroit, comme cela est possible, et alors nous saurions, d'après MM. Quoy et Gaimard, que ce sont des actinies sans tentacules.

M. de Lamarck qui l'a établi, l'a fait sur un certain nombre d'espèces de polypiers qui quelquefois semblent réellement se rapprocher des astrées, quand les cellules sont parfaitement formées; qui d'autres fois et dans le cas contraire passent aux méandrines; mais qui en diffèrent toujours parce que les lamelles, stelliformes ou non, sont beaucoup moins élevées et surtout beaucoup plus nombreuses.

Nous avons cru devoir un peu modifier le genre *Pavonia* de M. de Lamarck, d'abord en retranchant le *madrepora lactuca* pour en former un genre distinct, et au contraire, en y faisant rentrer plusieurs espèces d'agaricies, qui ne diffèrent des pavonies que parce que le polypier qui résulte de la confusion des loges polypifères, au lieu d'être plus ou moins glomérulé avec des élévations lobiformes, est tout-à-fait aplati.

Aucune pavonie vivante n'existe dans nos mers; toutes proviennent des mers de l'Inde et de l'Amérique méridionale.

Parmi les deux espèces fossiles, la dernière est fort remarquable, en ce qu'elle est fongiforme, pédiculée, et que le disque, un peu excavé, est marqué de petites étoiles sériales, à côté d'une plus grande et semblable à celles des cyathopylles.

ASTRÉE, *Astræa*.

Animaux courts, plus ou moins cylindroïdes, pourvus d'une bouche arrondie au milieu d'un disque couvert de tentacules en général assez courts, peu nombreux; contenus dans des *loges* peu profondes, garnies de lamelles radiaires, partant ou non d'un tubercule central, et formant par leur réunion plus ou moins serrée un *polypier* stellifère, fixé, polymorphe, mais en général encroûtant ou en boule sur lui-même, et de structure subtubuleuse.

A. *A étoiles rondes et souvent disjointes ou non contiguës.*
(G. ASTRÉOÏDES, Quoy et Gaimard.)

Espèces. L'ASTRÉE CALYCULAIRE, *A. calycularis.*
ASTRÉOÏDE JAUNE; *A. lutea*, Quoy et Gaimard, Mém. ann. des sc. nat.
Caryophyllia calycularis, de Lamk., 2, p. 226, n.° 2.
Mad. calycularis, Cavolini, Mem., 1, tab. 3, fig. 1 — 5.
Observ. Cette division est établie pour une espèce assez commune dans la Méditerranée, et dont le polypier est composé de loges rondes, souvent séparées les unes des autres, mais quelquefois aussi réunies et subalvéoliformes.

B. *A étoiles distinctes, inégales, oblongues et plus ou moins diffluentes, formant des masses encroûtantes ou se glomérulant.*
(Les A. MÉANDRINIFORMES.)

L'ASTRÉE RAISIN, *A. uva.*
Mad. uva, Esper, *Mad.*, 1, 43.
L'A. USÉE, *A. detrita.*
Mad. detrita, Esper, *Suppl.*, 1, p. 26, t. 41.
L'A. CREVASSÉE, *A. porcata.*
Mad. porcata, Esper, *Suppl.*, 1, tab. 71.
L'A. DIFFLUENTE; *A. diffluens*, de Lamk., 2, p. 266, n.° 26.
(Mers Australes?)

Observ. Cette division est remarquable en ce que les étoiles

ne sont pas arrondies ni polygonales, mais oblongues et plus
ou moins diffluentes : ce qui rappelle un peu leur disposition dans certaines caryophyllies et dans les méandrines.

C. *A étoiles circulaires, fort distantes, saillantes en mamelons et
  formant des masses encroûtantes.* (Les GEMMASTRÉES.)

L'ASTRÉE DE LUCAS; *A. lucasiana*, Defr., Dict., tom. XLII,
p. 380.

Héliolithe demi-sphérique, Guettard, 3, pl. 45. fig. 1 — 3,
et pl. 51, fig. 1. (Calcaire jurassique de Besançon.)

L'A. CYLINDRIQUE, *A. cylindrica.*

Héliolithe cylindrique, Guettard, *ibid.*, pl. 54, fig. 5. (Calc.
jurass. de Besançon.)

L'A. TUBULEUSE; *A. tubulosa*, Goldfuss, *Petref.*, p. 112, t. 38,
fig. 15. (Calc. jurass. du Wurtemberg.)

L'A. LOBÉE, *A. lobata.*

Explanaria lobata, Munster, Goldfuss, *ibid.*, p. 110, pl. 18,
fig. 5, *a, b.* (Calcaire jurass. du Wurtemberg.)

L'A. STRIÉE; *A. striata, id., ibid.*, p. 111, fig. 11, *a, b.*
(Calcaire grossier de Hallstadt.)

Observ. La forme de ces astrées est assez remarquable pour
être distinguée, en ce que les loges arrondies, plus ou moins
distantes, sont saillantes en mamelons à la surface du polypier; ce qui les rapproche des madrépores, qui sont dans
ce cas, et encore mieux des oculines, avec lesquelles on pourroit les réunir sans inconvénient.

D. *A loges tubuleuses, verticales, plus ou moins distantes, à ouverture arrondie, à bords peu ou point saillans et radiés par un
  nombre médiocre de lamelles complètes.* (Les TUBASTRÉES.)

* Espèces vivantes.

L'ASTRÉE FAVÉOLÉE, *A. faveolata.*

Mad. faveolata, Linn., Gmel., p. 3769, n.° 64; Ellis et Solander, tab. 53, fig. 5 et 6.

Astræa viridis, Quoy et Gaimard, msc. (Australasie.)

L'A. VERMOULUE, *A. interstincta.*

Mad. interstincta, Esper, Madrep., tab. 34. (Amérique méridionale ?)

L'Astrée stellulée, *A. stellulata.*

Mad. stellulata, Linn., Gmel., p. 3767, n.° 5o; Ellis et Solander, p. 166, tab. 53, fig. 3 et 4.

L'A. annulaire, *A. annularis.*

Mad. annularis, Ellis et Solander, tab. 53, fig. 1 et 2.

L'A. rayonnante, *A. radiata.*

Mad. radiata, Linn., Gmel., p. 3765, n.° 42; Ellis et Solander, tab. 47, fig. 8.

L'A. argus, *A. cavernosa.*

Mad. cavernosa, Esper, *Suppl.,* 1, t. 37.

A. argus, de Lamk.. 2, p. 258, n.° 2. (Mers d'Amérique.)

L'A. pléiade, *A. pleiades.*

Mad. pleiades, Linn., Gmel., p. 3765, n.° 4o; Ellis et Solander, pl. 53, fig. 7 et 8.

L'A. astroïte : *A. astroites,* Pallas, *Zooph.,* p. 32o; Esper, *Mad.,* tab. 37, fig. 2.

**Espèces fossiles.

L'Astrée des Vosges; *A. vosagensis,* de Blainv., Collection de M. Michelin. (Calcaire jurass. des Vosges.)

L'A. bordée; *A. limbata,* Goldfuss, *Petref.,* p. 22, tab. 8, fig. 7, et p. 110, tab. 38, fig. 7, *a, b.* (Calcaire jurass. du Wurtemberg.)

L'A. astroïte, *A. astroites.*

Sarcinula astroites, Goldfuss, *ibid.,* tab. 24, fig. 12, *a, b.* (De France.)

L'A. aulétique, *A. auleticon.*

Sarcinula auleticon, id.,, ibid., tab. 25, fig. 2, *a, b.* (De la province de Juliers.)

Observ. Ces espèces d'astrées sont assez remarquables en ce que les loges forment de longs tubes parallèles, verticaux, plus ou moins distans, mais jamais assez rapprochés cependant pour perdre leur forme circulaire. Les bords de l'ouverture sont peu ou point saillans, et les lames, en nombre médiocre de douze à vingt-quatre, s'irradient du centre à la circonférence.

Les astrées de cette section font le passage aux sarcinules de M. de Lamarck, ou mieux, ce sont des astrées sarcinules, comme les véritables sarcinules sont des caryophyllies tubuleuses.

MM. Quoy et Gaimard nous ont fait connoître l'animal de
la première espèce.

E.. *Astrées encroûtantes ou se glomérulant, à loges rondes, quoique assez serrées, quelquefois un peu déformées, assez peu profondes, à lamelles bien distinctes, tranchantes, complètes, se
prolongeant sur les bords, qui sont arrondis en bourrelet.*

L'ASTRÉE ANANAS, *A. ananas.*
Mad. ananas, Linn., Gmel., p. 3764, r.° 36; Ellis et So-
lander, t. 47, n.° 24.
L'A. HÉLIOPORE; *A. heliopora,* de Lamk., 2, p. 265, n.° 24.
(Mers Australes.)
L'A. RADIÉE, *A. radians.*
Mad. radians, Pallas; Esper, Mad., tab. 55, fig. 1 et 2.
L'A. CRÉPUE; *A. crispa, id., ibid.,* n.° 25. (Océan Indien.)
L'A. PETITS-YEUX; *A. microphthalma, id., ibid.* (Mers Aus-
trales.)

Observ. Cette division des astrées est moins tranchée que
la plupart des autres. Elle contient les espèces dont les loges
sont contiguës et cependant à peu près rondes, et dont les
bords sont relevés en bourrelet traversés par les lames très-
prononcées de l'étoile.

F. *A loges superficielles ou peu profondes, non marginées, à lamelles nombreuses, très-fines, peu saillantes, partant d'un
centre excavé, et se portant jusqu'à celles d'une autre étoile,
avec lesquelles souvent elles se continuent. (Les A. sidérales;*
SIDERASTREA.)

* Espèces vivantes.

L'A. ÉTOILÉE, *A. siderea.*
Mad. siderea, Linn., Gmel., p. 3765, n.° 38; Ellis et So-
land., p. 168, tab. 49, fig. 2.
L'A. GALAXÉE, *A. galaxea.*
Mad. galaxea, Linn., Gmel., p. 3765, n.° 39; Ellis et So-
land., tab. 47, fig. 7. (Océan Indien.)
L'A. CIERGE: *A. cactus,* Forskal, *Descrip. anim.,* p. 134,
n.° 11. (Semi-fossile des bords de la mer Rouge.)

** **Espèces fossiles.**

a) *En plaques ou glomérulées.*

L'Astrée de Faujas: *A. Faujasii*, Defr., Dict., tom. XXV, p. 387; *Monticularia Cuvierii*, de Lamarck, 2, p. 251, n.° 6; *Astræa geometrica*, Goldfuss, *Petref.*, tab. 22, fig. 11, *a*, *b*, *c*, *d*, *e*. (Craie de Maëstricht.)

L'A. agaricite; *A. agaricites*, Goldfuss, *ibid.*, fig. 9, *a*, *b*. (Craie de Maëstricht.)

L'A. flexueuse; *A. flexuosa*, id., *ibid.*, fig. 10, *a*, *b*.

Monticularia Knorrii, de Lamarck, p. 251, n.° 5, Guettard, pl. 27, fig. 4. (Craie de Maëstricht, de Russie ?)

L'A. a crète; *A. cristata*, id., *ibid.*, fig. 8, *a*, *b*, *c*. (Calc. près Grignon.)

L'A. oculée; *A. oculata*, id., *ibid.*, fig. 2, *a*, *b*. (Calc. jur. de Wurtemberg.)

L'A. caverneuse, *A. cavernosa*.

Mad. cavernosa, de Schlotheim, *Pet.*, p. 358.

Astræa alveolata, Goldfuss, *ibid.*, fig. 3, *a*, *b*.

L'A. grillée; *A. clathrata*, Goldfuss, *ibid.*, tab. 23, fig. 1, *a*, *b*. (Craie de Maëstricht.)

L'A. a petits cônes; *A. microconos*, id., *ibid.*, p. 63, tab. 21, fig. 6, *a*, *b*. (Calc. jur. de Baireuth.)

L'A. escharoïde; *A. escharoides*, id., *ibid.*, fig., 2, *a*, *b*. (Craie de Maëstricht.)

L'A. tissue; *A. textilis*, id., *ibid.*, fig. 3, *a*, *b*. (Craie de Maëstricht.)

L'A. crénelée; *A. crenulata*, id., *ibid.*, fig. 6, *a*, *b*. (Calc. tertiaire, Plaisantin.)

L'A. concentrique; *A. concentrica*, Defr., Dictionn., t. XLV, p. 386.

Astroïte demi-sphérique, Guettard, 3, pl. 20, fig. 2. (Calc. jur., Ardennes.)

L'A. génevoise; *A. genevensis*, Defrance, *ibid.*, p. 387. (Calc. Mont-Salive.)

L'A. voile: *A. velamentosa*, Goldfuss, tab. 23, fig. 4, *a*, *b*. (Craie de Maëstricht.)

L'A. macrophthalme; *A. macrophthalma*, id., *ibid.*, p. 70; tab. 24, fig. 2, *a*, *b*. (Ectyp.)

Astroïte, Guettard, pl. 27, fig. 2. (Craie de Maëstricht.)

L'Astrée héliantine, *A. heliantina.*

Astrea heliantoides (exesa), Goldfuss, pl. 22, fig. 4.

L'A. arrondie, *A. rotundata.*

Heliolithe arrondi, Guettard, 3, p. 507, pl. 49, fig. 1.

L'A. demi-sphérique, *A. hemisphærica.*

Astroïte demi-sphérique, Guettard, *ibid.*, fig. 2.

Agaricia boletiformis, Goldfuss, pag. 42, n.º 3, pl. 12, fig. 11,

L'A. étalée: *A. explanata*, Munster; Goldfuss, *ibid.*, p. 112, tab. 38, fig. 14, *a*, *b*. (Calc. jur. Wurtemberg.)

L'A. grêle: *A. gracilis*, Munster; Goldfuss, *ib.*, fig. 13, *a*, *b*.

L'A. granulée: *A. granulata*, Munster; Goldfuss, p. 109, tab. 28, fig. 4, *a*, *b*.

   b) En masse turbinoïde. (G. Turbinastrea.)

L'A. de Defrance, *A. Defrancii.*

Microsolena porosa, Defrance, Dictionn. des sc. nat., atlas, pl. des Fossiles, fig. 5, 5, *a*, 5 *b*. (Calc. jur. polyp. de Caen.)

L'A. en roue, *A. rotata.*

Agarites rotata, Goldfuss, *ibid.*, pl. 12, fig. *a*, *b*. (Calc. jur. de Suisse.)

   c) En masses plus ou moins dendroïdes.

   (G. Thamnastrea, Lesauvage.)

L'A. dendroïde, *A. dendroidea; Thamnastræa gigas*, Lesauvage, Mém. de la soc. d'hist. nat. de Caen, tom. 1, part. 2, p. 241, pl. 14.

Astræa dendroidea, Lamx.; Esper, Méthod., pl. 78, fig. 6. (Calc. à polyp. jur. de Caen.)

L'A. a petites étoiles, *A. microstella; Thamn. microstella*, Lesauvage, *ibid.* (Calc. jur. à polyp. de Caen.)

L'A. de Magneville, *A. Magnevillia; Thamn. Magnevillia*, id., *ibid.* (Calc. polyp. jur. de Caen.)

L'A scyphoïde; *A. scyphoidea*, de Blainv., Coll. de Michelin.

L'A. beignet; *A. lagunum*, id., *ibid.*

Observations. Les espèces d'astrées qui entrent dans cette division, sont véritablement remarquables par la forme des loges qui, souvent fort grandes, sont cependant toujours très-peu profondes, et même superficielles, en sorte qu'elles n'ont pas de parois ni de bords. Elles se touchent cependant, et à un point qu'il arrive souvent que les rayons d'une étoile se continuent avec ceux des étoiles environnantes.

Ces astrées sont donc intermédiaires à certaines espèces de pavonies et aux cyathophyllies de Schweigger.

D'après l'examen que nous avons fait des deux polypiers dont MM. Defrance et Lesauvage ont fait, le premier sa Microsolène poreuse, et le second le genre qu'il a nommé *Thamnastræa*. nous nous sommes assurés qu'ils doivent rentrer dans la division des sidérastrées. On pourra, si l'on veut, en former autant de sous-genres caractérisés par la forme générale du polypier.

Quant aux trois espèces de *thamnastræa* définies par M. Lesauvage, il est fort probable qu'elles n'en forment qu'une.

G. *Plus ou moins globuleuses, formées de loges profondes, infundibuliformes, subpolygonales, à parois communes, à bords élevés, multisillonnés et échinulés.* (Les Astr. cardères ; DIPSASTRÆA.)

* Espèces vivantes.

L'ASTRÉE CARDÈRE ; *A. dipsacea*, de Lamk., 2 , p. 262, n.° 16.
Mad. favosa, Ellis et Soland. , p. 167, tab. 50, fig. 1 ; Linn.. Gmel., p. 3763, n.° 33. (Indes or.)
L'A. ALVÉOLAIRE ; *A. favosa*, de Lamk., ibid., n.° 17.
Mad. favosa, Esper, *Suppl.*, 1, tab. 45. (Indes or.)
L'A. DENTICULÉE ; *A. denticulata*, id., ibid., n.° 18.
Mad. denticulata, Ellis et Soland., p. 166, tab. 49, fig. 1 ; Linn., Gmel. , p. 3769, n.° 63.
L'A. VERCIPORE ; *A. vercipora*, id., ibid., n.° 19. (Indes or.)
L'A. DIFFORME ; *A. deformis*, id., ibid., n.° 20.
L'A. CALYCULAIRE ; *A. calycularis*, id., ibid., n.° 27. (Australasie.)
L'A. SOLIDE, *A. solida*.
Mad. solida, Forskal, *Descript.* p. 131, n.° 1. (Mer Rouge.)
L'A. GATEAU D'ABEILLE, *A. favus*.
Mad. favus, id., ibid., n.° 2. (Mer Rouge.)
L'A. A RÉSEAU ; *A. retiformis*, id., ibid., n.° 23.
L'A. ANOMALE ; *A. abdita*, id., ibid.
Mad. abdita, Ellis et Soland., tab. 50, fig. 2.

** Espèces fossiles.

L'A. confluente; *A. confluens*, Goldfuss, *ibid.*, p. 65 , tab. 22, fig. 5. (Calc. jur., Souabe.)

L'A. muriquée; *A. muricata*, *id.*, *ibid.*, p. 71 , tab. 24, fig. 3, *a*, *b*. (Craie, Paris.)

L'A. de Bourgogne; *A. Burgundiæ*, Faujas, Géologie, 1 , p. 99, pl. 4. (Du calc. jur., Bourgogne.)

H. *En masses épaisses, composées de cellules tubuleuses assez serrées pour être polygonales, à bords non saillans, à cavité assez profonde, garnie de lamelles nombreuses, remontant le long d'un axe solide plus ou moins saillant.* (Les A. monticulaires; Montastræa.)

L'A. de Michelin; *A. Michelini*, de Blainv., Collect. de M. Michelin.

L'A. Guettard : *A. Guettardi*, Defr., Dictionn., tom. XLV, p. 579; *Héliolithe*, Guettard, 3 , pl. 48, fig. 2, 3, 4.

L'A. diamantaire, *A. adamantina*.

Cyathophyllum hexagonum (*exesum*), Goldfuss, *ibid.*, tab. 19, fig. 55.

L'A. coniforme, *A. coniformis*.

Cyathoph. quadrigenium (*exesum*), *id.*, *ibid.*, tab. 19, fig. 16.

L'A. de Boulogne; *A. Boloniensis*, de Blainv., Collect. de M. Michelin. (Calc. jur. de Boulogne.)

Observ. Cette division, dans laquelle nous ne connoissons pas encore d'espèces vivantes, est assez particulière par la manière dont les lamelles des loges, polygones, tubuleuses, remontent le long d'un axe central, ce qui les fait un peu ressembler à celles des monticulaires, avec la grande différence que dans celles-ci les loges ne sont pas limitées.

Les troisième et quatrième espèces que nous avons observées dans la collection de M. Michelin, sont pour M. Goldfuss des exemplaires usés (*exesa*) de ses *cyathophyllum quadrigenium* et *hexagonum*; mais c'est ce que nous ne pouvons admettre : des cellules alvéoliformes profondes ne pouvant, à ce qu'il nous semble, produire par leur usure des monticules radiées, il faudroit donc croire que ce seroit des moules, ce qui ne se peut pas davantage.

I. *En masse turbinoïde ou hémisphérique composée de loges grandes, polygones, évasées, plus ou moins faviformes, multistriées, avec un enfoncement au milieu, et plus ou moins évasées à la circonférence.* (Les FAVASTRÉES; G. *Acervularia*, Schwr., *Cyathophyllum*, Goldfuss.)

*** Espèce vivante.**

L'ASTRÉE MAGNIFIQUE; *A. magnifica*, de Blainv., Collect. de M. Michelin. (De l'Archipel indien.)

**** Espèces fossiles.**

L'A. DE LA BALTIQUE; *A. baltica.*
Mad. ananas, Linn., *Am. Acad.* L., tab. 4, fig. 8.
Acervularia baltica, Schweigger, *Handb.*, p. 418.
Cyathophyllum ananas, Goldfuss, *Petref.*, p. 60, tab. 19. fig. 4, *a*, *b*. (Calc. de trans., Suède, Belgique.)

L'A. PENTAGONE, *A. pentagona.*
Cyath. pentagonum, Goldfuss, *ibid.*, fig. 3. (Calc. de trans., Belgique.)

L'A. QUADRIGÉMINÉE, *A. quadrigeminata.*
Cyath. quadrigeminum, Goldfuss, p. 50, tab. 18, fig. 6, *a*, *b*, *c*. (Calc. de trans. de l'Eiffel.)

L'A. ALVÉOLÉE, *A. alveolata.*
Mad. truncata, Esper, *Petref.*, tab. 4, fig. 2.
Cyath. quadrigeminum, Goldfuss, *ibid.*, tab. 19, fig. 1, *a*, perfect. et 16 *exesum*. (Calc. de trans. de l'Eiffel.)

L'A. HEXAGONE, *A. hexagona.*
Cyath. pentagonum, Goldfuss, *ibid.*, fig. 5, *a*, *f*, et tab. 20, fig. 1, *a*, *b*.
Astroite à étoiles pentagones et hexagones, Guett., 3, pl. 52, fig. 2.
Mad. truncata. Parkinson. *Remains*, tom. 2, pl. 5, fig. 1.
Astræa arachnoides, Defr., *Dictionn.*, tom. XLII, p. 383.
L'A. TOILE D'ARAIGNÉE: *A. aranea*, Defr., *ibid.*, p. 383.
L'A. HYPOCRATÉRIFORME, *A. hypocrateriformis.*
Cyath. hypocrateriformis. Goldfuss, *ibid.*, p. 7, tab. 17, fig. 1, *a*, *b*, *c*. (Calc. de trans. de l'Eiffel.)
L'A. ENRACINÉE; *A. radicata*, de Bl. (Collect. de Michelin.)
L'A. MANON. *A. manon.*
Manon favosum, Goldfuss, tab. 1, fig. *a*, *b*.

L'Astrée hélianthoïde, *A. helianthoidea.*

Cyathoph. helianthoides, Goldfuss, tab. 20, fig. 2, *a*, *b*, *c*, *d*, *e*, *f*. *g*, *i*, *k*, et 21, fig. *a*, *b*. (Calc. de trans. de l'Eiffel, et de l'Am. sept.)

Observ. Cette division générique a été distinguée sous le nom d'*Acervularia* par Schweigger, pour une espèce de polypier fossile que M. de Lamarck confondoit avec ses *favosites.*

M. Goldfuss, en l'étendant à un assez grand nombre d'autres espèces, lui a donné le nom de *cyathophyllum*, que l'on peut très-bien conserver.

Nous avons observé outre la belle espèce vivante à laquelle nous avons donné le nom de magnifique, les *A. baltica, helianthoides, radicata, quadrigemina,* ainsi que l'*A. manon,* et nous nous sommes assurés que cette division peut très-bien être définie, quoique ce soient de véritables astrées.

On a vu à la division précédente que nous ne pouvons admettre que l'*A. hexagona* usée puisse donner le polypier figuré par M. Goldfuss sous le n.º 1 *a*, qui est pour nous une astrée monticuliforme.

Nous croyons aussi, d'après ce que nous avons observé sur un individu de la collection de M. Michelin, en bon état de conservation, que le polypier dont M. Goldfuss fait son *manon favosum,* appartient à cette section. Les stries intérieures sont effacées sans doute par la grande ancienneté de l'état fossile.

Nous devons aussi faire remarquer que Guettard, dans la description qu'il donne de son astroïte à étoiles pentagones et hexagones, dit positivement que l'une avoit ses cellules fermées par un opercule de même forme, également multiradié et un peu pyramidal. M. Defrance croit que c'est l'axe de la cellule; mais cela est véritablement difficile à concevoir. Ne seroit-ce pas plutôt un moule?

K. *En masses corticiformes composées de loges infundibuliformes, polygonales, radio-lamelleuses, prolifères, ou se succédant l'une l'autre verticalement.* (Les Strombastrées ; G. *Strombodes,* Goldfuss.)

L'Astrée a cinq angles, *A. quinquangulosa.*

Strombodes pentagonus, Goldfuss, *Petref.,* 62, tab. 21, fig. 2, *a*, *b*. (Calc. de trans., Amér. sept.)

L'Astrée stellaire; *A. stellaris*, Linn., *Amœn. Acad. L.*, *Corall. Balt.*, tab. 4, fig. 11. (Calc. de trans., Suède.)

L'A. tronquée; *A. truncata*, id., *ib.*, fig. 10. (Calc. de trans., Suède.)

Observ. Cette division, établie par Schweigger, doit-elle être distinguée de la précédente, parce que l'augmentation du polypier se fait non-seulement par l'apposition latérale de nouvelles cellules comme à l'ordinaire, mais encore par leur pullulation dans le sens vertical? C'est ce dont nous doutons, plusieurs espèces de la section précédente étant aussi dans ce cas.

L. *En masses globuliformes ou étalées, composées de loges plus ou moins coniques et divergentes, serrées, polygonales, irrégulières, à ouverture anguleuse, tranchante sur les bords, plus ou moins saillans, échinulés, et pourvues à l'intérieur assez profondément de lamelles stelliformes peu nombreuses.* (Les Cellastrées.)

* Espèces vivantes.

L'Astrée incertaine; *A. incerta*, Ellis et Soland., t. 47, fig. 3.

L'A. cloturée; *A. intersepta*, de Lamarck, p. 266, n.º 28.. (Mers Australes.)

** Espèces fossiles.

L'A. maigrine; *A. emarciata*, de Lamk., 2, p. 226, n.º 29.

A. stylophora, Goldf., *Petref.*, p. 24, fig. 4, *a*, *b*. (Calc. tert. de Paris.)

L'A. irrégulière; *A. irregularis*, Defr., Dictionn. des scienc. nat., tom. XLII, p. 381.

Astroïte circulaire, Guettard, 3, 504, pl. 48, fig. 1. (Calc. tertiaire, Dax.)

L'A. hérisson; *A. hystrix*, Defr., Dictionn., tom. 42, p. 385. (Calcaire tert., Grignon.)

Observ. Les astrées de cette division, quoique ayant un certain rapport avec celles de la division des cardérastrées, en diffèrent cependant par un moins grand nombre de lamelles, et par une structure celluleuse assez particulière.

Elles paroissent toutes provenir de terrains assez récens.

Observ. gén. Le genre Astrée a été établi d'une manière définitive par M. de Lamarck, en ne considérant que le po-

lypier, et même d'une manière véritablement fort incomplète. Aussi n'est-il pas douteux que, lorsqu'il sera possible
de connoître les animaux d'un certain nombre d'espèces, on
ne doive les partager en plusieurs genres fort distincts.
Malheureusement nous n'en sommes pas encore là ; nous savons seulement, d'après ceux que MM. Quoy et Gaimard ont
observés, que les véritables astrées n'ont pas de tentacules.

Provisoirement, et en s'en rapportant aux polypiers seulement, nous avons essayé de répartir les espèces de ce genre
en plusieurs petites sections, qui en faciliteront l'étude.
D'après cela on verra que dans ce genre il y a des divisions
qui rappellent presque toutes les formes de polypiers. En
effet, il y en a de simples, comme les caryophyllies; d'autres
ont leurs loges confluentes, un peu comme dans les méandrines; quelques-unes sont tubuleuses . comme les sarcinules :
un grand nombre ont des cellules presque semblables à celles
des pavonies. Plusieurs rappellent les oculines. Enfin il en
est qui ont des rapports avec les Favosies et même avec les
Porites. En général, ce genre et même toute la classe des
polypiers a besoin d'être reprise de nouveau pied à pied,
pour en établir la classification d'une manière un peu rationnelle ; mais auparavant il faut attendre la comparaison des
animaux avec les polypiers.

Nous n'avons pu citer toutes les espèces d'astrées vivantes
ou fossiles qui sont indiquées dans les auteurs, faute de renseignemens suffisans. Ainsi M. Risso en cite une, vivante sur les
côtes de Nice, et à laquelle il donne le nom de *A. mediterranea*, p. 359, n.° 146. Nous n'avons pu deviner à quelle division elle peut appartenir. Nous en disons autant de son
A. porulosa, n.° 147, qui est subfossile.

ÉCHINASTRÉE, *Echinastræa*.

Animaux inconnus, contenus dans des *loges* mamelonnées. en
forme d'étoiles fortement lamelleuses, assez peu régulières,
échinulées, et n'occupant que la face supérieure d'un *polypier* calcaire. libre ou fixé, en forme de grande plaque
lobée ou relevée sur les bords, fortement échinulé en dedans et strié, mais non poreux en dehors.

** Espèces vivantes.*

L'Échinastrée grimaçante; *E. ringens*, de Lamk.,2, p.256, n.° 5. (Mers d'Amérique.)

L'É. boutonnée; *E. gemmacea, id., ibid.*, n.° 3.

? *Madrepora lamellosa*, Esper, *Suppl.*, 1, tab. 58. (Océan Indien.)

L'É. a rosettes, *E. rosularia.*

Echinopora rosularia, de Lamk., 2, p. 253, n.° 1 ; Schw., *Beob.*, tab. 7, fig. 64 ; de Blainville, Dictionn. des sc. natur., atlas.

L'É. rosacée, *E. rosacea.*

Madrep. rosacea, Ellis et Soland., tab. 52, fig. 1.

Porites rosacea, de Lamk., *ibid.*, n.° 15.

*** Espèces fossiles.*

L'É. alvéolée; *E. alveolata*, Goldf., *Petref.*, p. 110, tab. 38, fig. 6. (Calc. jur. du Wurtemberg.)

Observ. Ce genre a réellement été établi par M. de Lamarck sous le nom d'*Erplanaria*; mais pour des polypiers en général fort hétérogènes, et en n'ayant égard qu'à la forme générale, et surtout à la position des loges polypifères sur une seule face. Aussi, en prenant les bases des genres de Madrépores sur la structure des cellules elles-mêmes, sur celle du polypier, et par conséquent sur les animaux, nous avons dû considérablement modifier les explanaires de M. de Lamarck.

Nous en avons d'abord retiré les *E. mesenterina, infundibulum et cristata*, qui sont de véritables madrépores, et dont nous avons fait un genre distinct sous le nom de *Gemmipora*.

Nous en avons aussi retranché l'*E. aspera*, dont nous avons fait une espèce de notre genre *Tridacophyllia*, dont elle a plutôt les caractères que ceux des véritables explanaires.

Au contraire, nous avons fait rentrer dans ce genre le madrépore qui sert de type au genre *Echinopora* de M. de Lamarck; nous étant assurés que c'est une véritable explanaire dont les caractères n'ont pas été aperçus, parce que l'exemplaire qu'il en avoit sous les yeux, étoit encore couvert de matières animales. L'ayant nettoyé nous-mêmes, nous nous sommes assurés de ce fait. Nous nous sommes également

assurés que la caractéristique du genre Échinopore donnée
par Schweigger, est tirée d'une crusie enfoncée, comme cela
a souvent lieu dans la substance du polypier.

Enfin, voyant que le nom d'*explanaire* pourroit beaucoup
moins bien indiquer le caractère réel de ce genre que celui
d'*échinopore*, et que d'ailleurs il pourroit induire en erreur,
en portant à penser que tous les polypiers qui forment de
grandes expansions lui appartiennent, nous avons préféré,
pour ces deux genres réunis, la dénomination d'*Échinastrée*,
qui montre bien que ce sont des astrées épineuses.

On ne connoit pas encore d'échinastrées vivantes dans nos
mers.

Toutes les espèces viennent des mers Australes ou Intertropicales.

M. Goldfuss admet une espèce d'explanaire fossile; mais il
est évident que c'est une astrée qu'il a figurée.

Quant à son *E. lobata* (Goldf., t. 18, fig. *a*), il nous semble
que ce n'est qu'une astrée de la division des Oculinastrées.
Voyez cet article, où elle est reportée.

Schweigger fait le contraire de nous; c'est-à-dire qu'il
conserve dans ce genre les *M. cinerascens* et *crater* d'Ellis et
Solander, dont nous avons fait notre genre *Gemmipora*.

Oculine, *Oculina.*

Animaux inconnus, contenus dans des *loges* stelliformes, régulières, arrondies, plus ou moins saillantes, mamelonnées
et éparses, à la surface d'un *polypier* calcaire, solide,
compacte, arborescent et fixé.

* Espèces vivantes.

L'Oculine vierge, *O. virginea.*
Mad. virginea, Linn., Gmel., p. 3779, n.° 95; Ellis et So-
lander, tab. 36; Goldfuss, *Petref.*, 41, tab. 15, fig. 1. (Mers
de l'Inde; calcaire tertiaire des environs de Paris.)
L'O. axillaire, *O. axillaris.*
Mad. axillaris, Ellis et Solander, t. 15, fig. 5. (Indes orient.)
L'O. prolifère, *O. prolifera.*
Mad. prolifera, Linn., Gmel., p. 3780, n.° 101; Solander
et Ellis, tab. 32, fig. 2. (Mers de Norwége.)

L'Oculine hirtelle, *O. hirtella.*

Mad. hirtella, Linn., Gmel., p. 3779, n.° 97; Solander et Ellis, t. 37. (Indes orientales.)

L'O. diffuse; *O. diffusa,* de Lamk., 11, p. 285, n.° 3. (Amérique méridionale.)

L'O. flabelliforme : *O. flabelliformis,* de Lamk., p. 287, n.° 8; Séba, *Mus.,* 3, tab. 110, fig. 10. (Indes orient.)

L'O. infundibulifère; *O. infundibulifera,* de Lamk., *ibid.,* n.° 7. (Indes orient.?)

L'O. rose, *O. rosea.*

Mad. rosea, Pallas, Linn., Gmel., p. 3779, n.° 96; Esper, *Suppl.,* 1, tab. 56. (Amérique mérid. et Méditerr.)

** Espèces fossiles.

L'O. de Solander; *O. Solanderii,* Defr., Dict. des sc. nat., tom. XXXV, p. 355.

L'O. d'Ellis; *O. Ellisii, id., ibid.,* p. 356.

L'O. rare-étoile; *O. raristella, id., ibid.,* p. 356.

L'O. ocellée; *O. ocellata, id., ibid.,* p. 356.

Observ. Ce genre, établi par M. de Lamarck, ne nous est encore connu que par les polypiers. Il diffère réellement fort peu de certaines astrées, et surtout de quelques caryophyllies, au point que Schweigger ne l'a pas adopté et l'a réuni à ce dernier genre.

Les trois dernières espèces vivantes diffèrent beaucoup des autres et mériteroient d'être distinguées génériquement.

Nous avons dû retrancher de ce genre le polypier dont M. de Lamarck a fait son *O. echidnæa,* parce que c'est un véritable madrépore.

Les oculines se trouvent assez fréquemment à l'état fossile, et même dans des terrains peu anciens. M. Defrance en a distingué six espèces dont deux analogues; mais nous doutons qu'elles soient bien distinctes.

Branchastrée, *Branchastræa.*

Animaux inconnus, contenus dans des *cellules* profondes, cylindriques, cannelées en dedans, saillantes, radiées hors de la partie commune, et formant par leur réunion intime un *polypier* rameux, cylindrique et non poreux.

Espèce. La BRANCHASTRÉE BORDÉE, *B. limbata.*

Mad. limbata, Goldf., *Petref.*, pag. 22, tab. 8, fig. 7, *a*, *b*. (Calc. jur.? de la Souabe.)

Observ. Ce polypier que nous avons examiné dans la riche collection de Bonn, n'a aucun des caractères des véritables madrépores, parmi lesquels M. Goldfuss l'a rangé. C'est une véritable astrée branchue, à cellules saillantes, radiée hors de la partie commune, et dont le polypier rappelle un peu la structure du *millepora truncata*, Linn.

La seule espèce qui constitue cette section générique pourroit bien avoir quelques rapports avec l'astrée violette de MM. Quoy et Gaimard.

Sect. II. Les Madréporés.

Polypiers en général arborescens, à *loges* petites, sublamelleuses et constamment poreux dans les intervalles et dans leurs parois.

Observ. Cette section a évidemment un assez grand nombre de rapports avec certaines espèces de la section précédente, surtout au premier aspect, au point que M. de Lamarck a pu placer dans les astrées et dans les oculines des espèces de véritables madrépores; mais un caractère qui nous a paru constant, c'est que l'intervalle des cellules des madréporés est constamment percé de pores et échinulé; ce qui n'a pas lieu dans les madréphyllies; ajoutons à cela que ceux-ci sont très-rarement arborescens, au contraire de ceux-là.

Malheureusement ces caractères ne sont pas encore confirmés par l'étude des animaux, que nous connoissons peu.

DENTIPORE, *Dentipora.*

Animaux inconnus, contenus dans des *loges* assez profondes, circulaires, mamelonnées, garnies de dix lamelles dentiformes, saillantes, espacées, marginales, éparses à la surface d'un *polypier* calcaire, compacte, explanariforme, anastomosé, et hérissé dans les intervalles de tubercules alongés.

* Espèces vivantes.

Le DENTIPORE VIERGE, *D. virginea.*

Madrepora virginea, Ellis et Soland., *Zooph.*, t. 36.

Oculina virginea, de Lamk., 2, p. 285.

Le Dentipore anastomosé, *D. anastomozans*.

Oculina anastomozans, de Haan, *Collect. Leyd.*

Le D. crible, *D. cribrosa*.

Oculina cribosa, id., *ibid.*

** Espèce fossile.

Le D. coalescent, *D. coalescens*.

Mad. coalescens, Goldf., *Petref.*, tab. 8, fig. *a*, *b*, *c*.

Observ. Dans cette division nous placerons les espèces d'oculines anastomosées, explanariformes, dont les cellules, au lieu d'être multilamellées, ne sont pourvues que de dix lamelles saillantes, bien espacées entre elles, et assez loin de se toucher au centre, qui est enfoncé. Outre cela, les intervalles des cellules ne sont pas striés radiairement par la continuation des lamelles, comme cela a lieu dans les véritables oculines; mais ils sont hérissés par des tubercules alongés, sinueux, ce qui donne à ces polypiers un aspect particulier, en sorte qu'il nous a été impossible de les rapporter à aucun genre connu et bien défini.

Des trois espèces vivantes que nous signalons, une seule est figurée dans Ellis et Solander; quant aux deux autres, nous les avons observées dans la Collection de Leyde.

Astréopore, *Astreopora.*

Animaux inconnus (mais très-probablement pourvus d'une seule couronne de douze tentacules), contenus dans des *loges* saillantes, mamelonnées, cannelées ou subradiées intérieurement, et irrégulièrement éparses à la surface d'un *polypier* calcaire, extrêmement poreux et échinulé, élargi en membrane fixée ou glomérulée.

Espèces. L'Astréopore mille-yeux, *A. myriophthalma.*

Astræa myriophthalma, de Lamk., 2, p. 260, n.° 9.

? *Mad. myriophthalma*, Esper, *Suppl.*, 1, p. 59, tab. 54, fig. *B*, 2.

L'A. vermoulue, *A. stellulata.*

Mad. interstincta, Esper, *Suppl.*, 1, p. 10, tab. 34.

Astræa stellulata, de Lamk., *ibid.*, n.° 12. (Mers d'Amér.)

I.'Astréopore pulvinaire, *M. pulvinaria.*
Astræa pulvinaria, de Lamk., *ibid.*, n.° 15. (Mers Australes.)
L'A. rétiforme, *A. retiformis.*
Astræa retiformis, de Lamk., p. 263, n.° 23.
L'A. oblique, *A. obliqua.*
Astræa obliqua, de Lamk., *ibid.*, n.° 13. (Amérique méri-
dionale.
L'A. palifère, *A. palifera.*
Astræa palifera, id., *ibid.*, n.° 14. (Mers Australes.)
L'A. ponctifère, *A. punctifera.*
A. punctifera, id., *ibid.*, n.° 8.

Observ. Les espèces de madrépores qui constituent ce genre
ont été regardées par M. de Lamarck comme appartenant aux
astrées; mais véritablement à tort, comme nous nous en sommes assurés en étudiant les individus mêmes de la collection de
M. de Lamarck, dans celle de M. le duc de Rivoli : ce sont
de véritables madrépores, dont les cellules sont seulement
plus régulières, cannelées, mais non radio - lamelleuses, et
réunies en plaques encroûtantes, comme dans la plupart des
astrées; mais ces cellules sont échinulées et leurs intervalles
sont poreux, absolument comme dans les madrépores.

Nous supposons que les *Astræa obliqua* et *palifera* de M. de
Lamarck appartiennent aussi à ce genre; mais c'est ce que
nous ne pouvons assurer.

Ce genre pourroit sans inconvéniens être réuni à celui que
nous avons établi plus bas sous le nom d'*Heliopora.* Il en forme
seulement une troisième division. En effet, l'*A. myriophthalma*
a beaucoup de rapports, par les cellules du moins, avec notre
héliopore bleu.

Aucun des polypiers de cette division ne vit dans nos mers.
Ils habitent les mers Intertropicales et Australes.

Nous ne connoissons encore aucun fossile qu'on puisse rapporter à ce genre.

Sidéropore, *Sideropora.*

Animaux inconnus, contenus dans des *loges* profondes, immergées, ou à peine un peu mamelonnées, de forme circulaire subhexagonale, avec six entailles profondes à chaque angle. et un axe pistilliforme au centre, irrégulière-

ment éparses à la surface d'un *polypier* arborescent, palmé, très-finement granulé, mais non poreux.

Espèces. Le Sidérofore digité; *S. digitata*, de Blainv. (Coll. de Leyde.)

Le S. palmé, *S. palmata.*

Porites? palmata, de Haan, Collect. de Leyde. (Du cap de Bonne-Espérance).

Le S. scabre, *S. scabra.*

Mad. digitata, Pallas, *Zooph.*, p. 326, n.° 193.

Porites scabra, de Lamk., 2, p. 270, n.° 6.

Le S. alongé, *S. elongata.*

Porites elongata, de Lamk., *ibid.*, n.° 7.

Le S. subdigité, *S. subdigitata.*

Porites subdigitata, de Lamk., *ibid.*, n.° 10.

Observ. Nous avons observé deux des madrépores sur lesquels ce genre est établi, dans la belle collection de Leyde, grâces à la complaisance de M. de Haan, qui en est le conservateur pour les animaux invertébrés.

La première espèce forme un polypier arborescent digité, dont les cellules, à peine mamelonnées, sont circulaires, avec une ouverture hexagonale, ayant chaque angle prolongé par une entaille profonde, élargie à sa terminaison. Au centre est un axe pistilliforme, et les intervalles sont quelquefois un peu tuberculeux, peut-être même très-finement granuleux, mais non poreux.

La seconde espèce est établie sur un polypier de la même collection, palmé, flabelliforme, à branches comprimées, lobées, divergentes en corne de daim. Les cellules sont un peu gemmacées, très-distantes, profondes, cylindriques, à six rayons dilatés à l'extrémité, avec un axe pistilliforme. Les intervalles sont granuleux, et peut-être très-finement poreux.

Ce sont évidemment des porites pour M. de Lamarck, mais qui peuvent en être distinguées, à ce qu'il nous semble, par la structure des cellules, qui, n'ayant que six rayons, doivent faire présumer que l'animal n'a pas un plus grand nombre de tentacules.

Nous ne pouvons assurer que les cinq espèces que nous indiquons dans ce genre soient réellement distinctes. Cela même est assez peu probable.

Stylopore, *Stylopora*.

Animaux inconnus, contenus dans des *loges* paucilobées à la circonférence, striées intérieurement avec un axe pistilliforme au centre, disposées assez irrégulièrement et serrées de manière à former un *polypier* calcaire, arborescent, lobé ou subpalmé, fixé, poreux et échinulé dans les intervalles.

Espèce. Le Stylopore pistillaire ; *S. pistillaris*, Schweigger, *Beob.*, tab. 6, fig. 62.

Mad. pistillaris, Esper, *Mad.*, tab. 60.

Observ. Ce genre a été établi par Schweigger (*loc. cit.*) pour deux polypiers, dont l'un fossile et l'autre vivant.

Nous avons observé le premier dans la collection de M. Huot, de Versailles, et nous nous sommes assurés que ce n'est rien autre chose qu'une espèce d'astrée, l'*A. hystrix* de M. Defrance, qui ne diffère peut-être pas de l'*A. emarciata* de M. de Lamarck, comme au reste M. Goldfuss paroît l'avoir reconnu, quoiqu'il lui donne le nom d'*A. stylophora*.

Quant au second, à en juger d'après la figure et la description d'Esper, il est évident qu'il est tout différent des astrées, et qu'il doit passer dans la division des madrépores, et former une section générique. Peut-être cependant pourroit-il rentrer dans celle que nous avons désignée sous le nom de *Sidéropore ?*

Coscinopore, *Coscinopora*.

Animaux inconnus, contenus dans des *loges* infundibuliformes, quinconciales, formant les ouvertures de tubes fibriformes serrés et dont la réunion intime constitue un *polypier* calcaire, cyathiforme, adhérent et quelquefois encroûtant.

Espèces. Le Coscinopore infundibuliforme ; *C. infundibuliformis*, Goldfuss, *Petref.*, pl. 9, fig. *a*, *b*, *c*, et pl. 30. fig. 10.

Le C. macropore ; *C. macropora*, *id.*, *ibid.*, fig. 17, *a*, *b*.

Le C. placenta ; *C. placenta*, *id.*, *ib.*, fig. 18. (Calc. de trans. de l'Eiffel.)

Le C. sillonné ; *C. sulcata*, *id.*, *ibid.*, fig. 19, *a*, *b*. (Calc. jur., Suisse.)

Observ. Ce genre, établi par M. Goldfuss, ne contient que des espèces fossiles, qui nous semblent véritablement assez hétérogènes. Nous l'avons essentiellement caractérisé d'après la première que nous avons pu examiner ainsi que les trois autres dans la collection de l'université de Bonn, et c'est ce qui nous a déterminés à le placer dans les madrépores, contre la manière de voir de M. Goldfuss. En effet, cet auteur en fait un genre voisin des rétépores, en se fondant à ce qu'il nous a dit sur la structure réticulée des polypiers qui le constituent: mais ce caractère indiqueroit plutôt, ce nous semble, un genre d'Alcyon ; quoi qu'il en soit, dans l'examen que nous avons pu faire des fossiles sur lesquels les quatre espèces se trouvoient, nous n'avons pu voir que des amas de loges tubuleuses, séparées par des intervalles poreux, et formant des polypiers très-diversiformes.

Gemmipore, Gemmipora.

Animaux inconnus, contenus dans des *loges* profondes, cylindriques, cannelées et presque lamelleuses à l'intérieur, saillantes, en forme de bouton, et éparses assez régulièrement à la surface d'un *polypier* calcaire, fixé, poreux, arborescent ou développé en grande lame plus ou moins ondée et pédiculée.

* Espèces vivantes.

A. *Arborescentes et partout cellulifères.* (Spicipores.)

Le Gemmipore abrotonoïde: *G. abrotonoidea*, Quoy et Gaimard, Astrolabe, Zool., msc. (De l'Australasie.)

B. *Explaniformes et cellulifères sur une face seulement.* (Explanipores.)

Le Gemmipore mésentérine, *G. mesenterina.*
Mad. cinerascens, Linn.; Ellis et Solander, tab. 43.
Explanaria mesenterina, de Lamk., 2, p. 255, n.° 2. (Océan Indien.)
Le G. entonnoir, *G. crater.*
Mad. crater, Pallas, *Zoophyt.*, p. 332.
Mad. infundibuliformis, Linn., Gmel., p. 3781, n.° 108; Esper, *Suppl.*, 2, tab. 86.

Explanaria infundibulum, de Lamk., *ibid.*, n.° 1 ; de Blainv., Dict. des sc. nat., atlas. (Océan Indien.)

Le GEMMIPORE PELTÉ, *G. peltata.*

Mad. peltata, Esper, Mad., tab. 42, fig. 1 — 4.

Le G. FONGIFORME; *G. fungiformis*, de Blainv., Collect. de Michelin.

** Espèce fossile.

Le G. CYATHIFORME; *G. cyathiformis*, de Blainv., Collect. de Michelin. (Calc. tert., Dax.)

Observ. Nous établissons cette division générique pour un petit nombre de polypiers que M. de Lamarck confondoit dans son genre Explanaire, avec des espèces évidemment lamellifères, voisines des astrées, et auxquelles nous avons donné le nom d'Échinastrées. Celles qui constituent notre genre *Gemmipora*, ainsi nommé à cause de la saillie des cellules en forme de mamelons, sont au contraire à peine distinctes des véritables madrépores, le polypier étant éminemment poreux et échinulé, et n'en différant que parce que les loges des polypes sont beaucoup plus distinctes, plus régulières, et surtout beaucoup plus lamelleuses à l'intérieur.

Des trois espèces qui constituent ce genre, l'une a ses cellules disposées comme dans les véritables madrépores, autour et surtout au sommet des branches du polypier, en forme d'épis, et les deux autres n'en ont qu'à l'une des surfaces de ses expansions, ce qui suffiroit dans la manière de voir de M. de Lamarck pour les séparer en deux genres; mais la structure des cellules et celle du polypier en général sont si semblables, que dans notre principe de classification des polypiers, elles doivent réellement appartenir au même genre.

Les oryctographes ne nous paroissent pas avoir encore signalé de gemmipores fossiles.

MONTIPORE, *Montipora.*

Animaux actiniformes, très-courts, pourvus de tentacules très-petits, au nombre de douze seulement? sur un seul rang, contenus dans des *loges* arrondies, enfoncées, régulières, paucicannelées, assez régulièrement éparses à la surface d'un *polypier* encroûtant ou glomérulé, très-poreux, très-échinulé, et garni de mamelons ou monticules également poreux et échinulés à sa surface non adhérente.

Espèces. Le Montipore verruqueux; *M. verrucosa*, Quoy et Gaimard, Astrolabe, Zool., msc.

Porites verrucosa, de Lamk., 2, p. 571, n.° 12. (Australasie.)
Le M. tuberculeux, *M. tuberculosa.*
Porites tuberculosa, de Lamk, *ib.*, n.° 13.

Observ. Ce genre a été établi par MM. Quoy et Gaimard pour des zoanthaires pierreux, dont le polypier rappelle un peu celui des monticulaires de M. de Lamarck, mais qui s'en éloigne réellement beaucoup par sa structure, pour se rapprocher des madrépores proprement dits.

Nous avons vu et observé nous-mêmes une des espèces qui constituent ce genre, et elle nous semble n'avoir aucun des caractères des véritables porites, avec lesquels M. de Lamarck la place. En effet, elle a ses cellules profondes et rondes, tandis que dans les porites elles sont toujours polygones et plus ou moins superficielles.

Madrépore, Madrepora.

Animaux actiniformes, assez courts, pourvus de douze tentacules simples et contenus dans des *loges* plus ou moins profondes, plus ou moins saillantes, à peine stelliformes, irrégulièrement éparses à la surface et surtout aux extrémités d'un *polypier* calcaire, multiporé, arborescent ou frondescent, fixé et ramifié en espèces d'épis ou en expansions.

* Espèces vivantes.

A. Polypier flabelliforme.

Le Madrépore palmé : *M. palmata*, de Lamk., 2, p. 278, n.° 1; Séba, *Mus.*, 3, tab. 113.

Le M. éventail; *M. flabellum, id., ibid.*, n.° 2. (? Océan Américain.)

Le M. costulé; *M. costiculata*, de Haan, Collect. de Leyde.
Le M. du Japon; *M. japonica, id., ibid.*

B. Polypier spiciforme.

Le Madrépore abrotanoïde; *M. abrotanoides*, de Lamk., ibid., n.° 7.

Madrepora muricata, Linn., Gmel., p. 3775, n.° 91 ; Ellis et Solander, tab. 57.

Le Madrépore en corymbe : *M. corymbosa*, id., ibid., n.° 3 ; Rumphius, *Amb.*, 6, tab. 86, fig. 2. (Océan Indien,)

Le M. plantain ; *M. plantaginea*, id., ibid., n.° 4.

Planta marina lapidea, Besler, *Mus.*, tab. 48. (Mers des Ind.)

Le M. pocillifère ; *M. pocillifera*, id., ibid., n.° 5. (Mers des Indes et Australes.)

Le M. lache ; *M. laxa*, id., ibid., n.° 6. (Mers Australes.)

Le M. corne-de-cerf : *M. cervicornis*, id., ibid., n.° 8 ; Séba, *Mus.*, 3, tab. 114, fig. 1. (Mers d'Amérique.)

Le M. prolifère ; *M. prolifera*, id., ibid., n.° 9.

Mad. muricata, Esper, *Suppl.*, 1, tab. 50. (Mers des deux Indes.)

Le M. élégant ; *M. elegans*, de Haan, Mus. de Leyde. (Moluques, Reinhardt.)

**** Espèces fossiles.**

Le Madréfore carié ; *M. cariosa*, Goldfuss, *Petref.*, tab. 8, fig. 8, *a*, *b*. (Calcaire, France.)

Le M. orné ; *M. ornata*, Defr., Dictionn., t. XXVIII, p. 8. (Calcaire tert., environs de Paris.)

Le M. de Solander ; *M. Solanderi*, id., ibid. (Calcaire tert., environs de Meaux.)

Le M. de Gerville ; *M. Gervillii*, id., ibid. (Calcaire tert., Manche.)

Le M. coalescent ; *M. coalescens*, Goldfuss, p. 22, tab. 8, fig. 6, *a*, *b*. (Calcaire ancien, Gothland.)

Le M. palmé ; *M. palmata*, id., ibid., p. 23, tab. 30, fig. 6, *a*, *b*. (Amérique sept.)

Observ. Ce genre, tel qu'il a été conservé par M. de Lamarck, après les nombreuses rectifications que lui a fait subir ce naturaliste, de ce qu'il étoit dans les ouvrages de Linné et de Pallas, et quoique assez bien rigoureusement caractérisé, ne nous étoit cependant connu que d'après le polypier. Nous savons maintenant, par les observations de six espèces, faites sur des individus vivans par MM. Quoy et Gaimard dans leur seconde circumnavigation, que les véritables madrépores n'ont jamais plus ni moins de douze tentacules simples et assez courts.

Schweigger a réuni les pocillopores de M. de Lamarck á ses madrépores, en quoi il a été imité, à ce que nous croyons à tort, par M. Goldfuss.

M. de Lamarck a caractérisé neuf espèces de madrépores vivantes. MM. Quoy et Gaimard en ont décrit cinq, qu'ils ont nommées : M. à animaux jaune-soufre, M. à animaux rose-lilas, M. nid d'hirondelle, M. rouge-brun et M. des îles Fidji. Il est probable que dans celles-ci il y en a quelques-unes qui rentrent dans les espèces déjà connues ; mais c'est ce qu'on ne pourra décider que lorsqu'on aura comparé leurs polypiers avec ceux qui ont été décrits par M. de Lamarck.

Quant aux espèces fossiles admises par M. Defrance et par M. Goldfuss, il ne nous paroît pas absolument certain que parmi elles il y en ait qui appartiennent indubitablement à ce genre, du moins tel que nous l'avons défini.

PALMIPORE, *Palmipora.*

Animaux inconnus, mais sans doute extrêmement déliés, contenus dans des *loges* très-petites, inégales, éparses, à ouverture obsolétement radio-cannelées, complétement immergées, et formant par leur réunion intime un *polypier* calcaire, fixé, celluleux intérieurement, très-finement poreux et réticulé à sa surface, de forme en général palmée et digitée à la circonférence.

Espèces. Le P. CORNE D'ÉLAN, *P. alcicornis.*

Millepora alcicornis, Linn., Gmel., p. 3781, n.° 1; Esper, *Suppl.*, 1, tab. 5 — 7 et tab. 26.

Le P. SQUARREUX, *P. squarrosa.*

Millep. squarrosa, de Lamk., 2, p. 201, n.° 1.

Le P. APLATI, *P. complanata.*

Mill. complanata, de Lamk., *ib.*, n.° 2; Knorr, *Delic.*, tab. A XI, fig. 4, et Esper, 1, tab. 8.

Observ. En considérant la grande différence qui existe entre les polypiers, et probablement entre les animaux que M. de Lamarck, malgré la grande réforme qu'il a faite dans le genre *Millepora* de Linné, a encore conservés dans ce genre, nous nous sommes décidés à le partager en deux : dans celui que nous nommons *Palmipore*, à cause de la forme palmée du polypier, nous conservons les espèces qui ne diffèrent réellement des madrépores proprement dits, que parce que les loges sont complétement immergées, qu'elles sont beaucoup plus petites, et que les cannelures rayonnantes sont beaucoup moins prononcées. Nous réservons au contraire le nom de *Millépore* aux espèces qui se rapprochent plus ou moins du *millepora truncata*, et qui sont fort rapprochées des eschares.

HÉLIOPORE, *Heliopora*.

Animaux courts et cylindriques, pourvus d'une couronne simple de quinze à seize tentacules larges et assez peu longs, contenus dans des *loges* cylindriques, verticales ou subdivergentes, immergées, crénelées intérieurement par des demi-lames radiaires, et constituant un *polypier* calcaire, diversiforme, fixé, et poreux dans les intervalles des cellules.

* Espèces vivantes.

L'HÉLIOPORE BLEU, *H. cærulea*.

Mad. cærulea, Ellis et Solander, p. 141, tab. 12, fig. 4.

Pocillopora cærulea, de Lamk., 2, p. 276; Quoy et Gaimard, Uranie, Zool., fig. 5 et 6. (Des mers du Sud.)

L'H. FOURCHU; *H. furcata*, id., ibid., p. 271, n.º 8.

L'H. ANGULEUX; *H. angulosa*, id., ibid., n.º 9. (Mers Australes.)

L'H. SUBDIGITÉ; *H. subdigitata*, id., ibid., n.º 10. (Mers des Indes et Australes.)

** Espèces fossiles.

L'HÉLIOPORE PYRIFORME; *H. pyriformis*, Guettard, 3, pl. 22, fig. 13 et 14.

Astræa porosa, Goldfuss, *Petref.*, p. 65, n.º 6, tab. 21, fig. 7, *a*, *b*, *c*, *d*, *e*, *f*, *g*. (Calcaire jurassique de l'Eiffel.)

L'H. ÉLÉGANT, *H. elegans*.

Astræa elegans (jeune), Goldfuss, p. 69, n.º 19, tab. 23, fig. 6, *a*, *b*. (Craie de Maëstricht.)

L'H. CANNELÉ, *H. sulcata*.

Astræa elegans (adulte), id., ibid., fig. *c*, *d*. (Craie de Maëstricht.)

L'H. DOUTEUX; *H. dubia*, de Blainv., Collection de Michelin. (Calcaire oolithique, environs d'Auxerre.)

L'Héliopore paniforme; *H. panicea*, de Blainv.

Héliolithe irrégulière, Guettard, 3, p. 502, pl. 47, fig. 5 et 6. (Calcaire tertiaire, Valmondois.)

L'H. irrégulier; *H. irregularis*, Guettard, 3, p. 501, pl. 47, fig. 3 et 4. (Calcaire tertiaire de l'île Adam.)

L'H. plane; *H. plana*, Guettard, 3, pl. 47, fig. 7 et 8. (Calcaire tertiaire, Dax.)

Observ. Nous établissons ce genre d'après la connoissance que MM. Quoy et Gaimard nous ont donnée des animaux du pocillopore bleu, dans leur dernier voyage, et en même temps sur la structure particulière du polypier. En effet, les premiers ont une forme et une disposition particulières de tentacules, et le second est remarquable en ce que ses loges sont cannelées plutôt que lamelleuses, en même temps que l'espace qui les sépare est lui-même percé de gros pores assez peu nombreux.

Ainsi ce genre, qu'on pourroit définir des astrées poreuses, est plus voisin de celles-ci que des véritables pocillopores.

Nous avons séparé comme espèce distincte le polypier dont M. Goldfuss a fait son *astræa elegans* adulte, parce qu'il nous semble impossible que l'âge puisse produire des différences aussi grandes que celles que cet auteur indique, entre lui et son *A. elegans* jeune.

L'H. *dubia* est formé par un polypier composé de tubes verticaux, cylindriques, très-distans, séparés par une pâte épaisse, cannelés longitudinalement à l'intérieur, avec une sorte de couronne de dents assez fortes vers l'ouverture. Il fait partie de la collection de M. Michelin.

L'H. *panicea*, que nous avons vu dans la même collection, est également composé de tubes cylindriques, à bords entiers, un peu saillans au-dessus de la pâte, qui est réticulée et un peu hispide.

L'H. *irregularis* ne diffère peut-être pas du précédent.

ALVÉOPORE, Alveopora.

Animaux actiniformes, peu saillans, pourvus de douze tentacules simples, assez longs, contenus dans des *loges* profondes, alvéiformes ou polygonales, irrégulières, inégales, non lamelleuses, non cannelées, mais seulement

tuberculées intérieurement, limitées par des cloisons perforées ou réticulées, échinulées à leur bord terminal, et
formant par leur réunion intime un *polypier* pierreux, poreux, celluleux, fixé, en masse subphytoïde ou arrondie.

Espèces. L'ALVÉOPORE VERT : *A. viridis*, Quoy et Gaimard,
Astrolabe, Zool., msc. (Isles des Cocos, Nouvelle-Irlande.)
L'A. DÉDALE, *A. dedalœa.*
Mad. dedalœa, Forskal, *Descript. anim.*, p. 135, n.° 7.
(Mer Rouge.)
L'A. RÉTÉPORE, *A. retepora.*
Mad. retepora, Linn.; Ellis et Solander.
Porites reticulata, de Lamk., 2, p. 269, n.° 1.
Porite de Péron, de Blainv., Dictionn. des sc. nat., atlas.
L'A. OCTOFORME, *A. octoformis.*
Astræa octoformis, de Haan, Collect. de Leyde.
L'A. BRÉVICORNE, *A. brevicornis.*
Pocillop. brevicornis, de Lamk., tom. 2, p. 275, n.° 4.

Observ. Nous devons l'établissement de ce genre à MM.
Quoy et Gaimard, qui ont observé l'espèce qui le constitue dans
leur dernière circumnavigation. Quoique pourvus de douze
tentacules, les animaux diffèrent cependant de ceux des véritables madrépores, parce qu'ils sont beaucoup plus gros et plus
actiniformes. La structure du polypier est en outre tout-à-
fait différente, en ce que, comme dans quelques porites,
par exemple dans le *porites reticulata* de M. de Lamarck,
les cellules sont profondes, contiguës, alvéoliformes, et que
leurs parois sont presque réticulées, tant elles sont percées
de trous.

GONIOPORE, *Goniopora.*

Animaux actiniformes, alongés, cylindriques, pourvus d'une
couronne de plus de douze tentacules simples et assez longs,
contenus dans des *loges* polygonales, assez irrégulières
ou inégales, cannelées assez fortement à l'intérieur, échinulées sur les bords, se réunissant les unes à côté et au-dessus
des autres, de manière à former un polypier glomérulé
ou encroûtant, adhérent, extrêmement poreux et non fasciculé.

Espèce. Le Goniopore pédonculé; *G. pedunculata*, Quoy et Gaimard, Astrolabe, Zool., msc.

Observ. Ce genre a été établi par MM. Quoy et Gaimard pour une espèce de zoanthaire pierreux, dont le polypier ressemble tellement au premier abord à une astrée glomérulée, que ces naturalistes avoient été portés à en faire une espèce de ce genre sous le nom d'*A. pedunculata;* mais en voyant que les goniopores ont une seule rangée de tentacules assez longs, et que les *loges* du polypier ne sont nullement lamelleuses ou étoilées, et sont au contraire éminemment poreuses et échinulées, ils y ont reconnu un type générique particulier, voisin du précédent, mais cependant distinct, surtout par la forme de l'animal.

Porite, *Porites.*

Animaux urcéoliformes, à douze tentacules très-courts, contenus dans des *loges* peu profondes, polygonales, irrégulières, inégales, à peine circonscrites par un rebord échinulé, incomplétement radiées par des lamelles filamenteuses, cuspidées, éparses à la surface d'un *polypier* calcaire, fixé, polymorphe, divisé en lobes ou rameaux obtus ou seulement encroûtant, mais toujours poreux et échinulé.

A. *Polypier encroûtant.*

Espèces. Le Porite astréoïde; *P. astreoites*, de Lamk., 2, p. 269, fig. 3. (Mers d'Amérique.)

Le P. arénacé; *P. arenacea, id., ibid.,* n.° 4.

Mad. arenosa?, Linn., Gmel., p. 3766; Esper, *Suppl.,* 1, p. 80, tab. 65. (Mer de l'Inde.)

Le P. de Forskal, *P. rus.*

Madrep. rus, Forskal, *Faun. arab.,* pag. 135, n.° 14. (Mer Rouge.)

B. *Polypier congloméré ou en plaque.*

Le P. congloméré; *P. conglomerata*, de Lamk., 2, p. 269.

Mad. conglomerata, Esper, *Suppl.,* 1, tab. 59, fig. *A.* (Mers d'Amérique.)

Le P. aplati; *P. complanata,* de Lamk., *ibid.,* n.° 14. (Mers Australes?)

C. *Polypier rameux.*

Le Porite alongé; *P. elongata*, de Lamk., *ibid.*, n.° 7. (Océan Indien.)

Le P. scabre, *P. scabra.*

Mad. digitata, Pallas, Linn., Gmel., p. 3774, n.° 88 ; Ellis et Solander, n.° 74. (Océan Indien.)

Le P. clavaire; *P. clavaria*, de Lamk., *ibid.*, n.° 5.

Mad. porites, Linn., Gmel., p. 3774, n.° 87 ; Ellis et Solander, tab. 47, fig. 1. (Mers des deux Indes.)

Le P. cervine; *P. cervina*, de Lamk., *ibid.*, n.° 11. (Mer des Indes.)

Le P. tuberculeux; *P. tuberculosa*, id., *ibid.*, n.° 13. (Mers des Indes?)

Le P. écumeux; *P. spumosa*, id., *ibid.*, n.° 16; Knorr, *Delic.*, tab. *A*, 1, fig. 4.

Observ. Ce genre, établi par M. de Lamarck, est assez généralement adopté; Schweigger n'a cependant fait des espèces qui le constituent qu'une simple division de ses madrépores.

MM. Quoy et Gaimard ont rapporté une partie de polypier que nous rapprochons du *P. subdigitata* de M. de Lamarck, et sur laquelle nous avons pu reconnoître que les animaux n'ont que douze tentacules.

Nous avons étudié plusieurs polypiers de ce genre et nous nous sommes convaincus qu'il doit être conservé; en effet ils ne pourroient évidemment être placés dans aucune division des astrées, quoiqu'ils offrent quelquefois des lamelles radiaires assez bien formées; ils ne pourroient pas non plus être confondus avec les madrépores, quoiqu'ils soient échinulés et poreux comme ceux-ci, parce que les cellules sont polygonales et très-peu profondes : ainsi c'est une sorte d'intermédiaire aux genres *Astræa* et *Madrepora*, comme le dit M. de Lamarck; mais, cependant, plus voisin du dernier.

M. de Lamarck définit seize espèces de polypiers vivans dans son genre *Porites*; mais nous sommes assez éloignés de croire qu'elles appartiennent toutes à ce genre, tel que nous l'avons défini. Nous en avons déjà retiré le *P. verrucosa*, type du genre Montipore et le *P. reticulata*, qui entre dans celui que nous avons nommé Alvéopore. Les *P. clavaria* et *conglomerata* sont des pocillopores.

Aucun porite ne vit dans nos mers.

Tous existent dans les mers Intertropicales ou Australes.

Aucun oryctographe n'a mentionné d'espèces de ce genre fossile en Europe.

SÉRIATOPORE, Seriatopora.

Animaux inconnus, mais probablement fort peu différens de ceux des madrépores, contenus dans des *loges* immergées, un peu ciliées sur les bords, mais peu ou point lamelleuss à l'intérieur, disposées par séries transverses dans toute l'étendue des branches d'un *polypier* calcaire, poreux, fixé et composé de rameaux grêles et cylindriques.

Espèces. Le SÉRIATOPORE PIQUANT : *S. subulata*, de Lamk., 2, p. 283, n.° 1 ; de Blainv., Dictionn. des scienc. nat., atlas, pl. des Actinoz., fig. 3, 3 *a*.

Mad. seriata, Linn., Gmel., p. 3780, n.° 102 ; Ellis et Solander, tab. 51, fig. 1 et 2. (Océan Indien.)

Le S. AIGU ; *S. acuta*, de Haan, Mus. de Leyde.

Le S. OBTUS ; *S. obtusa*, *id.*, *ibid.*

Le S. LACHE ; *S. laxa*, *id.*, *ibid.*

Le S. A GRANDS ÉPIS ; *S. macrostachys*, *id.*, *ibid.*

Observ. Ce genre a été établi par M. de Lamarck pour trois espèces de polypiers véritablement hétérogènes, comme nous nous en sommes assurés sur les individus mêmes de la collection de M. de Lamarck, faisant partie de celle de M. le duc de Rivoli : c'est même en réunissant ces espèces qu'il a pu dire que ce genre fait le passage de ses polypiers lamellifères à ceux qu'il a nommés foraminés. Le Sériatopore piquant est en effet un véritable madrépore, tandis que les *S. nuda* et *annulata* sont de la famille des milléporés, comme nous allons le voir bientôt. C'est aussi au même genre que devront être rapportés les sériatopores fossiles que M. Defrance a décrits dans le Dictionnaire des sciences naturelles, tom. XLVIII, p. 496, sous les noms de *S. antiqua, cretacea, grignonensis* et *cribaria*, et que M. Goldfuss a répartis dans différens genres.

Les quatre espèces que nous avons indiquées d'après la collection de Leyde, pourroient bien n'être que des variétés du *S. subulata*.

POCILLOPORE, *Pocillopora*.

Animaux inconnus, contenus dans des *loges* petites, enfoncées, subpolygonales, contiguës, alvéoliformes, échinulées finement sur leurs bords et quelquefois même un peu lamelleuses dans leur circonférence, formant par leur réunion intime et irrégulière un *polypier* calcaire, fixé, arborescent, d'un tissu assez compacte et non poreux, mais échinulé.

* Espèces vivantes.

Espèces. Le POCILLOPORE CORNE-DE-DAIM ; *P. damicornis*, de Lamk., 2, p. 274, n.° 2.

Mad. damicornis? Esper, *Suppl.*, 1, tab. 46, et tab. 46 *A.* (Océan Indien.)

Le P. AIGU ; *P. acuta*, id., *ibid.*, n.° 1.

Mad. damicornis, Ellis et Solander, p. 170, n.° 73. (Océan Indien)

Le P. AMARANTHE ; *P. verrucosa*, id., *ibid.*, n.° 3.

Mad. verrucosa, Ellis et Solander, p. 172. (Océan Indien.)

Le P. BREVICORNE ; *P. brevicornis*, id., *ibid.*, n." 4. (Océan Indien.)

** Espèces fossiles.

Le POCILLOPORE GLABRE ; *P. glabra*, Goldfuss, p. 27, pl. 30, fig. 7, *a, b.* (France.)

Le P. DE SOLANDER ; *P. Solanderi*, Defr., Dictionn., t. XLII, p. 48. (Calcaire tertiaire, Valmondois, près Paris.)

Le P. SUBALPIN ; *P. subalpina*, Risso, Europe mérid., 5, p. 360. n.° 148. (Calcaire tertiaire, Nice.)

Le P. PATELLIFORME ; *P. patelliformis*, id., *ibid.*, n.° 149. (Calcaire tertiaire, Nice.)

Observ. Ce genre a été séparé des véritables madrépores par M. de Lamarck, et assez généralement adopté. M. Goldfuss n'en fait cependant qu'une division de son genre *Madrepora*.

Nous ne connoissons les animaux d'aucune des espèces qui le composent ; mais d'après la structure seule des loges et des polypiers, il nous semble qu'on ne peut pas les confondre

avec les madrépores, qui ont des cellules coniques, fortement
lamelleuses, et dont toute la substance est poreuse et réticulée. Il est vrai qu'il faut retrancher des pocillopores de
M. de Lamarck son P. bleu, qui appartient au genre précédent, et les *P. fenestrata* et *stigmataria*, dont il faudra sans
doute former une coupe particulière, s'ils ne rentrent pas
dans les porites. Malheureusement nous ne les connoissons ni
en nature ni même figurés. Peut-être, au contraire, faudra-
t-il rapporter à ce genre quelques porites de M. de Lamarck.

Aucune espèce de pocillopore ne vit dans nos mers.

Toutes viennent des mers Intertropicales et Australes.

Quoique les oryctographes admettent qu'il y a des pocillopores fossiles en Europe, cela n'est rien moins que certain.
Nous doutons, en effet, que le polypier fossile dont M.
Goldfuss a fait son *P. glabra*, appartienne réellement à ce
genre. Probablement en faut-il dire autant du P. de Solander
de M. Defrance, et encore mieux des deux espèces de M.
Risso, qui, d'après sa description même, sont des astrées.

CLASSE IV.

Les POLYPIAIRES, *Polypiaria*.

Animaux hydriformes, c'est-à-dire en général fort grêles,
pourvus de tentacules filiformes sur un seul rang, assez
peu nombreux, nus ou contenus dans des *cellules* très-diversifiées. mais jamais lamellifères, et s'agglomérant de manière à former un *polypier* très-variable de nature et de
forme.

Observ. Cette classe ne peut certainement être regardée
que comme provisoire ; en effet, elle contient des êtres tellement différens, du moins à en juger surtout d'après leurs polypiers ou leurs parties desséchées, qu'il est difficile de croire
qu'ils appartiennent au même degré d'organisation. Ainsi,
parmi les millépores, il se peut qu'il y ait quelques genres
qui devront passer parmi les madrépores, et *vice versa*, il se
peut que parmi ceux-ci il y ait de véritables polypiaires.

D'après ces observations, nous diviserons cette classe en
quatre sous-classes fort distinctes, dont quelques-unes ne devront peut-être pas même rester dans le type des actinozoaires.

Mais c'est ce qu'une observation exacte des animaux vivans
peut seule établir d'une manière positive.

SOUS-CLASSE Ire

Les POLYPIAIRES PIERREUX, *P. solida.*

Animaux contenus dans des *cellules* en général fort petites,
calcaires, à ouverture terminale, accumulées de manière
à former un *polypier* solide, souvent arborescent et fixé.
Ovaires internes?

Observ. Cette sous-classe, caractérisée par la nature du polypier, ne contient que deux petites familles.

Fam. Ire Les MILLÉPORÉS. (G. *Millepora*, Linn.)

Animaux en général polypiformes, c'est-à-dire, très-grêles
et pourvus d'une seule couronne de tentacules très-déliés,
contenus dans des cellules quelquefois assez grandes, mais
toujours sans lamelles ou stries à l'intérieur comme à l'extérieur, et formant par leur réunion intime un *polypier*
diversiforme, constamment fixé.

Observ. Quoique nous ayons désigné cette famille par une
dénomination empruntée au genre de Linné, qui en forme la
plus grande partie, nous devons cependant faire observer que
le principal caractère que nous lui assignons repose sur l'absence totale de lamelles, de cannelures et même de stries à
l'intérieur ou à l'extérieur des cellules qui renferment la partie spéciale de chaque polype; aussi y faisons-nous entrer plusieurs genres dont les cellules sont au moins aussi grandes que
dans beaucoup de genres de la famille précédente.

Dans les milléporés on ne connoît pas encore d'exemple
d'animaux simples.

Dans ce groupe les cellules sont toujours sans lamelles ni
cannelures intérieures; elles sont accumulées, et se touchent
sans tissu intermédiaire, de manière à former une masse calcaire ou un polypier alvéoliforme, toutefois en en retranchant les milléporés palmés, dont nous avons fait le genre
Palmipore et qui sont de véritables madrépores.

L'ordre et la disposition des genres de cette famille sont
établis d'après la considération des cellules, passant de la

forme alvéolaire à la forme tubuleuse; par la première on passe aux derniers genres de la famille précédente, et par la dernière on arrive aux tubulipores.

C'est d'après cette considération que nous établissons la table synoptique suivante :

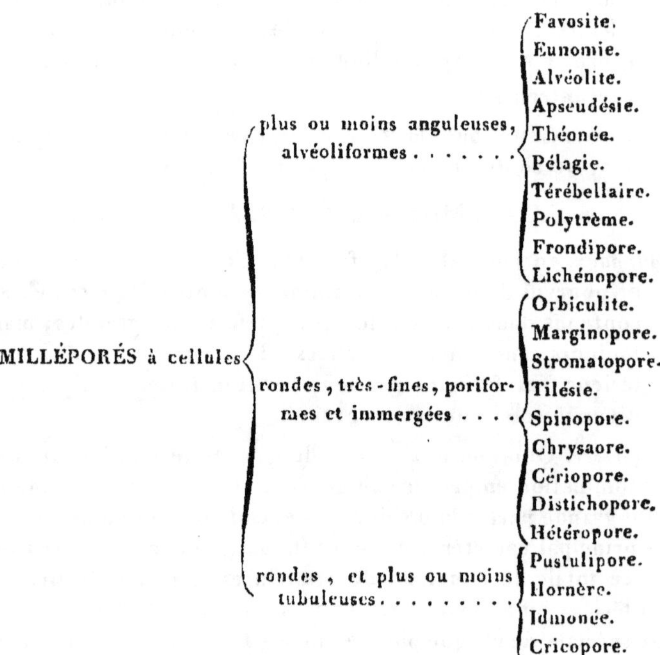

La dénomination générale que nous employons, auroit peutêtre été convenablement remplacée par celle de *nudipora*, qui indique le principal caractère des polypiers de cette famille.

§. 1.er *Cellules polygonales, souvent assez grandes.*

FAVOSITE, *Favosites.*

Animaux inconnus, contenus dans des *cellules* prismatiques, verticales ou plus ou moins divergentes, à parois communes, percées de pores, traversées par des cloisons transverses, et formant par leur agglomération un *polypier* calcaire, diversiforme, le plus souvent épais et comme basaltiforme.

Espèces. La FAVOSITE DE GOTHLAND; *F. gothlandica*, de Lamk. 2, p. 206, n.° 2.

Corallina gothlandicum, Linn., *Ann. acad.*, 1, p. 106, tab. 4, fig. 7.

Calamopora gothlandica, Goldfuss, *Petref.*, p. 77, tab. 26, fig. *a, b, c, d, c.* (Calcaire de transition de Gothland et de l'Eiffel.)

La F. ALVÉOLAIRE, *F. alveolaris.*

Calamopora alveolaris, Goldfuss. p. 77, tab. 26, fig. 1 , *a, b, c.* (Calcaire de transition de l'Eiffel.)

La F. BASALTIQUE, *F. basaltica.*

Calam. basaltica, id., ibid., fig. 4, *a, b, c, d.* (Calcaire de transition, Amérique septentrionale; Eiffel.)

La F. ALCYON; *F. alcyon*, Defr., Dictionn. des sc. nat., t. XVI, p. 298, atlas, pl. des Foss., fig. 5, 5 *a.*

La F. DE VALOGNE; *F. valonensis*, id., ibid.

La F. STRIÉE; *F. striata*, id., ibid.

La F. DÉMOCRATIQUE; *F. democratica*, Risso. Europe mérid.. 5, p. 350, n.° 121. (Nice.)

La F. CLOISONNÉE; *F. septosa.* Flemming, *Brit. anim.*, p. 529, n.° 1. (Calcaire houiller, Angleterre.)

La F. DÉPRIMÉ; *F. depressa*, id., ibid., n.° 2. (Calcaire houiller, Angleterre.)

La F. QUADRIGÉMINÉE, *F. quadrigemina.*

Cyathophyllum quadrigeminum, Goldf., *Petref.*, pag. 50. tab. 18, fig. 6, *a, b.* (Calc. de trans. de l'Eiffel.)

La F. RADIÉE, *F. radiata.*

Eunomia radiata, Lamx., Gen. Polyp., pl. 81. fig. 10 et 11; Defr., Dict. des sc. nat., t. XLII, p. 385, atlas, pl. des Foss., fig. 44 *a.*

Observ. Ce genre a été établi par M. de Lamarck dans le prodrome de son cours en 1812; mais en en retranchant avec Schweigger le *F. alveolata*, type du genre *Acervularia* de celui-ci, il ne reste plus dans les favosites que des corps organisés fossiles. souvent tellement dénaturés par la fossilisation, qu'on n'y reconnoît plus que des assemblages de prismes verticaux, basaltiformes ou subarticulés. Quelquefois, cependant, on trouve encore les parois des tubes prismatiques, et M. Goldfuss dit y avoir remarqué qu'elles sont perforées par des trous qui les font communiquer les uns avec les autres; disposition que nous avons fait entrer dans la caractéristique du genre, sans que nous ayons pu la reconnoître nous-mêmes. Ainsi on conçoit que la même espèce puisse se présenter avec les tubes complétement vides ou bien remplis par une substance étrangère qui s'y est moulée, ou enfin que les tubes aient des pores, et qu'il ne reste plus que leurs moules sous forme de prismes. C'est ce que M. Goldfuss croit avoir observé pour les *favosites gothlandica* et *basaltica*. Nous doutons cependant un peu que les trois états qu'il en figure, appartiennent réellement à la même espèce. Il y a trop de différences entre les tubes et leurs moules.

Quoi qu'il en soit, M. Goldfuss ayant réuni aux Favosites de M. de Lamarck ses Alvéolites, leur a donné le nom commun de *Calamopora;* disposition que nous n'adopterons pas.

Lamouroux, faute d'attention, sans doute, a adopté le genre Favosite de M. de Lamarck et en a créé un autre sous le nom d'*Eunomia*, qui y rentre tout-à-fait, comme nous nous en sommes assurés en examinant un individu de son *E. radiata* dans la collection de M. Defrance et un autre dans celle de Caen.

On ne connoît encore de favosites qu'à l'état fossile.

Nous ne voulons pas assurer qu'il n'y ait pas de doubles emplois dans les espèces de fossiles que nous rangeons dans ce genre; mais nous avons cru devoir les mentionner, pour diriger les observations des oryctographes sur ce sujet. Il se pourroit même que plusieurs de ces prétendues espèces ne fussent que des moules d'astrées tubuleuses, polygonales. La favosite radiée, *Eunomia radiata* de Lamouroux est certainement un moule.

ALVÉOLITE, *Alveolites.*

Animaux inconnus, contenus dans des *cellules* assez courtes, tubuleuses, prismatiques, alvéoliformes, à parois très-minces, formant par leur réunion intime des couches

calcaires réticulées , encroûtantes , s'enveloppant l'une
l'autre, ou même constituant un *polypier* branchu.

* Espèces vivantes.

L'Avéolite encroutante : *A. incrustans*, de Lamk., 2,
p. 186, n.° 4; de Blainville, Dictionn. des sc. nat., atlas,
pl. 2, fig. 3, 3 a.

L'A. celluleuse ; *A. cellulosa*, Risso, Europe mérid., 5,
p. 345, n.° 106.

** Espèces fossiles.

A. *Enveloppantes ou globuleuses.*

L'A. escharoïde ; *A. escharoidea*, de Lamarck, *ibid.*, p. 180,
n.° 1. (Calc. ancien de Dusseldorf.)

L'A. suborbiculaire; *A. suborbicularis*, id., *ibid.*, n.° 2.

Calamophora spongites, Goldfuss, *Petref.*, tab. 28 , fig. 1, a,
b, c, d, e, f, g, h. (Calc. ancien de Dusseldorf.)

L'A. réticulée, *A. reticulata.*

Calam. spongites, var. b, Goldfuss, *ibid.*, tab. 28, fig. 2,
a, b, c, d, e. f, g. (Calc. ancien de Dusseldorf.)

L'A. spongite, *A. spongites.*

Ceriopora spongites, Goldfuss, *ibid.*, tab. 10, fig. 14, a, b, c.

L'A. en massue, *A. clavata.*

Ceriopora clavata, id., *ibid.*, tab. 10, fig. 15, a, b, c, d, e, f.

L'A. infundibuliforme, *A. infundibuliformis.*

Calamorphora infundibuliformis, Goldfuss, *ibid.*, tab. 27,
fig. 1, 2. (Calc. de trans. de l'Eiffel.)

L'A. polymorphe, *A. polymorpha.*

Calam. polymorpha , var. a, Goldfuss, tab. 27, fig. 2, a,
b, c, d, et var. b, fig. 3, a, b, c, d. (Calc. ancien des bords
du Rhin.)

B. *Cylindriques et branchues.*

L'A. madréporacée ; *A. madreporacea*, de Lamarck, *ibid.*,
p. 186, n.° 3.

Astroïte ramifiée, Guettard , 3, p. 517, tab. 36, fig. 2, a, b.
(Calc. tert. de Dax.)

L'A. ramifiée, *A. ramosa.*

Astroïte ramifiée, Guettard, 3, pl. 55. (Calc. tert. , Dax.)

L'A. cervicorne, *A. cervicornis.*

Calam. polymorpha, var. *c*. Goldfuss, tab. 27, fig. 4, *a*. *b*, *c*, *d*. (Calc. de trans. , Palatinat.)

L'ALVÉOLITE DOUTEUSE, *A. dubia.*

Calam. polymorpha, var. *d*, Goldfuss , tab. 27, fig. 5. (De Bamberg.)

L'A. MILLÉPORACÉE, *A. milleporacea.*

Ceriopora milleporacea, Goldfuss, tab. 10, fig. 10, *a* , *b* , *c*.

L'A. GRÊLE, *A. gracilis.*

Ceriop. gracilis, Goldfuss , *ibid.*, tab. 10, fig. 11 , *a* , *b* , *c.* (Craie , Maëstricht.)

L'A. QUINCONCIALE, *A. quincuncialis.*

Ceriop. madreporacea, id. , *ibid.* , tab. 10 , fig. 12 , *a* , *b.*

L'A. TUBIPORACÉE, *A. tubiporacea.*

Ceriop. tubiporacea, id. , *ibid.* , tab. 10 , fig. 13 , *a* , *b.*

C. *Planulées et infundibuliformes.*

L'A. FONGIFORME, *A. fungiformis.*.

Fungites infundibuliformis, Guettard , *ibid.*, pl. 9 , fig. 1 , 2.

Calam. polymorpha, var. C, Goldfuss. (Calc. jur., Caen.)

Observ. Ce genre a été établi depuis assez long-temps par M. de Lamarck , pour des polypiers la plupart fossiles , de forme très-variable , mais toujours reconnoissables par le grand nombre de cellules alvéoliformes , en général assez petites , dont ils sont composés.

M. Goldfuss reconnoissant avec raison , sans doute , le grand rapport qu'il y a entre ce genre et celui des Favosites, des deux n'en fait plus qu'un , qu'il désigne sous le nom de *cala-mopora*. Nous n'avons pas cru devoir adopter sa manière de voir, pour ne pas embrouiller encore le sujet , et parce qu'il y a réellement d'assez grandes différences entre les polypiers de ces deux genres.

Les véritables alvéolites paroissent offrir des formes très-variables ; mais nous n'admettons cependant pas tout-à-fait les déterminations de M. Goldfuss, qui, selon nous, a souvent réuni sous un seul nom des polypiers trop différens pour avoir appartenu à la même espèce et qui proviennent quelquefois de terrains également très-différens. Nous ne rapporterons pas non plus , comme lui, aux alvéolites le genre Chénodopore de Lamouroux, parce que nous nous sommes assurés dans la collection de Caen, que ce genre est établi sur un véritable alcyon.

FRONDIPORE, *Frondipora.*

Animaux inconnus, contenus dans des *cellules* inégales, sub-polygonales, rapprochées en plaques ou protubérances ir-régulières, un peu saillantes à la surface externe seulement des rameaux très-nombreux, souvent anastomosés d'un *po-lypier* fixé, calcaire, dendroïde, diversement réticulé et strié transversalement à la face non cellulifère.

Espèces. Le F. VERRUQUEUX, *F. verrucosa.*

Krusensternia verrucosa, Tilesius, Lamouroux, Gen. Polyp., p. 41, tab. 74, fig. 10, 11, 12, 13. (Mers du Kamtchatka.)

Le F. RÉTICULÉ, *F. reticulata.*

Millep. reticulata, Linn., Gmel., p. 3785, n.° 20.

Retepora reticulata, de Lamarck, 2, p. 182, n.° 1. (Mers d'Europe.)

Le F. DE MARSIGLI; *F. Marsiglii,* Marsigli, Hist. de la mer, tab. 54, fig. 165, 166. (Méditerranée.)

Observ. Ce genre, établi par Tilesius, sous le nom de *Kru-sensternia,* pour un polypier des mers du Kamtchatka, a été adopté par Lamouroux sous le même nom, auquel nous avons préféré celui de Frondipore, déjà employé pour une des deux dernières espèces. Son caractère principal consiste à avoir les cellules contiguës, alvéoliformes, groupées à la face interne ou vers l'extrémité de rameaux anastomosés, flabelliformes et striés en travers à la face non cellulifère.

Une erreur singulière de Lamouroux, c'est qu'il rapporte à son *Krusensternia verrucosa,* le *Millepora reticulata* d'Ellis et Solander, et le *Retepora reticulata* de M. de Lamarck, en en excluant, dit-il, la synonymie prise de Marsigli. Mais ce n'est réellement que d'après ce dernier que cette espèce a été établie; car elle existe en abondance dans la mer Médi-terranée. Cependant c'est peut-être à tort que M. de La-marck a fait une seule espèce de celle de l'Inde et de celle de la Méditerranée. Quoi qu'il en soit, Lamouroux a évi-demment eu tort de nier qu'il en existe une au moins fort voisine dans la Méditerranée. Il cite également à faux Peron dans sa synonymie, car M. de Lamarck ne dit pas que son *R. reticulata* ait été rapporté par ce voyageur.

Nous avons observé communément la F. réticulée de la Méditerranée ; elle est généralement verte quand elle est fraîche. Elle est très-réticulée.

Il se pourrait même qu'il y en eût deux espèces voisines. L'une plus anastomosée ou à ramuscules alvéoliformes plus latéraux, et l'autre dont ces ramuscules sont au contraire plus ascendans. Nous avons vu ces deux variétés dans la collection de M. Michelin.

LICHÉNOPORE, Lichenopora.

Animaux inconnus, contenus dans des *cellules* poriformes assez grandes, quelquefois subtubuleuses, subpolygones, serrées et irrégulièrement éparses à la surface intérieure seulement d'un *polypier* calcaire, fixé, orbiculaire, cupuliforme et tout-à-fait lisse en dehors.

* Espèce vivante.

La Lichénopore de la Méditerranée, *L. Mediterranea.*

** Espèces fossiles.

La L. turbinée ; *L. turbinata*, Defr., Dictionn., tom. XXVI, pag. 257, atlas, pl. des Fossiles, fig. 4, 4 *a*, 4 *b*.

La L. crêpue ; *L. crispa*, *id.*, *ibid.*

La L. des craies ; *L. cretacea, id.*, *ibid.*

Observ. Ce genre a été établi par M. Defrance (*loc. cit.*) pour de très-petits polypiers fossiles très-délicats, qu'il a trouvés dans la craie ou dans le calcaire grossier des environs de Paris.

Nous avons étudié dans sa collection les individus mêmes qui ont servi à ses observations, et nous croyons nous être assurés que ce sont de très-jeunes polypiers d'une espèce fort voisine du *retepora reticulata* ou *frondiculata* de M. de Lamarck. C'est du moins ce que nous sommes fort portés à penser, en voyant que nous avons fréquemment trouvé attachés à des productions de la Méditerranée de petits polypiers vivans de même forme, et qui étoient évidemment des jeunes *retepora reticulata.*

Théonée, *Theone.*

Animaux inconnus, contenus dans des *cellules* assez grandes, assez profondes, à ouverture subpolygonale, rassemblées par groupes irréguliers, saillans à la surface bosselée et crêtée d'un *polypier* calcaire, fixé, irrégulièrement lobé et plus ou moins lacuneux dans les intervalles des amas de pores.

Espèce. La Théonée chlatrée : *T. chlatrata,* Lamx., Gen. Polyp., p. 82, pl. 80, fig. 17, 18; Defr., Dictionn., tom. LIII, p. 470, atlas, pl. des Fossil., fig. 2, 2 *a.* (Calc. jurass. de Caen.)

Observ. Nous avons observé dans la collection de M. Defrance un échantillon bien complet du petit polypier fossile sur lequel ce genre a été établi par Lamouroux, et nous nous sommes assurés que ce n'est autre chose qu'une espèce de millépore à cellules subpolygonales, ramassées par petits groupes sur des bosselures ou des crêtes dont le polypier est hérissé.

Dans la collection de la ville de Caen, qui renferme aujourd'hui les objets sur lesquels Lamouroux a travaillé, le *T. clathrata* forme une masse encroûtante, bosselée, avec des lacunes diversiformes entre les amas de pores.

Apseudésie, *Apseudesia.*

Animaux inconnus, contenus dans des *cellules* subpolygonales, petites, poriformes, irrégulièrement disposées, et occupant le bord supérieur et externe de crêtes ondées, sinueuses, lisses d'un côté, plissées de l'autre, constituant un *polypier* calcaire, globuleux ou hémisphérique, divergeant de la base à la circonférence.

Espèces. L'Apseudésie crétée; *A. cristata,* Lamx., Gen. Pol., p. 82, tab. 80, fig. 12, 13, 14. (Calc. à polyp. de Caen.)

L'A. œillet; *A. dianthus,* de Blainv., Collect. de Michelin. (Calc. jur. sup. de Caen.)

L'A. cérébriforme; *A. cerebriformis, id. ibid.* (Calc. tert. de Doué, d'Anjou.)

Observ. Ce genre a été établi par Lamouroux dans l'ouvrage cité; mais fort mal caractérisé et mal figuré, comme nous nous en sommes assurés d'après un échantillon de la collection de M. Defrance, et d'après ceux mêmes qui faisoient partie du cabinet de Lamouroux. En effet, outre que ce polypier ne se rapproche nullement des méandrines, comme il le suppose, c'est une véritable alvéolite dont les pores, plus ou moins alvéoliformes, existent au bord même des lames ou crêtes ondées et festonnées qui le constituent. Dans la première espèce, M. de Magneville a distingué deux fortes variétés; l'une presque entièrement globuleuse, et l'autre hémisphérique : toutes deux du calcaire à polypiers de Caen.

La seconde espèce, qui vient des mêmes lieux, est très-remarquable par la forme et le dessin de ses crêtes, qui portent les cellules à tout leur bord externe.

Enfin, la troisième ressemble à une méandrine dont les collines seroient alvéolifères.

Térébellaire, *Terebellaria.*

Animaux inconnus, contenus dans des *cellules* assez petites, ovales, subtriangulaires, disposées assez bien en quinconce à la surface d'un *polypier* calcaire, composé de rameaux peu nombreux, coniques, et comme tortillés en tire-bouchon de la base au sommet.

Espèces. La T. très-rameuse; *T. ramosissima,* Lamx., Exp. méthod. des Polyp., pl. 82, fig. 1 *a.* (Foss. du calc. à polyp. de Caen.)

La T. Antilope; *T. Antilope, id., ibid.,* fig. 2 et 3. (Foss. du calc. à polyp. de Caen.)

Observ. Ce genre a été établi par Lamouroux (*loc. cit.*) pour deux polypiers fossiles, appartenant sans doute à la même espèce, comme le fait justement observer M. Defrance, et qui offrent de remarquable l'espèce de torsion que leurs rameaux semblent avoir éprouvés. Quant aux cellules, elles ne sont réellement pas subtubuleuses, comme l'on pourroit le croire d'après les figures citées; c'est l'usure du polypier qui leur donne cette apparence, en sorte que ce genre doit être placé non loin des alvéolites.

PÉLAGIE, *Pelagia.*

Animaux inconnus, contenus dans des *cellules* subpolygonales, serrées, irrégulières, occupant le bord convexe de lames ou crétes verticales nombreuses, disposées radiairement et constituant un *polypier* calcaire, libre, fongiforme, excavé et lamellifère en-dessus, convexe, pédiculé et ridé circulairement en-dessous.

Espèce. La P. BOUCLIER : **P.** *clypeata*, Lamx., Gen. Polyp., pl. 79, fig. 5, 6, 7; Defr., Dictionn. des sc. nat., t. XXXVIII. atlas, pl. des Fossil., fig. 3, 3 *a*, 3 *b*.

Observ. C'est encore un genre établi par Lamouroux, mais également mal caractérisé et mal figuré, comme nous avons pu nous en convaincre sur l'échantillon même qui a servi à ses observations. En effet, au lieu d'être voisin des turbinolies ou des cyclolites, comme il le dit, ce genre est encore une véritable alvéolite libre, dont les loges occupent les bords des lames disposées radiairement à la partie supérieure du polypier, un peu comme cela a lieu dans certaines espèces ou variétés de Lichénopores.

POLYTRÈME, *Polytrema.*

Animaux inconnus, contenus dans des *cellules* poriformes, polygonales, irrégulières, inégales, nombreuses, occupant les rameaux tuberculeux d'un *polypier* calcaire et fixé.

Espèce. Le P. ROUGE, *P. miniacea.*
Millepora miniacea, Linn., Gmel., p. 3784, n.° 6; Esp., 1, tab. 17.
Millepora rubra, de Lamk., 2, p. 202, n.° 8.
Polytrema corallina, Risso, Europe mérid., 5, page 340, n.° 91.

Observ. Ce genre, assez insignifiant, a été établi par M. Risso (*loc. cit.*) pour un très-petit polypier guttiforme, que l'on trouve communément sur tous les corps submergés de la Méditerranée et dans d'autres mers; mais que l'on ne connoît que très-incomplétement. L'auteur cité le regarde à tort comme une espèce nouvelle.

§. 2. *Cellules arrondies, poriformes et très-fines.*

Orbitolite, *Orbitolites.*

Animaux inconnus, constitués en partie par un corps crétacé, régulier, orbiculaire, discoïde, à peu près également plan en dessus comme en dessous, celluleux. Les *cellules* sur deux plans, quelquefois apparentes à l'extérieur et surtout dans le bord, qui est épaissi.

* Espèce vivante.

L'Orbitolite marginale ; *O. marginalis*, de Lamk., 2, p. 196, n.° 1. (Mers d'Europe.)

** Espèces fossiles.

L'Orbitolite plane; *O. complanata*, de Lamk., *ibid.*, n.° 2. *Hélicite*, Guettard, 3, p. 434, pl. 13, fig. 30, 31, 32. (Calcaire tertiaire de Grignon, de Courtagnon.)

L'O. lenticulée : *O. lenticulata*, de Lamk., *ibid.*, n.° 3; Lamx., Gen. Polyp., tab. 72, fig. 13 — 16. (Calcaire jurassique de la Perte du Rhône.)

L'O. soucoupe; *O. concava*, id., *ibid.*, n.° 4. (Calcaire tertiaire du Maine.)

L'O. macropore: *O. macropora*, id., *ibid.*, n.° 5; Goldfuss, *Petref.*, pag. 41, tab. 12, fig. 8, *a*, *b*. (Calcaire tertiaire ? des environs de Paris.)

L'O. calotte; *O. pileolus*, de Lamk., *ibid.*, n.° 6.

Observ. Ce genre, établi par M. de Lamarck, d'abord sous le nom d'*Orbitolites*, qu'il a depuis changé en celui d'*Orbulites*, sans penser qu'il avoit déjà établi un genre de polythalames sous cette dénomination, ne contient encore qu'une espèce vivante et assez commune dans nos mers. et surtout dans la Méditerranée. Nous l'avons étudiée avec soin, et nous sommes presque convaincus que ces petits corps crétacés ne sont pas de véritables polypiers, mais bien quelque pièce intérieure, qui s'accroît par la circonférence. Il est en effet évident qu'il n'y a pas de cellules proprement dites, à moins qu'on ne veuille regarder comme telles les deux plans de locules qui occupent le bord et qui n'offrent rien de terminé. Tout le reste est couvert d'une légère **croûte** crétacée, qui ferme les anciens pores.

Les espéces fossiles, dont plusieurs sont très-probablement nominales, appartiennent essentiellement aux terrains tertiaires.

On doit cependant remarquer que la dernière espéce vient de la craie de Maëstricht, suivant M. Defrance, et des environs de Paris, suivant M. Goldfuss.

Marginopore, *Marginopora.*

Animaux inconnus, contenus dans des *cellules* poriformes, excessivement petites, rondes, serrées, éparses dans les sinuosités, très-fines et tortueuses, qui guillochent la circonférence d'un *polypier* calcaire, libre, un peu irrégulier, discoïde, concave et concentriquement strié en dessus comme en dessous et plus épais sur les bords.

Espèce. Le Marginopore vertébral ; *M. vertebralis,* Quoy et Gaimard, Astrolabe. Zool., msc.

Observ. MM. Quoy et Gaimard ont établi ce genre pour un petit polypier, qui ne peut rentrer, ce nous semble, dans aucun de ceux que nous connoissons aujourd'hui, soit vivant, soit fossile. Il est extrêmement léger et parfaitement calcaire. Sa forme représente très-bien une petite vertèbre de squale, qui, en se desséchant, se seroit un peu tourmentée, c'est-à-dire, qu'il est un peu excavé au centre des deux faces, le rebord étant au contraire plus épais et plus ou moins flexueux. Ces deux faces n'offrent que des stries d'accroissement, sans aucune trace de pores. Il n'en est pas de même de la circonférence rebordée ; elle est entièrement criblée de pores très-fins, arrondis et situés dans les sinuosités d'un guillochis très-serré et peu profond. Les lames, qui terminent aussi le polypier à sa circonférence, sont comme boursouflées et transparentes. Il en résulte qu'à l'intérieur il est très-celluleux, et en usant une de ses faces on trouve qu'il est formé de canaux concentriques, séparés par des espèces de cloisons, partagés eux-mêmes en cellules : ce qui rappelle un peu la structure des orbitolites.

Stromatopore, *Stromatopora.*

Animaux inconnus , contenus dans des *cellules* très-petites , finement poreuses , irrégulièrement disposées dans les sillons transverses, circulaires, concentriques, d'un *polypier* calcaire, hémisphérique ou subglobuleux, composé de couches superposées et décroissantes.

Espèce. Le Stromatopore concentrique ; *S. concentrica,* Goldfuss, *Petref.* , tab. 8 , fig. 5 , *a, b, c.*

Observ. Ce genre, établi (*loc. cit.*) par M. Goldfuss sur un corps organisé fossile, nous est connu d'après la description et l'excellente figure qu'il en a données, ainsi que d'après l'échantillon de la collection de Bonn. En l'examinant, nous avons douté si ce ne seroit un véritable polypier ou un morceau de sphérulite.

Cériopore, *Ceriopora.*

Animaux inconnus, contenus dans des *cellules* poriformes , rondes , serrées, irrégulièrement éparses, et formant par leur réunion et leur agglomération en couches concentriques, un *polypier* calcaire, polymorphe, mais le plus souvent globuleux ou lamelleux.

Espèces. Le Cériopore micropore ; *C. micropora,* Goldfuss, *Petref.*, p. 32, pl. 10, fig. 4, *a, d.* (Craie de France , de Maëstricht, de Westphalie.)

Le C. verruqueux ; *C. verrucosa,* id., ibid., fig. 6, *a, b, c.* (Calcaire de transition de Bamberg.)

Le C. polymorphe; *C. polymorpha,* id., ibid., fig. 7, *a, b, c, d.*

Le C. comprimé; *C. compressa,* id., ibid., tab. 11, fig. 4, *a, b.* (Craie de Maëstricht.)

Observ. Ce genre a été établi par M. Goldfuss dans l'ouvrage cité ; mais en ayant égard principalement au mode d'accroissement du polypier par couches enveloppantes, il y a fait entrer la plupart des alvéolites de M. de Lamarck, les chrysaores de Lamouroux et beaucoup d'autres espèces, dont la forme et la disposition des cellules sont très-différentes : c'est ce qui nous a déterminés à le simplifier beaucoup et à n'y plus conserver que des millépores à couches concentriques et enveloppantes.

Chrysaore, *Chrysaora.*

Animaux inconnus, contenus dans des *cellules* poriformes, très-fines, à ouverture arrondie, éparses et serrées dans les intervalles d'espèces de côtes ou de lignes saillantes, anastomosées à la surface d'un *polypier* calcaire, solide, fixé, irrégulièrement rameux, lobé ou très-polymorphe.

Espèces. La Chrysaore épineuse; *C. spinosa,* Lamx., Gen. Polyp., pl. 81, fig. 6 et 7.

Ceriopora spinosa, Goldfuss, *Petref.,* tab. 11, fig. *a.* (Calcaire jurassique supérieur de Caen.)

La C. corne-de-daim : *C. damicornis, id., ibid.,* fig. 8 et 9; Defr., Dict. des sc. nat., tom. XLII, p. 392, atlas, pl. des Fossiles, fig. 2, 2, *a.*

Ceriopora angulosa, Goldfuss, *ibid.,* fig. 7, *a, b, c.* (Calcaire jurassique de Caen, de Baireuth.)

La C. striée, *C. striata.*

Ceriop. striata, Goldfuss, *ibid.,* t. 11, fig. 5, *a, b, c, d, e, f, g, h, i.* (Calcaire jurassique de Baireuth.)

La C. trigone, *C. trigona.*

Ceriop. trigona, id., ibid., fig. 6, *a, b.*

La C. crêpue, *C. crispa.*

Ceriop. crispa, id., ibid., fig. 9, *a, b, c, d.* (Calcaire jurassique de Baireuth.)

La C. faveuse, *C. favosa.*

Ceriop. favosa, id., ibid., fig. 10, *a, b, c, d.*

Observ. Ce genre a été établi par Lamouroux dans son Exposition méthodique des genres de Polypiers, pour des polypiers fossiles.

Nous les avons étudiés dans la collection de Caen, et ils nous ont paru offrir un type assez particulier; aussi nous n'avons pas adopté la manière de voir de M. Goldfuss, qui confond ce genre dans ses cériopores.

Les espèces de ce genre varient considérablement de forme, en sorte qu'il est très-probable que plusieurs de celles de M. Goldfuss, qui proviennent de la même localité, sont nominales.

Elles ont toutes été trouvées dans le calcaire jurassique.

Nous n'en connoissons pas encore de vivantes.

TILÉSIE, *Tilesia*.

Animaux inconnus, contenus dans des *cellules* fort petites, à
ouverture circulaire, réunies en groupes irréguliers et
saillans à la surface d'un *polypier* pierreux, fixé, cylindracé, tortueux et lisse dans les intervalles des plaques de
pores.

Espèce. La TILÉSIE TORTUEUSE : *T. distorta*, Lamx., Gen.
Polyp., p. 42, pl. 74, fig. 5 et 6; Defr., Dictionn. des sc.
nat., tom. LIV, p. 365, et atlas, pl. des Fossiles, fig. 5 et 5 *a*.
(Calcaire jurassique supérieur de Caen.)

Observ. Ce genre, établi par Lamouroux pour un fragment de polypier, trouvé dans le calcaire jurassique des environs de Caen, ne nous est connu que par la description et
la figure incomplètes que cet auteur en donne. Nous n'avons
pu en trouver d'échantillon ni dans la collection de M. Defrance ni dans celle de la ville de Caen; aussi nous ne saurions dire au juste ce que c'est : il nous semble cependant
probable que c'est encore un milléporé.

SPINOPORE, *Spinopora*.

Animaux inconnus, composant un *polypier* calcaire, circonscrit, diversiforme, appliqué, adhérent par une face ordinairement concave et à cercles concentriques en dessous,
réticulé et hérissé de tubercules épineux, entre lesquels
sont des *cellules* poriformes en dessus.

Espèces. Le SPINOPORE PROTÉE; *S. Protæus*, Defrance, msc.
(Craie de Paris, de Néhou.)

Le S. ÉLÉGANT; *S. elegans*, *id.*, *ibid.* (Craie de Néhou, du
Cotentin.)

Le S. MITRE, *S. mitra*.

Ceriopora mitra, Goldfuss, *Petref.*, p. 39, tab. 30, fig. 13, *a, b*.
(Craie de Westphalie.)

Observ. Nous avons trouvé ce genre indiqué dans la collection de M. Defrance, sous le nom de *Pagrus*, que nous avons
changé en celui de Spinopore, plus en harmonie avec les dénominations génériques de cette famille. Son caractère principal est d'offrir des pores arrondis, irréguliers, cachés entre

des tubercules épineux, dont la surface supérieure, non adhérente, est hérissée. Il se pourroit que les corps sur lesquels
il est établi, ne fussent que de jeunes polypiers d'un autre
genre; mais c'est ce que nous ne pouvons assurer.

Nous ne connoissons pas encore de spinopore vivant.

Les trois espèces indiquées ont été trouvées dans la craie.

DISTICHOPORE, *Distichopora.*

Animaux inconnus, contenus dans des *cellules* de deux sortes,
les unes stelliformes, éparses, extrêmement superficielles
et laissant peu de traces: les autres poriformes, profondes,
inégales, formant trois séries latérales de chaque côté des
branches d'un *polypier* calcaire, fixé, dendroïde, composé de rameaux comprimés, obtus, arrondis, subflexueux
et vasculo-tubuleux à l'intérieur.

Espèce. Le DISTICHOPORE VIOLET : *D. violacea*, de Lamk., 2,
p. 198, n.° 2; Enc. méth., pl. 481, n.° 1, *a*, *b*.

Millepora violacea, Linn., Gmel., p. 5785, n.° 12. (Mers
Rouge et de l'Inde.)

Observ. Ce genre a été établi par M. de Lamarck pour un
polypier véritablement différent de tout ce que l'on connoît
de milléporés. En effet, toute sa surface est couverte de
cellules stelliformes, polygonales, extrêmement superficielles,
au point d'être difficilement visibles, tandis que de chaque
côté des rameaux sont des trous ronds ou ovales, assez profonds, disposés en trois séries longitudinales; celle de la ligne
médiane étant beaucoup plus grande : est-ce dans ceux-ci
que sont logés les polypes? c'est ce que nous ne voulons pas
assurer, quoique nous le croyions assez probable; ce qui est
certain, c'est que le polypier est extrêmement poreux et peu
solide.

HÉTÉROPORE, *Heteropora.*

Animaux inconnus, contenus dans des *cellules* rondes, poriformes, complétement immergées, de deux sortes: les unes
bien plus grandes que les autres, et assez régulièrement
éparses à toute la surface d'un *polypier* calcaire, fixé, lobé
ou branchu, et composé de couches enveloppantes.

Espèces. L'HÉTÉROPORE CRYPTOPORE, *H. cryptopora.*

Ceriopora cryptopora, Goldfuss, *Petref.*, p. 32, pl. 10, fig. 3, *a*, *b*, *c.* (Craie de Maëstricht.)

L'H. ANOMALOPORE, *H. anomalopora.*

Ceriop. anomalopora, id., *ibid.*, fig. 5, *a*, *b*, *c*, *d.* (Craie de Maëstricht.)

L'H. DICHOTOME, *H. dichotoma.*

Ceriop. dichotoma, id., *ibid.*, fig. 9, *a*, *b*, *c*, *d.* (Craie de Maëstricht.)

Observ. C'est un genre démembré des cériopores de M. Goldfuss, et qui se distingue essentiellement par l'existence de deux sortes de cellules ou de pores, les unes deux ou trois fois plus grandes que les autres : ce sont, au reste, des polypiers branchus, à branches cylindriques et composées de couches enveloppantes. Nous ne voudrions cependant pas assurer ce dernier point, n'ayant pas encore analysé nous-mêmes une espèce d'hétéropore.

Nous n'en connoissons pas encore de vivantes.

Les trois que nous signalons sont fossiles et proviennent également de la craie de Maëstricht. Les deux premières sont peu distinctes.

Nous avons observé dans la collection de M. Michelin plusieurs individus d'un polypier provenant de Luc, près Caen, et qui ont tous les caractères de ce genre et même de la première espèce. Cependant on ne peut pas dire que les pores sont cachés, parce qu'ils sont véritablement assez grands, en sorte qu'il se pourroit que ce fût une espèce distincte.

§. 3. *Cellules rondes et plus ou moins saillantes.*

PUSTULOPORE, *Pustulopora.*

Animaux inconnus, contenus dans des *cellules* un peu saillantes, pustuleuses ou mamelonnées, à ouverture ronde, distantes, régulièrement disposées par couches enveloppantes et constituant par leur réunion intime un *polypier* calcaire, cylindrique, digitiforme, peu rameux et fixé.

Espèces. Le PUSTULOPORE MADRÉPORACÉ, *P. madreporacea.*

Ceriopora madreporacea, Goldfuss, *Petref.*, pl. 10, fig. 12, *a*, *b.*

Madrep., Faujas, Mont de Saint-Pierre, pl. 40, fig. 5, *a*, *b*. (Craie de Maëstricht.)

Le Pustulopore radiciforme, *P. radiciformis.*

Ceriop. radiciformis, id., ibid., fig. 8, *a*, *b*, *c*, *d*, *e.* (Calc. jur. de Baireuth.)

Le P. pustuleux, *P. pustulosa.*

Ceriop. pustulosa, id., ibid., tab. 11, fig. 5, *a*, *b.* (Craie de Maëstricht.)

Le P. verticillé, *P. verticillata.*

Ceriop. verticillata, id., ibid., fig. 1, *a*, *b.* (Craie de Maëstricht.)

Observ. Nous avons encore cru devoir séparer du genre fort hétéroclite des Cériopores de M. Goldfuss, les polypiers dont les cellules, bien distinctes, bien séparées, en forme de pustules surbaissées, percées au centre par un orifice arrondi, se disposent d'une manière régulière, quoique diverse, les unes à côté des autres, en couches enveloppantes, et forment des branches cylindriques peu divisées.

Nous ne connoissons pas encore de polypier vivant qui réponde à la caractéristique des pustulopores.

Les quatre espèces connues, sont fossiles et se trouvent dans des couches en général peu anciennes.

Hornère, *Hornera.*

Animaux inconnus, contenus dans des *cellules* à ouverture circulaire, saillantes, assez distantes et disposées presque en quinconce à la face interne seulement des rameaux d'un *polypier* calcaire, fragile, fixé, dendroïde, fistuleux et sillonné à la face non polypifère.

* Espèces vivantes.

La Hornère frondiculée; *H. frondiculata*, Lamx., Gen. Polyp., p. 40, pl. 74, fig. 7, 8, 9.

Millepora lichenoides, Linn., Gmel., p. 5785 ; Ellis et Soland., tab. 26, fig. 1.

Retepora frondiculata, de Lamarck, 2, p. 182, n.° 3. (Mers d'Europe.)

La H. versipalme, *H. versipalma.*

Retipora versipalma, de Lamarck, *ibid.*, n.° 4.

La Hornère rayonnante, *H. radiata*.
Retep. radiata, id., ibid., n.° 5. (Australasie.)

** Espèces fossiles.

La H. Hippolyte; *H. Hippolyta*. Defr., Dictionn. des sc.
nat., tom. XXI, p. 452, atlas, pl. des Fossiles, fig. 3, 3 *a*.
La H. crêpue, *H. crispa*. id., ibid.
La H. rayonnante, *H. radians*, id., ibid.
La H. élégante, *H. elegans*, id., ibid.
La H. opuntia, H. opuntia, id., ibid.

Observ. Ce genre a été établi par Lamouroux (*loc. cit.*)
pour quelques espèces de polypiers que M. de Lamarck a laissés parmi les Rétépores, et qui en diffèrent surtout parce qu'ils
sont arborescens et qu'ils ne forment pas un réseau, quoique
leurs ramifications soient quelquefois assez élargies et même
un peu anastomosées, et surtout parce que les cellules sont
saillantes, presque tubuleuses ou alvéolaires, et rapprochées
par paquets.

Nous avons observé la première espèce, qui est commune
dans la Méditerranée.

Les espèces fossiles appartiennent à des terrains de calcaire
coquillier grossier.

Idmonée, *Idmonea*.

Animaux inconnus, contenus dans des *cellules* saillantes, un
peu coniques, distinctes, à ouverture circulaire, disposées
en demi-anneau ou en lignes brisées, transverses sur les
deux tiers seulement de la circonférence des branches,
très-divergentes, et triquètres d'un *polypier* calcaire, fixé,
rameux, non poreux, mais légèrement canaliculé sur la
face non cellulifère.

* Espèce vivante.

L'Idmonée verdatre; *I. virescens*, de Haan, Mus. de Leyde.
(Japon, Siebold.)

** Espèces fossiles.

L'I. a échelon; *I. gradata*, Defr., Dictionn. des sc. nat.,
atlas, pl. des Fossiles, fig. 5 et 5 *a*. (Calc. tert. de Paris.)
L'I. triquètre: *I. triquetra*, id., ibid., fig. 2, 2 *a*; Lamx.,
Gen. Polyp., pl. 79, fig. 13, 14, 15. (Calc. jur. de Caen.)

L'IDMONÉE CORNE-DE-CERF ; *I. coronopus, id., ib.* (Calc. tert. de
Paris, du Cotentin.)

L'I. DISTIQUE, *I. disticha.*

Retepora disticha, Goldfuss, *Petref.,* p. 29, tab. 9, fig. 15,
a, b, c, d, e, f, g, h. (Craie de Maëstricht.)

L'I. TRONQUÉE, *I. truncata.*

Retepora truncata, id. ibid., fig. 14, *a, b, c, d.* (Craie de
Maëstricht.)

Observ. Ce genre, établi par Lamouroux (*loc. cit.*), a beaucoup de rapports avec le précédent, duquel il ne diffère peut-
être que par la disposition des cellules.

Nous avons observé les deux espèces décrites par M. Defrance dans sa collection, et l'I. triquètre dans celle de la
ville de Caen. La figure que Lamouroux en a donnée, est
assez exacte : ce n'est qu'un fragment.

Les espèces fossiles proviennent de terrains d'ancienneté
assez différente, puisqu'il en existe dans les terrains juras-
siques, dans ceux de craie et même dans des terrains tertiaires. M. Defrance dit même que celle qu'il a trouvée à
Grignon ne diffère pas de l'I. triquètre qui provient du calcaire à polypiers des environs de Caen, si ce n'est qu'elle est
plus grêle.

CRICOPORE, Cricopora.

Animaux inconnus, contenus dans des *cellules* tubuleuses, un
peu saillantes, à ouverture circulaire, se disposant en
cercles simples, transverses ou obliques à la surface d'un
polypier calcaire, peu résistant, rameux, à rameaux cylindriques peu nombreux, arrondis et alvéolés à l'extrémité et intérieurement.

* Espèces vivantes.

Le CRICOPORE ANNELÉ, *C. annulata.*

Seriatopora annulata, de Lamk., Anim. sans vert., 2, pag.
283, n.° 2. (Océan Austral.)

Le C. NU, *C. nuda.*

Seriatopora nuda, id., ibid., n.° 3. (Océan Austral.)

** Espèces fossiles.

Le C. ÉLÉGANT · *C. elegans,* Lamx., Gen. Polyp., p. 47,

pl. 73, fig. 19 — 22 ; cop. dans l'atlas du Dict., pl. des Foss., fig. 1, 1 *a*, 1 *b*, 1 *c*. (Calc. jur. sup. de Caen.)

Le Cricopore gazon; *C. cespitosa, id.*, *ibid.* (Calc. jur. sup. de Caen.)

Le C. en buisson; *C. dumetosa, id., ibid.* (Calc. jurass. sup. de Caen.)

Le C. tétragone; *C. tetragona, id., ibid.*, tab. 82, fig. 9 et 10.

Le C. capillaire; *C. capillaris, id., ibid.*

Le C. de Faujas, *C. Faujasii.*

Millepore, Faujas, Mont de Saint-Pierre, pl. 40, fig. 6, *a*, *b*. (Craie de Maëstricht.)

Le C. raccourci; *C. abbreviata*, de Blainv., Collect. de Michelin. (Calc. jur. sup. de Caen.)

Observ. Ce genre a été établi par Lamouroux, *loc. cit.*, pour de petits polypiers fossiles dans le calcaire jurassique supérieur des environs de Caen; mais c'est à tort que dans la caractéristique qu'il en donne, ainsi que dans le nom (*spiropora*) qu'il lui assigne, il dit que les cellules forment une spire autour des rameaux. En effet, comme M. Defrance le fait justement observer, ce sont de véritables anneaux, quelquefois obliques, et le plus souvent transverses. C'est ce qui nous a déterminés à donner à ce genre la dénomination de *Cricopora*, que nous avions adoptée pour désigner les deux dernieres espéces du Sériatopore de M. de Lamarck, auxquelles faisoit sans doute allusion Lamouroux, quand il a dit que son genre Spiropore existoit vivant dans les collections du Muséum, et qu'il avoit été rapporté par MM. Péron et Lesueur.

Nous avons en effet étudié ces deux Sériatopores dans la collection de M. de Lamarck, et nous nous sommes assurés qu'ils n'appartiennent certainement pas au même genre que le *madrepora seriata*, dont M. de Lamarck a fait le type de son genre Sériatopore.

Nous avons également étudié les Cricopores fossiles de la collection de Lamouroux, surtout son *S. tetragona*, ainsi que ceux du cabinet de M. Defrance, et nous avons pu reconnoitre que le rapprochement indiqué par Lamouroux étoit juste.

Ces espéces fossiles ont été presque toujours trouvées dans le calcaire jurassique supérieur ou à polypiers des environs de Caen. Une seule, que nous ne voulons pas assurer être certainement distincte, provient de la craie de Maëstricht.

Nous avons observé la dernière espèce fossile dans la collection de M. Michelia ; elle est composée de branches courtes, presque mamelonnées, avec des cellules peu régulièrement en anneau.

Fam. II. Les Tubuliporés, *Tubuliporea.*

Animaux en général inconnus, contenus dans des *cellules* tubuleuses, à ouverture arrondie, terminale ou oblique, agrégées ou accumulées plus ou moins irrégulièrement, de manière à former un *polypier* constamment fixé, mais en général peu solide.

Observ. Cette petite famille est peut-être artificielle, parce qu'on ne connoît pas encore les animaux de tous les genres qui la constituent. Ce que le polypier offre de remarquable, c'est qu'il est presque toujours composé de cellules plus ou moins distinctes, dont la réunion est rarement intime, et que par conséquent il est en général peu solide et résistant.

Il faut aussi remarquer que l'ouverture des cellules est constamment terminale, oblique ou non, et que le petit animal y est contenu comme dans un fourreau.

Microsolène, *Microsolena.*

Animaux inconnus, contenus dans des *cellules* tubuleuses, à ouverture arrondie, située à l'extrémité de tubes très-fins, s'accumulant par faisceaux divergens, de manière à constituer un *polypier* calcaire, solide, plus ou moins considérable, de forme un peu variable, mais en général turbiné, hémisphérique à sa partie supérieure et strié radiairement en-dessous.

Espèce. Le Microsolène poreux: *M. porosa*, Lamx., Gen. Polyp., pl. 7, fig. 24, 25, 26. (Calc. jur. sup. de Caen.)

Observ. Ce genre a été établi par Lamouroux (*loc. cit.*), pour un polypier fossile dont nous avons étudié un échantillon reconnu par lui comme son *M. porosa*, dans la collection de la ville de Caen. C'est une masse hémisphérique surbaissée, entièrement composée de tubes extrémement fins,

un peu comme dans les tubulipores, et qui, s'irradiant de la
face inférieure aplatie, se portent à la supérieure convexe.
On remarque en outre çà et là sur celle-ci quelques petits
amas commençans et qui forment des espèces d'étoiles; mais
ces étoiles ne sont nullement des loges stelliformes, que l'on
puisse comparer à celles des astrées ou de quelque autre genre
de polypier lamellifère.

D'après cela, il nous semble que le polypier que M. Defrance a fait figurer dans l'atlas du Dictionnaire des sciences
naturelles, n'est pas le véritable *Microsolena porosa* de Lamouroux, mais, comme nous nous en sommes assurés *de visu*,
une véritable astrée de la division de celles que nous avons
nommées *Turbinastrées*, et qui se réunissent en effet en masses
turbinoïdes, comme certaines cyathophyllies.

Nous ajouterons que s'il étoit certain, comme le dit Lamouroux dans la caractéristique qu'il donne de son Microsolène, que les tubes communiquent latéralement entre eux,
ce genre ne différeroit qu'assez peu de celui que M. Goldfuss a nommé *Syringopora*.

COSCINOPORE, *Coscinopora*.

Animaux inconnus, contenus dans des *cellules* infundibuliformes, quinconciales, formant les ouvertures de tubes fibriformes, serrés, dont la réunion intime constitue un *polypier*
calcaire, polymorphe, cyathoïde ou encroûtant.

Espèces. Le COSCINOPORE INFUNDIBULIFORME ; *C. infundibuliformis*, Goldfuss, *Petref.*, pl. 9, fig. 16, *a*, *b*, *c* et pl. 30,
fig. 10.

Le C. MACROPORE ; *C. macropora*, id., ibid., fig. 17, *a*, *b*.

Le C. PLACENTA ; *C. placenta*, id., ibid., fig. 18. (Calc. de
trans. de l'Eiffel.)

Le C. SILLONNÉ ; *C. sulcata*, id., ibid., fig. 19, *a*, *b*. (Calc.
jur. de la Seine.)

Observ. Ce genre, établi par M. Goldfuss dans l'ouvrage
cité, pour des polypiers fossiles, ne nous est connu que par
les figures et les descriptions qu'il en donne. Suivant lui,
c'est un genre voisin des rétépores; mais c'est ce qui nous
paroît assez douteux, du moins d'après ce qu'il dit de la pre-

mière espèce, de laquelle nous avons principalement tiré notre caractéristique.

Obélie, *Obelia.*

Animaux inconnus, contenus dans des *cellules* tubuleuses, coniques, à ouverture terminale, arrondie, rapprochées et plus ou moins cohérentes à leur origine, divergentes et relevées à leur terminaison, de manière à former une sorte de *polypier* calcaire, adhérent, très-petit, en forme de tache irrégulièrement arrondie.

Espèces. L'Obélie tubulifère ; *O. tubulifera*, Lamx., Gen. Polyp., Suppl., p. 81, tab. 80, fig. 7 et 8. (Méditerranée.)

L'O. rayonnante ; *O. radiata*, Quoy et Gaimard, Uranie, Zoolog., fig. 11, 12, 13.

Observ. Ce genre. établi par Lamouroux pour des amas de cellules tubuleuses, coniques, en forme de petites taches blanches, circulaires à la surface des corps sous - marins et surtout des fucus, est véritablement bien peu important et peu différent de celui des tubulipores.

Nous ne le connoissons que par les figures et les descriptions citées.

Il est à remarquer que Lamouroux ne cite que la première espèce comme constituant son genre Obélie.

Tubulipore, *Tubulipora.*

Animaux grêles, alongés, hydriformes, pourvus de huit tentacules simples, contenus dans des *cellules* profondes, plus ou moins tubuleuses, un peu coniques, à ouverture entièrement terminale, arrondie, agglomérées plus ou moins fortement, de manière à constituer une sorte de *polypier* parasite, encroûtant, diversiforme, crétacéo-membraneux.

Espèces. Le Tubulipore de Diémen ; *T. Diemeni*, Quoy et Gaimard, Astrolabe, Zool., msc. (De l'Australasie.)

Le T. transverse ; *T. transversa*, de Lamk., Anim. sans vert., 2, pag. 162, n.º 1.

Millep. tubulosa, Linn., Gmel., p. 3790, n.º 31.

Eschara millepora, Ellis, *Corallin.*, tab. 27, fig. *e*, *E*; cop. dans l'Enc. méth., pl. 479, fig. 1.

Tubipora serpens, Linn., Gmel., p. 3754, n.° 3. (Mers d'Europe.)

Le Tubulipore orbiculé: *T. orbiculus*, de Lamk., *ib.*, n.° 3.

Madrep. verrucaria, Esper, vol. 1, t. 17, fig. *B*, *C*; cop. dans l'Enc. méth., pl. 479, fig. 3 *a*, 3 *b*. (Mers d'Europe.)

Le T. foraminulé: *T. foraminulata*, de Lamk., *ibid.*, n.° 4; de Blainv., atlas de ce Dictionnaire, pl. des Actinoz., fig. 3, 3 *a*. (Méditerranée.)

Le T. patène: *T. patena*, de Lamk., *ibid.*, n.° 5.

Mad. verrucaria, Linn., Gmel., p. 3756, n.° 2; Esper, vol. 1, tab. 17, fig. *A*. (Méditerranée.)

La T. patelle; *T. patellata*, de Lamk., *ibid.*, n.° 6. (Mers Australes.)

Le T. annulaire; *T. annularis*, de Lamk., *ibid.*, n.° 7.

Eschara annularis, Pallas, *Zooph.*, p. 48; de Moll, *Eschar.*, pl. 56, fig. 1 — 4.

Le T. tronqué; *T. truncata*, Flemm., *British anim.*, pag. 580, n.° 120. (Mers d'Angleterre.)

Observ. Ce genre, établi par M. de Lamarck, est véritablement tout-à-fait artificiel et devra être étudié dans chacune des espèces qu'il y rapporte, avant d'être adopté définitivement.

Nous l'avons essentiellement caractérisé d'après la première espèce, figurée et décrite dans les manuscrits de MM. Quoy et Gaimard; mais que nous n'avons pas vue.

Nous nous sommes assurés que le *T. patellata* de M. de Lamarck, observé dans sa collection, n'a point de pores à l'extrémité des espèces de rayons qui le composent.

Le *T. orbiculus* de la même collection est une masse arborescente, plus ou moins ramifiée, spongieuse, toute composée de cellules, qui pourroit bien n'être qu'une variété de cellépore.

Quant au *T. fimbria* de M. de Lamarck, c'est une véritable tubulaire, du moins il est composé de petits tubes comme cornés : c'est peut-être l'entalophore de Lamouroux.

RUBULE, *Rubula.*

Animaux inconnus, contenus dans des *cellules* subcylindriques, un peu mamelonnées, saillantes, irrégulièrement réunies

à la base, et formant un *polypier* calcaire, irrégulier, hérissé, et glomérulé probablement autour des corps étrangers.

Espèce. LA RUBULE DE SOLDANI; *R. Soldanii.* Defrance, Dict.
des sc. nat., tom. XLVI, p. 596, atlas, pl. des Foss., fig. 2 *a*
et 2 *b.* (Fossile du calc. de Hauteville.)

Observ. Ce genre, fort insignifiant, a été indiqué plutôt
qu'établi par M. Defrance, dans le Dictionnaire des sciences
naturelles, d'après un corps fossile figuré dans son atlas.
Nous l'avons observé dans sa collection : c'est une petite
masse calcaire, irrégulière, branchue, très-épineuse; chaque
épine est un tubercule percé d'un trou non strié et fort peu
profond.

SOUS-CLASSE II.

Les POLYPIAIRES MEMBRANEUX, *P. membranacea.*

Animaux fort courts, urcéolaires, pourvus de tentacules ciliés? assez nombreux, sur un seul rang, contenus dans des
cellules membraneuses, rarement calcaires, appliquées, à
ouverture plus ou moins bilatérale, et rangées dans un
ordre souvent déterminé, mais très-variable.

Ovaires externes.

Observ. Cette sous-classe offre de remarquable la disposition des loges en membrane appliquée, et leur état plus ou
moins flexible, enfin la position constamment extérieure des
ovaires.

Nous la diviserons en trois familles assez distinctes, mais
qui passent cependant les unes aux autres.

Fam. I. Les P. OPERCULIFÈRES, *P. operculifera.*

Animaux pourvus d'un opercule corné, servant à clore les
cellules qu'ils habitent.

Observ. Cette petite famille, à en juger du moins d'après
les eschares, dont on connoît assez bien les animaux, est
réellement très-remarquable, non-seulement parce qu'on
peut supposer qu'ils sont plus binaires que ceux des autres
polypiers, et qu'ils ont deux ouvertures au canal intestinal;
mais encore parce que les cellules qu'ils habitent sont sou-

vent fort régulièrement binaires, et qu'elles sont constamment fermées par un opercule corné.

Dans la disposition des genres qui constituent cette famille, nous commençons par ceux qui sont le plus madréporiformes, et nous terminon par ceux qui sont le plus membraniformes, et qui passent ainsi aux flustres et aux cellaires.

Myriapore, *Myriapora*.

Animaux cylindriques, terminés en avant par une sorte de trompe évasée, extensible, au centre d'une espèce d'entonnoir, formé par un grand nombre de tentacules simples et portant sur un des côtés de leur corps un opercule cartilagineux et rond, contenus dans des *cellules* simples, ovales, à ouverture très-petite, arrondie, formant par leur accumulation irrégulière et leur réunion intime un *polypier* calcaire, fixé, très-finement poreux, subrameux, à branches à peu près rondes, et quelquefois dilatées et subfoliacées à l'extrémité.

Espèce. Le Myriapore tronqué : *M. truncata*, Linn., Gmel., p. 3783, n.° 5 ; Cavolini, *Polyp.*, 1, tab. 3, fig. 9 — 11 ; Ellis et Solander, *Zooph.*, tab. 23, fig. 8.

Observ. On connoit l'animal de ce genre par ce qu'en ont dit Donati, et surtout Cavolini. Quant au polypier, il est fort commun dans les collections : en effet, il se trouve en grande abondance dans la Méditerranée.

Sous la dénomination de *Millepora*, Linné confondoit plusieurs espèces, qui certainement n'étoient pas congénères ; aussi M. de Lamarck en a-t-il séparé le *M. violacea*, Linn., dont il a fait son genre Distichopore, et toutes les espèces qui n'ont pas de pores distincts, qu'il a nommées *Nullipores*. La considération plus spéciale des animaux et de leurs cellules nous a forcé d'aller encore plus loin que M. de Lamarck, et nous avons encore séparé de ses millépores les espèces palmées, qui constituent notre genre Palmipore parmi les madrépores.

Quant aux nullipores, nous pensons que ce ne sont que des concrétions et non des polypiers véritables. On pourroit cependant concevoir que ce fussent des polypiers morts depuis long-temps, et dont les cellules auroient été remplies.

ESCHARE, *Eschara.*

Animaux hydriformes, pourvus d'un renflement céphalique et d'une couronne de tentacules simples et filiformes, contenus dans des *cellules* non saillantes, non distinctes à l'extérieur, à ouverture circulaire enfoncée, poriforme, operculée, formant, par leur réunion régulière en quinconce, un *polypier* calcaire, cassant, chartacé, friable, poreux, diversiforme.

* Espèces vivantes.

A. *Développées en branches peu ou point comprimées.*

L'ESCHARE CERVICORNE, *E. cervicornis.*

Millepora cervicornis, Linn., Gmel., p. 3784, n.° 7; Marsigli, Hist. de la mer, tab. 32, fig. 152.

Cellepora cervicornis, Flemm., *Brit. anim.,* p. 582, n.° 128.

Millep. compressa, Sowerby, *Brit. Miscellan.,* tab. 41. (Manche et Méditerranée.)

L'E. GRÊLE; *E. gracilis,* de Lamk., Anim. sans vert. 2, p. 176, n.° 6.

Millep. tenella, Esper, *Suppl.,* 1, tab. 20.

L'E. LICHÉNOÏDE; *E. lichenoides,* de Lamk., *ibid.,* p. 176. n.° 7: Séba, *Mus.,* 3, tab. 100, fig. 10. (Océan Indien.)

L'E. LOBULÉE; *E. lobulata,* id., *ibid.,* n.° 8. (Australasie.)

L'E. A BANDELETTES; *E. fascialis,* de Moll, tab. 1, fig. 1.

Millep. fascialis, Linn., Gmel., p. 3785, n.° 14; Marsigli, *ibid.,* tab. 32, fig. 16. (Manche et Méditerranée.)

L'E. PALMÉE, *E. palmata.*

Cellep. palmata; Flemm., *ibid.,* pag. 582, n.° 129. (Zélande.)

L'E. LISSE, *E. lævis.*

Cellep. lævis, id., *ibid.,* n.° 130. (Zélande.)

B. *Développées en larges expansions sur deux plans.*

L'ESCHARE BOUFFANTE, *E. foliacea.*

Millep. foliacea, Linn., Gmel., p. 3786, n.° 15, Ellis, Corallin., tab. 30, fig. *a, b, c.*

Esch. retiformis, Flemm., *British anim.*, pag. 581, n.° 124. (Océan d'Europe.)

L'ESCHARE CHARTACÉE; *E. chartacea*, de Lamk., *ibid.*, n.° 2, p. 175.

L'E. CROISÉE: *E. decussata*, id., *ibid.*, n.° 3.

L'E. ÉPAISSE; *E. incrassata*. de Blainv. (Coll. de Michelin.)

L'E. A GRANDS PORES; *E. grandipora*, id., *ibid.*

C. *Développées en larges expansions sur un seul plan.*

L'ESCHARE SPONGITE; *E. spongites*, Pallas, *Zooph.*, p. 45; de Moll, tab. 1, fig. 3.

Cellepora spongites, Linn., Gmel., p. 3791, n.° 2; de Lamk., *ibid.*, n.° 7. (Méditerranée.)

D. *Développées en croûtes adhérentes.*

L'ESCHARE ENCROUTANTE; *E. incrustans*, de Lamarck, *ibid.*, n.° 11. (Mers de l'Inde?)

** Espèce fossile.

L'ESCHARE CRUSTULENTE, *E. crustulenta*.

Cellepora crustulenta, Goldfuss, *Petref.*, p. 27, tab. 9, fig. 6, *a*, *b*. (Craie de Maëstricht.)

Observ. Ce genre a été établi par Pallas; mais il y confondoit à tort les Flustres, ce qui a été imité par de Moll. M. de Lamarck a distingué ces deux genres; mais sa caractéristique des Eschares n'étant fondée que sur la nature du polypier et sur la disposition des loges sur deux plans, il en est résulté qu'il étoit encore assez peu nettement circonscrit. En prenant en première considération la forme des loges, celle de leur ouverture, leur disposition régulière, nous croyons avoir mieux caractérisé ce qu'on doit entendre par Eschares, et alors nous avons été forcés de regarder comme de ce genre, le *Cellepora spongites* de Linné, quoique n'ayant qu'un seul plan de cellules.

Nous ne connoissons pas l'*Eschara incrustans* de M. de Lamarck; mais il est évident qu'il fait le passage au genre des Crustipores; comme l'*E. cervicornis* passe aux Myriapores.

Il existe plusieurs eschares vivantes dans nos mers.

Quant aux espèces fossiles, quoique les oryctographes,

et entre autres M. Goldfuss, en définissent et figurent un
assez grand nombre, il n'y en a peut-être qu'une seule qui
soit pour nous une véritable Eschare, les autres rentrent
dans le genre que nous avons nommé *Crustipora*.

Diastopore, *Diastopora*.

Animaux inconnus, contenus dans des *cellules* un peu tubuleuses, à ouverture arrondie, disposées assez irrégulièrement
en séries verticales à l'une des faces d'un *polypier* lamelli-
forme, irrégulier, encroûtant ou s'élevant en expansions
foliacées, quelquefois enroulées en tubes ou en cornets.

Espèce. La D. foliacée : *D. foliacea*, Lamx., Gen. Polyp.,
pag. 42, pl. 75, fig. 1 — 4, et Dict. des sc. nat., tom. XLII,
pag. 592, atlas, pl. des Foss., fig. 1—1 c. (Foss. calc. à polyp.
de Caen.)

Observ. Ce genre a été établi, mais fort mal caractérisé et
mal représenté par Lamouroux, comme nous nous en sommes
assurés en examinant la D. foliacée de sa collection et les
individus de celle de M. Michelin. C'est en effet une véritable
Eschare, formée par des cellules tubuleuses, flexueuses, dont
la terminaison arrondie est plus ou moins saillante à la surface du plan. Ce plan est quelquefois encroûtant des corps
étrangers ; d'autres fois il s'élève simple, en se contournant diversement ; et enfin il arrive que deux plans s'appliquent
l'un contre l'autre, dos à dos, mais c'est bien certainement
la même espèce. Ce sont de simples variétés.

Ocellaire, *Ocellaria*.

Animaux inconnus, contenus dans des *cellules* arrondies,
élevées au centre et réunies sur deux plans en quinconce,
de manière à former un *polypier* pierreux, fixé, fronde-
cent, aplati ou infundibuliforme.

Espèces. L'Ocellaire nue ; *O. nuda*, Ramond, Voy. au Mont-
Perdu, p. 128, pl. 2, fig. 1, et p. 345. (Calc. du Mont-Perdu,
dans les Pyrénées.)

L'O. enveloppante ; *O. inclusa*, id., *ibid.*, pl. 2, fig. 2. (Craie?
d'Artois?)

Observ. Ce genre, établi par Ramond dans son voyage au

Mont-Perdu, sur des fossiles à l'état de moule, n'est qu'assez incomplétement connu. On le regarde en général comme voisin des Eschares; mais nous ne voyons pas trop sur quoi cette opinion est fondée.

ADÉONE, *Adeone.*

Animaux inconnus, contenus dans des *cellules* fort petites, non distinctes à l'extérieur, à ouverture arrondie, enfoncée, poriforme, operculée, réunies d'une manière très-serrée en séries quinconciales sur les deux faces d'un *polypier* composé d'expansions foliacées, lobées, et d'une sorte de tige articulée et fixée.

Espèces. L'ADÉONE FOLIIFÈRE; *A. foliifera,* de Lamarck, 2, p. 179, n.° 1.

A. foliacea, Lamx., Polyp. flexibl., p. 482, n.° 624; de Blainv., Dict. des sc. nat., atlas, pl. des Actinoz., fig. 2, 2 *a.* (Mers Australes.)

L'A. GRISE; *A. grisea,* Lamx., *ibid.,* pag. 481, n.° 622, pl. 19, fig. 2. (Mers Australes.)

L'A. ALONGÉE; *A. elongata, id., ib.,* n.° 631. (Mers Australes.)

L'A. CRIBLE; *A. cribriformis,* de Lamarck, *ibid.,* pag. 181, n.° 5. (Mers Australes.)

Observ. Ce genre, découvert par Péron et Lesueur, a été établi par Lamouroux et adopté par M. de Lamarck, d'abord sous le nom de Frondiculaire et ensuite sous celui qu'avoit imaginé Lamouroux. Mais ces deux auteurs diffèrent sur les affinités et par conséquent sur la place qu'ils lui assignent. En effet, celui-ci, s'appuyant sur les articulations de la tige, en fait un genre voisin des Isis, tandis que celui-là le place auprès des Eschares et des Rétépores, avec juste raison, suivant nous, et d'après l'examen que nous avons fait des échantillons de la collection de M. de Lamarck et de celle de Lamouroux; en effet, les cellules polygonales irrégulières, ordinairement hexagonales, sont à peine distinctes extérieurement; elles sont percées par un orifice arrondi, enfoncé, submédian et fermé par un opercule corné; celles de la tige sont absolument comme celles des expansions; mais cette tige est coupée d'espace en espace, et à des distances très-variables, par des intervalles étroits, et est composée de fibres tubuleuses cornées, par lesquelles sans doute le polypier commence et établit son adhérence.

Ce que nous venons de dire est tiré de l'A. crible : quant à l'*A. falcifera*, il se pourroit que ce fût autre chose, du moins à s'en rapporter à la figure que Schweigger en a donnée dans la première planche de ses *Beobachtungen*. En effet, il semble qu'elle soit composée de cellules distinctes, ovales, avec l'ouverture terminale.

Les *A. grisea* et *elongata* de Lamouroux appartiennent réellement, ainsi que l'a dit M. de Lamarck, à une même espèce, dont le caractère est d'être rétiforme, comme dans les rétépores.

Mésentéripore, *Mesenteripora.*

Animaux inconnus, contenus dans des *cellules* distinctes, ovales, obliques, un peu saillantes, à ouverture subterminale, oblique, disposées régulièrement en quinconce, sur deux plans, de manière à former un *polypier* calcaire, fixé, subglobuleux et composé d'expansions contournées dans tous les sens, divergentes du point d'attache.

* Espèce vivante.

Le Mésentéripore petite rape, *M. scobinula.*
Eschara scobinula, de Lamarck, 2, p. 177, n.° 9.

** Espèces fossiles.

Le Mésentéripore de Michelin ; *M. Michelini*, de Blainv., Collect. de Michelin. (Calc. jur. sup. de Caen.)

Le M. dédale ; *M. dedalœa*, de Blainv., Coll. de Michelin. (Calc. jur. sup. de Ranville.)

Observ. Nous établissons ce genre pour des polypiers fossiles parfaitement conservés dans la collection de M. Michelin, et provenant du calcaire à polypiers des environs de Caen. Vus en dessus, ils ressemblent un peu à une méandrine ; mais les circonvolutions qu'ils présentent sont formées par le bord libre d'expansions plus ou moins flabelliformes, contournées dans tous les sens, mais non anastomosées, et composées de deux plans serrés de cellules ovales, assez saillantes, assez distantes, à ouverture oblique et subterminale, et disposées assez régulièrement en quinconce. D'après cela, ces polypiers ne peuvent être des Rétépores, dont les cellules peu distinctes ne sont que sur un seul plan; ils ne peuvent être davantage des Eschares, dont ils sont évidemment plus rapprochés, mais dont les cellules et leur ouverture sont toutes différentes.

Nous avons rapporté à cette coupe générique l'*eschara scobinula* de M. de Lamarck, mais seulement d'après la courte description qu'il en donne; car nous ne l'avons pas observée en nature.

RÉTÉPORE, *Retepora*.

Animaux très-grêles, très-petits, à corps cylindrique, pourvu d'une couronne de tentacules simples et filiformes, contenus dans des *cellules* très-petites, non distinctes à l'extérieur, contiguës, à ouverture oblongue, operculée? formant par leur réunion intime et sur un seul plan un *polypier* subcalcaire, foliacé ou membraniforme, composé de rameaux anastomosés en réseau et porifères à la face interne seulement.

* Espèces vivantes.

A. *En manchettes.*

Le RÉTÉPORE DENTELLE DE MER, R. *cellulosa.*
Millepora cellulosa, Linn., Gmel., p. 3787, n.° 21; Ellis, *Corallin.*, tab. 25, fig. *d*, **D, E;** Ellis et Solander, tab. 26, fig. 2. (Océan d'Europe.)
Le R. RÉTICULÉ, R. *reticulata.*
Millep. reticulata, Linn.
Millep. retepora, Borlase, *Corn.*, 289, tom. 24, fig. 8. (Mers du Nord.)
Le R. ÉCHINULÉ; R. *echinulata*, Marsigli, Hist. de la mer. (Méditerranée.)
Le R. SPINIFÈRE; R. *spinifera*, de Blainv., Coll. de Michelin.
Le R. AMBIGU; R. *ambigua*, de Lamarck, 2, p. 7, n.° 7. (Mers Australes?)
Le R. VIOLACÉ; R. *violacea*, de Haan, Mus. de Leyde. (Japon, Siebold.)

B. *En chaines alvéolées.*

Le Rétépore foliacé: *R. foliacea*, de Haan, Mus. de Leyde. (Japon, Siebold.)

Le R. alvéolé; *R. alveolata*, de Blainv., Collection de Michelin.

Le R. épineux; *R. spinosa*, de Blainv., Collect. de Michelin.

** Espèces fossiles.

Le R. flustriforme; *R. flustriformis*, Mart., *Petref. Derb.*, tab. 43, fig. 1 — 2. (Calc. houiller d'Angleterre.)

Le R. alongé; *R. elongata*, Ure, *Ruth.*, 329, tab. 20, fig. 3 — 4. (Calc. houiller d'Angleterre.)

Le R. antique: *R. antiqua.* Goldfuss, *Petref.*, tab. 9, fig. 10, *a*, *b*. (Calc. de trans. de l'Eiffel.)

Le R. cyathiforme, *R. cyathiformis*, id., ibid., fig. 11. (Du lac Arral.)

Le R. très-ancien; *R. antiquissima*, Defr., Dictionn. XLV, p. 285. (Calc. jur. de Valognes.)

Le R. d'Ellis; *R. Ellisii*, id., ibid. (Craie? d'Orglandes, de la Manche.)

Le R. frustulé; *R. frustulata*, de Lamarck, *ibid.*, p. 184. (Calc. tert. de la Touraine, d'Anjou.)

Le R. rameux: *R. ramosa*, Defr., *ibid.*; Faujas, Mont Saint-Pierre, pl. 35, fig. 5—6. (Craie? de Maëstricht.)

Le R. flabelliforme; *R. flabelliformis*, de Blainv., Collect. de Michelin. (Calc. tert. de Rennes.)

Le R. alvéolaire; *R. alveolaris*, de Blainv., Collect. de Michelin. (Calc. tert. d'Anjou.)

Le R. appliqué; *R. applicata*, de Blainv., Coll. de Michelin. (Calc. tert. d'Anjou.)

Observ. Ce genre a été établi par M. de Lamarck pour des polypiers dont Cavolini nous a fait connoître les animaux sous le nom de millépores, et qui en effet leur ressemblent beaucoup, en observant toutefois que le millépore dont il parle, et qui lui sert de terme de comparaison, est le *M. truncata* de Linné, le seul que nous ayons conservé dans notre genre Myriapore qui correspond au *Millepora* de Linné. Il ne nous paroît cependant pas absolument certain qu'ils soient pourvus de l'opercule qui existe dans celui-ci. Quant au polypier, il est aisément reconnoissable par la forme particulière des cellules qui, peu ou point distinctes à l'extérieur, sont extrêmement petites, à orifice enfoncé, et parce qu'elles ne sont que sur un seul plan, ne s'ouvrant par conséquent qu'à une seule face des expansions flabelliformes, constamment réticulées, que forment leur agrégation intime. Il ne faut cependant pas croire que ce soit là le caractère essentiel du genre Rétépore, comme l'a établi M. de Lamarck.

Les espèces vivantes de rétépores sont encore assez peu nombreuses, sans doute parce qu'elles ont été mal étudiées. Lamouroux prétend que M. de Lamarck en a confondu plusieurs sous le nom de *R. cellulosa*, et en effet, il en existe une dans la Méditerranée, qui est toute différente de l'espèce connue par la manière dont elle est échinulée à sa face interne et par beaucoup plus de délicatesse.

L'espèce vivante qui constitue la seconde section, est fort remarquable, en ce que les expansions réticulées se rapprochent souvent de manière à former sur le bord une succession de trous alvéoliformes, analogues à ce qui existe dans les caténipores.

Les espèces fossiles sont assez nombreuses, et elles proviennent de terrains d'ancienneté très-différente.

M. de Lamarck a réuni à tort dans son genre Rétépore des polypiers arborescens, à cellules alvéoliformes; ils constituent le genre Hornère de Lamouroux.

Nous avons cru devoir en éloigner aussi les deux dernières espèces fossiles de M. Goldfuss; elles ont été reportées dans le genre Idmonée.

Quant au *R. ameliana* de M. Defrance, nous ne pouvons dire ce que c'est; mais il est à peu près certain que ce n'est pas un rétépore.

Verticillipore, Verticillipora.

Animaux inconnus, contenus dans des *cellules* poriformes, réticulées à la surface d'espèces de lames convexes, comme imbriquées, prolifères autour d'une sorte d'axe creux, et formant dans leur ensemble un *polypier* calcaire, irrégulier, subcylindrique, arrondi aux extrémités et fixe.

Espèces. Le Verticillipore crétacé; *V. cretacea*, Defrance,

Dictionn. des sc. nat., tom. LVIII, p. 5, atlas, pl. de Foss., fig. 1, 1 *a*, sous le nom de V. d'Ellis. (Craie.)

Le VERTICILLIPORE GRAND CHAPEAU, *V. grandipetasus.*

Porite à grand chapeau, Guett., Mém., tom. 5, pl. 14, fig. 1 et 2. (Mézières.)

Observ. Ce genre a été établi par M. Defrance (*loc. cit.*), pour un corps organisé fossile assez informe, que nous avons observé dans sa collection. Il est en grande partie à l'état de moule; mais quelques points sont assez bien conservés pour que nous ayons pu y reconnoître les caractères par lesquels nous l'avons défini et qui ne sont pas rendus dans la figure. Il nous a semblé en effet que ce polypier, quoique d'une forme subcylindrique irrégulière en masse et dans l'état où il est fossile, est réellement composé de lames renversées ou évasées en entonnoir, réticulées à leur surface supérieure, se succédant, s'empilant pour ainsi dire les unes dans les autres, et laissant ainsi une sorte d'axe creux qui a été rempli dans le moule. Les espèces de tubes qu'on voit dans la figure à la surface des lames sont aussi des ectypes formés dans les pores du réticule. Ceux-ci étoient-ils les véritables cellules polypifères? c'est ce que nous ne pouvons assurer. Nous ne voulons pas non plus garantir que la porite à grand chapeau de Guettard soit congénère du verticillipore crétacé; mais cela est possible.

DACTYLOPORE, *Dactylopora.*

Corps crétacé, régulier, cylindracé, puppiforme, fistuleux, arrondi aux deux extrémités, mais percé à l'une d'elles seulement d'un orifice arrondi, au milieu d'un rebord festonné, réticulé à sa surface extérieure et intérieure par un grand nombre de trous infundibuliformes, subréguliers, et percé de pores en dedans des branches du réticule.

Espèces. Le DACTYLOPORE CYLINDRACÉ : *D. cylindracea*, de Lamk., 2, p. 189, n.° 1; Defr., Dictionn. des sc. natur., tom. XII, p. 445, et atlas, pl. des Foss., fig. 4, 4 *a. b.*

Reteporites, Bosc, Journ. de physiq., Juin, 1806, p. 453, pl. 1, fig. 4; Lamx., *Zooph.*, p. 44, tab. 72, fig. 6, 7, 8.

Observ. Ce genre a été établi par Bosc et ensuite par M.

de Lamarck, pour un petit corps organisé fossile, que l'on trouve assez communément dans le calcaire tertiaire des environs de Parnes.

Nous avons pu en étudier un individu assez complet dans la collection de M. de Roissy : c'est un corps bien régulier, fistuleux, subcylindrique, arrondi et un peu plus renflé à une extrémité, plus étroit et percé à l'autre. Son orifice terminal est parfaitement rond, et il est entouré par une sorte de bourrelet élégamment festonné à sa circonférence, du moins quand il est parfait, ce qui est assez rare. Les parois de l'espèce de tube qu'il forme sont assez épaisses ; elles ne sont point formées de couches, mais de cellules arrondies au milieu de la partie compacte ; elles sont traversées de part en part par des trous coniques ou infundibuliformes, perpendiculaires au plan de position et pourvues de deux orifices, l'un externe et l'autre interne. Toutes les ouvertures extérieures forment, par leur réunion à la surface du corps, un réseau assez régulier, tandis que les internes sont disposées en séries circulaires et assez distantes. Les cellules sont un peu inégales, les plus grandes étant au milieu : elles diminuent un peu vers les extrémités : mais outre ces trous du réticule il y a des pores bien plus petits, arrondis, qui occupent le milieu de ses branches et qu'on ne peut guère voir que sur des échantillons brisés. Peut-être étoient-ce là les véritables cellules polypifères.

D'après cette description il sembleroit d'abord que ce corps ne peut être un polypier : il est beaucoup trop régulier pour cela, et d'ailleurs aucun polypier connu jusqu'ici n'a une cavité régulière à l'intérieur, et encore moins une ouverture commune bien circulaire, avec un bourrelet lobé tout autour. Aucun polypier n'a deux ouvertures terminales aux cellules qui le constituent ; car certainement les trous intérieurs correspondent a ceux de l'extérieur, et il n'y a nullement deux réseaux, comme M. de Lamarck l'admet.

On peut au moins assurer que ce n'est pas un polypier encroûtant qui se seroit formé en enveloppant un corps étranger qui se seroit détruit ou décomposé, comme le pensoit Bosc en décrivant ce corps sous le nom de rétéporite; opinion qui paroit avoir été adoptée par Lamouroux.

Schweigger, dans ses observations faites à la suite de son voyage dans la Méditerranée, cherche à établir que les dactylopores et les ovulites ne sont rien autre chose que des articulations d'une grande espéce de cellaire, analogue à la cellaire salicorne. Quelque spécieuse que soit au premier abord cette opinion, elle ne peut tenir contre un examen un peu scrupuleux. En effet, les articulations des cellaires ne sont pas tubuleuses, mais formées d'un certain nombre de loges convergentes vers le centre. Il y a donc au point d'attache autant de trous que de loges, et non un bourrelet unique et régulier. D'ailleurs, comme dans tous les dactylopores il n'y a jamais qu'une seule ouverture commune, il faudroit donc admettre que ce sont toujours des articulations terminales. Nous avions pensé un moment que ces corps pourroient bien être des épines de spatangues, qui sont creuses et criblées de pores; mais en examinant le problème de plus près, cette idée ne peut pas se soutenir.

Ainsi donc, en faisant l'observation que les branches du réticule sont véritablement percées de pores arrondis, obliques, nous sommes portés à penser que les dactylopores sont de véritables polypiers, assez rapprochés des rétépores.

On ne connoît encore dans ce genre que l'espéce qui lui sert de type.

Conipore, *Conipora*.

Animaux inconnus, formant un corps crétacé, obconique, pyriforme, creux, formé par une croûte mince, percé de trous poriformes, disposés en quinconce.

Espéce. Le C. strié, *C. striata*.

Conidyctium striatum, Goldf., *Petref*., p. 105, tab. 57, fig. 1. (Des conch. arén. du calc. jur. de Baireuth.)

Observ. Ce genre, établi par M. de Munster sous le nom de *Conulina*, que M. Goldfuss a changé en celui de *Conodyctium*, et que nous modifions dans la dénomination de *Conipore*, beaucoup plus courte et plus en harmonie avec la nomenclature des polypiers, ne contient encore qu'un corps organisé fossile, trouvé par M. le comte de Munster dans une couche arénacée du calcaire jurassique des environs de Baireuth. Nous l'avons observé dans la collection de Bonn. Il ressemble à une figue un peu alongée et côtelée, sans qu'il y ait d'ouverture terminale. Il est possible qu'il ait été fixé par son extrémité atténuée. Sa forme générale est bien régulière; il est entièrement creux; ses parois sont fort minces : elles sont entièrement composées de cellules quadrangulaires assez distinctes, assez régulièrement disposées par séries alternes, transpercées, avec une ouverture extérieure en général transverse, régulière et un peu en trou de serrure. C'est ce qui nous fait penser que ce genre doit être rapproché des dactylopores.

Ovulite, *Ovulites*.

Animaux inconnus, formant un corps crétacé, régulièrement oviforme ou cylindracé, creux, constamment pourvu à chaque extrémité d'une ouverture régulière, l'inférieure plus grande et marginée, parsemé de pores irréguliers, polygonaux, extrêmement fins à sa surface.

Espèces. L'Ovulite perle : *O. margaritula*, de Lamk., 2, p. 194, n.° 1 ; cop. dans l'Enc. méth., pl. 479, fig. 7 (*mala*); Defr., Dictionn. des sc. natur., tom. XXXVII, p. 135 ; atlas, pl. des Foss., fig. 2, 2 *a*. (Calcaire tertiaire de Grignon.)

L'O. alongée : *O. elongata*, de Lamk., *ibid.*, n.° 2 ; cop. dans l'Enc. méth., pl. 479, fig. 8 (*mala*); Defr., *ibid.*, fig. 3, 3 *a* (*bona*).

Observ. Ce genre a encore été établi par M. de Lamarck pour de petits corps organisés fossiles qu'on trouve communément à Grignon, près Paris.

Nous avons observé un grand nombre d'individus de la première espèce dans la collection de M. Michelin, parmi lesquels s'en trouvent qui ont deux ouvertures à une extrémité, régulièrement placées à droite et à gauche de l'axe. Malgré cela, il nous semble encore difficile d'admettre l'opinion de M. Schweigger, qui veut que les ovulites, qu'il réunit aux dactylopores, soient des articulations de cellaires. Nous en avons dit la raison dans nos observations sur ce dernier genre.

Les deux espèces d'ovulites sont certainement criblées de pores extrêmement fins, et par conséquent exagérés dans les figures de l'Encyclopédie.

Polytripe, *Polytripa.*

Animaux inconnus, contenus dans des *cellules* tubuleuses, courtes, serrées, formant par leur réunion presque intime un *polypier* crétacé, subcylindrique, fistuleux, percé aux deux extrémités d'un orifice arrondi (l'inférieur plus grand que le supérieur), et criblé, en dehors comme en dedans, de pores arrondis, très-serrés et disposés en anneaux, surtout intérieurement.

Espèce. Le Polytripe alongé; *P. elongata*, Defrance, Dict. des sc. nat., tom. XLII, p. 453, et atlas, pl. des foss., fig. 1, 1 *a*, 1 *b*. (Calcaire tertiaire de Valognes.)

Observ. Ce genre a été établi par M. Defrance pour un petit corps crétacé que l'on trouve fossile dans les terrains tertiaires.

Nous avons observé plusieurs individus dans différens états de conservation de ce joli polypier, et nous nous sommes assurés d'abord qu'il diffère sensiblement des dactylopores, parce que le corps fistuleux qui résulte de l'assemblage des cellules, est percé aux deux extrémités, ensuite parce que ces cellules sont véritablement tubuleuses, quoique assez courtes, ce que l'on voit fort bien à la circonférence de la grande ouverture, où elles forment une sorte de couronne divergente : ainsi ces deux genres ne sont peut-être pas de la même famille.

M. Defrance possède dans sa collection des échantillons turbinés ou coniques, quoique tronqués aux deux extrémités, dont la structure est du reste la même et qu'il regarde comme de simples variétés : ils proviennent du calcaire grossier de Villin, près Noulle.

Ce genre a peut-être quelques rapports avec les tubulipores ou avec les alvéolites. Cependant la réunion des cellules tubuleuses est bien autrement régulière.

Vaginopore, *Vaginopora.*

Animaux inconnus, contenus dans des *cellules* assez régulières, hexagonales, alvéoliformes, à ouverture très-petite, arrondie, subcentrale, réunies en quinconce, de manière à former un encroûtement cylindrique autour d'un axe également cylindrique, tubuleux et formé lui-même de cellules oblongues, disposées en anneaux articulés.

Espèce. Le Vaginopore fragile; *V. fragilis*, Defr., Dict. des sc. nat., tom. LVI, pag. 428, atlas, pl. des Foss., fig. 5, 5 *a*. (Calcaire tertiaire de Parnes.)

Observ. Ce genre a été établi par M. Defrance pour un fragment de polypier fossile, de quatre à cinq lignes de long sur une ligne de diamètre, et qui a été trouvé dans un calcaire grossier de Parnes.

Nous avons observé plusieurs fragmens de ce fossile dans la collection de M. Defrance, et nous nous sommes assurés que la figure qu'il en donne est assez exacte. Les cellules du tube enveloppant sont cependant représentées trop régulières, et leur forme hexagonale n'est pas rigoureusement rendue; elles sont réunies par anneaux parallèles, et chacune est percée d'un trou à l'intérieur, ce qui forme des séries circulaires en dedans.

Quant au tube intérieur, il est d'un diamètre bien plus petit que l'extérieur, en sorte qu'il y est libre et flottant. Les cellules dont il est composé ont une tout autre forme; elles sont en effet étroites, alongées comme des cannelures et bien plus hautes, en sorte qu'un anneau de celles-ci correspond à deux ou trois d'un cercle de celles-là. Faut-il en conclure que c'est par accident que cet axe se trouve dans le cylindre alvéolé? c'est ce qu'il est difficile d'assurer, quoique l'on ne connoisse encore rien dans les polypiers vivans qui offre quelque chose d'analogue.

Larvaire, *Larvaria*.

Animaux inconnus, formant un corps crétacé, cylindrique, antenniforme, fistuleux, composé de grains celluliformes disposés en anneaux et laissant entre eux des séries circulaires de trous poriformes, arrondis, transpercés, c'est-à-dire visibles aussi bien en dehors qu'en dedans.

Espèces. La Larvaire réticulée; *L. reticulata*, Defrance, Dictionn. des sc. nat. XXV, p. 287. (Calc. tert. de Grignon.)

La L. a manchette; *L. limbata*, id. ibid., n.° 2.

La L. encrinule; *L. encrinula*, id. ibid., n.° 3.

La Larvaire fragile; *L. fragilis*, Defrance. (Coll. de terr. tert. de l'Oise.)

Observ. C'est encore un genre établi par M. Defrance pour des fragmens de petits corps organisés qu'il a trouvés dans le calcaire grossier des environs de Paris, et que, grâces à sa complaisance, nous avons pu étudier dans sa collection.

Ces corps ont véritablement quelque ressemblance avec les antennes de certains crustacés macroures. Les fragmens les plus longs sont presque tout-à-fait cylindriques; ils sont fistuleux et parsemés de trous régulièrement disposés en cercle, et aussi visibles en dehors qu'en dedans. Mais ces trous sont le résultat du rapprochement d'échancrures qui existent entre les grains celluliformes, et réellement pleins, qui composent les anneaux, du moins cela est ainsi dans la première espèce. Quant à la dernière, ce sont bien de véritables pores, percés complètement dans le milieu de chaque anneau.

D'après cela, il est fort probable que ces corps ne sont pas des polypiers.

Palmulaire, *Palmularia.*

Animaux inconnus, formant un corps crétacé, fixé, ovale, alongé, aplati et lisse en dessous, et garni en dessus et sur les côtés de deux séries obliques de petites côtes celluliformes, qui en denticulent les bords sans ouverture distincte.

Espèce. La Palmulaire de Soldani; *P. Soldanii*, Defrance, Dictionn. des sc. nat., t. XXXVII, p. 292, atlas, pl. des foss., fig. 6, *a*, *b*, *c*.

Observ. C'est encore un genre établi par M. Defrance pour un petit corps fossile que nous avons pu étudier dans sa collection. Il est véritablement régulier ou symétrique, du moins à très-peu de chose près, plat en dessous, convexe en dessus. La face inférieure est toute lisse et n'offre rien à remarquer, si ce n'est qu'elle étoit probablement adhérente. La supérieure au contraire est bordée de chaque côté par des espèces de loges ou de cellules qui, étant recourbées à leur extrémité la plus saillante, simulent une sorte d'orifice. Nous ne croyons cependant pas qu'il y en ait de réel; sur cette même face et vers l'extrémité nous avons très-bien vu, mais sur un seul individu, une ouverture transverse, qui nous a paru bien régulière; cependant elle doit être tout-à-fait superficielle, puisque la section longitudinale d'un individu a montré que la masse est entièrement pleine.

En définitive, il nous semble impossible de dire ce que c'est que ce corps.

CELLÉPORE, *Cellepora.*

Animaux hydriformes, pourvus de huit tentacules simples, contenus dans des *cellules* complètes, bien distinctes, urcéolées, ventrues, à ouverture terminale ronde, operculée, formant par leur accumulation irrégulière une sorte de *polypier* crétacé, fragile, comme spongieux, poreux, appliqué ou encroûtant; et quelquefois madréporiforme.

* Espèces vivantes.

A. *Rameuses et madréporiformes.* (G. CELLEPORARIA, Lamx.)

Le CELLÉPORE ÉPAIS : *C. incrassata,* de Lamk., 2, p. 171, n.° 6; Marsigli, Hist. de la mer, t. 32, fig. 150 et 151. (Méditerranée.)

Le C. A CRÊTES; *C. cristata,* de Lamk., *ibid.,* n.° 6. (Australasie.)

Le C. OCULÉ; *C. oculata,* id., *ibid.,* n.° 4. (Australasie.)

Le C. OLIVE; *C. oliva,* id., *ibid.,* n.° 5. (Australasie.)

Le C. RAMEUX; *C. ramosa,* Linn., Gmel., p. 3791, n.° 1. (Mer de Norwége.)

B. *Crustiformes.*

Le CELLÉPORE PONCE: *C. pumicosa,* Linn., Gmel., p. 3791, n.° 3; Ellis, *Corallin.,* tab. 27, fig. *f F,* et tab. 30, fig. *d D;* cop. dans l'Enc. méth., pl. 480, fig. 2.

Millepora pumicosa, Linn., Gmel., p. 3790, n.° 20; d'après Ellis et Solander, p. 15, n.° 10. (Mers d'Europe.)

Le C. OVOÏDE; *C. ovoidea,* Lamx., Polyp. flex., p. 89, n.° 172, pl. 1, fig. 1, *a B.* (Australasie.)

Le C. DE MAGNEVILLE; *C. Magnevilliana,* id., *ibid.,* n.° 175, pl. 1, fig. 5, *a B.* (Océan.)

Le C. CALYCIFORME; *C. calyciformis,* id., *ib.,* n.° 182. (Océan.)

Le Cellépore annulaire; *C. annularis*, Pallas, *Zooph.*, pag. 48, n.° 13.

Eschara annularis, de Moll, *Esch.*, p. 56, fig. 4, *A*, *B*, *C*. (Mers d'Europe.)

Le C. verruqueux; *C. verrucosa*, Linn., Gmel., p. 5791, n.° 4. (Mers d'Europe.)

** Espéce fossile.

Le C. mamelonné, *C. mamillata*, de Blainv., Collect. de M. Huot. (Du *crag* d'Angleterre.)

Observ. Ce genre a été proposé par Fabricius dans sa Faune du Groënland, mais mal caractérisé.

M. de Lamarck l'a beaucoup mieux circonscrit: cependant, ayant eu principalement égard à la nature du polypier, il a dû y faire entrer des espèces assez hétérogènes, comme le *C. spongites*, qui est une véritable eschare.

Lamouroux a d'abord confondu sous ce nom un grand nombre des eschares de Moll; mais ensuite il en a séparé les espèces madréporiformes pour former son genre *Celleporaria*.

Nous faisons à peu près le contraire, en regardant comme cellépores les animaux hydriformes dont les cellules urcéolées, complètes, calcaires, avec une ouverture terminale, operculée, s'unissent d'une manière fort irréguliére, soit en croûtes, soit en anneaux, soit même en masses arborescentes.

Nous en avons étudié plusieurs espèces de nos côtes, et entre autres les *C. pumicosa* et *incrassata*, qui pourroient bien être identiques, et nous nous sommes assurés que ce genre diffère fort peu des discopores.

BÉRÉNICE, *Berenicea*.

Animaux inconnus, contenus dans des *cellules* submembraneuses, saillantes, ovoïdes, distantes, à ouverture arrondie, subterminale, éparses irrégulièrement, quelquefois radiairement à la surface d'une sorte de croûte fort mince ou de tache appliquée ou parasite.

* Espéces vivantes.

La B. saillante; *B. proeminens*. Lamx., Gen. Polyp., Suppl., p. 80, tab. 85, fig. 1 et 2. (Méditerranée.)

La Bérénice annelée; *B. annulata*, *id.*, *ibid.*, fig. 5 et 6.

La B. écarlate; *B. coccinea*, Flemm., *Brit. anim.*, pag. 533, n.° 132.

Cellepora coccinea, Muller, *Zool. Dan.*, tab. 166, fig. 1 et 2.

Discopora bispinosa, Johnson, *Edimb. phil. journ.*, XIII, p. 222. (Mers du Nord.)

La B. hyaline, *B. hyalina*.

Cellep. hyalina, Linn., Gmel., p. 3792, n.° 6; Cavolini, *Polyp. marit.*, 3, p. 242, fig. 8 et 9. (Mers d'Europe.)

La B. immergée; *B. immersa*, Flemm., *ibid.*, n.° 134. (Mers d'Angleterre.)

La B. utriculée; *B. utriculata*, *id.*, *ibid.*, n.° 135. (Mers du Nord.)

La B. brillante; *B. nitida*, *id.*, *ibid.*, n.° 136.

Cellepora nitida, Linn., Gmel., p. 3792, n.° 7; d'après Oth. Fabr., *Faun. Groenl.*, p. 436, n.° 443. (Mers Boréales.)

**** Espèce fossile.**

La Bérénice diluvienne; *B. diluviana*, Lamx., Gen. Polyp., p. 81, tab. 82, fig. 1. (Calcaire jurassique de Caen.)

Observ. Ce genre, établi par Lamouroux dans son Exposition méthodique des polypiers pour un petit nombre d'espèces, a été adopté et étendu par M. Flemming. Cependant il ne diffère des véritables cellépores qu'en ce que le polypier, que l'assemblage des cellules forme, a pour base une sorte de croûte crétacée.

Nous avons observé plusieurs espèces de Bérénices vivantes sur les corps marins de nos mers d'Europe, mais jamais avec les animaux.

Nous ne sommes pas bien loin de croire que ces petits polypiers soient des jeunes âges de polypiers adultes d'autres genres.

DISCOPORE, *Discopora*.

Animaux inconnus, contenus dans des *cellules* complètes, saillantes, ouvertes par un orifice arrondi, terminal, plus ou moins tubuleux et operculé, formant par leur réunion, plus ou moins régulière sur un seul plan, une sorte de *polypier* appliqué, très-petit, fort mince, en forme de croûte ou de taches circonscrites.

Espèces. Le Discopore verruqueux : *D. verrucosa*, de Lamk., Anim. sans vert., 2, p. 165, n.° 1 ; cop. dans l'Enc. méthod., pl. 479, fig. 5, *a, b.*

Cellep. verrucosa, Linn., Gmel., p. 3791 , n.° 4. (Des mers d'Europe.)

Le D. fornicien ; *D. fornicina*, de Lamk., *ibid.*, n.° 3. (Australasie.)

Le D. crible ; *D. criblum*, *id.*, *ibid.*, n.° 4.

Le D. rape ; *D. scobinata*, *id.*, *ibid.*, n.° 5.

Le D. coriace; *D. coriacea*, *id.*, *ibid.*, n.° 7.

Flustra coriacea, Esper, *Suppl.*, 2, tab. 7.

Le D. arénulé; *D. arenulata*, *id.*, *ibid.*, n.° 8.

Le D. rude; *D. scabra*, *id.*, *ibid.*, n.° 9.

Le D. hérissé ; *D. hispida*, Flemm., *Brit. anim.*, p. 530, n.° 132.

Le D. palmata ; *D. palmata*, Risso, Europ. mérid., 5, pag. 389, n.° 89.

Observ. Ce genre, établi par M. de Lamarck, ne diffère du précédent que parce que l'assemblage des cellules forme un petit polypier limité ou circonscrit. Les espèces du reste qui le constituent, sont assez hétérogènes : aussi le *D. arenulata* est une flustre; le *D. coriacea* est dans le même cas.

Membranipore, *Membranipora.*

Animaux hydriformes, contenus dans des *cellules* distinctes dans leur bord, non saillantes, fermées à leur face supérieure par une membrane fort mince, très-fugace, dans laquelle est percée l'ouverture, formant par leur réunion une sorte de *polypier* membraneux, non circonscrit, s'étalant en lame à la surface des corps marins.

* Espèces vivantes.

Le Membranipore réticulé, *M. reticulata.*

Discopora reticulata, de Lamk., 2, p. 166, n.° 2; cop. dans l'Enc. méth., pl. 479, fig. 4.

Le M. petit-rets, *M. reticulum.*

Discop. reticulum, de Lamk., 2, p. 167, n.° 6.

Millep. reticulum, Linn., Gmel., pag. 3788, n.° 23; Esper, 1, p. 205, tab. 11.

Le Membranipore toile de mer , *M. telacea.*
Flustra telacea , de Lamk. , *ibid.* , p. 167, n.° 7.
Le M. froncé, *M. corrugata.*
Flustra ? Savigny , Égypt. zool. polyp. , fig. 10—1 et 10—2.
Le M. membraneux , *M. membranacea.*
Flustra membranacea , Linn. , Gmel. ,
Le M. unicorne, *M. unicornis.*
Flustra membranacea , Muller , *Zool. Dan.* , tab. 117, fig. 1
et 2.

** Espèces fossiles.

Le M. alvéolé ; *M. alveolata* , de Blainv. (Collect. de Michelin.)
Le M. voisin ; *M. affinis* , de Blainv. (Collect. de Michelin.)
Le M. biponctué , *M. bipunctata.*
Cellepora bipunctata , Goldf. , *Petref.* , p. 27, tab. 9, fig. 7, *a, b.*
Le M. antique , *M. antiqua.*
Cellepora antiqua , id. , *ibid.* , tab. 9 , fig. 8 , *a , b.*
Le M. denté , *M. dentata.*
Cellepora dentata , id. , *ibid.* , tab. 9 , fig. 5 , *a , b.*

Observ. Nous établissons cette division générique pour un
certain nombre de polypiers membraneux qui sont, pour ainsi
dire, intermédiaires aux discopores et aux eschares, étant
toutefois plus rapprochés de celles-ci ; en effet, il n'est pas
certain qu'elles soient pourvues d'opercule. Ces espèces sont
déjà assez nombreuses, et pourront être subdivisées en deux
sections, suivant que les cellules ne forment qu'un seul plan
appliqué sur les corps, ou qu'elles se relèvent en deux plans
appliqués l'un contre l'autre, ce qui leur donne un aspect foliacé.

Fam. II. Les Pol. membr. cellariés, *Cellariœa.*

Animaux hydriformes, pourvus de tentacules très-fins, séparés, distincts, contenus dans des *cellules* ovales , aplaties,
   membraneuses , à ouverture bilatérale , non terminale,
   formant par leur réunion latérale, sur un ou deux plans,
   une sorte de *polypier* crétacé ou membraneux, limité, diversiforme et fixé.

Ovaires externes.

Observ. Cette famille est réellement assez particulière, en ce que les cellules plus ou moins polygonales, avec une ouverture évidemment binaire, sont toujours disposées en lames ou plaques appliquées, soit contre des corps étrangers, soit contre une autre lame semblable, soit enfin autour d'un axe fixatif, assez bien comme dans les derniers genres de la famille précédente; mais jamais elles ne sont pourvues d'opercule.

L'ordre dans lequel les genres sont disposés, est établi sur la considération du plus grand rapprochement des eschares d'une part et des sertulaires de l'autre.

Il se pourroit que toute une division des prétendues coquilles multiloculées appartint à cette famille et ne se composât que de jeunes cellaires.

Lunulite, Lunulites.

Animaux inconnus, contenus dans des *cellules* à ouverture supérieure, disposées sur un seul plan en cercles concentriques et par rayons divergens, de manière à former un *polypier* crétacé, assez régulier, orbiculaire, convexe en dessus, concave en dessous, et marqué de sillons rayonnans du centre à la circonférence.

Espèces. La L. rayonnante : *L. radiata*, de Lamk., Anim. sans vert.. 2, p. 1951; cop. dans l'Enc. méth., pl. 479, fig. 6, *a, b*, et atlas du Dict. des sc. nat., pl. des foss., fig. 5. *a, b.*

La L. urcéolée : *L. urceolata, id., ibid.;* Lamx., Gen. Polyp., tab. 73, fig. 9 — 12.

Observ. Ce genre a été établi par M. de Lamarck pour deux petits polypiers fossiles, qui ne diffèrent des véritables flustres que parce que l'assemblage des loges est libre et a une forme circonscrite assez bien déterminée.

La seconde espèce a paru assez différente à Lamouroux pour qu'il ait proposé d'en faire un genre distinct sous le nom de *Cupularia;* en effet, la disposition des cellules est un peu différente, et le polypier n'est pas radié.

Électre, Electra.

Animaux inconnus, contenus dans des *cellules* membraneuses, verticales, campanulées, ciliées sur les bords, fermées par une membrane diaphragmatique, avec une ouverture très-petite et semi-lunaire, et réunies en verticilles autour d'un corps étranger ou sous forme de rameaux spiciformes.

Espèce. L'Électre verticillée; *E. verticillata*, Lamx., Pol. flex., p. 121, n.° 252, pl. 2, fig. 2, *a*, B.

Flustra verticillata, Linn., Gmel., p. 3828, n.° 10.

Sertularia verticillata, Esper, Zooph., tab. 26, fig. 1 et 2.

Observ. Ce genre a été établi par Lamouroux pour un polypier qui ne diffère des autres flustres que parce que ses cellules se disposent en verticilles autour des corps qu'elles encroûtent, et qui mérite à peine être distingué de la *F. pilosa*, dont les cellules se disposent aussi quelquefois un peu en verticilles.

Flustre, *Flustra*.

Animaux hydriformes, pourvus de tentacules simples, nombreux, sur un seul rang, contenus dans des loges complètes, distinctes, très-plates, formées par un rebord plus épais, plus résistant, sertissant une partie membraneuse, dans laquelle est percée l'ouverture subterminale et transverse, se disposant régulièrement et en quinconce, de manière à former un *polypier* membraneux, flexible, étalé en croûte, non limité ou relevé en expansions frondescentes, fixées par des fibrilles radiculaires.

* Espèces vivantes.

A. *Encroûtantes.*

La Flustre dentée : *F. dentata*, Linn., Gmel., p. 3828, n.° 11; Ellis et Solander, p. 15; Ellis, *Corallin.*, tab. 29, fig. D. D 1. (Mers du Nord.)

La F. membraneuse : *F. membranacea*, Linn., Gmel., p. 3830, n.° 5; Ellis et Solander, Zooph., 18. (Mers du Nord.)

La F. unicorne; *F. unicornis*, Flemm., *Brit. anim.*, pag. 536, n.° 146.

F. membranacea, Muller, *Zool. Dan.*, 3, p. 163, tab. 117, fig. 1 et 2. (Mers du Nord.)

La F. dents épaisses; *F. crassidentata*, de Lamk., 2, p. 159, n.° 9. (Amérique méridionale.)

La F. hispide; *F. hispida*. Othon Fabric., *Faun. Groenl.*, pag. 430.

Flustra hirta, Linn., Gmel., pag. 3830, n.° 19. (Mers du Groënland.)

La FLUSTRE LINÉÉE : *F. lineata*, Linn., Gmel., p. 3850, n.° 6; Oth. Fabr., *ibid.*, p. 437, n.° 447.

La F. PILEUSE : *F. pilosa*, Linn., Gmel., p. 3827, n.° 3.

Eschara millepora, Ellis, *Corallin.*, 75, tab. 31. (Mers du Nord.)

La F. VERTICILLÉE : *F. verticillata*, Linn., Gmel., p. 3828, n.° 10; Ellis et Solander, p. 15, tab. 4, fig. *a, A.*

Eschara pilosa, var. de Moll, Monogr., tab. 2, fig. 6.

Sertularia verticillata, Esper, *Suppl.*, 2, t. 26.

Electra verticillata, Lamx., Polyp. flex., p. 121, n.° 252, pl. 2, fig. 2, *a, B.* (Mers du Nord.)

B. *Frondescentes, à deux plans de loges.*

La FLUSTRE FOLIACÉE : *F. foliacea*, Linn., Gmel., p. 3826, n.° 1.

Eschara foliacea, Ellis, *Corallin.*, p. 70, t. 29, fig. *a, A, B, C, D, E.* (Mers d'Europe.)

La F. TRONQUÉE : *F. truncata*, Linn., Gmel., p. 3827, n.° 2; Ellis, *Corallin.*, p. 68, tab. 28, fig. *a, A, B.*

Eschara securifrons, Pallas, *Zooph.*, p. 56. (Mers d'Europe.)

La F. PAPYRACÉE ; *F. papyracea*, Ellis, *Corallin.*, tab. 38, fig. 8.

F. chartacea, Lamouroux, Polyp. flex., p. 104, n.° 198. (De la Manche.)

La F. BIDENTÉE ; *F. bidentata*, Quoy et Gaimard, Astrolabe, Zool., msc.

La F. PYRIFORME : *F. pyriformis*, Lamx., *ibid.*, p. 103, n.° 194, pl. 1, fig. 4, *a, B.* (Australasie.)

La F. CÉRANOÏDE ; *F. ceranoidea*, id., *ibid.*, n.° 195. (Australasie.)

C. *Frondescentes, à un seul plan de loges.*

La FLUSTRE BOMBYCINE : *F. bombycina*, Linn., Gmel., p. 3828, n.° 9; Ellis et Solander, *Zooph.*, p. 14, tab. 4, fig. *b, BBB2.* (Mers de l'Inde et d'Amérique.)

La F. VOILE : *F. carbassea*, Linn., Gmel., p. 3828, n.° 8; Ellis et Solander, *Zooph.*, p. 14, tab. 5, fig. 6 et 7 : Grant, *Edimb. new. ph. journ.* (Mer d'Écosse.)

D. *Frondescentes, à lobes étroits et à un seul plan de loges.*

Le Flustre aviculaire ; *F. avicularis,* Sowerby, *Brit. miscellan.,* tab. 71.

Sertularia avicularis, Linn., Gmel., p. 3859 ; Ellis, *Corallin.,* tab. 20, fig. 2, tab. 31, fig. 7.

Cellaria avicularis, de Lamk., *ibid.,* tom. 2, p. 141, n.° 23.

Flustra angustiloba, id., *ibid.,* p. 158, n.° 5.

Crisia avicularis et *flustroides,* Lamx., Polyp. flex., p. 141. (Mers d'Europe.)

La F. sétacée ; *F. setacea,* Flemm., *Brit. anim.,* pag. 536, n.° 143.

F. Ellisii, ejusd. ; Werner, Mém., 2, p. 251, tab. 17, fig. 1.re (Mer d'Écosse.)

** Espèces fossiles.

A. *Encroûtantes.*

La Flustre mosaïque ; *F. tessellata,* Desmarest et Lesueur, Bull. de la Soc. phil., 1814, p. 53, pl. 2, fig. 2, *c, d.* (Craie de Bologne.)

La F. a cellules carrées ; *F. quadrata,* id., *ibid.,* fig. 10, *v, x.*

La F. épaisse ; *F. crassa,* id., *ibid.,* fig. 1, *a, b.* (Calcaire tertiaire de Grignon.)

La F. crétacée ; *F. cretacea,* id., *ibid.,* fig. 3, *c, f.* (Calcaire tertiaire du Plaisantin.)

La F. a petite ouverture ; *F. microstoma,* id., *ibid.,* fig. 9, *t, u.* (Calcaire tertiaire de Paris.)

La F. utriculaire ; *F. utricularis,* id., *ibid.,* fig. 8, *r, s.* (Craie de Paris.)

B. *Frondescentes, à deux plans de loges.*

La Flustre en réseau ; *F. reticulata,* id., *ibid.,* fig. 4. (Calcaire de Valognes.)

La F. bifurquée : *F. bifurcata,* id., *ibid.,* fig. 6, msc. (Calcaire tertiaire de Grignon.)

Observ. Nous avons vu, en parlant des eschares. comment M. de Lamarck avoit été conduit à en séparer un assez grand nombre d'espèces sous la dénomination de flustres. Nous adoptons cette distinction, comme l'ont fait déjà la plupart des zoologistes ; mais nous la caractérisons d'une manière plus tranchée, en ayant égard , non pas à la nature plus ou moins calcaire des cellules, ni à leur position sur un ou deux plans, mais à leur distinction évidente à l'extérieur, par un rebord saillant, sertissant une partie plus membraneuse que le reste, dans laquelle est percée l'ouverture, à leur disposition constamment régulière et en quinconce, enfin, à l'absence de ses opercules.

Ellis et Cavolini nous ont fait connoître les animaux de quelques espèces, et celui-ci a fait l'observation qu'ils sont tout-à-fait analogues à ceux des millépores, entendant sous ce nom le *M. truncata*, type de notre genre Myriapore.

M. Grant a publié des observations fort curieuses sur ceux de la *F. carbassea*, qu'il paroit avoir étudiés d'une manière particulière.

ELZÉRINE , *Elzerina.*

Animaux inconnus, contenus dans des *cellules* assez grandes, ovales-alongées, subhexagonales, rebordées, avec un tympan membraneux, dans lequel est percée l'ouverture qui est sigmoïde , formant par leur réunion quinconciale et circulaire, les branches et les rameaux d'un *polypier* membraneux , phytoïde, non articulé, dichotome et fixé.

Espèce. L'ELZÉRINE DE BLAINVILLE; *E. Blainvillii* , Lamx. , Pol. flex., p. 123, n.° 232, pl. 2, fig. 3, *a B.* (Australasie.)

Observ. Ce genre a été établi par Lamouroux (*loc. cit.*) pour un polypier rapporté des mers de l'Australasie par Péron et Lesueur, et que nous avons étudié dans sa collection. Nous avons pu ainsi nous assurer que c'est un genre à peine distinct des flustres phytoïdes, et qui n'en diffère qu'en ce que les cellules sont réunies en quinconce circulaire, comme dans le *cellaria salicornia*, et qu'elles sont encore plus molles ou membraneuses.

D'après M. Risso, il existe deux espèces d'elzérines dans la Méditerranée : l'une, qu'il nomme *E. venusta*, et l'autre, *E. mutabilis;* mais s'il est vrai que leurs cellules soient éparses, il est probable qu'elles n'appartiennent pas à ce genre.

PHÉRUSE , *Pherusa.*

Animaux inconnus , contenus dans des *cellules* ovales, terminées par une ouverture assez grande, saillante, tubuleuse, disposées par séries obliques à l'une des faces seulement d'un *polypier* membraneux ou subgélatineux, lobé et frondescent, flabelliforme et fixé.

Espèce. La PHÉRUSE TUBULEUSE: *P. tubulosa*, Esper, *Zooph.*, *Suppl.*, 1, t. 9, fig. 1 et 2; Lamx., Polyp. flex., p. 119, n.° 231, pl. 2, fig. 20 *B*.

Flustra tubulosa, Ellis et Solander, p. 17, n.° 11.

Observ. Lamouroux, en retirant le corps organisé qui est le type de ce genre des flustres, parmi lesquelles Ellis et Solander l'avoient placé, a eu certainement raison, comme nous nous en sommes assurés en étudiant un individu desséché en bon état de conservation; mais il ne nous paroît pas aussi bien démontré qu'il soit intermédiaire aux flustres et aux cellaires, tant la forme des cellules est différente, puisqu'elles sont tubuleuses.

VINCULAIRE, *Vincularia.*

Animaux inconnus, contenus dans des *cellules* ovales, subhexagonales, régulières, à orifice subterminal, semi-lunaire, appliquées et réunies longitudinalement sur plusieurs rangs, de manière à former un *polypier* crétacé, cassant, en forme de baguette.

Espèces. La VINCULAIRE FRAGILE; *V. fragilis*, Defr., Dict. des sc. nat., tom. LVIII, pag. 214, et atlas, pl. des Fossiles, fig. 3, 3 *a*, 3 *b*.

Glauconoma tetragona, Goldfuss, *Petref.*, p. 100, tab. 36, fig. 7.

La V. MARGINÉE, *V. marginata.*

Glaucon. marginata, Goldfuss, *ibid.*, tab. 36, fig. 5. (Calcaire tertiaire de Westphalie.)

La V. RHOMBOÏDALE, *V. rhomboidalis.*

Glaucon. rhomboidalis, id., *ibid.*, fig. 6. (Calcaire tertiaire de Westphalie.)

La V. HEXAGONE; *V. hexagona*, id., *ibid.*, fig. 8, *a*, *b*.

Observ. Ce genre a été établi par M. Defrance dans l'ouvrage cité, et adopté par M. Goldfuss sous la dénomination de *Glauconoma*, que nous n'avons pas dû adopter.

Celui-ci le regarde comme fort rapproché du *cellaria salicornis;* mais il se pourroit qu'il le fût encore davantage des flustres flabelliformes à deux plans de cellules ; en effet, le *vincularia fragilis,* que nous avons étudié dans la collection de M. Defrance, pourroit bien n'être autre chose qu'une partie d'une série de cellules, provenant d'une flustre véritable, qui se trouve fossile dans le même terrain que le *V. fragilis.* M. Defrance nous a montré, à l'appui de cette opinion, un échantillon qui est composé de deux séries au lieu d'une seule.

Cellaire, *Cellaria.*

Animaux inconnus, contenus dans des *cellules* régulières, hexagonales ou ovales, à ouverture transverse ou subtubuleuse, disposées en quinconce circulaire, à la surface des articulations cylindriques, dichotomes, d'un *polypier* subcalcaire, phytoïde, fixé par un grand nombre de tubes cornés, radiciformes.

A. *Espèces à cellules hexagonales et à ouverture transverse.*
(G. Salicornia, Cuv.)

La Cellaire salicorne : *C. salicornia,* Pallas, *Zooph.,* p. 61, n.° 21 ; Ellis, *Corallin.,* p. 60, tab. 23 , fig. *a A , B , C , D.*
Tubularia fistulosa, Linn., Gmel., p. 3831, n.° 3. (Mers d'Europe.)
La C. salicornioïde : *C. salicornioides,* Lamx., Polyp. flex., p. 127, n.° 236 ; Petiver, pl. 1 , tab. 2 , fig. 9. (Méditerranée.)

B. *Espèces à cellules ovales , avec l'orifice arrondi et tubuleux.*

La Cellaire cierge ; *C. cereoides,* Ellis et Solander, *Zooph.,* p. 26, n.° 14, tab. 5, fig. 6, *B, C, D, E.*
Sertularia cereoides, Linn., Gmel., p. 3864, n.° 71 , et *Sert. opuntioides,* p. 3863, n.° 77. (Méditerranée et mers des Indes.)
La C. dentelée ; *C. denticulata,* de Lamk., *ibid.,* p. 137, n.° 9. (Océan d'Europe.)
La C. velue ; *C. hirsuta,* Lamx., *ibid.,* n.° 254, pl. 2, fig. 4 , *a B.* (Mers d'Amérique.)
La C. filiforme ; *C. filiformis,* Pallas, *Zooph.,* p. 63, n.° 21.
Sertularia filiformis, Linn., Gmel., p. 3862, n.° 76. (Océan Indien.)

La·Cellaire délicate ; *C. tenella*, de Lamk., 2, p. 135, n.° 3. (Australasie ?)

Observ. Ce genre, établi par Pallas sous le nom de *Cellularia*, a été successivement simplifié par M. de Lamarck, et surtout par Lamouroux, qui a établi plusieurs genres à ses dépens.

Nous ne connoissons aucun auteur qui ait décrit les animaux d'une espèce de cellaire véritable. Pallas a fait une observation curieuse sur la rapidité de la croissance du *C. salicornia*. En effet, il a trouvé des individus d'un pouce et demi de haut sur des œufs de squales encore éloignés du moment de leur éclosion.

Nous avons étudié les deux espèces vivantes dans nos mers, les *C. salicornia* et *cereoides*, mais à l'état de dessiccation. Nous ne concevons pas comment Linné a pu donner à la *C. salicornia* le nom de *tubularia fistulosa*; car il n'y a rien de fistuleux dans sa structure : c'est cependant peut-être cette dénomination qui aura porté Schweigger à regarder le dactylopore comme une articulation de cellaire.

Aucun auteur n'en mentionne de fossiles, à moins d'adopter comme certaine l'opinion de Schweigger, qui prétend que les dactylopores et les ovulites ne sont que des articulations de cellaire; ce qui ne nous paroît pas admissible.

Intricaire, *Intricaria.*

Animaux inconnus, contenus dans des *cellules* hexagones, alongées, à bords relevés, et couvrant toute la surface d'un *polypier* calcaire, assez solide, joncacé intérieurement, composé d'un assez grand nombre de rameaux cylindriques, anastomosés irrégulièrement.

Espèce. L'Intricaire de Bayeux ; *I. Bajocensis*, Defrance, Dictionn. des sc. natur., tom. XXIII, pag. 546, atlas, pl. des Foss., fig. 1, 1 *a* (sous le nom d'Intricaire d'Ellis).

Observ. Ce genre a été établi par M. Defrance pour un joli polypier fossile, trouvé par M. de Gerville dans le département de la Manche. En l'observant dans la collection du premier de ces naturalistes, nous avons pu nous assurer que ce genre est véritablement fort rapproché des Cellaires, et surtout de la C. salicorne, par la forme de ses cellules; mais il en diffère parce qu'il n'est pas articulé et parce que probablement il n'adhéroit pas par des fibrilles radiculaires.

Canda, *Canda.*

Animaux inconnus, contenus dans des *cellules* non saillantes, résistantes, subcrétacées, disposées sur deux rangs alternes et sur une face seulement de rameaux dichotomes, articulés, réunis par des fibrilles transverses et formant dans leur ensemble un *polypier* frondescent, flabelliforme et radiculé.

Espèce. La Canda arachnoïde; *C. arachnoidea*, Lamouroux, Polyp. flex., p. 132, n.° 241, pl. 2, fig. 6, *a*, *B*, *C*, *D*, et Zooph., p. 5, pl. 64, fig. 19 — 22.

Cellaria filifera, de Lamarck, 2, p. 156, n.° 4. (Australasie.)

Observ. C'est un genre établi par Lamouroux pour une espèce de Cellaire rapportée par Péron et Lesueur des mers Australes, que nous avons observée dans sa collection, faisant aujourd'hui partie de celle de la ville de Caen. Les assemblages de loges ressemblent à une colonne vertébrale de poisson. Sur une des faces sont deux files de loges alternes, séparées par une crête anguleuse. Sur l'autre face on voit le dos des loges avec des filamens tubuleux, qui se portent transversalement d'un rameau à l'autre et qui sont analogues aux tubes radiciformes. Il paroit que quelquefois ces fibrilles transverses manquent, comme cela a lieu dans une variété signalée par M. de Lamarck.

Cabérée, *Caberea.*

Animaux inconnus, contenus dans des *cellules* fort petites, disposées en quinconce à l'une des faces seulement des articulations, comme pinnées, d'un *polypier* calcaire, phytoïde, dichotome, portant à la face dorsale la continuation des radicules fistuleuses, à l'aide desquelles il est fixé.

Espèces. La Cabérée pinnée; *C. pinnata*, Lamouroux. Polyp. flex., p. 130, n.° 259.

Cellaria pectinata, de Lamarck, 2 , p. 138, n.° 11. (Australasie.)

La CABÉRÉE DICHOTOME : *C. dichotoma*, id., ibid., n.° 240, pl. 2, fig. 5, *a*, *B*, *C; ibid.*, pl. 2, fig. 2, *a*, *B*, *C*.

? *Cellaria barbata*, de Lamarck, 2, p. 136, n.° 5. (Australasie.)

Observ. Nous avons observé le polypier sur lequel Lamouroux a établi ce genre. Il est réellement remarquable par la manière dont les loges sont empilées obliquement sur une face seulement du polypier qu'elles forment, et parce qu'elles sont soutenues par un faisceau de tubes radiciformes qui occupent la face dorsale.

La description et la figure données par Lamouroux sont tout-à-fait inexactes; le sillon qu'il représente et décrit, n'étant qu'une disposition des tubes radiciformes.

La cabérée pinnée de la collection de Lamouroux est toute différente de la *C. dichotome.*

TRICELLAIRE, *Tricellaria.*

Animaux hydriformes, contenus dans des *cellules* à ouverture ovale, à bords sessiles, terminale, et disposées sur trois rangs, composant les articulations d'un *polypier* phytoïde. dichotome et fixé par des fibrilles radiculaires.

Espèces. La TRICELLAIRE TERNÉE, *T. ternata.*

Sertul. ternata, Linn., Gmel., p. 3862, n.° 75.

Cellaria ternata, Ellis et Soland., *Zooph.*, p. 3o.

Crisia ternata, Lamouroux, Polyp. flex., p. 142, n.° 253. (Mers d'Écosse.)

La T. A TROIS CELLULES, *T. tricythura.*

Crisia tricythura, Lamouroux, *ibid.*, n.° 254, pl. 3, fig. 1, *a*, *B*, *C*. (Australasie.)

Observ. Cette division générique vient d'être établie par M. Flemming, dans son ouvrage sur les animaux d'Angleterre, pour une espèce des mers d'Écosse, qui diffère des Crisies de Lamouroux par la disposition des loges, trois à trois pour chaque articulation.

Nous n'avons observé ni l'une ni l'autre des espèces qui constituent ce genre.

Acamarchis, *Achamarchis.*

Animaux inconnus, contenus dans des *cellules* unies, serrées et cornues, avec un vésicule à leur ouverture, disposées sur deux rangs latéraux alternes et formant les articulations d'un *polypier* corné, phytoïde, dichotome et fixé par des fibrilles radiciformes.

Espèces. L'Acamarchis néritine; *A. neritina,* Ellis, *Corall.,* p. 50, tab. 19, fig. *a, A, B, C.*

Cellaria neritina, Linn., Gmel., p. 3859, n.° 34.

Sertularia neritina, Brug., Enc. méth. (Méditerranée.)

L'A. dentée; *A. dentata,* Lamx., Polyp. flex., pag. 135, n.° 243, pl. 5, fig. 3, *A, B.* (Australasie.)

Observ. Ce genre a été établi par Lamouroux, dans son premier ouvrage.

Il n'a pas été adopté par M. de Lamarck, ni par M. Flemming, qui le confond dans le genre suivant.

Nous n'avons observé nous-mêmes aucune des deux espèces qui le constituent; mais il nous semble qu'il diffère trop peu des véritables cellulaires pour pouvoir être admis.

Bicellaire, *Bicellaria.*

Animaux hydriformes, pourvus de huit tentacules simples, et contenus dans des *cellules* peu ou point saillantes, disposées sur deux rangs alternes et s'ouvrant sur la même face des articulations d'un *polypier* crétacé, phytoïde, dichotome et fixé par des filamens radiciformes.

Espèces. La Bicellaire ciliée; *B. ciliata,* Ellis, *Corallin.,* pag. 38, tab. 20, n.° 5, fig. *d, D.*)

Sertularia pilosa, Linn., Gmel., p. 3860, n.° 58. (Mers d'Europe.)

La B. velue, *B. pilosa.*

Sertularia pilosa, Linn., Gmel., p. 3860, n.° 63.

La B. raboteuse; *B. scruposa,* Ellis, *Corallin.,* p. 38, tab. 20, n.° 4, fig. *c, C.*

Sertularia scruposa, Linn., Gmel., p. 3859, n.° 25.

La B. épineuse; *B. muricata,* Lamx., Polyp. flex., p. 140, n.° 248. (Mers du Japon.)

La Bicellaire rampante; *B. reptans*, Ellis, *Corallin.*, p. 37, tab. 20, fig. 3.)

Sertularia reptans, Linn., Gmel., p. 3860, n.° 36.

Crisia reptans, Lamx., *ibid.*, p. 140. (Mers d'Europe.)

La B. plumeuse; *B. fastigiata*. (Ellis, *Corallin.*, 33, tab. 28, fig. 1.)

Sertularia fastigiata, Linn., Gmel., p. 3858, n.° 32.

Cellul. plumosa, Pallas, *Zooph.*, p. 66.

Crisia plumosa, Lamx., *ibid.*, p. 143. (Mers d'Europe.)

La B. de Hooker, *B. Hookeri*.

Cellularia Hookeri, Flemming, *Brit. anim.*, p. 389, n.° 151. (Mers d'Angleterre.)

Observ. La circonscription de cette division des cellaires est due à M. Flemming, qui lui a donné le nom de *cellularia*, imaginé par Pallas depuis long-temps pour toute la famille, et auquel nous proposons de substituer celui de bicellaire, emportant avec lui le caractère principal du genre.

C'étoient des crisies pour Lamouroux et ce sont des cellaires pour M. de Lamarck.

M. Savigny, dans la planche de son grand ouvrage sur l'Égypte qu'il a consacrée aux cellaires, a fait figurer la partie solide de quatre espèces qui, étant composées de deux rangées de cellules, doivent appartenir à cette section.

CRISIE, *Crisia.*

Animaux hydriformes, du reste inconnus, contenus dans des *cellules* terminées par une ouverture saillante, tubuleuse, et disposées sur deux rangs alternes des articulations d'un *polypier* phytoïde, dichotome, fixé par des fibrilles radiculaires.

Espèces. La Crisie ivoire; *C. eburnea*, Ellis, *Corallin.*, p. 39, tab. 21, fig. 6.

Sertularia eburnea, Linn., Gmel., p. 3861, n.° 39.

Cellul. eburnea, Pallas, *Zooph.*, p. 75. (Mers d'Europe.)

La C. luxée; *C. luxata*, Flemming, *Brit. anim.*, p. 540, n.° 157. (Mers d'Angleterre.)

Observ. Ce genre a été établi par Lamouroux (*loc. cit.*); mais il a été considérablement restreint par M. Flemming, qui en a retranché les espèces rangées plus haut dans les genres *Tricellaria* et *Bicellaria*.

Dans un système rigoureux de nomenclature rationnelle, on pourroit le nommer *Tubicellaria*.

GEMICELLAIRE, *Gemicellaria*.

Animaux hydriformes, contenus dans des *cellules* ovales, à ouverture oblique, subterminale, réunies deux à deux par le dos et formant ainsi les articulations d'un *polypier* phytoïde, dichotome, adhérent par des fibrilles radiciformes.

Espèces. La GEMICELLAIRE CUIRASSE; *G. loriculata*, Ellis, *Corallin.*, p. 40, tab. 21, n.° 7, fig. *b*, *B*.

Sertularia loriculata, Linn., Gmel., p. 3858, n.° 31.
Cellul. loriculata, Pallas, *Zooph.*, p. 64, n.° 22.
Crisia loriculata, Lamx., Polyp. flex. p. 140, n.° 250.
Loricaria europœa, ibid., *Zooph.*, p. 7.
Notamia loriculata, Flemming, *Brit. anim.*, p. 541, n.° 158.
Gemellaria loriculata, Savigny, Égypte, Zool. (Mers d'Europe.)

La G. BOURSETTE; *G. Bursaria*, Ellis, *Corallin.*, 4, tab. 22, fig. *a*, *A*.

Sertularia bursaria, Linn., Gmel., p. 3858, n.° 30.
Cellularia bursaria, Pallas, *Zooph.*, p. 65.
Dynamena bursaria, Lamx., Polyp. flex., p. 179, n.° 302.
Notamia bursaria, Flemm., ibid., n.° 159. (Mers d'Europe.)

Observ. Ce genre, proposé par M. Savigny, dans les planches du grand ouvrage sur l'Égypte, sous le nom de *Gemellaria*, a été établi par Lamouroux, dans son tableau des genres de zoophytes, sous la dénomination de *Loricaria*, que M. Flemming a changée en celle de *Notamia*, parce qu'elle est déjà employée pour un genre de poissons.

C'est véritablement un genre qui passe aux Sertulaires de la division des dynamènes et qui mérite à peine d'être conservé.

UNICELLAIRE, *Unicellaria*.

Animaux inconnus, contenus dans des *cellules* longues à ouverture terminale, formant une à une les articulations d'un *polypier* calcaire, phytoïde, fixé par des fibrilles radiculaires.

A. *Espèces à cellules peu arquées.* (G. Eucratea, Lamx.)

L'Unicellaire cornet; U. *chelata*, Ellis, *Corallin.*, pag. 57, tab. 22, fig. 9, *b*, *B*.
Sertularia *loricata*, Linn., Gmel., p. 3861, n.° 41.
Cellul. chelata, Pallas, *Zooph.*, p. 77.
Eucratea chelata, Lamx., Polyp. flex., p. 149, n.° 261.
Euc. loricata, Flemming, *Brit. anim.*, p. 541, n.° 161. (Mers d'Europe.)
L'U. cornue; U. *cornuta*, Ellis, *Corallin.*, pag. 57, tab. 31, n.° 10, fig. *c*, *C*.
Sertul. cornuta, Linn., Gmel., p. 3861, n.° 40.
Cellul. falcata, Pallas, *Zooph.*, p. 76.
Eucratea cornuta, Lamx., *ibid.*, p. 149, n.° 260.
L'U. appendiculée ; U. *appendiculata*, Lamx., Zooph., tab. 65, fig. 11.)
Eucratea appendiculata, id., *ibid.*, p. 8. (Amérique septentrionale.)

B. *Espèce à cellules en long cornet.* (G. Lafoea, Lamx.)

L'U. cornet ; U. *Lafoyi*, Lamx., Zooph., tab. 65, fig. 12—14.
Lafoea cornuta, id., *ibid.*, p. 8. (Amérique septentr.)

Observ. Cette division générique, qu'il est aisé de caractériser par la disposition solitaire des cellules, ainsi que par leur forme, a été partagée en deux genres par Lamouroux, sous les noms d'*Eucratea* et de *Lafoea*. Nous les avons observés l'un et l'autre dans sa collection à Caen, et nous nous sommes assurés qu'ils diffèrent trop peu l'un de l'autre pour être conservés.

M. de Lamarck n'a pas admis ce genre, ce qu'a fait M. Flemming.

Caténicelle, *Catenicella.*

Animaux inconnus, contenus dans des *cellules* cornées, ovales, à orifice non terminal, marginé, naissant l'une de l'autre, et bout à bout ou transversalement, et formant une sorte

de réseau ou de chaîne appliquée ou adhérente à la surface des corps marins.

Espèces. La Caténicelle de Savigny; *C. Savignyi*, Savigny,
Égypte, Zool., Polyp., pl. 13, fig. 1.

La C. divergente; *C. divaricata*, Lamx., Gen. Polypier,
tab. 80, fig. 15, 16.

Hippothoe divaricata, id., ibid., p. 82. (Méditerranée.)

Observ. Nous avons trouvé ce genre, indiqué par M. Savigny,
dans les planches de zoologie du grand ouvrage sur l'Égypte,
sous le nom de *Catenaria*, que nous avons modifié en celui de
Catenicella; mais nous l'avons caractérisé d'après un individu
que nous avons trouvé sur des productions marines de la Méditerranée.

C'est évidemment un genre fort voisin des unicellaires,
dont il ne diffère que parce que les cellules sont appliquées
et n'ont pas leur orifice terminal.

Il correspond exactement à celui que Lamouroux a nommé
Hippothoe, peut-être même son H. divergente n'est-elle
rien autre chose que la caténicellaire de Savigny.

Ménipée, Menipœa.

Animaux inconnus, contenus dans des *cellules* ovales, à orifice non terminal, arrondi, disposées d'un seul côté, sur
un seul rang, et naissant l'un de l'autre par dichotomie,
de manière à former les articulations et les rameaux d'un
polypier subcalcaire, phytoïde, comme palmé et fixé par
un grand nombre de fibrilles radiculaires.

Espèces. La Ménipée cirrheuse; *M. cirrhata*, Ellis et Solander, Zooph., tab. 4, fig. d, D.

Cellaria cirrhata, id., ibid., p. 29, et Linn., Gmel., p. 3860,
n.° 69. (Océan Indien et Méditerranée.)

La M. éventail; *M. flabellum*, Ellis et Solander, Zooph.,
tab. 4, fig. c, C.

Cellaria flabellum, id., ibid., p. 28, n.° 16; Linn., Gmel.,
p. 3862, n.° 72. (Mers des Indes orientales et occidentales.)

La M. pelotonnée, *M. flocosa.*

Sertul. flocosa, Linn., Gm., p. 3860, n.° 70. (Océan Indien.)

La M. hyale; *M. hyalœa*, Lamx., Polyp. flex., p. 259,
pl. 3, fig. 4, a, B, C, D. (Mers des Indes.)

Observ. C'est encore un genre démembré des cellaires par Lamouroux, mais qui n'a pas été adopté par M. de Lamarck. Le fait est cependant que les polypiers qui le constituent ont une disposition assez particulière. En effet, les cellules sont plates, courtes, vésiculeuses, trifurquées à l'extrémité où est l'orifice. A la division médiane correspond celui-ci, qui est arrondi et non terminal; les deux autres portent constamment par dichotomie les ramifications formées d'une seule rangée de cellules, et qui, étant nombreuses, donnent au polypier un aspect touffu, assez particulier.

Ainsi c'est un genre qui, par la forme des cellules, se rapproche des caténicellaires, mais qui s'en éloigne beaucoup par la manière dont elles constituent le polypier.

ALECTO, *Alecto.*

Animaux inconnus, contenus dans des *cellules* alongées, tubuleuses, à orifice ovale, subterminal, peu saillant, naissant les uns des autres, souvent par dichotomie; mais toujours sur un seul rang et formant une sorte de réticule à la surface des corps marins.

Espèces. L'ALECTO DICHOTOME; *A. dichotoma,* Lamx., Zooph., p. 84, tab. 81, fig. 12, 13, 14. (Calcaire jurassique supérieur de Caen.)

L'A. RAMEUSE; *A. ramea,* de Blainv., Collection de M. Huot. (Craie de Meudon.)

Observ. Cette division a été établie par Lamouroux dans son ouvrage sur les genres de polypiers, p. 84, pour un petit polypier fossile, adhérent et rampant sur les térébratules, et qui est évidemment composé de loges distinctes, tubuleuses, naissant par dichotomie les unes des autres, à peu près comme dans les caténicellaires, qui sont aussi rampantes.

Ce genre, au premier aspect, a aussi un certain nombre de rapports avec un autre, également fossile, que M. Goldfuss a nommé Aulopore; du moins avec la première espèce, le *catenipora axillaris,* qui est aussi en réticule à la surface des corps; mais comme cela n'est pas certain, nous aimons mieux conserver les deux genres.

La seconde espèce a été trouvée par M. Huot sur une bé-

lemnite de la craie des environs de Paris, et en très-grande
partie comprise dans la croûte de dépôt qui enveloppe
cette bélemnite, de manière à paroître en faire partie, ce
qui n'est certainement pas. Cette jolie espèce est ramifiée
comme certaines dichotomaires, et c'est à l'endroit des divisions que sont les orifices arrondis des cellules.

Fam. III. Les POL. MEMBR. PHYTOÏDES ou les SERTU-LARIÉS, *Sertulariæa*.

Animaux hydriformes, pourvus d'un nombre un peu variable
de tentacules simples, peut-être ciliés, et d'ovaires constamment externes : contenus dans des *cellules* tubuleuses ou
plus ou moins dentiformes, disposées d'une manière un
peu variable, et se continuant dans l'intérieur d'un tube
formant une pàrtie commune (*polypier*), cornée, subar-
ticulée et fixée par des tubules radiciformes.

Observ. Cette famille répond à deux genres de Linnæus,
Tubularia et *Sertularia*, qui passent l'un à l'autre d'une manière insensible.

Elle est réellement fort naturelle.

Son caractère le plus tranché consiste en ce que le corps
de l'animal quand il est simple, ou la partie commune à
tous les individus quand il est complexe, ce qui est le plus
ordinaire, est composé d'une enveloppe cornée, contenant
une sorte de moelle liquide et oscillante, qui se continue
dans le corps de chaque petit animal, et comme ce caractère principal se trouve aussi bien dans les tubulaires que
dans les campanulaires et les sertulaires, nous n'avons pas dû
admettre la famille que Lamouroux a nommée *tubulariées*,
dont le type est en effet le genre *Tubularia*, L., autour duquel il a groupé les genres *Liagora* et *Galaxaura*, qui sont
sans doute des corallines, avec les genres *Tibiana* et *Néo-
meris*, sur lesquels il est fort difficile de prononcer.

Ellis est bien certainement l'observateur auquel la science
doit le plus sur les animaux de cette famille intéressante,
qui ressemblent tellement à de petits arbuscules, qu'on les
connoît vulgairement sous le nom de plantes marines. Cavolini en a étudié la structure.

M. de Lamarck, et surtout Lamouroux, sont les zoologistes qui se sont le plus occupés de la distribution systématique des espèces de cette famille ; mais malheureusement, n'ayant soumis à leur observation que les polypiers desséchés et non les animaux eux-mêmes, ils n'ont presque eu égard, dans l'établissement de leurs genres, qu'à la forme générale, et surtout à la disposition des cellules; aussi sont-ils peu limités et passent-ils pour la plupart les uns dans les autres, surtout ceux de Lamouroux.

Nous les admettrons cependant, au moins provisoirement ; car nous les regardons comme étant tous à reviser.

On trouve des sertulaires dans toutes les mers : il y en a un assez grand nombre d'espèces dans les nôtres et même dans l'océan Boréal.

Leurs habitudes naturelles ont été assez peu étudiées.

La disposition des genres que nous avons adoptée est celle qui des plus simples va aux plus compliqués. Nous en plaçons ici notre table synoptique, pour en faciliter la recherche.

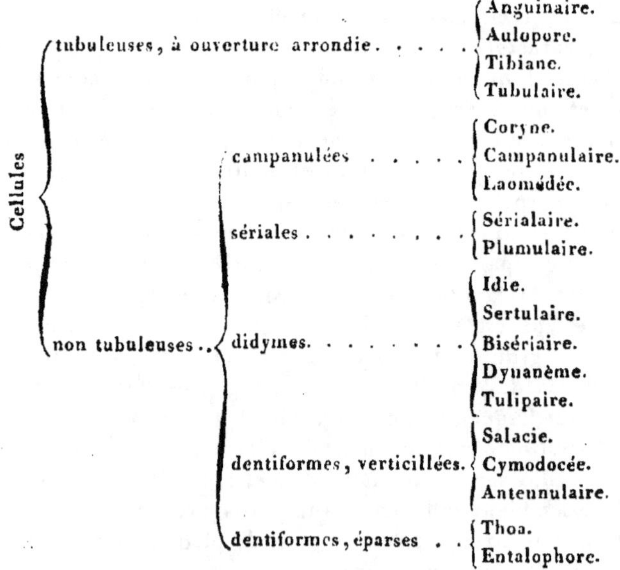

§. 1.ᵉʳ *Espèces tubuleuses.* (Les Tᴜʙᴜʟᴀʀɪᴇ́s.)

Aɴɢᴜɪɴᴀɪʀᴇ, *Anguinaria.*

Animaux inconnus, contenus dans des *cellules* subcalcaires, solitaires, tubuleuses ou en masses arquées, à ouverture fort grande, ovale, oblique, subterminale, naissant irrégulièrement d'une tige cornée, anastomosée, rampante, à la surface des corps marins.

Espèces. L'Aɴɢᴜɪɴᴀɪʀᴇ sᴇʀᴘᴇɴᴛ ; *A. anguina,* Ellis, *Corall.,* p. 42, tab. 22, fig. 11, *c, C, D.*
Cellaria anguina, Linn., Gmel., p. 3862, n.° 42.
Anguin. spathulata, de Lamk., 2, p. 143, n.° 1.
Actea anguina, Lamx., Polyp. flex., p. 153, n.° 262, pl. 3, fig. 6, *A.* (Mers d'Europe et d'Australasie.)

Observ. Ce genre paroit avoir été proposé presque en même temps par Lamouroux et par M. de Lamarck, et quoique celui-là l'ait peut-être publié le premier, la dénomination de celui-ci a dû prévaloir comme plus euphonique et comme rappelant davantage l'objet.

Il ne contient encore qu'une seule espèce, commune dans nos mers, et que Lamouroux regarde comme identique avec des individus rapportés des mers de l'Australasie, opinion qui auroit besoin d'être confirmée par une comparaison sur le vivant.

Quoi qu'il en soit, ce genre, que nous ne connoissons que d'après des échantillons desséchés, nous paroit avoir plus de rapports avec les tubulaires qu'avec les cellaires, puisqu'il y a une partie commune d'où s'élèvent les cellules, qui paroissent, il est vrai, plus calcaires que dans les sertulaires en général.

Aucun observateur n'a encore parlé de l'animal.

Aᴜʟᴏᴘᴏʀᴇ, *Aulopora.*

Animaux inconnus, contenus dans des *cellules* tubuleuses, à ouverture arrondie, plus ou moins saillantes ou relevées, s'anastomosant entre elles d'une manière très-variable et formant une sorte de *polypier* fixé, rampant et réticulé ou relevé en masse tubuleuse.

Espèces. L'Aulopore rampant; *A. serpens*, Goldfuss, *Petref.*, p. 82, tab. 39, fig. 1 ; *a, b, c, d.*

Millepora dichotoma, Linn., *Amœn. acad.*, 1, p. 105, tab. 4, fig. 26.

Tubipora serpens, Oth. Fabr., *Faun. Groenl.*, p. 428.

Catenipora axillaris, de Lamk., 2, p. 207, n.° 2. (Calcaire de transition de la Suède, d'Allemagne.)

L'A. en épi; *A. spicata*, Goldfuss, *ibid.*, t. 29, fig. 3, *a, b.* (Calcaire de transition de l'Eiffel.)

L'A. tubiforme; *A. tubæformis*, Goldfuss, *ibid.*, t. 29, fig. 2, *a, b.* (Calcaire de transition de l'Eiffel.)

L'A. conglomérée; *A. conglomerata*, Goldfuss, *ibid.*, tab. 29, fig. 4, *a, b.* (Calcaire jurassique de Bamberg.)

L'A. comprimée; *A. compressa*, Goldfuss, *ibid.*, tab. 38, fig. 17. (Calcaire oolithique de Baireuth.)

Observ. Ce genre a été établi par M. Goldfuss pour un polypier fossile, depuis long-temps signalé par Linnæus, et qui se trouve communément dans un calcaire fort ancien de la Suède, mais que M. de Lamarck avoit confondu à tort avec ses caténipores, voisins des caryophyllies tubuleuses.

D'après l'examen que nous avons pu faire dans la collection de M. Michelin de l'aulopore rampant et de l'aulopore congloméré, il nous semble que ce genre a des rapports nombreux, par sa première espèce, avec le genre *Alecto* de Lamouroux, et par la seconde avec les *Syringopores* de M. Goldfuss. En effet, l'une est composée de loges tubuleuses ou cylindriques, rampantes, anastomosées irrégulièrement et fréquemment; les ouvertures seulement un peu saillantes et situées en général à l'endroit des bifurcations, ce qui est assez bien comme dans l'Alecto, tandis que l'autre est formée de tubes épais, verticaux, striés en travers, contournés irrégulièrement, avec des anastomoses transverses et remplis d'une matière différente, solide, comme cela a lieu dans les syringopores.

Les aulopores ne sont encore connus qu'à l'état fossile, et il paroît qu'ils proviennent tous de terrains fort anciens.

TIBIANE, *Tibiana.*

Animaux inconnus, contenus dans des *cellules* cylindriques, tubuleuses, à ouverture ronde, plus ou moins saillantes et récurrentes, situées à chaque flexion de tubes anguleusement flexueux, fasciculés, et réunis à la base radiculée et fixée.

A. *Espèce simple.*

La Tibiane fasciculée : *T. fasciculata*, Lamx., Polyp. flex., pl. 7, fig. 3 *a*; de Lamk., 2, pag. 149, n.° 2; Lamx., *ibid.*, pag. 219, n.° 559, et Zooph., p. 16; Schweigger, *Beobacht.*, tab. 6, fig. 55. (Australasie.)

B. *Espèce rameuse.* (G. Sacculine, de Lamk.)

La Tibiane rameuse ; *T. ramosa*, de Lamk., *ibid.*, n.° 1.

Observ. Ce genre a été établi par M. de Lamarck, et adopté par Lamouroux, avec cette différence que le premier le place dans la famille des corallinées, tandis que le second le met avec plus de raison auprès des tubulaires; aussi leur caractéristique est-elle toute différente.

La nôtre a été faite d'après l'examen des individus de la collection de ces deux zoologistes, et surtout d'après un bel exemplaire de la collection de Leyde. Dans l'état de dessiccation où ils sont, c'est un tube membraneux, fort mince, de couleur brune, cylindrique, comme plié assez régulièrement en zigzag, avec une ouverture ronde et un peu saillante à chaque loge, située à chaque angle et dirigée inférieurement. Nous ignorons s'il y a des cloisons intérieures qui diviseroient la cavité du tube en autant de loges particulières qu'il y a d'ouvertures; mais cela est peu probable. Ces tubes peuvent être isolés ou réunis les uns à côté des autres, mais sans communication entre eux, si ce n'est inférieurement, où ils sont fixés par leur extrémité inférieure pointue.

Nous n'avons pas vu la seconde espèce, qui nous paroît différer assez fortement de la première, en ce qu'elle est rameuse et que ses cellules sont sacciformes.

Néoméris, *Neomeris.*

Animaux inconnus, formant un corps alongé, renflé au milieu, atténué aux deux extrémités, dont l'une est fixe et composée d'un axe corné, fusiforme, un peu flexueux, portant dans toute sa moitié inférieure un tres-grand nombre de petits cylindres tubuleux, très-serrés; des tubercules

60.   28

arrondis, granuliformes, crétacés au-dessus, et enfin des fossettes serrées en quinconce, jusque vers son extrémité supérieure, qui est libre et comprimée.

Espèce. Le Néoméris en buisson; *N. dumetosa,* Lamx., Polyp. flex., pl. 7, fig. 8, *a,* **B**; Lamx., *ibid.,* p. 243, n.° 383, et Zooph., p. 19, tab. 68, fig. 10—11. (Des Antilles.)

Observ. C'est à Lamouroux qu'est dû l'établissement de ce genre, d'après un corps organisé desséché, comprimé, déformé, que nous avons vu dans sa collection, sans qu'il nous ait été possible de deviner ce que ce peut être. Nous pouvons seulement assurer que la figure et même la description qu'il en a données, sont extrêmement incomplètes et même fautives. Le milieu de la masse totale est occupé par un corps vermiforme, atténué aux deux extrémités, et cependant élargi à chacune d'elles, et surtout à l'inférieure, par un petit disque d'attache, un peu comme on en voit dans les fucus, et qui en sert, en effet, à plusieurs individus. Ce corps central fistuleux est recouvert dans toute sa moitié inférieure par une sorte de croûte entièrement formée de petits cylindres tubuleux, serrés les uns contre les autres et divergens. Plus haut la croûte est composée de petits tubercules globuleux, pédiculés, d'un blanc mat, et, enfin, le reste de l'axe est enveloppé par une autre croûte, formée par des locules ou fossettes très-serrées, disposées en quinconce. Au-delà, l'extrémité de l'axe est dilatée, aplatie et d'un noir assez foncé; mais, nous le répétons, la dessiccation et la conservation prolongée en herbier a tellement déformé ces petits corps, dont trois naissent du même pied, que nous n'avons pu même avoir un soupçon de leurs rapports naturels. Cependant un nouvel examen d'un bel individu de la collection du Muséum nous porte à penser que c'est auprès des liagores qu'il doit être placé.

Tubulaire, Tubularia.

Animaux hydriformes, pourvus d'une sorte de trompe buccale, saillante au centre d'une couronne simple de tentacules ciliés et contenus dans des *cellules* infundibuliformes, portées à l'extrémité de longs tubes cornés, simples ou à peine bifurqués, fixés, et formant par leur assemblage peu serré une sorte de *polypier* radiculé.

A. *Espèces indivises.*

La Tubulaire chalumeau : *T. indivisa*, Ellis, *Corallin.*, tab. 16, fig. *c*; Linn., Gmel., p. 3829, n.° 1.

Tubularia calamari, Pallas, *Zooph.*, p. 81. (Mers d'Europe.)

La T. muscoïde : *T. muscoides*, Ellis, *Corallin.*, p. 45, n.° 1, tab. 16, fig. 6; Linn., Gmel., p. 3832, n.° 5.

Tubul. larynx, Ellis et Solander, *Zooph.*, p. 31; de Lamk., 2, p. 110, n.° 2. (Mers d'Europe.)

La T. corne d'abondance : *T. cornucopiæ*, Cavolini, *Polyp.*, t. 9, fig. 11 et 12; Lamouroux, *Polyp. flex.*, p. 229, n.° 367, pl. 7, fig. 6. (Méditerranée.)

La T. laque; *T. lacca*, Quoy et Gaimard, Astrolabe, *Zool.*, msc.

B. *Espèces rameuses.*

La T. rameuse : *T. ramosa*, Ellis, *Corallin.*, pag. 47, n.° 3, tab. 17, fig. *a*, *A*; Linn., Gmel., p. 3831, n.° 2.

Fistulosa ramosa, Oth. Fabr., *Faun. Groenl.*, p. 441, n.° 451. (Mers d'Europe.)

La T. trichoïde : *T. trichoides*, Ellis, *Corallin.*, tab. 16, fig. *a*; Pallas, *Zooph.*, p. 84, n.° 41; Lamx., *Polyp. flex.*, p. 231, n.° 370. (Mers d'Europe.)

La T. pygmée; *T. pygmæa*, Lamx., *ibid.*, p. 232, n.° 372. (Australasie.)

Observ. Ce genre, établi par Pallas et successivement adopté par la plupart des zoologistes, qui y ont compris un grand nombre d'êtres tout-à-fait hétérogènes, a été réduit à peu près à ce qu'il doit être, par M. de Lamarck et par Lamouroux; cependant le premier y a encore fait entrer un byssus de moule sous le nom de *T. splachna*, et le second, sous celui de *T. annulata*, un tube de chétopode, vivant dans la Méditerranée.

Définis et limités comme nous venons de le faire, les tubulaires forment un genre véritablement fort peu différent des campanulaires, si ce n'est par la forme moins distincte et moins renflée des cellules.

L'animal de la première espèce a été observé pour la première fois par Bernard de Jussieu et Guettard. Ellis nous en a donné une fort bonne figure. Il est assez remarquable qu'Olivi dise, au sujet de la *T. ramosa*, que dans cet animal on voit l'œsophage, l'estomac et le rectum, qu'il nomme l'intestin de l'anus.

La distinction des espèces porte sur la grosseur du tube et sur sa simplicité ou sa ramification.

La plupart des espèces connues se trouvent dans les mers d'Europe.

M. Risso en définit deux comme nouvelles, qu'il nomme *T. hyalina* et *T. calyculata;* mais il est permis de douter que ce soient réellement des tubulaires.

Les *tubularia fistulosa*, Esper, tab. 11; *subulata*, tab. 12; *anguina*, tab. 13; *compressa*, tab. 14; *clathrata*, tab. 16, sont des œufs de malacozoaires paracéphalés.

CORYNE, *Coryna.*

Animaux claviformes, pourvus de tentacules linéaires, terminés par des suçoirs, et épars sur un corps céphaloïde, porté sur une longue tige simple ou ramifiée, et fixée verticalement.

Espèces. La CORYNE ÉCAILLEUSE; *C. squamata*, Pallas, *Spic. zool.*, 10, tab. 3, fig. 9.

Hydra squamata, Muller, *Zool. Dan.*, t. 4.

Tubularia affinis, Linn., Gmel., p. 3834, n.° 14. (Mers d'Angleterre.)

La C. GLANDULEUSE; *C. glandulosa*, Pallas, *ibid.*, tab. 3, fig. 8.

Coryne affinis, Gærtner, *ibid.*, 10, p. 40.

Tubularia coryna, Linn., Gmel., p. 3834, n.° 13. (Mers d'Angleterre.)

La C. MULTICORNE; *C. multicornis*, Forskal, *Icon.*, tab. 26, fig. B *b*.

La C. AMPHORE; *C. amphora*, Bosc, Vers, 2, p. 240, pl. 22, fig. 6. (Océan Atlantique.)

La C. SÉTIFÈRE; *C. setifera*, id., ibid., pl. 22, fig. 7. (Océan Atlantique.)

La C. PROLIFIQUE; *C. prolifica*, id., ibid., pl. 22, fig. 8. (Océan Atlantique.)

La C. RAMEUSE; *C. ramosa*, de Chamisso et Eysenhardt, *Verm.*, tab. 30, fig. 3, *a*, *b*.

Observ. Ce genre a été établi par Gærtner dans les *Spici-legia* de Pallas et admis par presque tous les zoologistes subséquens. Les deux espèces principales qui le constituent paroissent n'avoir guère été revues que par M. Flemming. D'après l'étude que nous avons pu faire de quelques échantillons que nous a donnés M. de Haan à Leyde, nous avons pensé avec Gærtner, que ce genre doit être placé à côté des tubulaires. En effet, ce naturaliste dit que le corps et le pédicule ont une enveloppe papyracée, remplie d'une matière muco-gélatineuse.

Quant aux trois espèces de Bosc, elles sont bien douteuses.

Le *clava parasitica* de Gmelin, p. 3131, n.° 1, appartient probablement à ce genre.

§. 2. *Espèces à cellules non tubuleuses.* (Les SERTULARIÉS.)

CAMPANULAIRE, *Campanularia.*

Animaux hydriformes, pourvus d'une couronne simple de tentacules ciliés, contenus dans des *cellules* urcéolées, pédicellées; attachées le long d'un axe commun, filiforme, rameux, volubile ou grimpant.

A. *A tige simple, volubile ou rampante.*

La CAMPANULAIRE GRIMPANTE ; *C. volubilis,* Ellis, *Corallin.*, p. 29, n.° 20, tab. 14, fig. *a A.*

Sertul. uniflora, Pallas, *Zooph.*, p. 121, n.° 70.

Sertularia volubilis, Linn., Gmel., p. 3851, n.° 16.

Clytia volubilis, Lx., *Pol. flex.,* p. 202, n.° 340. (Mers d'Eur.)

La C. SYRINGA ; *C. syringa,* Ellis, *Corallin.*, p. 41, tab. 14, n.° 21, fig. *b B.*

Sertularia syringa, Linn., Gmel., p. 3851, n.° 16.

Clytia syringa, Lamx., *ibid.*, p. 202, n.° 341. (Mers d'Eur.)

La C. URNIGÈRE : *C. urnigera,* Lamx., *Polyp. flex.,* pl. 5, fig. 6, *a, B, C; id., ibid.,* p. 203, n.° 342. (Australasie.)

La C. A GRANDES CELLULES; *C. macrocythara,* Quoy et Gaimard, *Uranie, Zool.* (Australasie.)

La C. RAMPANTE ; *C. reptans,* Lamx., *Gen. Polyp.,* tab. 67, fig. 4.

Laomedea reptans, id., ibid., p. 14. (Australasie.)

B. *A tige simple, non volubile.*

La Campanulaire ovifère ; *C. ovifera*, Ellis, *Corallin.*, tab. 15, n.° 25, fig. *c C, D.*

Sertularia ovifera, Linn., Gmel., p. 3847, n.° 7.

Clytia ovifera, Lamx., *ibid.* (Mers d'Europe.)

La C. rugueuse ; *C. rugosa*, Ellis, *Corallin.*, p. 43, tab. 15, n.° 23, fig. *a A.*

Sertularia rugosa, Linn., Gmel., p. 3847, n.° 7.

Clytia rugosa, Lamx., *ibid.* (Mers d'Europe.)

La C. muriquée ; *C. muricata*, Ellis et Soland., *Zooph.*, tab. 7. fig. 3, 4.

Sertularia muricata, Linn., Gmel., p. 3853, n.° 36.

Laomedea muricata, Lamx., Gen. Polyp., p. 14, et Polyp. flex., p. 209, n.° 553. (Côtes d'Écosse.)

Observ. Ce genre a été établi presque en même temps par M. de Lamarck, sous le nom que nous lui avons conservé, comme ayant plus de rapports avec la dénomination de *Sertularia*, et sous celui de *Clytia*, par M. Lamouroux. Toutefois ces deux auteurs n'y comprennent pas absolument les mêmes espèces, le dernier ayant formé un genre particulier de celles qui, ayant les cellules bien campanulées, les ont disposées tout autrement sur la tige.

M. Flemming, dans l'ouvrage où il a admis ce genre circonscrit comme M. de Lamarck l'a fait, nous a donné des détails intéressans sur la dernière espèce.

Laomédée, *Laomedea.*

Animaux hydriformes, pourvus de tentacules ciliés au nombre de 12 et contenus dans des *cellules* généralement campanulées, toujours plus ou moins pédicellées, éparses sur les rameaux peu nombreux d'un *polypier* phytoïde, à tige simple ou complexe, fixé par un grand nombre de fibrilles radiculaires.

A. *A tige simple et à cellules éparses.*

Espèces. La Laomédée fruticuleuse ; *L. fruticosa*, Esper, *Zooph.*, tab. 34, fig. 1, 2.

Laomedea Sauvagii, Lamx., Polyp. flex., p. 206, n.° 346. (Océan Indien.)

La Laomédée de Lair : *L. Lairii*, Lamx., Gen. Zooph., tab. 67, fig. 3; *id.*, *ibid.*, p. 14, et Polyp. flex., p. 207, n.° 348. (Australasie.)

La L. simple; *L. simplex*, Lamouroux, *ibid.*, n.° 347. (Australasie.)

B. *A tige simple et à cellules alternes.*

La Laomédée dichotome; *L. dichotoma*, Ellis, *Corallin.*, p. 37, n.° 18, tab. 13, fig. *a, c.*

Sertularia dichotoma, Linn., Gmel., p. 3855, n.° 22. (Mers d'Europe.)

La L. géniculée; *L. geniculata*, Ellis, *Corallin.*, p. 37, tab. 12, n.° 19, fig. *b B.*

Sertularia geniculata, Linn., Gmel., p. 3854, n.° 21. (Mers d'Europe.)

La L. antipathe; *L. antipathes*, Lamx., *ibid.*, p. 206, n.° 345, pl. 6, fig. 1, *a, B.* (Australasie.)

C. *A tige complexe et à cellules éparses.*

La Laomédée touffue; *L. dumosa*, Johnson, *Edimb. phil. journ.* 13, tab. 3, fig. 2, 3.

Tubularia tubifex, id. ibid., p. 222.

Campanularia dumosa, Flemming, *Brit. anim.* (Mers d'Angleterre.)

La L. épineuse; *L. spinosa*, Ellis, *Corallin.*, p. 37, n.° 18, tab. 12, fig. *a, c.*

Sertularia spinosa, Linn., Gmel., p. 3855, n.° 23. (Mers d'Europe.)

D. *A tige complexe et à cellules alternes.*

La Laomédée gélatineuse; *L. gelatinosa*, Ellis, *Corallin.*, tab. 12, fig. *c C* et tab. 38, fig. 3.

Sertularia gelatinosa, Linn., Gmel., p. 3851, n.° 51.

Campanularia gelatinosa, Flemm., *Edimb. phil. journ.*, t. 2, p. 606, tab. 5, fig. 3. (Mers d'Écosse.)

E. *A tige complexe et à cellules verticillées.*

La Laomédée verticillée; *L. verticillata*, Ellis, *Corallin.*, p. 29, tab. 14, n.° 20, fig. *a A.*

Sertularia verticillata, Linn., Gmel., p. 3851, n.° 15.

Clytia verticillata, Lamx., *ibid.*, p. 202, n.° 339.

Campanularia verticillata, de Lamk., 2, p. 113, n.° 1. (Mers d'Europe.)

La LAOMÉDÉE OLIVATRE; **L.** *olivacea*, Lamx., Gen. Polyp., tab. 67, fig. 1, 2.

Clytia olivacea, *ibid.*, p. 13. (Terre-Neuve.)

Observ. Cette division générique, établie par Lamouroux, est réellement assez peu distincte des Campanulaires, quand on n'a égard qu'à la forme des cellules et peut-être même à celle des animaux; aussi MM. de Lamarck et Flemming ont-ils placé les espèces qui la constituent, dans ce dernier genre. Toutefois on peut la conserver en ayant égard à la forme du polypier, qui est constamment arborescent, ainsi qu'au nombre des cellules plus grand et autrement disposées.

Les divisions que nous avons établies parmi les espèces, serviront au moins à les faire reconnoître.

La plupart des Laomédées vivent dans nos mers.

M. Risso en ajoute encore trois, qu'il regarde comme nouvelles et qu'il nomme **L.** *elegans*, *variabilis* et *viridis*.

SÉRIALAIRE, *Serialaria.*

Animaux inconnus, contenus dans des *cellules* bien distinctes, coniques, alongées ou non et presque tubuleuses, placées en série sur un seul côté des articulations d'un *polypier* fistuleux, rameux et fixé.

A. *Espèces à cellules partagées en groupes plus ou moins distincts.*

La SÉRIALAIRE LENDIGÈRE; **S.** *lendigera*, Ellis, *Corallin.*, p. 43. n.° 24, fig. *b B.*

Sertularia lendigera, Linn., Gmel., p. 3854, n.° 20; Cavolini, Polyp. mar., 3, p. 229, tab. 9, fig. 1, 2. (Mers d'Europe.)

La **S.** CORNUE; **S.** *cornuta*, Lamx., Polyp., p. 149, n.° 260, pl. 4, fig. 1, *a*, B. (Australasie.)

La **S.** UNILATÉRALE; **S.** *unilateralis*, Lamx., Gen. Polyp., tab. 66, fig. 1, 2.

Amathia unilateralis, id., *ibid.*, p. 10, et Polyp. flex., p. 160, n.° 267. (Méditerranée.)

La Sérialaire alterne ; *S. alternata*, Lamx., Gen. Polyp., tab. 65, fig. 18, 19.

Amathia alternata, id., ibid., p. 10, et Polyp. flex., p. 160, n.° 268. (Mers d'Amérique.)

B. *Espèces à cellules en spirale continue.*

La S. contournée ; *S. convoluta*, Lamx., ibid., n.° 269. (Australasie.)

La S. spirale ; *S. spiralis*, Lamx., ibid., pl. 4, fig. 2, *a B.* *Amathia spiralis*, id., ibid., n.° 270. (Australasie.)

Observ. Cette division des Sertulaires a été établie presque à la fois par MM. de Lamarck et Lamouroux, sous des noms différens. Nous avons préféré à la dénomination d'*Amathia.* employée par celui-ci, celle imaginée par M. de Lamarck, comme plus expressive et plus en harmonie avec les noms des autres genres démembrés des Sertulaires.

Nous avons étudié l'espèce commune dans nos mers, mais desséchée dans les herbiers ; Cavolini (*loc. cit.*) a donné des détails fort intéressans sur cette même espèce.

La *S. unilateralis* est une véritable Plumulaire.

Plumulaire, Plumularia.

Animaux hydriformes, pourvus de 15 à 18 tentacules ciliés, contenus dans des *cellules* bien distinctes, axillaires, diversiformes, mais constamment disposées sur un seul côté des ramilles d'un *polypier* fistuleux, articulé, penniforme, et fixé par un grand nombre de filamens tubuleux radiciformes.

Espèces. La Plumulaire plume ; *P. pluma*, Ellis, *Corallin.*, p. 27. tab. 7. n.° 12, fig. *b B.*

Sertularia pluma, Linn., Gmel., p. 3850, n.° 12. (Mers d'Europe.)

La P. en faux ; *P. falcata*, Ellis, *Corallin.*, p. 26, tab. 7, n.° 11, fig. *a A.*

Sertularia falcata, Linn., Gmel., p. 3850, n.° 12. (Mers d'Europe.)

La P. myriophylle ; *P. myriophylla*, Ellis, *Corallin.*, p. 28. tab. 8, fig. *a A.*

Sertularia myriophylla, Linn., Gmel., p. 3848, n.° 10. (Mers d'Europe.)

La PLUMULAIRE ÉCHINULÉE; *P. echinulata*, de Lamarck, 2, p. 126, n.° 6. (Océan européen.)

La P. FRUTESCENTE; *P. frutescens*, Ellis et Soland., *Zooph.*, tab. 6, fig. *a*, *A A.*

Sertularia frutescens, Linn., Gmel., p. 3852, n.° 53. (Côtes d'Angleterre.)

La P. PENNAIRE; *P. pennaria*, Cavolini, Polyp. mar., 3, p. 134, tab. 5, fig. 1 — 6.

Sertularia pennaria, Linn., Gmel., p. 3856, n.° 26. (Méditerranée.)

La P. PINNÉE; *P. pinnata*, Ellis, *Corallin.*, p. 34, tab. 11, n.° 16, fig. *a A.*

Sert. pinnata, Linn., Gmel., p. 3856, n.° 24. (Mers d'Europe et de l'Inde.)

La P. SÉTACÉE; *P. setacea*, Ellis, *Corallin.*, p. 117, tab. 38, fig. 4, *D, T.*

Sert. setacea, Linn., Gmel., p. 3856, n.° 64. (Mers d'Europe.)

La P. SECONDAIRE; *P. secundaria*, Cavolini, Polyp. mar., 3, p. 226, tab. 8, fig. 15 et 16.

Sert. secundaria, Linn., Gmel., p. 3854, n.° 61. (Méditerranée.)

La P. PENNATULE; *P. pennatula*, Ellis et Soland., *Zooph.*, tab. 7, fig. 1, 2.

Sert. pennatula, Linn., Gmel., p. 3853, n.° 55. (Mers d'Angleterre et océan Ind.)

La P. AMATHOÏDE; *P. amathoidea*, Lamx., Polyp. flex., p. 173, n.° 294. (Baie de Cadix.)

La P. BIPINNÉE; *P. bipinnata*, de Lamarck, *ibid.*, n.° 7, (Océan Indien.)

La P. OBSCURE, *P. obscura.*

Sert. obscura, Forsk., *Faun. ar.*, p. 130, n.° 83.

La P. ANGULEUSE; *P. angulosa*, de Lamarck, *ibid.*, n.° 8. (Mers Australes.)

La P. BRACHIÉE; *P. brachiata*, de Lamarck, *ibid.*, n.° 9. (Mers Australes.)

La P. FRANGÉE; *P. fimbriata*, de Lamarck, *ibid.*, n.° 10. (Mers Australes.)

La Plumulaire scabre; *P. scabra*, de Lamk., *ibid.*, n.° 11.
(Mers Australes.)

La P. sillonnée; *P. sulcata*, de Lamarck, *ibid.*, n.° 13.
(Mers Australes.)

La P. filamenteuse; *P. filamentosa*, de Lamarck, *ibid.*, n.° 14,
(Mers Australes.)

La P. arquée; *P. arcuata*, Lamx., Polyp. flex., pl. 4, fig. 4.
Aglaophenia arcuata. id. *ibid.*, p. 167. (Mers des Antilles.)
La P. en épi, *P. spicata*.
Aglaophenia spicata, Lamx., *ibid.*, n.° 75. (Océan Indien.)
La P. flexueuse, *P. flexuosa*.
Aglaophenia flexuosa, Lamx., *ibid.*, n.° 276. (Océan Ind.)
La P. élégante , *P. elegans*.
Aglaoph. elegans, Lamx., *ibid.*, n.° 281. (Océan Ind.)
La P. cyprès , *P. cupressina*.
Aglaoph. cupressina, Lamx., *ibid.*, n.° 282. (Oc. Indien.)
La P. cruciale, *P. crucialis*.
Aglaoph. crucialis, Lamx., *ibid.*, n.° 285. (Australasie.)
La P. spécieuse, *P. speciosa*.
Aglaoph. speciosa, Lamx., *ibid.*, n.° 286. Mers de Ceilan.)
La P. glutineuse, *P. glutinosa*.
Aglaoph. glutinosa, Lamx., *ibid.*, n.° 287. (Australasie.)
La P. délicate, *P. gracilis*.
Aglaoph. gracilis, Lamx., *ibid.*, n.° 288. (Oc. Ind.)
La P. hypnoïde, *P. hypnoidea*.
Sertularia hypnoidea, Linn., Gmel., p. 3849, n.° 49. (Oc.
Indien.)

Observ. Cette division des Sertulaires, qui ne repose que
sur la disposition des cellules du polypier, étoit proposée
par M. de Lamarck dans ses cours au jardin du Roi, avant
que Lamouroux l'eût établie dans son premier travail en
1812, et plus tard en 1816, dans son ouvrage, sous le nom
d'*Aglaophenia*; aussi avons-nous adopté la dénomination donnée par M. de Lamarck.

On ne connoit guères de ces animaux que trois ou quatre
espèces de nos mers, et encore Ellis, qui les a décrites, ne
donne-t-il pas le nombre de leurs tentacules.

Nous n'avons étudié nous-mêmes qu'une espèce vivante, la
Plumulaire pinnée, très-commune dans la Manche.

Le nombre des espèces que nous rapportons à ce genre, est sans doute notablement augmenté par les doubles emplois que MM. de Lamarck et Lamouroux ont dû faire, puisqu'ils ont eu, chacun de son côté, les Sertulaires rapportées des mers Australes par Péron et Lesueur; mais les caractéristiques qu'ils donnent sans figures, sont trop peu comparatives pour qu'on puisse aller au-delà du doute. Ils oublient même assez souvent de donner quelques détails sur la structure simple ou complexe de la tige, de manière qu'il nous a été impossible d'adopter la division établie dans ce genre par M. Flemming, en ayant égard à cette considération.

D'après les espèces que nous avons pu étudier à l'état de dessiccation, il nous semble que ce genre est assez artificiel; car la forme et même la disposition des cellules sont souvent extrêmement différentes.

La distinction des espèces pourroit aussi porter sur la forme des ovaires; malheureusement on ne les trouve pas toujours persistans.

Les Plumulaires ne diffèrent du reste en rien d'essentiel des autres Sertulariés.

SERTULAIRE, *Sertularia.*

Animaux hydriformes, pourvus de tentacules ciliés, contenus dans des *cellules* sessiles, urcéolées, diversiformes et disposées par paires obliques sur la tige et les rameaux d'un *polypier* corné, fistuleux, ordinairement flexueux ou en zigzag et fixé au moyen de filamens radiciformes.

Espèces. La SERTULAIRE ZONÉE : *S. polyzonias*, Ellis, *Corallin.*, p. 5, tab. 2, n.º 3, fig. *a*, *b*, *A*, *B*; Linn., Gmel., p. 3856, n.º 25. (Mers d'Europe.)

La S. DENTÉE; *S. dentata*, Lamx., Polyp. flex., p. 188, n.º 315. (Baie de Cadix.)

La S. LUISANTE; *S. splendens*, Lamx., *ibid.*, n.º 321. (Baie de Cadix.)

La S. CYPRÈS : *S. cupressina*, Ellis, *Corallin.*, p. 21, tab. 3, n.º 5, fig. *a*, *A*; Linn., Gmel., p. 3847, n.º 48.

Dynamena cupressina, Flemming, *Brit. anim.*, p. 543, n.º 170. (Mers d'Europe.)

La Sertulaire sapinette : *S. abietina*, Ellis, *Corall.*, tom. 5, tab. 1, fig. *b*, *B*; Linn., Gmel., p. 3845, n.° 5.

Dynamena abietina, Flemming, *Brit. anim.*, p. 543, n.° 169. (Mers d'Europe.)

La S. argentée : *S. argentea*, Ellis, *Corallin.*, p. 60, tab. 2, n.° 4, fig. *c*, *C*; Linn., Gmel., p. 3847, n.° 48.

Dynamena argentea, Flemming, *ibid.*, n.° 171. (Mers d'Europe et d'Amérique.)

La S. cupressoïde : *S. cupressoidea*, Lepechin, *Acta Petrop.*, 1780, n.° 224, tab. 9, fig. 2, 4; Linn., Gmel., p. 3846, n.° 7. (Mer Blanche.)

La S. de Misène : *S. Misenensis*, Cavolini, Polyp. mar., 3, p. 187, tab. 7, fig. 1, 2; Linn., Gmel., p. 3854, n.° 62. (Méditerranée.)

La S. rameuse : *S. ramosa*, Cavolini, *ibid.*, 3, p. 160, tab. 6, fig. 1, 2; Linn., Gmel., p. 3854, n.° 63. (Méditerranée.)

La S. muriquée ; *S. muricata*, Ellis et Soland., *Zooph.*, p. 58, tab. 7, fig. 3. (Mers d'Europe.)

La S. de Templeton ; *S. Templetonis*, Flemming, *Edimb. phil. journ.*, 2, 88. (Mers d'Angleterre.)

La S. conferviforme ; *S. conferviformis*, Esper, *Suppl.*, 2, tab. 33. (Mers d'Europe.)

La S. de Gay ; *S. Gayi*, Lamx., Gen. Polyp., p. 12, tab. 66, fig. 8 et 9. (Manche.)

La S. pectinée ; *S. pectinata*, Ellis et Soland., *Zooph.*, p. 55, tab. 6, fig. *b*, *B*; Lamx., Polyp. flex., p. 116, n.° 3.

La S. tridentée ; *S. tridentata*, Lamx., *ibid.*, n.° 312. (Australasie.)

La S. alongée : *S. elongata*, Lamx., pl. 5, fig. *b*, *B*, *c*; id. *ibid.*, n.° 316. (Australasie.)

La S. grimpante ; *S. scandens*, Lamx., *ibid.*, n.° 317. (Australasie.)

La S. roide ; *S. rigida*, Lamx., *ibid.*, n.° 319. (Australasie.)

La S. distante ; *S. distans*, Lamx., *ibid.*, n.° 320. (Australasie.)

La S. arbrisseau : *S. arbuscula*, Lamx., *ibid.*, pl. 5, fig. 4, *a*, *B*, *C*; id., *ibid.*, n.° 322.

La S. mille-feuille ; *S. millefolium*, de Lamarck, tom. 2, n.° 5. (Australasie.)

La Sertulaire lycopode; *S. lycopodium*, de Lamarck, *ibid.*, n.° 9. (Australasie.)

La S. divergente, *S. divergens*, de Lamarck, *ibid.*, n.° 8. (Australasie.)

Observ. Ce genre, réduit par M. de Lamarck et surtout par Lamouroux et M. Flemming, ne contient plus que les espèces dont les cellules sessiles, presque dentiformes, ne sont pas rigoureusement opposées deux à deux, ou qui sont didymes obliquement; mais il faut convenir que l'on passe insensiblement des espèces où ce défaut d'opposition est évident, à d'autres où elle est à peu près parfaite, et alors ce sont presque des dynamènes. Ainsi ces deux genres sont au moins extrêmement voisins, s'ils ne doivent pas être tout-à-fait confondus, au point que certaines espèces, qui sont des Sertulaires pour Lamouroux, sont des Dynamènes pour M. Flemming.

La distinction des espèces de Sertulaires paroît pouvoir être établie sur la forme des cellules et sur celle des ovaires: malheureusement il n'y en a qu'un assez petit nombre de figures et les phrases caractéristiques de MM. de Lamarck et Lamouroux sont peu comparatives.

Nos mers renferment un assez bon nombre de Sertulaires vivantes. Les mers étrangères ont été moins explorées sous ce rapport.

M. Risso en définit deux espèces qu'il regarde comme nouvelles, et qu'il nomme *S. spiralis* et *S. bifida*.

Bisériaire, *Biseriaria.*

Animaux inconnus, contenus dans des *cellules* turbinées, sessiles, non saillantes, appliquées et placées à la file sur deux rangs le long des rameaux et des ramuscules d'un *polypier* corné, phytoïde, fixé par des filamens radiciformes.

Espèces. La Bisériaire thuia; *B. thuia*, Ellis, *Corallin.*, p. 24, tab. 5, n.° 9, fig. *b B.*

Sertularia thuia, Linn., Gmel., p. 3848, n.° 9. (Mers d'Europe.)

La B. articulée; *B. articulata*, Ellis, *Corallin.*, tab. 6, n.° 10, *a A.*

Sertularia articulata, Linn., Gmel., p. 3857, n.° 27. (Mers d'Europe.)

Sert. lichenastrum, Lamx., Polyp. flex., 194, n.° 328.
Sert. lonchitis, Ellis et Solander, Zooph.. p. 42, n.° 10.

Observ. Cette division générique a été établie par M.
Flemming (*Brit. anim.*, p. 545) pour deux espéces de sertulariés que Lamouroux, et à plus forte raison M. de Lamarck, conservoient dans les sertulaires proprement dites.
Quoiqu'elle ne nous soit connue que d'après les figures d'Ellis
et sans les animaux, il nous semble qu'elle est tout aussi admissible que la plupart de celles qui ont été proposées par les
deux zoologistes françois. Nous nous sommes bornés à en
changer le nom *Thuiaria* en un autre plus significatif.

IDIE, Idia.

Animaux inconnus, contenus dans des *cellules* ovales, un
  peu recourbées, disposées d'une manière serrée sur deux
  rangs alternes, et saillantes sur les côtés des rameaux,
  également alternes et comprimés, d'un *polypier* phytoïde
  et fixé.

Espèce. L'IDIE SQUALE-SCIE : *I. pristis*, Lamx., Polyp. flex.,
pl. 5, fig. *a*, B, C, D, E; *id.*, *ibid.*, p. 200, n.° 338. (Australasie.)

Observ. L'établissement de ce genre est dû à Lamouroux.
A en juger d'après sa figure et sa description, l'une et l'autre,
fautives et incomplètes, on pourroit le croire assez distinct;
mais d'après l'échantillon même qui a servi à son observation et que nous avons vu dans la collection de Caen, c'est
une véritable sertulaire, à cellules plus serrées, plus saillantes sur les côtés et alternes, ainsi que les rameaux.

DYNAMÈNE, Dynamena.

Animaux hydriformes, pourvus de douze tentacules simples,
  contenus dans des *cellules* urcéolées ou dentiformes, sessiles, disposées par paires ou bien régulièrement géminées et saillantes le long des rameaux et de la tige d'un
  polypier corné, articulé, phytoïde, fistuleux et fixé au
  moyen de fibrilles radiculaires, rampantes.

Espèces. La DYNAMÈNE OPERCULÉE; *D. operculata*. Ellis, *Co-*
rallin., p. 21, tab. 5, n.° 6, fig. *b*, B.

Sertularia operculata, Linn., Gmel., p. 3844, n.° 3. (Mers d'Europe et d'Amérique.)

La Dynamène boursette; *D. bursaria*, Ellis, *Corallin.*, n.° 8, tab. 22, fig. *a A.*

Sert. bursaria, Linn., Gmel., p. 3853, n.° 30. (Mers d'Europe.)

La D. roide, *D. rigida.*

Sert. rigida, Forskal, *Faun. arab.*, p. 130, n.° 85. (Mer Rouge.)

La D. tamarisque; *D. tamarisca*, Ellis, *Corallin.*, 4, tab. 1, fig. 1.

Sert. tamarisca, Linn., Gmel., p. 3845, n.° 4. (Mers d'Eur.)

La D. filicule; *D. filicula*, Ellis et Solander, *Zooph.*, t. 6, fig. *c C.*

Sertularia filicula, Linn., Gmel., p. 3853, n.° 56; Lamx., Polyp. flex., p. 188, n.° 324. (Mers d'Europe.)

La D. brunatre; *D. fuscescens*, Bast., *Op. subsc.*, 1, tab. 1, fig. 6.

Sert. pinnata, Pallas, *Zooph.*, p. 136, n.° 83.

Sert. fuscescens, Lamx., Polyp. flex., p. 195, n.° 330. (Côtes de Cornouailles.)

La D. scie, *D. serra.*

Sert. serra, de Lamk., 2, p. 128, n.° 12, et Risso, Europ. mérid., 5, p. 311, n.° 12. (Mers d'Europe.)

La D. pinastre; *D. pinaster*, Ellis et Solander, *Zooph.*, tab. 6, fig. *b B.*

Sert. pinaster, Linn., Gmel., p. 3853, n.° 254. (Mers d'Europe.)

La D. d'Évan; *D. Evanii*, Flemming, *Brit. anim.*, p. 544, n.° 176.

Sert. Evansii, Linn., Gmel., p. 3853, n.° 59. (Mers d'Angleterre.)

La D. rosacée; *D. rosacea*, Ellis, *Corallin.*, p. 22, tab. 4, n.° 7, fig. *A, B, C.*

Sert. rosacea, Linn., Gmel., p. 3844, n.° 1. (Mers d'Europe.)

La D. naine; *D. pumila*, Ellis, *Corallin.*, p. 23, tab. 5, n.° 8, fig. *a A.*

Sert. nana, Linn., Gmel., p. 3844, n.° 2. (Océan Atlant.)

La Dynamène noire, *D. nigra*, Flemm., *Brit. anim.*, 545, n.° 178.

Sertularia nigra, Pallas, *Zooph.*, p. 135. (Côtes d'Angleterre.)

La D. distante: *D. distans*, Lamx. Polyp. flex., pl. 5, fig. 1, *a*, *B*; id., ibid., p. 180, n.° 305. (Océan Atlantique.)

La D. distique; *D. disticha*, Bosc, Vers, 3, tab. 29, fig. 2.

Sert. disticha, id., ibid., p. 101. (Océan Atlantique.)

La D. pélagienne; *D. pelasgica*, Bosc, ibid., tab. 29, fig. 3.

Sert. pelasgica, id., ibid., p. 102. (Océan Atlantique.)

La D. divergente: *D. divergens*, Lamx., Polyp. flex., pl. 7, fig. 2, *a*, *B*; id., ibid., p. 180, n.° 307. (Australasie.)

La D. turbinée; *D. turbinata*, Lamx., ibid., n.° 306. (Australasie.)

La D. oblique; *D. obliqua*, Lamx., ibid., p. 279, n.° 304. (Australasie.)

La D. barbue; *D. barbata*, Lamx., ibid., p. 178, n.° 301. (Australasie.)

La D. tubiforme: *D. tubiformis*, Lamx., Gen. Polyp., tab. 66, fig. 6 et 7; id., ibid., p. 12. (Australasie.)

La D. sertularioïde; *D. sertularioidea*, Lamx., ibid., n.° 299.

Observ. Ce genre, établi par Lamouroux, adopté par M. Flemming, mais non par M. de Lamarck, contient les sertulaires, dont les cellules dentiformes sont exactement opposées deux à deux; du reste, ce sont absolument les mêmes mœurs, les mêmes habitudes et la même organisation. On conçoit cependant qu'il puisse servir à distinguer les espèces, et encore jusqu'à un certain point, puisque quelques-unes, dont Lamouroux fait des sertulaires proprement dites, comme les *S. tamarisca*, *abietina*, *cupressina*, *argentea*, *filicula*, sont des dynamènes pour M. Flemming.

Nous n'avons pas assez étudié les nombreuses espèces de ce genre pour assurer sur quoi doit porter plus spécialement leur distinction; mais la forme des cellules et des ovaires nous paroissent aussi devoir fournir les meilleurs caractères.

On connoit des dynamènes dans toutes les mers. Les nôtres en contiennent un assez grand nombre.

Tulipaire, *Tuliparia*.

Animaux inconnus, contenus dans des *cellules* sessiles ou
pédiculées, disposées par paires et par petits groupes sur
chaque articulation, composant un *polypier*, naissant d'une
tige rampante.

A. *Espèce dont les cellules pédicellées sont trijuguées.*
(G. Lirizoa, de Lamk.)

La Tulipaire tulipifère; *T. tulipifera*, Ellis et Solander,
Zooph., tab. 5, fig. *a A*.

Sertul. tulipifera, Linn., Gmel., p. 3862, n.° 72. (Mers
d'Amérique.)

B. *Espèce dont les cellules sont sessiles et bijuguées.*
(G. Pasythœa, Lamx.)

La Tulipaire a quatre dents; *T. quadridentata*, Ellis et
Solander, *Zooph.*, tab. 5, fig. G.

Sertularia quadridentata, Linn., Gmel., p. 3855, n.° 57.
(Océan Atlantique.)

Observ. Ce genre a été établi par Lamouroux dans son
Histoire des polypiers flexibles, en y comprenant les deux
espèces sous le nom de *Pasythœa*.

M. de Lamarck n'a compris très-probablement avec raison
dans son genre Tulipaire que la première espèce, qui est en
effet toute différente de la seconde, par la forme des cellules et par leur disposition particulière. Quant à celle-ci,
il est évident que c'est une dynamène, dont les cellules bijuguées se serrent par petits groupes. Nous ne les connoissons l'une et l'autre que d'après les bonnes figures d'Ellis.

Antennulaire, *Antennularia*.

Animaux polypiformes, pourvus de huit tentacules, contenus
dans des *cellules* extrêmement petites, peu distinctes,
ouvertes au côté interne d'articles ciliformes. disposés en
verticilles autour d'une tige simple ou peu divisée, fistuleuse, cornée, articulée et fixée par un grand nombre de
filamens radiciformes.

Espèces. L'Antennulaire simple : *A. indivisa*, Ellis, *Corall.*,
pag. 29. tab. 29, fig. *a*, *A*, *B*, *C*; de Lamk., 2, p. 123.

Corallin. antennina, Linn., Gmel., p. 3830, n.° 14.

Nemertesia antennina, de Lamx., ibid., pag. 163, n.° 271.
(Mers d'Europe.)

L'ANTENNULAIRE RAMEUSE; *A. ramosa*, Ellis, *Corallin.*, p. 31,
tab. 9, n.° 11, fig. 6.

Nemertesia ramosa, Lamx., ibid., n.° 273. (Mers d'Europe.)

L'A. DE JANIN, *Janini*, Lamx., Polyp. flex., pl. 4, fig. 5,
A . B . C.

Nemertesia Janini, id., ibid., n.° 272. (Océan Atlantique.)

Observ. Ce genre a été établi presque en même temps par
MM. de Lamarck et Lamouroux : le premier, dans ses leçons;
le second, dans un Mémoire lu à l'Académie des sciences.
La dénomination employée par M. de Lamarck a prévalu.

Nous n'avons pas encore étudié ces animaux vivans; mais
seulement desséchés, et il nous semble que les deux premières espèces sont distinctes. M. Flemming vient cependant
encore de les réunir en une seule.

CYMODOCÉE, *Cymodocea.*

Animaux inconnus, contenus dans des *cellules* filiformes,
plus ou moins longues, sétacées ou dentiformes, régulièrement opposées deux à deux et en croix le long de tiges
cornées, fistuleuses, peu rameuses, et fixées par une base
mince et élargie.

Espèces. La CYMODOCÉE SIMPLE : *C. simplex*, Lamx., Polyp.
flex., pl. 7, fig. 2, *a A*; id., ibid., pag. 206, n.° 557. (Côte
d'Angleterre.)

La C. RAMEUSE : *C. ramosa*, Lamx., ibid., pl. 7, fig. 1, *a A*;
id., ibid., n.° 558. (Mer des Antilles.)

La C. CHEVELUE : *C. comata*, Lamx., Zooph., tab. 67, fig.
12 et 13; id., ibid., p. 15; Flemming, *Brit. anim.*, p. 551,
n.° 199. (Côtes d'Angleterre.)

Observ. Ce genre a été établi par Lamouroux (*loc. cit.*) pour
une espèce nouvelle de sertulaire, la *C. ramosa*, que nous
avons étudiée dans sa collection et qui nous semble assez rapprochée des antennulaires; mais qui en diffère pour la disposition des cellules, au nombre de deux, opposées par cha-

que article, celles de l'article voisin étant dans une direction croisée.

La C. chevelue nous paroît en être bien différente, si même c'est une sertulaire.

Quant à la *C. simplex*, il a été reconnu par M. Flemming, que ce n'étoit qu'un échantillon mal conservé de la *campanularia dichotoma*.

SALACIE, *Salacia*.

Animaux inconnus, contenus dans des *cellules* dentiformes, très-petites, ovales, verticillées quatre à quatre le long des branches tubuleuses d'un *polypier* corné, phytoïde et fixé.

Espèce. La SALACIE A QUATRE CELLULES : *S. tetracythara*. Lamx., Poly. flex., pl. 6, fig. 5, *a*, *B*, *C*; id., *ibid.*, p. 514, n.° 556. (Australasie.)

Observ. C'est encore un genre établi par Lamouroux pour une nouvelle espèce de sertulaire, qui ne diffère bien sensiblement des autres que par la manière dont les cellules sont groupées quatre à quatre par verticilles le long de rameaux aigus et quadrifistuleux.

Nous avons observé la salacie à quatre cellules dans la collection de Caen.

THOA, *Thoa*.

Animaux hydriformes, alongés, pourvus de douze tentacules simples, saillans en grande partie hors de *cellules* dentiformes, très-petites, peu distinctes, alternes de chaque côté des rameaux nombreux, en forme d'arêtes; d'une tige cornée, composée de tubes entrelacés, dont les inférieurs sont radiciformes.

Espèces. La THOA HALECINE; *T. halecina*, Ellis, *Corallin.*, tab. 10, fig. *a*, *A*, *B*, *C*.

Sertularia halecina, Linn., Gmel., p. 3848, n.° 8; de Lamk., 2, p. 116, n.° 16; Flemming, *Brit. anim.*, p. 542, n.° 165. (Mers d'Europe.)

La T. DE SAVIGNY : *T. Savignii*, Lamx., Polyp., pl. 6, fig. 2, *A*, *B*, *C*; id., *ibid.*, p. 212, n.° 555.

Tubularia ramea, Linn., Gmel., p. 3831, n.° 10. (Méditerranée.)

Observ. Ce genre a été établi par Lamouroux dans l'ouvrage cité, et n'a été adopté par aucun zoologiste.

Nous avons étudié le polypier desséché de la première espèce, commune dans la Manche, et en y joignant la connoissance des animaux que nous fournit Ellis, nous concevons que l'on puisse en former un petit groupe, distinct par la forme des cellules, en partie membraneuses et caduques, et par la structure générale du polypier.

Quant à la seconde espèce, nous doutons un peu, d'après la figure même de Lamouroux, qu'elle doive appartenir au genre Thoa ; mais est-elle exacte ?

ENTALOPHORE, *Entalóphora.*

Animaux inconnus, contenus dans des *cellules* très-longues, dentaliformes, un peu courbes, à ouverture terminale ronde, éparses et hérissant toutes les parties d'un *polypier* phytoïde, peu rameux, cylindrique, non articulé et fixé.

Espèce. L'ENTALOPHORE CELLAROÏDE ; *E. cellaroides*, Lamx., Gen. Polyp., p. 81, tab. 80, fig. 9 — 11. (Calcaire jurassique supérieur. Caen.)

Observ. Ce genre, établi par Lamouroux sur un corps fossile, (*loc. cit.*), ne nous est connu que par la description et les figures qu'il en a données et qui sont tout-à-fait insuffisantes pour déterminer au juste ses rapports. Cet auteur suppose qu'il doit être placé dans les sertulariés, entre les clyties et les idies : ce qui nous paroit fort peu convenable.

SOUS-CLASSE III.

LES POLYP. DOUTEUX, *P. dubia.*

Animaux urcéiformes, pourvus de tentacules longs, ciliés, disposés en fer à cheval au-dessus et autour de l'ouverture buccale, et naissant d'une partie commune, membraneuse.

Observ. La disposition particulière des tentacules des petits animaux qui composent cette sous-classe, leur nature même, portent à croire que ce ne sont pas des actinozoaires ; c'est aussi ce que tend à prouver l'existence certaine d'un anus distinct, ainsi que la forme toute particulière des corps reproducteurs. Mais il nous est encore impossible d'assigner positivement leur place dans la série ; et c'est ce qui nous a déterminés à les laisser provisoirement dans ce type, en en formant toutefois une sous-classe distincte.

CRISTATELLE, *Cristatella*.

Animaux assez courts, pourvus d'un grand nombre de cirrhes tentaculaires, ciliés, disposés en avant en une sorte de fer à cheval, avec la bouche au milieu de ses branches, et un orifice médian à la racine du dos, naissant irrégulièrement d'une partie commune, libre et non adhérente.

Espèce. La C. VAGABONDE : *C. vagans*, Cuvier. Règne anim., 3, p. 296 ; de Lamk., 2, p. 97, n.° 1 ; Roësel, Ins., 3, p. 559, fig. 91.

Observ. Ce genre a été proposé et établi par M. Cuvier, dans son Tableau élémentaire de l'histoire naturelle des animaux, et par suite dans les deux éditions de son Règne animal, pour un animal observé et figuré par Roësel. M. de Lamarck l'a adopté dans les différens ouvrages qu'il a publiés, en le distinguant des polypes à panaches de Trembley, que nous décrirons ci-après, et qu'il a nommés *Plumatelles*, toutefois en reconnoissant lui-même combien ces deux genres ont de rapports ; mais M. Raspail, dans son travail sur les alcyonelles, inséré dans les Annales des sciences naturelles, va beaucoup plus loin, puisqu'il a cherché à établir que les genres Cristatelle, Plumatelle, Alcyonelle et Difflugie, de M. de Lamarck, appartiennent à un seul et même animal, observé dans différens états de développement. Quoique cette manière de voir soit en grande partie probable, nous ne voulons cependant pas la garantir d'une manière absolue, et c'est ce qui nous porte à faire encore mention de ces genres.

PLUMATELLE, *Plumatella*.

Animaux courts, pourvus de deux faisceaux de cirrhes tentaculaires, inégaux, et formant un fer à cheval, au milieu duquel est l'orifice buccal, pouvant se rétracter dans une partie gemmiforme de leur corps, et saillant à la surface d'une sorte de thallus rampant et fixé.

Espèces. La P. A PANACHE ; *P. cristata*, de Lamk.

Polyp. à panache, Trembley, *Polyp.*, 5, pl. 10, fig. 8 et 9.

Tubularia reptans, Blumenbach, *Natur.*, p. 440, n.° 1.

LA PLUMATELLE CAMPANULÉE, *P. campanulata.*

Tubularia campanulata, Linn., Gmel., pag. 5854; Roësel, *Ins.*, 5, p. 447, t. 73 — 75; cop. dans l'Enc. méth., pl. 472, fig. 4, *a, b.*

La P. RAMPANTE, *P. repens.*

Tubularia repens, Linn., Gmel., p. 3855; Vaucher, Bullet. de la soc. phil., 5, pl. 19, fig. 1 — 5.

La P. LUCIFUGE, *P. lucifuga.*

Tubularia lucifuga, Vaucher, *ibid.*, pl. 19, fig. 6 — 10.

Observ. Les animaux qui constituent ce genre ont été rangés par Blumenbach parmi les tubulaires, et c'est sous ce nom que Vaucher a publié ses observations. Mais c'est Bosc qui, le premier, a senti la nécessité de séparer les tubulaires d'eau douce des tubulaires marines, et qui même a proposé le nom de Plumatelles, pour les distinguer génériquement, sans s'apercevoir que le genre Cristatelle de M. Cuvier pouvoit être la même chose. M. de Lamarck, en suivant Bosc, s'est borné à ajouter que les plumatelles sont fort voisines des cristatelles, ainsi que des alcyonelles, quoiqu'il les place dans des sections différentes.

Lamouroux, qui a aussi admis ce genre, dont il a changé le nom en celui de *Naïs*, fait l'observation que le *P. reptans* est très-voisin de l'alcyonelle des étangs.

M. Raspail pense en effet que c'est le même animal.

Nous avons eu l'occasion d'observer, en 1826, des plumatelles vivantes, que nous avoit envoyées M. Dutrochet, et il nous a semblé que ces petits animaux ne sont pas de véritables actinozoaires. En effet, les tentacules sont inégaux; ils sont disposés en deux panaches, formant une sorte de fer à cheval. Nous n'avons pu y distinguer de cils.

ALCYONELLE, *Alcyonella.*

Animaux hydriformes, pourvus de tentacules assez nombreux, disposés en fer à cheval ou cercle incomplet, rétractiles dans une sorte de *polypier* fixé, subéreux, composé de tubes verticaux, subpentagonaux, remplis de corpuscules graniformes.

Espèce. L'Alcyonelle des étangs : *A. stagnorum* , de Lamk. , 2 , pag. 102 , n.º 1 ; Enc. méth. , pl. 472 , fig. 3 , *a* , *b* , *c* , *d*.

Alcyonium fluviatile , Bruguière, Enc. méth. , p. 24 , n.º 10.

Observ. Bruguière paroît être le premier naturaliste qui ait observé la production subériforme dont M. de Lamarck a fait son genre Alcyonelle, et que celui-là rangeoit parmi les alcyons. M. de Lamarck, en l'examinant plus attentivement. crut reconnoître que ce prétendu alcyon étoit habité par des polypes. et il sentit fort bien sa grande ressemblance avec ses plumatelles. D'après cela il est probable que l'espèce d'éponge fluviatile. de laquelle Lichtenstein avoit vu sortir des cristatelles, n'étoit réellement pas une spongille, mais bien la masse alcyoniforme de l'alcyonelle. On conçoit cependant que les cristatelles, étant quelquefois libres, ont pu s'attacher sur une spongille, aussi bien que sur celle-là. La liberté des cristatelles seroit prouvée par l'observation de Muller, qui, dans une eau où il conservoit des tubulaires d'eau douce, a trouvé un petit animal qu'il a décrit et figuré sous le nom de *leucophra heteroclita*. si l'assertion de M. Raspail étoit tout-à-fait hors de doute. En effet, ce naturaliste, dans un mémoire lu à l'Académie des sciences le 27 Septembre 1827, a établi comme certain le premier doute de Muller, savoir : que ce pourroit bien être une cristatelle (tubulaire) qui auroit quitté sa cellule.

Dans notre article Leucophre de ce Dictionnaire, nous avions bien senti que cette leucophre hétéroclite appartenoit à un tout autre degré d'organisation que les autres espèces, et nous avions même pensé que ce pourroit bien être une ascidie, sans penser aux circonstances dans lesquelles Muller l'avoit trouvée.

Quant à l'alcyonelle de M. de Lamarck, MM. Raspail et Robineau Desvoidy. dans un premier mémoire, lu à l'Académie des sciences, l'avoient d'abord envisagée tout autrement que le célèbre auteur du Système des animaux sans vertèbres. Ils cherchoient à prouver que les animaux que M. de Lamarck avoit vus sur la masse alcyoniforme, n'étoient que des parasites. et très-probablement. suivant eux. des naïs ; mais depuis lors, mieux éclairé par un travail plus étendu. et fait sur des animaux frais. M. Raspail a cherché

à démontrer que l'alcyonelle des étangs n'est rien autre
chose que la plumatelle, qui n'est elle-même qu'une cristatelle.

DIFFLUGIE, *Difflugia.*

Corps très-petit, gélatineux, contractile, pourvu de tentacules inégaux, rétractiles, contenu dans une sorte de fourreau ovale, subspiral, prolongé en ligne droite à sa terminaison, et couvert de grains de sable à sa surface.

Espèce. La **D.** PROTÉIFORME : *D. proteiformis*, Leclerc, Mém.
communiq. à l'Inst.; de Lamk. 2. p. 98; cop. dans l'Encycl.
méthod., pl. 472. fig. 1, *a, b.*

Observ. Ce genre a été proposé par M. Leclerc dans un mémoire lu à l'Institut, il y a une douzaine d'années, mais qui
n'a pas été publié, et qui n'est connu que par ce qu'en dit M.
de Lamarck, et par la figure qu'il en a donnée dans l'Encyclopédie méthodique. Cet animal est très-petit, puisqu'il a à
peine un dixième de ligne de long ; il se meut avec lenteur
entre les plantes qui se trouvent dans les eaux douces qu'il
habite.

M. Raspail pense que, comme le *leucophra heteroclita* de Muller, ce n'est qu'un degré de développement d'une alcyonelle.
C'est ce que nous ne pouvons décider, n'ayant pas encore
eu l'avantage de voir de difflugie. M. Michaux nous a confié
un petit corps brun, enroulé en planorbe et couvert de grains
de sable agglutinés, qu'au premier aspect on prendroit pour
une coquille. Nous supposerons volontiers que c'est un tube
de difflugie : car ce ne peut être celui d'une larve de Fri-
gane ou de quelque insecte voisin, qui est toujours droit;
alors nous douterons un peu que la difflugie soit un simple
degré de développement de la cristatelle.

DÉDALE, *Dedalæa.*

Corps ovoïde, glandiforme, pourvu de tentacules simples,
assez longs, disposés subradiairement, contenu dans des
cellules de même forme, transparentes, fixées et réunies
en groupes plus ou moins considérables, mais irréguliers,
sur les côtés d'un axe commun, gélatineux ou membraneux.

cylindrique, anastomosé de manière à former une sorte de grand réseau irrégulier, non fixé.

Espèce. Le DÉDALE DE MAURICE; *D. mauritiana*, Quoy et Gaim., Astrolabe, Zoolog., msc.

Observ. Ce genre a été établi par MM. Quoy et Gaimard pour un animal bien singulier qu'ils ont découvert dans les mers de l'Isle-de-France. Nous avons pu, grâces à leur complaisance habituelle pour nous, l'examiner dans un bon état de conservation dans l'esprit de vin, et assurer la caractéristique que nous en donnons. D'après cet examen il nous semble que ce genre doit avoir des rapports avec les plumatelles; en effet, la partie commune est tout-à-fait membraneuse et nullement cornée. Elle est formée par une sorte de tube membraneux, sans moelle vivante intérieure, comme cela a lieu pour tous les Sertulariés et genres voisins. Ce tube offre un mode de ramification fort singulier, en ce que d'espace en espace il se bifurque, et le plus souvent même se trifurque, les rameaux s'anastomosant avec ceux d'une autre trifurcation. Il en résulte un grand réseau irrégulier, ayant sur les côtés de presque toutes les branches des séries de trois ou quatre polypes semblables à des bourgeons; ce réseau paroît être libre : quant au polype lui-même, il est recourbé dans sa loge, à peu près comme dans les eschares, et il est également formé d'une masse de tentacules, d'un œsophage, d'un estomac entouré du foie, et d'un viscère en communication avec lui, que nous pensons être l'ovaire.

SOUS-CLASSE IV.

LES POLYP. NUS, *P. nuda.*

Corps gélatineux, très-contractile, libre, creusé d'une cavité stomacale, simple, pourvu à son entrée de cirrhes tentaculaires, sans traces de viscères, et se reproduisant par gemmes extérieurs.

Observ. Cette sous-classe est caractérisée aisément par la simplicité de son organisation, par l'absence de tout organe interne ou viscère, au point qu'on n'y reconnoît pas même d'ovaire.

Elle contient dans les autres auteurs systématiques les genres

Hydre. Coryne. Zoanthe et l'édicellaire ; mais, dans notre
manière de voir, le premier genre seul lui appartient : en
effet les corynes sont des sertulariés, voisins des campanulaires; les zoanthes sont des actinies. Quant aux pédicellaires.
nous n'osons encore assurer ce que c'est.

Hydre, *Hydra.*

Corps en général oblong, mais très-protéiforme, pourvu à son
extrémité buccale d'un seul rang de cirrhes tentaculaires
fort longs.

E pèces. L'Hydre verte ; *H. viridis,* Trembl., *Polyp.,* 1,
tab. 1, fig. 1.

H. viridissima, Pallas, *Elench.,* 81, n.° 3.

L'H. commune: *H. grisea,* Trembl., *ibid.,* 1, tab. 1, fig. 2.

H. vulgaris, Pallas, *ibid.,* p. 80, n.° 2.

L'H. brune ; *H. fusca,* Trembl., *ibid.,* tab. 1, fig. 3 et 4.

H. oligactis. Pallas, *ibid.,* p. 79, n.° 1.

L'H. pale: *H. pallens,* Roësel, *Ins.,* tab. 76 et 77 ; cop. dans
l'Enc. méth., pl. 68.

L'H. gélatineuse ; *H. gelatinosa,* Muller, *Zool. Dan.,* 3,
p. 25, tab. 95, fig. 1 et 2.

L'H. jaune ; *H. lutea,* Bosc, *Vers,* 2, p. 236, pl. 22, fig. 2.

L'H. corynaire ; *H. corynaria,* Bosc, *ibid.,* fig. 3.

Observ. Ce genre, dont la découverte est due à Leuwenhoeck, et l'histoire naturelle à Trembley, a été établi par
Linné, du moins pour la dénomination qu'il a substituée à
celle de polype, imaginée par Réaumur, et ensuite adopté
par tous les zoologistes. Gmelin est le seul qui ait placé un
assez grand nombre d'actinies parmi les hydres, mais dans une
section particulière.

Depuis le milieu du dernier siècle, où l'histoire de ces singuliers animaux fut enrichie des travaux successifs de Trembley, Réaumur, Roësel, Schæffer, Bonnet, Spallanzani, les
naturalistes y ont ajouté peu de chose. Nous avons cru remarquer que, dans l'hydre verte, les gemmes reproducteurs
poussent toujours au même endroit, au point de jonction de
la partie creuse et de celle qui ne l'est pas. Mais M. Van der
Hoëven, professeur à Leyde, nous a dit avoir fait des obser-

vations contradictoires, peut-être est-ce sur une espèce différente. Nous trouvons en effet que Pallas, qui dit de la plupart que les bourgeons naissent de toutes les parties du corps, rapporte de la première (*Hydra oligactis*), qu'ils ne sortent que de la partie voisine de la queue, et jamais de celle-ci.

La distinction des espèces d'hydres est assez difficile, et ne nous paroit pas encore suffisamment assurée. Aussi doutons-nous un peu des deux espèces marines établies par M. Bosc.

CLASSE V.

Les ZOOPHYTAIRES, *Zoophytaria*.

Corps assez gros, un peu diversiforme, pourvu d'une couronne simple de tentacules pinnés en nombre déterminé, avec les ovaires internes.

Observ. Cette classe, composée d'animaux généralement plus gros que ceux de la précédente, est aisément caractérisée par les tentacules, qui sont toujours en nombre déterminé, ordinairement de huit sur un seul rang, et plus ou moins pinnés. Leur organisation paroît aussi être un peu plus compliquée, et surtout que celle des hydres; aussi ont-ils tous un ovaire distinct, et cet ovaire est-il interne. On conçoit donc que ces êtres puissent être remontés dans l'échelle animale. Les uns sont simples, d'autres sont seulement aggrégés; mais la plupart au contraire sont réunis organiquement sur une partie commune, vivante en elle-même, à peu près comme les bourgeons d'un arbre font partie de la tige de cet arbre dans une dépendance limitée. C'est ce qui nous a fait réserver à cette classe seule le nom de *zoophytaires*, voulant dire par là que ce sont des animaux qui jouissent de toutes les facultés de l'animalité, mais liés entre eux par une partie commune vivante, et s'accroissant à la manière des plantes.

Nous partagerons cette classe en deux familles, d'après la considération de la séparation ou de la réunion des individus.

Fam. I.ʳᵉ Les Tubiporés, *Tubiporea.*

Animaux polypiformes, à ovaires internes, pourvus de huit
tentacules pinnés, contenus dans des espèces de loges cylindriques, alongées, calcaires ou coriaces, à ouverture
ronde, tout-a-fait terminale, fixées à la base et sans partie
commune, formant un véritable polypier.

Observ. Cette petite famille est véritablement assez particulière, quoiqu'au premier aspect elle offre quelque ressemblance avec certaines espèces d'actinies, et entre autres avec
celles dont Lamouroux a fait son genre Palythoé. Les animaux qui la constituent ont pour caractère d'être pourvus
de huit tentacules pinnés, comme tous ceux de la dernière
famille des zoophytaires ; mais ils en diffèrent en ce qu'ils
sont plus ou moins solitaires, et que par conséquent il n'y a
jamais de partie commune ou de polypier proprement dit.
Leur enveloppe, ou mieux la partie inférieure de leur corps
dans laquelle peut rentrer la supérieure, est en général coriace, et est soutenue dans son intérieur par des acicules siliceux ou calcaires comme cela a lieu dans tous les lobulaires
et même dans les pennatulaires. Leur corps est toujours long,
cylindrique et plus ou moins cannelé, du moins dans l'état
de dessiccation.

Le tubipore fait exception parmi les autres genres, en ce
que son enveloppe est calcaire ; mais cependant elle est d'une
structure toute différente de celle des véritables polypiers
calcaires. Au reste, l'animal est tout semblable à celui des
télestes.

§. 1.ʳᵉ *Enveloppe charnue.*

Cuscutaire, *Cuscutaria.*

Animaux pourvus de huit tentacules ciliés régulièrement,
contenus dans des *cellules* ovales, attachées alternativement
vers l'extrémité des articulations, constituant une tige fistuleuse, rampante, simple et tortueuse.

Espèce. La Cuscutaire cuscute; *C. cuscuta,* Ellis, *Corallin.,*
p. 28, tab. 14, fig. 2, *b, c.*
Sertularia cuscuta, Linn., Gmel., p. 3852, n.° 18.

Walkeria cuscuta, Flemm., *Wern. Mem.*, 4, p. 485, tab. 15, fig. 1. (Mers d'Europe.)

Observ. Ce genre, établi par M. Flemming sous le nom de *Walkeria*, ne nous est connu que par ce qu'a dit Ellis de la *S. cuscuta*, et surtout par les observations que le premier de ces naturalistes a insérées dans les Mémoires de la Société Wernérienne. Les polypes n'ayant que huit tentacules régulièrement ciliés, il nous semble qu'il doit appartenir à la famille des tubipores. Cependant c'est ce que nous ne voudrions pas positivement assurer.

M. Flemming réunit aussi dans son genre *Walkeria* les *Sertularia uva* et *spinosa* de Linnæus; mais nous avons cru devoir les conserver dans les campanulaires.

TÉLESTE, *Telesto.*

Corps polypiforme, pourvu de huit tentacules pinnés? sortant de l'extrémité de tubes crétacéo-membraneux, plus ou moins marqués de huit cannelures longitudinales, et formant par leur réunion une sorte de *polypier* phytoïde ou rameux et fixé.

Espèces. Le TÉLESTE JAUNE; *T. lutea*, Lamx., Polyp. flex., p. 254, n.° 374. (Australasie.)

Le T. ORANGÉ; *T. aurantiaca*, Lamx., *ibid.*, pl. 7, fig. 6; id., *ibid.*, n.° 574.

Synoicum aurantiacum? de Lamk., 3, p. 98. (Australasie.)

Le T. PÉLAGIQUE; *T. pelasgica*, Bosc, Vers, 3, pl. 30, fig. 6 et 7.

Alcyonium pelasgicum, id., *ibid.*, p. 131.

Synoicum pelasgicum, de Lamk., *ibid.*, n.° 3. (Océan Atlantique.)

Le T. ALBURNE, *T. alburnum.*

Alcyon alburnum, Linn., Gmel., pag. 3816, n.° 21; Pallas, *Zooph.*, *Elench.*, p. 246, n.° 201. (Océan Indien.)

Observ. C'est à Lamouroux qu'est dû la proposition et la dénomination de ce genre, qu'il place dans son ordre des tubulariées, par la raison que les polypes devoient être à l'extrémité des tubes; mais n'ayant connu que le polypier desséché, il n'a pu ni le définir convenablement, ni sentir ses rapports véritables; aussi il a encore conservé dans les alcyons, sous le nom d'*A. alburnum*, un animal qui appartient évidemment à ses télestes.

M. de Lamarck, qui n'a pas adopté ce genre, en a confondu les espèces, il est vrai, avec un point de doute, dans le genre Synoïque de Ihipps, qui est un ascidien agrégé.

Nous avions observé depuis long-temps un petit échantillon de téleste orangé, mais desséché, et nous n'avons connu nettement ses rapports naturels qu'en examinant un animal rapporté dernièrement par MM. Quoy et Gaimard, et que nous allons ranger parmi les cornulaires de M. de Lamarck.

Nous avons examiné la seconde et la troisième espèce dans la collection de Lamouroux : ce sont certainement des animaux de ce genre et des espèces différentes.

CORNULAIRE, *Cornularia.*

Animaux claviformes, pourvus de huit tentacules pinnés, disposés sur un seul rang, contenus dans des loges infundibuliformes, redressées, ouvertes à l'extrémité et se continuant par la base avec une partie commune, rampante ou adhérente.

Espèces. La CORNULAIRE RIDÉE: *C. rugosa*, Cavolini, Polyp. mar., tab. 9, fig. 11 et 12; de Lamk., 2, p. 112, n.° 1.

Tubularia cornucopiæ, Linn., Gmel., p. 3830, n.° 9. (Méditerranée.)

La C. THALASSIANTHOÏDE, *C. thalassianthoidea.*

Zoantha thalassianthoidea, Lesson, Voyage de Duperrey, Zoophytes, n.° 1, fig. 2.

La C. FLEURIE, *C. floridea.*

Actinantha florida, id., ibid., n.° 1, fig. 3.

Observ. Ce genre, établi par M. de Lamarck, a été adopté par Lamouroux, et l'un et l'autre l'ont placé dans la famille des sertulariées; mais il est évident que, d'après ce qu'en dit Cavolini, il a les plus grands rapports avec le genre suivant, dont il ne diffère peut-être même que par présence d'une partie commune à tous les polypes.

Les deux espèces nouvelles, observées par MM. Lesson et Garnot, nous semblent avoir été à tort rapportées à la famille des Actinies. Quoique nous ne les connoissions que d'après les figures citées, il est évident que ce sont des Cornulaires, et nullement des Zoanthes dont les tentacules ont une tout autre forme.

Quelques Isaures de cette famille appartiennent peut-être aussi à ce genre.

CLAVULAIRE, *Clavularia*.

Animaux oviformes, claviformes, pourvus d'une bouche centrale, entourée de huit tentacules pinnés, et sortant de tubes claviformes, alongés, substriés, subpédiculés, fixés et agglomérés en nombre variable à la surface des corps marins.

Espèces. La CLAVULAIRE VERTE ; *C. viridis*, Quoy et Gaimard, Astrolabe, Zool., msc. (Australasie.)

La C. VIOLETTE ; *C. violacea*, *id.*, *ibid.* (Vanicoro.)

Observ. Ce genre a été établi par MM. Quoy et Gaimard pour des animaux qu'ils ont rencontrés dans les mers Australes, fixés sur les corps submergés, à la manière des actinies ; mais qui sont évidemment fort rapprochés des télestes et des tubipores.

Il est même fort possible qu'ils ne diffèrent pas génériquement des premiers, et encore moins peut-être des cornulaires ; mais ces animaux n'étant connus que desséchés, nous avons préféré les tenir séparés provisoirement.

§. 2. *Enveloppe calcaire.*

TUBIPORE, *Tubipora*.

Animaux cylindriques, pourvus de huit tentacules pinnés et contenus dans des tubes minces, membraneux, enveloppés de tubes calcaires, cylindriques, verticaux, à ouverture parfaitement ronde et se réunissant en masse plus ou moins considérable, irrégulière et fixée? constituant une sorte de *polypier*.

Le TUBIPORE MUSICAL : *T. musicalis*, Quoy et Gaimard, Uranie, Zool., pl. 88, fig. *A*, *B*, *C*, *D*, *E*, *F*, *G*, *H*, *I*, *K*, *L*, *M* ; Linn., Gmel., p. 3753, n.° 1.

Tub. purpurea, Pallas, Zooph., p. 339. (Océan Indien.)

Observ. Ce genre, établi sur le polypier seulement par Linnæus et adopté par tous les zoologistes subséquens, a pu être plus nettement caractérisé, et surtout considérablement restreint depuis qu'on en a observé l'animal. Ellis et Solander avoient depuis long-temps donné une figure des polypes desséchés, lorsque Péron et Lesueur, dans le Voyage aux Terres australes, publièrent quelques nouveaux détails, que M. de Chamisso a regardés comme erronnés. Enfin MM. Quoy et Gaimard ayant rapporté d'assez grands morceaux de tubipore avec les animaux conservés dans l'esprit de vin, M. Deslongchamps a pu nous les faire connoître d'une manière suffisante, comme nous nous en sommes assurés sur des échantillons que nous avoient bien voulu donner aussi MM. Quoy et Gaimard. Aussi c'est bien à tort que quelques zoologistes ont supposé que les tubipores musiques devoient être habités par des animaux semblables aux sabelles ou par quelque annelide, comme le disent Schweigger et Lamouroux.

Fam. II. Les Coraux, *Corallia.*

Animaux hydriformes, à ovaires internes, pourvus de huit tentacules pinnés, irrégulièrement épars et plus ou moins saillans à la surface d'un *polypier* ou d'une partie commune, arborescente, fixée par un empâtement, et composée d'un axe solide, calcaire ou corné, enveloppée par une sorte d'écorce gélatino-crétacée.

Observ. Cette famille, qui comprend les coraux proprement dits et les cératophytes des zoologistes anciens, est extrêmement aisée à caractériser, non pas par la forme des polypes, qui ont huit tentacules pinnés, comme dans les deux familles suivantes, mais par la manière dont ils sont placés dans une sorte d'écorce vivante et commune, enveloppant un axe solide, calcaire ou corné, constamment composé de couches concentriques (ce qui rappelle un peu l'organisation de la tige d'un arbre dicotylédon), et toujours fixé par un large empâtement.

Elle diffère donc de la précédente parce que les polypes sont ici réunis à une partie commune, avec laquelle chacun d'eux est en communication de substance, et de la suivante,

60.   3o

parce que cette partie commune est soutenue par un axe solide fixé.

Elle comprend les genres Isis, Gorgone et Antipathe de Linnæus et de Pallas.

Cavolini nous a donné un grand nombre de détails intéressans sur l'organisation des animaux vivans de chacun de ces genres, et qui montrent qu'ils sont bien de la même famille.

On trouve des espèces de chacun d'eux dans nos mers d'Europe, et surtout dans la Méditerranée.

Leurs mœurs, leurs habitudes, ont été assez bien étudiées par les observateurs italiens ; Donati, Marsigli, Cavolini, Spallanzani et Olivi, sont ceux auxquels la science doit le plus à ce sujet.

La distinction des espèces, leur disposition systématique, a été le sujet des travaux de Pallas, de Linnæus, d'Ellis et Solander, de M. de Lamarck et de Lamouroux, qui a introduit un assez grand nombre de divisions génériques dans chacun des grands genres de Linné.

Leur établissement porte essentiellement sur la nature de l'axe central, qui peut être calcaire et corné ou entièrement corné ; sur la proportion de l'axe et de l'espèce d'écorce qui le recouvre, et enfin, sur la saillie plus ou moins considérable des loges polypifères.

Quant à la distinction des espèces, elle repose malheureusement davantage sur des caractères tirés d'individus desséchés dans nos collections, que sur ceux que ces animaux offrent à l'état de vie.

Corail, *Corallium.*

Animaux polypiformes, pourvus de huit tentacules pinnés, contenus dans des *cellules* immergées dans une écorce assez peu épaisse, charnue, qui enveloppe un *axe* épais, entièrement pierreux, très-solide, strié, irrégulièrement ramifié et largement fixé.

Espèces. Le Corail rouge ; *C. rubrum*, Cavolini, Polyp. mar., 1, tab. 2.

Isis nobilis, Pallas, *Zooph.*, p. 223, n.º 142.

Gorgonia nobilis, Linn., Gmel., p. 3805, n.º 33.

Gorgonia pretiosa, Ellis et Solander, *Zooph.*, p. 90, n.° 16, tab. 13, fig. 3 et 4. (Méditerranée.)

Observ. Ce genre a été établi par M. de Lamarck sur la considération de l'uniformité de substance dans l'axe de la partie commune et sur sa nature calcaire ; ce qui le distingue des Isis et des Gorgones. En effet, celle des animaux seule, d'après ce que nous en ont appris successivement Marsigli, Donati et Cavolini, n'auroit pas demandé cet établissement, tant ils ressemblent à ceux des autres zoophytaires arbori-formes.

Ce genre ne contient encore qu'une seule espèce vivante, et il est remarquable qu'on n'en a pas encore rencontré de fossile.

Isis, Isis.

Animaux polypiformes, très-petits, à huit tentacules pinnés, confondus et épars en très-grand nombre dans une subs-tance molle, charnue, fort épaisse, formant l'écorce d'un *axe* central, arborescent, fixé et composé de pièces cal-caires, articuliformes, striées, séparées par des intervalles cornés.

* Espèces vivantes.

L'Isis queue-de-cheval : *I. hippuris*, Ellis et Soland., *Zooph.*, tab. 13, fig. 1 — 5; Linn., Gmel., p. 3792, n.° 1. (De toutes les mers.)

L'I. alongée : *I. elongata*, Séba, 3, tab. 106, fig. 4; de Lamarck. (Océan Indien ?)

L'I. grêle : *I. gracilis*, Lamx., Polyp. flex., pl. 18, fig. 1; *id. ibid.*, p. 477, n.° 621. (Mers des Antilles.)

L'I. inéquarticle ; *I. inequarticulata*, de Haan, Mus. de Leyde. (Japon, Siebold.)

** Espèces fossiles.

L'Isis courtarticle ; *I. breviarticulata*, Guettard, 3, p. 520, pl. 18, fig. 5. (Angleterre, Kent.)

L'I. de Malte : *I. melitensis*, Scilla, Corps mar., tab. 20, fig. 1; Goldfuss, *Petref.*, p. 20, n.° 1, tab. 7, fig. 17, *a, b*. (Calc. tert. de la Sicile.)

L'I. rétéporacé ; *I. reteporacea*, Goldfuss, *ibid.*, tab. 20, fig. 4. (Calc. tert. de Westphalie.)

Observ. Ce genre a été établi par Linné, mais il y confondoit le corail proprement dit; ainsi c'est à M. de Lamarck qu'est due sa circonscription actuelle.

Aucun auteur n'a encore décrit ces animaux vivans. M. de Lamarck dit qu'ils ont huit tentacules pinnés; mais dans les excellens détails qu'Ellis a donnés de la structure de l'I. queue-de-cheval, les tentacules paroissent être simples.

Quoique M. de Lamarck dise que cette espèce se trouve vivante dans toutes les mers, nous n'avons réellement aucune preuve qu'elle existe dans la Méditerranée.

MÉLITÉE, *Melitœa.*

Animaux inconnus, contenus et épars dans une substance molle, charnue, formant par la dessiccation une sorte d'écorce à un *axe* central arborescent, irrégulièrement ramifié, noueux et composé d'articles pierreux, substriés et séparés par des intervalles spongieux et renflés.

Espèces. La MÉLITÉE OCHRACÉE; *M. ochracea*, Séba, 3, tab. 104, fig. 1.

Isis ochracea, Linn., Gmel., p. 3793, n.° 3. (Mers des Indes.)

La M. ÉCARLATE; *M. coccinea*, Ellis et Soland., tab. 12, fig. 5.

Isis coccinea, Linn., Gmel., p. 3794, n.° 6. (Oc. Ind.)

La M. RÉTIFÈRE; *M. retifera*, Esper, *Suppl.*, 2, tab. 9.

Isis aurantia, id., ibid. (Océan Austral.)

La M. TEXTIFORME; *M. textiformis*, Lamx., Polyp. flex., pl. 19, fig. 1.

Observ. Ce genre, qui n'est connu que d'après des polypiers desséchés, a été établi par Lamouroux et adopté sous le même nom par M. de Lamarck pour quelques espèces d'Isis de Pallas et de Linnæus, dont l'axe est spongieux dans les intervalles des articulations et dont les polypes sont un peu saillans à la surface de l'écorce.

Il est assez remarquable que ces polypiers sont constamment colorés en rouge plus ou moins vif et très-élevés. Nous avons vu un individu de la première espèce, qui avoit plus de quatre pieds de haut.

Gorgone, *Gorgonia.*

Animaux polypiformes, pourvus de huit tentacules pinnés avec la bouche au centre, et autant d'orifices pour les ovaires ; contenus dans des *cellules* mamelonnées ou non, et éparses dans une écorce mince, enveloppant un *axe* phytoïde, solide, entièrement corné et largement fixé.

* Espèces vivantes.

A. *A loges polypifères non saillantes.*

La Gorgone gladiée : *G. anceps,* Ellis, *Corallin.,* tab. 27, fig. 9 ; Linn., Gmel., p. 3805, n.° 10. (Mers d'Eur. et d'Amér.)

La G. pinnée : *G. pinnata,* Séba, 3, tab. 114, fig. 3 ; Linn., Gmel., p. 3806, n.° 11.

G. americana, ibid., p. 3799, n.° 17.

G. setosa, ibid., p. 3807, n.° 12.

G. acerosa, Pallas, Zooph., p. 172, n.° 105. (Mers du Nord et Méditerranée.)

La G. piquetée : *G. petechizans,* Marsigli, p. 103, tab. 20, fig. 89 — 93 ; Linn., Gmel., p. 3803, n.° 13.

G. abietina, Linn., Gmel., p. 3808, n.° 37 ; Ellis et Soland., p. 95, tab. 16, n.° 23. (Méditerranée et Atlantique.)

La G. étalée : *G. patula,* Ellis et Soland., *Zooph.,* tab. 15, fig. 3 et 4 ; Linn., Gmel., p. 3800, n.° 19. (Méditerranée.)

La G. rhizomorphe : *G. rhizomorpha,* Lamx., Polyp. flex., p. 401, n.° 549. (Océan, golfe de Gascogne.)

B. *A loges polypifères saillantes et pustuleuses.*

La Gorgone éventail : *G. flabellum,* Ellis, *Corallin.,* p. 76, tab. 26, fig. *A* ; Linn., Gmel., p. 3809, n.° 16. (De toutes les mers.)

La G. tuberculée : *G. tuberculata,* Esper, 2, tab. 37, fig. 2 ; de Lamk., *ibid.,* n.° 11. (Méditerr., Corse.)

La G. placome : *G. placomus,* Ellis, *Corallin.,* p. 82, tab. 27, fig. *a,* *A,* *A* 1, *A* 2, *A* 3 ; Linn., Gmel., p. 3799, n.° 3. (Méditerr. et mer de l'Inde.)

La G. fourchue ; *G. furcata,* de Lamk., *ibid.,* n.° 16. (Méditerranée.)

La G. verruqueuse : *G. verrucosa,* Cavolini, *Polyp. mar.,* 1, tab. 1 ; Linn., Gmel., p. 3803, n.° 8. (Méditerranée et Océan.)

La **Gorgone cératophyte** : *G. ceratophyta* , Cavolini, *ibid.*, p. 29, tab. 1, fig. 1; Linn., Gmel., p. 3800, n.° 6. (Méditerr. et Océan.)

La G. **liante** : *G. viminalis*, Ellis et Soland., p. 32, n.° 5, tab. 12, fig. 1; Linn., Gmel., p. 3803, n.° 31. (Méditerranée.)

La G. **sarmenteuse** : *G. sarmentosa*, Esper, 2, tab. 21, fig. 1 et 2; t. 45, fig. 1 et 2; de Lamk., *ibid.*, n.° 32. (Méditerranée.)

La G. **resserrée** : *G. stricta*, Marsigli, *ib.*, p. 91, tab. 16, fig. 80; Bertoloni, *Decad.* 3 , p. 94, n.° 3.

C. *A loges polypifères, saillantes et recourbées en haut.*

La G. **verticillaire**; *G. verticillaris*, Linn., Gmel., p. 3798, n.° 2.

La G. **alongée** : *G. elongata*, Esper, *Supplem.*, 2, tab. 55; Linn., Gmel., p. 3802, n.° 7. (Océan et mers du Nord.)

La G. **fleurie** : *G. florida*, Muller, *Zool. Dan.*, 4, t. 137; *id.*, *ibid.*, p. 20. (Mers du Nord.)

** **Espèces fossiles.**

La G. **incertaine**: *G. anceps*, Goldfuss, *Petref.*, tab. 36, fig. 1, *a*, *b*, *c*, *d*; Schlotheim. (Dolomie de Thuringe.)

La G. **infundibuliforme**; *G. infundibuliformis*, Goldfuss, *ibid.*, tab. 36, fig. 2, *a*, *b*. (Dolomie des monts Ourals.)

La G. **antique**; *G. antiqua*, Goldfuss, *ibid.*, tab. 36, fig. 3, *a*, *b*. (Monts Ourals.)

Observ. Ce genre, établi par Linné, a été assez réduit par Lamouroux, qui en a retiré les espèces qui constituent ses genres *Eunicea*, *Plexaura*, *Primnoa*.

Il contient cependant encore un assez grand nombre d'espèces de toutes les mers et dont plusieurs vivent dans la Méditerranée.

Cavolini et Bertoloni ont étudié ces animaux vivans.

Quoique nous ayons cité les Gorgones fossiles de M. Goldfuss, nous doutons fort que ce soient de véritables Gorgones ; nous croyons même pouvoir dire positivement que cela n'en est pas pour le corps organisé, dont il a fait sa *G. incerta*, et que nous avons vu dans la collection de M. Michelin.

Eunicée, *Eunicea.*

Animaux polypiformes, pourvus de huit tentacules courts, pinnés? contenus dans des espéces de cupules ou mamelons saillans, épars et en séries à la surface des ramifications d'un *polypier* phytoïde, composé d'une écorce épaisse, cylindrique, recouvrant un *axe* corné et généralement comprimé.

Espèces. L'Eunicée antipathe; *E. antipathes,* Séba, 3, t. 104, n.° 2, et 107, n.° 4.

Gorgon. antipathes, Linn., Gmel., p. 3804, n.° 9. (Médit. et Indes orientales.)

L'E. papilleuse; *E. papillosa,* Esper, Zooph., tab. 60.

Eun. microthela, Lamx., Polyp. flex., p. 435, n.° 601.

L'E. limiforme : *E. limiformis,* Ellis et Soland., tab. 18, fig. 1; Lamx., *ibid.,* p. 436, n.° 602. (Mers d'Amérique.)

L'E. succinée, *E. succinea.*

Gorgon. succinea, Linn., Gmel., p. 3799, n.° 5.

L'E. faux-antipathe, *E. pseudo-antipathes.*

Gorgon. pseudo antipathes, de Lamk., n.° 40. (Mers d'Amérique.)

L'E. clavaire; *E. clavaria,* Ellis et Soland, Zooph., tab. 4, fig. 2. (Mers des Antilles.)

L'E. a gros mamelons : *E. mammosa,* Lamx., Polyp. flex., pl. 17; *id., ibid.,* n.° 607.

L'E. calicifère, *E. calyculata.*

Gorg. calyculata, Linn., Gmel., p. 3808, n.° 38.

Observ. Ce genre, établi par Lamouroux (*loc. cit.*), ne repose guéres que sur l'épaisseur de la partie charnue corticale et peut-être sur la saillie directe et la forme cupuloïde des mamelons polypifères. Tout le reste est comme dans les Gorgones; aussi M. de Lamarck ne l'a pas adopté.

Ellis a donné de bonnes figures de deux espéces, avec l'enveloppe et les animaux vivans; malheureusement sans description; en sorte qu'il est impossible d'assurer que les tentacules soient pinnés.

Funiculine, *Funiculina.*

Animaux papilliformes ou mamelonnés, disposés par séries

alternes de chaque côté et dans toute la longueur d'un corps commun, libre? fort grêle, composé d'une écorce assez mince et d'un axe corné.

Espèces. La FUNICULINE CYLINDRIQUE : *F. cylindrica*, Linn., *Mus. Adolph.*, tab. 19, fig. 4; cop. Tr. phil., 53, tab. 20, fig. 17.

Pennatula mirabilis, Pallas, *Zooph.*, p. 372; Linn., Gmel., p. 3865, n.° 5.

La F. ARONDINACÉE : *F. arundinacea*, Linn., Gmel., p. 3866, n.° 11; d'après Modeer, *Nov. act. Stockh.*, 1786, 4, n.° 5, chap. 28.

Observ. Ce genre, établi par M. de Lamarck, a pour caractère essentiel la disposition des animaux en deux séries longitudinales et alternes dans toute la longueur du corps commun, assez semblable à une petite ficelle atténuée aux deux extrémités, du moins d'après la figure citée et la description de M. de Lamarck; mais en étudiant de plus près la funiculine de la collection du Muséum, nous nous sommes assurés que ce n'est réellement qu'une gorgone à polypes mamelonnés, saillans, à peu près comme dans le genre Eunicée de Lamouroux, mais dans une autre disposition. Ainsi le genre Funiculine a dû être retiré de la famille des Pennatules.

Outre la *Pennat. mirabilis* de Pallas, M. de Lamarck plaçoit aussi dans ce genre la *P. quadrangularis* du même zoologiste, mais M. Cuvier l'en a retirée pour former son genre *Pavonaria*; et, ce qui est assez singulier, c'est que M. Cuvier a en outre établi un nouveau genre avec la *P. mirabilis* de Linné, sous le nom de *Scirpearia*, sans penser qu'il étoit établi avec le même animal, type du genre Funiculine de M. de Lamarck.

PLEXAURE, *Plexaura.*

Animaux inconnus, contenus et épars dans des *cellules* non saillantes, immergées dans une écorce fort épaisse, très-peu calcaire, subéreuse dans l'état de dessiccation, recouvrant un *axe* arborescent, souvent dichotome, corné et fixé.

Espèces. La PLEXAURE ÉPAISSE, *P. crassa.*

Gorgonia crassa, Linn., Gmel., p. 3806, n.° 34. (Mers d'Amérique.)

La Plexaure a grandes cellules; *P. macrocythara*, Lamx., Polyp. flex., p. 429, n.° 594.

La P. hétéropore, *P. heteropora.*

Gorgon. heteropora, de Lamk., Mém. du Mus., t. 2, p. 162, et Anim. sans vert., 2, p. 321, n.° 139. (Amér. mérid.)

La P. friable; *P. friabilis*, Ellis et Soland., *Zooph.*, tab. 18, fig. 3.

Gorgon. friabilis, id., *ibid.*, p. 94. (Océan Indien.)

La P. liége; *P. suberosa*, Ellis, *Corallin.*, p. 78, tab. 26, fig. P, Q, R.

Gorgon. suberosa, Linn., Gmel., p. 3802, n.° 37. (Indes orient. et occid.)

La P. penchée; *P. homomalla*, Esp., 2, tab. 29, fig. 1, 2.

Gorgon. homomalla, de Lamk., *ibid.*, p. 159, n.° 28. (Mers d'Amérique.)

La P. olivatre; *P. olivacea*, Lamx., *ibid.*, pl. 16, n.° 599.

La P. flexueuse: *P. flexuosa*, Lamx., Gen. Polyp., tab. 70, fig. 1, 2; *id. ibid.*, p. 35. (Océan des Antilles.)

Observ. Cette division des Gorgones, établie par Lamouroux, repose sur d'assez foibles caractères, l'épaisseur de l'écorce et l'immersion des cellules polypifères; malheureusement toutes les espèces qui la constituent ne sont encore connues qu'à l'état de dessiccation.

Muricée, *Muricea.*

Animaux inconnus, formant des mamelons coniques, squameux, très-saillans, tubuliformes et épars à la surface des rameaux subdistiques d'un *polypier* phytoïde, composé d'une enveloppe corticiforme médiocrement épaisse et recouvrant un axe corné, cylindrique, si ce n'est à l'origine des ramifications.

Espèces. La Muricie épineuse; *M. muricata*, Lamx., Gen. Polyp., tab. 71, fig. 1, 2.

Muricea spicifera, id., *ibid.*, p. 56.

Eunicea muricata, id., Polyp. flex., p. 439, n.° 609.

Gorgonia muricata, Linn., Gmel., p. 3803, n.° 52. (Mers de Cuba.)

La M. alongée; *M. elongata*, Lamx., Gen. Polyp., tab. 71, fig. 3, 4. (Mers de la Havane.)

Observ. Ce genre, établi par Lamouroux (*loc. cit.*), diffère-t-il assez des Eunicées pour être admis? c'est ce qui nous paroît fort douteux. Il diffère peut-être encore moins des Primnoas du même auteur.

Primnoa, *Primnoa.*

Animaux inconnus, formant des mamelons alongés, squameux, très-saillans, épars à la surface d'un *polypier* dendroïde, dichotome, formé d'une écorce assez mince et d'un *axe* corné, très-dur.

Espece. La Primnoa lépadifère; *P. lepadifera,* Esper, tab. 18, fig. 1, 2.

Gorgon. lepadifera, Linn., Gmel., p. 3798, n.° 1. (Mers du Nord.)

Observ. Ce genre, établi par Lamouroux, ne contient qu'une seule espèce, qui paroît être assez commune dans les mers de Norwége.

Nous avons pu en étudier un assez bel individu, en bon état de conservation, que nous devons à la générosité de M. Stockes.

C'est un genre assez peu important.

Antipathe, *Antipathes.*

Animaux inconnus, contenus et épars dans une substance gélatineuse, épaisse, caduque par la dessiccation, formant l'enveloppe corticale d'un *polypier* corné, flexible, ordinairement hérissé de quelques épines, rameux et plus ou moins filiciforme.

Espèces. L'Antipathe dichotome : *A. dichotoma,* Marsigli, Hist. de la mer, tab. 21, fig. 101 et 103, et tab. 22, fig. 104; Linn., Gmel., p. 3796, n.° 8. (Méditerranée.)

L'A. en balais : *A. scoparia?* Esper, *Supplem.,* 2, tab. 4; de Lamk., Mém. du Mus., t. 1, p. 473, n.° 7. (Méditerr.)

L'A. mélèze : *A. larix,* Esper, 2, tab. 4; de Lamk., *ibid.,* n.° 11. (Mer Adriatique.)

L'A. myriophylle : *A. myriophylla,* Ellis et Soland., Zooph., tab. 19, fig. 11, 12; Linn., Gmel., p. 3795, n.° 4. (Méditerranée et océan Indien.)

L'Antipathe fenouil de mer : *A. fœniculacea*, Rumph., *Amboin.*, 6, p. 208, tab. 80, fig. 3; Linn., Gmel., p. 3797, n.° 15. (Méditerranée.)

L'A. subpinnée : *A. subpinnata*, Ellis et Soland., tab. 19, fig. 9, 10; Linn., Gmel., p. 3795, n.° 3. (Méditerranée.)

L'A. rayonnant : *A. radians*, Esper, *Suppl.*, 2, tab. 7; de Lamk., Mém. du Mus., 1, p. 475, n.° 14. (Méditerranée.)

L'A. ajonc : *A. ulex*, Ellis et Soland., *Zooph.*, tab. 19, fig. 7, 8; Linn., Gmel., p. 3795, n.° 1. (Océan Indien.)

Observ. Ce genre, établi par Pallas dans son *Elenchus zoophytorum*, a été admis sans modifications par les zoologistes. Cependant, à en juger par les polypiers, la seule chose que l'on connoisse et encore qui sont le plus souvent depouillés de leur écorce, il diffère à peine des Gorgones; seulement, dans l'état de dessiccation où ces animaux existent dans nos collections, l'enveloppe cortiriforme desséchée est beaucoup plus mince et presque pelliculaire dans les antipathes, tandis que dans les Gorgones elle est toujours assez épaisse, plus ou moins friable et très-crétacée. Quant aux épines qui existent le plus ordinairement sur les antipathes et que l'on donne comme leur caractère distinctif, Lamouroux fait l'observation fort juste, qu'il existe de véritables antipathes qui en sont dépourvues. Toutefois Pallas, en disant que les Antipathes offrent, comme les Sertulaires, des ovaires turbinés, saillans à la surface, fournit un caractère plus important pour les séparer des Gorgones.

On trouve des Antipathes dans toutes les mers.

Le nombre des espèces caractérisées par M. de Lamarck et par Lamouroux est assez considérable; mais elles ne le sont que d'après le polypier.

Cirrhipathe, *Cirrhipathes.*

Animaux polypiformes, extrêmement petits, pourvus de six tentacules ridés, non pinnés? entourant une masse buccale, fort saillante et lobée, épars et enfoncés dans une substance gélatineuse fort peu épaisse et servant d'écorce à un *axe* corné, simple, fistuleux, formant un *polypier* conique, très-alongé, cirrhiforme, hérissé de spinules sériales.

Espèces. Le CIRRHIPATHE SPIRAL; *C. spiralis*, Ellis et Soland., tab. 19, fig. 1 . 6.

Antipathes spiralis, Linn., Gmel., p. 3795 , n.° 1. (Méditerranée et mers des Indes.)

Le C. DE SIEBOLD; *C. Sieboldi*, de Haan , Mus. de Leyde. (Japon, Siebold.)

Observ. Nous croyons devoir distinguer génériquement cette espèce d'Antipathe, qui diffère notablement des autres par sa forme générale et par celle des animaux qui la constituent, du moins en s'en rapportant à ce qu'Ellis nous a donné à ce sujet. L'axe est fistuleux dans l'état de dessication.

Est-il certain que le *Palmijuncus anguinus* , figuré par Rumph, *Amboin.*, 2 , p. 202, tab. 78 , appartienne à la même espèce que l'*A. spiralis*, qui se trouve dans la Méditerranée ? c'est ce qu'assure Pallas; mais c'est ce dont on peut douter avec Lamouroux. Nous ne serions pas étonnés quand ce seroit la même que le C. de Siebold.

Fam. III. Les PENNATULAIRES, *Pennatularia.* (G. *Pennatula*, Linn.)

Animaux polypiformes, pourvus de huit tentacules pinnés, plus ou moins saillans et régulièrement épars à la surface d'une partie seulement d'un corps commun libre ou adhérent? ayant une forme fixe et composé d'un axe central, solide, enveloppé par une substance corticiforme charnue, souvent fort épaisse et soutenue par des acicules calcaires plus ou moins nombreux.

Observ. Cette famille véritablement fort naturelle correspond exactement au genre *Pennatula* de Linnæus. Elle est remarquable en ce que la partie commune du Zoophyte a une forme déterminée, régulière, symétrique, ce qui n'a lieu ni dans les Coraux ni dans les Alcyonaires, de manière à représenter un peu le rachis ou la tige d'une plume, et en ce qu'elle est soutenue par une pièce solide, plus ou moins osseuse, poussant à la fois par les deux extrémités, et ne servant jamais à l'attache du zoophyte, même dans les espèces qui sont indubitablement fixées.

Nous croyons, en effet, que tous les pennatulaires ne sont pas nécessairement libres et que par conséquent ils ne méritent pas le nom de polypes flottans, sous lequel M. de Lamarck les a réunis. Les ombellulaires, par exemple, ne peuvent certainement pas être libres et flottantes.

On trouve, à ce qu'il paroit, des pennatulaires dans toutes les mers.

Ils ont été jusqu'ici assez incomplétement étudiés et presque toujours à l'état de dessiccation, sans qu'on ait presque jamais eu égard aux animaux. Aussi les genres proposés par MM. de Lamarck et Cuvier ne doivent-ils être admis que provisoirement.

OMBELLULAIRE, Umbellularia.

Animaux polypiformes, alongés, subcylindriques, pourvus de huit tentacules fortement pinnés, réunis en forme de bouquet ou d'ombelle, et en petit nombre à l'extrémité d'une partie commune, régulière, tétragone, peu épaisse, corticale, contenant dans son intérieur un long osselet de même forme et entièrement calcaire.

Espèces. L'OMBELLULAIRE ENCRINE; *U. encrinus,* Ellis, *Corall.,* p. 86, tab. 37, fig. *A, B, C, D, E, F.*

Pennatula encrinus, Linn., Gmel., p. 3867, n.° 16.

Vorticella composita, Linn., *Syst. nat.,* 12, 2, p. 1317, n.° 1.

Isis encrinus, Linn., *Syst. nat.,* 10, tom. 1, p. 80.

Umbellularia groenlandica, de Lamk., 2, p. 436. (Mers du Groënland.)

L'O. STELLIFÈRE : *O. stellifera,* Linn., Gmel., p. 3866, n.° 9; d'après Muller, *Zoolog. Dan.,* 1, pag. 133, n.° 67, tab. 35, fig. 1 — 3.

Observ. Ce genre, établi par M. de Lamarck, ne contient encore que l'espèce qui lui sert de type, et dont un seul individu a été arraché du fond de la mer au Groënland. On n'en a pas revu d'autres depuis plus de cent ans, et l'on ignore même dans quelle collection se trouve aujourd'hui l'individu figuré par Ellis et dont la figure a été copiée partout.

La seconde espèce est placée ici avec doute.

Bohadsch est le premier qui ait senti les rapports de cet animal avec les pennatules. Avant lui on croyoit qu'il en avoit avec les encrines, comme l'indique le nom spécifique que Linnæus lui a donné.

VIRGULAIRE, *Virgularia.*

Animaux polypiformes, à huit tentacules ciliés, disposés sur un seul rang au bord postérieur de petites pinnules, embrassantes, obliques, non épineuses, occupant l'extrémité postérieure d'un corps commun ou rachis libre, cylindrique et presque linéaire.

Espèces. La VIRGULAIRE A AILES LACHES : *V. mirabilis,* Muller, *Zool. Dan.,* p. 11, tab. 11; Sowerby, *Brit. miscell.,* 1, p. 51, tab. 25. (Mers du Nord.)

La V. JUNCOÏDE : *V. juncea,* Esper, *Zooph. Pennat.,* tab. 4, fig. 1 — 6; de Lamk., 2, p. 432, n.° 2. (Mers d'Europe.)

La V. AUSTRALE; *V. australis,* Séba, 3, tab. 114, n.° 2.

Pennat. juncea, Pallas, *Zooph.,* p. 371, n.° 217. (Océan Indien.)

Observ. Ce genre, en le considérant comme établi principalement sur la *pennatula mirabilis* de Muller, ne semble différer des pennatules proprement dites que parce que le rachis est linéaire et que les animaux sont portés sur des pinnules obliques, sur un seul rang. Il se pourroit que les deux premières espèces n'en fissent réellement qu'une, la seconde ne différant de la première que parce qu'elle a été décrite et figurée d'après un individu desséché; mais bien plus, suivant M. Flemming, qui a eu l'occasion d'examiner la première vivante, il paroît presque certain que, malgré l'observation de M. de Lamarck, la *P. mirabilis* de Linnæus, celle de Pallas et celle de Muller, appartiendroient à la même espèce; alors celle qui sert de type au genre Funiculine de M. de Lamarck, le *P. mirabilis* de Pallas, figurée par Linné, ne seroit aussi qu'une Virgulaire; mais est-il certain que la pennatule que M. Flemming avoit sous les yeux, fût bien le *P. mirabilis* de Pallas? c'est ce dont on peut douter : en effet, nous nous sommes assurés que la Funiculine de M. de Lamarck, établie sur le *P. mirabilis* de Pallas, figuré dans le *Mus. reg.* (édit. fr.), n'est pas même une pennatule, mais une gorgone. Ce qui est hors de doute, comme le fait observer M. Flemming, c'est que M. de Lamarck a cité la figure de Linné (*Mus. Ad.*, t. 19, fig. 4) une fois pour sa *funiculina cylindrica*, et une autre fois pour sa *virgularia juncea*.

Ainsi, en admettant comme un fait l'observation de M. Flemming, il en résulteroit que les deux genres *Virgu'a·ia* et *Funiculina* de M. de Lamarck, et le genre *Scirpearia* de M. Cuvier, reposeroient sur une seule et unique espèce, ce qui nous semble erroné.

Quant à la *virgularia australis* de M. de Lamarck, établie sur un axe calcaire, nous n'osons assurer que cet axe, que nous avons examiné d'après un individu rapporté par MM. Quoy et Gaimard, provienne d'un animal qui ait ses polypes disposés comme dans la première espèce; mais sa structure est bien différente de celle de l'axe d'une véritable pennatule. Ne seroit-ce pas un osselet d'une espèce d'ombellulaire ?

D'epuis la première rédaction de cet article, nous avons observé dans la collection de Leyde plusieurs individus, parfaitement conservés dans l'esprit de vin, de deux pennatules lombriciformes, rapportés des mers des Moluques par M. le professeur Reinhardt, l'une nous paroît être au moins fort rapprochée, si même elle en diffère, du *P. funcea* de M. de Lamarck, en prenant pour type de cette espèce la figure citée d'Esper (*Pflanzenthiere*), et l'individu desséché qui existe dans la Collection du Muséum d'histoire naturelle de Paris. C'est une véritable pennatule à renflement bulboïde distinct, beaucoup plus court que le rachis, qui est couvert dans ses deux tiers postérieurs de polypes disposés en forme d'écailles courtes, imbriquées, serrées, alternes, de manière à ressembler un peu vers la terminaison à un fruit de houblon. Quant à l'autre espèce, que nous croyons nouvelle, à moins que ce soit la Virgulaire australe, elle est encore beaucoup plus grêle, plus lombriciforme ; le renflement bulboïde n'est pas séparé distinctement du rachis, qui se prolonge en s'atténuant lentement. L'enveloppe charnue est peu épaisse, et elle cache un osselet dont la coupe est quadrangulaire et radiée; quant aux polypes, d'abord disposés par petites séries linéaires, peu ou point séparés de la tige, ils se groupent de plus en plus, en formant de petites masses

saillantes alternativement de chaque côté ou obliquement géminés, qui deviennent enfin de petits ailerons bien distincts.

PAVONAIRE, *Pavonaria.*

Animaux polypiformes, sessiles, non rétractiles, pourvus de
huit tentacules pinnés, disposés en quinconce sur une face
seulement de la moitié postérieure d'un rachis libre, régulier, quadrangulaire et très-alongé.

Espèces. La PAVONAIRE QUADRANGULAIRE; *P. quadrangularis*,
Bohadsch, *Mar.*, p. 112, tab. 9, fig. 4 et 5.

Pennatula antennina, Linn., Gmel., p. 3865, n.° 7.

Funiculina tetragona, de Lamk., 2, p. 421, n.° 2. (Méditerranée.)

La P. JONC, *P. scirpea.*

Pennat. scirpea, Pallas, *Zooph.*, p. 372, n.° 48. (Océan.)

Observ. Ce genre a été établi par M. Cuvier dans la première édition de son Règne animal (tom. 4, p. 85), et seulement sur ce que, le rachis étant grêle et fort alongé, les
polypes n'en occupent qu'une seule face; mais en ajoutant
que l'osselet intérieur est quadrangulaire et que les polypes
ne sont pas rétractiles, on conçoit qu'il puisse être admis.
Alors la seconde espèce devra-t-elle y être rangée? ce que
nous croyons, ou devra-t-elle former un genre nouveau,
comme le fait M. Cuvier, sous le nom *Scirpearia?*

PENNATULE, *Pennatula.*

Animaux polypiformes, pourvus de huit tentacules pectinés,
entièrement rétractiles et disposés irrégulièrement au bord
postérieur d'espèces d'ailerons ou de pinnules latérales,
symétriquement placées dans toute la longueur d'un rachis
régulier, symétrique, spiculifère et prolongés par un renflement bulboïde, percé de quatre ouvertures terminales.

Espèces. La PENNATULE GRISE: *P. grisea*, Bohadsch, *Mar.*,
p. 109, tab. 9, fig. 1 — 3; Linn., Gmel., p. 3864, n.° 1.

Penn. spinosa, de Lamk., 2, p. 427, n.° 4. (Méditerranée.)

La P. LUISANTE: *P. phosphorea*, Bohadsch, *ibid.*, tab. 8,
fig. 5; Linn., Gmel., p. 3864, n.° 4.

Pennat. rubra, Pallas, *Zooph.*, n.° 215.

Pennat. britannica, Ellis et Solander, p. 61. (Mers d'Europe.)

La Pennatule granuleuse : *P. granulosa*, Bohadsch, *ibid.*, tab. 8, fig. 1 — 3; de Lamk., *ibid.*, n.° 2.

Pennat. rubra, Linn.

Pennat. italica, Ellis et Soland., *Zooph.*, p. 61. (Méditerranée.)

La P. alongée : *P. grandis*, Shaw, *Miscellan.*, 4, tab. 124; Esper, *Suppl.*, 2, t. 8; Linn., Gmel., p. 3867, n.° 14.

Pennat. argentea, Linn., Gmel., p. 3867, n.° 15; Ellis et Solander, *Zooph.*, p. 66, tab. 8, fig. 1 — 3. (Grandes Indes.)

Observ. Dans la distribution systématique des espèces du genre *Pennatula* de Linnæus, M. de Lamarck a réservé ce nom à celles qui ont une forme de plume assez évidente. les polypes occupant le bord postérieur d'espèces d'ailerons ou de pinnules imbriquées et disposées de chaque côté de la moitié postérieure du rachis, formant la tige de la plume.

Nous avons étudié la grande espèce de la Méditerranée, vivante pendant plusieurs jours dans de l'eau de mer fréquemment renouvelée, et nous en avons donné une figure faite d'après le vivant dans la Faune françoise.

Les pennatules sont assez abondantes dans nos mers européennes, et il est assez remarquable que MM. Quoy et Gaimard, dans les deux circumnavigations qu'ils ont exécutées, n'en ont jamais remarqué.

Les espèces de ce genre sont assez difficiles à caractériser, et nous ne serions pas étonnés qu'il n'y en eût réellement qu'une seule dans nos mers.

M. de Lamarck rapporte encore à ce genre la *pennatula sagitta*, Linn., qui, ainsi que la *P. filosa* de Gmelin, sont certainement des lernées.

VÉRÉTILLE, *Veretillum.*

Animaux polypiformes, cylindriques, pourvus de huit tentacules pinnés, rétractiles dans des oscules épars dans la substance même d'un rachis régulier, cylindrique, obtus, presque entièrement charnu et prolongé en un renflement bulboïde, percé de quatre orifices à l'extrémité.

Espèces. Le Vérétille phalloïde; *V. phalloidea*, Pallas. *Miscellan. Zool.*, t. 13, fig. 3 — 9.

60.   31

Pennatula phalloides, Linn., Gmel., p. 3866, n.° 10; d'aprés Pallas. *Zooph.*, p. 375. (Océan Indien.)

Le Vérétille cynomoire : *V. cynomorium*, Pallas, *ib.*, tab. 13, fig. 1 — 4; de Blainv., Faune franç., Zooph., pl. 2, fig. 1 — 2.

Alcyonium epipetrum, Linn., Gmel., p. 3811, n.° 2.

Pennat. digitiformis, Ellis, *Acta angl.*, vol. 53, p. 434, tab. 51, fig. 3 — 5. (Méditerranée.)

Observ. Ce genre, établi depuis long-temps par M. Cuvier, diffère des véritables pennatules en ce que le rachis n'a pas de pinnules, que l'axe solide est presque rudimentaire, et que les polypes sont immergés dans son tissu même.

Il ne contient que les deux espèces citées, dont la dernière est extrêmement commune dans la Méditerranée et éminemment phosphorescente. Nous en avons donné une figure d'après le vivant dans la Faune françoise.

Rénille, *Renilla*.

Animaux polypiformes, pourvus de huit tentacules pinnés? épars et immergés dans la substance même du rachis, qui est dilaté régulièrement en une grande plaque réniforme, pourvue d'une sorte de pédicule cylindrique, arrondi et libre à sa terminaison.

Espèces. La Rénille d'Amérique : *R. americana*, Ellis, *Acta angl.*, 53, t. 19, fig. 6 — 10; Schweigger, *Beobacht.*, tab. 11, fig. 10 et 11.

Alcyonium agaricum, Linn., Gmel., p. 3811, n.° 4.

Pennatula reniformis, Pallas, Zooph., p. 374, n.° 222.

La R. violette; *R. violacea*, Quoy et Gaimard, Uranie, Zool., pl. 86, fig. 6, 7, 8. (Australasie.)

Observ. Ce genre, établi par M. de Lamarck, diffère seulement du précédent par la forme du rachis ou de la partie polypifère, et parce qu'il ne porte de polypes que sur une seule face.

Il en auroit été très-distinct s'il eût été certain que les polypes ne fussent pourvus que de six tentacules, comme le dit Pallas, sans doute d'après Ellis; mais nous aimons à croire que cette anomalie, qui seroit d'autant plus singulière que dans toute la classe des zoophytaires les polypes en offrent

toujours huit, provient d'un défaut d'observation : en effet,
Schweigger, qui a publié des détails circonstanciés sur l'organisation d'une rénille qu'il a observée à Londres, en décrit
et en figure huit.

MM. Quoy et Gaimard en ont également décrit et figuré
huit sur leur R. violette.

Fam. IV. Les Zoophytaires sarcinoïdes ou Alcyonaires, *Alcyonaria.*

Animaux polypiformes, pourvus de huit tentacules pinnés,
plus ou moins immergés et épars à la surface d'une masse
commune, polymorphe, irrégulière, charnue, adhérente
et composée d'une seule substance subériforme, soutenue
par des acicules calcaires en plus ou moins grand nombre.

Observ. Cette famille, composée des véritables alcyons de
Linnæus, c'est-à-dire des espèces dont les animaux sont distincts et véritablement polypiformes, faisant partie d'une
masse commune, vivante, informe et fixée, se distingue de
la précédente, non pas essentiellement parce qu'il n'y a
pas d'axe central solide, et qu'il y a une adhérence constante, mais parce que la masse commune n'a pas de forme
déterminée et symétrique ; du reste, ce sont presque tous
les mêmes caractères, au point que les rénilles ont pu être
considérées comme des alcyons.

On trouve aussi entre cette famille et celle des corallaires
plusieurs rapports, et entre autres dans l'irrégularité de la
forme générale de la partie commune et dans l'adhérence
constante ; mais la nature sarcoïde de cette partie commune,
l'absence d'axe solide, l'en distinguent suffisamment.

Les alcyonaires se placent tout naturellement à la fin de
la grande division des actinozoaires. et. en effet. les premiers
animaux amorphes semblent n'être que des alcyonaires sans
polypes ou animaux distincts.

L'organisation des animaux de cette famille n'offre rien de
bien différent de ce qui existe dans les deux précédentes,
si ce n'est dans la partie commune, qui est formée par un
tissu tout particulier. comme charnu ou contractile, sou-

tenu par un nombre plus ou moins considérable de spicules calcaires.

Quant aux animaux proprement dits, ils ne nous paroissent pas différer de ceux des pennatulaires.

Les mœurs, les habitudes des alcyonaires ont été peu étudiées ; mais il est fort probable qu'elles ne diffèrent presque en rien de celles des corallaires, qui sont également des animaux fixés.

On trouve des alcyonaires dans toutes les mers et souvent même en fort grande abondance dans certaines localités.

Le nombre des espèces qui constituent cette famille n'est pas très-considérable, et cependant, en considérant la forme générale de la masse commune et la manière dont les polypes y sont groupées, des zoologistes récens, et entre autres M. Savigny, ont trouvé à établir un certain nombre de genres, véritablement fort peu importans.

La distinction des espèces nous a paru reposer assez bien sur la couleur de la masse commune ou du polypier, ainsi que sur celle des polypes.

Briarée, Briareum.

Animaux polypiformes, assez gros, pourvus de huit tentacules pinnés, sortant de mamelons irrégulièrement épars à toute la surface d'un *polypier* largement fixé, subrameux, composé d'une enveloppe charnue, épaisse, distincte, entourant un axe semi-solide et formé d'un assemblage d'acicules serrés et fasciculés suivant leur longueur.

Espèces. Le Briarée gorgonoïde; *B. gorgonoideum*, Solander et Ellis, *Zooph.*, tab. 14, fig. 1 et 2.

Gorgonia briareus, Linn., Gmel., p. 3808, n.° 12; Lamx., Polyp. flex., p. 481, n.° 589.

Corail briaré, Bosc, Vers, 3, p. 25. (Amérique septentrionale.)

Le B. mou; *B. mollis*, Ginnani, *Op. posth.*, 1, p. 16, tab. 10, fig. 25.

Gorgonia mollis, Linn., Gmel., p. 3799, n.° 54; d'après Pallas, *Zooph.*, p. 203, n.° 130; Olivi, Mer Adriat., p. 233. (Mer Adriatique.)

Observ. Nous établissons cette division générique pour un

animal qui est pour ainsi dire intermédiaire aux gorgones et
aux lobulaires , quoiqu'il soit réellement plus rapproché de
ceux ci, contre l'opinion d'Ellis. En effet, l'espèce d'axe solide
qui occupe le milieu du polypier n'est pas composé, comme
dans les gorgones. de couches cornées, mais bien d'acicules,
comme il en existe d'éparses dans le tissu des lobulaires.

Quant à la seconde espèce, nous ne sommes pas aussi certains qu'elle doive appartenir au même genre ; mais les détails
d'organisation que Pallas et surtout Olivi ont donnés sur *leur
gorgonia mollis*, permettent au moins d'assurer que ce ne
peut être une gorgone.

LOBULAIRE, *Lobularia*.

Animaux polypiformes, pourvus de huit tentacules pinnés,
entièrement rétractiles dans des espéces de *cellules* octan-
gulaires, éparses et cependant plus nombreuses et plus
serrées à l'extrémité des digitations d'un *polypier* plus ou
moins pédiculé et largement fixé.

Espèces. Le LOBULAIRE DIGITÉ ; *L. digitata.* Spix, Ann. du
Mus., 13, pl. 33, fig. 8 — 14.

Alcyonium exos, id., ibid., p. 451.

Alcyon. digitatum, Linn., Gmel., p. 3812, n.° 5.

Alcyon. lobatum, Pallas, *Zooph.,* p. 3511, n.° 5. (Manche.)

Le L. PALMÉ ; *L. exos,* Esper, *Alcyon.,* tab. 2.

Alcyonium exos, Linn., Gmel., p. 3810, n.° 2.

Alcyonium palmatum, Pallas, *ibid.,* p. 349, n.° 203. (Méditerranée.)

Le L. ARBORESCENT ; *R. arborea,* Esper, *Suppl.,* 2, tab. 1 *A*
et tab. 1 *B.*

Alcyonium arboreum, Linn., Gmel., pag. 3810, n.° 1. (Mer
de Norwége, mer Blanche et mer des Indes.)

Le L. MAIN-DE-DIABLE ; *L. manus diaboli,* Séba, 3, tab. 97,
fig. 3 et 4.

Alcyonium manus diaboli, Linn., Gmel., p. 3814, n.° 12.

Observ. Cette division des alcyons ne diffère des autres
que parce que la masse commune est toujours garnie de
lobes et même souvent arborescente à sa partie supérieure :
ce sont, du reste, absolument les mêmes caractères.

C'est l'une des espèces de ce genre qui a servi aux observations anatomiques de Spix et de Lamouroux.

Des quatre qu'on y range, la première et la dernière sont sans doute la même; la seconde et la troisième, si communes dans la Méditerranée, n'en font aussi très-probablement qu'une.

AMMOTHÉE, *Ammothea.*

Animaux polypiformes, assez courts, non rétractiles, à huit tentacules pinnés, épars et serrés à toute la surface des ramifications, courtes et ramassées d'une masse commune, phytoïde et fixée.

Espèce. L'AMMOTHÉE VERDATRE: *A. virescens*, Savigny, Mém. msc.; de Lamk., 2, p. 411, n.° 1. (Mer Rouge.)

Observ. C'est un genre établi par M. Savigny, adopté par M. de Lamarck, et seulement sur la non-rétractilité des animaux; sans cela il rentreroit dans le précédent.

M. Cuvier ne l'a pas adopté, et Schweigger doute, probablement avec raison, qu'il doive l'être.

XÉNIE, *Xenia.*

Animaux polypiformes, pourvus de huit tentacules pinnés, les pinnules sur plusieurs rangs, peu ou point rétractiles à leur base, se groupant ou se fasciculant à l'extrémité de productions assez courtes, lobées, et naissant d'une base rampante et membraneuse.

Espèces. La XÉNIE BLEUE: *X. umbellata*, Savig., Mém. msc.; de Lamk., 11, p. 410, n.° 1. (Mer Rouge.)
La X. SPONGIEUSE; *X. spongiosa*, Esper, *Suppl.*, 2, tab. 3.
Alcyonium spongiosum, id., ibid.
Ammothea phalloides, de Lamk., ibid., p. 412, n.° 2.
Xenia Esperi, Schweig., *Beobacht.*, p. 99. (Mers orientales.)

Observ. Ce genre, établi par M. Savigny, ne nous est connu que par ce que M. de Lamarck a rapporté de son Mémoire manuscrit; nous doutons cependant qu'il doive être conservé, car dans beaucoup d'autres alcyonaires les pinnules des tentacules sont sur plusieurs rangs.

Neptée, *Neptæa.*

Animaux polypiformes, octotentaculés, non rétractiles, saillans à la surface de lobules falciformes, nombreux, spiculifères, portés par des tiges pédiculées, et naissant d'une base commune, élargie et fixée.

Espèces. La Neptée de Savigny ; *N. Savignyii*, Sav., Égypte, Zoolog. polyp., pl. 2, fig. 51 à 57.

La N. innominée ; *N. innominata*, Sav., ibid., fig. 61 et 68.

La N. des amis ; *N. amicorum*, Quoy et Gaim., Astrolabe, Zool., msc.

La N. pourpre : *N. florida*, Esp., Suppl. 1, Alcyon., tab. 16. *Alcyonium floridum*, id., ibid., p. 49.

Xenia purpurea, Sav., Msc. apud de Lamarck, 2, pag. 410, n.° 2.

Observ. Nous trouvons ce genre indiqué dans la planche citée de la Zoologie d'Égypte par M. Savigny, et nous l'avons caractérisé d'après la figure fort bonne, mais malheureusement faite sur un animal conservé dans l'esprit de vin.

Il diffère fort peu du genre des Xénies, avec lequel M. Savigny devoit peut-être le confondre, puisqu'il paroît n'en avoir pas parlé dans son Manuscrit remis à M. de Lamarck.

Anthélie, *Anthelia.*

Animaux polypiformes, octotentaculés, à demi rétractiles, et hérissant la surface d'un *polypier* crustiforme et appliqué sur les corps marins.

Espèces. L'Anthélie glauque ; *A. glauca*, Sav., Mém. msc. dans Lamarck, 2, p. 408, n.° 1. (Mer Rouge.)

L'A. rouge ; *A. rubra* ? Muller, Zool. Dan., tab. 82. fig. 1 — 4.

Alcyonium rubrum, Linn., Gmel., pag. 3815, n.° 15. (Mers de Norwége.)

L'A. d'Olivi ; *A. Olivi*, Ginnani, Adr., 2, p. 42, fig. 101. *Alcyonium epipetrum*, Olivi, Adr., p. 289. (Mer Adriatique.)

L'A. domuncule, *A. domuncula.*

Alcyonium domuncula, Olivi, Adr., p. 241.

Observ. C'est encore un genre établi par M. Savigny, avec quelques espèces d'alcyons qui nous semblent avoir pour caractère principal de s'étaler en croûtes à la surface des corps submergés. Quant à la saillie de la partie inférieure du corps des polypes, cela pourroit bien dépendre de l'état de conservation, et ne pas être une particularité normale.

Outre les deux espèces établies par M. de Lamarck, nous avons ajouté l'*A. epipetrum* d'Olivi, que cet excellent observateur dit positivement former un enduit autour des corps marins, être intermédiaire aux alcyons et aux pennatules, et que cependant il rapporte à l'*Alcyonium epipetrum* de Linné, qui est certainement la *Pennatula cynomorium*, comme l'avoient fait observer Pallas et Gmelin.

Alcyon, *Alcyonium.*

Animaux polypiformes, pourvus d'un cercle complet de tentacules simples, longs, filiformes, contenus dans des *cellules* papilliformes, éparses à toute la surface d'une partie commune, charnue, arborescente, ou encroûtante et fixée.

Espèces. L'Alcyon gélatineux : *A. gelatinosum*, Ellis, *Corallin.*, p. 87, tab. 52, fig. *d D*; Linn., Gmel., p. 3814, n.° 11; Muller, *Zool. Dan.*, tab. 147, fig. 1 — 4.

Alcyonidium diaphanum, Lamx., Gen. Thalass., p. 71, tab. 7, fig. 4. (Manche.)

L'A. velu; *A. hirsutum*, Flemm., *Brit. anim.*, pag. 517, n.° 87. (Manche.)

L'A. hérissé; *A. echinatum*, Flemm., *ib.*, n.° 88. (Manche.)

L'A. parasite; *A. parasiticum*, Flemm., *ib.*, n.° 89. (Manche.)

Observ. C'est à M. Flemming qu'est dû l'établissement de ce genre.

Nous avons observé fréquemment la première espèce sur les bords de la Manche, mais toujours jetée à la côte par les flots, en sorte que nous n'avons pas pu en voir les animaux. Toutefois, en admettant qu'elle en est pourvue, ce que nient sans doute les auteurs qui en font une plante marine, et qu'ils aient douze tentacules filiformes, il est alors certain que ce genre ne doit pas appartenir à cette famille.

Il est également probable qu'il est composé d'espèces hétérogènes.

Cydonie, *Cydonium.*

Animaux polypiformes, pourvus d'une bouche centrale et
d'un orifice à la base de chacun des huit tentacules pinnés
dont elle est entourée, rétractiles dans des oscules stelliformes, épars à la surface d'une masse commune, coriace
extérieurement, charnue intérieurement, avec de nombreux spicules roides et perpendiculaires à la surface.

Espèce. La Cydonie de Muller ; *C. Mulleri,* Muller, *Zool.
Dan.,* tab. 81, fig. 3, 4 et 5.
    Alcyonium cydonium, id., ibid.
    Cydon. Mulleri, Jameson, *Wern. Mem.,* 1, p. 565.
    Lobularia conoidea, de Lamk., 2, p. 415, n.° 2. (Mers du
Nord.)

Observ. Ce genre a été établi par M. Jameson pour un alcyo-
naire que M. de Lamarck range sans doute avec raison parmi
les lobulaires, quoique sa forme ne soit réellement pas trop
lobulée. Nous ne sommes pas certains de l'avoir observé; mais
si le caractère principal de ce genre porte sur l'existence des
huit orifices à la base des tentacules, comme Cavolini assure
en avoir observé dans les Gorgones, il nous semble qu'il est
insuffisant pour constituer un genre distinct; car il est probable que ces orifices existent aussi dans les lobulaires et
genres voisins.

Nous n'avons pas besoin de faire observer qu'il faut distinguer avec soin de l'espèce qui sert de type à ce genre, les cita-
tions que Gmelin joint à son *A. cydonium,* et entre autres l'*A.
cydonium* de Pallas et encore mieux celui d'Olivi, qui est une
espèce du genre Téthye de M. de Lamarck.

Pulmonelle, *Pulmonellum.*

Animaux polypiformes, fusiformes, pourvus de six tentacules
simples, immergés dans des *cellules* sexdentées et éparses,
d'une manière assez serrée à la surface d'une masse commune, arrondie, lobée, adhérente et formée d'une substance
charnue et de spicules.

Espèce. La Pulmonelle figue; *P. ficus,* Ellis. *Corallin.,* p. 97,
tab. 17, fig. *b, B, C. D.*

Alcyonime ficus, Linn., Gmel., p. 3813, n.° 10. (Mers du Nord.)

Observ. L'animal qui constitue ce genre, nous paroît trop différer de celui des lobulaires pour ne pas en être distingué. En effet, le nombre des tentacules et des denticules de la cellule n'est que de six. Ce nombre, qui se trouve dans les papilles d'orifices des ascidies complexes, pourroit faire croire que l'alcyon figue appartiendroit à ce groupe d'animaux; mais l'existence des acicules indique bien un alcyonien.

MASSAIRE, *Massarium.*

Animaux polypiformes inconnus, contenus dans des *cellules* à cinq rayons, éparses a la surface d'une partie commune spongieuse et informe.

Espèce. MASSAIRE MASSE; *M. massa*, Muller, *Zool. Dan.*, 3, tab. 81, fig. 1 et 2.

Alcyonium massa, Linn., Gmel., p. 3815, n.° 13. (Mers de Norwége.)

Observ. C'est encore un genre provisoire, proposé pour diriger l'attention des observateurs sur le corps organisé dont Muller a parlé sous le nom d'*A. massa*, qui doit sensiblement différer des autres alcyonaires, si ses loges n'ont que cinq dents.

CLIONE, *Cliona.*

Animaux polypiformes, cylindriques, très-grêles, transparens, pourvus de huit tentacules simples, contenus dans des loges papillo-tubulaires, formées par une substance charnue, spiculifère, anastomosée, et perforant les coquilles bivalves.

Espèce. La CLIONE CACHÉE; *C. celata*, Grant, *New Edinb. phil. journ.* (Manche et mers du Nord.)

Observ. Ce genre a été établi par M. Grant pour un corps organisé que nous avions depuis long-temps observé dans les trous dont les vieilles huîtres pied-de-cheval, si communes sur nos côtes, sont percées; mais dont nous n'avions vu que la masse commune. M. Grant a été plus heureux, en découvrant que cette substance appartient à un polype composé, très-difficile à apercevoir, à cause de la grande transparence de son corps.

M. Beudant nous a assuré avoir observé, il y a déjà un assez grand nombre d'années, un animal fort voisin du clione, si ce n'est lui-même; mais il n'a pu se rappeler positivement dans quel recueil il a publié son observation.

TYPE II.

Les AMORPHOZOAIRES, *Amorphozoa.*

Corps organisés, animaux, informes ou sans forme déterminée, percés d'oscules et de pores nombreux, mais sans bouches, ou animaux particuliers, distincts, constamment adhérens et composés d'une substance fibroso-gélatineuse, entremêlée ou non d'acicules calcaires ou siliceux, avec des gemmules intérieurs non localisés.

Observ. Cette sous-classe des corps organisés, évidemment animaux par un grand nombre de caractères, offre cela de remarquable, que ce sont toujours des masses plus ou moins considérables, sans forme déterminée et surtout sans corps d'animaux distincts, en faisant partie, comme nous l'avons vu dans la dernière famille des morphozoaires ou chez les alcyonaires. L'animalité devient de moins en moins prononcée, et par conséquent la forme animale; aussi ne peut-on plus reconnoître dans leur structure ni dans leur organisation intérieure, rien qui rappelle les animaux précédens. Il semble qu'il n'en est resté que la partie commune ou le polypier, et que les polypes ont disparu.

Cette sous-classe correspond au grand genre *Spongia* de Linnæus, et comprend en outre un grand nombre d'êtres qui avoient été confondus par lui dans ses alcyons et que MM. de Lamarck, Lamouroux et Goldfuss ont successivement répartis dans plusieurs divisions génériques qu'ils ont établies.

L'organisation et la physiologie des animaux de ce type ont été considérablement éclaircies par les travaux extrêmement intéressans de M. Grant sur les éponges; travaux dont nous donnerons un extrait à leur article.

Quant à leur classification ou distribution systématique, il faut convenir qu'elle devient très-difficile, en ce que ces animaux n'ont plus de parties, et n'ont plus même de forme déterminée; aussi les genres que les zoologistes les plus récens ont établis, n'ont pu être caractérisés que d'une manière lâche et fort peu arrêtée.

Quant aux espèces, surtout celles qui ont perdu leur couleur, il est peut-être encore plus difficile de les distinguer et de les faire distinguer aux autres, les figures mêmes, quelque bonnes qu'elles soient, ne pouvant plus servir à reconnoître les espèces, mais seulement les individus, qui présentent entre eux un nombre immense de variétés.

On trouve des animaux vivans de ce type dans toutes les mers et surtout dans celles des pays chauds, et entre autres dans la Méditerranée; mais on en connoît peut-être davantage à l'état fossile. Leur nature fibreuse et surtout les acicules, souvent très-nombreux, qui entrent dans leur structure, en ont sans doute été la cause.

ALCYONCELLE, *Alcyoncellum*.

Corps fixé, mou, subgélatineux, solidifié par des spicules tricuspides, phytoïde; à branches peu nombreuses, cylindriques, fistulaires, terminées par un orifice arrondi, à parois épaisses, composées de granules réguliers, polygones, alvéoliformes, percés d'un pore à l'extérieur et à l'intérieur.

Espèce. L'ALCYONCELLE SPÉCIEUX : *A. speciosum*, Quoy et Gaimard., Zool.. Astrolabe, msc.

Observ. Ce genre a été établi par MM. Quoy et Gaimard pour un corps organisé, rapporté dans leur dernier voyage, et qu'ils ont bien voulu soumettre à notre observation. Quoique sa forme rappelle un peu celle des cellaires, il est cependant évident que c'est auprès des alcyons et des éponges qu'il doit être placé. Mais ensuite, pour déterminer si c'est un alcyon proprement dit, ou un spongiaire, il faudroit savoir si chaque grain celluliforme contient un polype; toutefois, comme cela nous paroît peu probable, nous nous sommes déterminés à en faire un faux alcyon ou un spongiaire.

ÉPONGE, *Spongia*.

Corps mou, très-élastique, multiforme, plus ou moins irrégulier, très-poreux, traversé par des canaux tortueux, nombreux, s'ouvrant à l'extérieur par des oscules bien distincts et composé d'une sorte de squelette subcartilagineux, anastomosé dans tous les sens et entièrement dépourvu de spicules.

Espèces. L'ÉPONGE COMMUNE: *S. communis*, de Lamk.. Ann. du Mus.. 15, p. 370, n.° 1. (Méditerranée.)

L'É. USUELLE: *S. usitatissima*, de Lamk.. ibid., n.° 45.

L'É. PLUCHÉE: *S. lacinulosa*, Esper, Spong., tab. 15 — 17.

Sp. officinalis, id., ibid. (Mers des Indes.)

L'É. GENTILLE; *S. pulchella*, Sow., Brit. miscellan., tab. 45. (Mers d'Angleterre.)

L'É. TUBULIFÈRE; *S. tubulifera*, de Lamk., ibid., n.° 46. (Mers d'Amérique.)

L'É. STELLIFÈRE; *S. stellifera*, de Lamk., ibid., n.° 46.

L'É. BULLÉE: *S. bullata*, Esper, Suppl., 1, tab. 54; de Lamk., ibid., n.° 70.

L'É. SIPHONOÏDE; *S. siphonoidea*, de Lamk., ibid., n.° 71.

Observ. D'après les modifications que les travaux de M. Grant ont permis de faire dans la distribution méthodique des éponges, M. Flemming a réservé cette dénomination aux espèces dont la partie cornéo-cartilagineuse n'offre dans son tissu aucune trace de spicules de quelque nature qu'elles soient : ce sont les éponges molles, douces, élastiques, offrant toutes les propriétés que nous recherchons dans l'économie domestique : elles sont en effet extrêmement poreuses, et leur tissu, anastomosé dans tous les sens, jouit d'une élasticité et d'une hygrométricité très-remarquable.

Quant à leur aspect général, il paroît que les véritables éponges peuvent présenter les formes principales qui se remarquent dans les trois autres divisions; elles sont cependant plus généralement globuleuses ou un peu cratériformes.

Les espèces d'éponges véritables sont sans doute assez nombreuses : mais c'est ce que nous ne pouvons assurer, à moins que de prendre pour caractère distinctif la mollesse et la douceur du tissu; en effet, jusqu'à M. Grant, les zoologistes s'étoient presque bornés à étudier la forme générale et celle des oscules.

Avant les travaux de l'observateur écossois, M. Schweigger avoit établi, sous le nom d'*achilleum*, une division parmi les éponges, qui comprend la *S. officinalis*; mais il l'a caractérisée d'une manière incomplète et tout-à-fait insignifiante; elle n'en a pas moins été adoptée par M. Goldfuss, qui a rangé sous ce titre un certain nombre de corps organisés fossiles, que nous passerons sous silence, ne pouvant espérer de les placer convenablement.

CALCÉPONGE, *Calcispongia*.

Corps peu mou, peu élastique, en forme de masse irrégulière, poreux, traversé par des canaux irréguliers, ouverts à l'extérieur par des oscules, et composé d'une substance subcartilagineuse, soutenue par des spicules de nature calcaire, et la plupart stelliformes.

A. Espèces tubuleuses.

La CALCÉPONGE COMPRIMÉE; *C. compressa*, Montagu, *Wern. Mem.*, 2, tab. 12.

Spongia foliacea, id., *ibid.*, p. 92.

Spong. compressa, Oth. Fabr., *Faun. Groenl.*, p. 448, (Mers du Nord.)

La C. BOTRYOÏDE; *C. botryoides*, Ellis et Solander, *Zooph.*, t. 58, fig. 1 — 4.

Sp. botryoides, Linn., Gmel., p. 3825, n.° 25.

Sp. complicata, Montagu, *ibid.*, t. 9, fig. 3 et 4. (Mers du Nord.)

La C. CILIÉE : *C. ciliata*, Ellis et Solander, *Zooph.*, 190, tab. 58, fig. 9; Oth. Fabr., *ibid.*, 418. (Mers du Nord.)

B. Espèces non tubuleuses.

La CALCÉPONGE PULVÉRULENTE : *C. pulverulenta*, Montagu, *ibid.*, tab. 16, fig. 3.

Sp. ananas, id., *ibid.*, p. 97.

Grantia pulverulenta, Flemm., *Brit. anim.*, p. 525, n.° 115. (Mers d'Écosse.)

La C. NEIGEUSE; *C. nivea*, Grant, *New Edinb. phil. journ.*, 1, p. 168, tab. 2, fig. 14, 15, 16. (Mers d'Écosse.)

Observ. Cette division générique, établie sous le nom de

Grantia par M. Flemming et que M. Grant lui-même nous a
dit devoir être changé par lui en celui de *Luchelia*, nous paroit devoir être admise. Il faut cependant convenir que si
elle peut être assez aisément distinguée de la précédente par
la dureté, la roideur plus ou moins prononcée du tissu, il
n'en peut être de même de la suivante, qui doit également
manquer de la souplesse qui caractérise les véritables éponges,
mais dont la dureté est due à des spicules siliceux.

Le genre des calcéponges contient sans doute bien plus
d'espèces que celles citées ci-dessus: mais, n'ayant pu les reconnoître parmi le grand nombre des espèces définies par M.
de Lamarck, nous avons préféré ne parler que de celles que
M. Grant a reconnues positivement comme des éponges à spicules calcaires.

Haléponge, *Halispongia*.

Corps plus ou moins rigide ou friable, en masse irrégulière,
poreux, traversé par des canaux tortueux, aboutissant
par des oscules épars à toute la surface, et composé d'une
substance subcartilagineuse, soutenue par des spicules
simples, de nature siliceuse.

* Espèces encroûtantes.

L'Haléponge papillaire; *H. papillaris*, Grant, *New Edinb.
ph. journ.*, 2, tab. 11, fig. 21.

Sp. papillaris, Linn., Gmel., p. 3824, n.° 34.

Sp. compacta, Sow., *Brit. miscellan.*, 1, p. 45, tab. 43.

Sp. tomentosa et *cristata*, Montagu, *Wern. Mem.*, 2, p. 99
et 105. (Manche et mers du Nord.)

L'H. paniforme; *H. panicea*, Grant, *ibid.*, fig. 4. (Manche.)

L'H. parasite, *H. parasitica*.

Sp. parasitica, Grant, *ibid.*, 114. (Mers d'Écosse.)

L'H. cendrée, *H. cinerea*.

Sp. cinerea, Grant, *ibid.*, fig. 5. (Mers d'Écosse.)

L'H. sanguine, *H. sanguinea*.

Sp. sanguinea, Grant, *ibid.*, fig. 9. (Mers d'Écosse.)

L'H. velue; *H. hirsuta*, Gardiner's *Ruins*, n.° 24, fig. e E.
(Zéelande.)

L'H. subéreuse, *H. suberica*.

Sp. suberica, Montagu, *Wern. Mem.*, 2, p. 100. (Mers d'Angleterre.)

** Espèces subbranchues ou branchues.

L'Haléponge arborescente; *H. fruticosa*, Montagu, *Wern. Mem.*, t. 14, fig. 3 et 4.

Sp. fruticosa, id., ibid. (Mers d'Angleterre.)

L'H. coalescente; *H. coalita*, Muller, *Zool. Dan.*, t. 120.

Sp. coalita, Linn., Gmel., p. 3825, n.° 43. (Mers du Nord.)

L'H. colombe; *H. columbæ*, Sow., *Brit. miscell.*, t. 6.

Sp. cancellata, id., ibid., 1, p. 132.

Sp. columbæ, Walker, *Essay*, 126. (Mers d'Angleterre.)

L'H. rameuse; *H. ramosa*, Ellis, *Corallin.*, 80, t. 32, fig. *fF*.

Sp. ramosa, Ray, *Synopsis*, p. 29.

Sp. oculata, Pallas, *Zooph.*, p. 390.

Sp. oculata et *dichotoma*, Linn., Gmel., p. 3820, n.° 9, et 3822, n.° 14; Montagu, ibid., t. 3, fig. 4 — 6. (Manche.)

L'H. palmée; *H. palmata*, Ellis et Solander, *Zooph.*, t. 57, fig. 6.

Sp. palmata, id., p. 189. (Mers d'Angleterre.)

*** Espèces foliacées.

L'Haléponge van; *H. ventilabra*, Montagu, ibid., tab. 15, fig. 1.

Sp. ventilabra, Linn., Gmel., p. 3827, n.° 1. (Mers du Nord.)

L'H. infundibuliforme, *H. infundibuliformis*.

Sp. infundibuliformis, Linn., Gmel., p. 3818, n.° 3. (Mers du Nord.)

Observ. Cette division générique, que les travaux de M. Grant ont déterminé M. Flemming à établir parmi les éponges, est beaucoup moins facile à distinguer que celle qui comprend les espèces flexibles et sans spicules, et à laquelle il a réservé le nom d'éponge. On pourroit donc très-bien la confondre avec les calcéponges. Cependant, outre la nature siliceuse de leurs spicules, il est à remarquer que dans les haléponges elles sont toujours simples et d'une seule sorte, ce qui paroît n'avoir jamais lieu dans les calcéponges.

M. Flemming a donné à ce genre le nom d'*Alichondria*,

que M. Grant nous a dit devoir changer en *Halina*. Par les raisons que nous avons données souvent, nous proposerons de préférence le nom d'*Halispongia*, indiquant le caractère essentiel.

On peut du reste former dans ce groupe les mêmes divisions que dans les deux autres, en ayant égard à la forme générale, encroûtante, branchue, fistuleuse, foliacée, etc.

Spongille, *Spongilla*.

Corps plus ou moins rigide ou friable, en masse irrégulière, percé de pores, mais sans oscules véritables, composé d'une matière fibro-cartilagineuse, peu abondante comparativement au grand nombre de spicules simples et siliceuses qui la solidifient.

La S. FLUVIATILE ; *S. fluviatilis*, Esper, *Suppl.*, tab. 62.
Sp. fluviatilis, Linn., Gmel., p. 3815, n.° 16.
Sp. fluviatilis et *pulvinata*, de Lamk., 2, p. 100, n.ᵒˢ 1 et 2.
(Étangs et rivières d'Europe.)
La S. LACUSTRE ; *S. lacustris*, Esp., 2, tab. 23.
Sp. lacustris, Linn., Gmel., p. 3825, n.° 15.
Spongilla ramosa, de Lamk., *ibid.*, n.° 3. (Europe.)
La S. DES CANAUX ; *S. canalium*, Schroëter, *Naturf.*, 23, p. 149, t. 2.
Spongia canalium, Linn., Gmel., page 3826, n.° 50. (Europe.)
La S. FRIABLE, *S. friabilis*.
Spongia friabilis, Linn., Gmel., page 3826, n.° 49. (Europe.)

Observ. Ce genre, établi d'abord par M. Oken sous le nom de *Tupha*, puis par Lamouroux sous celui de *Ephydatia*, et enfin par M. de Lamarck sous la dénomination que nous adoptons comme plus en harmonie avec notre système de nomenclature, mérite à peine d'être distingué du précédent ou des haléponges, d'après l'observation de M. Grant. Cependant, si les éponges fluviatiles manquent réellement d'oscules, ce que nous ne pouvons assurer, parce que nous n'en avons pas observé de vivantes, on conçoit que le genre qui les renferme puisse être conservé.

60.

32

Il ne contient au reste que deux espéces au plus, vivant constamment dans les eaux douces, et qui offrent beaucoup de variations dans la grosseur, la forme plus ou moins lobée ou rameuse de leur corps, ce qui a été cause sans doute que les zoologistes les ont beaucoup trop multipliées.

Géodie, *Geodia.*

Corps charnu, tubériforme, irrégulier, creux intérieurement et formé à l'extérieur par une sorte de croûte ou d'enveloppe percée d'un grand nombre de pores, et d'une réunion d'oscules, ou de pores plus grands, dans un petit espace subcirculaire.

Espèce. La Géodie bosselée : *G. gibberosa*, Schweig., *Beob.*, tab. 111, fig. 18 et 19; de Lamk., Mém. du Mus., 1. p. 334. (Mers de la Guiane.)

Observ. Ce genre a été établi par M. de Lamarck pour un corps desséché que nous avons observé dans sa collection faisant maintenant partie de celle du duc de Rivoli, et dont Schweigger a donné une fort bonne figure.

C'est une masse globuleuse irrégulière, creuse, à parois assez peu épaisses, de deux lignes environ, et recouverte sur les deux faces, mais surtout à l'externe, d'une sorte d'incrustation qui cache des faisceaux de fibres perpendiculaires à cette surface, et qui constituent ces parois. L'externe est percée d'un grand nombre de pores arrondis, assez régulièrement espacés en quinconce, d'un tiers de ligne de diamètre environ, sans rides ni plis à leur circonférence. Dans un espace irrégulièrement circonscrit, et qui semble être placé au hasard, est une dépression ou un enfoncement peu profond, circonscrit par un bourrelet fort peu saillant, et dans le milieu de cet espace sont des trous plus grands que les autres, et que M. de Lamarck a nommés des oscules ; ils ont la même forme que ceux du reste du corps.

Cæloptychie, *Cœloptichium.*

Corps agariciforme, fixé, composé de fibres réticulées, pourvu d'un pédicule étroit et d'une ombelle ou chapeau concave et radioporé en dessus, plat et radioplissé en dessous.

Espèce. Le Cæloptychie agaricoïde; *C. agaricoides*, Goldf., *Petref.*, p. 51 , pl. 9, fig. 20, *a — e.* (Craie, Westphalie.)

Observ. Nous avons observé dans la collection de l'Université de Bonn le corps organisé fossile sur lequel ce genre a été établi (*loc. cit.*) par M. Goldfuss. C'est bien certainement un spongiaire en forme de champignon, offrant à la face supérieure de son disque des espèces de rayons saillans et marqués par des oscules subparallélogrammiques; mais il y en a également, quoique moins profonds et plus fins, dans les intervalles. Toute la face inférieure présente des plis ou rayons plus prononcés que ceux de dessus, auxquels ils correspondent, mais sans oscules.

Siphonie, *Siphonia.*

Corps polymorphe libre ou fixé, composé de fibres denses, constituant des canaux de deux sortes, les uns plus grands, longitudinaux, osculés à la base ainsi qu'au sommet, les autres transverses, anastomosés, s'irradiant vers la périphérie, et pourvu d'un enfoncement terminal plus ou moins considérable, dans lequel sont des oscules agrégés radiairement.

* Espèce vivante.

La Siphonie type; *S. typum*, de Blainv. (Collection de Michelin.)

** Espèces fossiles.

La S. pyriforme; *S. pyriformis*, Goldf., *Petref.*, tab. 6, fig. 7, *a*, *b*, *c*, *d*, *e.*

La S. excavée; *S. excavata*, Goldf., *ibid.*, tab. 6, fig. 8.

La S. mordue; *S. præmorsa*. Goldf., *ibid.*, tab. 6, fig. 9.

La S. pistil; *S. pistillum*, Goldf., *ib.*, tab. 6, fig. 10, *a*, *b*, *c.*

La S. épaisse; *S. incrassata*, Goldf., *ibid.*, tab. 30, fig. 5.

La S. cervicorne; *S. cervicornis*, Goldf., *ibid.*, tab. 6, fig. 11, *a* et *b.*

Observ. Ce genre, établi par les oryctographes et entre autres par Parkinson, est composé de corps alcyoniformes, assez polymorphes, terminés supérieurement par une excavation marginée ou non, mais dont les parois sont toujours perforées par des oscules plus ou moins radiairement disposés.

Les auteurs anciens, comme Guettard, les confondoient avec beaucoup d'autres espèces sous le nom de *ficoides*.

La très-grande partie des siphonies est fossile; mais nous avons observé une jolie espèce vivante dans la collection de M. Michelin. M. de Roissy en possède aussi un individu.

MYRMÉCIE, *Myrmecium.*

Corps subglobuleux, sessile, composé de fibres serrées, constituant des canaux rameux, irradiés de la base à la circonférence, ouverts à la surface, avec un grand trou central au sommet.

Espèce. La MYRMÉCIE HÉMISPHÉRIQUE; *M. hemisphærica*, Goldfuss, *Petref.*, tab. 6, fig. *a*, *b*, *c*.

Observ. Ce genre, établi par M. Goldfuss (*loc. cit.*), pour un corps organisé fossile de la famille des ficoïdes des anciens oryctologues, ne nous est connu que par la figure et la description qu'il en a données.

SCYPHIE, *Scyphia.*

Corps cylindracé, simple ou rameux, fistuleux, terminé par un grand oscule arrondi et composé par un tissu entièrement réticulé.

* Espèces vivantes.

La S. FISTULAIRE; *S. fistularis*, Esper, *Spong.*, tab. 20, fig. 2. *Spongia fistularis*, Linn., Gmel., page 3818, n.° 4. (Océan Indien.)

La S. AIGUILLONNÉE; *S. aculeata*, Sloan., *Jam.*, tab. 25, fig. 4. *Sp. aculeata*, Linn., Gmel., p. 3818, n.° 5. (Océan Amér. et Ind.)

La S. TUBULEUSE; *S. tubulosa*, Séba, Mus., 3, tab. 97, fig. 2. *Sp. tubulosa*, Linn., Gmel., p. 3819, n.° 6. *Sp. fastigiata*, Pallas, *Zooph.*, p. 392. (Océan Indien.)

** Espèces fossiles.

La S. MAMILLAIRE; *S. mamillaris*, Goldfuss, *Petref.*, tab. 2, fig. 1, *a*, *b*.

La S. CYLINDRIQUE; *S. cylindrica*, Goldfuss, *ibid.*, tab. 2, fig. 3, *a*, *b*.

La Scyphie **tétragone**; *S. tetragona*, Goldfuss, *ibid*, tab. 2, fig. 2, *a*, *b*.

La S. **conoïde**; *S. conoidea*, Goldf., *ib.*, tab. 2, fig. 4. *a*, *b*.

La S. **élégante**; *S. elegans*, Goldf., *ib.*, tab. 2, fig. 5, *a*, *b*.

La S. **fourchue**; *S. furcata*, Goldf., *ib.*, tab. 2, fig. 6, *a*, *b*.

La S. **calopore**; *S. calopora*, Goldf., *ib.*, tab. 2, fig. 7, *a. b*.

La S. **pertuse**; *S. pertusa*, Goldf., *ib.*, tab. 2, fig. 8, *a*, *b*, *c*, *d*.

La S. **texturée**; *S. texturata*, Goldf., *ibid.*, tab. 2, fig. 9. *a*, *b*, et tab. 32, fig. 6, *a*, *b*. (Calc. jur. de Baireuth.)

La S. **côtelée**; *S. costata*, Goldf., *ib.*, tab. 2, fig. 10, *a*, *b*, *c*.

La S. **verruqueuse**; *S. verrucosa*, Goldfuss, *ibid.*, tab. 2, fig. 11, *a*, *b*.

La S. **tissue**; *S. texata*, Goldf., *ibid.*, tab. 2, fig. 12, *a*, *b*, et tab. 32, fig. 4. (Calc. jur.)

La S. **turbinée**; *S. turbinata*, Goldf., *ib.*, tab. 2, fig. 13, *a*, *b*.

La S. **cariée**; *S. cariosa*, Goldf., *ibid.*, tab. 2, fig. 14, *a*, *b*.

La S. **fenestrée**; *S. fenestrata*, Goldf., *ib.*, tab. 2, fig. 15, *a*, *b*.

La S. **polyomathe**; *S. polyomatha*, Goldf., *ibid.*, tab. 2, fig. 16, *a*, *b*.

La S. **foraminée**; *S. foraminosa*, Goldf., *ibid.*, tab. 31, fig. 4, *a*, *b*. (Calc. cr. de Westphalie.)

La S. **cylindrique**; *S. cylindrica*, Goldf., *ibid.*, tab. 31, fig. 5, *a*, *b*, *c*. (Calc. jur. de Baireuth.)

La S. **paradoxe**; *S. paradoxa*, Goldf., *ibid.*, tab. 31, fig. 6, *a*, *b*, *c*, *d*. (Calc. jur. de Baireuth.)

La S. **de Sack**; *S. Sackii*, Goldf., *ibid.*, tab. 31, fig. 7, *a*, *b*. (Calc. cr. de Westphalie.)

La S. **empleure**; *S. empleura*, Munster; Goldf., *ibid.*, tab. 32, fig. 1. *a. b. c.* (Calc. jur. de Baireuth.)

La S. **rugueuse**; *S. rugosa*, Goldf., *ibid.*, tab. 32, fig. 2. (Calc. jur. de Baireuth.)

La S. **striée**; *S. striata*, Goldf., *ib.*, tab. 32, fig. 3, *a*, *b*, *c*. (Calc. jur. de Baireuth.)

La S. **de Buch**; *S. Debuchii*, Goldf., *ibid.*, tab. 32, fig. 5. (Calcaire jur. de Bavière.)

La S. **de Munster**; *S. Munsteri*, Goldf., *ibid.*, tab. 32, fig. 7, *a*, *b*. (Calc. jur. de Bavière.)

La S. **voisine**; *S. propinqua*, Goldf., *ibid.*, tab. 32, fig. 8. *a*, *b*, *c*. (Calc. jur. de Baireuth.)

La Scyphie cancellée ; *S. cancellata*, Goldf., *ibid.*, tab. 33,
fig. 1, *a*, *b*. (Calc. jur. de Baireuth.)

La S. décorée; *S. decorata*, Goldf., *ibid*, tab. 33, fig. 2, *a*, *b*.
(Calc. jur. de Baireuth.)

La S. de Humboldt; *S. Humboldtii*, Goldf., *ibid.*, tab. 32,
fig. 3, *a*, *b*, *c*. (Calc. jur. de Baireuth.)

La S. de Sternberg; *S. Sternbergii*, Goldf., *ibid.*, tab. 32,
fig. 4, *a*, *b*. (Calc. jur. de Baireuth.)

La S. de Schlotheim; *S. Schlotheimii*, Goldf., *ibid.*, tab. 32,
fig. 5, *a*, *b*. (Calc. jur. de Baireuth.)

Observ. Ce genre, démembré des éponges de Linnæus, a été
établi par M. Oken et adopté par MM. Schweigger et Goldfuss.
Il renferme les espèces réticulées, plus ou moins cylindriques, creuses, et par conséquent terminées par un grand os-
culé. Comme elles sont constamment d'un tissu très-dur, il
est fort probable qu'elles contiennent des spicules calcaires
ou siliceuses; mais cela n'est cependant pas certain : on connoît en effet la même forme dans les trois genres d'éponges.

M. Goldfuss a rapporté à ce genre un grand nombre de
corps organisés fossiles, que l'on confondoit sous le nom
d'*alcyonites*, mais évidemment d'une manière presque arbitraire.

Eudée, *Eudea*.

Corps filiforme, atténué, subpédiculé à une extrémité, élargi,
arrondi, et percé d'un grand oscule arrondi à l'autre, avec
des pores à peine visibles dans des lacunes irrégulières, réticulées à toute sa surface.

Espèce. L'Eudée en massue : *E. clavata*, Lamx., Gen. Polyp.,
p. 74, fig. 1—4: Defr., Dict. des sc. nat., tom. XLII, pag. 393,
atlas, pl. des Fossiles, fig. 3, 3 *a*. (Calc. jur. sup. de Caen.)

Observ. Ce genre, établi par Lamouroux (*l. c.*), et placé
par lui bien à tort dans la famille des milléporés, ne contient
encore que la seule espèce qui lui sert de type. Nous l'avons
observée dans la collection de Caen. C'est bien certainement
un spongiaire réticulé dans son intérieur, et comme glacé en
dehors par une couche formant une sorte de grand réseau
par les oscules assez considérables dont il est percé. Ainsi il
doit être rapproché des myrmécies de M. Goldfuss.

Hallirhoé, *Hallirhoe.*

Corps turbiné , presque régulier, circulaire ou lobé dans sa circonférence , parsemé de pores ou de *cellules* peu distinctes à l'extérieur, avec un assez grand oscule au centre de la partie supérieure élargie.

Espèce. L'Hallirhoé a côtes : *H. costata*, Lamx., Gen. Pol., pl. 7 et 8. fig. 1 ; Defr., Dict. des sc. nat., t. XLII ; p. 393, atlas, pl. des Fossiles. fig 1, 1 *a.* (Cal. jur. sup. de Caen.)

Observ. Le corps fossile sur lequel ce genre a été établi par Lamouroux, dans son Exposition méthodique des genres de polypiers, varie considérablement de forme, étant quelquefois presque régulièrement divisé en 7, 6, 5 et 4 lobes ou côtes, et d'autres fois parfaitement turbiné sans traces de côtes, comme nous nous en sommes assurés en visitant la collection du Muséum de Caen, avec M. de Magneville. Ainsi il doit rentrer dans une des divisions précédentes ; en effet, M. Goldfuss en fait une espèce de son genre Tragos.

Hippalime, *Hippalimus.*

Corps fongiforme , terminé inférieurement par un pédicule distinct, et supérieurement par un large chapeau conique , parsemé d'enfoncemens irréguliers et de pores peu distincts, avec un grand oscule supérieur et central.

Espèce. L'Hippalime fongoïde : *H. fungoides*, Lamx., Gen. Polyp., pl. 79. fig. 1 ; Defr., Dictionn. des sc. nat., atlas, pl. des Fossiles, fig. 2. (Calcaire jurassique sup. de Caen.)

Observ. C'est encore un genre établi par Lamouroux pour un corps organisé fossile, trouvé dans le calcaire à polypiers de Caen, et que nous avons observé dans la riche collection de cette ville. La figure donnée par Lamouroux est assez exacte, mais les lobes de la circonférence ne sont pas assez réguliers. Du reste, c'est bien un spongiaire avec un grand trou au sommet et d'assez grands oscules dans ses parois. D'après cela il est évident que ce genre doit rentrer dans celui des Siphonies.

Cnénimidie, *Cnenimidium.*

Corps turbiné. sessile, composé de fibres denses et de canaux horizontaux, divergens du centre à la périphérie, avec un enfoncement médio-supère plus ou moins tubuleux, carié à l'intérieur et radié sur ses bords.

Espèces. Le Cnénimide lamelleux; *C. lamellosum*, Goldfuss, *Petref.*, tab. 6, fig. 1, *a, b*.

Le C. étoilé; *C. stellatum*, *id.*, *ibid.*, tab. 6, fig. 2, *a, b*, et tab. 30, fig. 3.

Le C. striatoponctué; *C. striato-punctatum*, *id.*, *ibid.*, tab. 6, fig. 3.

Le C. rimuleux; *C. rimulosum*, *id.*, *ibid.*, tab. 6, fig. 4, *a, b, c, d*.

Le C. mamillaire; *C. mamillare*, *id.*, *ibid.*, tab. 6, fig. 5, *a, b*.

Le C. rotule; *C. rotula*, *id.*, *ibid.*, tab. 6, fig. 6, *a, b*.

Observ. Ce genre, établi par M. Goldfuss (*loc. cit.*), ne contient encore que des corps organisés fossiles, considérés par les oryctographes anciens comme des Alcyons ou des Ficoïdes. Son caractère principal consiste dans l'existence d'un grand enfoncement médio-supère, dont les bords sont plissés radiairement, et dont les parois ne sont pas criblés de pores ou de trous. La plupart des espèces qui le constituent formoient les genres *Mantellia* et *Siphonia* de Parkinson.

LYMNORÉE, *Lymnarea.*

Corps mamelonnés très-finement poreux et réticulés, avec ou sans oscule au sommet, agglomérés en plus ou moins grand nombre en une masse diversiforme, sortant d'une sorte de cupule ou de calice basilaire commun, ridé transversalement et adhérent.

Espèce. La Lymnorée mamelonnée : *L. mamillosa*, Lamx., G. Polyp., pl. 79, fig. 2 — 4; Defr., Dictionn. des sc. nat., t. XLII, p. 394, atlas, pl. des Fossiles, fig. 4, 4 *a*. (Calcaire jurassique supérieur de Caen.)

Observ. C'est encore un genre établi par Lamouroux et que n'a pas adopté M. Goldfuss.

Nous avons observé un grand nombre d'individus de l'espèce qui lui sert de type dans la collection de Caen : ce sont des corps assez remarquables, assez régulièrement globuleux, parsemés de pores, avec une sorte d'excavation terminale, et qui, ramassés, accumulés en plus ou moins grand nombre, de manière quelquefois à former une masse subsphérique, semblent sortir d'une sorte de cupule adhérente et ridée transversalement.

C'est cependant un véritable spongiaire, quoique la figure de Lamouroux puisse très-bien donner l'idée d'une actinie pétrifiée.

Chénendopore, *Chenendopora.*

Corps conique, infundibuliforme, garni d'espèces de plis ou de rides transverses en dehors, et percé de pores irréguliers, nombreux, assez grands, dans toute sa surface interne.

Espèce. Le Chénendopore fongiforme : *C. fungiformis*, Lamx., G. Polyp., p. 77, pl. 75, fig. 10; Defr., Dict. des sc. nat., t. XLII, p. 591, atlas, pl. des Fossiles, fig. 1. (Calcaire jurassique supérieur de Caen.)

Observ. D'après ce que dit Lamouroux lui-même du corps organisé fossile qui a servi à l'établissement de ce genre, il doit être à peine distingué des spongiaires ficoïdes, mais il doit l'être des véritables alcyons, à animaux distincts, comme nous nous en sommes assurés en examinant l'échantillon figuré par Lamouroux.

C'est à tort que cet auteur a cité comme synonyme la figure de Guettard, 3, p. 420, pl. 9, fig. 1 : ce qui a porté également à tort M. Goldfuss à regarder le chénendopore fongiforme comme une espèce d'alvéolite.

Tragos, *Tragos.*

Corps diversiforme, composé de fibres denses, serrées, coalisées et couvert d'ostioles distinctes et éparses.

Espèces. Le Tragos difforme; *T. difforme*, Goldfuss, *Petref.*, tab. 5, fig. 3, *a, b.*

Le T. rugueux; *T. rugosum*, id., ibid., tab. 5, fig. 4, *a, b.*

Le T. pisiforme; *T. pisiforme*, id., ibid., tab. 5, fig. 5, *a, b,* et tab. 30, fig. 1, *a, b.*

Le T. en tête; *T. capitatum*, id., ibid., t. 5, fig. 6, *a, b.*

Le Tragos chataigne, *T. hippocastanum*, *id.*, *ibid.*, **tab. 5,** fig. 7, *a*, *b*.

Le T. pézizoïde; *T. pezizoides*, *id.*, *ibid.*, tab. 5, fig. 8.

Le T. acétabule; *T. acetabulum*, *id.*, *ibid.*, tab. 5, fig. 9, *a*, *b*, *c*, *d*.

Le T. patelle; *T. patella*, *id.*, *ibid.*, tab. 5, fig. 10, *a*, *b*, *c*.

Le T. sphéroïde; *T. spheroides*, *id.*, *ibid.*, tab. 5, fig. 10, *a*, *b*.

Le T. étoile; *T. stellatum*, *id.*, *ibid.*, tab. 5o, fig. 2, *a*, *b*.

Observ. Ce genre, établi par Schweigger a été adopté par M. Goldfuss, qui y a réuni un assez grand nombre de corps organisés fossiles, assez hétéroclites. Les deux dernières espèces surtout ont de véritables étoiles à leur surface. Quelques-unes sont excavées en soucoupe, comme les *T. pezizoides*, *acetabulum* et *patella*; elles devroient donc passer dans le genre Chénendopore.

MANON, Manon.

Corps polymorphe, subéreux, lacuneux, fixé, composé de fibres utriculées, et percé à sa surface supérieure par un grand nombre d'ostioles distinctes, encroûtées et circonscrites.

Espèces. Le MANON tubulifère; *M. tubuliferum*, Goldfuss, *Petref.*, tab. 1, fig. *a*, *b*. (Craie de Maëstricht.)

Le M. tubulifère; *M. tubuliferum*, *id.*, *ibid.*, tab. 1, fig. 5, *a*, *b*, *c*. (Craie de Maëstricht.)

Le M. pulvinaire; *M. pulvinarium*, *id.*, *ibid.*, tab. 1, fig. 6, *a*, *b*, et tab. 9, fig. 7, *a*, *b*. (Craie de Maëstricht.)

Le M. péziz e; *M. peziza*, *id.*, *ibid.*, tab. 1, fig. 7, *a*, *b*, *c*; fig. 8, *a*, *b*, *c*, *d*, *e*, et tab. 29, fig. 8, *a*, *b*, *c*.

Le M. étoilé: *M. stellatum*, *id.*, *ibid.*, tab. 1, fig. 9, *a*, *b*, *c*.

Le M. crible; *M. cribrosum*, *id.*, *ibid.*, tab. 1, fig. 10, *a*, *b*.

Le M. gateau d'abeille; *M. favosum*, *id.*, *ibid.*, tab. 1, fig. 11, *a*, *b*.

Observ. Ce genre a été établi par Schweigger, et adopté par M. Goldfuss, qui y a fait entrer quelques espèces hétérogènes. Les trois ou quatre premières sont bien des spongiaires ficoïdes. La cinquième a des ostioles stelliformes, et est un alcyon proprement dit ou quelque espèce d'actinie mamelonnée; enfin, la dernière est probablement une favosie.

IÉRÉE, *Ierea.*

Corps ovale, globuleux, subpédiculé, finement et irrégulièrement poreux, percé à son extrémité supérieure et tronquée par un grand nombre d'ostioles, servant de terminaison à des espèces de tubules dont il est composé.

Espèce. L'IÉRÉE PYRIFORME; *I. pyriformis,* Lamx., Gen. Polyp., p. 79, tab. 78, fig. 3. (Argile bleue de Caen.)

Observ. Nous avons vu dans la collection de Caen le corps
organisé fossile sur lequel ce genre est établi par Lamouroux.
La figure qu'il en a donnée est exacte; mais il n'en est pas de
même de sa définition. En effet, il nous a semblé que c'étoit
un véritable ficoïde. Cependant sa structure paroît plus tubuleuse que dans aucune espèce de cette famille. Les ouvertures supérieures des tubes, que nous croyons produites par
l'usure, sont remplies par une matière brune cristalline.

TÉTHIE, *Tethium.*

Corps subglobuleux, irrégulier, tubériforme, charnu, mais
assez ferme, subéreux, composé d'une substance charnue,
résistante, soutenue et entremêlée par une immense quantité d'acicules siliceux? simples, fasciculés et divergens du
centre à la circonférence.

Espèces. La TÉTHIE ORANGE: *T. lyncurium,* Marsigli, *Mar.,*
tab. 14, fig. 72 et 73; de Lamk., Ann. du Mus., t. 1, p. 71,
n.° 5.

Alcyon lyncurium, Linn., Gmel., p. 3812, n.° 7.

Spongia verrucosa, Montagu, *Wern. Mem.,* 2, p. 117, tab.
113, fig. 4 — 6. (Mers d'Europe.)

La T. CRANE; *T. cranium,* Muller, *Zool. Dan.,* tab. 85,
fig. 1.

Alc. lyncurium, Jameson, *Wern. Mem.,* 1, p. 56.

Spongia pilosa, Montagu, *Wern. Mem.,* 2, p. 119, tab. 13,
fig. 1 et 2. (Manche et mers du Nord.)

La T. PULVINÉE; *T. pulvinatum,* Schweigger, *Beobacht.,* tab.
2, fig. 17 et 18; de Lamk., *ibid.,* n.° 3.

La T. CAVERNEUSE; *T. cavernosum,* de Lamk., *ibid.,* n.° 2.

La T. ASBESTELLE: *T. asbestellum,* id., *ibid.,* n.° 1.

Observ. Nous avons rédigé la caractéristique de ce genre,

dont on doit l'établissement à M. de Lamarck, d'après plusieurs individus de la première espèce, que nous avons observés vivans dans la rade de Toulon; ce qui est la cause pour laquelle elle diffère un peu de celle donnée par M. de Lamarck.

La dénomination de *tethium* avoit été employée par les auteurs anciens pour les mêmes corps organisés; mais Bohadsch l'a employée pour indiquer le genre *Ascidia*.

La distinction des espèces de téthie est assez difficile, comme en général dans tous les genres de la famille des spongidiens, tant elles varient dans leur forme générale. Peut-être trouveroit-on de bons caractères dans la forme des acicules.

PSEUDOZOAIRES , *Pseudozoa.*

Êtres organisés non animaux , mais végétaux.

CLASSE I.re

Les CALCIPHYTES, *Calciphytæ.*

*C*orps organisés phytoïdes, plus ou moins solides, fixés, sans radicules pénétrantes, composés de deux substances, une intérieure, plus ou moins fibreuse; l'autre extérieure, crétacée, poreuse, continue ou non, d'où résultent alors des espèces d'articulations.

Observ. Nous avons rapporté, en traitant des corallines dans le Dictionnaire des sciences naturelles, les opinions opposées qui ont été professées par les naturalistes sur la nature de ces corps organisés, qui constituent la division artificielle à laquelle nous donnons le nom de pseudozoaires ou de phytozoaires. Les uns suivent l'opinion d'Ellis, comme Lamouroux, de Lamarck, etc., et veulent que ce soient des animaux, que celui-ci par exemple place dans ses polypiers corticifères, avec nos corallaires et avant toute la classe des madrépores; tandis que les autres, suivant l'opinion des auteurs italiens, comme Cavolini, Spallanzani, Olivi, etc., pensent que ce sont des végétaux plus ou moins voisins des thalassiophytes. C'est la manière de voir que nous avons toujours adoptée d'après nos propres observations. Depuis leur publication , M. Schweigger a repri e sujet dans un chapitre spécial de son ouvrage, intitulé : *Beobachtungen auf naturhistorischen Reisen* , et sans avoir rapporté de raisons bien nouvelles, il a admis également la non-animalité des corallines. Nous croyons donc cette question à peu près hors de doute, et nous n'allons parler ici que de leur distribution systématique.

M. de Lamarck, et surtout Lamouroux, sont les auteurs qui s'en sont plus spécialement occupés; mais il nous semble qu'il y auroit encore quelque chose de mieux à faire.

La classification de ces êtres nous paroît devoir porter 1.° sur la considération de la nature du tissu flexible intérieur, qui peut être plus ou moins corné ou même subgélatineux; 2.° sur celle de l'abondance de la substance calcaire encroûtante et sur sa continuité ou intermittence : ce qui produit des articulations.

Cette double considération nous donne un ordre tel que les espèces passent de plus en plus aux véritables thalassiophytes, qui ne sont composées que d'une seule substance, mais qui peuvent aussi être articulées ou non.

La distinction des genres et des espèces est peut-être plus difficile : elle porte cependant sur la forme générale et sur la couleur.

Fam. I. Les Corallines, *Corallinæ.*

Tige et rameaux encroûtés d'une substance calcaire, assez épaisse, très-finement poreuse, non continue ou manquant d'espace en espace; ce qui les rend articulés.

Observ. Cette famille correspond exactement au genre *Corallina* de Linnæus, que MM. de Lamarck et Lamouroux ont subdivisé en plusieurs genres souvent assez peu importans.

Cymopolie, *Cymopolia.*

Corps crétacé, phytoide, fixé, composé d'articulations fort distinctes, moniliformes, parsemées de pores circulaires assez gros pour être visibles à l'œil nu.

Espèces. La Cymopolie barbue; *C. barbata*, Ellis, *Corallin.*, p. 68, tab. 25, fig. c C.

Corallina barbata, Linn., Gmel., p. 3841, n.° 6. (Côtes de la Jamaïque.)

La C. rosaire; *C. rosarium*, Ellis et Solander, *Zooph.*, tab. 21, fig. *f*, H, H 1 — 31, H 2, H 3.

Corallin. rosarium, Linn., Gmel., p. 3842, n.° 32. (Mers des Antilles.)

Observ. Ce genre, établi par Lamouroux dans son Histoire des polypiers flexibles, n'a pas été adopté par M. de Lamarck, ni même par aucun autre zoologiste. En effet, les espèces de corallines qu'il contient ne paroissent différer des autres que parce que les pores de la surface des articulations sont plus évidens que dans les corallines ordinaires.

Ce sont, à ce qu'il paroît, ces pores qui ont porté Ellis à soutenir que ces corps organisés étoient produits par des polypes, comme les milléporés ; mais, d'après les figures mêmes d'Ellis, il est évident que ces pores sont formés par la terminaison des fibrilles de l'axe, qui semblent être elles-mêmes tubuleuses.

Cette structure ne pourroit-elle pas porter à rapprocher de ce genre les dactylopores et surtout les polytripes de M. Defrance ?

CORALLINE, *Corallina.*

Corps crétacé, phytoïde, trichotome, flabelliforme, composé d'articulations distinctes, mais non distinctement poreuses et dont les supérieures sont aplaties.

Espèces. La C. OFFICINALE : *C. officinalis*, Ellis, *Corallin.*, p. 62, n.° 2, tab. 24, fig. *a A, A* 1, *A* 2; Linn., Gmel., p. 3838, n.° 2. (Mers d'Europe.)

La C. CUIRASSÉE; *C. loricata*, Linn., Gmel., p. 3837, n.° 15. *Cor. laxa*, de Lamk., 2, p. 329, n.° 2. (Méditerranée.)

La C. NODULAIRE; *C. nodularia*, Linn., Gmel., p. 3837, n.° 13. (Méditerranée.)

La C. ALONGÉE : *C. elongata*, Ellis, *Corallin.*, p. 63, n.° 3, tab. 24, fig. 3; Linn., Gmel., p. 3838, n.° 17. *Cor. longicaulis*, de Lamk., *ibid.*, n.° 3. (Manche.)

La C. POLYCHOTOME; *C. polychotoma*, Lamx., Polyp. flex., p. 285, n.° 418. (Mer de Cadix.)

La C. LOBÉE; *C. lobata*, id., *ibid.*, n.° 419. (Mer des Canaries.)

La C. CYPRÉE : *C. cupressina*, Esper, *Zooph.*, tab. 7, fig. 1 et 2; de Lamk., Ann. du Mus., 1, p. 233, n.° 9. (Manche.)

La Coralline de Cuvier ; *C. Cuvieri*, Lamx., *ibid.*, p. 286, n.° 421, pl. 9, fig. 8, *a*, **B**. (Australasie.)

La C. écailleuse : *C. squamata*, Ellis, *Corallin.*, p. 63, n.° 4, pl. 24, fig. *c* C; Linn., Gmel., p. 3837, n.° 14. (Mers d'Europe.)

La C. granifère : *C. granifera*, Ellis et Solander, *Zooph.*, tab. 21, fig. *c* C; Linn., Gmel., p. 3838, n.° 19. (Méditerranée.)

La C. subulée : *C. subulata*, Ellis et Solander, *Zooph.*, tab. 21, fig. 6; Linn., Gmel., p. 3838, n.° 18. (Mers d'Amérique.)

La C. grêle ; *C. gracilis*, Lamx., *ibid.*, p. 288, n.° 425, pl. 10, fig. 1, *a*, **B**. (Australasie.)

La C. de Turner ; *C. Turneri*, id., *ibid.*, n.° 426, pl. 10, fig. 2, *a*, **B**. (Australasie.)

La C. frisée ; *C. crispata*, id., *ibid.*, n.° 427, pl. 10, fig. 3. (Australasie.)

La C. pilifère ; *C. pilifera*, id., *ibid.*, p. 289, n.° 428. (Australasie.)

La C. simple ; *C. simplex*, id., *ibid.*, n.° 429, pl. 10, fig. 4. (Amérique.)

La C. palmée : *C. palmata*, Ellis et Solander, *Zooph.*, tab. 21, fig. *a*, *A*; Linn., Gmel., p. 3838, n.° 16.

Cor. squamata, Esper, *Zooph.*, tab. 4, fig. 1 et 2. (Amérique.)

La C. prolifère ; *C. prolifera*, Lamx., *ibid.*, n.° 432, pl. 10, fig. 5. (Indes orient.)

La C. pectinée ; *C. pectinata*, de Lamk., Mém. du Mus., vol. 2, et Anim. sans vert., 2, p. 329, n.° 6. (? Amérique.)

La C. pinnée ; *C. pinnata*, Linn., Gmel., pag. 3839, n.° 20. (Amérique mér.)

Observ. Ce genre, ainsi qu'il a été réduit par M. de Lamarck et surtout par Lamouroux, ne contient plus que les espèces dont les ramifications sont le plus ordinairement trichotomes, et dont les articulations, surtout les terminales, sont plus ou moins comprimées ou dilatées, et où les pores extérieurs ne sont pas apparens.

Il n'a pas été admis par M. de Lamarck, qui se borne à en faire la première division de ses corallines. M. Flemming vient cependant de l'adopter.

Le nombre des espèces de cette division générique seroit encore assez considérable ; mais comme la distinction en est fort difficile, que ce sont des êtres dont les variations sont très-nombreuses, nous craignons bien qu'il n'y en ait plusieurs de nominales, et à plus forte raison si les deux auteurs qui se sont le plus occupés de leur détermination ont donné des noms différens aux mêmes espèces, comme cela est à peu près certain.

Janie, *Jania.*

Corps fibro-muscoïde, composé de ramifications grêles, capillaires, cylindriques, articulées, et constamment dichotomes.

Espèces. La J. corniculée, *J. corniculata*, Ellis, *Corall.*, p. 65, n.° 6, tab. 24, fig. *d D.*

Cor. corniculata, Linn., Gmel., p. 3840, n.° 4. (Mers d'Europe.)

La J. rouge ; *J. rubens*, var. *A*, Ellis, *Corallin.*, tab. 24, fig. *e E.*

Cor. rubens, Linn., Gmel., p. 3839, n.° 3.

Var. *B*, *pyrifera*, Lamx., *ibid.*, pl. 9, fig. 7.

Var. *C*, *cristata*, Ellis, *Corall.*, tab. 24, fig. *f F.*

Cor. cristata, Pallas, *Zooph.*, pag. 425, n.° 6 ; de Lamk., n.° 21.

Var. *D*, *spermophoros*, Ellis, *ibid.*, tab. 24, fig. *g G.*

Cor. spermophoros, Linn., Gmel., p. 3840, n.° 22 ; de Lamarck, n.° 18.

Var. *E*, *concatenata*, Lamx., p. 273, pl. 9, fig. 6.

Var. *F*, *africana*, id., *ibid.*, pl. 9, fig. 7.

Var. *G*, *americana*, id., ib. (Des mers d'Europe, d'Afrique et d'Amérique.)

La J. adhérente ; *J. adhærens*, Lamx., *ibid.*, n.° 408. (? Méditerranée.)

La J. pourprée, *J. purpurata.*

Cor. purpurata, de Lamk., n.° 22. (Oc. Atlantiq.)

La J. pygmée ; *J. pygmæa*, Lamx., *ibid.*, n.° 406, pl. 9, fig. 1.re (Mers du Cap.)

La J. verruqueuse ; *J. verrucosa*, id., *ibid.*, n.° 410, pl. 9, fig. 4 *a B.*

? *Cor. floccosa*, de Lamk., *ibid.*, n.° 29. (Amériq. mérid.)

La JANIE BOSSUE; *J. gibbosa*, id., ib., n.° 405. (Mer Rouge.)

La J. PETITE; *J. pumila*, id., ib., n.° 407; pl. 9, fig. 2. (Mer Rouge et Ind. orient.)

La J. PÉDONCULÉE; *J. pedunculata*, id., ibid, n.° 409, pl. 9, fig. 3, *a* B. (Australasie.)

La J. MICRARTHRODIE; *J. micrarthrodia*, id., ibid., n.° 411, pl. 9, fig. 5 *a* B. (Australasie.)

Observ. Ce genre n'est établi par Lamouroux que sur la considération que les ramifications sont constamment dicho-tomes, plus ou moins cylindriques et moins encroûtées de ma-tière calcaire que dans les véritables corallines. Ce sont du reste absolument les mêmes caractères que pour celles-ci.

Une espèce est extrêmement commune dans nos mers et surtout dans la Méditerranée : c'est la janie rouge, qui est souvent verte, violette ou blanche.

FLABELLAIRE, *Flabellaria.*

Corps phytoïde, à rameaux ordinairement trichotomes et composés d'articulations très-distinctes, très-aplaties, et fort rarement cylindriques.

Espèces. La FLABELLAIRE A COLLIER; *F. monile*, Ellis et Soland., tab. 20, fig. c.

Cor. monile, Linn., Gmel., p. 3827, n.° 10. (Mers d'Amé-rique.)

La F. ÉPAISSE; *F. incrassata*, Ellis et Solander, *Zooph.*, tab. 20, fig. *d* D 1 et D 6.

Cor. incrassata, Linn., Gmel., p. 3827, n.° 11. (Mers des Antilles.)

La F. MULTICAULE; *F. multicaula*, de Lamk., Ann. du Mus., 20, p. 302, et Anim. sans vert., 2, p. 344, n.° 6.

La F. IRRÉGULIÈRE; *F. irregularis*, Lamx., Polyp. flex., page 307, n.° 452, pl. 11, fig. 7. (Mers des Antilles.)

La F. TRIDENT; *F. tridens*, Ellis et Solander, tab. 20, fig. *a.*

Cor. tridens, Linn., Gmel., p. 3836, n.° 9. (Mers d'Amé-rique.)

La F. RAQUETTE; *F. opuntia*, Ellis, *Corall.*, p. 67, tab. 25, fig. *b B B* 1.

60.   33

Cor. opuntia, Linn., Gmel., p. 3836 , n.° 1. (Mers d'Europe.)

La FLABELLAIRE TUNE; *F. tuna*, Ellis et Soland., Zooph., tab. 20, fig. *c.*

Cor. tuna, Linn., Gmel., p. 3827 , n.° 12. (Méditerranée.)

Observ. Cette division générique, extrêmement peu importante , puisqu'elle ne repose que sur l'élargissement des articulations, a été cependant établie presqu'à la fois par M. de Lamarck et par Lamouroux : l'un dans ses cours et l'autre dans son Mémoire à l'Institut. Nous avons préféré la dénomination employée par M. de Lamarck à celle d'*Halimedea*, donnée par Lamouroux, comme exprimant mieux le caractère principal de ces corallines, leur forme flabellée.

Il est extrêmement probable que les espèces ont été trop multipliées. La première passe évidemment aux corallines ordinaires.

AMPHIROA, *Amphiroa.*

Corps phytoïde, à rameaux dichotomes, composés d'articulations assez comprimées, surtout les terminales, et séparées par des intervalles fibro-cartilagineux, plus prononcés que dans les autres corallines.

A. *A rameaux épars.*

Espèces. L'A. ROIDE; *A. rigida*, Lamx., Polyp. flex., p. 197, n.° 436, pl. 11 , fig. 1. (Méditerranée.)

B. *A rameaux dichotomes.*

L'A. LUISANTE; *A. lucida*, id., ibid., n.° 437.

L'A. FUSOÏDE; *A. fusoides*, ib., ibid., n.° 438, pl. 11 , fig. 2. (Océan Indien.)

L'A. TRÈS-FRAGILE; *A. fragilissima*, Ellis et Soland., Zooph., tab. 21 , fig. *d.* (Océan, Méditerr. et mers des Indes.)

L'A. DE GAILLON; *A. Gaillonii*, Lamx., ibid., n.° 440, pl. 11. fig. 3.

Cor. ephidraca, de Lamk., Ann. du Mus., 2, et Anim. sans vert., 2, n.° 24. (Australasie.)

L'A. DILATÉE; *A. dilatata*, id., ibid., n.° 441.

Cor. anceps, de Lamk., ibid., n.° 25. (Australasie.)

L'A. DE BEAUVOIS; *A. Beauvoisii*, id., ibid., n.° 442. (Côtes de Portugal.)

L'Amphiroa foliacée; *A. foliacea*, Quoy et Gaim., Uranie, Zoolog., pl. 1, fig. 2 et 3. (Australasie.)

C. *A rameaux trichotomes.*

L'A. fourchue: *A. cuspidata*, Ellis et Solander. *Zooph.*, n.° 30, tab. 21, fig. *f*; Linn., Gmel., p. 3842, n.° 55. (Mers d'Amériq.)

L'A. chausse-trappe; *A. tribulus*, Ellis et Soland., *Zooph.*, n.° 32, tab. 21, fig. *e*.

Cor. tribulus, Linn., Gmel., p. 3842, n.° 34. (Mers d'Amérique.)

L'A. verruqueuse; *A. verrucosa*, Lamx., *ibid.*, n.° 444, pl. 11, fig. 4. (Australasie.)

D. *A rameaux verticillés.*

L'A. interrompue; *A. interrupta*, id., *ibid.*, n.° 445, pl. 11, fig. 5 *A*. (Australasie.)

L'A. a crinière; *A. jubata*, id., *ibid.*, n.° 302, pl. 11, fig. 6.

Cor. stellifera, de Lamk. *ibid.*, n.° 29. (Australasie.)

L'A. charoïde; *A. charoides*, id., *ibid.*, n.° 447.

Cor. chara, de Lamk, *ibid.*, n.° 30. (Australasie.)

L'A. rayonnée, *A. radiata*.

Cor. radiata, de Lamk., *ibid.*, n.° 31. (Australasie.)

L'A. gallioïde, *A. gallioides*.

Cor. gallioides, id., *ibid.*, n.° 32. (Australasie.)

Observ. C'est à Lamouroux qu'est encore due cette division des Corallines, qui ne repose guères que sur ce que les articulations sont un peu plus distinctes, plus séparées que dans les autres espèces; aussi M. de Lamarck ne l'a-t-il pas adoptée et n'en fait-il que la troisième division de son genre Coralline, auquel nous l'aurions également réunie, si l'article Amphiroa avoit pu être traité dans le Dictionnaire.

Nous avons observé, dans la collection de Caen, les nombreuses espèces que Lamouroux a placées dans ce genre, nous nous sommes convaincus que ce sont bien des Corallines.

Les espèces de la dernière division méritent peut-être seules d'être séparées des autres Corallines, à cause de leur mode verticillé de ramification.

Pinceau, *Penicillus.*

Corps fibroso-crétacé, fixé, composé inférieurement de filamens fibreux, capillaires, nombreux, réunis en une sorte
de tige simple, et supérieurement de rameaux cylindriques,
dichotomes, articulés, disposés en pinceau terminal.

Espèces. Le Pinceau Phœnix; *P. Phœnix,* Ellis et Solander.
Zooph., n.° 34, tab. 25, fig. 2 et 3.

Cor. Phœnix, Linn., Gmel., pag. 3843, n.° 37. (Mer de Bahama.)

Le P. annelé; *P. annulatus,* Ellis et Soland., *ibid.,* n.° 36,
tab. 7, fig. 5 — 8, et tab. 25, fig. 1.re (Antilles.)

Le P. ériophore, *P. eriophora.*

Nesœa eriophora, Lamx., Polyp. flex., n.° 389. (Antilles.)

Le P. capité; *P. capitatus,* Ellis et Solander, *ibid.,* n.° 35,
tab. 25, fig. 4.

Cor. penicillus, Linn., Gmel., p. 3845, n.° 27. (Antilles.)

Le P. pyramidal; *P. pyramidalis,* Ellis et Soland., *ibid.,* tab.
25, fig. 5 et 6.

Nesœa pyramidalis, Lamx., *ibid.,* n.° 591. (Antilles.)

Le P. en buisson; *P. dumetosa,* Lamx., *ibid.,* n.° 392, pl. 8,
fig. 5, *a* B. (Antilles.)

Le P. noduleux, *P. nodulosus.*

Nesœa nodulosa, Quoy et Gaim., Uranie, pl. 91, fig. 8 et 9.
(Australasie.)

Observ. Ce genre a été réellement établi et publié pour
la première fois par Lamouroux, sous la dénomination de
Nesœa; mais M. de Lamarck en l'établissant de son côté ou
en l'adoptant, en a changé le nom en celui de *Penicillus,* qui,
plus expressif, a prévalu.

Son caractère principal consiste en ce que les radicules
par lesquelles cette plante s'attache, se fasciculent et se prolongent en un long pédicule, encroûté de substance calcaire,
non interrompue, et que c'est à l'extrémité de celui-ci ou
le long de son prolongement que naissent les ramifications
dichotomes et articulées de la coralline, disposées en pinceau.

En remarquant que la très-grande partie des espèces
distinguées par Lamouroux viennent des mêmes mers, celle
des Antilles, il est fort probable que plusieurs sont nominales.

Galaxaure, *Galaxaura.*

Corps fibro-crétacé, composé d'articulations tubuliformes, cylindriques, ridées ou non, se ramifiant et se dichotomisant de manière à former une petite touffe conique commençant par une seule articulation membranoso-calcaire et fixée.

Espèces. La Galaxaure oblongue; *G. oblongata*, Ellis et Solander, *Zooph.*, n.° 11, tab. 22, fig. 4.

Cor. oblongata, Linn., Gmel., pag. 3841, n.° 29. (Mers d'Amérique.)

La G. ombellée; *G. umbellata*, Esper, *Zooph.*, *Corall.*, tab. 17, fig. 1 et 2.

Galaxaura umbellata, Lamx., Polyp. flex., n.° 394. (Mer des Antilles.)

La G. obtuse; *G. obtusa*, Ellis et Solander, *ibid.*, n.° 9, tab. 22, fig. 2.

Cor. obtusata, Linn., Gmel., pag. 3841, n.° 30. (Mers des Antilles.)

La G. annelée; *G. annulata*, Esper, *Zooph.*, *Corall.*, tab. 6, fig. 1 et 2.

Galaxaura annulata, Lamx., *ibid.*, n.° 396. (Indes oriental.)

La G. rugueuse; *G. rugosa*, Ellis et Solander, n.° 13, tab. 22, fig. 3.

Corallin. rugosa, Linn., Gmel., p. 3841, n.° 26.

Corallin. tubulosa, id., *ibid.*, p. 3832, n.° 4.

Tubularia fragilis, Esper, *Zooph.*, *Corall.*, t. 3, fig. 1 et 2. (Mers d'Amérique.)

La G. marginée; *G. marginata*, Ellis et Solander, n.° 12, tab. 22, fig. 6.

Cor. marginata, Linn., Gmel., p. 3841, n.° 27. (Antilles.)

La G. lapidescente: *G. lapidescens*, Ellis et Solander, *Zooph.*, n.° 8, tab. 21, fig. g, et tab. 22, fig. g.

Cor. lapidescens, Linn., Gmel., p. 3841, n.° 31. (Mers du Cap.)

La G. endurcie; *G. indurata*, Ellis et Soland, *Zooph.*, n.° 15, tab. 22, fig. 7.

Cor. indurata, Linn., Gmel., p. 3841, n.° 24. (Mers des Antilles.)

La Galaxaure roide; *G. rigida*, Lamx., Polyp. flex., n.°
402, pl. 8, fig. 4, *a*, *B*. (Indes orientales.)

La G. lichénoïde; *G. lichenoides*, Ellis et Solander, Zooph.,
n.° 14, tab. 22, fig. 8.

Car. lichenoides, Linn., Gmel., p. 3841, n.° 25. (Mers des
Antilles.)

La G. janioïde; *G. janioidea*, Lamx., *ibid.*, n.° 424. (Australasie.)

Observ. Ce genre, établi par Lamouroux, contient des
corps organisés que plusieurs Zoologistes plaçoient parmi les
Corallines, tandis que d'autres en faisoient des tubulaires. Le
fait est, en en jugeant du moins d'après la D. rugueuse, que
nous avons étudiée, que ce sont des Corallines moins articulées
et moins solides que les espèces ordinaires, la couche calcaire extérieure étant moins épaisse : il n'y a donc pas plus
de canal intérieur que dans celles-ci, et elles ne sont pas
plus tubuleuses qu'elles. L'ouverture terminale que les figures
montrent n'est qu'une apparence due à la rentrée de la partie terminale, qui est encore plus molle que le reste. Tout
l'intérieur est rempli par une cellulosité plus lâche que dans
les autres corallines, ce qui par la dessiccation et en n'y
regardant pas de très-près, produit une sorte de canal.

M. de Lamarck fait des Galaxaures de Lamouroux la
première division de son genre dichotomaire.

Acétabule, *Acetabulum*.

Corps fibro-calcaire, composé d'une tige simple, filiforme,
articulée, adhérente, et d'un petit plateau orbiculaire, terminal, radié en dessus et en dessous.

Espèces. L'Acétabule de la Méditerranée: *A. mediterraneum*,
Cavolini, Polyp. mar., 3, p. 254, tab. 9, fig. 14.

Tubularia acetabulum, Linn., Gmel., p. 3833, n.° 6.

Corallina androsace, Pallas, Zooph., p. 430.

Olivia androsace, Bertoloni, décad. 3, pag. 117, n.° 1.
(Méditerranée.)

L'A. des Antilles; *A. caribæum*, Esper, Zooph., tab. 1,
fig. 1 — 4; Brown, *Jam.*, tab. 40, fig. *A*; de Lamk., 2, p.
151, n.° 2.

Acetabularia crenulata, Lamx., Polyp. flex., p. 249, n.° 385, pl. 8, fig. 1.

Tubul. acetabulum, var. *B*; Linn., Gmel., p. 3833, n.° 6. (Mers des Antilles.)

L'Acétabule a petits godets ; *A. microcythera*, Quoy et Gaimard, Uranie, Zool., pl. 90, fig. 6 et 7. (Australasie.)

Observ. Ce genre avoit été établi depuis long-temps par Tournefort (*Inst. rei herb.*) sous la même dénomination, que lui a conservée M. de Lamarck, et que Lamouroux a modifiée en celle d'*Acetabularia*. Donati l'avoit appelé *Callopilophorum*, et Bertoloni, long-temps après, l'a dédié à Olivi sous le nom d'*Olivia*.

Nous avons eu l'occasion fréquente d'obtenir l'espèce de la Méditerranée, qui vit en immense quantité sur les bords de l'étang de Carouge, conduisant des Martigues à la Méditerranée ; et nous croyons nous être assurés par beaucoup de recherches, que ce ne peut être un polypier ; ce qui est l'opinion de presque tous les observateurs de la Méditerranée.

Polyphyse, *Polyphysa*.

Corps fibro-crétacé, adhérent, fixé, composé d'une tige verticale, filiforme, fistuleuse, articulée, portant à son extrémité supérieure un *capitulum* formé de huit ou dix petits corps bulloïdes, membraneux et radiairement disposés.

Espèce. La Polyphyse australe : *P. australis*, Lamx., Polyp. flex., pl. 8, fig. 2, *a B C D* ; de Lamk., *ibid.*, 2. p. 152, n.° 1.

Polyph. aspergillum, Lamx., *ibid.*, p. 250, n.° 386.

Fucus peniculus, Dawson Turner, *Hist. fuc.*, 4, p. 77, tab. 228, fig. *a. b, c, d, e.* (Australasie.)

Observ. Ce genre. établi par M. de Lamarck, est composé d'une tige grêle, articulée comme dans les Acétabules ; mais il en diffère par le *capitulum*. qui est ici composé de petits corps ovales, foliacés, membraneux, radiairement disposés autour d'un petit élargissement de la tige.

Pour Dawson-Turner. qui le premier a parlé de ce corps. c'étoit une espèce de Fucus. et en vérité. d'après l'étude que nous avons pu faire d'un individu, il nous semble que ce ne peut être un polypier.

Fam. II. Les P. non articulés ou les Fucoïdes, *Fucoideæ.*

Tige et rameaux encroûtés d'une couche crétacée fort mince, continue ou non articulée et sans aucune trace de pores.

Observ. Cette famille a évidemment les plus grands rapports avec la précédente; mais elle en diffère en ce que la couche crétacée qui enveloppe la substance organisée est beaucoup plus mince et qu'elle est constamment continue, de manière à ce que les rameaux ne sont pas articulés. La substance organique est aussi plus gélatineuse et se rapproche par conséquent davantage de ce qu'elle est dans les véritables fucus.

Udotée, *Udotea.*

Corps fibro-crétacé, flabelliforme, non articulé, formé d'une tige très-courte, s'épanouissant rapidement en une large expansion, lobée ou divisée à sa circonférence, et marquée sur ses deux faces de plusieurs lignes courbes concentriques.

Espèces. L'U. flabelliforme; *U. flabelliformis*, Ellis et Sol., *Zooph.*, n.° 32, tab. 24.

Cor. flabelliformis, Linn., Gmel, p. 3842, n.° 35. (Amériq. équat.)

L'U. conglutinée; *U. conglutinata*, Ellis et Soland., *Zooph.*, n.° 33. tab. 25, fig. 7.

Cor. conglutinata, Linn., Gmel., p. 3843. n.° 36. (Amér. équat.)

Observ. Cette division générique, établie par Lamouroux, est confondue par M. de Lamarck avec ses Flabellaires, dont elle diffère cependant par l'absence de toute articulation.

Les corps organisés qui la constituent ont tant de rapports avec les thalassiophytes du genre *Dictyota*, qu'il se pourroit réellement que la seconde espèce appartînt à ce genre.

Quant à la première, que nous avons observée dans la collection de Lamouroux, c'est bien certainement une coralline

inarticulée. On y distingue très-bien les fibres cornées du
centre et la croûte crétacée qui les enveloppe.

Dichotomaire, *Dichotomaria.*

Corps membrano-crétacé, lichénoïde, non articulé, commençant par une tige courte, simple, et se terminant par
des ramifications comprimées, dichotomes, arrondies à
leur extrémité.

Espèces. La Dichotomaire divariquée; *D. divaricata,* de Lamarck, 2, p. 147, n.° 10. (Méditerranée.)

La D. fruticuleuse; *D. fruticulosa,* Ellis et Soland., *Zooph.,*
tab. 22, fig. 5.

Cor. fruticulosa, Linn., Gmel., p. 3840, n.° 23. (Mers des
Antilles.)

La D. lichénoïde; *D. lichenoides,* Ellis et Solander, *ibid.,*
tab. 22, fig. 8.

Cor. lichenoides, Linn., Gmel., p. 3841, n.° 25. (Amériq.
méridion.)

La D. usnéale; *D. usneale,* id., *ibid.,* n.° 8.

La D. bordée; *D. marginata,* Ellis et Solander, *ibid.,* tab.
22, fig. 6.

Cor. marginata, Linn., Gmel., p. 3841, n.° 27. (Côtes de
Bahama.)

La D. de Madagascar; *D. ramospongia,* de Lamk., *ibid.,*
n.° 12.

La D. céramoïde, *D. ceramoides.*

Liagora ceramoides, Lamx., Polyp. flex., page 239, n.° 377.
(Isle Saint-Thomas.)

Observ. Ce genre a été établi par M. de Lamarck, mais nous
n'y conservons plus que les espèces de la seconde section
et qui sont plus ou moins lichénoïdes, non articulées, les
autres ayant été reportées dans le genre Galaxaure de Lamouroux. Le meilleur caractère distinctif porte sur la non-
articulation des rameaux; car celui qui est tiré de leur com-
pression, pourroit très-bien être artificiel et n'avoir lieu que
dans l'état de dessiccation où ces plantes sont conservées dans
nos collections.

Les Dichotomaires étoient du reste pour les zoologistes

linnéens des corallines ou des tubulaires, comme les Galaxaures.

LIAGORE, *Liagora.*

Corps phytoïde, subcrétacé, rameux, non dichotome, fixé? à ramifications terminées par des renflemens ou bourgeons plus mous que le reste.

Espèces. La LIAGORE VERSICOLORE ; *L. versicolor*, Lamx., Polyp. flex., p. 237, n.° 376.

Dichotomaria corniculata, de Lamk., 2, p. 147, n.° 11.

Fucus lichenoides, Gmel., *Hist. fuc.*, p. 120, tab. 8, fig. 1 et 2. (Méditerranée.)

La L. FÉNICULACÉE, *L. fœniculacea.*

Dichotom. fœniculacea, de Lamk., *ibid.*, n.° 9. (Amér. méridion.)

La L. PHYSCIOÏDE; *L. physcioides*, id., *ibid.*, n.° 377. (Méditerranée.)

La L. ORANGE; *L. aurantiaca*, id., *ibid.*, n.° 378. (Méditerranée.)

La L. FARINEUSE; *L. farinosa*, id., *ib.*, n.° 380. (Mer Rouge.)

La L. BLANCHATRE; *L. albicans*, id., *ibid.*, n.° 381, pl. 7, fig. 7, sous le nom de *L. canescens.*

Dichotom. alterna, de Lamk., 2, p. 146, n.° 5.

La L. ÉTALÉE; *L. distincta*, id., *ibid.*, n.° 382.

Fucus distinctus, Roth, *Cat. bot.*, 3, p. 103, tab. 2. (Baie de Cadix.)

Observ. Ce genre a été établi par Lamouroux pour des corps organisés que les naturalistes précédens plaçoient parmi les fucus.

M. de Lamarck les a réunis dans son genre Dichotomaire.

D'après une variété de la première espèce que nous avons étudiée malheureusement à l'état de dessiccation, il est certain que la caractéristique donnée par Lamouroux est entièrement erronée. En effet, ce corps organisé n'est nullement tubuleux et il ne se termine pas par des cellules. C'est un véritable fucus, régulièrement dichotome et dont les rameaux sont encroûtés de matière calcaire peu épaisse, si ce n'est au sommet actuellement végétant, qui est mou et d'un vert noirâtre, comme l'intérieur de tous les rameaux.

Il paroît que la première espèce est susceptible de beaucoup de variations, et même, suivant Lamouroux, elle peut être rameuse ou régulièrement dichotome.

Il est probable qu'il faudra placer ici le genre de corps organisés que Lamouroux nomme *Spongodium*, et qu'il a placé dans les thalassiophytes.

NÉOMÉRIS, *Neomeris*.

Corps alongé, renflé au milieu, atténué aux deux extrémités, dont l'une est fixée et composée d'une sorte d'axe membraneux, fistuleux, fusiforme, un peu flexueux, terminé par un mamelon, hérissé dans toute son étendue par un très-grand nombre de petits cylindres tubuleux, très-serrés, terminés par des tubercules arrondis, granuliformes, crétacés et enveloppés par une légère couche également calcaire, imprimée de fossettes alvéoliformes, très-peu profondes.

Espèce. Le N. EN BUISSON : *N. dumetosa*, Lamx., Polyp. flex., pl. 7, fig. 8, *a*, *B*; *id.*, *ibid.*, p. 243, n.° 383, et Zooph., p. 19, tab. 68, fig. 10 et 11.

Observ. C'est à Lamouroux qu'est dû l'établissement de ce genre, d'après un corps organisé desséché, comprimé, déformé, que nous avons vu dans sa collection, sans qu'il nous ait été possible de deviner ce que ce peut être. Nous pouvons seulement assurer que la figure et même la description qu'il en a données, sont extrêmement incomplètes et même fautives. Le milieu de chaque corps est occupé par un axe vermiforme, atténué aux deux extrémités, et cependant élargi à chacune d'elles, et surtout à l'inférieure, par un petit disque d'attache, un peu comme dans les fucus, et qui en sert, en effet, à plusieurs individus. Ce corps central est creux et membraneux; il est enveloppé dans toute son étendue par une sorte de croûte entièrement formée de petits cylindres tubuleux, serrés les uns contre les autres et divergens. Plus haut la croûte est composée de petits tubercules globuleux, d'un blanc mat, et enfin le tout est enveloppé par une autre croûte calcaire, fort mince, formée par des locules ou fossettes très-serrées, disposées en quinconce. Au-delà, l'extrémité de l'axe est un peu dilatée, mamelonnée et d'un noir assez foncé; mais, nous le répétons, la dessiccation et la conservation prolongée en herbier a tellement déformé ces petits corps, dont trois naissent du même pied, que nous n'avons pû même avoir un soupçon de leurs rapports naturels.

La collection du Muséum de Paris contient un bien plus bel échantillon du néoméris en buisson que celui de Lamouroux. Il forme un touffe assez considérable, composé de corps vermiformes, fixés un à un sur un morceau de roche. En l'examinant avec soin, il nous semble que ce genre doit être rapproché des liagores plutôt que des tubulaires, où il se trouve cependant déjà placé plus haut.

CLASSE II.

LES NÉMATOPHYTES, *Nematophytæ.*

Corps généralement filamenteux, gélatineux, de couleur verte, libres et constamment aquatiques.

Observ. Depuis que la célèbre découverte de Trembley sur les polypes d'eau douce eut confirmé l'animalité des madrépores, des coraux, des sertulaires, des alcyons, etc., on fut porté à croire que beaucoup de corps organisés, que l'on rangeoit également dans le règne végétal, devoient aussi passer dans le règne animal, d'autant plus que l'analyse chimique sembloit confirmer cette manière de voir.

Ainsi quelques naturalistes ont douté de la nature des champignons. Merhausen, par exemple, admet que ces corps organisés ne sont ni des végétaux ni des animaux, et qu'ils doivent être rangés dans une sorte de règne intermédiaire, proposé depuis long-temps par des auteurs italiens.

Giraud Chantrans soutint de son côté que les conferves étoient des polypiers dont les animalcules vivoient tantôt libres et tantôt agrégés en forme de plantes.

Vaucher émit une opinion assez analogue; mais ni l'une ni l'autre de ces manières de voir ne fut adoptée, et les corps organisés qui constituent la classe des nématophytes restèrent dans le règne végétal. Les auteurs systématiques les plus estimés, comme MM. Cuvier, Oken, et même M. de Lamarck, et pourtant ce dernier étoit le plus en état de

juger la question, puisque ses travaux avoient porté avec
une égale distinction sur les deux règnes, ne me semblent
avoir jamais émis de doute à ce sujet.

Ce fut d'abord en Allemagne, où les hydrophytes ont été
jusqu'ici beaucoup plus généralement étudiés qu'en France,
que fut émise l'idée de considérer un certain nombre de
corps organisés comme susceptibles de se métamorphoser
d'animaux en végétaux, ou de végétaux en animaux. Agardh
fut le premier qui établit cette manière de voir, soutenue
depuis par Friese, que certaines productions, qui sont des algues à une certaine époque de leur existence, peuvent appartenir à une autre famille ou même être alternativement
animales ou végétales.

Mais depuis lors quelque chose d'analogue fut proposé en
France, d'abord par M. Gaillon, comme nous l'avons exposé
à l'article NÉMAZOAIRES du Dictionnaire des sciences naturelles, et ensuite par M. Bory de Saint-Vincent dans le Dictionnaire classique des sciences naturelles et dans l'Encyclopédie méthodique aux articles MATIÈRE VERTE, OSCILLAIRE,
PSYCHODIAIRE, etc.

Suivant le premier, des animalcules simples, libres et bien
vivans, jouissent de la faculté de se réunir, de s'agglutiner
par une matière exsudée de leur corps, de manière à prendre
une forme filamenteuse, mais cependant sans cesser d'être
des animaux : ce qui lui a fait employer le nom de *némazoaires* pour les distinguer par leur caractère le plus singulier.

Suivant le second, M. Bory de Saint-Vincent, qui n'a pu
admettre cette manière de voir, les némalophytes sont de véritables végétaux, dont les séminules ou les propagules sont
animés, ou ce qu'il nomme des zoocarpes, ce qui nous avoit
paru rentrer dans la manière de voir d'Agardh ; mais c'est ce
que nie fortement M. Bory, et c'est ce que nous laisserons
à juger aux personnes qui voudront prendre la peine d'analyser cette question, assez peu importante en elle-même.
Peut-être, en effet, trouvera-t-on cette opinion plus rapprochée de celle exprimée en ces termes par Sprengel (*Philoso-
phia botanica; Halæ*, 1809, p. 457) : *Utriculi, etc. . . . massa
granulosa prorumpens ex utriculis confervæ, animalcula format,
observante Trentephlio in Rothii observationibus nuperrimis.*

Quoi qu'il en soit, depuis la publication de notre article sur les Némazoaires, M. Gaillon, malgré les objections très-fortes qui lui ont été faites, paroît avoir de nouvelles raisons pour soutenir son opinion, comme il nous l'apprend à la fin de son excellent article sur les Thalassiophytes, inséré dans le même Dictionnaire. M. Desmazières, de Lille, prétend en effet s'être assuré que les mycodermes sont de véritables némazoaires, comme les a définis M. Gaillon. M. Bonnemaison a confirmé ce que ce dernier avoit dit du *conferva comoides*. M. Chauvin s'est assuré que la *conferva zonata* est aussi composée d'animalcules. Enfin M. Gaillon trouve dans les observations de Lyngbye sur plusieurs espèces de conferves des faits à l'appui de sa manière de voir.

D'un autre côté, M. Marquis, que la science vient de perdre il y a peu d'années, ayant cherché à asseoir son opinion sur ce sujet controversé, nous paroît porté à nier également l'animalité des némazoaires, aussi bien que celle des zoocarpes.

M. Rennie croit être certain que la matière verte qui se forme sur les eaux stagnantes, est absolument la même que celle qui se trouve sur les pierres, les briques, le ciment, etc.; qu'elle n'appartient pas plus aux byssus et aux conferves, qu'à des animalcules; mais que c'est tout simplement le germe des mousses les plus communes, tortule, hypne, polytrique, qui, à défaut d'un sol convenable pour végéter, ne peuvent prendre tous leurs caractères.

M. Turpin n'a pas vu non plus dans le *conferva comoides* ce que M. Gaillon y avoit aperçu. Nous sommes forcés d'avouer que nous sommes dans le même cas, et que les observations nombreuses que nous avons faites, il est vrai, avec un microscope d'emprunt, et depuis cinq ou six années seulement, sur la matière verte, sur la conferve des murs, sur les conferves ordinaires, ainsi que sur les oscillatoires, ne nous laissent presque aucun doute sur la nature végétale de ces différens êtres. Nous avons même la presque-conviction que, si les différentes personnes qui ont examiné ce sujet eussent eu plus de connoissance de ce que c'est qu'un animal, elles n'auroient pas eu beaucoup plus de doutes que nous; car on peut très-bien avoir un microscope à soi, s'en servir depuis trente ou quarante ans, et cependant se tromper, lorsqu'on suit plutôt les suggestions faciles de l'imagination que le sentier direct, mais ennuyeux, de la rigoureuse et persévérante observation.

Toutefois, pour ne pas laisser de lacunes dans cet article général sur tous les êtres que l'on a rapportés à tort ou à raison aux dernières classes du règne animal, nous nous sommes décidés à ne pas passer sous silence les némazoaires de M. Gaillon, non plus que les psychodiaires de M. Bory.

Malheureusement le premier n'a pas encore publié le *Genera*, auquel il travaille, et qui contiendra le résultat définitif de ses observations sur les êtres qu'il doit comprendre dans sa classe des némazoaires. Nous n'avons donc pu que rassembler artificiellement les genres qu'il a annoncés lui appartenir, et encore ne nous sommes-nous point arrêtés à les définir; ce qui nous auroit été souvent assez difficile. Cette simple énumération montrera que toute cette partie du règne organique est un véritable chaos, comme Lyngbye lui-même s'est plu à le déclarer.

Quant aux Psychodiaires de M. Bory, comme ils se trouvent compris pour la plupart dans les némazoaires de M. Gaillon, pour éviter la confusion et le double emploi, nous nous bornerons à donner l'analyse du système jusqu'aux genres exclusivement. Cette exposition suffira, à ce que nous espérons, pour montrer aux personnes qui s'occupent un peu sérieusement de ces matières, que ce prétendu règne, déjà proposé plusieurs fois, est complétement inutile et ne sera probablement pas adopté par les naturalistes.

Dans l'énumération des genres que l'on peut rapporter aux némazoaires, nous avons employé un ordre systématique; mais nous avertissons qu'il est entièrement artificiel, et qu'il n'a pas d'autre but que de rassembler sous un seul point de vue les espèces qui doivent être soumises à l'observation. Nous avons tâché de n'oublier aucun des genres qui ont été proposés dans ces derniers temps, quoique la très-grande partie ne signifient réellement rien, comme l'a fait observer Marquis, qui nous paroit avoir examiné ce sujet d'une manière bien philosophique. Au reste nous apprenons que M. Turpin, dans l'explication des planches de l'Atlas, doit donner des détails nombreux sur ces corps organisés. Nous ne pouvons mieux faire que d'y renvoyer.

    A. *Corps granuleux , pulvérulens , libres ou contenus dans des masses gélatineuses.*

CHAOS (Bory de Saint-Vincent).

COCCODEA (Pal. de Beauv.) . . .
{ Matière verte (Priestley).
Lepra infusionum (Schrank).
Vaucheria infusionum (Decand).
Oscillatoria parietum (Agardh).
État primitif des conferves et des oscillaires (Marquis).

PROTOCOCCUS (Agardh) . . . . .
{ *Chaos primordialis* (Bory).
Monas lens et *Pulvisculus* (Muller).
Pulviscules d'oscillat. (Gaillon).

PALMELLA (Lynghye) . . . . . .
{ *Batrachosp. , sp.* (Decand.).
Chaod. , sp. (Bory).
OEufs de mollusq. (Marquis).

ECHINELLA (Achar.). . . . . . .
{ *Vorticella versatilis* (Muller).
OEufs de mollusq. (Marquis).
Tessarthonia (Turpin).

HERICELLA . . . . *Echinella radiosa* (Lynghye).

    B. *Corps médiocrement alongé et inflexible.*

BACILLARIA (Muller)[1] . . . . . .
{ *Vibrion , sp.* (Muller).
Arthrodia (Rafinesq.).

NAVICULA (Bory) . . . .
{ *Vibrio tripunctatus* (Muller).
État du *conf. comoides* (Gaill.).

MULLERIA (Leclerc). . . . . . .
{ *Vibrio lunula* (Muller).
Lunulina vulgaris (Bory).

LUNULINA (Bory), *vid. Mulleria.*

ARTHRODIA (Rafinesq.), *vid. Bacillaria.*

SURIRELLA (Turpin) . . . . *Sur. striata ,* nouv. esp.

SCYTONEMA (Agardh), *vid. Girodella.*

GIRODELLA (Gaillon)[2] . . . . .
{ *Conferva comoides* (Dillwyn).
Vaucheria appendiculata (Decand.).
Scytonema , sp. (Agardh).

ACHNANTHES (Bory . . . . *Conferv. armillaria.*

---

1 M. Nitzsch a publié un travail intéressant sur ce genre , dont il partage les espèces en B. animales et B. végétales.

2 C'est sur le corps organisé qui constitue ce genre que M. Gaillon a fait les premières observations , qui l'ont conduit à établir ses Némazoaires ; les animaux libres étant des Bacillaires ou des Navicules, suivant leur degré de développement.

C. *Corps très-filamenteux, plus ou moins cloisonnés.*
(ARTHRODIÉES, Bory de Saint-Vincent.)

DIATOMA (Decand.) . . . . *Conferv., sp.* (Dillen., Muller)

FRACILLARIA (Lyngbye) . . . . . *Conferva nummuloidea.*

CONFERVA (Decand.) . . . . . . {*Conferv., sp.* (Linn.).
Conjugata (Vaucher).
Zygnema (Agardh).}

SPIROGYRA (Link) . . . . {*Conferv., sp.* (Decand.).
Conjug., sp. (Vaucher).
Zygnema, sp. (Agardh).
Salmacis, sp. (Bory).}

GLOBULINA (Link).

CONJUGATA (Vaucher) . . . . . . *Conferv., sp.*

DIADENA (Pal. de Beauv.) . . . . *Conf. bipunctata.*

LEDA (Bory) . . . . {*Conf. monilina.*
Zygnemat., sp. (Lyngbye).}

LUCERNARIA (Roussel) . . . . . . *Conferv., sp.*

ZYGNEMA (Lyngb.) . . . . *Conferv., sp.*

MOUGEOTIA (Agardh) . . . . . . *Conferv., sp.*

TYNDARIDEA (Bory) . . . . *Conferv., sp.*

SALMACIS (Bory) . . . . {*Conferv. jugalis* (Decand.).
Conjugata princeps (Vaucher).
Spirogyra (Link).}

CADMUS (Bory).
(Les *monas pulvisculus* (Mull.) {*Conferv. desiliens* (Dillwyn).
étant des zoocarpes, suiv. M. Bory). *Sphæroplea sp.* (Agardh).}

TIRESIAS (Bory) . . . . *Conf. bipartita* (Dillwyn).
(Les *cercaria podura* et *viridis*
(Mull.) étant des zoocarpes, suiv.
M. Bory.)

PROLIFERA (Vaucher) . . . . . . {*Conferva rivularis*, Linn.
Antacoles (Léon Leclerc).
Vaucheria (Bory)}

LEMANIA (Bory). . . . . {*Conferv. fluviatilis* (Linn.).
Polysperma (Vaucher).
Chantransia, sp. (Decand.).
Nodularia (Link).
Gonycladon (Link).
Trichogonum (Pal. de Beauv.).}

NODULARIA (Link), *vid. Lemania.*

GONYCLADON (Link), *vid. Lemania.*

TRICHOGONUM (Pal. de Beauv.),
vid. Lemania

60.

Polysperma (Vaucher), *vid. Le-*
mania.

Chantransia (Decand.), *vid. Pro-*
lifera.
{ *Confero. rivularis* (Linn.).
Prolifera (Vaucher).
Polysperma (Vaucher).

Annulina (Link) . . . .
{ *Conf., sp.* (Linn.).
Prolifera rivularis.
Polysp. glomerata (Vaucher).

Gaillardotella (Bory) . . . . . *Linkia natans* (Lyngbye).

Vaucheria (Decand.) . . . . . .
{ *Byssus velutina* (Linn.) [1]
Oscillatoria parietum (Vaucher).
Ectosperma, sp. (Vauch., Bory).
Tremella, sp. (Dillwyn).
Conf. muralis (Marquis).
Lyngbya muralis (Agard).

Ectosperma (Vauch.), *vid. Vau-*
cheria.

Merizomya (Pollini). . . . . . .
{ *Conf. aponina* (Pollini).
Vaucheria aponina (Sprengel).

Thorea (Bory) . . . .
{ *Conf. hirsuta* (Thore).
Batrach. hispida (Decand.).
Th. ramosissima (Bory).

Mesogloia (Agardh.) . . . . . . *M. vermicularis* (Lyngb.).

Batrachosperma (Roth) . . . . . *Conf. gelatinosa* (Linn.).

Draparnaldia (Bory) [2] . . . . .
{ *Conf. mutabilis* (Roth).
Batrach. glomerata (Vauch.).

Hydrodiction (Roth) . . . . . . *Conferva reticulata* (Linn.).

OEdegonium (Link) . . . . *Prolifer., sp.* (Vaucher).

Lyngbya (Agardh), *vid. Vaucheria.*

Callothrix (Agardh).

Cluzella (Bory). . . . . *Palmella myosurus* (Lyngb.)

Spermagonia (Bonnemais.) . . .
{ *Confero. atropurpurea* (Roth).
Oscillat., sp.
Scytonema, sp.
Gloionema, sp.
Bangia (Lyngb.).

Bangia (Lyngb.) . . . .
{ *Confero., sp.* (Linn.)
Rivularia, sp. (Decand.)

Rivularia (Roth). . . . .
{ *Tremella* et *Ulva, sp.* (Linn.).
Linkia (Lyngb.).
Batrachosp., sp. (Daudin).

---

1 M. Desmazières dit positivement qu'il n'a pu déconvrir de mouvement dans cette
production, et qu'elle appartient sans aucun doute au règne végétal.

2 M. Bory place encore entre les genres *Batrachosperma* et *Draparnaldia* le genre
Dasytrichia; mais M. Gaillon dit que ce rapprochement a lieu de surprendre.

CHÆTOPHORA (Schrank) . . . . . {*Batrachosp. fasciculata* (Vauch.).
Myriodactylus (Desvaux).}

MYRIODACTYLUS (Desvaux), *vid.*
Chætophora.

SPHÆROPLEA (Agardh) . . . . *Conf. annulina.*

VAGINARIA (Bonnem.). . . . . . {*Conf. chthonoplastes.*
Gloionema chthon. (Agardh).
Oscillat. chthon. (Lyngb.).}

GLOIONEMA (Agardh) . . . . . . {*Oscillat. vaginata* (Vaucher).
Vaginaria (Bory).
Microleus (Bory).}

MICROLEUS (Bory), *vid. Gloionema.*

OSCILLATORIA . . . . {*Conferva, sp.* (Linn.).
Trichophora (Pal. de Beauv.).}

DILLWYNELLA (Bory). . . . . . . *Oscillat., sp.*

ANABAINA (Bory) . . . . *Oscillat. flos aquæ.*

SPIRULINA (Turpin) . . . . *Oscillat. torta.*

CLAVATELLA (Bory) . . . . *Nostoc marinum* (Linn.).

NOSTOC (Vauch.) . . . . *Nostoc commune.*

ULVA.

CERAMIUM?

D. *Corps filamenteux, mais très-fins, très-courts et aériens.*
(LES MOISSISSURES.) [1]

MUCOR.

BOTRYTIS.

MONILIA.

MYCODERMA.

E. *Corps entièrement phytoïdes, articulés, fistuleux, aquatiques,*
etc., etc.

CHARA. [2]

M. Gaillon pense aussi que les mélobésies de Lamouroux,
qui paroissent n'être que des taches à la surface des thalassiophytes, doivent être rangées dans sa division des néma-

---

1 C'est d'après les observations de M. Desmazières que ces corps organisés sont
rangés parmi les Némazoaires de M. Gaillon.

2 Dans la manière de voir de M. Gaillon, ce qu'il y a sans doute de plus extraordinaire, c'est de croire que les charagnes sont des agrégations d'animalcules. Les
recherches de M. Amici sur ce genre de corps organisés, nous paroissent jeter bien
du doute sur cette opinion.

zoaires. Ce que nous connoissons de ces êtres, ne nous permet pas trop d'adopter cette opinion.

Les tremelles, les nostocs, les collémas, sont-ils aussi des némazoaires ?

―――――

Sur les Psychodiaires.

Nous avons donné à l'article de cette dénomination, proposée par M. Bory de Saint-Vincent, pour ce qu'il a nommé un règne intermédiaire au règne animal et au règne végétal, un extrait critique de cette innovation ; en ce moment, et dans le but seul de remplir une petite lacune laissée dans l'histoire de la zoophytologie, nous allons en donner une courte analyse.

Règne *psychodiaire.*

Êtres végétans et vivans successivement, et où chaque individu apathique se développe et croît à la manière des minéraux et des végétaux, jusqu'à l'instant où des propagules animés ou des fragmens répandent l'espèce dans des sites d'élection.

CLASSE Ire

LES ICHNOZOAIRES.

Animaux muqueux, sans support phytoïde ni pierreux, libres, ou jouissant en général de fonctions locomotrices, animales et contractiles dans toutes les parties.

Un sac alimentaire avec un seul orifice (qui n'est ni une bouche ni un anus) environne les prolongemens tentaculaires, ébauches d'organes de préhension, de locomotion, types du règne animal.

ORDRE Ier LES POLYPES NUS, Cuv.

Fam. Ire LES HYDRINES, *Hydrinœ.*

Polypes vivans isolés.

G. Polype, Coryne, Difflugie, Cristatelle.

Fam. II. Les Philadelphes.

Polypes vivans en masse plus ou moins confuse.

G. Plumatelle, Alcyonelle, Zoanthe? et peut-être quelques Ascidies agrégées.

Ordre II. POLYPES NAGEURS, de Lamarck.

G. Pennatule et ses divisions.

CLASSE II.

Les PHYTOZOAIRES.

Zoophytes dont le support n'est ni calcaire ni pierreux.

Ordre I.er Les VORTICELLAIRES.

Animaux à peu près semblables à ceux de la classe précédente, ou aux Ichnozoaires.

Les polypes à tuyaux.
Les polypes à cellules.
Les cératophytes, Cuv.

Ordre II.

Animal non distinct pendant un certain temps de la vie, paroissant n'être qu'un simple végétal, de l'extrémité et de l'intérieur des tubes duquel se projettent des animalcules qui sont des espèces de graines.

Fam. I.re Les Arthrodiées.

Fam. II. Les Bacillariées.

Fam. III. Les Spongillaires ou Éphytadie.

Ordre III.

Production animale dans laquelle les animaux ne sont pas distincts.

Fam. I.re Les Spongiaires.

Fam. II. Les Alcyonidiens.

Fam. III. Les Corallines.

CLASSE III.

LES LITHOZOAIRES.

Animaux polypiformes ou diversiformes, recouvrant des supports inorganiques entièrement pierreux, non susceptibles de se reproduire par boutures.

Cette classe comprend sans doute les polypiers pierreux de M. de Lamarck.

D'après cette analyse, que j'ai disposée en espèce de table synoptique, afin de la rendre plus claire, mais dans laquelle j'ai employé les expressions mêmes de l'auteur, il est évident que le règne psychodiaire de M. Bory correspond presque exactement à la classe que M. de Lamarck a désignée sous le nom de polypes, avec cette différence capitale cependant que M. Bory y a introduit un ordre nouveau pour y placer ses arthrodiées et ses bacillariées, dont la nature végétale est à peine douteuse, et que cet ordre est mis avant celui des lythophytes, ordre si rapproché des actinies, que quelques espèces, quoique pierreuses, ont été rangées dans ce genre.

Genre d'*incertæ sedis*.

RÉCEPTACULITE, *Receptaculites*.

Corps ovale, déprimé, clypéiforme, subrégulier, convexe, avec une sorte de sommet mamelonné supérieurement, concave inférieurement, peu épais et paroissant composé de pièces polygones, constituant des espèces de loges verticales, ouvertes par des orifices arrondis en dessus, lozangiques en dessous, et formant ainsi sur les deux faces une sorte de réseau régulier.

Espèce. Le R. DE NEPTUNE; *R. Neptunii*, Defr., Dict. des sc. nat., t. XLV, p. 5, atlas, pl. des Foss.

Observ. Le corps organisé fossile qui constitue ce genre paroit avoir été signalé pour la première fois par M. Defrance (*loc. cit.*); mais quoiqu'il lui ait imposé un nom, il n'a pas pu le caractériser, et s'est borné à décrire les échantillons qu'il avait sous les yeux, et que nous avons observés dans sa collection. Nous en avons examiné un bien plus grand nombre dans les cabinets des Pays-Bas, mais surtout dans celui de M. Van der Wine à Harlem. Ce fossile est en effet extrêmement commun dans une roche très-ancienne des environs de Chimey ; il est souvent très-informe et en plus ou moins grande partie à l'état de moule, et c'est alors qu'étant hérissé de petits tubercules, comme le premier échantillon décrit par M. Defrance, il ressemble un peu à une large écaille, ou même à certains fruits. Mais dans les échantillons assez bien conservés, comme le second de ceux décrits par M. Defrance, on peut aisément apercevoir les caractères que nous avons assignés à ce genre. Mais à quel groupe zoologique appartient-il ? C'est ce que nous ignorons complétement ; nous n'osons pas même assurer que ce ne soit pas un fruit.

TABLE ALPHABÉTIQUE

Des auteurs et des ouvrages cités dans cet article et dans ceux qui concernent les zoophytes.

ABILDGAARD (Pierre-Chrétien). *Zoologica Danica*, de Muller, 4.ᶜ cahier, avec figures. Copenhague, 1806.

ADAMS (John Adams). *Descriptions of some marine animals found on the coast of Wales. Trans. linn. soc. Lond.*, vol. 5, p. 7, 1798.

ALDROVANDE (Ulysse). *Historia naturalis*. Bologne, 1599 — 1640, 14 volumes in-fol., avec figures.

ARISTOTE. *Historia animalium*, *lib.* x. Paris, 1533.

BAKER (Henr.). *A natural history of the polype*. Londres, 1743, in-8.° ; traduit en françois par Demours. Paris, 1744, in-8.°

BARBUT (Jacques). *The genera vermium simplified by various specimens of the animals, contained in the orders of the intestins and mollusca Linnæi drawn from nature*. Londres, 1783, 1 vol. petit in-fol., en françois et en anglois, 76 pages, avec 76 planches.

BASTER (Job). *Observationes de Corallinis iisque insidentibus polypis aliisque animalculis marinis. Trans. phil. Lond.*, vol. 41.

Idem, *Opuscula subseciva, observationes miscellaneas de animalculis et plantis quibusdam marinis eorumque ovariis, et seminibus continentia*. Harlem, 1764 — 1765, 1 vol. in-4.°, en 2 part., avec fig.

BAUHIN (Gaspard). *Pinax theatri botanici*, etc. Bâle, 1623, in-4.°

BAUHIN (Jean). *Historia plantarum universalis*, etc. Embrun, 1650, in-fol.

BELL (Thomas). *Remarks on the animal nature of spunges. Zool. journ.*, 1, p. 202.

Bertoloni (Anton). *Rariorum Italiæ plantarum decas tertia, accedit spe-cimen zoophytorum portus lunæ.* Pise, 1810, 1 vol. in-8.°

Besler (Michel-Robert). *Rariora musei Besleriani.* 1716, 1 vol. in-fol., avec fig.

Beudant (F. S.). Mémoire sur la structure des parties solides des Mollus-ques, des Radiaires et des Zoophytes; Annales du Mus. d'hist. natur., tom. 16, p. 71. Paris, 1810.

Blainville (Henri-Marie Ducrotay de). Prodrome d'une classification gé-nérale des animaux; Bull. pour la Soc. philom. Un vol. in-4.°

Blumenbach (Joseph-Frédéric). *Handbuch der Naturgeschichte,* etc., ou Manuel d'histoire naturelle. Cöttingue, 1779, 1 vol. in-8.°, avec fig., 1.re édit., et 8.e édit. de 1807; traduit en françois par Artaud. Metz, 1803, 2 vol. in-8.°

Boccone (Paul). Recherches et observations d'histoire naturelle touchant le corail, la pierre étoilée. Paris, 1670, 1 vol. in-12, avec fig., et Am-sterdam, 1674, 1 vol. in-12, avec fig.

Idem, *Museo di fisica et di experienze variato e decorato di osservazioni naturali,* etc. Venise, 1694, 1 vol. in-4.°, avec fig.

Boddaert (Peter). *Lyst der Pluntdieren beschreiven door der Herr Pallas mit Anmerkingen.* Utrecht, 1768, 1 vol. in-8.°

Idem, *Brief aan den Schryver der Bedenkingen over den dierlyken Oors-prong der Koral-Gewasser.* Utrecht, 1771, 1 vol. in-8.°

Bohadsch (Jean-Baptiste). *De quibusdam animalibus marinis eorumque proprietatibus vel nondum vel minus notis,* etc. Dresde, 1761, 1 vol. in-4.°, avec fig.

Borlase (William). *The natural history of Cornwall.* Oxford, 1758, 1 vol. in-fol., avec fig.

Bory de Saint-Vincent (J. B. G.). Essai sur les îles Fortunées et l'antique Atlantide, etc. Paris, 1802, 1 vol. in-4.°, avec fig.

Idem, Voyages dans les quatre principales îles des mers d'Afrique. Paris, 1804, 1 vol. in-8.°, avec fig.

Idem, Dictionnaire classique d'histoire naturelle. Paris, in-8.°, avec fig.

Idem, Encyclopédie méthodique; Zoophytes. Paris, 1 vol. in-4.°

Bosc (Louis). Histoire naturelle des vers, etc. Paris, 1802, 3 vol. in-18, avec fig., faisant partie du Buffon de Déterville.

Bourguet (Louis). Traité des Pétrifications. Paris, 1742, 1 vol. in-4.°, avec fig.

Boys. *Account of the* flustra arenosa *and some other productions. Trans. linn. soc. Lond.,* tom. 5, in-4.°, avec fig.

Breyn (Jo. Phil.). *De echinis methodice disponendis. Dissert. annex. Poly-thalamis.* Dantzig, 1732, 1 vol. in-8.°, avec fig.

Brongniart (Alexandre). Géographie physique des environs de Paris, avec M. G. Cuvier. Paris, 1812, 1.ʳᵉ édit., et 1822, 2.ᵉ édit., 1 vol. in-4.º, avec planches.

Brown (Patrice). *The civil and natural history of Jamaica, in three parts.* Londres, 1756, 1 vol. in-fol., avec fig.

Bruguière (Jean-Guillaume). Encyclopédie méthodique, ou par ordre de matères. Vers, vol. 1 et 2. Paris, 1789, in-4.º; et Tableau encyclopédique des trois règnes de la nature; partie des Vers. Paris, 1791, in-4.º, avec fig.

Buttner (David-Sigismond). *Coralliographia subterranea.* Leipsic, 1714, 1 vol. in-4.º

Catesby (Marc). *The natural history of Carolina, Florida and the Bahama islands.* Londres, 1731—1743, 1 vol. in-fol., avec 220 planches coloriées; et traduit en allemand. Nuremberg, 1751.

Cavolini (Filipo). *Memorie per servir alla storia de polypi marini.* Naples, 1785, 1 vol. in-4.º, avec fig.; traduit en allemand par Sprengel. Nuremberg, 1813.

Cesalpini (André). *De plantis, libri* xvi. Florence, 1583, 1 vol. in-4.º

Chamisso (Albert de). *De quibusdam animalibus ex classe vermium. Mem. acad. Leop. cur. nat.*, t. 10, part. 2.

Columna (Fabius). *Aquatilium et terrestrium aliquot animalium aliarumque naturalium rerum observationes*, à la suite de l'*Ecphrasis.* Rome, 1616, 1 vol. in-4.º, avec fig.

Cuvier (George). Tableau élémentaire de l'histoire naturelle des animaux. Paris, 1798, 1 vol. in-8.º, avec fig.

Idem, Leçons d'anatomie comparée, etc. Paris, 1800 et 1805, 5 vol. in-8.º

Idem, Règne animal, distribué d'après son organisation. Paris, 1818, 4 vol. in-8.º, avec fig.

Depuis cette édition, une seconde a paru en 5 volumes : les trois premiers en 1829, et le dernier, qui traite des Zoophytes, en 1830. Je n'ai pu le consulter.

Defrance (M.). Différens articles dans le Dictionnaire des sciences naturelles, depuis son origine 1815 jusqu'à 1830.

Delle Chiaje (Étienne). Mémoires sur l'histoire naturelle des animaux sans vertèbres du royaume de Naples, en italien. Naples, 1823—1825, 2 vol. in-4.º, avec fig.

Desmarest (Anselme-Gaëtan). Mémoire sur un zoophyte fossile; Bullet. pour la Soc. philom., n.º 44, Mai, p. 372. Paris, 1811.

Idem, Mémoire sur quelques flustres et cellépores fossiles, avec M. Lesueur. Bull. de la Soc. philom., p. 32, 1814.

Idem, Mémoire sur le botrylle étoilé, avec M. Lesueur; Journ. de phys., 1815, avec fig.

Diquemare (L'abbé Jacques-François). Mémoires sur plusieurs zoophytes, dans le Journal de physique et dans les Transactions philosophiques de Londres.

Donati (Vital.). *Stagie della storia naturale dell' adriatico.* Venise, 1750, 1 vol. in-4.°, avec fig. ; traduit en françois. La Haye, 1758 ; et traduit en allemand. Halle, 1753.

Duméril (Constant). Zoologie analytique. Paris, 1806, 1 vol. in-8.°

Elien. *De natura animalium, libri* xvii, *gr. et lat., cum notis J. Gottl. Schneider.* Leipsic, 1784, 1 vol. in-8.°

Ellis (Jean). Essai sur l'histoire naturelle des corallines et d'autres productions du même genre ; traduit de l'anglois. La Haye, 1756, 1 vol. in-4.°, avec fig. ; en anglois. Londres, 1754 ; en allemand. Nuremberg, 1767.

Idem, Mémoire dans les Transactions philosophiques de la Société royale de Londres, vol. 48, 1754.

Eschscholtz. *System der Acalephen.* Berlin, 1829, 1 vol. in-4.°, avec fig. Ouvrage que je n'ai malheureusement pas pu consulter.

Esper (Eugène-Jean-Christophe). *Pflanzenthiere*, etc., ou Histoire naturelle des zoophytes. Nuremberg, 4 vol. in-4.°, en allemand, avec une très-grande quantité de figures originales ou copiées ; 1.ʳᵉ partie, 1791 ; 2.ᵉ partie, 1794 ; 3.ᵉ partie et Supplément, 1797.

Eysenhardt (Ch. Guill.). *Zur Anatomie und Naturgeschichte der Quellen ; Rhizostoma Cuvierii*, Lamk. ; Physale et Rhizophyse. Extr. des Mém. de l'Académie de Bonn, 1 vol. in-4.°, avec fig.

Idem, Mémoire sur quelques animaux de la classe des vers de Linné, avec M. de Chamisso ; *Mem. Acad. Leopold. cur. nat.*, tom. 10, part. 2.

Fabricius (Othon). *Fauna groenlandica.* Copenhague, 1780, 1 vol. in-8.°, avec une planche.

Faujas de Saint-Fond (Baptiste). Histoire naturelle de la montagne de Saint-Pierre de Maëstricht. Paris, 1799, 1 vol. gr. in-4.°, avec fig.

Fischer (Gotthelf). Fossiles du gouvernement de Moscou. Moscou, 1810 et 1811, 1 vol. in-4.°, avec fig.

Idem, Tables synoptiques de zoognosie. Moscou, 1809, 1 vol. in-4.°, avec fig.

Flemming (Jean). *History of british animals, exhibiting the descriptives caracters and systematical arrangement*, etc. Edimbourg, 1728, 1 vol. in-8.°

Forskal (Petrus). *Icones rerum naturalium quas in itinere orientali depingi curavit.* Copenhague, 1776, 1 vol. in-4.° ; et *Descriptiones animalium*, etc. Copenhague, 1775, 1 vol. in-4.°

Fortis (Albert). Voyage pour servir à l'histoire naturelle de l'Italie, Paris, 1802, 2 vol. in-8.° ; et Voyage en Dalmatie. Berne, 1778.

G**AEDE** (Heinrich Moritz). *Beiträge zur Anatomie und Physiologie der Medusen.* Berlin, 1816, 1 vol. in-8.°, avec fig.

G**ÆRTNER** (Joseph). Mémoire sur les Botrylles, etc., dans les *Miscellanea zoologica* de Pallas.

G**AILLON** (Benj.). Sur les Némazoones, dans les Mém. de la Soc. d'émulation de Rouen.

G**AIMARD** (Paul). Voyez Q**UOY**.

G**EOFFROI** (Étienne-François). Observations sur les analyses du corail et de quelques autres plantes pierreuses, etc.; Mémoire de l'Acad. des sc. Paris, 1708.

G**ESNER** (Conrad). *De rerum fossilium, lapidum et gemmarum maxime figuris et similitudinibus.* Zurich, 1565, 1 vol. in-12, avec fig.

Idem, *Historia animalium.* 3 vol. in-fol., avec fig.

G**LEICHEN** (Baron de). Dissertation sur la génération des animalcules spermatiques et ceux d'infusions; traduite de l'allemand. 1 vol. in-4.°, avec fig. Paris, 1799.

G**MELIN** (Jean-Fréderic). *Systema naturæ per regna, etc.; editio decima tertia, aucta, reformata, curæ Jo. Frid. Gmelin.* Lyon, 1789, 7 vol. in-8.°

G**OLDFUSS** (George-Auguste). Manuel de zoologie, en allemand. Nuremberg, 1820, 2 vol. in-8.°

G**RANT**. Sur la structure des épanges. *Phil. Edinb. Journ.*

G**RAY** (Jean-Édouard). *Spicilegia zoologica, or original figures and short systematic descriptions of new and unfigured animals.* Londres, 1828, gr. in-4.°

Idem, *On the situation and rang of spunges in the scale of nature. Zool. journ.*, t. 1, p. 46.

G**RONOW** (Laurent-Théodore). Mémoire sur les Méduses. *Acta helvetica*, t. 4, 1760.

G**UALTIERI** (Nicolas). *Index testarum conchyliorum, quæ in ejusdem museo adservantur, et methodice distributa exhibentur tabulas ex.* Florence, 1744, 1 vol. in-fol., avec fig.

G**UETTARD** (J. Étienne). Mémoires sur différentes parties des sciences et des arts. Paris, 1768 — 1783, 5 vol. in-4.°, avec fig.

H**ARTSOECKER** (Nicolas). Extrait critique des Lettres de Leuwenhœck. Cours de physique. Lahaye, 1730.

H**AVENBERG** (Jean-Christophe). *Encrinus seu lilium lapidum, etc.* Wolfenbüttel, 1829, 1 vol. in-4.°, avec fig.

H**IEMER** (Eberh. Fr.). *Caput medusæ utpote novum diluvii universalis monumentum,* Stuttgart, 1724, in-4.°, avec fig.

H**ILL** (Jean). *An history of animals, etc., illustrated whith figures.* Londres, 1752, 1 vol. in-fol.

Hill (Jean). *Essay in natural history, containing a series of discoveriés by the assertaine of microscopies.* Londres, 1752, 1 vol. in-8.°, sans fig.

Hugues (Grift.) *Natural history of Barbados.* Londres, 1750, 1 vol. in-fol., avec fig.

Imperato (Ferrante). *Historia naturale.* Naples, 1599, et Venise, 1672, 1 vol. in-fol., avec fig.

Isidore (Saint-). *De plantis et agricultura ethimologiarum seu originum, lib. 17, tractavit, etc.* Mantoue, 1559, 1 vol. in-fol.

Joblot. Observations d'histoire naturelle faites avec le microscope, etc. Paris, 1754, 2 vol. in-4.°, avec figures.

Johnson. *Edimb. philosophical Journal.*

Jussieu (Bernard de). Examen de quelques productions marines qui ont été mises au nombre des plantes, et qui sont l'ouvrage d'une sorte d'insecte de mer; Mém. de l'Acad. des sc. Paris, 1742, p. 290 — 302, avec fig.

Kade (David). *De stellis marinis,* dans le grand ouvrage de Link.

Kalm (Pierre). Voyage dans l'Amérique septentrionale; en allemand. Gœttingue, 1754, 1 vol. in-8.°

Klein (Jacques-Théodore). *Naturalis dispositio echinodermarum.* Dantzig, 1734, 1 vol. in-8.°, avec fig.; Traduit en français et publié avec 6 pl.; de plus, par Brisson, 1 vol. in-8.°, Paris, 1754.

Idem, *Dubia circa plantarum fabricam vermiculosam.* Pétersbourg, 1760.

Knorr (George-Wolfgang). Recueil des monumens des catastrophes que le globe terrestre a essuyées, contenant des pétrifications, etc. Nuremberg, 1775 — 1778, 4 vol. in-fol., avec fig.

Lamarck (Jean-Baptiste de Mounet, chevalier de). Histoire des animaux sans vertèbres. Paris, 1801, 1 vol. in-8.°

Idem, Philosophie zoologique, ou exposition des considérations relatives à l'histoire naturelle des animaux. Paris, 1809, 2 vol. in-8.°

Idem, Extrait du cours de zoologie du Muséum d'histoire naturelle sur les animaux sans vertèbres. Paris, 1812, 1 vol. in-8.°

Idem, Mém. sur les polypiers empâtés; Ann. du Mus. Paris, 1813.

Idem, Mém. sur les polypiers corticifères. Mém. du Mus. Paris, 1815.

Idem, Système des animaux sans vertèbres. Paris, 1816 à 1818, 7 vol. in-8.°

Lamartinière. Mémoire dans le Journal de physique en 1787, et dans le Voyage de Lapeyrouse.

Lamouroux (J. V.). Mémoire sur la classification des polypiers coralligènes non entièrement pierreux. Lu à l'Institut, Févr. 1810, et publié dans le Bulletin des sciences pour la Soc. philomat., Décembre, 1812,

Lamouroux (J. V.). Histoire des polypiers flexibles. Paris, 1816, 1 vol. in-8.°, avec fig.

Idem, Exposition méthodique des genres de polypiers, avec les planches d'Ellis et Solander, et quelques planches nouvelles. Paris, 1821, 1 vol. in-4.°

Idem, Dictionnaire des Zoophytes dans l'Encyclop. méthod. Paris, 1824, 2 vol. in-4.°

Latreille (Pierre-André). Familles naturelles du Règne animal. Paris, 1825, 1 vol. in-8.°

Leach (William-Elford). *Zoological miscellany.* Londres, 1814, 3 vol. in-8.°, avec figures.

Le Clerc (Léon). Note sur la difflugie; Mém. du Mus. d'hist. natur. de Paris, vol. 1, cah. 12, p. 474.

Ledermüller (M. F.) *Mikroskopische Gemüths- und Augen-Ergötzung.* Nuremberg, 1761, 1 vol. in-4.°, avec fig.; et *Physikalisch-mikroskopische Zergliederung.* Nuremberg, 1764, 1 vol. in-fol.

Lesauvage. Mém. sur un nouveau genre de polypier fossile. Mém. d'hist. nat. de Paris, 1, p. 241.

Leske (Nathanaël-Godefroi). Traité des oursins de Klein. Leipsic, 1778, 1 vol. in-4.°, avec fig.

Lesson (René-Primevère). Zoologie de l'expédition de la Coquille. Paris, 1828—1830, 1 vol. in-4.°, avec pl. in-fol., et 1828—1830, non terminé.

Lesueur (Charles-Alexandre). Voyez Péron et Desmarest.

Leuckart (Fréd. Sigism.) Mémoire sur les zoophytes, dans le Voyage de Ruppel.

Lichtenstein (Henri). Sur l'éponge fluviatile. *Skrivter of natur historie Selkabet;* 4de Bind, 1ste Heft. Copenhague, 1797, p. 104.

Link (Jean-Henri). *De stellis marinis liber singularis.* Leipsic, 1733, 1 vol. in-fol., avec figures.

Linné (Charles). *Systema naturæ.* Différentes éditions, de 1735 — 1766.

Idem, *Corallia balthica; Amœn. Acad.;* vol. 1, 1745.

Idem, *Musæum Adolphi Friderici regis.* Stockholm, 1754, 1 vol. in-fol. avec fig.

Lister (Martin). *Historia animalium Angliæ, etc.* Londres, 1678, 1 vol. petit in-4.°, avec figures.

Lobel (Math. de). *Icones stirpium seu plantarum tam exoticorum, quam indigenarum in gratiam rei herbariæ, etc.* Anvers, 1591, 1 vol. in-4.°, avec fig.

Loefling (Pierre). *Mem. Act. Acad. Stockh.,* vol. 14; et *Reisebeschreibung nach spanischen Ländern;* traduit du suédois. Berlin, 1776, 1 vol. in-8.°, avec fig.

Losana (Matthieu). *De animalculis microscopicis seu infusoriis;* Mémoires de Turin, tom. 29.

Luid (Édouard). Description et figure d'une plante marine remarquable (*tubularia indivisa*). *Trans. phil. Lond.,* vol. 28.

Macri (Xavier). Nouvelles observations sur l'histoire naturelle du poumon marin des anciens; en italien. Naples, 1778, 1 vol. in-8.°

Mantell (Gédéon). *Geolog. Sussexshire.* Londres, 1822 — 1827, 2 vol. in-4.°

Maratti (Jean-Franç.). *De plantis, zoophytis et lithophytis in mare Mediterraneo viventibus.* Romæ, 1776, 1 vol. in-8.°

Marsilli (L. F.). Histoire physique de la mer. Amsterdam, 1725, 1 vol. in-fol., avec fig., aux frais de Boerhaave; et *Brieve ristretto del sagio intorno alla storia de mare.* Venise, 1711, in-4.°, avec fig.

Martens (Fréderic). Voyage au Spitzberg; en allemand. Hambourg, 1675, 1 vol. in-4.°

Meckel (Georg. Frid. Conrad.). *De asteriarum fabrica; Dissertatio inauguralis medica. Halæ,* 1814, avec fig.

Melle (A. Jac.). *De echinitis wagricis.* Lubeck, 1718, 1 vol. in-4.°

Miller (J. S.). Histoire naturelle des crinoïdes; en anglois. Londres, 1821, 1 vol. in-4.°, avec fig.; et Trans. de la Société géologique de Londres, 2.ᵉ série du tom. 2, 1.ʳᵉ partie.

Modeer. Mémoire sur les Méduses; en suédois. *Act. nov. Hafn.,* 1791.

Moll (Jac. Paul-Charl.). *Eschara zoophytozoorum seu phytozoorum ordine pulcherrima ac notata dignissima genus, etc.* Vienne, 1803, 1 vol. in-4.°, avec fig.

Monro (Alexandre). *The structure and physiology of fishes, explained and compared whith those of man and other animals.* Édimbourg, 1785, 1 vol. in-fol., avec fig.

Morisson (Rob.). *Plantarum historiæ universalis oxoniensis, seu herbarium distributio nova.* Oxford, 1715, 1 vol. in-fol., avec fig.

Muller (Oth. Fréd.) *Zoologiæ danicæ prodromus, seu animalium Daniæ et Norwegiæ indigenarum characteres.* Copenhague, 1776, 1 vol. in-8.°

Idem, *Zoologia danica, seu animalium Daniæ et Norwegiæ rariorum ac minus notarum descriptiones et historia, etc.* 1788 et 1789, 1 vol. in-fol., avec fig.

Idem, *Animalia infusoria.* Copenhague, 1786, 1 vol. in-4.°, avec fig.

Muller (Statius). *Dubia coralliorum origini animali opposita.* Erlangen, 1770, 1 vol in-8.°, et traduit en hollandois, 1771.

Mylius (Gottl. Fried.). *Beschreibung einer neuen grönländischen Thierpflanze.* Hanovre, 1753, 1 vol. grand in-4.°, avec figures; traduit en anglois par André Linder; Londres, 1754, et *Nov. comment. acad. Petrop.,* t. 10, 1764.

Nitzsch (Chrétien-Louis). *Matériaux pour la connoissance des animaux infusoires, ou Description des cercaires et des bacillaires*; en allemand. Halle, 1817, 1 vol. in-8.°

Oken. *Lehrbuch der Naturgeschichte.* Iéna, 1815 et 1816, 2 vol. in-8.°, avec fig.

Olivi (Joseph). *Zoologia adriatica, ossia catalogo ragionato degli animali del golfo adriatico, etc.* Bassano, 1792, 1 vol. in-4.°, avec fig.

Otto (Adolphe-Fréderic). *Conspectus animalium quorundam maritimorum nondum editorum; Acta Leop. naturæ Acad. cur.* Breslau, 1821, in-4.°

Idem, *Beschreibung einiger neuen Mollusken und Zoophyten*; Mém. de la Soc. de Bonn, tom. 2, 1 vol. in-4.°, avec fig.

Pallas (Pierre-Simon). *Elenchus zoophytorum, sistens generum adumbrationes cum selectis auctorum synonymis.* La Haye, 1766, 1 vol. in-8.°; traduit en allemand, avec des remarques, par Wilkens. Nuremberg, 1787, in-4.°

Idem, *Miscellanea zoologica.* La Haye, 1766, 1 vol. in-4.°, avec fig.

Idem, *Spicilegia zoologica.* Berlin, 1767 — 1780, 14 cahiers, in-4.°

Parkinson (Jacques). *Organic remains of a former wold.* Londres, 1811, 3 vol. in-4.°, avec fig.

Parra (Antoine). *Description de differentes piezas in historia natural.* Havanne, 1797, 1 vol. in-4.°, avec fig.

Parson. Lettre sur la formation des coraux et des corallines; Trans. phil. de Lond., vol. 47.

Pennant (Thomas). *British zoology.* Londres, 1776 — 1777, 4 vol. in-4.°, avec fig.

Péron (François). Mémoire sur quelques faits zoologiques applicables à la théorie du globe. Lu à l'Institut.

Idem, Voyage de découvertes aux terres Australes, pendant les années 1800 — 1804; par M. Lesueur. Paris, 1807, 3 vol. in-4.°, avec fig.

Idem, Mémoire sur un nouveau genre de zoophytes, etc.

Idem, Histoire générale des méduses et sur leur classification, avec M. Lesueur; Ann. du Mus., avec fig. non encore publiées.

Idem, Mémoire sur le genre Équorée, avec M. Lesueur; Ann. du Mus.

Peyssonel. Traité du corail, etc. Dans les Trans. phil. de Londres, vol. 47, p. 445 — 469; et Londres, 1756, 1 vol. in-12.

Idem, *New observations upon the worms that forms the spunges. Trans. phil.*, vol. 50 part. 2, 1759.

Plancus (Bianchi). *De conchis minus notis, etc.* Venise, 1739, 1 vol. in-4.°, et Rome, 1760, 1 vol. in-4.°, avec fig.

Plinius (C.) *Historia mundi, lib.* 38, *edit. S. Dalecampii.* Lyon, 1587, 1 vol. in-fol.

Poiret. Voyage en Barbarie. Paris, 1802, 2 vol. in-8.°

Quoy (Jean-René-Constant). Zoologie du voyage de l'Uranie, avec M. Caimard. Paris, 1824, 1 vol. in-4.°, avec 1 vol. in-fol. de pl.

Rafinesque-Schmalz (C. S.) Précis de somiologie, Palerme, 1814 : un très-petit vol. in-18.

Idem, Mém. sur 70 genres, etc. Journ. de phys., tom. 88, 1819.

Ramond (Louis). Voyage au Mont-Perdu et dans la partie adjacente des Hautes Pyrénées. Paris, 1801, 1 vol. in-8.°, avec fig.

Rapp (Guillaume). Sur les polypes en général et sur les actinies en particulier. Weimar, 1829, 1 vol. in-4.°, avec fig.

Raspail. Mémoire sur l'alcyonelle des étangs. Ann. des sc. natur.

Ray (Jean). *Historia plantarum generalis, etc.* Londres, 1686 — 170+, 1 vol. in-fol.

Idem, *Synopsis methodica stirpium britannicarum*, etc. Londres, 1724, 1 vol. in-8.°, avec fig.

Réaumur (René-Antoine Ferchault de). Observations sur la formation du corail et des autres productions appelées plantes pierreuses; Mém. de l'Acad. des sc. de Paris, p. 37 et 269 — 281. Paris, 1727.

Idem, Histoire des insectes. Paris, 1742, 6 vol. in-4.° : préface du 6.° vol.

Reinwardt. Cité pour plusieurs espèces nouvelles, rapportées de l'archipel des Indes dans la collection de Leyde.

Renieri (Étienne-André). *Lettera al signor Ab. Giuseppe Olivi, sopra il botrillo, etc.* Chiozza, 1793, broch. in-4.°, avec fig.

Idem, *Tavole per servire alla classificazione et connoscenza degli animali.* Padoue, 1807, 1 vol. in-fol.

Risso (A.). Histoire naturelle de l'Europe méridionale. Paris, 1826, 5 vol. in-8.°, avec fig.

Roesel (S. Aug.). Amusemens sur les insectes; en allemand. Nuremberg, 1746 et 1761, 4 vol. in-4.°, avec fig., et un 5.° vol. de Suppl. par Kleemann, 1761.

Rondelet (Guillaume). *Libri de piscibus.* Lyon, 1554, 1 vol. in-fol., avec fig.

Roques de Maumont (J. E.). Sur les polypiers de mer. Zelle, 1782, 1 vol. in-4.°; traduit en allemand, Zelle, 1783, in-8.°

Rosini (Michel-Reinh.). *De stellis marinis.* Hambourg, 1719, 1 vol. in-4.°

Rumph (George-Éver.). Cabinet d'Amboine. Amsterdam, 1705, 1 vol. in-fol., avec fig.

Ruppel (Édouard). Voyage dans l'Afrique et en Nubie. Francfort, 1826, gr. in-4.°, avec fig. Les zoophytes par Leuckart.

Savigny (Jules-César). Zoologie d'Égypte. Paris, 1809, gr. in-fol. avec fig.

Say (Thomas.). *On two genera and several species of crinoidea. Journ. acad. sc. nat. Philad.*, t. 4, n.° 9, et *Zool. journ.*, 1, p. 311.

Schæffer (Jacques-Chrétien). *Abhandlungen von Insekten.* Ratisbonne, 1764 — 1779, 1 vol ou 2 vol. in-4.°, avec fig.

Schlotheim (J. F. de). *Nachträge zur Petrefactenkunde.* Göttingue, 1820, 1 vol. gr. in-8.°, avec fig.

Schweigger (Auguste-Fréderic). *Beobachtungen auf naturhistorischen Reisen* ou *Anatomisch - physiologische Beobachtungen über Corallen.* Berlin, 1819, 1 vol. in-4.°, avec fig.

Idem, Manuel des animaux invertébrés et inarticulés. Leipsic, 1820, 1 vol. in-8.°, en allem.

Scilla (Augustin). *La vana spiculazione distingannata dal senso.* Naples, 1670, 1 vol. in-4.°, avec fig.; et en latin, Rome, 175».

Scopoli (Jean-Antoine). *Introductio ad historiam naturalem.* Prague, 1777, 1 vol. in-8.°

Seba (Albert). *Locupletissimi rerum naturalium thesauri accurata descriptio et iconibus artificiosissimis expressio, per univers. phys. hist.* Amsterdam, 1734 — 1765, 4 vol. in-fol., avec fig.

Shaw (Thomas). Voyage dans plusieurs provinces de la Barbarie et du Levant; traduit de l'anglois. La Haye, 1743, 3 vol. in-4.°, avec fig.

Shaw (George). *Descriptions of the Mus. bursaria and tubularia magnifica. Trans. linn. Lond.*, vol. 5, p. 227.

Idem, *Naturalists miscellany.* Londres, in-8.°, 1789 - 1800.

Slabber (Martin). Amusemens naturels, contenant des observations microscopiques; en hollandois. Harlem, 1778. 1 vol. in-4., avec fig.

Sloane (Hans). *A voyage tho the islands Madera, Barbados, etc., with the natural history of the herbs and trees, etc.* Londres, 1707 — 1727, 1 vol. in-fol., avec fig.

Idem, Description d'une plante marine curieuse, etc. (*Gorgonia verrucosa*, Linn.). Trans. phil. de Lond., vol. 44, n.° 478.

Solander et Ellis. *The natural history of many curious and uncommon zoophytes collected, etc., by the late John Ellis, sysmatically arranged and described by Daniel Solander.* Londres, 1786, 1 vol. in-4.°, avec fig.

Spallanzani. Voyage dans les deux Siciles, etc.; traduit de l'italien en françois par Toscan. Paris, 1800, 6 vol. in-8.°, avec fig.

Idem, Lettre à Ch. Bonnet, sur diverses productions marines: Mém. de la Société ital., tom. 2, part. 2. Vérone 1784. Traduit de l'italien par Sennebier; Journ. de phys., tom. 28, année 1786.

Spix (Jean). Mémoire pour servir à l'histoire de l'astérie rouge, de l'actinie coriace et de l'*alcyonium exot.* Ann. du Mus. Par., t. 13, p. 438.

Swartz (Oliv.). Mémoire sur les Méduses. *Nova acta Stockholm.* 1788.

Targioni-Tozetti (Jean). Voyage minéralogique, philosophique et historique en Toscane. Paris, 1792, 2 vol. in-8.°

Thomson (John W.) Sur le *Pentacrinus europæus*; en anglois. Cork, 1827, broch. in-4.°, avec fig.

Tiedemann (Fréderic). Anatomie de l'holothurie, de l'astérie et de l'oursin. Landshut, 1805, 2 vol. in-fol., avec figure.

Tilésius (W. D.). Mém. sur les polypes d'une flustre du Brésil; Acad. de Munich pour 1813. Munich, 1814, pag. 45, avec fig.; et pour 1811, Munich, 1812.

Tournefort (Jos. Pitt.) *Institutiones rei herbariæ*. Paris, 1700, in-4.°, avec fig.

Idem, *Corollarium institutionum rei herbariæ*. Paris, 1703, 1 vol. in-4.°, avec fig.

Idem, Mém. sur les plantes qui naissent dans le fond de la mer. Acad. des sc., tom. I.ᵉʳ, ann. 1700.

Trembley (Abraham). Mémoire pour servir à l'histoire d'un genre de polype d'eau douce. Leyde, 1744, 1 vol. in-4.°, avec fig.

Turgot. Mémoire instructif sur la manière de rassembler, conserver, etc., les diverses curiosités d'histoire naturelle. Lyon, 1751, 1 vol. in-8.°, avec fig.

Turner (Dawson). *Fuci sive plantarum fucorum generi a botanicis ascriptarum icones, descriptiones et historia*. Londres, 1808, in-4.°, avec fig.

Vahl (Martin). *Zoologia Danica* de Muller, la 4.ᵉ partie avec Abildgaard.

Van der Hoeven (Jean). *Tabula regni animalis additis classium ordinumque caracteribus, quam edidit ad usum auditorum*; un grand tableau. Leyde, 1828.

Van Phelsum (Murck). Lettre sur les oursins; en hollandois. Rotterdam, 1774, 1 vol. in-8.°

Vaucher (Jean). Observations sur les tubulaires d'eau douce; Bull. pour la Soc. philom. Paris, 1804, n.° 81, p. 157.

Idem, Histoire des conferves d'eau douce. Genève, 1803, 1 vol. in-4.°, avec fig.

Vio (Guido). *Della natura della spongie di mare littera*; dans l'ouvrage d'Olivi.

Viviani (Dominique). *Phosphorescentia maris quatuordecim lucescentium animalculorum novis speciebus illustrata*. Gênes, 1805, 1 vol. in-4.°, avec fig.

Wolton (Édouard). *De differentiis animalium libri decem*. Paris, 1552, 1 vol. in-fol. (De Bl.)

ZOOPHYTES. (*Chim.*) M. Hatchett, qui s'est livré à des recherches multipliées sur la nature de la partie solide des zoophytes, a cru pouvoir distinguer les matieres qu'il a examinées en quatre classes.

1.re Classe. *Zoophytes formés de sous-carbonate de chaux et d'une très-petite quantité de matière organique azotée.*

> *Madrepora muricata,*
> — *labyrinthica;*
> *Millepora cærulea,*
> — *alcicornis.*

2.e Classe. *Zoophytes formés de sous-carbonate de chaux et d'une assez grande quantité de matière organique azotée.*

> *Madrepora fascicularis;*
> *Millepora cellulosa,*
> — *fascicularis,*
> — *truncata.*

3.e Classe. *Zoophytes formés de sous-carbonate de chaux, de sous-phosphate de chaux et d'une assez grande quantité de matière animale azotée.*

> *Madrepora polymorpha;*
> *Iris ochracea;*
> *Coralina opuntia;*
> *Gorgonia nobilis* (corail rouge).

4.e Classe. *Zoophyte formé presque exclusivement de matières organiques.*

> Éponge.

Elle est formée, selon M. Hatchett, de gélatine et d'albumine coagulée.

Depuis le travail de M. Hatchett, M. Vogel, de Munich, a examiné le corail, et il n'y a pas trouvé de sous-phosphate de chaux. Suivant lui, il est composé de

Acide carbonique 27,5
Chaux. 50,5
Magnésie 3
Oxide de fer 1
Sulfate de chaux 0,5
Débris animaux. 0,5
Eau 5
Chlorure de sodium, trace.

Le principe colorant n'y est que dans une proportion foible. M. Fife annonce avoir découvert l'iode dans l'éponge. (Ch.)

ZOOPHYTOLITHES. (*Foss.*) Les oryctographes ont quelquefois employé cette dénomination pour désigner les polypiers fossiles. (Desm.)

ZOOTYPOITHES. (*Foss.*) On a autrefois nommé ainsi les pierres qui portent l'empreinte de quelque animal, ou de quelques-unes de ses parties. (D. F.)

ZOPHOSE, *Zophosis.* (*Entom.*) Nom d'un genre d'insectes coléoptères hétéromérés, de la famille des lucifuges ou photophyges, établi par M. Latreille pour y ranger quelques espèces placées auparavant avec les érodies.

Ce genre est ainsi caractérisé : antennes en fil; corps en carène en dessous; corselet court, transversal, échancré antérieurement. A l'aide de ces caractères il est facile de distinguer les espèces qu'on a ainsi rapprochées de toutes celles qui sont rangées dans les genres voisins (voyez l'article Photophyges, et consultez aussi la planche 14 de l'atlas de ce Dictionnaire, où nous avons fait représenter une espèce sous le n.° 8). En effet, dans les deux genres Érodie et Scaure, les pattes de devant, et surtout les cuisses, sont renflées; puis dans les Sépidies, les Akides et les Eurychores, le corselet et les élytres présentent des angles ou des lignes saillantes, tandis que dans les quatre autres genres le corps est lisse; mais dans les Blaps, les élytres se prolongent en une pointe mousse, et dans les Pimélies et les Tagénies le corselet n'est pas caréné en dessous.

On connoît peu les mœurs des zophoses, qui sont des insectes étrangers; elles sont probablement les mêmes que celles des insectes dont nous les avons rapprochés, c'est-à-dire, que sous l'état parfait ils se nourrissent de débris de végétaux et qu'ils aiment l'obscurité. C'est même de là que M. Latreille a tiré le nom, emprunté du grec Ζοφωεὶς, signifiant *ténébreux*, et Ζοφωσις, *obscurité*.

ZOPHOSE TORTUE; *Zophosis testudinarius*.

C'est l'espéce que nous avons fait figurer; elle est du cap de Bonne-Espérance. (C. D.)

ZOPILOTE. (*Ornith.*) Nom mexicain du catharte ou vautour urubu, que M. Vieillot a transporté au roi des vautours et au condor. Voyez ZOPILOTL, au mot VAUTOUR, tome LVI, pag. 540. (CH. D. et L.)

ZOPISSA. (*Bot.*) Dioscoride et ses commentateurs citent sous ce nom la poix qui, après avoir été employée à calfater les vaisseaux, en est enlevée après quelque temps, comme ayant besoin d'être renouvelée. Pendant son contact avec l'eau de mer, elle s'est imprégnée d'un principe salin, qui lui donne quelques propriétés particulières. Quelques-uns donnent le même nom à la simple poix extraite du pin. (J.)

ZOPLÈME. (*Bot.*) Tournefort, dans son Voyage du Levant, dit qu'on nomme ainsi à Pruse, ville d'Asie, l'hellébore, qui croît dans ses environs, et qui est regardé comme le véritable hellébore des anciens : c'est l'*helleborus orientalis* de M. de Lamarck ; l'HELLÉBORE du Levant. Voyez ce mot. (J.)

ZOPOBOTIN. (*Bot.*) Dénomination égyptienne du zéodaire. (LEM.)

ZOPYROS. (*Bot.*) Pline dit que quelques personnes nommoient ainsi de son temps le clinopode, qui est une plante labiée. (J.)

ZORAW. (*Ornith.*) Nom polonois de la grue. (CH. D. et L.)

ZORBEH. (*Bot.*) Voyez KURRES. (J.)

ZORCA. (*Ornith.*) Selon Cetti, ce nom seroit donné en Sardaigne à une espéce de petit-duc, qu'il caractérise assez vaguement. Il auroit huit ou neuf plumes de couleur jaune-verdâtre sombre à chacune de ses aigrettes auriculaires. (DESM.)

ZORILLA et ZORILLE. (*Mamm.*) Espéce de carnassier du genre Marte, qui habite l'Afrique australe. Son nom est un diminutif de *zorra* qui, en espagnol, signifie *renard*.

Le nom de *zorillos* est aussi donné par les Espagnols à plu-

sieurs mammifères de l'Amérique méridionale, qui appartiennent au genre Moufette. (Desm.)

ZORILLE. (Bot.) M. Poiret, dans le Dictionnaire encyclopédique. a donné sous ce nom le *Gompholobium*, genre de
légumineuses, très-voisin du *Podalyria*, si même il en diffère.
Voyez Gompholobe. (J.)

ZORIN. (*Bot.*) Nicolson cite sous ce nom caraïbe une espèce de *bignonia* grimpante, qu'il dit, d'après Barrère, être
la Liane rouge de Cayenne. Voyez ce mot. (J.)

ZORKES. (*Mamm.*) Nom du daim dans Élien. (Desm.)

ZORNIA. (Bot.) Ce nom générique, conservé à un genre
de plantes légumineuses, détaché de l'*Hedysarum* de Linnæus,
avoit aussi été donné par Mœnch à des espèces de *dracoce-
phalum*, dont le calice n'étoit pas exactement bilabié. (J.)

ZORNIA. (*Bot.*) Genre de plantes dicotylédones, à fleurs
complètes, papilionacées, de la famille des *légumineuses*, de
la *diadelphie décandrie* de Linnæus, offrant pour caractère
essentiel : Un calice persistant, campanulé, à cinq lobes,
les deux supérieurs très-grands; une corolle papilionacée;
l'étendard rabattu; dix étamines diadelphes; cinq anthères
linéaires, alongées; cinq autres plus petites, ovales-arrondies;
un ovaire supérieur, sessile; le stigmate obtus; une gousse
comprimée, hérissée, à quatre ou six articulations orbiculaires, monospermes, indéhiscentes. Les fleurs sont accompagnées de deux bractées.

Zornia a deux folioles : *Zornia diphylla*, Poir.; *Hedysarum
diphyllum*, Linn., *Spec.*; Pluk., *Almag.*, tab. 246, fig. 6, et
tab. 102, fig. 1, *an var.?*, et Burm., *Zeyl.*, tab. 50, fig. 1.
Cette plante a des tiges grêles, couchées, cylindriques, légèrement pubescentes; les rameaux touffus, filiformes, nombreux; les feuilles alternes, pétiolées, composées de deux
folioles glabres, lancéolées, aiguës, ponctuées en dessous,
longues d'environ six lignes, entières; deux stipules étroites,
lancéolées, droites, aiguës, ponctuées. De l'aisselle des feuilles
sortent des épis longs de deux ou trois pouces, simples,
très-droits, presque entièrement couverts de bractées imbriquées, ovales, aiguës, ponctuées, ciliées à leurs bords, marquées de nervures. Les fleurs sont fort petites, sessiles; le calice est glabre, et a ses divisions lancéolées, aiguës. La corolle

est un peu plus longue que le calice : il lui succéde une gousse
courte, à peine plus longue que les bractées, composée de
deux ou trois articulations ovales, comprimées, pubescentes,
hérissées d'aiguillons courts, subulés. Cette plante croit dans
les Indes orientales. On la trouve également à Cayenne et
à Saint-Domingue.

Linné avoit présenté comme variété la plante figurée par
Plukenet et Burman. Willdenow en a fait une espèce sous
le nom d'*hedysarum conjugatum* : elle diffère de la précédente
par ses tiges droites, bien moins rameuses, par ses feuilles
ovales et non lancéolées, par ses gousses ordinairement plus
longues, plus larges, épineuses, mais non pubescentes. Elle
croit dans l'Inde et à l'île de Ceilan.

Zornia a grandes bractées : *Zornia bracteata*, Walth.,
Flor. Carol.; *Zornia tetraphylla*, Mich., *Amer.*; *Hedysarum
tetraphyllum*, Willd., *Spec.* Cette plante a des racines grêles,
peu rameuses, à filamens capillaires : elles produisent une
tige haute d'environ un pied, foible, grêle, a peine rameuse, glabre, garnie de feuilles alternes, pétiolées, composées de quatre folioles presque sessiles, à l'extrémité du
pétiole commun, ouvertes, en digitation, inégales, étroites,
oblongues, lancéolées, glabres, entières, aiguës à leurs deux
extrémités, longues d'un pouce et plus, larges d'environ trois
lignes; les pétioles filiformes; des stipules membraneuses,
courtes, lancéolées, aiguës. Les fleurs sont axillaires ou terminales, petites, alternes, sessiles, disposées en un épi droit,
renfermées chacune entre deux grandes bractées, larges,
ovales, un peu arrondies. Le calice est court, campanulé,
presque à deux lèvres, à cinq dents: la corolle petite, cachée par les bractées; l'étendard réfléchi, échancré en cœur;
les anthères alternativement oblongues et globuleuses. Les
gousses sont étroites, linéaires, un peu plus longues que les
bractées; les articulations ovales, comprimées, hérissées de
poils courts et roides. Cette plante croît dans la Caroline du Sud.

Zornia a feuilles de thym : *Zornia thymifolia*, Kunth, *in*
Humb. et Bonpl., *Nov. gen.*, 6, pag. 514. Ses tiges sont un
peu ligneuses, diffuses et rameuses, filiformes, longues de trois
ou quatre pouces, cylindriques et pubescentes. Les feuilles
sont alternes, pétiolées, conjuguées; les folioles médiocre-

ment pédicellées, oblongues, aiguës, entières, glabres en dessus, un peu pubescentes et plus pâles en dessous, ponctuées à leurs bords de petites glandes; elles sont pourvues de deux stipules oblongues, obliques, un peu aiguës à leurs deux extrémités, persistantes. La tige se termine par deux ou trois épis axillaires, pédonculés, chargés de quatre ou huit fleurs sessiles; le rachis est un peu flexueux, filiforme et pubescent; les bractées sont grandes, ovales, aiguës; le calice est campanulé, à cinq lobes blanchâtres, diaphanes, glabre, persistant; les deux supérieurs sont grands, arrondis; les latéraux beaucoup plus petits; l'inférieur est ovale-lancéolé, acuminé; la corolle un peu plus longue que les bractées; les pétales sont munis de longs onglets; l'étendard est orbiculaire, en rein, une fois plus long que le calice; les ailes sont un peu plus courtes; la carène est plus longue que les ailes; les anthères ont deux loges, les plus grandes sont linéaires, les plus petites un peu ovales; l'ovaire est sessile, linéaire, un peu comprimé, un peu velu vers son sommet; les gousses ont quatre articulations, longues de trois lignes, hérissées de pointes subulées. Cette plante croît dans le Mexique, proche Santa-Rosa. (Poir.)

ZORRA. (*Mamm.*) Nom espagnol du renard. Il a été appliqué à un carnassier américain du genre Glouton, le glouton atok de M. de Humboldt. (Desm.)

ZORZOL. (*Ornith.*) Nom espagnol des grives. (Ch. D. et L.)

ZOSTÈRE; *Zostera*, Linn. (*Bot.*) Genre de plantes monocotylédones, de la famille des *aroïdées*, Juss., et de la *monoécie monandrie*, Linn., dont le caractère principal est: d'avoir des fleurs monoïques ou dioïques renfermées dans la gaine des feuilles remplissant les fonctions de spathe, et contenant un spadice linéaire, unilatéral, dont les fleurs mâles occupent la partie supérieure, et les femelles l'inférieure. Dans les fleurs mâles : calice et corolle nuls; plusieurs étamines à anthères presque sessiles, ou une seule étamine à filament saillant, terminé par une anthère à quatre loges. Dans les fleurs femelles : calice et corolle comme dans les mâles; des ovaires ovales, comprimés, surmontés d'un style très-court, à stigmate subulé, bifide; une capsule membraneuse, monosperme.

Les zostères sont des plantes qui habitent dans la mer; elles ont des feuilles simples, étroites, fort longues, leurs fleurs sont renfermées dans la gaine des feuilles, et leur fructification s'opère dans les eaux sans s'élever à leur surface. On en connoît sept espèces.

Zostère marine; *Zostera marina*, Linn., *Spec.*, 1374. Sa tige est cylindrique, glabre, sarmenteuse, noueuse, divisée en rameaux courts, redressés, garnis de feuilles linéaires, entières, engaînantes à leur base, s'évasant sous la forme d'une spathe ouverte latéralement et renfermant un spadice linéaire, qui porte sur une de ses faces des anthères presque sessiles, placées dans la partie supérieure, et dans le bas des ovaires presque sessiles. Cette plante croît au fond de la mer, dans l'Océan et la Méditerranée.

Zostère de la Méditerranée; *Zostera mediterranea*, Decand., Fl. franç., 3, p. 154. Sa tige est cylindrique, glabre, sarmenteuse, articulée d'espace en espace, divisée en rameaux garnis de feuilles linéaires, engaînantes à leur base. Les fleurs sont dioïques, et naissent, à l'extrémité des rameaux, cachées dans la gaine des feuilles. Les fleurs mâles n'ont qu'une étamine à filament grêle, saillant, chargé d'une anthère à quatre loges. Les femelles ont des ovaires géminés, presque sessiles, surmontés d'un style filiforme, et d'un stigmate à deux divisions subulées, plus longues que le style. Les fruits sont des capsules monospermes, dépourvues de bec saillant. Cette espèce croît dans les eaux de la Méditerranée.

La zostère marine est l'espèce la plus commune et la plus généralement employée; on lui donne vulgairement le nom d'*Algue marine;* la seconde espèce est d'ailleurs aussi connue sous le même nom. En Suède et en Hollande on s'en sert dans quelques endroits pour couvrir les toits des habitations rustiques, et ceux-ci durent beaucoup plus long-temps que ceux qui sont faits avec de la paille ou des roseaux. Dans les cantons de la Suède où l'on construit les maisons avec des arbres posés longitudinalement les uns sur les autres, on bouche avec l'algue marine les interstices que laissent les arbres entre eux. Dans plusieurs endroits de la Hollande on revêt les digues avec des algues, leurs longues feuilles et leur élasticité étant très-propres à amortir l'impulsion des flots de la mer.

En Hollande, en Suède, en Danemarck, en Italie et en

France, sur les côtes de Bretagne et de Normandie, on se sert des algues pour faire de la litière aux bestiaux, et par suite on les emploie comme engrais pour fumer les terres; dans quelques-uns de ces pays on les emploie même immédiatement comme fumier, en les amassant seulement par tas qu'on laisse pourrir à moitié.

Dans quelques parties du Portugal on les fait servir à la nourriture des bestiaux, en ayant auparavant le soin de les dessaler en les lavant à plusieurs reprises dans l'eau douce.

En France, et surtout en Angleterre, les habitans des côtes de la mer les brûlent, après les avoir fait sécher dans des trous préparés à cet effet, et ils en retirent un alcali minéral ou soude, qui est employé dans la fabrication du verre ou du savon.

En Suède et en Danemarck la zostère marine est communément employée par les habitans de la classe peu fortunée, et dans les établissemens publics, comme les hôpitaux, à faire des matelas; la souplesse et l'élasticité de ses feuilles la rendent très-propre à cet usage. Avant de former ces matelas, on a soin de débarrasser les algues de toutes les matières étrangères qui peuvent y être attachées, et à cet effet on les lave à plusieurs reprises dans de l'eau douce, ce qui leur enlève en même temps l'odeur de marée dont elles sont fortement imprégnées dans le moment où on les recueille sur les bords de la mer, dans les lieux où les vagues les déposent naturellement. Après les avoir lavées, on les fait sécher en les étendant sur un pré, comme du foin, et en les retournant de temps en temps pour faciliter la dessiccation. Dans les ports de mer, on se sert encore des algues marines pour emballer les objets fragiles, comme faïence, porcelaine, verre, etc.

En Hollande on a essayé, dit-on, avec succès, de fabriquer du papier avec les algues marines. (L. D.)

ZOSTEROPS; *Zosterops*. (*Ornith.*) Ce genre d'oiseau a été établi par MM. Vigors et Horsfield, dans le tome 15, p. 234, des Trans. de la Société linnéenne de Londres. Ces naturalistes lui assignent les caractères suivans :

Bec médiocre, grêle, arqué; mandibule supérieure à peine échancrée; narines basilaires, linéaires, longitudinales, recouvertes d'une membrane ; ailes médiocres ; première et cinquième rémiges à peu près égales ; deuxième, troisième et quatrième un peu plus longues, presque égales ; les premières des plumes secondaires les dépassent un peu en longueur ; pieds assez robustes et assez alongés ; tarses scutellés en avant ; queue égale ; tête petite, forte ; œil entouré d'un cercle de plumes blanches soyeuses, formant un bourrelet (de Ζωστηρ, cercle, οψ, œil).

Ce genre, démembré des *sylvia* de Latham, auroit pour type le *motacilla maderaspatana* de Linnæus (*sylvia madagascariensis* de Latham). MM. Vigors et Horsfield lui adjoignent le *sylvia annulosa* de Swainson, *Illustr.*, pl. 165, sous le nom de *zosterops dorsal*, qui est de la Nouvelle-Hollande (*Zosterops dorsalis*, Vig. et Horsf., Transact., p. 235). Cet oiseau est jaunâtre, a le dos cendré ; une raie noire en avant et au-dessus des yeux ; il est blanc-jaunâtre en dessous ; la gorge est d'un jaune pâle ; les flancs sont teints de ferrugineux ; le bec et les pieds d'un jaune fauve : les orbites sont recouverts de plumes blanches. Il a de longueur totale, six pouces environ, et habite les environs de Sidney et de Paramatta à la Nouvelle-Hollande.

Cette espèce est parfaitement figurée dans le tome 3, pl. 165 des Illustrations zoologiques de M. Swainson. (Lesson.)

ZOTTENFISCH. (*Ichthyolog.*) Nom allemand du *tétrodon spenglérien.* Voyez Tétrodon. (H. C.)

ZOUCANTHE. (*Bot.*) Voyez Exoacantha. (Poir.)

ZOUCET ou ZOUCHET. (*Ornith.*) Ainsi est appelé parfois le castagneux, d'après le nom qu'il portoit chez les anciens. (Ch. D. et L.)

ZOYDIA. (*Bot.*) M. Persoon (ou peut-être son imprimeur) a substitué ce nom à celui du *Zoysia* de Willdenow, genre de graminées. (J.)

ZOZIMA. (*Bot.*) Genre de la famille des ombellifères, fondé par Hoffmann sur l'*heracleum absinthifolium* de Ventenat, le *tordylium absinthifolium* de Persoon. Il est caractérisé ainsi : Involucres universels et particuliers, polyphylles, persistans ; fleurs presque égales ; calice renflé, à cinq dents ; pétales presque égaux, obovales, fléchis en dedans, émarginés ; laciniule oblique, linéaire, pointue, courbée ; fruit comprimé,

velu, émarginé, ovale-arrondi, à bordure double; l'extérieure renflée, entourée par l'intérieure, hyaline. Graines à
trois stries, à quatre raies se recouvrant, pointues des deux
côtés, tomenteuses, à commissure plane, à deux raies glabres; raies du dos semblables, parallèles; spermodion sétacé,
bipartite. Ici Hoffmann place l'*Heracleum*, désigné sous le
nom de *zozima orientalis*. Curt Sprengel laisse cette espèce dans
le genre *Heracleum*. (Lem.)

ZUBR. (*Mamm.*) Nom polonois de l'aurochs. Voyez l'article Bœuf. (Desm.)

ZUCCA. (*Bot.*) Commerson, dans son Herbier de l'île de
Bourbon, avoit inscrit sous ce nom une plante ayant le port
d'une cucurbitacée, munie d'une grande fleur axillaire et
solitaire, consistant en une grande bractée verte, en forme
de cœur, qui entoure un grand calice blanc en cloche, à
cinq divisions, muni à sa base de cinq appendices extérieures
et intérieurement de cinq étamines distinctes, dépourvues
d'ailleurs d'ovaire : ce qui annonce que la plante est dicline
et que cette fleur est mâle, telle que nous l'avons consi-
gnée dans le *Genera plantarum*, à la suite du *Passiflora*. On
doit désirer que quelques nouvelles recherches dans l'île de
Bourbon puissent aider à compléter le caractère de cette
plante. (J.)

ZUCCAGNE, *Zuccagnia*. (*Bot.*) Genre de plantes dicotylédones, à fleurs complètes, polypétalées, irrégulières, de la
famille des *légumineuses*, de la *décandrie monogynie* de Linnæus, offrant pour caractère essentiel : Un calice turbiné,
persistant, coloré, à cinq divisions; l'inférieure un peu plus
longue; cinq pétales ovales; le supérieur plus large et concave; dix étamines libres; les filamens velus à leur base; les
anthères ovales, à deux lobes; l'ovaire supérieur, comprimé;
le style courbé; le stigmate infundibuliforme; une gousse comprimée, à une seule loge, à deux valves, couverte de longs
poils en crinière; une seule semence attachée au sommet de
la suture des valves par un pédicelle court.

Ce genre, établi par Cavanilles, est consacré au docteur
Attilius Zuccagni, censeur royal, directeur du jardin de botanique de Florence. Il se rapproche des *hœmatoxylum*, dont il
diffère par le pétale supérieur de la corolle, plus grand et con-

cave, par la forme de ses gousses et par l'attache des semences.

Thunberg avoit établi sous ce nom un genre de la famille des *liliacées*, adopté par Willdenow, différent de celui de Cavanilles. Sa corolle est monopétale, à six divisions très-profondes ; les trois extérieures plus longues ; les capsules ovales et non ailées.

ZUCCAGNE PONCTUÉE ; *Zuccagnia punctata* , Cavan., *Ic. rar.*, 5 , tab. 405. Arbrisseau de quatre ou cinq pieds de haut, très-rameux, revêtu d'une écorce brune, ayant ses rameaux tortueux et glutineux, garnis de feuilles alternes, ailées, composées de folioles sessiles, alternes, petites, elliptiques. glutineuses, couvertes, à leurs deux faces, de points noirâtres fort petits. Les fleurs sont disposées, à l'extrémité des rameaux, en grappes simples, solitaires, un peu plus longues que les feuilles ; les pédoncules partiels épars, un peu plus longs que les fleurs, munis à leur base d'une petite bractée subulée. Le calice est glabre, d'un brun rougeâtre, un peu plus court que la corolle, à cinq divisions obtuses ; l'inférieure un peu plus longue ; la corolle d'un jaune de safran, traversée de lignes d'un jaune plus foncé ; les pétales sont ovales, petits, insérés sur le calice, rétrécis en onglet, élargis et arrondis au sommet ; les étamines libres, de la longueur de la corolle ; les filamens subulés, velus à leur partie inférieure, attachés à l'orifice du calice ; les anthères ovales, à deux lobes ; l'ovaire est ovale, comprimé, sessile et velu ; le style arqué, capillaire, un peu plus long que les étamines ; le stigmate court, rougeâtre, en forme d'entonnoir. Le fruit consiste en une gousse ovale , comprimée, couverte de longs poils roussâtres, longue d'environ trois lignes sur deux de large, à deux valves. Une seule semence, comprimée. brune, luisante, attachée au sommet des valves par un pédicelle court. Cette plante croît sur les montagnes du Chili : elle fleurit au mois de Janvier. (POIR.)

ZUCCAJUOLA. (*Entom.*) Dénomination italienne, appliquée à la courtilière ou taupe-grillon. (DESM.)

ZUCCARINIA. (*Bot.*) Genre de plantes dicotylédones, à fleurs complètes, monopétalées, régulières, de la famille des *rubiacées*, de la *pentandrie monogynie* de Linnæus, offrant pour caractère essentiel : Un calice persistant, à cinq dents ; une corolle tubuleuse ; le tube court ; le limbe droit , à cinq lòbes ; cinq étamines non saillantes, situées entre les lobes de la corolle ; les anthères linéaires ; un ovaire inférieur, couvert par un disque déprimé ; un style ; un stigmate bifide, à peine saillant ; une baie ovale , pédicellée , couronnée par le calice , à deux loges polyspermes ; les semences comprimées, disposées sur deux rangs dans chaque loge.

ZUCCARINIA A GRANDES FEUILLES : *Zuccarinia macrophylla* , Blume, *Flor. javan.*, fasc. 16, pag. 1007. Très-bel arbre , dont les plus jeunes rameaux sont comprimés , garnis de feuilles opposées, oblongues , elliptiques, disposées sur deux rangs opposés, longues de plus d'un pied , glabres, ondulées, acuminées, accompagnées de stipules géminées, en carène. Les pédoncules sont axillaires, solitaires ; ils se terminent par une tête de fleurs sessiles, accompagnées de bractées, réunies sur un réceptacle hémisphérique. Cette plante croit dans les forêts, sur les montagnes situées dans la partie occidentale de l'île de Java : elle fleurit dans le mois de Décembre. Les naturels la nomment *zibara*. (POIR.)

ZUCHNIDA. (*Bot.*) Nom de l'ortie dans l'île de Crête , cité par Belon. (J.)

ZUCHO. (*Bot.*) Suivant Belon , le laitron, *sonchus*, est ainsi nommé dans l'île de Crête. (J.)

ZUFALZEF, HUNEN, HANAB. (*Bot.*) Noms arabes du jujubier, cités par Daléchamps : c'est le *onnab* de Forskal et de Delile. (J.)

ZUIGERVISCH. (*Ichthyol.*) Voyez ZEELUYS. (H. C.)

ZULATIA. (*Bot.*) Une espèce de mélastome a été ainsi nommée par Necker. (J.)

ZUMBAL. (*Bot.*) Nom de la jacinthe des jardins dans la Syrie, et principalement aux environs d'Alep, où elle croit abondamment, suivant Rauwolf. Clusius l'écrit *zumbul*. (J.)

ZUMPALFISCHEL. (*Ichthyol.*) Voyez l'article SPITZLAUBEN. (H. C.)

ZUORINSIPET. (*Bot.*) Nom africain du genévrier, selon Mentzel. (J.)

ZUOSTE. (*Bot.*) Les Daces nommoient ainsi , suivant Ruellius, l'armoise, qui, pour d'autres, étoit le *sozusa* des Grecs. (J.)

ZUPHIE, *Zuphium*. (*Entom.*) Nom donné par M. Latreille à un genre de coléoptères créophages, pour y placer quelques espéces de carabes de Linné ou de galérites de Fabricius, et en particulier l'espèce dite *olens*, qui se trouve en Italie et en Espagne. Son corselet est en cœur, de couleur rousse; ses élytres bruns, avec trois taches rousses. (C. D.)

ZURA. (*Bot.*) Nom africain du *zizyphus œnoplia*, cité par Mentzel. (J.)

ZURAPHATE, ZURNABA, ZURNAPA. (*Mamm.*) Ces noms arabes sont ceux de la giraffe dans son pays natal. (DESM.)

ZURCHA. (*Ichthyol.*) Les Kalmouks appellent ainsi le brochet. Voyez ÉSOCE. (H. C.)

ZURLERITE. (*Min.*) C'est la même chose que la zurlite. Voyez l'article ci-après. (B.)

ZURLITE. (*Min.*) M. de Monticelli a donné dans sa Minéralogie vésuvienne, publiée en 1825 (pag. 592), les caractéres et la description de ce minéral, découvert et décrit par M. Remondini en 1810.

Ce minéralogiste lui avoit assigné pour forme primitive le cube; mais M. de Monticelli a reconnu que cette forme devoit être rapportée au prisme droit rectangulaire; ses formes secondaires périhexaèdre, périoctaèdre, péridodécaèdre, s'accordent assez bien avec cette détermination.

Le minéral ainsi nommé est peu dur; il se laisse rayer par l'acier, et ne raye pas le verre; sa couleur est le vert d'asperge, passant au vert noirâtre.

Sa texture est lamelloso-granulaire, à grains fins; sa pesanteur spécifique est de 5,27.

Il fait une foible effervescence dans l'acide nitrique, et s'y résout en gelée imparfaite; il fond au chalumeau en un verre bulleux.

Les cristaux de zurlite ont généralement un aspect mat; leur surface est âpre, même granuleuse; leur texture n'est point homogène, et ils paroissent composés de pyroxène, de calcaire spathique, et du minéral que le même auteur a nommé humboldtilite. Ils pourroient bien même n'être qu'une variété hétérogène ou d'humboldtilite ou de pyroxène; mais dans ce dernier cas il ne faudroit pas leur attribuer pour forme primitive un prisme droit.

Le nom de *zurlite* ou de *zurlerite* a été donné à cette substance en l'honneur de M. le chevalier de Zurlo.

Elle se trouve parmi les minéraux rejetés autrefois par le Vésuve, qui sont tous répandus en si grand nombre dans le vallon qui sépare la Somma du Vésuve actuel. (B.)

ZURRMA. (*Mamm.*) Nom calmouque du spermophile souslik. (Desm.)

ZURSACK. (*Bot.*) L'*amona muricata*, espèce de corossolier, est ainsi nommé à Surinam, suivant Sibylle Mérian. (J.)

ZURUMBETH. (*Bot.*) Voyez Zarneb. (J.)

ZURVADI. (*Mamm.*) Nom grec moderne du chevreuil. (Desm.)

ZUYGERFISCH. (*Ichthyol.*) Voyez Zeeluys. (H. C.)

ZUZYGIUM. (*Bot.*) Ce genre, de P. Browne, est le *myrtus zuzygium* de Linnæus. Voyez à l'article Calyptranthe. (J.)

ZWAARDVISCH. (*Ichthyol.*) Nom hollandois de l'Espadon. Voyez ce mot et Zaagvisch. (H. C.)

ZWEISTACHEL. (*Ichthyol.*) Nom allemand du loup de mer, *perca labrax.* Voyez Persèque. (H. C.)

ZWEISTACHELICHTER HORNFISCH. (*Ichth.*) Nom allemand du *triacanthe double-aiguillon.* Voyez à l'article Triacanthe. (H. C.)

ZWERGDORSCH. (*Ichthyol.*) Un des noms allemands du capelan. Voyez Morue. (H. C.)

ZWINGERA. (*Bot.*) Ce genre d'Aiton est le *Nolana* de Linnæus; le *Zwingera* de Heister est le *Ziziphora*; celui de Schreber est le *Simaba* d'Aublet. (J.)

ZYBB-ALKAA, HODAR. (*Bot.*) Noms arabes de l'*orobanche tinctoria* de Forskal, qui est parasite sur des vieilles racines. Delile regarde le *lathræa quinquefolia* de cet auteur comme la même plante. (J.)

ZYÉGÉE, *Zoegea.* (*Bot.*) Ce genre de plantes appartient à l'ordre des Synanthérées, à la tribu naturelle des Centauriées, à la section des Centauriées-Prototypes, à la sous-section des Jacéinées, et au groupe des Jacéinées vraies, dans lequel nous l'avons placé entre les deux genres *Cheirolophus* et *Psephellus.* (Voyez notre tableau des Centauriées, tom. XLIV, pag. 35 et 36; tom. L., pag. 247.)

Voici les caractères du genre *Zoegea*, tels que nous les avons observés sur des individus vivans, cultivés au Jardin du Roi.

Calathide très-radiée : disque multiflore, régulariflore, androgyniflore ; couronne unisériée, obliguliflore, neutriflore. Péricline campanulé, égal ou supérieur aux fleurs du disque, formé de squames régulièrement imbriquées, appliquées, coriaces, striées, plurinervées ; les extérieures et les intermédiaires ovales, surmontées d'un appendice non décurrent, ovale-lancéolé, scarieux, roussâtre, garni sur ses deux côtés et son sommet de très-longs filets grêles, mous, non ciliés, un peu élargis et laminés à leur base ; les squames intérieures oblongues, surmontées d'un appendice oblong, simple, scarieux, blanchâtre, denté au sommet, radiant. Clinanthe épais, charnu, plan, garni de fimbrilles libres, longues, inégales, laminées, linéaires-subulées. *Fleurs du disque* : Ovaire (souvent stérile dans les fleurs extérieures) comprimé bilatéralement, obovale, un peu ridé transversalement au sommet, garni de poils très-fins, épars, fugaces ; aréole basilaire très-oblique-intérieure dans une échancrure ; bourrelet apicilaire distinct, saillant, un peu laminé, cartilagineux, crénelé ; aigrette normale, parfaite, double : l'extérieure longue deux fois comme l'ovaire, composée de squamellules quinquésériées, régulièrement imbriquées, étagées, linéaires, très-obtuses au sommet, laminées, subtriquètres, garnies sur les deux côtés et sur l'arête dorsale de barbelles courtes, très-régulièrement disposées, égales, contiguës, dressées obliquement, droites et roides ; l'aigrette intérieure (très-appliquée sur la base de la corolle) régulière, longue comme le tiers de l'ovaire, composée de dix squamellules unisériées, égales, contiguës, entregreffées à la base, oblongues, membraneuses-charnues, jaunâtres supérieurement, nues, tronquées et denticulées au sommet. Corolle (jaune) régulière, glabre, à limbe très-profondément divisé, ayant la partie indivise subglobuleuse, et les lanières très-longues, linéaires. Étamines à filets un peu papillés ; appendices apicilaires des anthères libres, courts, droits, arrondis au sommet. Style à deux stigmatophores très-longs et entregreffés. Nectaire élevé, cylindrique, tubulé supérieurement, denticulé. *Fleurs de la couronne* : Faux-ovaire grêle, glabre , inaigretté. Corolle (jaune) à tube grêle, à limbe long, oblong, obligulé, c'est-à-dire comme fendu jusqu'à sa base sur la face externe ou inférieure, tri- quadridenté au sommet.

On ne connoît qu'une seule espèce de ce genre, la *Zoegea leptaurea*, Linn., qui est une plante orientale, herbacée, annuelle, à feuilles sessiles, oblongues, très-entières, et à calathides fort élégantes, composées de fleurs jaunes. Linné fils avoit attribué au même genre une seconde espèce, qu'il nommoit *capensis* : mais elle n'étoit point du tout congénère de l'espèce primitive, et l'Héritier l'a rapportée à son genre *Relhania*.

Le genre *Zoegea*, dont le nom dérive de celui d'un botaniste suédois, fut établi par Linné, en 1767, dans son *Mantissa plantarum*. L'auteur le distingua du *Centaurea* par la forme des corolles de la couronne, qu'il assimiloit aux corolles ligulées, quoiqu'elles offrent précisément une disposition tout-à-fait inverse, ce que nous exprimons en disant que ces corolles sont obligulées (*obligulatæ, obverse ligulatæ*). Ce caractère, qu'on ne retrouve dans aucun autre genre, suffit à nos yeux pour constituer celui-ci, parce que nous distribuons les Centauriées en une quarantaine de genres : mais puisque Linné, sans avoir égard à beaucoup de différences caractéristiques autant et plus notables que celle-ci, avoit confondu toutes les autres Centauriées dans son grand genre *Centaurea*, il commettoit certainement une inconséquence en proposant le genre *Zoegea*. M. de Lamarck a donc eu de justes motifs pour supprimer ce genre en le réunissant au *Centaurea*. Cependant M. De Candolle, qui, dans le tome 16 des Annales du Muséum (pag. 158), divise en plusieurs genres le groupe naturel des Centauriées, n'auroit pas dû, selon nous, réunir le *Zoegea* au *Cyanus*. La couronne du *Zoegea* offre l'exemple le plus manifeste des corolles que nous avons nommées *intracrescentes* (tom. L, pag. 246), c'est-à-dire dont la force d'accroissement est plus grande sur la face intérieure que sur l'extérieure. Cette disposition peu commune n'existe qu'à un degré beaucoup moindre dans quelques autres Centauriées où on la retrouve.

Parvenu au terme de la carrière que nous devions parcourir, il nous reste encore à remplir l'engagement que nous avons pris dans notre article SYNANTHÉROLOGIE (tom. LI, pag. 446). Nous allons donc insérer ici une double table générale, méthodique et alphabétique, des matières concernant la Synanthérologie, avec des renvois indiquant les volumes et les pages de ce Dictionnaire où elles sont traitées. Dans l'article qui vient d'être cité, nous avons démontré l'indispensable nécessité de cette double table, qui seule peut donner la clef de tout notre travail, le tirer du chaos où il est enseveli, en rapprocher les élémens épars, en offrir le résumé, lui conférer enfin le degré d'utilité dont il est susceptible.

Notre *Table méthodique* est divisée en deux parties, dont la première offre le *Tableau synoptique de la Synanthérologie*, avec l'indication des volumes et des pages où chaque matière est traitée ; la seconde présente le *Tableau synoptique des Synanthérées*, c'est-à-dire, la liste nominale de tous les genres ou sous-genres méthodiquement classés dans les vingt tribus naturelles et dans leurs sections et sous-sections, avec les caractères abrégés de ces tribus et de leurs divisions et subdivisions. Il n'y a point de renvois indicatifs dans cette seconde partie de la table méthodique. parce qu'il sera plus commode de les chercher dans la table alphabétique.

Cette *Table alphabétique* est, comme la précédente, divisée en deux parties : mais la première est consacrée aux articles concernant l'ordre, les *tribus*, les *sections*, les *sous-sections*, les *groupes ;* la seconde a pour objet les *genres* et les *sous-genres.* Il nous paroît inutile de comprendre dans cette table les articles mentionnés avec des renvois indicatifs dans la première partie de la table méthodique, où on les trouvera très-facilement. Chaque article. soit de la première, soit de la seconde partie, de la table alphabétique, est suivi d'un renvoi indicatif des tomes et des pages.

TABLE MÉTHODIQUE.

1.

TABLEAU SYNOPTIQUE DE LA SYNANTHÉROLOGIE.

Nous voulions indiquer par des renvois, sous chacun des titres énoncés dans ce *Tableau*, tous les endroits du Diction-

naire qui s'y rapportent, et où le sujet dont il s'agit a été
successivement traité ou remanié plusieurs fois, avec des
additions, des changemens, des modifications, des correc-
tions, des éclaircissemens, des complémens, des supplémens,
etc. Mais il auroit fallu pour cela compulser bien exactement le texte entier de tous nos articles dispersés dans une
soixantaine de volumes : car nous avons habituellement inséré des considérations générales sur toutes les matières de
la Synanthérologie dans une foule d'articles, dont les titres
n'annoncent que des descriptions particulières de genres et
d'espèces. Le peu de temps qui nous est donné pour faire
ces tables, ne nous permettant pas d'entreprendre un travail
aussi long et aussi minutieux, nous nous bornons à indiquer
les principaux endroits auxquels il faut recourir pour avoir
une notion suffisante de chaque sujet.

SYNANTHÉROLOGIE.—volume 51, page 443 ; v. 10, p. 131 ; etc.

PREMIÈRE PARTIE. SYNANTHÉROTECHNIE. — v. 51 , p. 446; v.
10, p. 152 ; etc.

Chapitre I. *Histoire de la Synanthérologie.* — v. 51, p. 446 ;
v. 10, p. 152 ; v. 20, p. 389; v. 16, p. 6 ; etc.

Chapitre II. *Glossologie synanthérologique.* — v. 51, p. 447 ;
v. 10, p. 133 ; etc.

Chapitre III. *Théorie des Genres de Synanthérées.* — v. 51,
p. 447 ; v. 10, p. 157 ; etc.

1.er Article. Établissement d'une règle pour la formation
des genres. — ibidem ; etc.

2.e Article. Des avantages et des inconvéniens de la mul-
tiplicité des genres. — ibidem ; v. 23, p. 569; etc.

3.e Article. Sur l'évaluation respective des différens caractères génériques. — v. 51, p. 447; v. 10, p. 158; etc.

4.e Article. De la forme des descriptions génériques. —
v. 51, p. 448; v. 10, p. 158 ; v. 25, p. 470; etc.

5.e Article. Des Sous-genres. — v. 51, p. 448 ; v. 23,
p. 571 ; etc.

Chapitre IV. *Théorie des Tribus naturelles et de leurs sections, dans l'ordre des Synanthérées.* — v. 51, p. 449; v. 10,
p. 155 ; etc.

1.er Article. Des organes propres à caractériser les tribus
naturelles. — ibidem ; etc.

II.

Tableau synoptique des Synanthérées.

Ce *Tableau* ne comprend que les genres observés par nous-même, et ceux sur lesquels nous avons trouvé dans les livres des documens suffisans pour les classer avec assurance, ou tout au moins avec une probabilité satisfaisante, dans les différentes divisions et subdivisions de notre méthode. Nos lecteurs y chercheroient donc en vain les noms de plusieurs genres récemment proposés par divers botanistes, et qui nous sont tout-à-fait inconnus, ou dont nous n'avons pas de notion suffisante.

Nous admettons dans ce *Tableau* 719 genres, dont environ 324 ont été créés par nous : mais loin de prétendre que tous ces genres doivent être conservés, nous déclarons que la plupart de ceux dont nous sommes l'auteur ne sont tout au plus que des sous-genres, et que nous ne les avons proposés que pour appeler l'attention des botanistes sur les espèces qui offrent dans leurs caractères génériques quelque particularité remarquable, et surtout pour mettre en évidence toutes les modifications de la structure et toutes les nuances des affinités.

Le mot *ordinairement* est toujours sous-entendu dans l'énoncé des caractères de nos tribus et de leurs divisions ; car on ne peut assigner à ces groupes naturels, fondés principalement sur l'ensemble des affinités, que des caractères *ordinaires*, *centraux* ou *typiques*, c'est-à-dire, qui existent dans le plus grand nombre des plantes composant le groupe, et surtout dans celles qui en occupent le centre ou qui en offrent le véritable type.

Pour satisfaire au vœu des botanistes, nous présentons ici sous une forme abrégée les caractères de nos tribus et de leurs sections, en les réduisant à la plus simple expression qu'ils puissent comporter. Nous ne pouvons opérer cette réduction qu'en abandonnant la plupart des caractères propres à chaque groupe, et en conservant de préférence ceux qui peuvent s'exprimer en peu de mots. Malheureusement presque tous ces caractères sont très-foibles isolément, et ils n'ont de valeur que par leur réunion. Il s'ensuit que les signalemens abrégés offerts dans ce *Tableau* seront très-souvent insuffisans, et qu'il faudra encore recourir aux descriptions complètes indiquées par des renvois dans la première partie de la *Table alphabétique*.

Pour bien comprendre ces signalemens, et surtout pour en faire usage, il ne faut jamais oublier, 1.º que le vrai type de l'ovaire et de ses accessoires étant souvent altéré dans les fleurs marginales, et quelquefois dans les fleurs centrales de la calathide, il doit être observé dans les fleurs intermédiaires; 2.º que le type du style et des parties qu'il supporte n'existe sans altération que dans les fleurs hermaphrodites; et que, lorsqu'il n'y en a pas, il faut combiner la structure de cet organe dans la fleur femelle avec sa structure dans la fleur mâle; 3.º que le type de la corolle ne se trouve que dans les fleurs pourvues d'étamines parfaites, c'est-à-dire hermaphrodites ou mâles.

Les genres dont la classification est douteuse sont désignés dans ce *Tableau* par un point d'interrogation.

Les noms génériques mis quelquefois entre parenthèses, à la suite de ceux qui sont numérotés, indiquent tantôt des divisions de genres ou de sous-genres, tantôt des synonymes, tantôt des changemens de noms.

Nous avons ajouté à la suite de ce *Tableau* quelques Notes prises presque au hasard parmi un très-grand nombre que nous avions préparées pour les insérer en ce lieu ; mais après avoir tant écrit sur un même sujet, il faut modérer l'intempérance d'une plume qui fatigue l'écrivain et surtout ses lecteurs. Il est temps que nous abandonnions pour toujours un travail qui occupe presque tous nos loisirs depuis vingt ans, et que pourtant nous laissons très-imparfait et très-incomplet (*a*).

ORDRE DES SYNANTHÉRÉES.

Ire Tribu. LES LACTUCÉES.

Stigmatophores divergens, arqués en dehors, demi-cylindriques, ayant la face interne toute couverte de petites papilles stigmatiques, et la face externe entièrement garnie de poils-collecteurs, qui occupent aussi la partie supérieure du style. Corolle à cinq incisions, dont l'intérieure se prolonge jusqu'à la base du limbe, et dont les quatre autres sont extrêmement courtes.

Première section. LACTUCÉES-PROTOTYPES. Fruit aplati ou tétragone ; aigrette blanche, de squamellules filiformes très-foibles, à barbellules rares et peu saillantes.

I. Scolymées. = Clinanthe squamellifère.

1. *Scolymus.* — 2. *Myscolus.*

II. Urospermées. = Aigrette barbée.

3. *Urospermum.*

III. Lactucées-Prototypes vraies. = Aigrette barbellulée.

4. *Picridium.* — 5. *Lomatolepis.* — 6. *Rhabdotheca.* — 7. *Launæa.* — 8. *Ætheorhiza.* — 9. *Sonchus.* — 10. *Mulgedium* (*Agathyrsus*). — 11. *Lactuca.* — 12. *Phœnixopus.* — 13. *Mycelis.*

Seconde section. LACTUCÉES-CRÉPIDÉES. Fruit alongé, plus ou moins aminci vers le haut; aigrette blanche (quelquefois nulle), de squamellules filiformes, grêles, peu barbellulées, quelquefois barbées.

I. Lampsanées. = Aigrette nulle.

14. *Lampsana.* — 15. *Aposeris.* — 16. *Rhagadiolus.* — 17. *Koelpinia.*

II. Crépidées vraies. = Aigrette barbellulée.

18. *Chondrilla.* — 19. *Willemetia.* — 20. *Zacintha.* — 21. *Nemauchenes.* — 22. *Gatyona.* — 23. *Anisoderis.* — 24. *Barkhausia.* — 25. *Paleya.* — 26. *Catonia* (*Lepicaune, Hapalostephium*). — 27. *Crepis* (*Calliopea*). — 28. *Brachyderea.* — 29. *Phœcasium.* — 30. *Intybellia.* — 31. *Deloderium.* — 32. *Pterotheca.* — 33. *Ixeris.* — 34. *Taraxacum.* — 35. *Omaloclinę*

III. Picridées. = Aigrette barbée.

56. *Helminthia.* — 37. *Picris.* — 38. *Medicusia.*

Troisième section. Lactucées-Hiéraciées. Fruit court, aminci à la base, tronqué au sommet ; aigrette (quelquefois nulle ou stéphanoïde) de squamellules filiformes, fortes, roides, très-barbellulées, quelquefois accompagnées de squamellules paléiformes.

39. *Prenanthes.* — 40. *Nabalus* (*Harpalyce*). — 41. *Hieracium.* — 42. *Schmidtia* (*Æthonia*). — 43. *Drepania.* — 44. *Krigia.* — 45. *Arnoseris.* — 46. *Hispidella.* — 47. *Apatanthus.* — 48 ? *Moscharia.* — 49. *Rothia.* — 50. *Andryala.*

Quatrième section. Lactucées - Scorzonérées. Fruit cylindracé ; aigrette composée de squamellules à partie inférieure laminée, à partie moyenne épaisse et ordinairement barbée, à partie supérieure grêle et barbellulée.

I. Hypochéridées. = Aigrette barbée. Clinanthe squamellifère.

51. *Robertia.* — 52. *Piptopogon* (*Agenora*). — 53. *Seriola.* — 54. *Porcellites.* — 55. *Hypochœris.*

II. Scorzonérées vraies. = Aigrette barbée. Clinanthe nu.

56. *Geropogon.* — 57. *Tragopogon.* — 58. *Millina.* — 59. *Thrincia.* — 60. *Leontodon* (*Scorzoneroides*, *Oporinia*). — 61. *Asterothrix.* — 62. *Podospermum.* — 63. *Scorzonera.* — 64. *Lasiospora.* — 65. *Gelasia.*

III. Hyoséridées. = Aigrette barbellulée. Clinanthe nu.

66. *Agoseris.* — 67. *Troximon.* — 68. *Hyoseris.* — 69. *Hedypnois.*

IV. Catanancées. = Aigrette de squamellules paléiformes, ou barbées au sommet. Clinanthe nu ou fimbrillé.

70. *Hymenonema.* — 71. *Catanance.* — 72. *Cichorium.*

II.ᵉ Tribu. Les Carlinées.

Stigmate lisse, nu, sans papilles ni bourrelets. Étamines ayant les filets absolument nus, les appendices apicilaires longs et entregreffés inférieurement, les appendices basilaires très-longs et barbus. Corolle plus ou moins courbée en dehors. Calathide ordinairement incouronnée.

Première section. Carlinées-Xéranthémées. Aigrette de

squamellules paléiformes ou laminées, quelquefois accompagnées de squamellules filiformes ; rarement nulle.

1. *Xeranthemum.* — 2. *Xeroloma.* — 3. *Chardinia.* — 4. *Siebera.* — 5. *Nitelium.* — 6. *Dicoma.* — 7 ? *Lachnospermum.* — 8. *Cousinia.* — 9. *Stobæa.* — 10. *Cardopatium.*

Seconde section. CARLINÉES-PROTOTYPES. Péricline entouré de bractées foliacées, ordinairement dentées-épineuses, qui tantôt forment un involucre distinct attaché à sa base, tantôt forment les appendices de ses squames extérieures.

11. *Carlina.* — 12. *Milina.* — 13. *Carlowizia.* — 14. *Chamæleon.* — 15. *Acarna.* — 16. *Anactis.* — 17. *Atractylis.* — 18. *Spadactis.*

Troisième section. CARLINÉES-BARNADÉSIÉES. Corolle velue.

19. *Barnadesia.* — 20. *Diacantha.* — 21. *Bacasia.* — 22. *Dasyphyllum.* — 23. *Dolichostylis.* — 24. *Chuquiraga.*

Quatrième section. CARLINÉES-STÉHÉLINÉES. Aigrette de squamellules filiformes. Péricline dénué de bractées. Corolle glabre.

25. *Proustia.* — 26 ? *Plazia.* — 27 ? *Flotovia.* — 28. *Stifftia.* — 29. *Gochnatia.* — 30. *Hirtellina.* — 31. *Barbellina.* — 32. *Stæhelina.* — 33. *Arction.* — 34. *Lagurostemon.* — 55. *Saussurea.* — 36. *Theodorea.*

III.ᵉ Tribu. LES CENTAURIÉES.

Ovaire muni de poils, et dont l'aréole basilaire est au-dessus de la base rationnelle, sur le côté intérieur, dans une échancrure. Stigmate lisse, nu, sans papilles ni bourrelets. Étamines à filets poilus ou papillés. Corolle courbée en dehors. Calathide pourvue d'une couronne de fleurs neutres, non ligulées.

Première section. CENTAURIÉES-PROTOTYPES. Aigrette ordinairement double, composée de squamellules dont les plus longues sont filiformes-laminées, étrécies de bas en haut, munies de barbelles ou quelquefois de barbellules.

I. Jacéinées. = Appendices intermédiaires du péricline scarieux, au moins en grande partie.

A) Jacéinées vraies. Appendices intermédiaires point ou presque point décurrens sur les bords des squames.

1. *Chartolepis.* — 2. *Phalolepis.* — 3. *Jacea.* — 4. *Pterolophus.*

— 5. *Platylophus.* — 6. *Stenolophus.* — 7. *Stizolophus.* — 8.
Ætheopappus. — 9. *Cheirolophus.* — 10. *Zoegea.* — 11. *Pse-*
phellus. — 12. *Heterolophus.*

(B) Cyanées. Appendices intermédiaires notablement décurrens sur les bords des squames.

13. *Melanoloma.* — 14. *Cyanus.* — 15. *Odontolophus.* — 16.
Lopholoma. — 17. *Acrolophus.* — 18. *Acrocentron.* — 19. *Hy-*
menocentron. — 20. *Crocodilium.*

II. Calcitrapées. = Appendices intermédiaires du péricline
entièrement cornés, piquans.

(A) Calcitrapées vraies. Appendices intermédiaires pennés.

21. *Cnicus.* — 22. *Mesocentron.* — 23. *Verutina.* — 24. *Tri-*
plocentron. — 25. *Calcitrapa.*

(B) Séridiées. Appendices intermédiaires palmés.

26. *Philostizus.* — 27. *Seridia.* — 28. *Pectinastrum.*

III. Centauriées-Prototypes vraies. = Appendices intermédiaires du péricline nuls, presque nuls, ou très-petits.

29. *Microlophus.* — 30. *Piptoceras.* — 31. *Mantisalca* (ou
Microlonchus). — 32. *Centaurium.* — 33. *Crupina.*

Seconde section. Centauriées - Chryséidées. Aigrette ordinairement simple, composée de squamellules dont les plus
longues sont paléiformes, élargies de bas en haut, ou étrécies
vers la base, dentées, mais privées d'appendices distincts.

I. Chryséidées vraies. = Aigrette simple. Appendices intermédiaires du péricline tantôt nuls, tantôt scarieux ou cornés, tantôt spiniformes.

34. *Alophium.* — 35. *Spilacron.* — 36. *Goniocaulon.* — 37.
Volutarella. — 38. *Cyanopsis* (ou *Cyanastrum*). — 39. *Chryseis.*

II. Fausses Chryséidées. = Aigrette double. Appendices
intermédiaires du péricline foliacés.

40. *Kentrophyllum* (ou *Centrophyllum.*) — 41 ? *Hohenwartha.*

IV.ᵉ Tribu. Les Carduinées.

Ovaire parfaitement glabre. Stigmate lisse, nu, sans papilles ni bourrelets. Étamines à filets poilus ou papillés. Corolle courbée en dehors, et dont les deux incisions extérieures
sont plus profondes que les trois autres. Calathide presque
toujours incouronnée.

I. Carthamées. = Appendices du péricline plus larges que

le sommet des squames, foliacés, plus ou moins épineux. Fruit tétragone, peu ou point comprimé, privé de plateau. Appendice apicilaire de l'anthère arrondi au sommet.

1. *Carduncellus.* — 2. *Carthamus.*

II. Rhaponticées. = Appendices du péricline plus larges que le sommet des squames, scarieux, inermes ainsi que les feuilles.

3. *Cestrinus.* — 4. *Rhaponticum.* — 5. *Leuzea.* — 6. *Forni-* *cium.* — 7. *Stemmacantha.* — 8? *Acroptilon.*

III. Serratulées. = Appendices du péricline plus étroits que le sommet des squames, et inermes ainsi que les feuilles.

9. *Jurinea.* — 10. *Klasea.* — 11. *Serratula.* — 12. *Mastru-* *cium.* — 13. *Lappa.*

IV. Silybées. = Appendices du péricline plus larges que le sommet des squames, scarieux ou foliacés, dentés, épineux. Fruit oblong ou obové, comprimé, portant un plateau très-manifeste. Appendice apicilaire de l'anthère aigu.

14. *Alfredia.* — 15. *Echenais.* — 16. *Silybum.*

V. Cinarées. = Appendices du péricline larges ou étroits, coriaces, piquans au sommet. Fruit tétragone, à péricarpe dur.

17. *Cinara.* — 18. *Onopordon.*

VI. Lamyrées. = Appendices du péricline plus étroits que le sommet des squames, épais, très-roides, piquans au sommet. Fruit subglobuleux, à péricarpe dur.

19. *Platyraphium.* — 20. *Lamyra.* — 21. *Ptilostemon.* — 22. *Notobasis.*

VII. Carduinées vraies. = Appendices du péricline plus étroits que le sommet des squames, et piquans au sommet. Fruit oblong, comprimé, à péricarpe flexible.

23. *Picnomon.* — 24. *Lophiolepis.* — 25. *Eriolepis.* — 26. *Ono-* *trophe* (*Apalocentron, Microcentron*). — 27. *Cirsium.* — 28. *Or-* *thocentron.* — 29. *Galactites.* — 30. *Tyrimnus.* — 31. *Carduus* (*Platylepis, Chromolepis, Stenolepis*).

Ve Tribu. Les Échinopodées.

Ovaire cylindracé, non comprimé, dont la partie inférieure, amincie et alongée en forme de pédoncule, porte au-dessus de sa base des squamellules plurisériées, paléiformes, foliacées, coriaces, très-grandes, enveloppant le corps de l'ovaire et simulant un péricline uniflore. Stigmate lisse, nu, sans papilles ni bourrelets.

1. *Echinopus.*

VI.ᵉ Tribu. Les Arctotidées.

Stigmate dénué de papilles et de bourrelets. Étamines ayant les filets souvent papillés, les appendices apicilaires courts et libres, les appendices basilaires courts et nus. Corolle très-droite et très-régulière. Calathide radiée, à couronne de fleurs ligulées, rarement biligulées.

Première section. Arctotidées-Gortériées. Péricline plécolépide, c'est-à-dire, formé de squames plus ou moins entre-greffées.

1. *Hirpicium.* — 2. *Gorteria* (*Ictinus*). — 3. *Gazania.* — 4. *Melanchrysum.* — 5. *Cuspidia.* — 6. *Didelta.* — 7. *Favonium.* — 8. *Cullumia.* — 9. *Apuleja.* — 10. *Berkheya.* — 11. *Evopis.*

Seconde section. Arctotidées-Prototypes. Péricline chorisolépide, c'est-à-dire, formé de squames entièrement libres.

12. *Heterolepis.* — 13. *Cryptostemma.* — 14. *Arctotheca.* — 15 ? *Cymbonotus.* — 16. *Odontoptera.* — 17. *Stegonotus.* — 18. *Arctotis.* — 19. *Damatris.*

VII.ᵉ Tribu. Les Calendulées.

Ovaire privé d'aigrette, et dont le péricarpe acquiert en mûrissant un développement considérable. Stigmatophores très-courts, larges, obtus, divergens, arqués en dehors, ayant la face interne bordée de deux gros bourrelets stigmatiques oblitérés au sommet, et la face externe terminée en demi-cône muni de collecteurs. Anthères pourvues d'appendices basilaires subulés. Corolle régulière, à divisions demi-transparentes.

Première section. Calendulées-Prototypes. Calathide ordinairement grande. Péricline supérieur aux fleurs du disque, formé de squames subunisériées, à peu près égales, longues, étroites.

I. Ovaires de la couronne très-arqués en dedans.

1. *Calendula.*

II. Ovaires de la couronne presque droits.

2. *Blaxium*. — 3. *Meteorina*. — 4. *Arnoldia*. — 5. *Castalis*.

Seconde section. Calendulées-Ostéospermées. Calathide ordinairement petite. Péricline à peu près égal aux fleurs du disque, formé de squames paucisériées, un peu inégales, courtes, les intérieures larges.

I. Faux-ovaires du disque longs.

6. *Gibbaria*. — 7. *Garuleum*.

II. Faux-ovaires du disque courts.

8. *Osteospermum*. — 9. *Eriocline*.

VIII.ᵉ Tribu. Les Tagétinées.

Fruit très-long et très-étroit, ordinairement subcylindracé et strié, portant une aigrette composée de plusieurs squamellules persistantes, très-adhérentes, fortes, roides, fermes, cornées ou coriaces, point fragiles, point blanches, très-diversifiées du reste. Corolle à incisions ordinairement inégales. Péricline et feuilles munis de réservoirs glanduliformes, contenant un suc doué d'une odeur particulière, forte et désagréable.

Première section. Tagétinées-Dyssodiées. Péricline double, ou involucré, ou bisérié, ou imbriqué.

1. *Clomenocoma*. — 2. *Dyssodia*. — 3. *Schlechtendalia*. — 4. *Lebetina*.

Seconde section. Tagétinées-Prototypes. Péricline très-simple, formé de plusieurs squames unisériées, entregreffées jusques près du sommet.

5. *Hymenatherum*. — 6. *Tagetes*. — 7. *Diglossus*. — 8. *Enalcida*. — 9. *Thymophylla*.

Troisième section. Tagétinées - Pectidées. Péricline très-simple, formé de plusieurs squames unisériées, parfaitement libres jusqu'à la base.

10. *Porophyllum*. — 11. *Cryptopetalon*. — 12. *Pectis*. — 13. *Chthonia*.

IX.ᵉ Tribu. Les Hélianthées.

Ovaire obovoïde, à quatre faces limitées par quatre arêtes, dont deux souvent oblitérées. Stigmatophores divergens, arqués en dehors, demi-cylindriques inférieurement, semi-coniques supérieurement, munis de collecteurs sur la partie supérieure de leur face externe, et portant sur leur face

interne deux bourrelets stigmatiques papillulés, ordinairement contigus, qui s'oblitèrent et s'évanouissent vers le sommet. Antbères ordinairement noirâtres ou brunes. Corolle régulière, à divisions épaissies et papillées sur la face interne.

Première section. Hélianthées-Héléniées. Aigrette composée
de plusieurs squamellules paléiformes ou laminées, membraneuses, scarieuses, ou quelquefois filiformes-laminées et barbées.

I. Héléniées vraies. = Calathide radiée, à couronne ordinairement féminiflore, quelquefois neutriflore. Clinanthe ordinairement nu, rarement alvéolé ou fimbrillé.

1. *Schkuhria.* — 2. *Trichophyllum.* — 5. *Eriophyllum.* — 4.
Achyropappus. — 5. *Bahia.* — 6. *Actinea.* — 7. *Dugaldia.* — 8.
Helenium. — 9. *Tetrodus.* — 10. *Leptopoda.* — 11. *Balduina.* —
12. *Gaillardia.*

II. Galinsogées. = Calathide radiée, à couronne féminiflore. Clinanthe garni de vraies squamelles.

13. *Sabazia.* — 14. *Selloa.* — 15. *Leontophthalmum.* — 16.
Mocinna. — 17. *Galinsoga.* — 18. *Carphostephium.* — 19. *Ptilostephium.* — 20. *Sogalgina.* — 21. *Balbisia.* — 22. *Allocarpus.*
— 23. *Caleacte.*

III. Caléinées. = Calathide incouronnée. Clinanthe squamellifère.

24. *Calea.* — 25. *Calebrachys.* — 26. *Calydermos.* — 27. *Di-
merostemma.* — 28. *Marshallia.*

IV. Hyménopappées. = Calathide incouronnée. Clinanthe
inappendiculé.

29. *Cephalophora.* — 30. *Hymenoxys.* — 31. *Polypteris.* — 52.
Hymenopappus. — 53. *Florestina.*

Seconde section. Hélianthées-Coréopsidées. Ovaire obcom-
primé, c'est-à-dire dont le grand diamètre est de droite à
gauche ; aigrette le plus souvent formée de deux squamellules situées l'une à droite, l'autre à gauche, ordinairement
triquètres et continues avec l'ovaire.

I. Silphiées. = Disque masculiflore. Couronne féminiflore.
34? *Clibadium.* — 55. *Oswalda.* — 36. *Baillieria.* — 37. *Par-
thenium.* — 38? *Guardiola.* — 39. *Espeletia.* — 40. *Silphium.*

II. Synédrellées. = Disque androgyniflore. Couronne féminiflore.

41 ? *Tetragonotheca.* — 42 ? *Mnesiteon.* — 43. *Synedrella.* — 44. *Chrysanthellina.* — 45. *Neuractis.* — 46. *Glossocardia.* — 47. *Heterospermum.* — 48. *Glossogyne.* — 49. *Narvalina.* — 50. *Georgina.*

III. Coréopsidées vraies. = Disque androgyniflore. Couronne neutriflore (rarement nulle).

51. *Coreopsis.* — 52. *Calliopsis.* — 53. *Leachia.* — 54 ? *Peramibus.* — 55 ? *Heliophthalmum.* — 56 ? *Aspilia.* — 57. *Campylotheca.* — 58. *Cosmos.* — 59. *Kerneria.* — 60. *Bidens.*

Troisième section. Hélianthées-Prototypes. Ovaire comprimé bilatéralement, c'est-à-dire dont le grand diamètre est de dehors en dedans ; aigrette le plus souvent formée de deux squamellules situées l'une en dehors, l'autre en dedans, adhérentes ou caduques, filiformes, triquètres ou paléiformes.

I. Spilanthées. = Calathide incouronnée.

61. *Spilanthes.* — 62. *Platypteris.* — 63. *Ditrichum.* — 64 ? *Petrobium.* — 65. *Salmea.* — 66 ? *Isocarpha.* — 67. *Melanthera.*

II. Verbésinées. = Calathide à couronne féminiflore.

68. *Lipotriche.* — 69. *Blainvillea.* — 70. *Acmella.* — 71. *Sanvitalia.* — 72. *Zinnia.* — 73. *Tragoceros.* — 74. *Hamulium.* — 75. *Verbesina.* — 76. *Ximenesia.*

III. Hélianthées-Prototypes vraies. = Calathide à couronne neutriflore.

77. *Simsia.* — 78. *Encelia.* — 79. *Pterophyton.* — 80. *Helianthus.* — 81. *Harpalium.* — 82. *Leighia.* — 83. *Viguiera.*

Quatrième section. Hélianthées-Rudbeckiées. Aigrette stéphanoïde.

I. Rudbeckiées vraies. = Disque androgyniflore (rarement masculiflore au centre). Couronne neutriflore (rarement nulle).

(A) Feuilles ordinairement alternes.

84. *Tithonia.* — 85. *Echinacea.* — 86. *Dracopis.* — 87. *Obeliscaria.* — 88. *Rudbeckia.*

(B) Feuilles ordinairement opposées.

89. *Gymnolomia.* — 90. *Chaliakella.* — 91. *Wulffia.* — 92 ? *Tilesia.* — 93 ? *Podanthus.* — 94. *Euxenia.*

II. Héliopsidées. = Disque androgyniflore (rarement masculiflore au centre). Couronne féminiflore.

(A) Feuilles alternes. Calathides corymbées.

95.? *Ferdinanda.*

(B) Feuilles opposées. Calathides solitaires.

96. *Diomedea* (ou *Diomedella*). — 97. *Heliopsis.* — 98. *Kallias* (ou *Cailias*). — 99. *Pascalia.* — 100. *Helicta.* — 101. *Stemmodontia.* — 102. *Wedelia.* — 103. *Trichostephus* (*Trichostemma*). — 104. *Eclipta.*

III. Baltimorées. = Disque masculiflore. Couronne féminiflore.

105. *Baltimora.* — 106. *Fougeria* (ou *Fougerouxia*). — 107. *Diotostephus.* — 108. *Chrysogonum.*

Cinquième section. HÉLIANTHÉES-MILLÉRIÉES. Ovaire ordinairement épais ou large, arrondi vers le sommet, arqué en dedans, toujours absolument privé d'aigrette.

I. Millériées vraies. = Disque masculiflore.

(A) Millériées vraies, régulières. Clinanthe complétement et régulièrement garni de squamelles bien manifestes; péricline parfaitement symétrique ou régulier.

109. *Melampodium.* — 110. *Zarabellia.* — 111. *Alcina.* — 112. *Centrospermum.* — 113. *Polymniastrum.* — 114. *Polymnia.*

(B) Millériées vraies, irrégulières. Clinanthe tantôt incomplétement, irrégulièrement, ou imparfaitement squamellé, tantôt absolument privé de squamelles; péricline ordinairement plus ou moins irrégulier.

115. *Pronacron.* — 116. *Milleria.* — 117. *Meratia.* — 118. *Elvira.* — 119. *Riencourtia.* — 120. *Unxia.*

II. Sigesbeckiées. = Disque androgyniflore (ou quelquefois androgyni-masculiflore).

(A) Sigesbeckiées irrégulières. Clinanthe tantôt nu, tantôt irrégulièrement squamellé; péricline ordinairement plus ou moins irrégulier.

121. *Villanova.* — 122. *Madia.* — 123. *Biotia.* — 124. *Sclerocarpus.* — 125. *Enydra.* — 126. *Brotera.* — 127. *Flaveria.* — 128.? *Monactis.* — 129. *Eriocarpha.*

(B) Sigesbeckiées régulières. Clinanthe régulièrement squamellé; péricline régulier.

130. *Ogiera.* — 131. *Trimeranthes.* — 132. *Sigesbeckia.* — 133. *Jægeria.* — 134. *Guizotia.* — 135. *Zaluzania.* — 136. *Hybridella.*

X.ᵉ Tribu. Les Ambrosiées.

Ovaire glabre, lisse, privé d'aigrette. Stigmatophores bordés de deux gros bourrelets stigmatiques espacés, très-papillés. Anthères libres ; pollen un peu verdâtre. Corolle verdâtre, herbacée, imitant un calice, en forme de ligue, à divisions très-courtes. Fleurs unisexuelles.

I. Fausses Ambrosiées. = Calathides bisexuelles, discoïdes.

1. *Iva.*

II. Ambrosiées vraies. = Calathides unisexuelles ; les femelles et les mâles réunies sur le même individu.

2. *Xanthium.* — 3. *Franseria.* — 4. *Ambrosia.*

XI.ᵉ Tribu. Les Anthémidées.

Aigrette jamais composée de squamellules filiformes et appendiculées. Stigmatophores divergens, arqués en dehors, demi-cylindriques, dont la face interne est bordée d'un bout à l'autre par deux bourrelets stigmatiques non confluens, dont la face externe est glabre, et dont le sommet est tronqué et muni de collecteurs. Étamines ayant le filet greffé à la partie inférieure seulement du tube de la corolle ; l'article anthérifère subglobuleux ; les appendices basilaires nuls.

Première section. Anthémidées-Chrysanthémées. Clinanthe privé de vraies squamelles.

I. Artémisiées. =: Calathide non radiée. Fruits inaigrettés, point obcomprimés.

1. *Abrotanella.* — 2. *Oligosporus.* — 3. *Artemisia.* — 4. *Absinthium.* — 5. *Humea.*

II. Cotulées. = Calathide non radiée, ou quelquefois courtement radiée. Fruits inaigrettés, obcomprimés.

6. *Solivæa.* — 7. *Hippia.* — 8. *Cryptogyne.* — 9. *Monochlæna.* — 10. *Eriocephalus.* — 11. *Leptinella.* — 12. *Cenia.* — 13. *Cotula.*

III. Tanacétées. = Calathide non radiée. Fruits aigrettés.

14. *Balsamita.* — 15. *Pentzia.* — 16. *Tanacetum.*

IV. Chrysanthémées vraies. = Calathide radiée.

17. *Gymnocline.* — 18. *Pyrethrum.* — 19. *Coleostephus.* — 20. *Ismelia.* — 21. *Glebionis.* — 22. *Pinardia.* — 23. *Chrysanthemum.* — 24. *Matricaria.* — 25. *Lidbeckia.*

Seconde section. Anthémidées-Prototypes. Clinanthe garni
de vraies squamelles.

I. Santolinées. = Calathide non radiée.

26. *Hymenolepis.* — 27. *Athanasia.* — 28. *Lonas.* — 29. *Mo-
rysia.* — 30. *Diotis.* — 31. *Santolina.* — 32. *Nablonium.* — 33.
Lyonnetia. — 34. *Lasiospermum.* — 35. *Marcelia.*

II. Anthémidées-Prototypes vraies. = Calathide radiée.

(A) Aigrette stéphanoïde.

36. *Anacyclus.* — 37. *Anthemis.*

(B) Aigrette nulle.

38. *Chamæmelum.* — 39. *Maruta.* — 40. *Ormenis.* — 41. *Cladanthus.* — 42. *Achillea.* — 43. *Osmitopsis.*

(C) Aigrette composée de squamellules.

44. *Osmites.* — 45. *Lepidophorum.* — 46. *Sphenogyne.* — 47.
Ursinia.

XII.ᵉ Tribu. Les Inulées.

Stigmatophores tantôt semblables à ceux des Anthémidées;
tantôt peu ou point arqués, arrondis au sommet, où les deux
bourrelets confluent sur la face interne, et où les collecteurs
sont épars sur la face externe. Étamines ayant le filet greffé
à la partie inférieure seulement du tube de la corolle; l'article anthérifère grêle; les appendices basilaires longs, subulés, souvent plumeux. Corolle très-régulière.

Première section. Inulées-Gnaphaliées. Péricline scarieux.
Stigmatophores tronqués au sommet. Article anthérifère long;
appendice apicilaire de l'anthère, obtus; appendices basilaires
longs, non polliniférés.

I. Leysérées. = Aigrette tantôt stéphanoïde, tantôt paléacée, tantôt filiforme et paléacée.

1. *Relhania.* — 2. *Eclopes.* — 3? *Rosenia.* — 4? *Lapeirousia.*
— 5. *Leysera.* — 6. *Leptophytus.* — 7. *Longchampia.*

II. Luciliées. = Corolles très-grêles.

8. *Chevreulia.* — 9. *Lucilia.* — 10. *Euchiton.* — 11. *Facelis.*
— 12. *Phænopoda (Podotheca, Podosperma).*

III. Faustulées. = Péricline à peine scarieux.

13. *Quinetia (b).* — 14. *Millotia (c).* — 15. *Syncarpha.* —
16. *Faustula.*

IV. Gnaphaliées vraies. = Péricline peu coloré.

17. *Schizogyne.* — 18. *Phagnalon.* — 19. *Panætia* (*d*). —
Gnaphalium. — 21. *Omalotheca.* — 22. *Lasiopogon.*

V. Cassiniées. = Clinanthe squamellifère.

23. *Ifloga.* — 24. *Billya.* — 25. *Ixmobium.* — 26. *Apalochlamys.* — 27. *Achromolæna.* — 28. *Chromochiton.* — 29. *Cassinia.* — 30. *Ixodia.*

VI. Hélichrysées. = Péricline pétaloïdé.

31. *Lepiscline* ou *Lepidocline* (*Euchloris*). — 32. *Edmondia* (*Aphelexis*). — 33. *Macledium.* — 34. *Damironia* (*Astelma*). — 35. *Argyrocome.* — 36. *Helichrysum.* — 37. *Scalia.* — 38. *Podolepis.* — 39. *Antennaria.* — 40. *Ozothamnus.* — 41. *Petalolepis.* — 42. *Metalasia.*

VII. Sériphiées. = Calathides rassemblées en capitule.

(A) Sériphiées vraies. Tige ligneuse.

43. *Endoleuca.* — 44. *Anaxeton.* — 45. *Perotriche.* — 46. *Seriphium* (*Acrocephalum*, *Pleurocephalum*). — 47. *Stœbe* (*Eustœbe*, *Etœranthis*, *Eremanthis*). — 48. *Leucophyta.* — 49. *Disparago.* — 50. *Œdera.* — 51. *Elytropappus.*

(B) Léontopodiées. Tige herbacée.

52. *Ogcerostylus* (ou *Siloxerus*). — 53. *Hirnellia.* — 54. *Gnephosis.* — 55. *Angianthus.* — 56. *Calocephalus.* — 57. *Richea.* — 58. *Leontonyx* (*Spiralepis*). — 59. *Leontopodium.*

Seconde section. INULÉES-PROTOTYPES. Péricline non scarieux. Stigmatophores arrondis au sommet. Article anthérifère long; appendice apicilaire de l'anthère, obtus ; appendices basilaires longs, non polliniféres.

I. Filaginées. = Clinanthe ordinairement nu sur une partie et squamellé sur l'autre.

60. *Filago.* — 61. *Gifola.* — 62. *Logfia.* — 63. *Micropus.* — 64. *Oglifa.*

II. Inulées-Prototypes vraies. = Clinanthe nu.

65. *Conyza.* — 66. *Inula.* — 67. *Limbarda.* — 68. *Vicoa* (*e*). — 69. *Allagopappus.* — 70. *Francœuria* (*Duchesnia*). — 71. *Pulicaria.* — 72. *Tubilium.* — 73. *Jasonia.* — 74. *Chiliadenus* (*Myriadenus*). — 75. *Carpesium.* — 76? *Denekia.* — 77. *Columellea.* — 78. *Pentanema.* — 79. *Iphiona.* — 80. *Pegolettia.*

III. Rhantériées. = Clinanthe squamellé.

81. *Rhanterium.* — 82. *Cylindrocline.* — 83. *Molpadia.* — 84? *Neurolæna.*

Troisième section. INULÉES-BUPHTHALMÉES. Péricline non scarieux. Stigmatophores arrondis au sommet. Article anthérifère court ; appendice apicilaire de l'anthère, aigu ; appendices basilaires courts, pollinifères.

I. Buphthalmées vraies. = Clinanthe squamellifère.

85. *Buphthalmum.* — 86. *Pallenis.* — 87. *Nauplius.* — 88. *Ceruana.*

II. Grangéinées. = Clinanthe inappendiculé.

89. *Egletes.* — 90. *Xerobius.* — 91. *Pyrarda.* — 92. *Grangea.* — 93. *Centipeda.* — 94. *Cyathocline* (*f*).

III. Sphéranthées. = Calathides rassemblées en capitule.

95? *Sphæranthus* (*Oligolepis, Polylepis*). — 96? *Gymnarrhena.*

XIII.ᵉ Tribu. Les ASTÉRÉES.

Ovaire plus ou moins comprimé bilatéralement, obovaleoblong ; aigrette irrégulière. Stigmatophores convergens, arqués en dedans, ayant une partie inférieure demi-cylindrique, bordée de deux bourrelets stigmatiques non confluens. et une partie supérieure semi-conique, garnie de collecteurs sur la face externe. Anthères privées d'appendices basilaires.

Première section. ASTÉRÉES-SOLIDAGINÉES. Calathide radiée ou quasi-radiée. Couronne jaune.

I. Grindéliées. = Disque androgyniflore. Aigrette nulle, ou composée de squamellules peu nombreuses, subfiliformes.

1. *Xanthocoma.* — 2. *Grindelia.* — 3. *Aurelia.*

II. Psiadiées. = Disque masculiflore.

4. *Elphegea.* — 5. *Sarcanthemum.* — 6. *Psiadia.* — 7. *Nidorella.*

III. Solidaginées vraies. = Disque androgyniflore. Aigrette de squamellules nombreuses, filiformes.

8. *Glyphia* (ou *Glycyderas*). — 9. *Euthamia.* — 10. *Solidago.* — 11. *Aplopappus.* — 12. *Diplopappus.* — 13. *Heterotheca.*

IV. Lépidophyllées. = Disque androgyniflore. Aigrette de squamellules paléiformes.

14. *Brachyris.* — 15. *Gutierrezia.* — 16. *Lepidophyllum.*

Seconde section. ASTÉRÉES-BACCHARIDÉES. Calathide jamais radiée (dans l'état naturel).

I. Chrysocomées. = Calathide incouronnée, androgyniflore.

17? *Kleinia.* — 18. *Pachyderis.* — 19. *Scepinia* (*g*). —

20. *Crinitaria*. — 21. *Linosyris*. — 22. *Pterophorus*. — 23. *Chry-socoma*. — 24. *Nolletia*.

II. Baccharidées vraies. = Calathides unisexuelles, ou discoïdes.

25. *Sergilus*. — 26. *Baccharis*. — 27. *Tursenia*. — 28. *Fimbrillaria*.

Troisième section. Astérées - Prototypes. Calathide radiée. Couronne point jaune. Disque plus haut que large. Clinanthe plan.

I. Érigérées. = Couronne à petites languettes, très - nombreuses, ordinairement disposées sur plus d'un rang.

29. *Dimorphanthes*. — 30. *Laennecia*. — 31. *Trimorphæa*. — 32. *Erigeron*. — 33. *Munychia*. — 34. *Podocoma*. — 35. *Stenactis*. — 36. *Phalacroloma*.

II. Astérées-Prototypes vraies. = Couronne à grandes languettes, toujours disposées sur un seul rang.

37. *Diplostephium* (*u*). — 38. *Aster*. — 39. *Eurybia*. — 40. *Galatella*. — 41. *Olearia*. — 42 ? *Printzia*. — 43. *Zyrphelis* (*i*). — 44. *Chiliotrichum*. — 45. *Agathæa*. — 46. *Charieis*.

Quatrième section. Astérées - Bellidées. Calathide radiée. Couronne point jaune. Disque plus large que haut. Clinanthe plus ou moins élevé.

I. Fausses Bellidées. = Vraie tige dressée, garnie de feuilles, et plus grande que les pédoncules.

47. *Amellus*. — 48. *Polyarrhena*. — 49. *Felicia*. — 50. *Henricia*. — 51. *Kalimeris*. — 52. *Callistephus*. — 53. *Boltonia*. — 54. *Brachycome*. — 55. *Paquerina*.

II. Bellidées vraies. = Hampes ou pédoncules plus élevés que la vraie tige, qui est souterraine ou couchée sur la terre.

56. *Solenogyne*. — 57. *Lagenophora*. — 58. *Ixauchenus*. — 59. *Bellis*. — 60. *Bellium*. — 61. *Bellidiastrum*.

XIV.ᵉ Tribu. Les Sénécionées.

Ovaire non comprimé, cylindracé, strié; aigrette de squamellules filiformes, très-grêles, foibles, fragiles, striées, barbellulées, blanches. Stigmatophores ordinairement analogues à ceux des Anthémidées. Article anthérifère épaissi et strié; anthère privée d'appendices basilaires. Corolle régulière.

Première section. Sénécionées-Doronicées. Péricline formé de squames bi-trisériées.

I. Calathide radiée.

1. *Arnica.* — 2. *Doronicum.* — 3. *Grammarthron.* — 4. *Dorobæa.* — 5. *Aspelina.*

II. Calathide incouronnée.

6. *Culcitium.* — 7. *Eriotrix.*

Seconde section. Sénécionées - Prototypes. Péricline formé de squames unisériées, et de squamules surnuméraires.

I. Calathide radiée.

8. *Hubertia.* — 9. *Gynorys.* — 10. *Synarthrum.* — 11. *Sclerobasis.* — 12. *Xenocarpus.* — 13. *Jacobæa.* — 14. *Obæjaca.*

II. Calathide discoïde.

15. *Eudorus.* — 16. *Neoceis.*

III. Calathide incouronnée.

17. *Cremocephalum.* — 18. *Gynura.* — 19. ? *Ætheolæna.* — 20. *Carderina.* — 21. *Senecio.* — 22. *Faujasia.* — 23 ? *Scrobicaria.* — 24 ? *Pentacalia.* — 25. *Cacalia.* — 26. *Pericalia.*

Troisième section. Sénécionées-Othonnées. Péricline formé de squames unisériées, sans aucune squamule surnuméraire.

I. Calathide incouronnée.

27 ? *Arnoglossum.* — 28. *Erechtites.* — 29. *Emilia.* — 30. *Pithosillum.*

II. Calathide discoïde.

31 ? *Doria.*

III. Calathide radiée.

32 ? *Brachyglottis.* — 33. *Euryops.* — 34. *Othonna.* — 35. *Cineraria.*

XVe Tribu. Les Nassauviées (*j*).

Stigmatophores analogues à ceux des Anthémidées; bourrelets stigmatiques très-menus. Anthéres longuement appendiculées. Corolle à deux lèvres très-dissemblables : l'extérieure plus longue et plus large, radiante, liguliforme, tridentée; l'intérieure bipartie. Calathide toujours radiatiforme, jamais radiée.

Première section. Nassauviées-Trixidées. Calathide composée de plus de cinq fleurs, disposées sur plus d'un rang.

I. Aigrette barbée.

1. *Dumerilia.* — 2. *Jungia.* — 3. *Martrasia.* — 4. *Lasiorrhiza.*
II. Aigrette barbellulée.
5. *Leuceria.* — 6. *Trixis.* — 7. *Platycheilus.* — 8. *Perezia.* —
9. *Clarionea.* — 10. *Homoianthus.* — 11. *Drozia.*
III. Aigrette nulle.
12. *Panphalea.*
Seconde section. Nassauviées-Prototypes. Calathide composée de deux à cinq fleurs unisériées.
13. *Triptilion.* — 14. *Triachne.* — 15. *Nassauvia.* — 16. *Mastigophorus.* — 17. *Caloptilium.* — 18. *Panargyrus.* — 19. *Polyachyrus.*

XVI.ᵉ Tribu. Les Mutisiées.

Stigmatophores courts, non divergens, demi-cylindriques, arrondis au sommet, ayant la face interne bordée de deux bourrelets stigmatiques très-menus, confluens au sommet, et la face externe parsemée supérieurement de quelques petits collecteurs. Anthères longuement appendiculées. Corolle à deux lèvres égales en longueur: l'extérieure à trois divisions, l'intérieure à deux divisions. Calathide presque toujours radiée, jamais radiatiforme.

Première section. Mutisiées-Prototypes. Vraie tige herbacée ou ligneuse.
1. *Cherina.* — 2. *Chætanthera.* — 3. *Guariruma.* — 4. *Aplophyllum.* — 5. *Mutisia.* — 6. *Dolichlasium.* — 7. *Lycoseris.* — 8. *Hipposeris.*
Seconde section. Mutisiées-Gerbériées. Hampes simples, ou quelquefois rameuses, souvent garnies de bractées.
9. *Onoseris.* — 10. *Isotypus.* — 11. *Trichocline.* — 12. *Gerberia.* — 13. *Lasiopus.* — 14. *Chaptalia.* — 15. *Loxodon.* — 16. *Lieberkuhna.* — 17. *Leria.* — 18. *Perdicium (Pardisium).* — 19. *Leibnitzia.*

XVII.ᵉ Tribu. Les Tussilaginées.

Style féminin ayant deux stigmatophores extrêmement courts, cylindriques, arrondis au sommet, couverts sur toute leur surface de petites papilles stigmatiques souvent imperceptibles; style masculin ayant sa partie supérieure épaissie en une masse hérissée de collecteurs, et fendue supérieurement en deux languettes. Corolle régulièrc. Flcurs jamais hermaphrodites.

1. *Tussilago.* — 2. *Nardosmia.* — 3. *Petasites.*

XVIII.ᵉ Tribu. Les Adénostylées.

Stigmatophores divergens, arqués en dehors, demi-cylindriques, arrondis au sommet, ayant la face externe toute couverte de collecteurs glanduliformes, et la face interne occupée d'un bout à l'autre par deux gros bourrelets stigmatiques poncticulés, très-peu distans, confluens au sommet. Corolle régulière. Calathide contenant toujours des fleurs hermaphrodites.

I. Calathide radiée.

1 ? *Senecillis.* — 2. *Ligularia.* — 3. *Celmisia.*

II. Calathide discoïde.

4. *Homogyne.*

III. Calathide incouronnée.

5. *Adenostyles.* — 6. *Paleolaria.*

XIX.ᵉ Tribu. Les Eupatoriées.

Stigmatophores très-longs, colorés, ayant une partie inférieure arquée en dehors, plus courte, plus mince, demicylindrique, bordée de deux bourrelets stigmatiques trèsmenus, et une partie supérieure arquée en dedans, plus longue, plus épaisse, subcylindracée, arrondie au sommet, couverte de collecteurs papilliformes ou glanduliformes.

Première section. Eupatoriées-Agératées. Fruit subpentagone; aigrette tantôt paléacée ou laminée, tantôt stéphanoïde, tantôt nulle.

1. *Nothites.* — 2. *Stevia.* — 3. *Ageratum.* — 4. *Cœlestina.* — 5. *Alomia.* — 6. *Sclerolepis.* — 7. *Adenostemma.* — 8. *Piqueria.*

Seconde section. Eupatoriées - Prototypes. Fruit subpentagone; aigrette de squamellules filiformes.

9. *Mikania.* — 10. *Batschia.* — 11. *Gyptis.* — 12. *Eupatorium.* — 13. *Praxelis.*

Troisième section. Eupatoriées-Liatridées. Fruit subcylindracé, muni d'environ dix nervures; aigrette de squamellules filiformes.

14. *Coleosanthus.* — 15. *Kuhnia.* — 16. *Carphephorus.* — 17. *Trilisa.* — 18. *Suprago.* — 19. *Liatris.*

XX.ᵉ Tribu. Les Vernoniées.

Style et stigmatophores analogues à ceux des Lactucées. Corolle à incisions égales ou inégales, mais jamais semblable à celle des Lactucées.

Première section. Vernoniées-Liabées. Calathides couronnées, radiées.

1. *Munnozia.* — 2. *Liabum.* — 3. *Oligactis.* — 4. *Cacosmia.*

Seconde section. Vernoniées-Pluchéinées. Calathides couronnées, discoïdes.

5. *Epaltes.* — 6. *Pluchea.* — 7. *Chlænobolus.* — 8. *Monenteles.* — 9. *Phalacromesus.* — 10. *Monarrhenus.* — 11. *Tessaria.*

Troisième section. Vernoniées-Tarchonanthées. Calathides unisexuelles, dioïques, pluriflores.

12. *Tarchonanthus.* — 13. *Oligocarpha.* — 14? *Piptocarpha.* — 15. *Arrhenachne.* — 16. *Pingræa.*

Quatrième section. Vernoniées-Prototypes. Calathides bisexuelles, incouronnées, pluriflores.

I. Éthuliées. = Fruit anguleux, non strié.

(A) Aigrette nulle ou stéphanoïde.

17. *Ethulia.* — 18. *Sparganophorus.* — 19? *Xanthocephalum.*

(B) Aigrette composée de squamellules.

20. *Stokesia.* — 21. *Isonema.* — 22. *Herderia* (k). — 23. *Piptocoma.* — 24. *Oliganthes.*

II. Vernoniées - Prototypes vraies. = Fruit cylindracé, strié.

(A) Aigrette double.

25. *Lychnophora.* — 26. *Distephanus.* — 27. *Heterocoma.* — 28. *Lepidaploa.* — 29. *Vernonia.* — 30. *Centrapalus* (l). — 31. *Ascaricida.*

(B) Aigrette point double.

32. *Achyrocoma.* — 33. *Gymnanthemum.* — 34? *Critonia.* — 35. *Hololepis.* — 36. *Ampherephis.* — 37. *Centratherum.* — 38. *Pacourinopsis.* — 39. *Pacourina.*

III. Éléphantopées. = Fruit aplati et strié.

40. *Dialesta.* — 41. *Distreptus* (m). — 42. *Elephantopus.*

Cinquième section. Vernoniées-Rolandrées. Calathides uniflores.

(A) Aigrette composée de squamellules.

43. *Trichospira*. — 44. *Spiracantha*. — 45. *Shawia*.

(B) Aigrette stéphanoïde ou nulle.

46. *Odontoloma*. — 47. *Noccæa*. — 48? *Tetranthus*. — 49?
Cæsulia. — 50. *Rolandra*. — 51. *Corymbium*. — 52. *Gundels-
heimera*.

Notes.

(a)

Au moment où nous terminons le *Tableau synoptique des
Synanthérées*, on nous communique pour quelques instans
deux Mémoires de M. David Don, que nous parcourons rapidement, et toutefois péniblement, ne pouvant comprendre
l'anglois qu'à l'aide d'un Dictionnaire.

Le premier de ces deux Mémoires, publié à Édinbourg,
en 1826, dans les Mémoires de la Société Wernérienne d'histoire naturelle (vol. 5, part. 2), est intitulé Mémoire sur la
classification et la division des *Gnaphalium* et *Xeranthemum*
de Linné.

L'auteur prétend que les *Gnaphalium* et les *Xeranthemum*,
que nous avons classés dans deux tribus différentes, ont tous
les caractères essentiels des Carduacées, et que cela est évident pour quiconque a dirigé son attention sur ce sujet;
que le *Buphthalmum* et le *Carpesium*, attribués par nous aux
Inulées, appartiennent le premier aux Hélianthées, le second
aux Anthémidées; que nos Eupatoriées et nos Vernoniées
doivent être réunies ensemble et avec les Carduacées; que
le *Carduus marianus* a la corolle évidemment bilabiée; que
la grande classe des Composées doit nécessairement être divisée, pour faciliter l'arrangement et la connoissance des
genres, mais que ces divisions ne doivent être qu'artificielles.

Après avoir promis de donner plus tard ses observations
sur les autres groupes de Composées, M. Don s'occupe de
celui qui est le sujet de son Mémoire.

Nous y remarquons un genre *Astelma* de M. Brown, que
nous ne connoissions point, et qui est le même que notre

Damironia. L'*Astelma* ayant été publié avant le *Damironia*, le premier nom doit inconstestablement être préféré. C'est parce que notre position ne nous permet pas de nous tenir au courant des nouvelles publications scientifiques, qu'il a pu souvent nous arriver de proposer et de nommer, comme étant de notre invention, des genres publiés avant nous sous d'autres noms par d'autres botanistes : mais nous n'avons jamais commis cette faute *sciemment*.

Nous devons croire que M. Don professe les mêmes principes de justice que nous ; et quoiqu'il soit sans doute bien mieux informé que nous de tout ce qui se publie journellement en botanique, puisqu'il fait son état de la science que nous ne cultivons qu'en amateur ; quoiqu'il paroisse connoître nos travaux sur les Synanthérées, puisqu'il les critique ; quoique dans son préambule il cite les noms de quelques-uns de nos genres, ce qui pourroit faire croire qu'il les connoît tous ; nous sommes néanmoins persuadé que ce n'est point sciemment qu'il a présenté comme nouveaux et sous d'autres noms des genres que nous avions publiés long-temps avant lui. Il nous saura donc bon gré de les lui indiquer ici, et nous ne doutons pas qu'il ne s'empresse de nous rendre justice, en effaçant lui-même ses noms génériques, pour adopter les nôtres.

Ainsi, nous avertissons M. Don, 1.° que son genre *Apheleris*, publié en 1826, est le même que notre genre *Edmondia*, proposé d'abord dans le Bulletin des sciences de Mai 1818 (pag. 75), et décrit en 1819 dans ce Dictionnaire (tom. XIV, pag. 252) ; 2.° que son genre *Euchloris*, publié en 1826, est le même que notre genre *Lepiscline* ou *Lepidocline*, proposé d'abord dans le Bulletin des sciences de Février 1818 (pag. 31), et décrit en 1823 dans ce Dictionnaire (tom. XXVI, pag. 49) ; 3.° que son genre *Spiralepis*, publié en 1826, est le même que notre genre *Leontonyx*, publié en 1822 dans ce Dictionnaire (tom. XXV, pag. 466) ; 4.° que le genre *Leontopodium*, indiqué d'abord en 1807 par M. Persoon, puis en 1817 par M. Brown, qui ne l'a point du tout caractérisé, a été décrit pour la première fois par nous, d'abord dans le Bulletin des sciences de Septembre 1819 (pag. 144), puis en 1822, dans ce Dictionnaire (tom. XXV, pag. 473) ; et que cette dernière description surtout, faite avec tout le soin dont nous sommes capable, méritoit peut-être d'être citée par M. Don en 1826.

Le second Mémoire de M. Don, publié à Édinbourg, en 1829, dans le Nouveau Journal philosophique de Jameson (pag. 305), est intitulé Essai d'une nouvelle classification des Chicoracées.

L'auteur y admet quarante-quatre genres, distribués en sept tribus, nommées *Hieraceæ*, *Taraxaceæ*, *Hypocharideæ*, *Lactuceæ*, *Scorzonereæ*, *Cichoreæ*, *Catanancheæ*.

M. Don paroît ignorer ou avoir oublié que nous nous sommes beaucoup occupé comme lui, et peut-être plus que lui, mais certainement bien avant lui, des Chicoracées ou Lactucées. Notre nom ne se trouve pas même cité une seule fois dans tout ce Mémoire, où plusieurs de nos observations, de nos sections, de nos genres, se trouvent pourtant reproduits.

Toujours convaincu que ce n'est point sciemment que M. Don a été injuste envers nous, nous croyons lui faire plaisir en lui procurant, par les indications suivantes, le moyen de réparer quelques-unes de ses injustices involontaires.

Nous nous garderons bien de dire ce que nous pensons de la classification de M. Don, de ses tribus (ou sections), de leur arrangement, de leurs caractères, de leur composition : mais nous ferons seulement remarquer que notre classification des Lactucées a été publiée en 1822 dans ce Dictionnaire (tom. XXV, pag. 59), avec une dissertation sur ce beau groupe naturel, et que nous l'avons définitivement perfectionnée et complétée en 1827 dans ce même Dictionnaire (tom. XLVIII, pag. 422); en sorte qu'il ne peut y avoir aucun doute à cet égard sur la question d'antériorité.

A l'égard des genres, nous remarquons, 1.° que le genre *Hapalostephium* de M. Don est le même que le *Catonia* de Mœnch, publié en 1794, reproduit en 1813 par M. de Lapeyrouse, sous le nom de *Lepicaune*, et rétabli par nous, en 1823, sous son premier nom, dans ce Dictionnaire, où nous l'avons décrit et discuté (tom. XXVI, pag. 8); 2.° que le genre *Prenanthes* est restreint par M. Don dans les mêmes limites que celles qui lui avoient été assignées par nous, en 1825 et 1826, dans les articles NABALE et PRÉNANTHE de ce

Dictionnaire; 5.º que le genre *Harpalyce* de M. Don, publié en 1829, est le même que notre genre *Nabalus*, publié en 1825 dans ce Dictionnaire (tom. XXXIV, pag. 94): 4.º que le genre *Oporinia* de M. Don, fondé sur le *Leontodon autumnale*, est le même que le *Scorzoneroides* de Mœnch, et que nous croyons avoir démontré dans ce Dictionnaire (tom. XXVII, pag. 2), que cette plante ne peut pas être retirée du genre *Leontodon*; 5.º que le *Leontodon aureum* de Linné, sur lequel M. Don établit son genre *Calliopea*, est un vrai *Crepis*, que nous avons décrit en 1825 dans ce Dictionnaire (tom. XXVII, pag. 4) sous le nom de *Crepis aurea*; 6.º que le genre *Œthonia* de M. Don est le même que le *Schmidtia* de Mœnch, publié en 1802, et que nous avons soigneusement décrit en 1827 dans ce Dictionnaire (tom. XLVIII, pag. 91 et 433), en y rapportant deux espèces; 7.º que le genre *Agenora* de M. Don, publié en 1829, est le même que notre genre *Piptopogon*, publié en 1827 dans ce Dictionnaire (tom. XLVIII, pag. 507); 8.º que le genre *Agathyrsus* de M. Don, publié en 1829, est le même que notre genre *Mulgedium*, publié en 1824 dans ce Dictionnaire (tom. XXXIII, pag. 296); 9.º que les *Prenanthes muralis* et *viminea*, rapportés par M. Don au genre *Lactuca*, avoient été considérés par nous comme types de deux genres particuliers nommés *Mycelis* et *Phœnixopus*; 10.º que le genre *Lygodesmia* de M. Don se confond peut-être avec notre genre *Phœnixopus*, décrit en 1826 et 1827 dans ce Dictionnaire (tom. XXXIX, pag. 591; tom. XLVIII, pag. 426); 11.º que le genre *Atalanthus* de M. Don comprend la *Prenanthes pinnata*, que nous avons rapportée au genre *Sonchus*, en la nommant *Sonchus leptocephalus* (tom. XLIII, pag. 281), et la *Prenanthes spinosa*, que nous avons rapportée à notre genre *Phœnixopus* (tom. XLVIII, pag. 426).

(b)

Quinetia, H. Cass. Calathide incouronnée, équaliflore, triflore (quelquefois uniflore), régulariflore, androgyniflore. Péricline très-inférieur aux fleurs (un peu supérieur aux ovaires), oblong, formé de trois squames (correspondant chacune à une fleur) égales, unisériées, appliquées, entregreffées à la base, libres du reste et se recouvrant par les bords, oblongues, insensiblement élargies de bas en haut, obtuses au sommet. canaliculées, subcarénées, foliacées, un peu membraneuses sur les bords; la base du péricline ordinairement accompagnée de deux squamules surnuméraires, inégales et irrégulières. Clinanthe très-petit et nu. Ovaire ou fruit long, mince, cylindrique, aminci vers sa base, hérissé de poils caducs; aigrette plus longue que le fruit, composée d'environ huit squamellules un peu inégales, unisériées, libres, persistantes, roides, filiformes, barbellulées, ayant la partie basilaire paléiforme, large, coriace. Corolle plus courte que l'aigrette, articulée sur l'ovaire, glabre, à tube très-long et menu, à limbe peu distinct du tube, court, peu large, obconique, divisé supérieurement en quatre lobes dressés. Anthères incluses, ayant l'appendice apicilaire aigu, les appendices basilaires presque nuls. Style à deux stigmatophores exserts, divergens, arqués en dehors, longs, menus, glabres, paraissant terminés chacun par un petit appendice filiforme, diaphane.

Quinetia Urvillei, H. Cass. Petite plante herbacée, annuelle; racine pivotante, longue, menue, presque simple; tige longue d'un à deux pouces, dressée, menue, cylindrique, laineuse, blanchâtre, ordinairement divisée près de sa base en quelques branches simples; feuilles alternes, presque dressées, ayant une partie inférieure (pétiole) ovale-oblongue, large, concave et embrassante à la base, étrécie vers le sommet, membraneuse, glabriuscule, et une partie supérieure (limbe) obovale, étrécie vers la base, foliacée, plus ou moins laineuse, terminée au sommet par une pointe calleuse, un peu recourbée; calathides solitaires, ou quelquefois géminées, terminales et axillaires, dressées, longues de quatre lignes et demie; les axillaires supportées par un pédoncule long d'une à deux lignes, dressé, simple, nu; quelques calathides axillaires sont sessiles, uniflores, à péricline souvent imparfait et privé de squamules surnuméraires: corolles à limbe rougeâtre; squames du péricline un peu laineuses sur le dos.

Nous avons fait cette description générique et spécifique sur des échantillons secs, recueillis en 1826 par M. d'Urville dans la Nouvelle-Hollande, au port du Roi-Georges, et donnés à M. Mérat, qui a bien voulu nous les communiquer.

Ce nouveau genre, que nous dédions au traducteur de Her-
der. a beaucoup d'affinité avec le *Phœnopoda* (*Podosperma*,
Labill.), et avec le *Facelis*. On peut l'associer, soit aux Leysérées, à cause de son aigrette paléacée vers la base ; soit aux
Luciliées, à cause de ses corolles grêles ; soit aux Faustulées,
à cause de son péricline, qui n'est point ou presque point
scarieux.

(c)

MILLOTIA, H. Cass. Calathide incouronnée, équaliflore, multiflore, régulariflore, androgyniflore. Péricline égal aux fleurs,
oblong, cylindracé, formé de huit à dix squames égales, unisériées, libres, appliquées, se recouvrant par les bords, canaliculées, oblongues-lancéolées, terminées en pointe subulée,
foliacées, à bords membraneux et diaphanes. Clinanthe plan
et nu. Ovaire ou fruit long, étroit, comprimé, oblong, un
peu scabre, surmonté d'un col grêle ; aigrette composée d'environ vingt-cinq squamellules égales, unisériées, libres, filiformes, fines, barbellulées. Corolle plus courte que l'aigrette,
infundibulée, à tube long et menu, à limbe peu distinct,
étroit, obconique, divisé supérieurement en quatre lobes
dressés. Anthères incluses, courtes, ayant l'appendice apicilaire lancéolé, un peu obtus, et les appendices basilaires longs,
capillaires. Style (de Gnaphaliée) à deux stigmatophores glabres, paroissant surmontés d'un petit appendice conique.

Millotia tenuifolia, H. Cass. Petite plante herbacée, annuelle,
à racine pivotante ; tige divisée dès sa base en plusieurs branches presque simples, dressées, longues d'environ deux pouces, très-menues, laineuses, blanchâtres ; feuilles alternes,
sessiles, longues, très-étroites, linéaires, laineuses, blanchâtres ; calathides solitaires au sommet des tiges ou branches,
rarement axillaires, hautes de plus de deux lignes, contenant
chacune environ vingt fleurs ; squames du péricline un peu
laineuses sur le dos ; corolles jaunes.

Cette plante, recueillie comme la précédente par M. d'Urville au port du Roi-Georges, se trouve dans l'herbier de M.
Mérat, où nous l'avons observée. Elle constitue un nouveau
genre, que nous dédions à la mémoire d'un sage et judicieux
historien, et qui semble se rapprocher du *Chevreulia* par ses

fruits pourvus d'un col et ses corolles grèles ; mais il s'en
éloigne évidemment par sa calathide incouronnée, et son péricline de squames égales, unisériées, point ou presque point
scarieuses.

(d)

Panætia, H. Cass. Calathide discoïde : disque multiflore,
régulariflore, androgyniflore ; couronne unisériée, pauciflore,
féminiflore. Péricline égal aux fleurs, hémisphérique, formé
de squames nombreuses, régulièrement imbriquées, étagées,
appliquées ; les intermédiaires pétioliformes, linéaires, plus
ou moins longues, étroites, épaisses, coriaces, vertes, surmontées d'un grand appendice largement ovale, aigu au sommet, denticulé ou frangé sur les bords, scarieux, mince,
mou, diaphane, point ou presque point coloré ; les squames
extérieures réduites au seul appendice ; les intérieures munies d'une large bordure diaphane, confluente avec l'appendice. Clinanthe large, plan, absolument nu. *Fleurs du disque:*
Ovaire oblong, glabre ; aigrette longue, persistante, composée de trois ou quatre squamellules égales, unisériées, distancées, filiformes, ayant la partie inférieure très-mince, capillaire, presque nue, et la partie supérieure épaisse, très-garnie
de grosses barbelles rapprochées. Corolle égale à l'aigrette,
glabre, à tube long, à limbe profondément divisé en cinq lanières longues. *Fleurs de la couronne:* Ovaire semblable à ceux
du disque ; aigrette ordinairement réduite à deux squamellules. Corolle glabre, à tube très-long et très-menu, à limbe
divisé jusqu'à sa base en trois lanières longues, linéaires, souvent inégales. Étamines nulles.

Panætia Lessonii, H. Cass. Plante herbacée, annuelle, haute
de quatre à cinq pouces ; racine pivotante : tige dressée, menue, cylindrique, d'un brun rouge, parsemée de quelques
longs poils frisés, simple inférieurement, divisée supérieurement en quatre ou cinq branches pédonculiformes ; feuilles
peu nombreuses, alternes, sessiles, oblongues, ovales, ou
lancéolées, pointues au sommet, entières sur les bords, glabriuscules en dessus, laineuses et grisâtres en dessous ; calathides peu nombreuses, subglobuleuses, ayant trois à quatre
lignes de diamètre, solitaires au sommet des rameaux, qui

sont pédonculiformes, très-longs, très-menus, simples, nus, un peu flexueux, bruns-rouges, très-glabres, très-lisses, roides, ressemblant à du gros crin ; péricline un peu rougeàtre ou roussàtre ; corolles jaunes.

Cette plante habite aussi les environs du port du Roi-Georges, où elle a été recueillie en 1826 par M. Lesson. Nous l'avons décrite sur des échantillons appartenant à M. Mérat. Le nom de ce genre nouveau rappelle celui d'un ancien philosophe stoicien.

(e)

VICOA, H. Cass. Calathide quasi-radiée : disque multiflore, régulariflore, androgyniflore ; couronne unisériée, liguliflore, féminiflore. Péricline à peu près égal aux fleurs du disque, formé de squames nombreuses, imbriquées, appliquées. oblongues, étroites, aiguës, uninervées. Clinanthe subhémisphérique, nu , fovéolé. *Fleurs du disque* : Ovaire oblong, velu, muni d'un bourrelet basilaire cartilagineux : aigrette composée de squamellules peu nombreuses, unisériées, distancées, à peu près égales. filiformes. très-fines, presque nues. Corolle à cinq divisions très-courtes. Anthères munies d'appendices apicilaires obtus. et d'appendices basilaires longs, subulés. *Fleurs de la couronne* (à peu près égales en longueur à celles du disque) : Ovaire oblong, glabre, privé d'aigrette. Corolle à partie inférieure plus étroite. entière. tubuleuse, incolore : a partie supérieure élargie de bas en haut, liguliforme. colorée, presque dressée, terminée au sommet par trois crénelures arrondies.

Vicoa auriculata. H. Cass. Plante herbacée, annuelle ; tige dressée, simple, haute d'environ sept pouces. cylindrique, striée, glabriuscule, rougeàtre, un peu ramifiée supérieurement : feuilles alternes, sessiles, semi-amplexicaules, oblongues. un peu dentées sur les bords, aiguës au sommet, à base élargie. échancrée, formant deux oreillettes obtuses ; la face supérieure d'un vert foncé. parsemée de poils ; la face inférieure pâle, parsemée de glandes et de poils ; calathides larges d'environ trois lignes. peu nombreuses. solitaires au sommet de la tige et des rameaux, qui sont grêles. nus. pédonculiformes ; fleurs jaunes.

Nous avons fait cette description, générique et spécifique,
sur un échantillon sec, en très-mauvais état, que M. Mérat
nous a communiqué, et qui vient, dit-il, de Ceylan.

Cette plante nous semble être le type d'un nouveau genre,
immédiatement voisin du *Limbarda*, mais suffisamment distinct par les fleurs femelles de la couronne, dont l'ovaire
est glabre et privé d'aigrette, et dont la languette est courte,
large, cunéiforme, presque dressée : c'est pourquoi on pourroit nommer ce genre *Gymnogyne* (femelles nues), ou *Pha-
lacrogyne* (femelles chauves), ou *Sphenoglossum* (languettes
cunéiformes), ou *Orthoglossum* (languettes dressées). Nous
proposons le nom de *Vicoa*, qui rappelle celui du célèbre
auteur de la *Science nouvelle*.

Il y a tant de ressemblance entre le *Vicoa auriculata* et
l'*Iphiona punctata*, que nous serions presque tenté de croire
que cette dernière plante n'est autre chose que la première
accidentellement privée de couronne. Si cette conjecture se
vérifioit, l'*Iphiona punctata* rentrant dans le genre *Vicoa*, se
trouveroit heureusement exclue du genre *Iphiona*, où elle
s'accorde mal avec l'*Iphiona juniperifolia*, qu'il faut considérer
comme le vrai type de ce genre.

(f)

Cᴀᴛʜᴏᴄʟɪɴᴇ, H. Cass. Calathide subglobuleuse, discoïde :
disque pauciflore, régulariflore, masculiflore ? ; couronne
multisériée, multiflore, tubuliflore, féminiflore. Péricline
inférieur aux fleurs du disque, mais supérieur au clinanthe,
formé de squames inégales, subtrisériées, appliquées ; les extérieures plus courtes, lancéolées, foliacées ; les intermédiaires
plus longues, lancéolées, membraneuses ; les intérieures
linéaires-subulées, membraneuses. Clinanthe élevé, large,
très-concave, évasé, cyathiforme, nu, portant les fleurs
du disque au centre ou au fond de sa cavité, et les fleurs
de la couronne sur tout le reste de sa surface interne et
externe. *Fleurs du disque :* Faux ovaire nul ?, ou peut-être
confondu avec la base de la corolle. Corolle infundibulée,
étroite à la base, large au sommet, à cinq divisions courtes.
Anthères demi-exsertes, munies d'appendices apicilaires obtus, presque arrondis, et privées d'appendices basilaires.

Style inclus, paroissant indivis, garni de collecteurs. *Fleurs de la couronne :* Ovaire ou fruit très-petit, ovoïde-oblong, à peine comprimé, glabre, lisse, absolument privé de col, de bourrelet apicilaire et d'aigrette. Corolle articulée sur l'ovaire, longue, grêle, tubuleuse, ayant la base très-renflée, globuleuse, et le sommet tridenté.

Cyathocline lyrata, H. Cass. Petite plante herbacée, annuelle; tige simple, dressée, longue de deux à quatre pouces, grêle, cylindrique, pubescente; feuilles alternes; les inférieures rapprochées, longues d'environ neuf lignes, larges d'environ trois lignes, lyrées très-régulièrement, ayant les divisions latérales alternes, oblongues, dentées surtout vers le sommet, et la division terminale arrondie, subquinquélobée et dentée; la côte moyenne munie de longs poils membraneux, articulés, comme frisés; quelques poils de même nature épars sur les deux faces; les feuilles supérieures distantes, graduellement plus petites que les inférieures et moins découpées; calathides petites, subglobuleuses, d'une ligne de diamètre, peu nombreuses, courtement pédonculées, rapprochées au sommet de la tige, qui est à peine ramifié.

Nous avons fait cette description, générique et spécifique, sur deux échantillons secs, recueillis dans le Pégu, et donnés par M. Raynaud, en 1828, à M. Mérat, qui a bien voulu nous les communiquer. Mais ces échantillons n'ayant que quelques calathides, en très-mauvais état, et que nous avons dû ménager avec la discrétion convenable, nous avons pu commettre quelques erreurs dans cette analyse très-difficile.

Quoi qu'il en soit, il nous semble évident que cette jolie petite plante est une Grangéinée, voisine du *Centipeda*, et qu'on peut fonder sur elle un genre distinct, bien remarquable par la forme singulière de son clinanthe, à laquelle fait allusion le nom de *Cyathocline*, qui signifie *lit en gobelet*.

(g)

Nous distinguons de la manière suivante les trois genres ou sous-genres *Pachyderis*, *Scepinia*, *Crinitaria* : 1.° dans le *Pachyderis*, le corps de l'ovaire est séparé de son bourrelet apicilaire par un col très-manifeste extérieurement et d'une longueur sensible; 2.º dans le *Scepinia*, ce col est réduit à un étranglement caché par les poils de l'ovaire, et dont la longueur est nulle ou presque nulle; 3.º dans le *Crinitaria*, le corps de l'ovaire et son bourrelet ne sont point ou presque point distincts l'un de l'autre, parce que ces deux parties ne sont séparées ni par un col proprement dit, ni par un étranglement, mais qu'elles sont immédiatement superposées et parfaitement continues ensemble.

(h)

Diplostephium longipes, H. Cass. Nous avions décrit cette plante (tom. LVI, pag. 171) sur un très-petit échantillon, qui, n'étant qu'un bout de rameau florifère, nous avoit laissé dans l'incertitude sur le port et sur quelques caractères spécifiques : mais nous avons récemment trouvé dans l'herbier de M. Mérat un second échantillon, beaucoup plus grand et plus complet, recueilli, comme le premier, au cap de Bonne-Espérance; et nous avons reconnu que cette espèce est ligneuse, rameuse, et que ses calathides sont solitaires au sommet de longs pédoncules formés par la partie supérieure des derniers rameaux, laquelle est dénuée de feuilles et ne porte que quelques petites bractées.

(i)

ZYRPHELIS, H. Cass. Calathide radiée : disque multiflore, régulariflore, masculiflore; couronne unisériée, liguliflore, féminiflore. Péricline supérieur aux fleurs du disque, subcylindracé ou subcampanulé, formé de squames peu nombreuses, inégales, subtrisériées, imbriquées, appliquées, lancéolées, coriaces-foliacées, ciliées sur les bords. Clinanthe plan, nu, fovéolé. *Fleurs du disque :* Faux-ovaire long, étroit, linéaire, aplati, membraneux, glabre, privé d'ovule, aigretté tout comme les ovaires de la couronne. Corolle un peu plus courte que l'aigrette, glabre, à tube court, bien distinct, à limbe long, large, subcylindracé, divisé au sommet en cinq lobes. Anthères incluses, absolument privées d'appendices basilaires. Style (d'Astérée) à deux stigmatophores demi-exserts, libres, mais dont les bourrelets stigmatiques sont tout-à-fait oblitérés. *Fleurs de la couronne :* Ovaire grand, obovale,

très-comprimé bilatéralement, muni d'un bourrelet sur chaque arête, et parsemé de très-petits poils; aigrette articulée
sur l'ovaire, un peu plus longue que lui, composée de quinze
à vingt squamellules égales, unisériées, libres, filiformes,
pointues et non épaissies au sommet, garnies sur les deux
côtés de longues barbes capillaires. Corolle glabriuscule, à
tube un peu plus court que l'ovaire, à languette deux fois
longue comme le tube, oblongue, entière au sommet. Style
féminin, à deux stigmatophores un peu exserts, munis de
bourrelets stigmatiques peu apparens.

Zyrphelis amœna, H. Cass. Tige ligneuse, presque dichotome, à écorce grisâtre; les rameaux de l'année simples ou
presque simples, ayant la partie inférieure très-garnie de
feuilles nombreuses, rapprochées, et la partie supérieure
nue, pédonculiforme, terminée par une calathide; feuilles
alternes, sessiles, demi-embrassantes, longues d'environ six
lignes, étroites, linéaires-lancéolées, pointues au sommet,
épaisses, coriaces-charnues, glabres, lisses, luisantes, d'un
vert glauque, uninervées, très-entières sur les bords, qui sont
ciliés par de longs poils blancs et mous; la partie supérieure
du rameau, pédonculiforme, grêle, pubescente, rougeâtre,
munie de deux ou trois petites feuilles bractéiformes, très-
distantes, et terminée par une calathide dressée, large d'environ huit à neuf lignes, haute de trois lignes; disque jaune,
composé de vingt à trente fleurs; couronne bleue ou violette,
composée de dix fleurs; languettes longues de trois lignes,
larges de plus d'une demi-ligne; péricline glabre; aigrettes
grisâtres.

Nous avons fait cette description sur des échantillons secs,
recueillis, en 1829, au cap de Bonne-Espérance, par MM.
Lesson et d'Urville, et qui se trouvent dans l'herbier de M.
Mérat.

Ce joli petit arbuste est assurément le type d'un nouveau
genre, qui a beaucoup de rapports avec le *Printzia*, et surtout avec le *Polyarrhena*, mais qui est bien distinct de l'un
et de l'autre.

(j)

Il seroit peut-être plus convenable d'intituler la **XV.**ᶜ tribu

Trixidées, et de nommer sa première section Trixidées-Pro-
totypes, et la seconde Trixidées - Nassauviées.

(k)

Herderia, H. Cass. Calathide incouronnée, équaliflore,
multiflore, régulariflore, androgyniflore. Péricline inférieur
aux fleurs, double : l'extérieur à peu près égal à l'intérieur,
irrégulier, involucriforme, composé de plusieurs bractées
foliacées, inégales, irrégulièrement disposées, uni-bisériées,
souvent greffées par la base avec le péricline intérieur, plus
ou moins étalées, subpétiolées, lancéolées ; le péricline intérieur régulier, plécolépide, formé de douze à quinze squames
égales, unisériées, entregreffées par les bords inférieurement,
libres supérieurement, dressées, appliquées, oblongues, subfoliacées. Clinanthe plan, absolument nu. Fruit oblong,
aminci de haut en bas, trigone ou irrégulièrement tétragone, glabre, presque lisse ; aréole apicilaire offrant, en dedans de l'aigrette, un rebord saillant, calleux, annulaire,
cupuliforme, qui supportoit la base de la corolle ; aigrette
persistante, blanche, composée de plusieurs squamellules
unisériées, ordinairement libres, inégales et dissemblables ;
les unes plus courtes, plus larges, paléiformes, oblongues,
frangées sur les bords ; les autres (moins nombreuses, situées
sur les angles du fruit) beaucoup plus longues et plus étroites,
subfiliformes, barbellulées. Corolle parsemée de glandes,
ayant la base élargie horizontalement, et la partie supérieure
divisée en cinq lanières. Style et stigmatophores de Vernoniée.

Herderia truncata, H. Cass. Plante herbacée, plus ou moins
rampante, à branches longues, probablement couchées sur
la terre, souvent enracinées çà et là, cylindriques, striées,
pubescentes, garnies de feuilles d'un bout à l'autre ; feuilles
alternes, longues de cinq à six lignes, larges de près de trois
lignes, obovales-cunéiformes, parsemées de petites glandes,
glabriuscules en dessus, plus ou moins garnies de poils en
dessous, étrécies à la base en forme de pétiole, entières sur
les bords latéraux, à sommet large, comme tronqué, formant
trois crénelures, dont la médiaire est beaucoup plus large ;
calathides de deux lignes de diamètre, solitaires, sessiles ou

presque sessiles au sommet des derniers rameaux, qui sont presque toujours munis de feuilles.

Nous avons fait cette description, générique et spécifique, sur un bel échantillon sec, recueilli au Sénégal, et qui se trouve dans l'herbier de M. Mérat, où il est nommé *Amphe-rephis.*

Cette Vernoniée est certainement le type d'un nouveau genre, appartenant au groupe des Éthuliées aigrettées, dans lequel il se fait remarquer par son péricline double, dont l'extérieur est involucriforme et l'intérieur plécolépide; par l'aréole apicilaire du fruit, imitant une cupule; par les squamellules de l'aigrette, qui sont inégales et dissemblables, quoique situées sur le même rang; enfin, par la dilatation de la base de la corolle.

Nous dédions ce genre à la mémoire de l'illustre auteur des *Idées sur la philosophie de l'histoire de l'humanité.* Ceux qui préfèrent les noms exprimant des caractères, pourront adopter celui de *Symphyolepis* (écailles entregreffées), qui fait allusion aux squames du péricline; ou celui de *Cœlacron* (sommet concave), qui fait allusion à l'aréole apicilaire du fruit; ou celui d'*Anisostephus* (couronne inégale), qui fait allusion à l'aigrette; ou enfin celui de *Platybasis* (large base), qui fait allusion à la corolle.

(1)

Le *Centrapalus galamensis*, décrit par nous en 1817 dans ce Dictionnaire (tom. VII, pag. 383), est la même plante que la *Vernonia senegalensis*, décrite en 1829 par M. Desfontaines dans son *Catalogus plantarum*, 3.e édition, pag. 400. Notre ancienne description, faite sur un vieux échantillon sec, doit être rectifiée en quelques points, d'après ce que nous avons récemment observé sur des individus vivans. Les corolles sont bleues et subrégulières, c'est-à-dire à incisions un peu inégales. L'aigrette est vraiment double; mais l'extérieure est composée de squamellules filiformes et barbellulées, non paléacées. Les appendices du péricline se terminent insensiblement en une sorte d'arête cartilagineuse, molle, non piquante. Ce genre ou sous-genre *Centrapalus* est intermédiaire entre le vrai *Vernonia* et l'*Ascaricida*. Il ressemble au *Ver-*

nonia par les appendices du péricline : mais il s'en distingue par les squames intérieures lancéolées, étrécies de bas en haut, terminées en pointe, et par l'aigrette extérieure à peine manifeste, filiforme, barbellulée. Il se distingue de l'*Ascaricida* par l'aigrette, dont toutes les squamellules sont filiformes, et par les appendices du péricline très-étroits, subulés, insensiblement terminés en une sorte d'arête molle, cartilagineuse. On ne pourroit pas confondre le *Centrapalus* avec le *Lepidaploa*, dont il diffère par l'aigrette extérieure et par les appendices du pericline. Le nom de *Centrapalus* signifie *pointe molle*, et fait allusion à l'arête cartilagineuse qui termine chaque appendice du péricline.

(m)

L'*Elephantopus nudiflorus*, Willd., appartient à notre genre *Distreptus*, et doit être nommé *Distr. crispus*, à cause de son aigrette frisée. Cette aigrette est composée de quatre à six squamellules plus ou moins inégales, filiformes, lisses : les unes plus courtes, plus menues, subcapillaires, presque droites ; les autres plus grandes, plus fortes, un peu laminées inférieurement, très-tortillées et comme frisées supérieurement. Dans notre *Distreptus spicatus*, qui seroit mieux nommé *Distr. replicatus*, les deux plus longues squamellules, au lieu d'être frisées, ne sont que pliées et repliées deux fois en sens contraires. Le caractère essentiellement distinctif des deux genres *Elephantopus* et *Distreptus* doit s'exprimer ainsi : dans l'*Elephantopus*, l'aigrette est composée de squamellules égales et semblables, barbellulées, droites ; dans le *Distreptus*, l'aigrette est composée de squamellules inégales et dissemblables, nues, les plus longues tortillées supérieurement. Le nom de *Distreptus*, qui signifie *deux tordus* ou *deux fois tordu*, fait allusion à l'aigrette, dont deux squamellules au moins sont tordues au moins deux fois.

TABLE ALPHABÉTIQUE.

Le *Tableau synoptique* qui précède, étant le dernier résumé de tout notre travail, et contenant beaucoup d'améliorations importantes, devra nécessairement être consulté par nos lecteurs sur chacun des articles de cette *Table alphabétique*. Il auroit donc fallu le citer continuellement à la fin des renvois qui suivent les titres de tous les articles. Mais pour abréger et éviter la répétition perpétuelle d'une même citation, il suffit d'avertir ici que le renvoi au *Tableau synoptique des Synanthérées* est toujours sous-entendu dans chaque article.

I.

Ordre, Tribus, Sections, Sous-sections, Groupes.

L'ordre et les tribus sont inscrits dans cette table en lettres majuscules, pour les distinguer des sections, sous-sections et groupes, qui sont en lettres ordinaires.

Adénostylées. volume 1, supplément, page 59; v. 20, p. 582; v. 26, p. 226. — Ambrosiées. v. 2, suppl., p. 9; v. 20, p. 571; v. 25, p. 195; v. 29. p. 175. — Ambrosiées vraies. ibidem. — Anthémidées. v. 2, suppl., p. 73; v. 20, p. 372; v. 29, p. 176; v. 50. p. 497. — Anthémidées-Chrysanthémées. ibidem. — Anthémidées-Prototypes. ibidem. — Anthémidées-Prototypes vraies. ibidem. — Arctotidées. v. 2, suppl., p. 118; v. 20, p. 364; v. 29, p. 447. — Arctotidées-Gortériées. ibidem; v. 19, p. 234. — Arctotidées-Prototypes. ibidem; v. 35, p. 397. — Artémisiées. v. 29. p. 177; v. 50, p. 497. — Astérées. v. 3, suppl., p. 64; v. 20, p. 375; v. 37, p. 458. — Astérées-Baccharidées. ibidem. — Astérées-Bellidées. ibidem. — Astérées-Prototypes. ibidem. — Astérées-Prototypes vraies. ibidem. — Astérées-Solidaginées. ibidem. — Baccharidées vraies. v. 37, p. 461. — Baltimorées. v. 46, p. 599; v. 48, p. 545. — Bellidées vraies. v. 37, p. 464. — Buphthalmées vraies. v. 23, p. 566; v. 49, p. 224. — Calcitrapées. v. 44, p. 35; v. 50, p. 247. — Calcitrapées vraies. ibidem. — Calcinées. v. 55, p. 265. — Calendulées. v. 6, suppl., p. 35; v. 20, p. 566; v. 50, p. 322. — Calendulées-Ostéospermées. ibidem. — Calendulées-Prototypes. ibidem. — Carduinées. v. 7, p. 94; v. 20, p. 559; v. 41, p. 508, v. 50, p. 463. — Carduinées vraies. ibidem. — Carlinées. v. 7, p. 109; v. 20, p. 357; v. 47, p. 497. — Carlinées-Barnadésiées. ibidem. — Carlinées-Prototypes. ibidem. — Carlinées-Stéhélinées. ibidem; v. 53, p. 469. — Carlinées-Xéranthémées. ibidem; v. 59, p. 127. — Carthamées. v. 41, p. 508, 538; v. 50, p. 463. — Cassiniées. v. 23, p. 561; v. 49, p. 224. — Catanancées. v. 25, p. 66; v.

dem ; v. 54, p. 493. — Lactucées. v. 8, p. 525; v. 20, p. 355; v. 25, p. 59; v. 48, p. 421. — Lactucées-Crépidées. ibidem. — Lactucées-Hiéraciées. ibidem.—Lactucées-Prototypes. ibidem. — Lactucées-Prototypes vraies. ibidem. — Lactucées-Scorzonérées. ibidem. — Lampsanées. v. 25, p. 61 ; v. 48, p. 422. — Lamyrées. v. 41, p. 312. 338 ; v. 50, p. 463. — Léontopodiées. v. 23, p. 563 ; v. 49, p. 224. — Lépidophyllées. v. 37, p. 460. — Leysérées. v. 23, p. 560 : v. 49, p. 225. — Luciliées. v. 23, p. 561; v. 49, p. 223.—Millériées vraies. v. 59, p. 234.— Millériées vraies irrégulières. ibidem.— Millériées vraies régulières. ibidem. — Mutisiées. v. 8, p. 394 ; v. 20, p. 379 ; v. 33, p. 462. — Mutisiées-Gerbériées. v. 33, p. 464. — Mutisiées-Prototypes. v. 33, p. 463. — Nassauviées. v. 8, p. 395 ; v. 20, p. 378 ; v. 34, p. 204 ; v. 60, p. 585, 598.—Nassauviées-Prototypes. v. 34, p. 207. — Nassauviées-Trixidées. v. 34. p. 205. — Picridées. v. 25, p. 63 ; v. 48, p. 422.— Psiadiées. v. 37, p. 459. —Rhantériées. v. 23, p. 565 ; v. 49, p. 224. — Rhaponticées. v. 41. p. 309, 338 ; v. 50, p. 463. — Rudbeckiées vraies. v. 46, p. 397 ; v. 54, p. 461. — Santolinées. v. 29, p. 179 ; v. 34, p. 102 ; v. 47, p. 291; v. 50, p. 498. — Scolymées. v. 25, p. 60 ; v. 48, p. 422. — Scorzonérées vraies. v. 25, p. 64 ; v. 48, p. 422. — Sénécionées. v. 20, p. 377 ; v. 48, p. 446, 466. — Sénécionées-Doronicées. ibidem. — Sénécionées-Othonnées. ibidem. — Sénécionées-Prototypes. ibidem. — Séridiées. v. 44, p. 35 ; v. 50, p. 247.— Sériphiées. v. 23, p. 565 ; v. 49, p. 224.— Sériphiées vraies. ibidem. — Serratulées. v. 41, p. 310, 339 ; v. 50. p. 463. — Sigesbeckiées. v. 59, p. 235. — Sigesbeckiées irrégulières. ibidem. — Sigesbeckiées régulières. ibidem. — Silphiées. v. 59. p. 319. — Silybées. v. 41. p. 310, 338 ; v. 50, p. 463.— Solidaginées vraies. v. 37, p. 459. — Sphéranthées. v. 23, p. 366 ; v. 49, p. 224.— Spilanthées. v. 59, p. 137. — SYNANTHÉRÉES. v. 10, p. 131; v. 20. p. 354 ; v. 51, p. 445. — Synédrellées. v. 59. p. 319. — Tagétinées. v. 20, p. 367 ; v. 59, p. 61. — Tagétinées-Dyssodiées. ibidem. — Tagétinées-Pectidées. ibidem. — Tagétinées-Prototypes. ibidem. — Tanacétées. v. 29, p. 177 ; v. 50, p. 498. — Tussilaginées. v. 20, p. 381 : v. 34, p. 195; v. 59. p. 203. — Urospermées. v. 25, p. 60 ; v. 48, p. 422. — Verbésinées. v. 59, p. 138. — Vernoxiées. v. 20, p. 384 ; v. 57, p. 338. — Vernoniées - Liabées.

ibidem. — Vernoniées - Pluchéinées. ibidem. — Vernoniées-
Prototypes. ibidem. — Vernoniées-Prototypes vraies. ibidem.
— Vernoniées-Rolandrées. ibidem. — Vernoniées-Tarchonan-
thées. ibidem.

II.

Genres et Sous-genres.

Dans cette table, les noms placés entre parenthèses, immédiatement à la suite d'autres noms, sont des synonymes.

Abrotanella. volume 56, page 27. — *Absinthium.* v. 29, p.
177, 184; v. 56, p. 26. — *Acarna.* v. 47, p. 498, 509; v. 50,
p. 57. — *Achillea.* v. 29, p. 180, 186. — *Achromolæna.* v. 56,
p. 222. — *Achyrocoma.* v. 26, p. 21; v. 57, p. 541. — *Achyropappus.* v. 55, p. 264, 270. — *Acmella.* v. 24, p. 328; v. 50,
p. 258; v. 59, p. 138. — *Acrocentron.* v. 44, p. 55, 57; v. 50,
p. 247, 255. — *Acrocephalum.* v. 48, p. 509. — *Acrolophus.*
v. 50, p. 247, 253. — *Acropilon.* v. 50, p. 463, 464. — *Actinea.* v. 1, suppl., p. 51; v. 55. p. 264, 270. — *Adenostemma.*
v. 25, p. 360; v. 26, p. 227. — *Adenostyles.* v. 1, suppl., p.
59; v. 26, p. 226.— *Ætheolæna.* v. 48, p. 447, 455. — *Ætheopappus.* v. 50, p. 247, 250; v. 51, p. 53. — *Ætheorhiza.* v. 48,
p. 422, 425. — *Agathæa (Detris).* v. 1, suppl., p. 77; v. 5,
suppl., p. 65; v. 15, p. 116; v. 37, p. 465, 489. — *Ageratum.*
v. 26, p. 227.— *Agoseris.* v. 25. p. 65. — *Alcina.* v. 59. p. 234,
242. — *Alfredia.* v. 1, suppl., p. 115; v. 21, p. 422; v. 41,
p. 311, 324.— *Allagopappus.* v. 56, p. 21.— *Allocarpus.* v. 55,
p. 265, 276. — *Alomia.* v. 26, p. 227. — *Alophium.* v. 54, p.
493. — *Ambrosia.* v. 25, p. 203; v. 29, p. 176. — *Amellus.* v.
8, p. 577; v. 26, p. 210; v. 57, p. 463, 489. — *Ammobium.*
v. 46, p. 524. — *Ampherephis.* v. 57, p. 542, 546. — *Anactis.*
v. 47, p. 499, 510; v. 50, p. 56. — *Anacyclus.* v. 29, p. 179,
185; v. 34, p. 103, 104.— *Anaxeton.* v. 26, p. 52; v. 34. p. 57.
— *Andryala.* v. 25, p. 64; v. 46, p. 312. — *Angianthus.* v. 14,
p. 482; v. 23, p. 563. — *Anisoderis (Hostia).* v. 21, p. 442;
v. 25, p. 62; v. 48, p. 422, 429. — *Antennaria.* v. 25, p. 562.
—*Anthemis.* v. 29, p. 179. 185; v. 34, p. 103. — *Apalocentron.*
v. 35, p. 172; v. 56, p. 146. — *Apalochlamys.* v. 56, p. 223.
— *Apalanthus.* v. 58, p. 459. — *Aplopappus.* v. 56. p. 168. —
Aplophyllum. v. 33, p. 463, 472. — *Aposeris.* v. 48, p. 422,

427. — *Apuleja.* v. 55, p. 397. — *Arction.* v. 41, p. 311, 330;
v. 50, p. 443; v. 53, p. 468, 469. — *Arctotheca.* v. 2, suppl.,
p. 117; v. 25, p. 271; v. 29, p. 449, 454. — *Arctotis.* v. 25,
p. 270; v. 29, p. 449, 456. — *Argyrocome.* v. 19, p. 117; v.
20, p. 451; v. 23, p. 562; v. 34, p. 39. — *Arnica.* v. 13, p.
455; v. 51, p. 459. — *Arnoglossum.* v. 26, p. 228, 232; v. 48,
p. 460; v. 51, p. 462. — *Arnoldia.* v. 30, p. 323, 330. — *Arnoseris.* v. 25, p. 63, 214. — *Arrhenachne.* v. 52, p. 253; v.
57, p. 340; v. 59, p. 130. — *Artemisia.* v. 22, p. 39; v. 29,
p. 177, 184; v. 36, p. 26. — *Ascaricida.* v. 3, suppl., p. 38;
v. 26, p. 19; v. 57, p. 341. — *Aspelina.* v. 41, p. 166; v. 48,
p. 447, 455. — *Aspilia.* v. 3, suppl., p. 57; v. 59, p. 321. —
Aster. v. 16, p. 46; v. 37, p. 462, 486. — *Asterothrix.* v. 48,
p. 422, 434. — *Athanasia.* v. 22, p. 315; v. 27, p. 168; v. 29,
p. 179, 185. — *Atractylis.* v. 47, p. 499, 510; v. 50, p. 55. —
Aurelia. v. 5, suppl., p. 129; v. 37, p. 459, 468.

Bacasia. volume 47, page 499. — *Baccharis.* v. 37, p. 461,
479. — *Bahia.* v. 55, p. 264. — *Baillieria.* v. 59, p. 319. —
Balbisia. v. 3, suppl., p. 169; v. 55, p. 265, 276. — *Balduina.*
v. 55, p. 264, 272. — *Balsamita.* v. 29, p. 177, 184. — *Baltimora.* v. 46, p. 399, 411. — *Barbellina.* v. 47, p. 500, 511;
v. 50, p. 440. — *Barkhausia.* v. 21, p. 442; v. 25, p. 62; v. 48,
p. 428. — *Barnadesia.* v. 47, p. 499. — *Batschia.* v. 4, suppl.,
p. 49; v. 16, p. 3; v. 26, p. 228, 233. — *Bellidiastrum.* v. 4,
suppl., p. 70; v. 37, p. 464, 494. — *Bellis.* v. 37, p. 464, 493.
— *Bellium.* v. 4, suppl., p. 71, 72; v. 37, p. 454, 464, 494.
— *Berkheya.* v. 29, p. 448, 452. — *Bidens.* v. 24, p. 402; v. 59,
p. 321, 329. — *Billya.* v. 34, p. 38. — *Biotia.* v. 34, p. 308; v. 59,
p. 236. — *Blainvillea.* v. 29, p. 493; v. 47, p. 90; v. 59, p. 138.
— *Blaxium.* v. 30, p. 323, 328. — *Boltonia.* v. 37, p. 464, 491.
— *Brachycome.* v. 5, suppl., p. 63; v. 37, p. 464, 491. — *Brachyderea.* v. 48, p. 422, 429. — *Brachyglottis.* v. 48, p. 449, 464.
— *Brachyris.* v. 37, p. 460, 474. — *Brotera.* v. 34, p. 304;
v. 59, p. 236. — *Buphthalmum.* v. 23, p. 566; v. 34, p. 276.

Cacalia. volume 48, pages 448, 453. — *Cacosmia.* v. 57,
p. 339. — *Cæsulia.* v. 57, p. 345. — *Calcitrapa.* v. 44, p. 35,
38; v. 50, p. 247. — *Calea.* v. 55, p. 265, 277. — *Caleacte.* v.
55, p. 265, 276. — *Calebrachys.* v. 55, p. 265, 277. — *Calendula.* v. 30, p. 323, 327. — *Calliopsis,* v. 59, p. 321, 326. —

p. 220. — *Chromolepis.* v. 50, p. 463, 470. — *Chrysanthellina.* v. 25, p. 391; v. 59, p. 320. — *Chrysanthemum.* v. 9, p. 151; v. 29, p. 178, 185; v. 41, p. 46. — *Chryseis.* v. 9, p. 154; v. 44, p. 36, 39; v. 58, p. 11. — *Chrysocoma.* v. 37, p. 461, 477. — *Chrysogonum.* v. 9, p. 161; v. 48, p. 545. — *Chthonia.* v. 9, p. 173; v. 27, p. 204; v. 59, p. 62, 71. — *Chuquiraga.* v. 9, p. 178; v. 47, p. 499. — *Cichorium.* v. 8, p. 525; v. 25, p. 66. — *Cinara.* v. 41, p. 311, 328; v. 50, p. 470. — *Cineraria.* v. 9, p. 237; v. 48, p. 449, 464. — *Cirsium.* v. 9, p. 269; v. 27, p. 185, 190; v. 35, p. 172; v. 36, p. 146; v. 41, p. 313, 332. — *Cladanthus.* v. 9, p. 342; v. 29, p. 180, 186. — *Clarionea.* v. 34, p. 206, 213. — *Clibadium.* v. 9, p. 395; v. 29, p. 176, 181; v. 59, p. 324. — *Clomenocoma.* v. 9, p. 416; v. 59, p. 61, 66. — *Cnicus.* v. 9, p. 457; v. 44, p. 35, 37; v. 50, p. 247, 254. — *Cœlestina.* v. 6, suppl., p. 8; v. 26, p. 227. — *Coleosanthus.* v. 10, p. 36; v. 24, p. 519; v. 26, p. 228, 234. — *Coleostephus.* v. 41, p. 43. — *Columellea.* v. 10, p. 102; v. 23, p. 565. — *Conyza.* v. 10, p. 305; v. 23, p. 558, 564; v. 39, p. 403. — *Coreopsis.* v. 10, p. 419; v. 59, p. 320, 326. — *Corymbium.* v. 10, p. 580; v. 57, p. 343. — *Cosmos.* v. 11, p. 4; v. 59, p. 321. — *Cotula.* v. 11, p. 67; v. 26, p. 283; v. 29, p. 177, 184. — *Cousinia.* v. 47, p. 498, 503. — *Cremocephalum.* v. 34, p. 390; v. 48, p. 448, 458. — *Crepis (Calliopea).* v. 11, p. 395; v. 25, p. 62; v. 27, p. 4; v. 60, p. 590. — *Crinitaria.* v. 57, p. 460, 475; v. 60, p. 596. — *Critonia.* v. 26, p. 233; v. 57, p. 342; v. 59, p. 60. — *Crocodilium.* v. 12, p. 39; v. 44, p. 35, 37; v. 50, p. 247, 256. — *Crupina.* v. 12, p. 67; v. 44, p. 35, 39; v. 50, p. 239. — *Cryptogyne.* v. 50, p. 491. — *Cryptopetalon.* v. 12, p. 123; v. 27, p. 206; v. 59, p. 62, 71. — *Cryptostemma.* v. 12, p. 125; v. 29, p. 449, 454. — *Culcitium.* v. 12, p. 210; v. 48, p. 447, 452. — *Cullumia.* v. 12, p. 213; v. 29, p. 448, 452. — *Cuspidia.* v. 12, p. 251; v. 29, p. 448, 451. — *Cyanopsis (ou Cyanastrum).* v. 12, p. 268; v. 44, p. 36, 39; v. 58, p. 458. — *Cyanus.* v. 24, p. 92; v. 44, p. 35, 37; v. 50, p. 241, 245. — *Cyathocline.* v. 60, p. 581, 595. — *Cylindrocline.* v. 12, p. 318; v. 23, p. 565. — *Cymbonotus.* v. 35, p. 397.

Damatris. volume 12, page 471; v. 29, p. 449, 457. — *Damironia (Astelma).* v. 56, p. 224; v. 60, p. 588. — *Dasyphyl-*

v. 59, p. 138. — *Phæcasium.* v. 39, p. 387. — *Phænixopus.*
v. 39, p. 391; v. 48, p. 426. — *Phænopoda (Podotheca, Podosperma).* v. 23, p. 561, 569; v. 42, p. 77, 79, 84. — *Phagnalon.* v. 19, p. 118, 119; v. 23, p. 561; v. 39, p. 400. — *Phalacroloma.* v. 39, p. 404; v. 50, p. 485. — *Phalacromesus.* v. 53,
p. 235; v. 57, p. 339. — *Phalolepis.* v. 50, p. 247, 248. —
Philostizus. v. 39, p. 498; v. 44, p. 35, 38. — *Picnomon.* v. 25,
p. 225; v. 27, p. 184; v. 40, p. 187; v. 41, p. 313, 331. —
Picridium. v. 25, p. 60; v. 39, p. 594. — *Picris.* v. 25, p. 63.
— *Pinardia.* v. 41, p. 58. — *Pingræa.* v. 41, p. 57; v. 57, p. 340;
v. 59, p. 131. — *Piptocarpha.* v. 41, p. 109; v. 57, p. 339. —
Piptoceras. v. 50, p. 469; v. 54, p. 487. — *Piptocoma.* v. 41,
p. 111; v. 57, p. 340. — *Piptopogon (Agenora).* v. 48, p. 422,
434, 507; v. 60, p. 590. — *Piqueria.* v. 26, p. 227, 232; v. 41,
p. 115. — *Pithosillum.* v. 41, p. 164; v. 48, p. 449, 461. —
Platycheilus (Holocheilus). v. 21, p. 306; v. 34, p. 206, 212. —
Platylepis. v. 41, p. 337. — *Platylophus.* v. 44, p. 35, 36; v. 50,
p. 500. — *Platypteris.* v. 50, p. 259; v. 59, p. 137. — *Platyraphium.* v. 35, p. 173; v. 41, p. 305, 312, 330. — *Plazia.*
v. 33, p. 480; v. 34, p. 208, 227; v. 51, p. 13; v. 55, p. 398.
— *Pleurocephalum.* v. 48, p. 510. — *Pluchea.* v. 42, p. 1; v. 57,
p. 339. — *Podanthus.* v. 46, p. 398, 404. — *Podocoma.* v. 37,
p. 462, 484; v. 42, p. 60. — *Podolepis.* v. 23, p. 562; v. 42,
p. 62. — *Podospermum.* v. 25, p. 65; v. 42, p. 77. — *Polyachyrus.* v. 34, p. 207, 225. — *Polyarrhena.* v. 56, p. 172. —
Polylepis. v. 50, p. 212. — *Polymnia.* v. 59, p. 235, 247. — *Polymniastrum.* v. 59, p. 235, 246. — *Polypteris.* v. 55, p. 265, 279.
— *Porcellites.* v. 25, p. 64, 86; v. 43, p. 42; v. 48, p. 506. —
Porophyllum. v. 43, p. 56; v. 59, p. 62, 71. — *Praxelis.* v.
43, p. 261. — *Prenanthes.* v. 25, p. 61, 74; v. 33, p. 485;
v. 34, p. 96; v. 43, p. 279. — *Printzia.* v. 37, p. 463, 488;
v. 43, p. 324. — *Pronacron.* v. 43, p. 370; v. 59, p. 235. —
Proustia. v. 33, p. 463, 466; v. 51, p. 13; v. 55, p. 395. —
Psephellus. v. 43, p. 488; v. 44, p. 35, 36. — *Psiadia.* v. 37,
p. 459, 469; v. 43, p. 503; v. 56, p. 167. — *Pterolophus.* v.
44, p. 34, 35, 36; v. 50, p. 249. — *Pterophorus.* v. 37, p. 460,
474; v. 44, p. 44. — *Pterophyton.* v. 44, p. 48; v. 59, p. 139.
— *Pterotheca.* v. 25, p. 62, 124; v. 44, p. 56. — *Ptilostemon.*
v. 25, p. 225; v. 35, p. 173; v. 41, p. 312, 330; v. 44, p. 58.

— *Ptilostephium.* v. 44, p. 60; v. 55, p. 265, 275. — *Pulicaria.* v. 23, p. 565; v. 44, p. 93. — *Pyrarda.* v. 41, p. 120. — *Pyrethrum.* v. 29, p. 178, 185; v. 44, p. 148.

Quinetia. volume 60, pages 579, 590.

Relhania. volume 23, page 560; v. 45, p. 29. — *Rhabdotheca.* v. 48, p. 422, 424. — *Rhagadiolus.* v. 25, p. 61; v. 45, p. 302. — *Rhanterium.* v. 23, p. 565; v. 45, p. 512. — *Rhaponticum.* v. 41, p. 309, 319. — *Richea* (*Craspedia*). v. 11, p. 355; v. 25, p. 565, 568. — *Riencourtia.* v. 45, p. 371; v. 45, p. 466; v. 59, p. 235. — *Robertia.* v. 25, p. 64; v. 48, p. 454. — *Rolandra.* v. 46, p. 170; v. 57, p. 343. — *Roscnia.* v. 23, p. 560. — *Rothia.* v. 25, p. 64; v. 46, p. 511. — *Rudbeckia.* v. 46, p. 398, 401.

Sabazia. volume 46, page 480; v. 55, p. 264, 273. — *Salmea.* v. 47, p. 87; v. 59, p. 158. — *Santolina.* v. 29, p. 179, 185; v. 47, p. 289. — *Sanvitalia.* v. 47, p. 292; v. 59, p. 159. — *Sarcanthemum.* v. 57, p. 459, 469; v. 47, p. 349. — *Saussurea.* v. 47, p. 494; v. 56, p. 211. — *Scalia.* v. 42, p. 64. — *Scepinia.* v. 57, p. 460, 475; v. 48, p. 44; v. 60, p. 596. — *Schizogyne.* v. 56, p. 23. — *Schkuhria.* v. 48, p. 87; v. 55, p. 265, 269. — *Schlechtendalia* (*Adenophyllum*). v. 1, suppl., p. 58; v. 25, p. 398; v. 59, p. 62, 67. — *Schmidtia* (*Œthonia*). v. 25, p. 65; v. 48, p. 91, 455; v. 60, p. 590. — *Sclerobasis.* v. 48, p. 145, 448, 455. — *Sclerocarpus.* v. 48, p. 148; v. 59, p. 256. — *Sclerolepis.* v. 25, p. 365; v. 26, p. 227, 233; v. 48, p. 155. — *Scolymus.* v. 25, p. 60; v. 34, p. 86. — *Scorzonera.* v. 25, p. 63, 264. — *Scrobicaria.* v. 48, p. 448, 456. — *Selloa.* v. 55, p. 264, 273. — *Senecillis.* v. 26, p. 226, 229. — *Senecio.* v. 48, p. 447, 454. — *Sergilus.* v. 57, p. 461, 479. — *Seridia.* v. 44, p. 35, 38; v. 48, p. 498. — *Seriola.* v. 25, p. 64; v. 48, p. 504. — *Seriphium.* v. 23, p. 565; v. 48, p. 508. — *Serratula.* v. 55, p. 175; v. 41, p. 310, 522; v. 47, p. 496; v. 50, p. 468; v. 56, p. 208. — *Shawia.* v. 23, p. 565; v. 34, p. 40; v. 49, p. 69; v. 57, p. 343. — *Siebera.* v. 50, p. 443; v. 59, p. 125. — *Sigesbeckia.* v. 49, p. 114; v. 59, p. 237. — *Silphium.* v. 59, p. 319, 324. — *Silybum.* v. 41, p. 311, 326; v. 50, p. 469. — *Simsia.* v. 59, p. 156, 159. — *Sogalgina.* v. 49, p. 397; v. 55, p. 265, 275. — *Solenogyne.* v. 56, p. 174. — *Solidago.* v. 57, p. 459, 472; v. 56, p. 167. — *Solivæa* (*Gym-*

110; v. 34, p. 190, 195, 196; v. 59, p. 203. — *Tyrimnus.* v. 41, p. 314, 535; v. 56, p. 207.

UNXIA. volume 59, page 235. — *Urospermum.* v. 25, p. 60; v. 56, p. 569. — *Ursinia.* v. 29, p. 180, 186; v. 50, p. 208.

VERBESINA. volume 59, pages 139, 142. — *Vernonia.* v. 26, p. 19; v. 57, p. 541. — *Verutina.* v. 44, p. 35, 38; v. 58, p. 8. — *Vicoa.* v. 60, p. 580, 594. — *Viguiera.* v. 59, p. 140, 146. — *Villanova.* v. 59, p. 236. — *Volutarella.* v. 44, p. 36, 39; v. 50, p. 247, 256; v. 58, p. 452. — *Wedelia.* v. 46, p. 599, 409. — *Willemetia.* v. 48, p. 422, 427. — *Wulffia.* v. 46, p. 398, 403.

XANTHIUM. volume 25, page 195; v. 29, p. 176; v. 59, p. 101. — *Xanthocephalum.* v. 57, p. 540; v. 59, p. 101. — *Xanthocoma.* v. 37, p. 459, 467. — *Xenocarpus.* v. 59, p. 108. — *Xeranthemum.* v. 47, p. 497, 502; v. 59, p. 112. — *Xerobius.* v. 59, p. 127. — *Xeroloma.* v. 59, p. 120. — *Ximenesia.* v. 59, p. 134, 139.

ZACINTHA. volume 25, page 62. — *Zaluzania.* v. 59, p. 232, 237. — *Zarabellia.* v. 59, p. 234, 240. — *Zinnia.* v. 59, p. 139, 315. — *Zoegea.* v. 44, p. 35, 36; v. 60, p. 560, 561. — *Zyrphelis.* v. 60, p. 582, 597. (H. CASS.)

ZYGÈNE, *Zygæna.* (*Entom.*) Nom d'un genre d'insectes lépidoptères, établi par Fabricius pour y placer quelques espèces rangées auparavant parmi les sphinx et déjà séparées par Degéer, qui les appeloit papillons phalènes, sous le nom d'*adscita* ou ajouté. Quant au nom de *zygæna*, il a été pris au hasard par Fabricius : c'est celui d'un poisson, espèce de squale, dont parle Aristote dans son Histoire des animaux, Ζυγαινα.

Le caractère du genre est facile à saisir. Nous en avons fait représenter une espèce, planche 42 de l'atlas entomologique de ce Dictionnaire, figure 3. Les antennes sont prismatiques ; dans l'état de repos, les ailes sont en toit et l'insecte a le port d'une phalène. Ce genre appartient à la famille des fusicornes ou clostérocères, les antennes étant plus grosses dans la partie moyenne qu'aux extrémités, et les ailes inférieures étant retenues par leur bord externe sur le bord interne des supérieures à l'aide d'un crin ou d'une soie roide, qui fait l'office d'un ardillon dans une boucle.

Les chenilles des zygènes ont seize pattes : elles ne sont pas aussi rases que celles des sphinx, et elles n'ont pas non plus le tubercule corné que la plupart de ces dernières portent sur leur dernier anneau ; elles ne s'enfouissent pas non plus dans la terre pour y subir leurs métamorphoses ; elles se filent un cocon d'une matière soyeuse, qu'elles attachent sur les tiges ou les branches des végétaux.

Les insectes parfaits ont été nommés *sphinx béliers* à cause de leurs antennes souvent courbées en crochets, et *papillons phalènes*, parce qu'avec le port des phalènes ces insectes volent de jour et même en plein soleil, quoique lourdement.

Les principales espèces de ce genre sont les suivantes :

1. ZYGÈNE DE LA FILIPENDULE, *Zygœna filipendulœ*.

C'est l'espèce que Geoffroy a décrite sous le nom de *sphinx bélier*, page 88 du tome 2, n.° 13.

Car. D'un noir verdâtre ou bleuâtre. Ailes supérieures à six taches rouges ; ailes inférieures rouges, bordées d'un noir bleuâtre.

L'insecte provient d'une chenille jaune-pâle : on la trouve sur différentes plantes et particulièrement sur la spirée filipendule. Son cocon est alongé, couvert d'un vernis brillant, comme soufré ; il est souvent plissé ou ridé en long. L'insecte y reste ordinairement près de quarante jours.

2. ZYGÈNE DE L'ESPARCETTE, *Z. onobrychis*.

C'est l'espèce dont nous avons donné la figure citée plus haut. Elle diffère surtout de la précédente parce que les taches rouges sont bordées de blanchâtre ou d'une teinte rouge plus pâle.

Plusieurs autres espèces, voisines pour les couleurs, ont été nommées, l'une, du lotier, *Z. loti :* elle n'a que cinq points rouges sur les ailes supérieures ; une autre, dite de la *scabieuse*, a les taches rouges des ailes réunies en une seule ; celle de la *piloselle* n'a que trois taches rouges distinctes ; celle de la bruyère, *Z. fausta*, a le devant du corselet rouge ; celle de la *lavande*, *Z. lavandulœ*, a le devant du corselet blanc, avec cinq points rouges sur les ailes supérieures. (C. D.)

ZYGÈNE ou MARTEAU, *Zygœna*. (*Ichthyol.*) D'après le mot grec Ζυγαινα, employé par Aristote pour désigner un *chien de mer dont la tête est en forme de joug ou de fléau de balance,* (περι ζώων. βιβλ. β'.), on appelle ainsi aujourd'hui un genre de poissons chondroptérygiens de la famille des plagiostomes, démembré du grand genre des Squales de Linnæus.

Ce genre peut être ainsi caractérisé :

Squelette cartilagineux; opercules et membranes des branchies nulles; trous de celles-ci latéraux; des dents; quatre nageoires paires, les pectorales entières; corps arrondi; museau pointu; tête transversale, sans évents et percée par la bouche au-dessous du museau; une nageoire anale.

D'après cela, il devient facile de séparer les ZYGÈNES des RHINOBATES, des RHINA, des RAIES, des MYLIOBATES, des TORPILLES, des CÉPHALOPTÈRES, des PASTENAGUES, qui ont le corps plat et déprimé ; des SQUATINES, qui ont les nageoires pectorales échancrées ; des AODONS, qui sont privés de dents; enfin des CARCHARIAS, des LAMIES, des MILANDRES, des GRISETS, des ÉMISSOLES, des CESTRACIONS, des AIGUILLATS, des HUMANTINS, des LEICHES et des PÉLERINS, dont la tête n'est point disposée sur une ligne transversale à l'axe du corps; disposition dont le règne animal n'offre d'exemple que dans les poissons dont nous faisons l'histoire. (Voyez ces divers noms de genres, et PLAGIOSTOMES).

Parmi les espèces du genre Zygène, nous citerons :

Le MARTEAU ou POISSON JUIF; *Zygœna vulgaris*; *Squalus zygœna*, Linnæus. Tête aplatie horizontalement, tronquée en avant, à côtés prolongés transversalement en branches, comme la tête d'un marteau de serrurier, ou comme un T : yeux gros, saillans, logés aux extrémités de ces branches, qui sont percées par les narines à leur bord antérieur et un peu festonnées; ouverture de la bouche demi-circulaire; dents larges, aiguës, dentelées des deux côtés, sur trois rangs à chaque mâchoire.

Ce poisson habite toutes les mers, aussi est-il un des plus connus des navigateurs, à l'attention desquels sa conformation singulière et ses grandes dimensions le recommandent d'ailleurs particulièrement. Son corps un peu étroit, ce qui le fait d'autant mieux ressembler au manche de l'instrument auquel on a comparé cet animal, est grisâtre, tandis que la tête est noirâtre; ses yeux, d'un jaune doré, ont la pupille noire; ses catopes, petits, et ses autres nageoires, ont une teinte grise, plus foncée à la base ; sa première nageoire dorsale est plus grande que la seconde, qui est implantée au-dessus de l'anale : sa caudale est partagée en deux lobes, dont le supérieur est quatre fois plus long que l'inférieur.

Quoique assez commun partout, le marteau fréquente plus habituellement les eaux des contrées méridionales que celles des climats froids : évitant le sable et les roches, il se tient de préférence dans les fonds vaseux. Suivant M. Risso, il se montre sur la côte de Nice en Juillet, Août et Septembre; mais à Marseille il passe pour très-rare, et n'a pu y être observé par Brünnich; il en est de même sur les côtes d'Arabie baignées par la mer Rouge, au moins au rapport de Forskal.

Il atteint quelquefois la taille de douze ou quinze pieds, et peut peser jusqu'à cinq cents livres. La femelle donne ordinairement le jour à dix ou douze petits à la fois.

La chair du marteau est dure, coriace et d'une saveur désagréable, aussi est-elle méprisée comme celle du requin, si ce n'est pourtant par les matelots de Mascate, qui, au dire de Forskal, la regardent comme aphrodisiaque, et s'en nourrissent avec plaisir.

Son foie fournit beaucoup d'huile, et sa peau, hérissée de fins tubercules, sert à polir les ouvrages de bois et d'ivoire, comme celle de plusieurs autres plagiostomes. (Voyez GALUCHAT).

Son nom porte son étymologie avec lui presque dans toutes les langues; les Grecs l'appeloient Ζυγαινα, comme qui diroit joug ou fléau de balance, et c'est à peu près ce que signifient l'anglois *balance-fish*, l'italien *balista*, le hollandois *balansvich*, comme les expressions de *pesce martello* de nos provinces méridionales et du littoral de la Ligurie, de *martel*, des Maltais, répondent à notre mot françois *marteau*. Quelques auteurs de la basse latinité le comparant à un niveau de maçon, l'ont également appelé *libella*. Quant à ses noms de *poisson juif* et de *pesce jouziou*, ils sont tirés de la ressemblance qu'a sa tête avec la coiffure que les Israélites portoient jadis en Provence, comme l'a noté Bochart dans son *Hierozoicon*.

Ce poisson est, au reste, d'une extrême voracité, et est même dangereux pour les hommes, qui, dans certains parages, semblent le redouter autant que le requin. Il se nourrit habituellement de raies.

On le pêche avec de forts hameçons amorcés de lard ou de viande.

Le Pantouflier : *Zygæna tiburo; Squalus tiburo*, Linn. Tête plus large que celle du marteau commun, échancrée dans son milieu et à triple feston inégal de chaque côté ; langue rude, épaisse ; dents courbées, sur plusieurs rangs ; corps presque lisse, d'un gris clair en dessus, blanchâtre en dessous ; nageoires lisérées de noir ; yeux d'un vert azuré.

Cette espèce est généralement confondue avec le marteau. Elle a les mêmes habitudes, mais elle ne parvient pas à une aussi grande taille et ne dépasse guère trois ou quatre pieds de longueur.

Le pantouflier vit sur les rivages de la Guiane et du Brésil. Il a été observé aussi sur ceux de la Méditerranée par Commerson et par M. Risso.

Les Nègres en mangent la chair sans aucune répugnance.

M. Cuvier pense que le pantouflier à large tête de Lacépède (1 , vii , 3) et celui de M. Risso, ne sont pas le vrai pantouflier, *squalus tiburo*, de Linnæus, figuré par Marcgrave et reconnoissable à sa tête cordiforme.

Sous la dénomination de *zygæna Blochii*, le même savant a considéré comme une espèce particulière, un poisson représenté par Bloch (117), et qui a les narines placées bien plus près du milieu et la deuxième dorsale plus voisine de la caudale. (H. C.)

ZYGÉNIDES. (*Entom.*) C'est le nom donné par M. Latreille à la troisième tribu des insectes lépidoptères, dits crépusculaires, qui comprend en particulier les zygènes. Il les distingue en deux groupes, d'après la disposition des antennes, qui sont simples ou à peine pectinées, et tout-à-fait en peigne, au moins dans les mâles. M. Latreille rapporte à cette tribu le genre *Sésie* et le genre *Zygène*, qu'il subdivise en quatre autres : *Ægocère, Thyride, Zygène* proprement dit, et *Syntomide*. A l'autre division de la tribu appartiennent le genre Stygie et ceux qu'il nomme *Procris, Atychie, Glaucopide* et *Aglaope*. (C. D.)

ZYGIA. (*Bot.*) Cet arbre de Théophraste, paroît être, suivant Lonicer et C. Bauhin, un érable à feuilles frisées, *acer laciniatum*. P. Browne avoit aussi fait un genre *Zygia*, qui doit être réuni à l'*Inga* de Willdenow, et se rapprocher de son *inga marginata*. (J.)

ZYGIA (*Bot.*), Browne, *Jam.*, tab. 22, fig. 3. Genre peu connu, de la famille des *légumineuses*, qui est peut-être congénère du *Mimosa bourgoni*, Aubl., tab. 358. Son calice est fort petit, à cinq crénelures; sa corolle tubuleuse, persistante, à cinq dents. Il a seize étamines plus longues que la corolle, réunies en tube à leur base; les anthères sont arrondies; l'ovaire supérieur; un style; un stigmate; une gousse alongée, comprimée, renfermant huit ou neuf semences. Cet arbrisseau a les feuilles presque ailées, et les fleurs presque disposées en épis. (Poir.)

ZYGIE, *Zygia*. (*Entom.*) Fabricius a désigné sous ce nom de genre une espèce d'insecte coléoptère, rapportée d'Égypte par Forskal, et qui paroît appartenir à la famille des apalytres, près des mélyres. Olivier dit l'avoir trouvé à Bagdad. (C. D.)

ZYGIS, Diosc.; *Thymus zygis*, Linn. (*Bot.*) De Theis écrit sans autorité *Zigis*, et le fait dériver de *ziggos*, *the hum of bees* (abeilles), ce qui semble prouvé par le nom moderne de la même plante, *smare the delight of bees*. Ce nom convient spécialement à une plante bien connue pour être très-aimée de ces insectes, et que l'on suppose donner son odeur ou parfum au fameux miel du mont Hymète, où le thym abonde. Indubitablement c'est une autre plante du même genre ou de celui du *Thipulea* ou du *Satureia*, trouvés dans les mêmes environs, qui contribue à donner ce parfum dans un aussi haut degré ou peut-être à un degré approchant. Voyez Serpyllum et Thym. (Lem.)

ZYGIS. (*Bot.*) Ruellius et Clusius appliquent ce nom de Dioscoride au serpolet sauvage. Linnæus le rapporte aussi à un serpolet, qui est son *thymus zygis*. (J.)

ZYGNEMA. (*Bot.*) Agardh, dans son *Synopsis algarum*, décrit sous ce nom le genre de cryptogames que Vaucher a établi, le premier, sous la dénomination de conjuguées, *conjugata*, et qui a été appelé *conferva* par M. De Candolle. Nous en avons exposé les caractères et fait connoître les principales espèces à l'article Conferves de ce Dictionnaire.

Le nom de *zygnema*, dérivé du grec, peut être traduit par

filamens accouplés, et rappelle la manière dont se reproduisent les plantes qui constituent ce genre.

Le *Zygnema* d'Agardh a été adopté par Lyngbye et la plupart des botanistes. Agardh, dans son *Synopsis*, publié en 1817, en décrit dix espèces; mais depuis, dans son *Systema* (1824), il en porte le nombre à dix-neuf. Un nouveau genre, le *Mougeotia*, est aussi créé par lui, et il y ramène, 1.º le *Conjugata angulata*, Vauch. (*Zygnema genuflexum*, Agardh., Syn., Lyngb.); 2.º le *Zygnema compressum*, Lyngb., présumé être le *Conjugata serpentina*, Vaucher. Ce dernier naturaliste avoit déjà formé de ces deux *conjugata* un ordre particulier, fondé sur la manière dont les filamens anguleux et coudés s'anastomosent par leurs angles, et produisent en ces points des petits corpuscules propagateurs, sorte de fructification. Agardh définit ainsi ses genres *Zygnema* et *Mougeotia* :

1.º *Zygnema*. Filamens articulés par l'effet des cloisons transversales qui divisent leur tube intérieur, contenant des grains (la matière colorante ou globuline) qui se disposent en étoile ou en spirale: presque toutes les *conjugata* de Vaucher y rentrent.

2.º *Mougeotia*. Filamens articulés, s'anastomosant en manière de réseau, contenant des grains disposés sans ordre et des fructifications rassemblées sur les angles du réseau.

Bory de Saint-Vincent réserva le nom de *Zygnema* aux espèces de *conjugata* de Vaucher chez lesquelles la matière colorante est parsemée, à certaines époques, de points hyalins; mais remplissant la totalité du tube intérieur sans y affecter la disposition de filamens spiraux, jusqu'à l'instant de l'accouplement, où elle se condense en corpuscules linéaires. L'auteur donne pour exemple le *conjugata angulata*, Vauch., et une autre espèce, le *zygnema bullosa*, figurée sous le n.º 11 de l'une des planches des *arthrodiées* qui accompagnent le Nouveau Dictionnaire classique. Les filamens de cette plante forment un réseau.

D'après ces caractères, on peut juger que le *Zygnema* de Bory et le *Mougeotia* d'Agardh sont le même genre.

Le *Salmacis*, dû également à M. Bory de Saint-Vincent, comprend une grande partie des espèces de *conjugata* de Vaucher : il est caractérisé par la matière colorante, disposée en filets parsemés de points hyalins, et affectant les figures les plus variées, mais toujours en spirales jusqu'à l'instant où, par l'accouplement, cette matière s'oblitère, passe des articles d'un filament dans ceux d'un autre, et forme, dans chaque article, une seule gemme. Le *Conferva jugalis* ou *nitida*, Muller, peut en être considéré comme le type. Une autre espèce, le *salmacis nitida*, Bory, représentée fig. 10 de l'une des planches des *arthrodiées* qui accompagnent le Nouveau Dictionnaire classique d'histoire naturelle, est également figurée n.° 1, planche 2, cahier 49 de l'atlas du présent Dictionnaire. Le *Salmacis* est le *Zygnema nitidum*, Lyngb., et le *Conjugata princeps*, Vauch.; les figures citées représentent le mode d'accouplement des filamens, et les diverses dispositions de la globuline ou matière colorante dans l'intérieur des tubes. A la planche 3, fig. 1, du cahier 49 de l'atlas de ce Dictionnaire, est représenté le *Salmacis quinina*, Bory, ou *Zygnema quininum*, Agardh, Lyngb.; le *Conjugata porticalis*, Vauch., est décrit à l'article CONFERVES (voyez ce mot). Ainsi, de ce qui vient d'être exposé, on peut conclure que le *Salmacis*, Bory, répond au *Zygnema* d'Agardh.

Les genres *Zygnema* et *Salmacis* de Bory, sont réunis à ses *Leda* (où rentre le *Zygnema bipunctatum*, Lyngb.) et à ses *Tendaridea*. Pour composer sa tribu des conjuguées dans la famille des arthrodiées, où il place des êtres qui, quoique confondus long-temps avec les végétaux, semblent devoir constituer un groupe particulier entre le règne végétal et le règne animal.

Link (*Hort. phys. Berol.*, p. 4); avant Agardh et Bory, a divisé le *Conjugata* de Vaucher en trois genres, savoir :

1. Le *Globulina*, qui répond au second ordre des *conjugata*, Vauch.; il renferme les espèces chez lequelles la matière colorante prend la forme de globule et d'étoile.

2. Le *Conjugata*, dont la matière colorante est éparse, et auquel Link rapporte les *conjugata* du troisième ordre de Vaucher, qui représentent le *Mougeotia* d'Agardh.

3. Le *Spirogyra* qui contient les espèces du premier ordre des *conjugata*, chez lesquelles la matière colorante se dispose en spirale. Curt Sprengel (*Syst. veget.*), loin d'admettre le genre établi sur les *Conjugata*, en limite considérablement les espèces. Sous le nom de *Zygnema*, il n'en décrit que sept, et dans une seule le *Zygnema stellatum*, il confond, sans critique, huit ou

dix espèces de *Conjugata* de Vaucher ou de *Zygnema* des auteurs : d'autres espèces offrent des exemples à peu près pareils. Ces changemens, qu'il admet sans les motiver, ne semblent point devoir être admis.

A l'article Conferve de ce Dictionnaire, les caractères du genre *Conjugata* de Vaucher ou *Zygnema* ont été exposés : l'on a cité quelques espèces comme exemples, mais leur synonymie doit être complétée ainsi qu'il suit :

1.º Le *Conjugata princeps*, Vauch.; *Zygnema nitidum*, Agardh, *Synops. alg.*, p. 98; Lyngb., *Hydroph.*, 172, pl. 59; *Salmacis nitida*, Bory. (Voyez atlas de ce Dictionnaire, n.º 49, pl. 2, fig. 1.ʳᵉ)

2.º Le *Conjugata porticalis*, Vaucher; *Zygnema quininum*, Agardh, Lyngb., var. *C*; *Salmacis quinina*, Bory. (Voyez atlas de ce Dictionnaire, cahier 49, pl. 3, fig. 18.)

3.º Le *Conjugata lutescens*, Vaucher; *Zygnema cruciatum*, Lyngbye, var.

4.º *Conjugata cruciata*, Vauch.; *Zygnema cruciatum*, Agardh, Lyngbye.

5.º *Conjugata angulata*, Vauch.; *Zygnema genuflexum*, Agardh, Bory. (Voyez l'atlas du Dictionnaire des sciences naturelles, n.º 49, pl. 2, fig. 2.)

La figure 3, planche 2, du cahier n.º 49, de l'atlas de ce Dictionnaire, représente le *Zygnema compressa*, Lyngb., ou *Mougeotia compressa* d'Agardh, qui le soupçonne être le *Conjugata serpentina*, Linn., Vauch. (Lem.)

ZYGODACTYLES. (*Ornith.*) Sous ce nom, M. Temminck a établi un ordre d'oiseaux ayant deux doigts soudés en avant et deux en arrière, et qui répond à l'ordre des grimpeurs de Linné et de M. Cuvier. (Ch. D. et L.)

ZYGODON, *Accouplette.* (*Bot.*) Genre de la famille des mousses, établi par Hooker et adopté par Nées, Bridel, etc. : il est caractérisé par son péristome double, l'extérieur à seize dents réunies deux à deux, fortement adhérentes et un peu réfléchies en dehors; péristome intérieur composé de huit cils, repliés en dedans et horizontaux; capsules régulières; coiffe lisse, cuculliforme.

Ce genre offre des fleurs monoïques ou dioïques et terminales : elles contiennent six à dix et plus d'anthères, entremêlées de paraphyses filiformes très - nombreux dans les fleurs femelles.

Les espèces sont peu multipliées, et présentent le port des *gymnostomum* ou celui des *orthotrichum*; elles ont beaucoup d'affinité avec ces genres, et en font très-bien le passage, ayant le port et la coiffe du *Gymnostomum*, et la capsule et le péristome de l'*Orthotrichum*; leurs tiges, droites, un peu rameuses, sont garnies de feuilles marquées d'une nervure médiane, tortillées dans la sécheresse; les pédicelles sont alongés; les capsules droites, oblongues, sillonnées, lorsqu'elles sont sèches. Ces mousses forment des gazons et des touffes sur les arbres, quelquefois sur les rochers ou bien sur la terre. Bridel en décrit trois espèces, dont deux sont d'Europe et une croît dans l'Inde.

1. Le Zygodon conoïde : *Zygodon conoideum*, Hook. et Tayl., *Musc. brit.*, p. 71, pl. 31; *Zygodon conoideus*, Bridel, *Bryol. univ.*, 1, p. 591; *Zygod. conoides*, Schwæg., *Suppl.*, 2, p. 158, pl. 136; *Amphidium pulvinatum*, Nées, *in Sturm. Fl. germ.*, 2, p. 17; Funk, *Moostasch.*, p. 33, pl. 22; *Gagea compacta*, Reddi, *Raccot.*, dec. 2; *Bryum conoideum*, Dicks., *Fasc. crypt.*, p. 9, pl. 11, fig. 2; *Mnium conoideum*, Smith, *Engl. bot.*, pl. 1239. Tige droite, longue de six lignes, un peu rameuse, très-garnie de feuilles presque imbriquées, droites, planes, très-entières, ondulées et un peu tortillées lorsqu'elles sont sèches; pédicelle terminal, droit, jaunâtre, long de six lignes; capsule obovale ou oblongue; opercule convexe, terminé en un bec oblique. Cette espèce se trouve, au printemps, sous les arbres en petits coussinets compactes, d'un vert foncé, presque noir. Elle croît en Angleterre, en Allemagne, en France, et en Italie. M. Hooker en possède des échantillons rapportés de l'Isle-de-France, et dont les feuilles sont plus larges. Schwægrichen et Bridel avoient d'abord compris cette plante dans leur genre *Gymnocephalus*. M. Arnott (Mém. de la Soc. d'hist. nat., Paris, 2, p. 265) considère le *Gagea compacta* de Reddi comme l'*Amphidium pulvinatum*, Nées, et en fait une variété distincte.

2. Le Zygodon vert : *Zygodon viridissimus*, Bridel, *Bryol. univ.*, 1, p. 592; *Gymnostomum viridissimum*, Hook. et Tayl., *Musc. brit.*, p. 10, pl. 6; *Dicranum viridissimum*, Smith, *Brit.*,

3, p. 1224; *Bryum viridissimum*, Dicks., *Fasc. crypt.*, 4, p. 9,
t. 10, fig. 18; *Bryum Forsteri*, Dicks., *loc. cit.*, 3, pl. 7, fig. 8
Grimmia Forsteri, Smith, *Fl. brit.*, 3, p. 1196; *Engl. bot.*, pl.
2225. Tige longue de deux pouces, divisée en quelques rameaux fastigiés, garnis de feuilles nombreuses, denses, larges
et lancéolées, pointues, un peu réfléchies et un peu tordues à
l'état sec, d'un beau vert dans leur jeunesse, mais d'un brun
ferrugineux dans l'âge avancé ; pédicelle terminal droit,
long de six lignes environ, contourné et d'un brun pâle;
capsule droite, ovale ou oblongue, brune, à ouverture resserrée; opercule convexe, prolongé en un bec court courbé.
Cette espèce ressemble à la précédente; mais elle est plus ro-
buste. Elle croit dans les pâturages, sur les troncs d'arbres, les
souches desséchées, et les murs. Elle forme des gazons d'un vert
foncé. On la trouve en Écosse, en Irlande, en Angleterre,
en Italie, sur le mont Marius à Rome. Le péristome de cette
mousse n'ayant pas été décrit, il n'est pas certain que cette
plante doive rester dans ce genre.

Le *Zygodon obtusifolius* de Schwægrichen (*Suppl.*, 2, pl. 136;
Hook., *Musc. exot.*, 2, pl. 159), est une mousse qui croit dans
le royaume de Napoul, dans les Indes orientales. Sa tige est
rampante, rameuse, à rameaux fastigiés; ses feuilles sont
lâches, imbriquées, ligulées, très-obtuses; ses capsules alongées, pyriformes; son opercule est conique, acuminé.

On rapporte à ce genre, et comme troisième espèce, le
Codonoblepharum Menziesii, Schwægr., *Suppl.*, 2, pl. 137,
dont Hooker et Greville ont fait une variété alongée du *Zygodon conoideum*. Dans cette espèce le péristome interne est
composé de seize cils au lieu de huit. Bridel conserve le genre.
(LEM.)

ZYGOPHYLLÉES. (*Bot.*) Dans notre première distribution
des familles de plantes nous avions établi une famille des rutacées, divisées en trois sections, dont la première renfermoit
le *Zygophyllum*, et quelques genres ayant avec lui une grande
affinité. M. R. Brown, sans la déplacer, en a fait une famille
distincte sous le nom de zygophyllées, que d'autres ont adoptée.
M. Adrien de Jussieu, dans son travail sur les rutacées, l'a
présentée comme une section de cette grande famille. Ce
changement de nom est peu important, pourvu que la série

ne soit pas interrompue , et dès-lors nous avons continué dans ce Dictionnaire à présenter les zygophyllées comme première section des Rutacées , tom. XLVI, pag. 463. (J.)

ZYGOPHYLLUM. (*Bot.*) Voyez Fabagelle. (Poir.)

ZYGOTRICHIA , *Trabeculum.* (*Bot.*) Genre de plantes cryptogames de la famille des mousses. établi par Bridel, pour placer le *Barbula leucostoma* de Rob. Brown , *in* Parry's *Voyage*, *App.*, p. 298 ; ou *Zygotrichia leucostoma*, Bridel, *Bryol. univ.*, 1 , p. 521 et 821. Cette mousse a été recueillie, par le docteur Sabine, dans l'île Melleville , dans le nord de l'Amérique ; elle se distingue par son péristome simple, à trente-deux dents filiformes, rapprochées par paires , adhérentes depuis leur base jusqu'au milieu par des cils transverses, mais libres dans le haut, avec l'extrémité tordue.

La tige de cette mousse est droite , un peu rameuse, garnie de feuilles ovales, lancéolées, un peu mucronées, très-entières, un peu roulées ; le pédicelle est terminal, droit, solitaire , lisse, brun ; la capsule , cylindrique , droite , et l'opercule conique.

Ce genre tient le milieu entre le *Barbula* et le *Didymodon*. Bridel présume que quelques espèces de *barbula*, dont le péristome n'est pas bien connu , et de *didymodon* dont les dents du péristome sont réunies inférieurement comme dans le *Zygotrichia*, pourront lui être rapportées. (Lem.)

ZYMBANE. (*Bot.*) M. Caillaud dit que dans la Haute-Égypte ce nom est donné, dans la langue des Païens, au gingembre, *amomum zingiber*, qui est le *guinaby* des Arabes. (J.)

ZYMOLOGIE ou ZYMOTECHNIE. (*Chim.*) Les anciens chimistes donnaient ce nom à la partie de la chimie qui traite des fermentations. (Ch.)

ZYMUM PORHONA , Jussieu. (*Bot.*) Voyez Tristellateia. (Lem.)

ZYSEL. (*Mamm.*) Nom polonois du spermophile souslik. (Desm.)

ZYSELE. (*Ornith.*) Nom du tarin, cité dans l'Encyclopédie méthodique. (Ch. D. et L.)

ZYTHIA. (*Bot.*) Genre de plantes cryptogames , de la famille des champignons et de la division de *pyrenomycetes*, dans la méthode de Fries, division qui représente la famille des hy-

poxylées. Dans ce genre, le caractère est donné par le pé-
rithécium membraneux, libre, renfermant des sporidies muqueuses, qui finissent par se déchirer irrégulièrement, et qui
sont agglutinées sous la forme d'un globule. L'auteur annonce
qu'il rapporte à ce genre une partie des espèces de *sphæronema*, décrites dans son *Systema mycologicum*; mais il ne les
cite pas. Il ne laisse dans le *sphæronema* que les espèces dont
les périthéciums sont cornés, superficiels, quoique enfoncés
dans le thallus, contenant chacun un petit sac très-mince, renfermant des sporidies muqueuses, qui se déchirent ensuite et
s'agglomèrent en un globule solide. Les vraies *sphæronema* sont
noires, tandis que les *zythia* sont colorées. (LEM.)

ZYTHON. (*Bot.*) Dioscoride et Pline désignent sous ce nom
la bière faite avec de l'orge. (J.)

FIN DU SOIXANTIÈME VOLUME.

STRASBOURG, de l'imprimerie de F. G. LEVRAULT, impr. du Roi.